21世纪经典工程结构设计解析丛书

经 典 解 构

浙江省建筑设计研究院有限公司篇

主编　杨学林

副主编　任　涛　林　政　周平槐　祝文畏　叶甲淳　吴小平

中国建筑工业出版社

图书在版编目（CIP）数据

经典解构. 浙江省建筑设计研究院有限公司篇 / 杨
学林主编；任涛等副主编. — 北京：中国建筑工业出
版社, 2025.8. -- (21世纪经典工程结构设计解析丛书
). -- ISBN 978-7-112-31345-7

Ⅰ. TU318

中国国家版本馆 CIP 数据核字第 202546MK50 号

责任编辑：刘瑞霞　梁瀛元
责任校对：张惠雯

21 世纪经典工程结构设计解析丛书

经典解构　浙江省建筑设计研究院有限公司篇

主编　杨学林

副主编　任　涛　林　政　周平槐　祝文畏　叶甲淳　吴小平

*

中国建筑工业出版社出版、发行（北京海淀三里河路 9 号）

各地新华书店、建筑书店经销

国排高科（北京）人工智能科技有限公司制版

天津裕同印刷有限公司印刷

*

开本：880 毫米×1230 毫米　1/16　印张：29　字数：896 千字

2025 年 8 月第一版　　2025 年 8 月第一次印刷

定价：**298.00** 元

ISBN 978-7-112-31345-7

（44844）

编委会

主　编： 杨学林

副主编： 任　涛　林　政　周平槐　祝文畏　叶甲淳

　　　　　吴小平

编　委（按姓氏拼音顺序排列）：

　　　　蔡凤生　陈海啸　陈　劲　陈夏挺　丁　浩

　　　　段　贝　冯　阳　冯永伟　韩舟轮　姜　峰

　　　　李锋召　李晓良　楼　卓　卢云军　王　震

　　　　吴嘉晟　谢忠良　徐伟斌　徐　羿　张和平

　　　　周红梅

前　言

浙江省建筑设计研究院有限公司（ZIAD）创立于 1952 年。70 多年来，ZIAD 始终坚持"创作名院、科技兴院、人才强院、清廉护院"的发展理念，先后荣获 800 余项国家及省部级优秀设计奖和科学技术奖，荣膺中国勘察设计单位综合实力百强、全国建筑设计行业十强设计院、全国优秀勘察设计院、全国建设科技进步先进集体、当代中国建筑设计百家名院、全国建筑设计行业诚信单位、全国青年文明号、浙江省勘察设计单位综合实力十强、浙江省首批工程总承包试点企业、浙江省职工职业道德建设标兵单位、浙江省文明单位、浙江省标准创新贡献奖等几十项省级以上荣誉称号。

"21 世纪经典工程结构设计解析丛书"（二期）由国内有影响的 9 家设计单位共同完成。本分册为《经典解构　浙江省建筑设计研究院有限公司篇》，精心挑选了 21 世纪以来 ZIAD 主持的不同建筑类型的 20 项经典标志性工程，详细介绍了每个案例的工程概况、结构体系和布置方案、抗震和抗风计算、结构超限判断和针对性加强措施、结构专项分析、地基基础设计、整体（或局部）模型试验和节点试验、专项分析等，每个案例各具特点，具有较好的代表性。第 1～6 章、第 20 章为超高层建筑，包括杭州世茂智慧之门、宁波国华金融大厦、杭州钱江世纪城望朝中心、杭州云城北综合体 1 号塔楼、温州国鸿中心、兰州红楼时代广场、浙江交投金融中心；第 7～11 章为体育类建筑，包括杭州体育馆亚运改造提升和索网加固、杭州黄龙体育中心主体育场亚运改造提升、湖州南太湖奥体中心体育场和游泳馆、杭州国际体育中心、浙江省全民健身中心；第 12、13 章为机场交通建筑，包括杭州萧山国际机场一、二、三期工程；第 14～18 章为复杂多高层建筑，包括杭州国家版本馆、浙江省之江文化中心（四馆一中心）、中国京杭大运河博物院、瑞丰银行大楼、杭州蜻蜓公园；第 19 章为富力杭州中心高层塔楼与地下结构同步逆作工程。本分册着重介绍这 20 项工程的结构创新实践，涉及超高层结构、连体结构、大跨度结构、复杂结构、地下空间逆作法等新理论、新方法、新体系、新材料和新技术等，期望从结构创新设计技术及解决复杂问题思路等多个维度给结构设计人员提供参考与帮助。

参加本分册编写的人员均为各项目的结构设计负责人与设计骨干，具有丰富的设计经验和技术攻关能力，结合图文，详实展示了每个项目的重难点、创新点。院内多位资深结构工程师担任本分册的校审工作，确保本书内容的高品质。本分册的编写，得到了 ZIAD 公司领导和同事的大力支持；也得到了中国建筑工业出版社刘瑞霞编审、梁瀛元编辑的悉心指导和帮助。

在此，对各位撰写作者、对参与校对工作的各位同事、对为本书出版提供帮助的专家同行表示衷心的感谢。感谢中国建筑工业出版社对本书出版给予的大力支持。

由于作者工程经历和学术水平所限，书中疏漏和不当之处在所难免，敬请读者批评指正。

杨学林

2025 年 1 月于杭州

目　录

杭州世茂智慧之门

1.1 工程概况

杭州世茂智慧之门项目位于杭州市滨江区，场地毗邻机场高速，远观钱塘江，对望杭州奥体中心。项目为集办公、商务、商业、教育、生活休闲于一身的多业态、多功能标志性城市商务综合体。整个项目包括 A、B、C、D、E 楼五个单体，其中 A、B 塔楼地上 62 层，建筑总高为 280m，C 楼为约 90m 高的配套公寓，D、E 楼为 2～3 层配套商业用房，设 3 层地下室。总建筑面积 37.11 万 m²，其中地上 27.93 万 m²，地下 9.18 万 m²。

从远处、高速公路和人行不同尺度观察，项目双塔外在形式上均具备门的视觉形象。塔楼模拟浙江典型植物"竹"的生长形态，高耸的建筑形体结合避难层的变化形态处理，形成了 A、B 两栋塔楼循势盘旋变化、节节高升的建筑造型。建筑形态隐喻钱塘江潮起潮落独特的大美风姿，再现了"钱江潮涌"的设计主题。

工程于 2021 年底建成，现已成为杭州市的门户建筑和杭州标志性建筑之一（图 1.1-1、图 1.1-2），塔楼典型楼层平面图、剖面图见图 1.1-3 和图 1.1-4。A、B 塔楼除混凝土核心筒布置略有不同外，其余结构布置及分析结果基本相似，限于篇幅，下文叙述以 A 塔为例。

图 1.1-1 建筑实景

图 1.1-2 结构实景

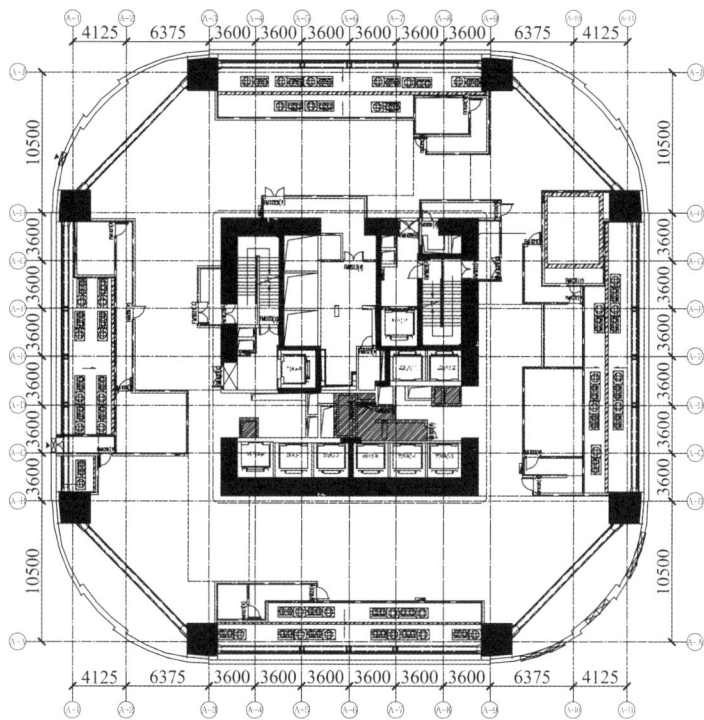

桁架层

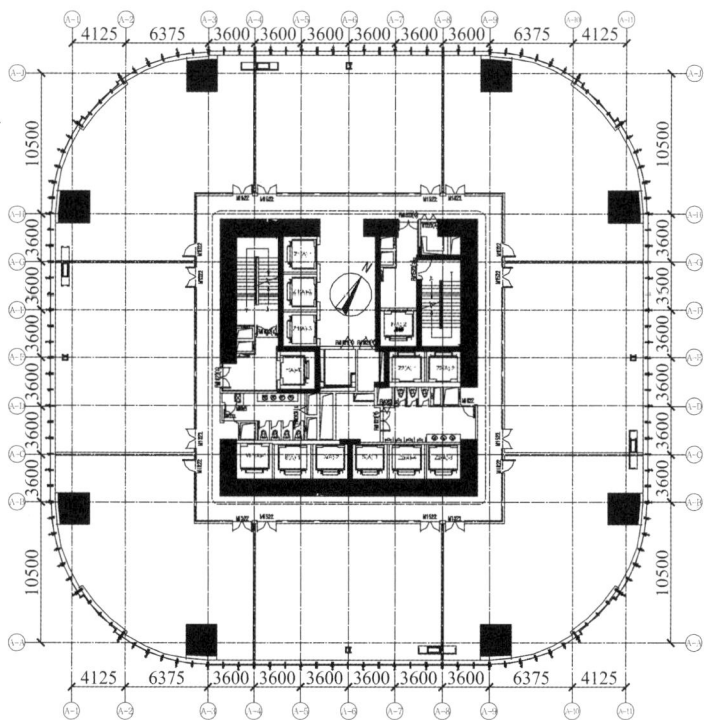

标准层

图 1.1-3　塔楼典型楼层建筑平面图

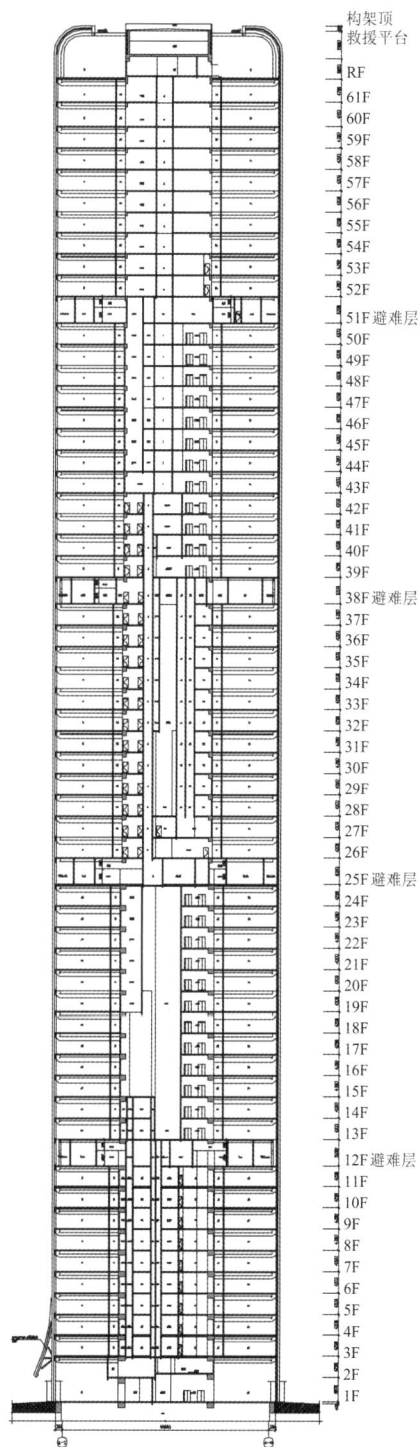

图 1.1-4　塔楼剖面图

　　塔楼结构设计基本参数：结构设计使用年限为 50 年，结构安全等级为二级，抗震设防烈度为 6 度，设计地震分组为第一组，场地土类别为 Ⅲ 类，地震基本加速度为 0.05g，抗震设防类别为标准设防类。基本风压为 0.45kN/m²，地面粗糙度为 B 类，风荷载体型系数为 1.4。小震、风荷载以及舒适度分析时，结构阻尼比分别取 0.04、0.035 和 0.01。

1.2 结构方案

1.2.1 结构体系

（1）塔楼抗侧力体系

塔楼采用"混凝土核心筒 + 型钢混凝土巨柱框架 + 钢斜撑"组合结构体系。为满足建筑角部无柱窗口要求，外框每边设两根型钢混凝土巨柱避开角部，巨柱之间设置小钢柱，与单向钢斜撑在立面上形成竖向桁架；在 12～13 层及 38～39 层利用建筑避难层设置两道环桁架加强结构刚度，并将中部小柱竖向荷载传递到端部巨柱。周边带斜撑组合框架和混凝土核心筒组成多重结构抗侧力体系，形成多道抗震防线。

（2）塔楼重力体系

塔楼典型楼层采用由 110mm 厚钢筋桁架混凝土组合楼板、H 型钢梁及栓钉组成的楼板体系。连系核心筒和外围框架的楼面梁均采用两端铰接连接方式，有利于消减外框巨柱和核心筒之间变形差对结构的影响，楼面梁与混凝土楼板形成组合梁，减少用钢量。核心筒内的楼盖采用 150mm 厚钢筋混凝土板。在该体系下，竖向力可以通过支撑和桁架有效传递到两侧的钢骨混凝土（SRC）巨柱上，塔楼外框架竖向承重体系有较高的冗余度，能提供足够的抗连续倒塌能力。

1.2.2 结构布置方案

塔楼结构模型如图 1.2-1 所示，典型平面布置图如图 1.2-2～图 1.2-4 所示。塔楼核心筒剪力墙厚度由底部的 1.4m 逐步缩小至 0.4m；巨柱截面尺寸由 2.6m×2.6m 逐步缩小至 1.0m×1.0m，柱内型钢由 H550×550×90×100、H550×300×90×100 逐步缩小至 H480×200×40×65，柱内型钢采用 Q390GJ 钢材；塔楼斜撑环桁架立面图如图 1.2-5 所示；钢斜撑采用 Q420GJ 钢材，典型截面及尺寸如图 1.2-6 所示。巨柱及核心筒剪力墙混凝土强度等级为 C40～C60；塔楼周边柱截面如图 1.2-7 所示。

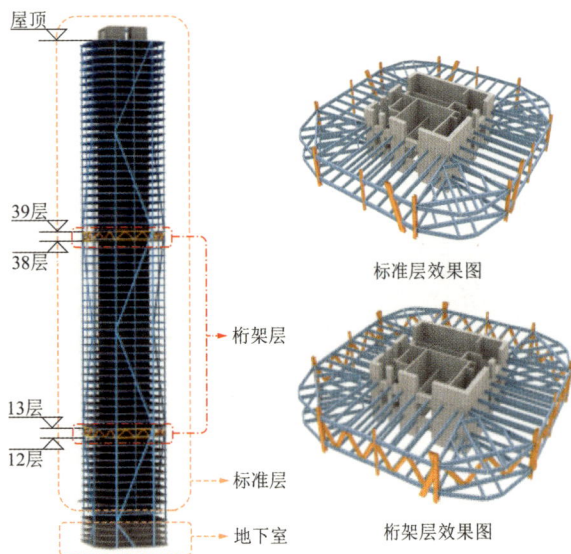

图 1.2-1 塔楼结构模型

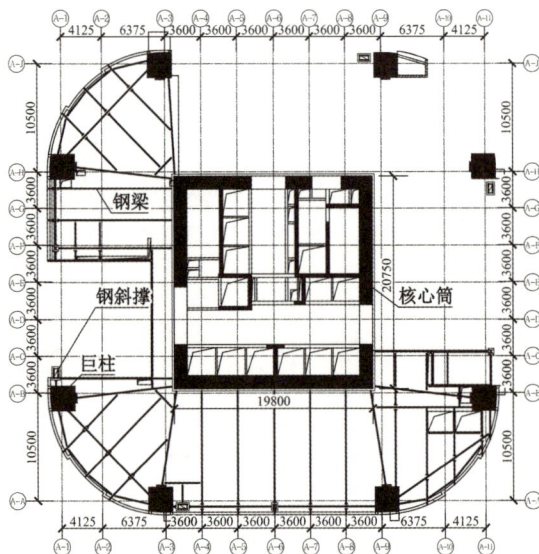

图 1.2-2 塔楼二层结构平面图

塔楼各部分构件的抗震等级为：一般区域框架二级、剪力墙二级；加强区域（环桁架层及相邻层、底部加强区）框架一级、剪力墙一级。

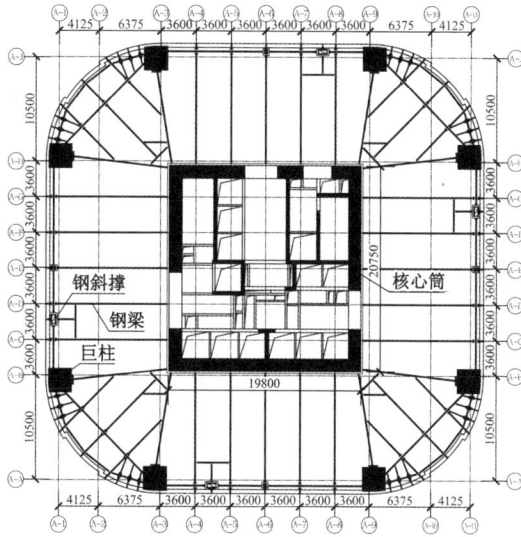

图 1.2-3 塔楼标准层结构平面图

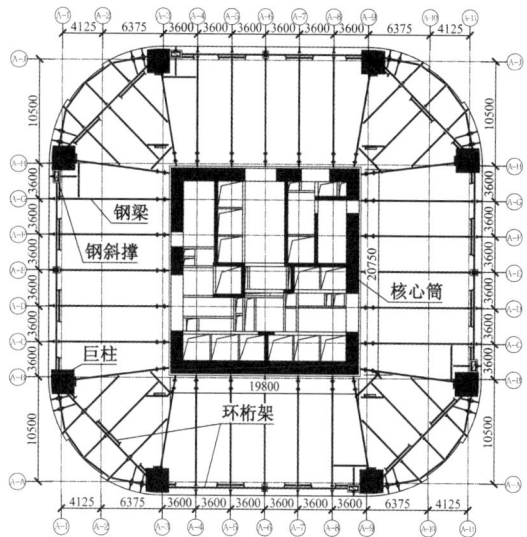

图 1.2-4 塔楼桁架层结构平面图

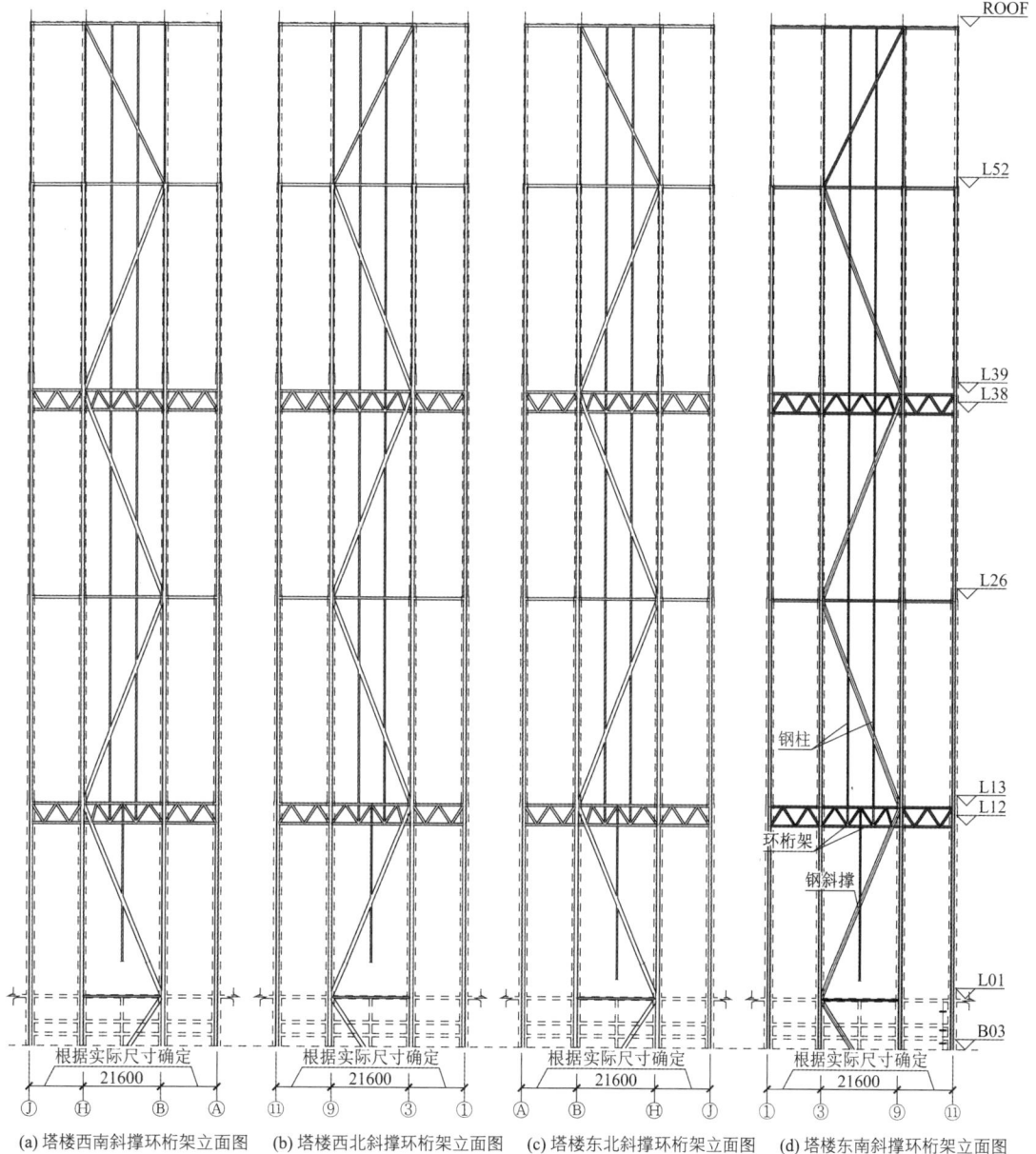

(a) 塔楼西南斜撑环桁架立面图　(b) 塔楼西北斜撑环桁架立面图　(c) 塔楼东北斜撑环桁架立面图　(d) 塔楼东南斜撑环桁架立面图

图 1.2-5 塔楼斜撑环桁架立面图

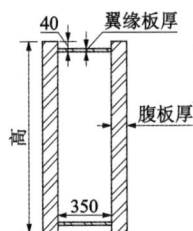

钢斜撑箱形截面

塔楼钢斜撑截面尺寸

楼层	A塔楼斜撑截面尺寸			B塔楼斜撑截面尺寸			钢材型号
	高/mm	翼缘板厚/mm	腹板厚/mm	高/mm	翼缘板厚/mm	腹板厚/mm	
52层~屋顶	600	25	35	600	25	35	Q420GJ
40~52层	900	25	60	850	25	55	
26~40层	1000	25	70	850	25	60	
13~26层	1000	25	75	1000	25	65	
3~13层	1000	25	95	1000	25	80	
1~3层	1400	25	100	1100	25	100	
-3~1层	1000	25	95	1000	25	80	

图 1.2-6 塔楼钢斜撑截面

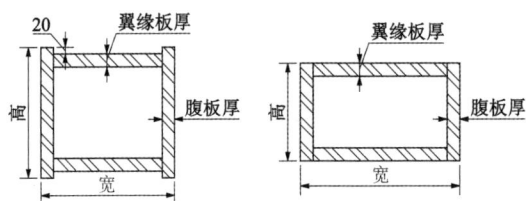

GZ-C1　　钢柱箱形截面　　GZ-C2

周边柱截面尺寸

柱编号	楼层	钢材型号	柱截面尺寸			
			高/mm	宽/mm	翼缘板厚/mm	腹板厚/mm
GZ-C1	2~13层	Q390GJ	400	450	50	50
GZ-C2	1~2层	Q345B	250	250	20	12
GZ-C3	1~2层	Q345B	250	250	20	12
GZ-C4	52层~屋顶	Q390GJ	400	380	18	18
	26~52层	Q390GJ	400	410	30	30
	12~26层	Q390GJ	400	430	40	40

图 1.2-7 塔楼周边柱截面

1.2.3 地基基础设计方案

（1）地质条件

场地地貌属冲海积平原，地形平坦，场地地层分布均匀稳定，不存在断裂、滑坡、崩塌、泥石流、地裂缝、岩溶等影响场地稳定性的不良地质作用及地质体，场地稳定性较好。

根据地层成因及物理力学性质，勘探深度内地层可分为 9 个层次，14 个亚层。典型工程地质剖面图如图 1.2-8 所示。

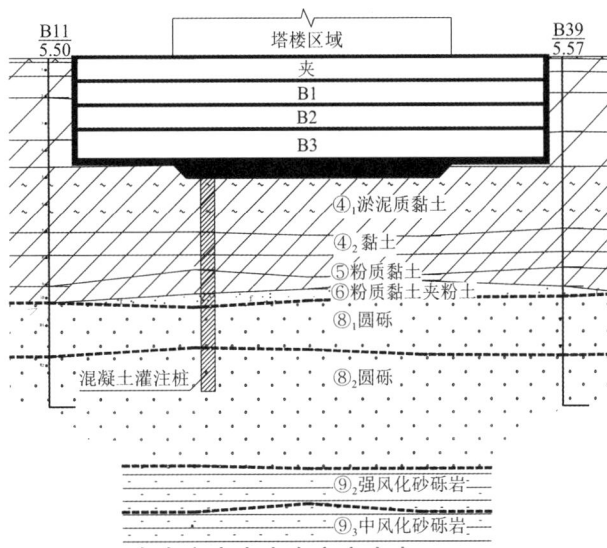

图 1.2-8 典型工程地质剖面

（2）基础设计方案

塔楼上部结构为带支撑的巨型框架-核心筒结构体系，侧向力将转换为拉压力传递到周边巨柱上，周边小柱子的轴力由环桁架和斜撑传至巨柱，因此角部巨柱荷载较大。塔楼采用桩径 900mm 的钻孔灌注桩，桩身混凝土强度等级为 C40，桩端进入持力层（⑧₂圆砾层）7m，桩端埋深约 53m，有效桩长约 35m，采用桩端后注浆工艺，单桩受压承载力特征值 7300kN。地下室抗拔则采用直径 700mm 的钻孔灌注桩，桩身混凝土强度等级为 C25，桩端进入持力层（⑧₂圆砾层）2m，单桩抗拔承载力特征值为 1000kN。塔楼范围内筏板厚度为 3.3m，核心筒及巨柱下承台厚度为 4.0m，其余范围抗浮底板厚度为 1.0m。塔楼桩基及基础平面布置见图 1.2-9。

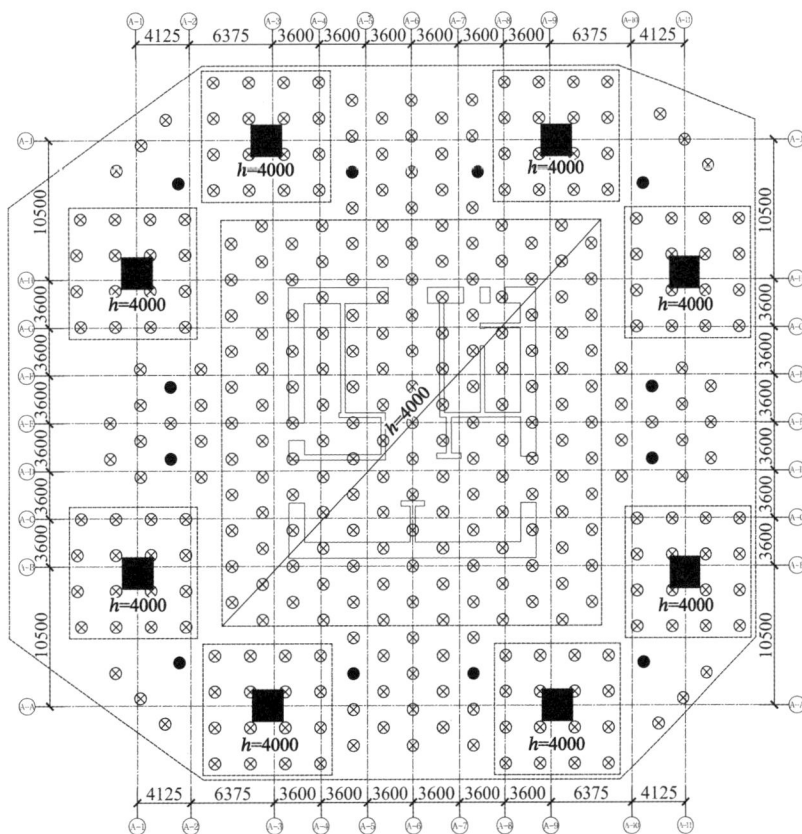

图 1.2-9 塔楼桩基及基础平面布置图（h 为板厚）

1.3 结构抗震计算

1.3.1 多遇地震

由于塔楼离地下室外墙较远，且地下室无法增加墙体以提供嵌固刚度，故塔楼在基础底板嵌固。项目采用 SATWE 和 ETABS 两种结构软件进行计算对比，结构整体分析时考虑楼板对结构刚度的影响。

（1）结构动力特性分析

两种软件对比计算多遇地震下结构的周期和振型等结构动力特性指标，结果基本一致，见表 1.3-1。第一、二振型为平动振型，第三振型为扭转振型，各指标均满足《建筑抗震设计规范》GB 50011—2010（2016 年版）要求，结构抗侧力体系的承载能力变化平稳，风荷载作用下的底部剪力、倾覆力矩及层间位移角均大于地震作用，塔楼结构受力由风荷载控制。

塔楼弹性分析计算结果   表 1.3-1

分析软件		ETABS	SATWE
周期/s	T_1	7.77	7.89
	T_2	7.44	7.59
	T_3	3.8	3.94
周期比	T_3/T_1	0.49	0.50
最大扭转位移比		1.34	1.39
最大层间位移角	风荷载	1/522	1/512
	地震作用	1/1153	1/1152
最小剪重比		0.0069	0.0070
最小刚度比		1.10	1.12
最小抗剪能力比值		0.67	0.65
最小刚重比		1.75	1.79

（2）地震剪力系数分析

按规范反应谱得到多遇地震下楼层地震剪力系数，各层剪力系数（剪重比）（图 1.3-1）均大于 0.006，满足规范要求。对于薄弱层，考虑竖向构件不连续，薄弱层剪力先放大 1.25 倍后再考虑 1.15 的剪力调整系数。

（3）结构扭转效应分析

采用规范多遇地震的反应谱计算得到的荷载作为水平侧向力施加于整体结构，同时考虑 5% 的偶然偏心，计算塔楼的扭转位移比，如图 1.3-2 所示。在规范地震作用下，最大扭转位移比大于 1.2，但均未超出 1.4。

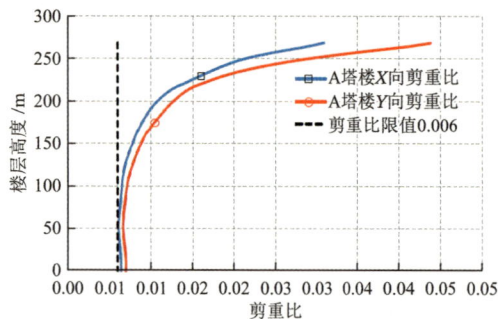

图 1.3-1 塔楼剪重比   图 1.3-2 塔楼扭转位移比

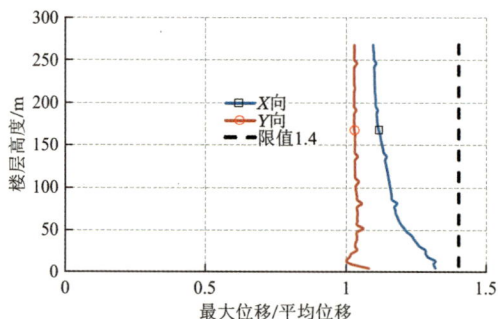

经典解构 浙江省建筑设计研究院有限公司篇

（4）楼层刚度比分析

根据《高层建筑混凝土结构技术规程》JGJ 3—2010：对框架-核心筒结构，楼层与上部相邻楼层侧向刚度比γ不宜小于0.9，楼层层高大于相邻上部楼层层高1.5倍时，不应小于1：1，底部嵌固楼层不宜小于1.5。根据场地谱地震计算得到楼层剪力，通过三维有限元模型计算分析，除桁架楼层以外，其他楼层的刚度均满足以上具体要求，见图1.3-3和图1.3-4。

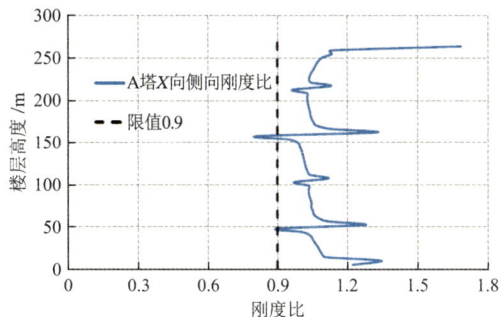

图1.3-3 塔楼X向刚度对比图

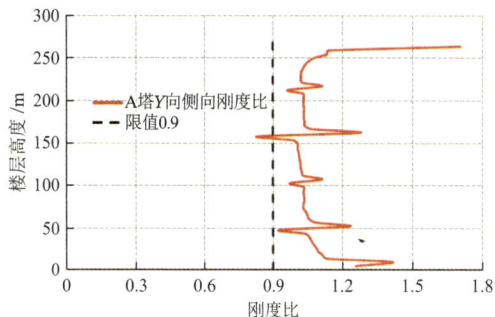

图1.3-4 塔楼Y向刚度对比图

（5）框架剪力分配及二道防线分析

多遇地震下，沿塔楼高度的弯矩分配如图1.3-5所示。塔楼由X及Y方向地震作用引起的楼层弯矩，约35%～40%由框架承担。

从图1.3-6可知，整体计算分析得到塔楼大部分楼层框架承担的楼层剪力超过10%，满足规范要求。框架分担的剪力显示，其外围框架能与核心筒协同工作，组成双重抗侧力体系，满足抗震二道防线要求。

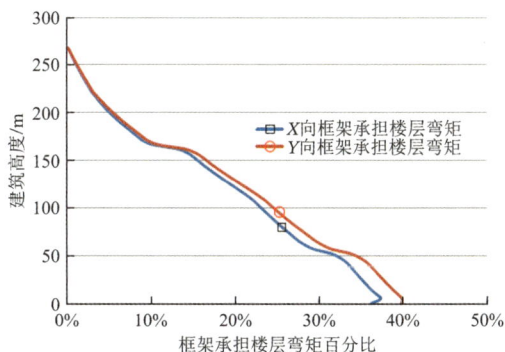

图1.3-5 塔楼弯矩分配

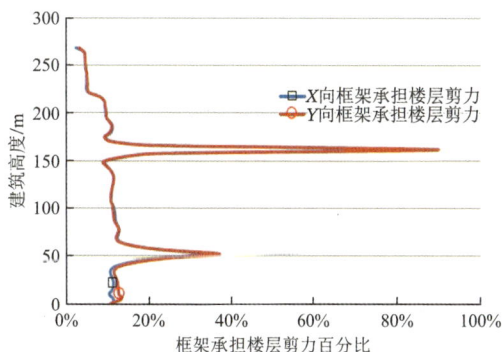

图1.3-6 塔楼剪力分配

（6）墙柱轴压比分析

根据《高层建筑混凝土结构技术规程》JGJ 3—2010和《建筑抗震设计规范》GB 50011—2010（2016年版），在多遇地震组合作用下对塔楼核心筒墙肢及型钢混凝土巨柱进行轴压比验算。塔楼核心筒墙肢在底部加强区域及环桁架层最大轴压比为0.51，略大于限值0.50；在其他区域均小于轴压比限值0.60。塔楼框架巨柱最大轴压比为典型层0.75、加强层0.65，均小于规范限值，框架巨柱的轴压比如图1.3-7所示。分析表明，塔楼核心筒及巨柱在地震作用下均有良好的延性。

（7）多遇地震位移及弹性时程分析

选择5组天然波（GM2～GM6）和2组人工波（GM7、GM8）对塔楼结构进行弹性时程分析。每组时程曲线主方向作用下的基底剪力均处于振型分解反应谱法计算结果的65%～135%之间，7组波平均值处于反应谱计算结果的80%～100%之间，满足地震波选波要求。将时程波与反应谱计算结果进行比较，剪力和位移如图1.3-8～图1.3-11所示。时程波楼层剪力平均值在顶部楼层略大于反应谱结果，利用反应谱进行内力计算时，相应楼层应放大调整。多遇地震下层间位移角远小于规范限值1/500，表明大楼结构在地震作用下有足够的刚度。

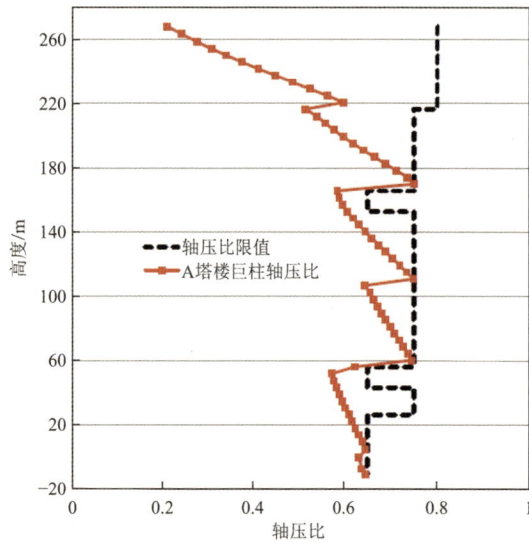

图 1.3-7　塔楼巨柱轴压比

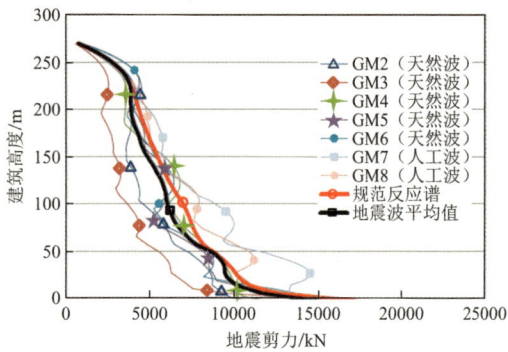

图 1.3-8　塔楼X向楼层剪力

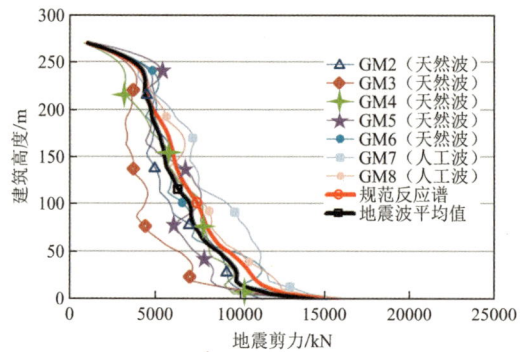

图 1.3-9　塔楼Y向楼层剪力

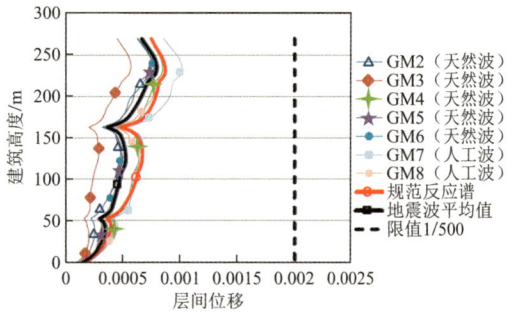

图 1.3-10　塔楼X向层间位移

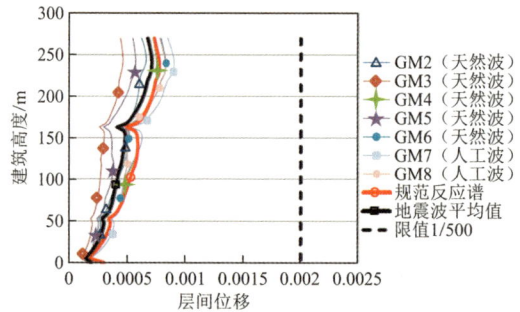

图 1.3-11　塔楼Y向层间位移

1.3.2　性能目标和构件性能验算

（1）抗震性能目标

塔楼结构根据《高层建筑混凝土结构技术规程》JGJ 3—2010 的要求进行抗震性能化设计，整体结构抗震性能目标为 C 级，抗震设防性能目标细化见表 1.3-2。

结构抗震性能目标　　　　　　　　　　　　　　　　　　　　　表 1.3-2

地震烈度	频遇地震	设防烈度地震	罕遇地震
性能水平定性描述	不损坏	修理后即可使用	较大的修复或加固可使用
层间位移角限值	1/500	—	1/100

地震烈度			频遇地震	设防烈度地震	罕遇地震
构件抗震设计性能目标	核心筒	底部加强区 受弯	弹性	不屈服	可进入塑性，损坏程度 $\theta \leqslant$ LS
		底部加强区 受剪	弹性	弹性	不屈服
		环桁架层及相邻层 受弯	弹性	弹性	不屈服
		环桁架层及相邻层 受剪	弹性	弹性	
		普通楼层 受弯	弹性	不屈服	可进入塑性，损坏程度 $\theta \leqslant$ LS
		普通楼层 受剪	弹性	不屈服	
	连梁		弹性	可进入塑性	可进入塑性，损坏程度 $\theta \leqslant$ CP
	斜撑		弹性	不屈服	可进入塑性，损坏程度 $\theta \leqslant$ CP
	环桁架		弹性	弹性	不屈服
	巨柱		弹性	弹性	不屈服
	其他结构构件		弹性	可进入塑性	可进入塑性，损坏程度 $\theta \leqslant$ CP
	节点		不先于构件破坏		

（2）巨柱性能验算

根据荷载基本组合，并且考虑轴力、弯矩、剪力调整系数以及抗震承载力调整系数，得到型钢混凝土巨柱的内力设计值。对型钢混凝土巨柱各工况组合进行受剪承载力及压弯承载力计算，得到剪压比和 P-M 曲线。由于塔楼较为规则，各巨柱受力比较相似，仅列出塔楼巨柱的局部计算分析结果，如图 1.3-12～图 1.3-15 所示。巨柱受剪承载力可以满足中震弹性，大震不屈服验算详见后续弹塑性时程分析部分。

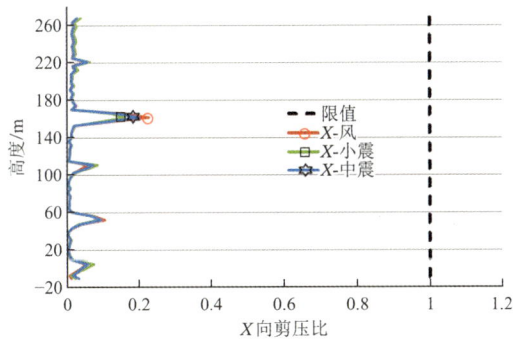

图 1.3-12　巨柱 X 向剪压比

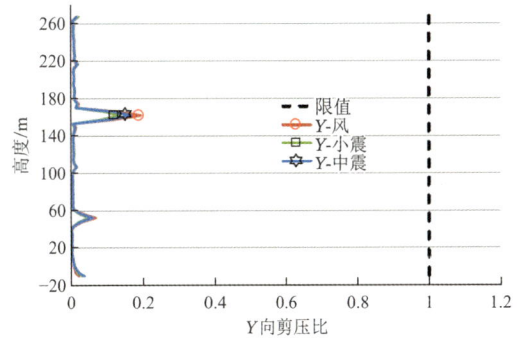

图 1.3-13　巨柱 Y 向剪压比

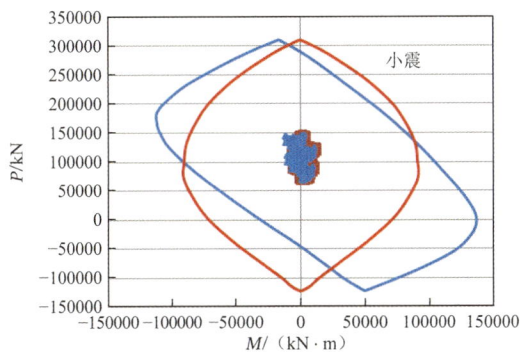

图 1.3-14　小震下巨柱 1～3 层的 P-M 曲线

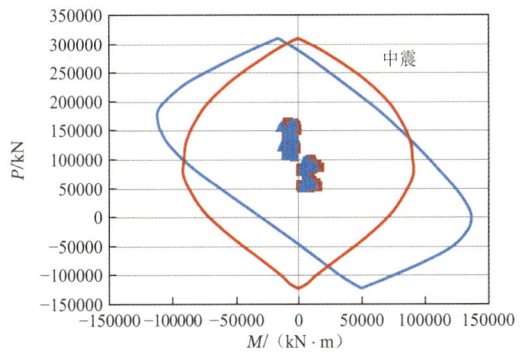

图 1.3-15　中震下巨柱 1～3 层的 P-M 曲线

（3）环桁架性能验算

塔楼设有两道环桁架，分别位于 12～13 层和 38～39 层。环桁架是塔楼重要的结构构件，结构设计将其性能目标确定为中震弹性，大震不屈服。根据荷载基本组合，并且考虑轴力、弯矩、剪力调整系数以及受震承载力调整系数，得到组合后的内力设计值。表 1.3-3 为环桁架各工况下应力比，桁架各构件均能满足中震弹性要求，罕遇地震结果见弹塑性分析部分。

环桁架最大应力比 表1.3-3

环桁架位置	杆件		小震	中震	环桁架位置	杆件		小震	中震
38~39层	角部	弦杆	0.29	0.36	12~13层	角部	弦杆	0.27	0.33
		腹杆	0.46	0.58			腹杆	0.43	0.52
	四边	弦杆	0.67	0.57		四边	弦杆	0.64	0.56
		腹杆	0.86	0.73			腹杆	0.82	0.72

（4）斜撑性能验算

塔楼的斜撑与巨柱组成了竖向桁架，提供了很大的侧向刚度。承担了很大的侧向力，同时由于中部有周边柱落到斜撑上，周边柱的重力一部分通过环桁架传至巨柱，另一部分通过斜撑传至巨柱，竖向力的传递具有较高的冗余度。为保证结构的重力在地震作用下不出现问题，将斜撑性能目标确定为小震弹性、中震不屈服。表1.3-4为斜撑在小震及中震下的应力比（大震结果详见弹塑性时程分析部分），小震下斜撑的最大应力比约为0.85，中震下斜撑最大应力比约为0.77，满足性能目标要求。

斜撑最大应力比 表1.3-4

斜撑位置	1~3层	3~13层	13~26层	26~39层	39~40层	40~52层	52层~屋顶
小震	0.76	0.85	0.82	0.84	0.83	0.85	0.63
中震	0.65	0.73	0.75	0.75	0.75	0.77	0.60

（5）核心筒性能验算

核心筒作为主要抗侧力构件，是地震作用时的第一道防线，为确保地震作用下结构的完整性，中震弹性工况下承担全部楼层剪力的塔楼核心筒剪压比分析结果如图1.3-16所示，核心筒剪压比最大值约为0.5，远小于限值1.0，表明符合核心筒中震性能目标的要求，大震结果详见弹塑性时程分析部分。

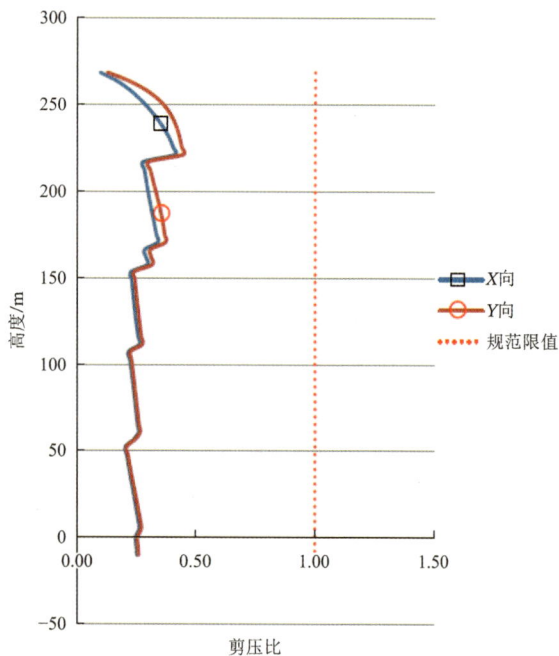

图1.3-16 塔楼中震弹性工况下核心筒剪压比

1.3.3 结构弹塑性分析

为评价结构在罕遇地震作用下的弹塑性行为，了解构件在罕遇地震下的屈服次序，选用5组天然波

（GM1～GM5）和 2 组天然波（GM6、GM7）对塔楼进行弹塑性时程分析。根据安评报告，地震波峰值选用 153gal，采用双向同时输入，主、次向幅值比为 1.0∶0.85。根据主要构件的塑性发展情况和整体变形情况，确定结构是否满足设计预期的设防水准要求，同时根据结构在大震作用下的基底剪力、顶点位移、层间位移角等综合指标，评价结构在大震作用下的力学性能。

（1）整体指标分析

7 组地震波分别作用下，两个方向的最大底部剪力分别为 72950kN 和 64650kN，两个方向底部最大倾覆力矩分别为 699540kN·m 和 8285680kN·m。罕遇地震位移计算结果表明各组地震波计算完成后结构依然处于稳定状态，整体没有出现较大的侧向变形，7 组地震波的最大层间位移角分别为 1/153（X）、1/183（Y），均小于限值 1/100，表明塔楼结构在罕遇地震作用下有足够的刚度。

（2）构件抗震性能评价

连梁最早形成塑性铰，约 10.6s 形成弯曲塑性铰，并逐渐发展。地下室少数连梁形成了弯曲塑性铰，进入了塑性阶段；1～13 层连梁弹性变形达到 30%～70%，均未进入塑性；13～26 层连梁少部分形成塑性铰，大部分连梁弹性变形达到 30%～70%；26～39 层连梁部分形成塑性铰，大部分连梁弹性变形达到 30%～70%；39～52 层连梁大部分形成塑性铰，小部分连梁弹性变形达到 30%～70%；52 层以上连梁大部分形成塑性铰，小部分连梁弹性变形达到 30%～70%；进入塑性的部分连梁末端转角达到 IO 水平，但均未达到 LS 水平；整个塔楼连梁抗剪均处于弹性阶段，大部分连梁剪切变形达到 30%～50%。核心筒墙体混凝土均未达到极限压应变，且钢筋均未达到极限拉/压应变。地下室核心筒墙体弹性变形达到 30%～70%；1～26 层大部分墙体混凝土弹性变形达到 30%～50%；26～52 层大部分墙体混凝土弹性变形达到 30%；52 层以上大部分墙体弹性变形未达到 30%。钢斜撑和环桁架在罕遇地震作用下均未达到极限拉/压应变，大部分构件弹性变形未超过 30%，个别环桁架构件弹性变形达到 50%。巨柱均未达到极限承载力，P-M-M 曲面未达到极限曲面，罕遇地震下应力比仅为 0.3。

上述计算分析表明，塑性铰最早出现在连梁之中，其余构件均未形成塑性铰，仍处在弹性阶段，破坏模式符合设计预期。核心筒连梁普遍形成弯曲塑性铰耗能，达到设计意图；连梁在可修复、可保证生命安全范围内，达到预定的抗震性能目标。核心筒剪力墙混凝土未达到极限压应变且满足抗剪大震不屈服的要求。斜撑、环桁架、巨柱及周边钢柱均未形成塑性铰，达到预定的抗震性能目标，结构在罕遇地震作用下，抗震性能满足要求，可修复后使用。

1.4 结构抗风计算

1.4.1 风工程试验

风工程试验在 B 类地貌的边界层风洞中进行，地貌粗糙度指数 $\alpha = 0.15$。风洞模型缩尺比为 1∶400，共布置了 496 个测点；试验在 0°～360° 范围内每隔 15° 一个风向角，共进行了 24 个风向角的动态压力测试。

由图 1.4-1、图 1.4-2 可知，A 楼由平均风荷载引起的水平力的最大值为 18991.8kN，对应最不利风向角为 180°；绕 X 轴和 Y 轴弯矩的最不利风向角分别为 345°、270°，最大弯矩分别为 2297883.9kN·m、2172753.5kN·m。B 楼水平向总阻力的最大值为 19232.4kN，对应最不利风向角为 165；绕 X 轴和 Y 轴弯矩的最不利值分别为 −2212516.9kN·m、−2178661.0kN·m，对应 165°、150° 风向角。塔楼的扭矩与弯矩相比小得多，最不利扭矩数值比最不利弯矩小两个数量级，可见风荷载引起的结构扭矩并不显著。

塔楼体型系数如图 1.4-3 所示，高度 80m 以下的体型系数试验值略大于规范值，约为 1.4～1.9；高度 100～270m 的小于规范值，约为 1.1～1.3；顶部突出处考虑内外风压共同作用，其值高于规范值，约为 1.6。由图 1.4-4 可知，A 塔楼顺风向峰值位移最大值为 35.12cm，发生在 345°风向角；横风向位移最大值为 35.05cm，发生在 60°风向角。塔楼的顶层最大位移值均未超出规范规定的位移限值。

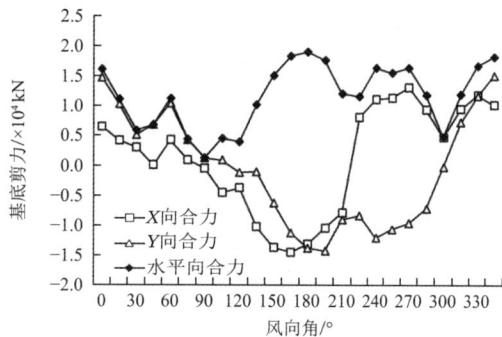

图 1.4-1 塔楼基底总剪力随风向角变化

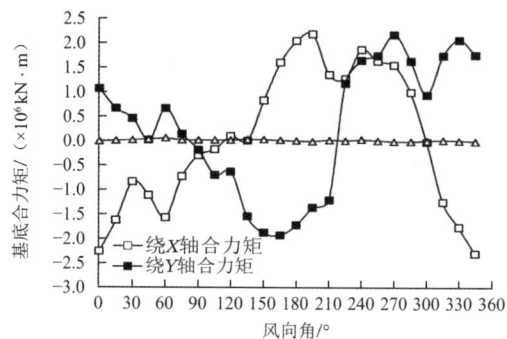

图 1.4-2 塔楼基底合力矩随风向角变化

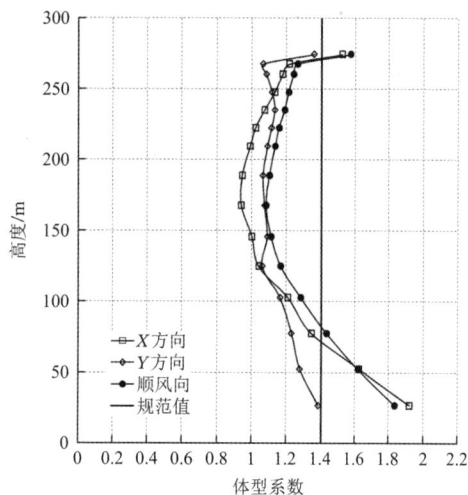

图 1.4-3 塔楼体型系数随高度变化

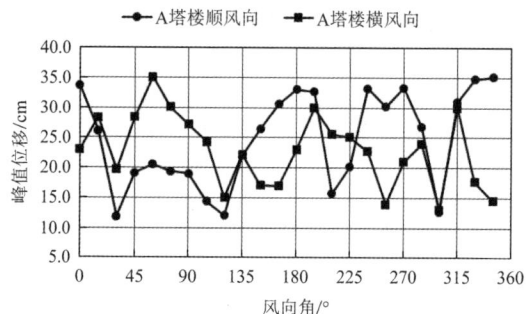

图 1.4-4 塔楼结构顶层峰值位移随风向变化

由图 1.4-5、图 1.4-6 可知，A 塔楼顺风向峰值加速度最大值为 8.73cm/s²，发生在 330°风向角；横风向加速度最大值为 16.15cm/s²，发生在 315°风向角。B 塔楼顺风向峰值加速度最大值为 11.60cm/s²，发生在 270°风向角；横风向加速度最大值为 18.00cm/s²，发生在 240°风向角。项目的顶点峰值加速度符合《高层建筑混凝土结构技术规程》JGJ 3—2010 规定的办公、旅馆等结构的风振加速度的限值（25cm/s²）要求。

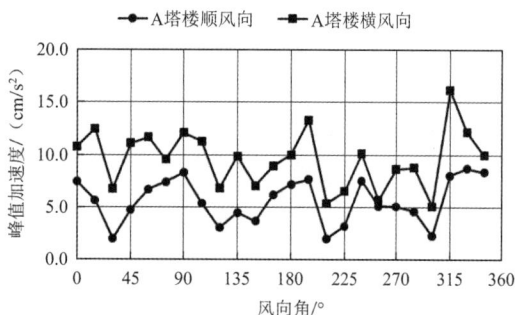

图 1.4-5 A 塔楼结构顶层峰值加速度变化

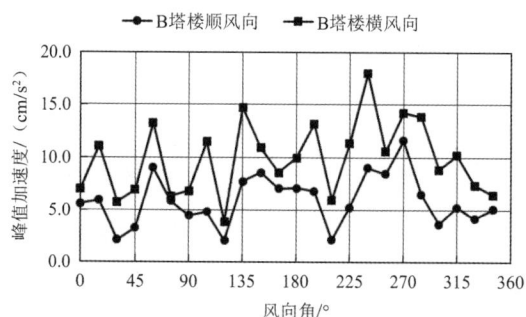

图 1.4-6 B 塔楼结构顶层峰值加速度变化

1.4.2 风洞试验风荷载与规范风荷载计算比较

图 1.4-7～图 1.4-10 为规范计算风荷载和风洞试验风荷载比较。从中可以发现无论是在 X 向还是在 Y 向，根据规范计算的风荷载都大于风洞试验的结果。风洞试验结果约为规范计算风荷载的 90%。由于风

洞试验真实模拟了场地地貌以及大气气候，风洞试验的荷载结果更符合塔楼使用阶段的真实情况。因此，在设计中采用风洞试验结果对塔楼进行风荷载计算分析。

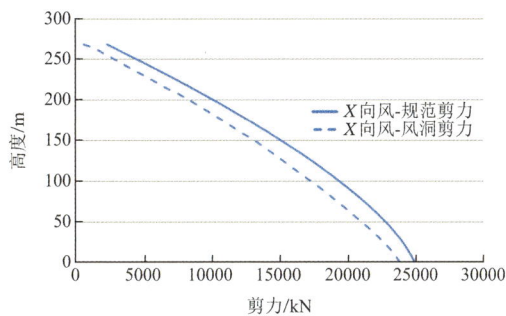

图 1.4-7 塔楼风荷载X向剪力对比

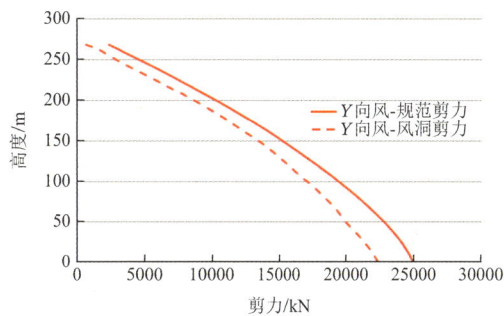

图 1.4-8 塔楼风荷载Y向剪力对比

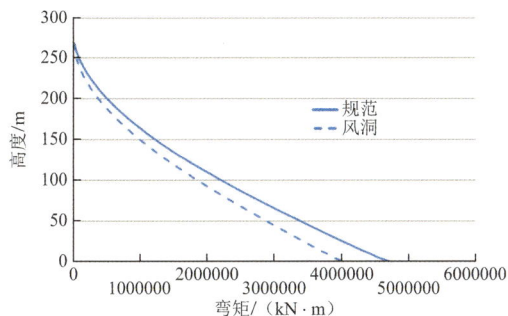

图 1.4-9 A 塔楼风荷载X向弯矩对比

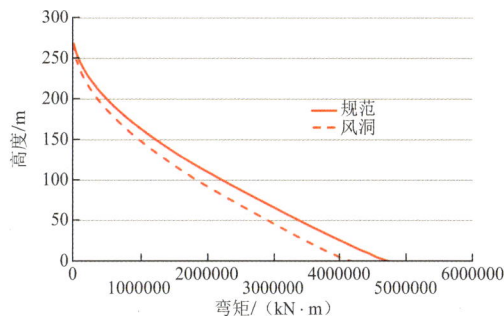

图 1.4-10 A 塔楼风荷载Y向弯矩对比

两种软件对比计算风荷载作用下结构受力及位移等指标，结果基本一致，见表 1.4-1。

风荷载计算结果 表 1.4-1

软件	总水平风荷载/kN		基底弯矩/（kN·m）		最大层间位移角	
	F_{wx}	F_{wy}	M_{wx}	M_{wy}	δ_{wx}	δ_{wy}
SATWE	23867	22361	3781949	3619930	1/512	1/559
ETABS	23867	22361	4019662	3884994	1/522	1/569

1.5 结构超限判断和主要加强措施

1.5.1 结构超限判断

对结构规则性及适用高度进行检查，塔楼结构存在 5 项抗震超限，属于超限高层建筑结构，详见表 1.5-1。

塔楼结构超限检查表 表 1.5-1

项目	判别类型
扭转位移比大于 1.2，小于 1.4	扭转不规则
2 层有效楼板宽度＜50%，核心筒外楼面大开洞，同时具有穿层柱	楼板局部不连续
环桁架加强层侧向刚度突变	侧向刚度不规则
环桁架加强层楼层受剪承载力突变	楼层承载力突变
塔楼高度 280m，超过 B 级高度限值 220m	高度超限

1.5.2　主要抗震加强措施

针对塔楼结构存在的高度超限、楼板大开洞以及穿层柱等超限项，设计中采取了如下加强措施：

（1）采用多道重力、抗侧力体系，增加结构安全冗余度。

（2）保证巨柱桁架具有足够的承载能力，增强关键构件的延性，对巨柱桁架等结构关键构件采用中震弹性、大震不屈服设计。

（3）对于斜撑构件，采用中震不屈服设计。

（4）增强核心筒的延性；提高底部楼层核心筒的抗震等级，并且提高墙体配筋率，按照中震抗剪弹性设计。

（5）采用简单的构件连接方式，使主要构件有最直接的传力方式。构件的连接方式有效地保证了施工质量。

（6）在楼板开洞较多的 2 层，楼板将作适当加强（加厚为 150mm），对该层楼板进行有限元分析。开洞处柱子按穿层柱设计，承载力验算时将采用同层普通柱在同一方向的剪力（调整后），并考虑计算长度。

（7）在环桁架上下弦杆所在楼层，楼板将作适当加强（加厚为 200mm），并适当加强楼板的配筋（双层双向），对加强层楼面采用有限元分析，并且保证其在大震下能有效传递水平力。

1.6　专项分析

1.6.1　塔楼全过程施工模拟及内力分析

工程实践证明，混凝土收缩徐变对超高层结构内力影响较大。在混凝土收缩徐变的影响下，塔楼钢斜撑和外框柱中的内力以及型钢混凝土巨柱中型钢的应力随时间推移将发生变化。

（1）分析模型

采用混凝土收缩徐变模型 CEB-FIP（2010），分别建立施工完成时、施工完成后半年、施工完成后 2 年、施工完成后 10 年、施工完成后 20 年的模型，进行对比分析，如表 1.6-1 所示。为增加施工过程中的稳定性，斜撑采用随层封闭，获取不同时间段考虑混凝土收缩徐变作用的支撑内力（轴力受压为负、受拉为正）。

不同时间的对比模型　　　　　　　　　　　　　　　　表 1.6-1

模型名称	时间	模型名称	时间
模型 1	施工完成时	模型 4	施工完成后 10 年
模型 2	施工完成后半年	模型 5	施工完成后 20 年
模型 3	施工完成后 2 年		

（2）施工全过程模拟分析

塔楼在模拟施工条件下的竖向变形如图 1.6-1 所示。从图中可以看出，顶部和底部变形值较小，而最大变形值出现在中间层附近，总体呈鱼腹形，这主要是因为在模拟施工过程中考虑了施工找平对墙柱变形差异的影响。从图中还可以看出，墙柱变形差异最大约为 12mm，柱位移突变处为柱截面突变楼层。墙柱的变形差异也和柱的刚度相关，柱刚度越大，变形差异越小。

墙柱的最终变形由三部分组成：徐变、弹性变形和收缩变形。图 1.6-2、图 1.6-3 分别为模型 1、模型 5 的最终墙柱压缩变形。由图可知，随着时间的推移，墙柱的总压缩变形在增长，相较于刚刚施工完成时，20 年后墙柱总压缩变形分别增长了 79%和 59%。其中的徐变、弹性变形和收缩变形占比情况见表 1.6-2。

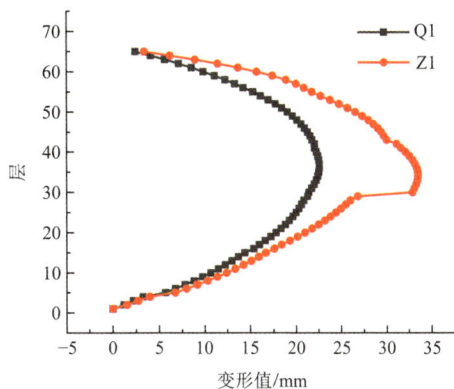

图 1.6-1　墙柱变形差异

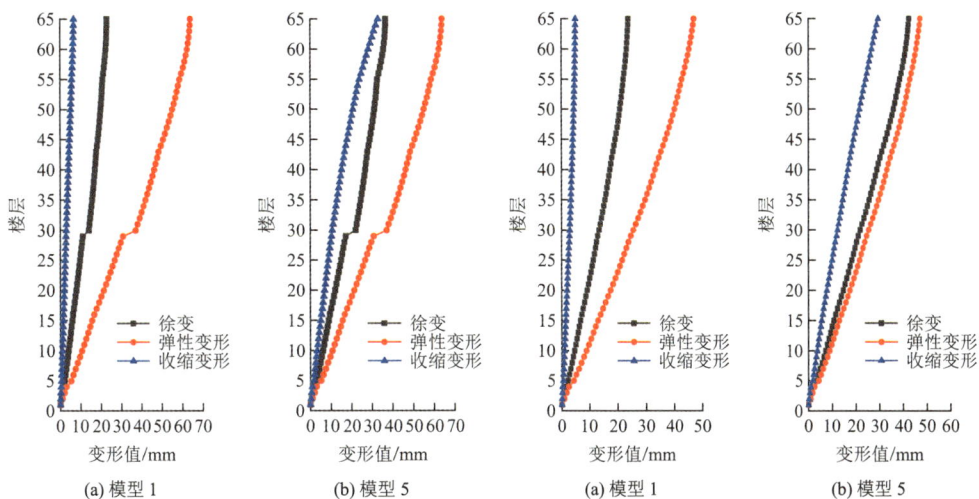

(a) 模型 1　　　　(b) 模型 5

图 1.6-2　巨型柱 Z1 最终变形

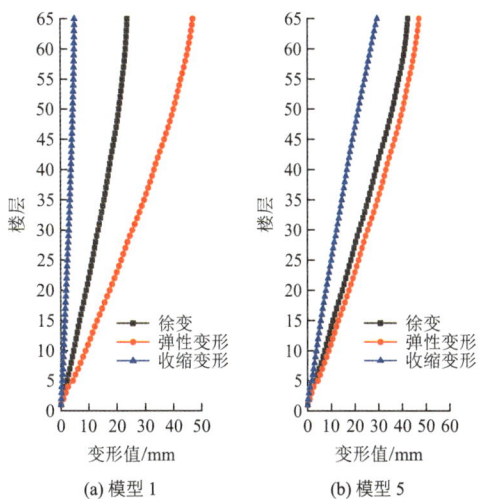

(a) 模型 1　　　　(b) 模型 5

图 1.6-3　核心筒 Q1 最终变形

墙柱最终变形占比　　　　　　　　　　　　表 1.6-2

编号	徐变		弹性变形		收缩变形	
	模型 1	模型 5	模型 1	模型 5	模型 1	模型 5
Z1	24.5%	27.4%	68.3%	47.9%	7.1%	24.6%
Q1	31.2%	35.7%	62.1%	39.6%	6.6%	24.7%

随着时间的推移，徐变和收缩变形占比越来越大，而弹性变形占比越来越小，刚刚施工完的弹性变形和 20 年后的弹性变形几乎没有变化，也就是说弹性变形在混凝土初期阶段已经完成，后期的变形主要是徐变和收缩引起的，20 年后墙柱的徐变和收缩变形之和占总变形的比例分别约为 60%和 52%。

随着时间的推移，施工完成后 Z1、Z2 柱受到混凝土收缩徐变的影响，柱的竖向位移和内力持续发展。图 1.6-4 为施工完成时及施工完成后不同时间柱底反力的变化。由图可得，柱受到混凝土压缩和斜撑的作用，随着时间变化，Z1 柱底反力增大，Z2 柱底反力反而减小，说明随着时间的推移，部分荷载逐渐往 Z1 柱转移。

结构完工后，巨型柱受到材料持续的收缩徐变作用，但是跨层斜撑的存在限制了柱的变形，所以随着时间的推移，斜撑的内力在持续增长，如图 1.6-5 所示。

在考虑巨柱的收缩徐变时，应当考虑混凝土中型钢的作用，否则分析结果容易失真。考虑巨柱中型

———————————————

本书所列数据为 Excel 计算，尾数有不闭合的情况，是因为四舍五入产生的，余不赘述。

第 1 章　杭州世茂智慧之门

钢的作用，并按照比例折算巨型柱的刚度，考察巨型柱 Z1 在时间推移过程中，混凝土和型钢中的应力变化，结果见图 1.6-6，图中 part1 为型钢部分，part2 为混凝土部分。

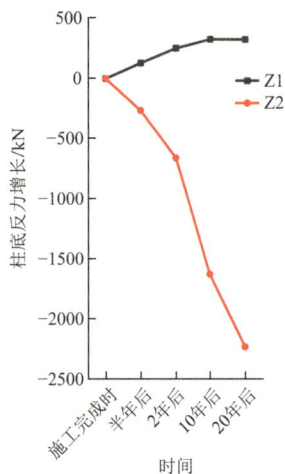

图 1.6-4　施工完成后不同时间柱内力变化　　图 1.6-5　施工完成后不同时间斜撑内力变化

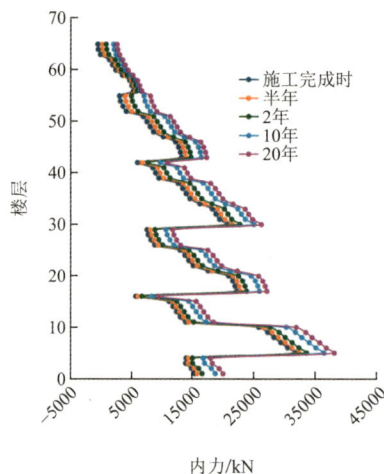

从图 1.6-7 可以看出，随着时间的推移，斜撑的内力不断增长，20 年后较刚刚施工完毕时增长了约 25%~32%。因此在超高层带斜撑的项目中，应当充分考虑斜撑的内力增长，钢构件的应力比应当留出充足的余量。

在整个施工过程和后续使用过程中，混凝土部分和型钢部分虽然共同受力，但是其轴力占比却随着时间变化而变化。图 1.6-6 中从 CS64（即楼层盖到 64 层）到施工完成的突变是因为施工完成投入使用，使用活荷载增加。从图 1.6-6 中可以看出，巨柱中的型钢轴力占比持续增长，这种增长是因为混凝土收缩徐变，轴力在往型钢中转移。投入使用 20 年后型钢部分较刚施工完成投入使用时的轴力增长了约 20%。

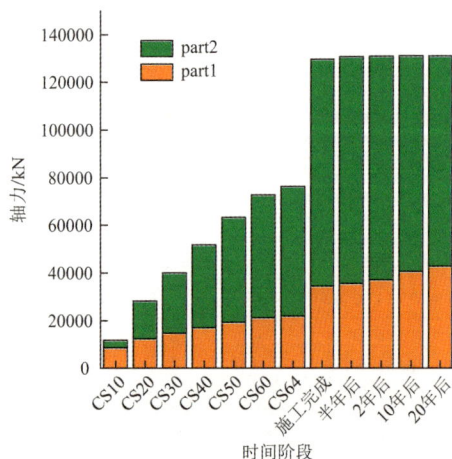

图 1.6-6　施工完成后各部分轴力占比图　　　　图 1.6-7　施工完成后部分层斜撑内力增长率

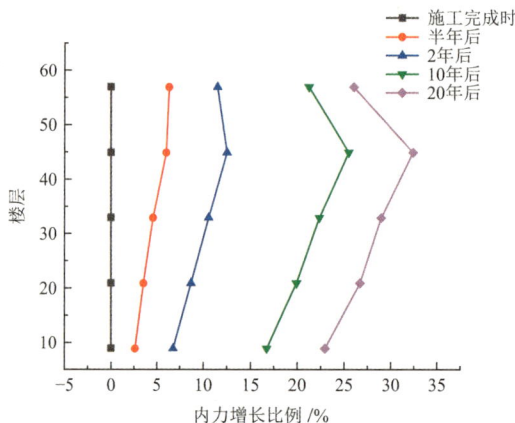

1.6.2　钢斜撑轴力分析

塔楼周边框架设置了钢斜撑，12~13 层及 38~39 层之间设置了环桁架，与巨柱框架和核心筒构成了塔楼的主要抗侧力体系。计算分析表明，巨柱、斜撑和桁架组成的抗侧力体系承担了 10% 的剪力以及超过 25% 的弯矩，由于 A、B 塔楼结构及分析结果类似，限于篇幅，仅给出 A 塔楼计算分析结果。由图 1.6-8~图 1.6-10 可得，小震作用下，斜撑轴力中重力荷载所占比重较大，而在风荷载及中震作用下，相应侧力与重力荷载占比相近。

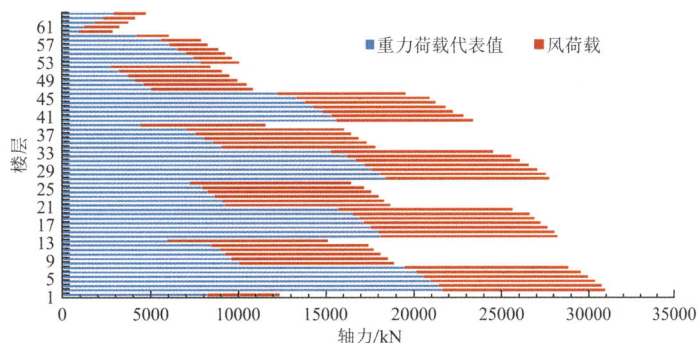

图 1.6-8　风荷载作用下斜撑轴力

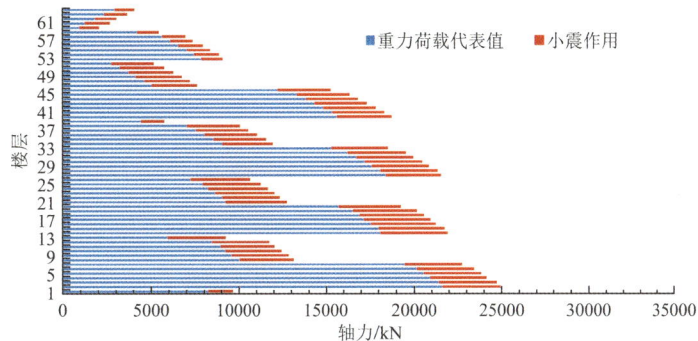

图 1.6-9　小震作用下斜撑轴力

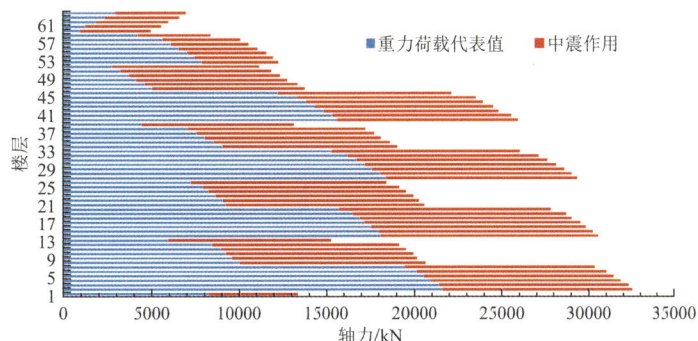

图 1.6-10　中震作用下斜撑轴力

1.6.3　楼板应力分析

塔楼采用多重抗侧力体系，在 12～13 层以及 38～39 层设置了环桁架。桁架楼层的上下楼板作为联系核心筒和外围侧力体系的桥梁，将进行水平力传递，其水平力相比其余楼层明显加大。此外在单向斜撑转折处，单向斜撑所承担的重力会在角部转折处产生水平推力，这个水平推力位于对称的角部，需要通过楼板和核心筒来相互抵消。由于 A、B 塔楼结构及分析结果类似，限于篇幅，仅给出 A 塔楼计算分析结果。如图 1.6-11～图 1.6-13 所示，在荷载标准组合下，楼板内最大拉应力基本处于 4～5MPa（除去部分应力集中区域），超过 C35 混凝土的开裂应力，楼板配筋应加大，以确保在风荷载下核心筒与外围框架之间的剪力传递及楼板在罕遇地震作用下保持弹性受力状态。

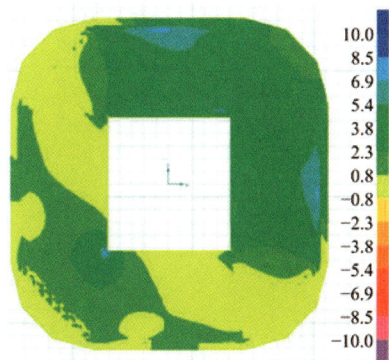

图 1.6-11　A 塔楼 39 层楼板应力（单位：MPa）

塔楼 2 层楼板大开洞处楼板应力情况：在风荷载工况下，楼板最大水平向应力为 1.44MPa，小于混凝土的抗拉强度设计值，满足受剪承载力要求；罕遇地震作用下，除边界处应力集中位置，其余楼板最大应力约为 1.35MPa，仍可以满足水平力传递要求。

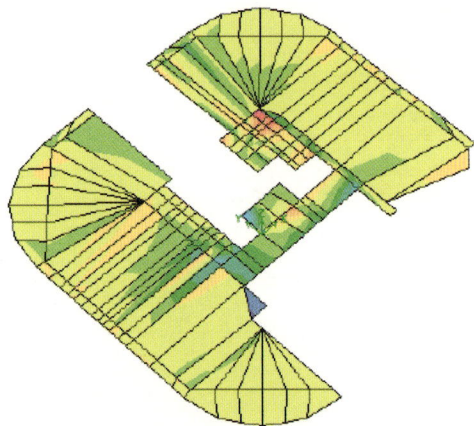

图 1.6-12　风荷载下楼板应力（单位：MPa）　　　　　图 1.6-13　罕遇地震下楼板应力（单位：MPa）

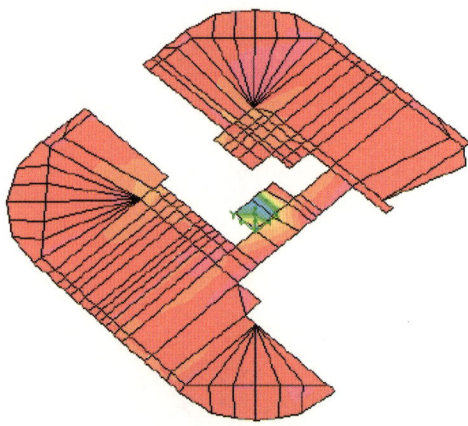

1.6.4　巨柱、斜撑和环桁架关键 K 形连接节点分析

项目采用通用有限元软件对 K 形连接节点进行模拟分析，节点所处位置见图 1.6-14，节点包括桁架上弦杆、腹杆、巨柱及水平梁，图 1.6-15 为 K 形连接节点模型。

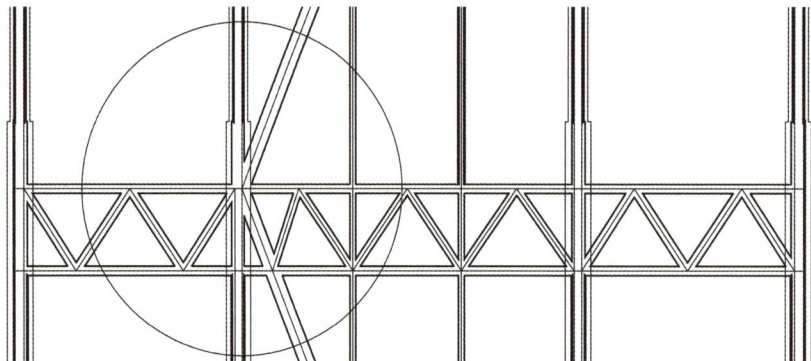

图 1.6-14　连接节点位置示意图

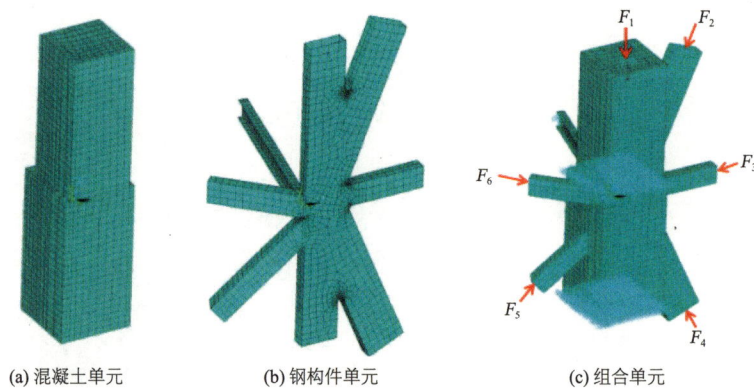

(a) 混凝土单元　　　　　　　(b) 钢构件单元　　　　　　　(c) 组合单元

图 1.6-15　K 形连接节点模型（F_i 为节点施加荷载）

图 1.6-16 和图 1.6-17 分别为风荷载及地震作用下 K 形连接节点应力云图。从图中可知，风荷载及地震作用下混凝土应力均小于抗压强度设计值 27.5MPa，钢构件仅在个别应力集中点出现较大应力，应力基本在 100～300MPa 之间，小于强度设计值 360MPa，构件处于弹性阶段。

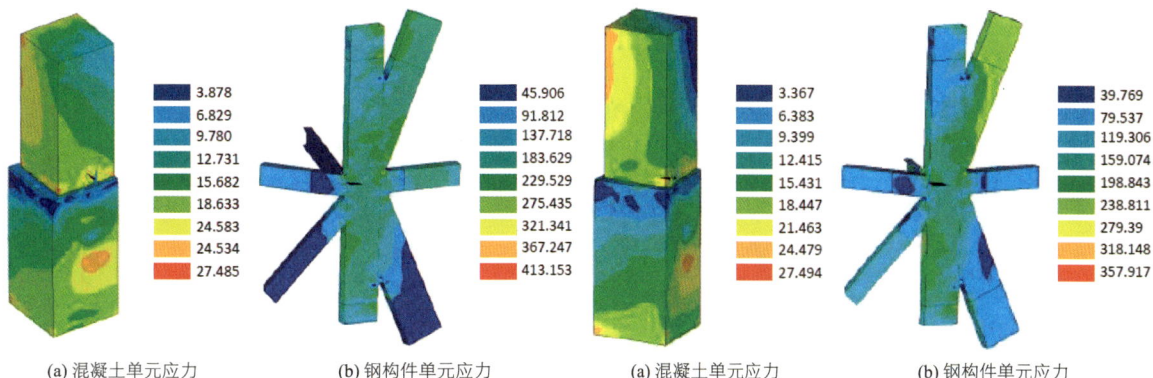

(a) 混凝土单元应力　　　　(b) 钢构件单元应力

图 1.6-16　风荷载作用下节点应力云图（单位：MPa）

(a) 混凝土单元应力　　　　(b) 钢构件单元应力

图 1.6-17　大震作用下节点应力云图（单位：MPa）

1.7　地基基础计算

塔楼抗压桩顶反力计算考虑低水位有利影响，核心筒及巨柱承台范围内的桩反力较为均匀，核心筒内的桩反力明显大于外围桩反力，但未超出规范要求。塔楼巨柱计算沉降量约为 27mm，项目封顶时巨柱实测沉降约为 18mm，与计算结果较为吻合。塔楼底板在核心筒外墙处应力集中导致底板配筋大，对底板刚度进行折减后，根据底板重分布后的内力进行配筋，可减少底板配筋，降低工程造价。底板刚度折减前后，弯矩对比如图 1.7-1、图 1.7-2 所示。

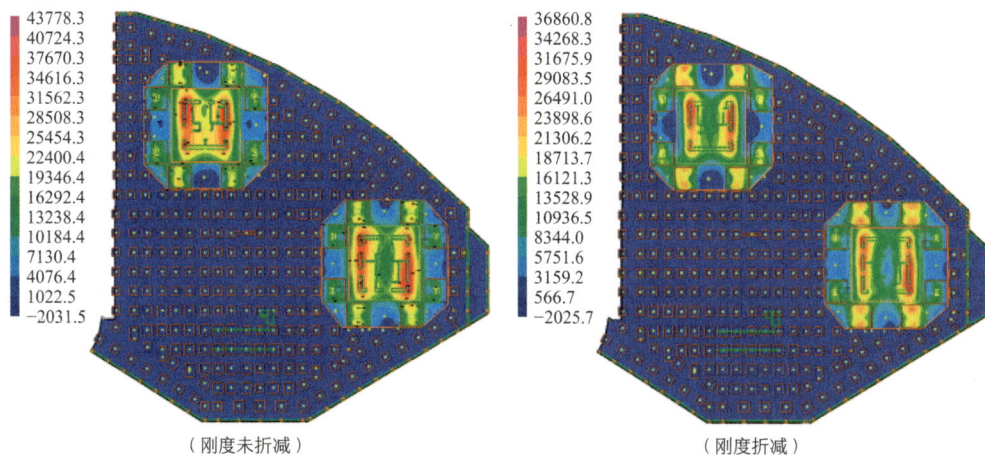

（刚度未折减）　　　　　　　　　　（刚度折减）

图 1.7-1　底板 X 向弯矩图（单位：kN·m）

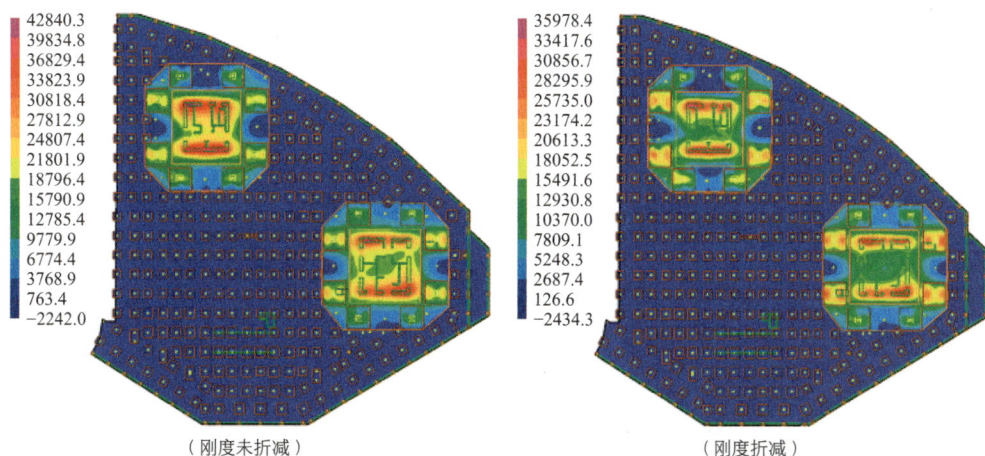

（刚度未折减）　　　　　　　　　　（刚度折减）

图 1.7-2　底板 Y 向弯矩图（单位：kN·m）

参考资料

[1] 住房和城乡建设部. 高层建筑混凝土结构技术规程: JGJ 3—2010[S]. 北京: 中国建筑工业出版社, 2011.

[2] 住房和城乡建设部. 建筑抗震设计规范: GB 50011—2010（2016 年版）[S]. 北京: 中国建筑工业出版社, 2016.

[3] 浙江省建筑设计研究院. 杭州世贸浙江智慧之门超限高层抗震设防专项审查报告[R]. 2015.

[4] 住房和城乡建设部. 超限高层建筑工程抗震设防专项审查技术要点: 建质〔2015〕67 号[A]. 2015.

[5] 浙江大学. 浙江智慧之门项目工程风洞试验报告[R]. 2015.

[6] 住房和城乡建设部. 建筑结构荷载规范: GB 50009—2012[S]. 北京: 中国建筑工业出版社, 2012.

[7] 住房和城乡建设部. 建筑工程风洞试验方法标准: JGJ/T 338—2014[S]. 北京: 中国建筑工业出版社, 2015.

[8] 浙江省工程勘察院. 浙江智慧之门岩土工程勘察报告[R]. 2014.

[9] 杨学林, 林政, 祝文畏, 等. 浙江智慧之门混凝土核心筒-巨柱钢斜撑超高层结构体系分析与设计[J]. 建筑结构, 2022, 52(15): 1-7.

设计团队

结构设计单位：浙江省建筑设计研究院有限公司

结构咨询单位：LERA

结构设计团队：杨学林、林　政、陈　劲、韩　俊、任铭宇、施祖元

执　笔　人：林　政

获奖信息

2023 年度杭州市勘察设计行业优秀成果一等奖

2023 年度浙江省勘察设计行业优秀勘察设计成果一等奖

2023 年度浙江省勘察设计行业优秀勘察设计成果专业专项类（建筑结构设计专业类）一等奖

2023 RIBA 中国城市地标 100——城市综合类

2023 International Architecture Awards 国际建筑大奖（特别提名）

2023 CTBUH 全球奖最佳亚洲高层建筑奖

第 2 章

宁波国华金融大厦

2.1 工程概况

宁波国华金融大厦位于宁波市东部新城中央商务区的延伸区域，东距宁波市中心约 6km。本项目为一栋带裙房的超高层塔楼结构，塔楼与裙房相互独立并通过钢结构连廊连通，建筑高度 206.1m，总建筑面积约 15 万 m²。塔楼地上 43 层，主要功能为办公，主屋面结构高度 197.8m，平面外轮廓尺寸 61.8m×35.7m，建筑面积约 9.6 万 m²，典型层高 4.3m；地下室有 3 层（含 1 个夹层），主要为停车库和设备用房。塔楼外立面为斜交网格结构形式，每 4 层形成一个斜交网格节点，塔楼中部设有两个空中花园层。工程已于 2021 年建成，现已成为宁波市的标志性建筑之一（图 2.1-1），塔楼建筑平面见图 2.1-2。

图 2.1-1 工程实景照片

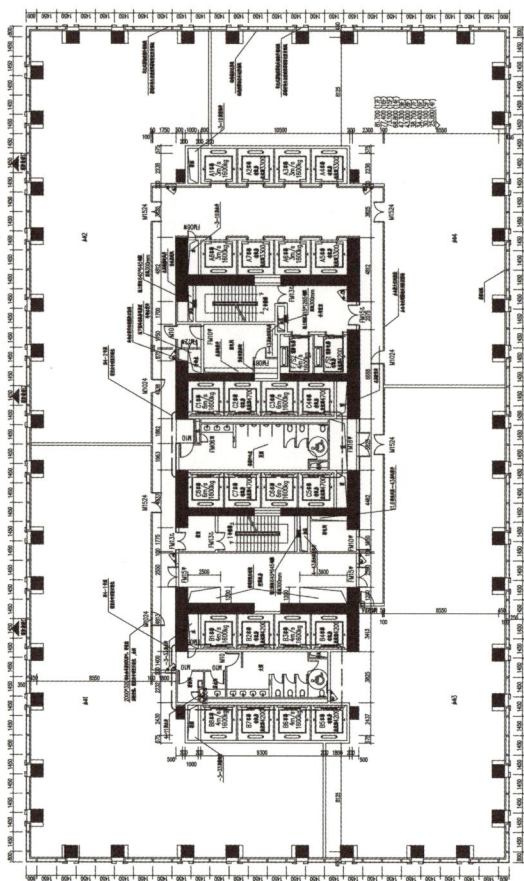

图 2.1-2 塔楼建筑平面图

该项目主体结构的设计基准期和使用年限均为 50 年，建筑结构安全等级为二级，结构重要性系数为 1.0。抗震设防烈度为 6 度（0.05g），设计地震分组为 I 组，场地类别为 IV 类，建筑抗震设防类别为标准设防类（丙类）。

（1）风荷载：塔楼位移验算时，风荷载按 50 年一遇基本风压取 0.50kN/m²。构件强度设计时，对基本风压放大 1.1 倍，同时考虑到场地上周围拟建建筑的群体效应，再考虑 1.1 倍的荷载放大系数，因而实际基本风压取 0.605kN/m²。风压高度变化系数按 B 类地面粗糙度采用，风荷载体型系数取 1.4。

（2）地震作用：根据《地震安全性评价报告》场地反应谱和《建筑抗震设计规范》GB 50011—2010（2016 年版）规范反应谱，小震下水平地震影响系数分别为 0.0758 和 0.04。小震时综合考虑这两种小震反应谱进行分析设计，中震、大震采用规范地震动参数进行分析。小震计算时周期折减系数为 0.8，中震、大震时周期不折减；小震、中震时阻尼比为 0.04，大震时阻尼比为 0.05。

（3）其他荷载：包括楼面荷载、雪荷载，楼面荷载按照《建筑结构荷载规范》GB 50009—2012 中对应建筑功能要求进行选取。雪荷载按 50 年一遇的基本雪压取 0.30kN/m²。

2.2 结构方案

2.2.1 结构体系

本工程塔楼结构体系由抗侧力系统和重力支承系统组成。抗侧力系统包括外围连续的钢结构斜交网格体系和内部的钢筋混凝土核心筒，形成筒中筒结构。重力支承系统包括连接核心筒与外围斜交网格的钢梁以及钢梁支承的钢筋桁架楼承板。塔楼结构模型见图2.2-1，整体结构模型见图2.2-2。

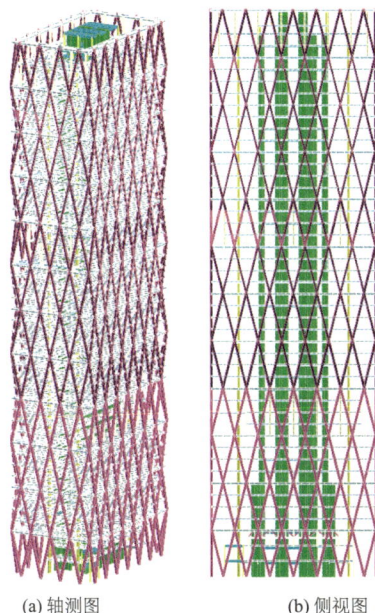

(a) 轴测图　　　　　　　　(b) 侧视图

图 2.2-1　塔楼结构模型（PKPM）

图 2.2-2　整体结构模型（含裙房、地下室）

2.2.2 结构布置方案

（1）钢筋混凝土核心筒

由于斜交网格外框具有较强的抗侧力刚度，核心筒墙体根据建筑功能尽量减少布置，以满足建筑多样化需求。核心筒墙体采用现浇钢筋混凝土，强度等级从下到上按 C60～C40 依次递减。根据总建筑高度，底部加强区范围为 1～3 层（标高 −0.050～21.350m），抗震等级为一级。东西向仅设置两道核心筒外墙，墙身厚度则从底部的 1100mm 逐步减至顶层的 600mm；南北向设置 4 道剪力墙，外侧和内侧的墙厚分别为 800mm 和 600mm。核心筒墙体在低区和中、高区的典型平面布置如图 2.2-3 所示。

此外，核心筒和外框架间设置了 4 根钢管混凝土柱进行过渡连接，截面尺寸从底部的 950mm×700mm 减小至顶部的 600mm×400mm，壁厚变化范围为 85～20mm，内部浇灌强度等级为 C60～C40 的混凝土。

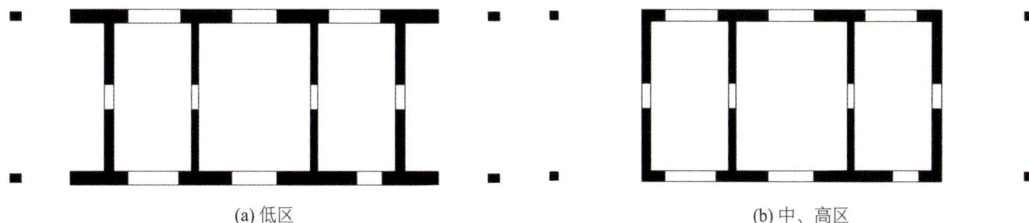

(a) 低区　　　　　　　　　　(b) 中、高区

图 2.2-3　核心筒墙体布置示意图

（2）斜交网格外框架

斜交网格外框架的结构设计充分考虑了其与建筑造型的融合，它既是结构的重要竖向构件，承担了超高层建筑竖向和水平荷载，同时也是斜交网格造型的建筑立面元素，最大程度上实现了建筑与结构的完美统一。外围连续的钢结构斜交网格体系具有较大的抗侧力刚度，以每 4 层为一节点层，相邻节点间距为 8.7m；节点层之间为 4 层通高斜柱构件，其竖向高度为 17.2m。斜柱构件截面为焊接箱形截面，尺寸从底部的 750mm × 750mm 减小至顶部的 500mm × 500mm，壁厚变化范围为 40～20mm，材料为 Q345B 钢。各节点层的外围钢梁刚接连接至斜交网格节点，构成外围斜交网格基本体系；非节点层的外围钢梁则铰接连接至斜柱上，以减小对斜柱构件抗弯性能的影响。斜交网格外框架见图 2.2-1。

为在保证结构力学性能的同时达到最省材料的经济目标，通过比较分析，在 18 层以下箱形截面钢管内部浇灌混凝土，强度等级为 C60。在计算刚度比、受剪承载力比时，每 4 层进行一次校核。10～14 层、26～30 层的空中花园以及 42 层～女儿墙顶由于局部楼面缩进，部分斜交网格构件形成 4 层通高穿层斜柱，通过加大截面至 700mm × 700mm 进行加强。验算外框筒穿层柱的压弯承载力稳定性时，也应取 4 层高度作为其平面外计算长度。

所有角部斜交网格构件均由于受力较大，按照 1.1 倍承载力需求验算。根据混凝土浇筑层数的不同，分别进行了几组斜交网格外框架构件材料用量比较，如图 2.2-4 和表 2.2-1 所示。可知，当混凝土浇筑至 18 层时，总的用钢量和混凝土用量最为经济合理。其中 14～18 层的钢管混凝土构件作为下部钢管混凝土构件的转换区，不考虑混凝土部分强度贡献，偏安全地按照钢管截面的承载力验算。

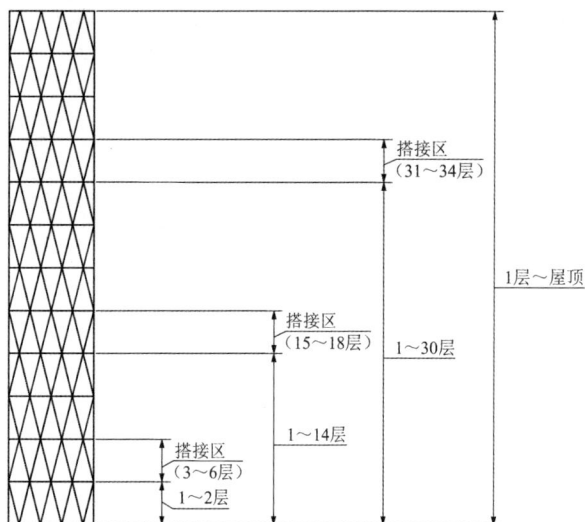

图 2.2-4　斜交网格外框架

材料用量比较　　　　　　　　　　　　　　　　　　　　　　　表 2.2-1

材料	全钢管	CFT：1～6 层浇筑混凝土	CFT：1～18 层浇筑混凝土	CFT：1～34 层浇筑混凝土	全钢管混凝土
钢材/t	7104	5705	5010	4195	3806
混凝土/m³	0	1883	4963	8394	9172

（3）楼盖支承系统

塔楼典型办公楼层核心筒内采用钢筋混凝土楼盖，楼板厚度为 150mm。核心筒外采用钢梁 + 钢筋桁架楼承板系统，典型梁中距为 2.1～3.3m，非节点层楼板厚度为 120mm，节点层楼板加厚至 150mm。典型结构平面布置图见图 2.2-5。

在重力荷载作用下，斜交网格会产生一个向外的平面内的变形，引起节点层楼板较大的面内拉应力。因而楼板在节点层加厚并加大楼板配筋以提高受拉承载力，同时为避免过早开裂，2 层、10 层、18 层和26 层的钢筋桁架楼板混凝土在塔楼结构封顶后浇筑。由于核心筒和斜交网格外框架均具有较大的抗侧刚度，连接内筒和外框架的支承钢筋桁架楼承板用钢梁采用铰接形式连接。由于建筑绿化需要设空中花园层，该层周边存在部分楼板缩进情况，通过增设转换吊柱来实现对楼面系统的支承。

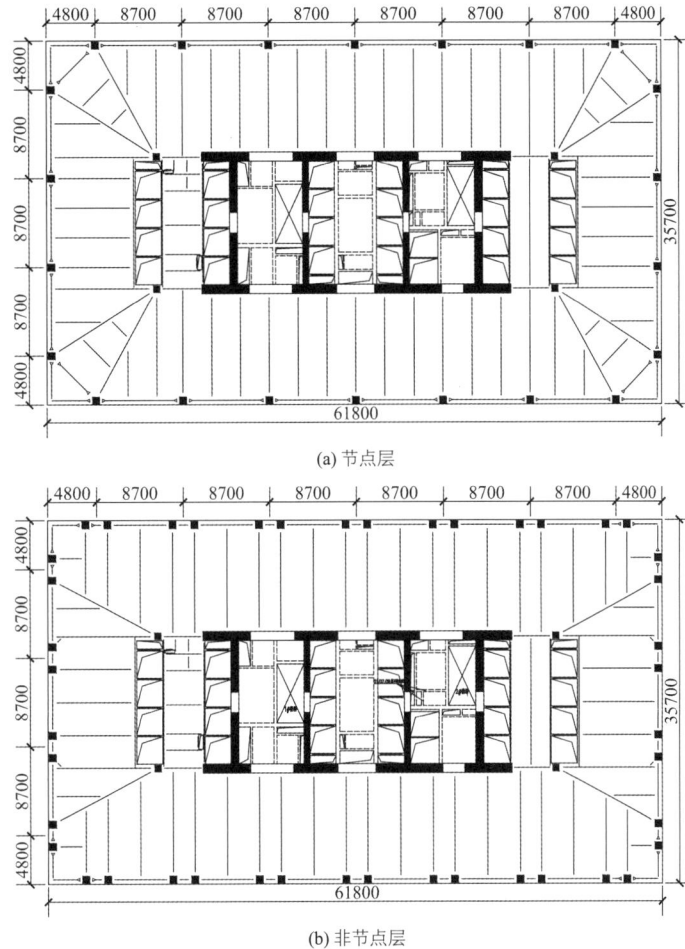

(a) 节点层

(b) 非节点层

图 2.2-5 典型结构平面布置图

2.2.3 地基基础设计方案

（1）地质勘察情况

根据浙江省地矿勘察院提供的《宁波国华金融大厦工程岩土工程勘察报告》（详勘阶段，2014 年 6 月），本工程建筑桩基设计等级为甲级，±0.000m 相当于绝对标高 3.700m（黄海高程），设计抗浮水位为 2.800m。

（2）基础设计方案

该项目地下室为三层和一个夹层，底板面结构标高 −13.800m，塔楼基础埋深较深，采用筏板 + 桩基的基础形式，其中核心筒部分采用满堂布桩。整个场地包括不同厚度的钢筋混凝土筏板基础，由钻孔灌注桩支承；塔楼正下方筏板厚 3.0m，采用直径 800～900mm 的桩；其他区域底板厚 1.0m，采用直径 700mm 的桩。桩基选型和承载力如表 2.2-2 所示，塔楼基础平面布置图见图 2.2-6。

桩基选型和承载力   表 2.2-2

桩径/mm	类型	桩长/m	桩端持力层	进入持力层最小深度/m	单桩竖向承载力特征值	
					抗压/kN	抗拔/kN
700	抗压桩、抗拔桩	55～60	⑧粉质黏土层	5.0	2600	1600
800	抗压桩、抗拔桩	55～60	⑧粉质黏土层	5.0	3000	1800
800	抗压桩	66～70	⑨圆砾层	3.0	6400	—
900	抗压桩	66～70	⑨圆砾层	3.0	8000	—

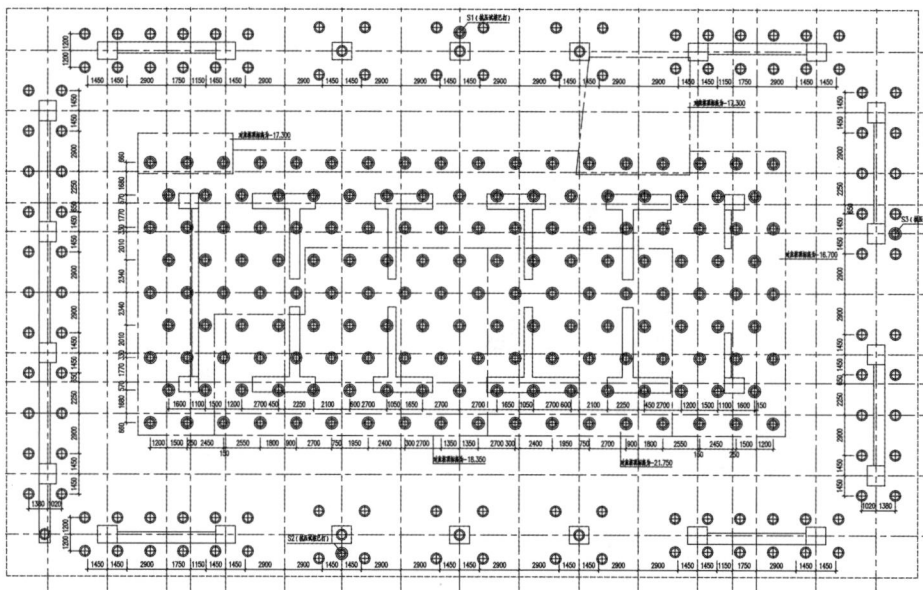

图 2.2-6　塔楼下部基础平面布置图

2.3　结构抗震计算

2.3.1　多遇地震计算

分别采用结构设计软件 ETABS 和 PKPM 建立塔楼三维结构模型，见图 2.2-1。

1）周期比和层间位移比

该塔楼为超过 A 级的超高层混合结构，表 2.3-1 分别给出了 ETABS 和 PKPM 计算获得的前 3 阶振型及自振周期。可知，两者计算结果相近，第 1、2 和 3 阶振型分别均为 Y 向平动、X 向平动和扭转振型；ETABS 和 PKPM 计算获得的扭转周期比分别为 0.458 和 0.457，满足《高层建筑混凝土结构技术规程》JGJ 3—2010 第 3.4.5 条的最大限值（0.85）要求。

塔楼 X 向和 Y 向的各楼层最大层间位移比分别为 1.08 和 1.11，满足《高层建筑混凝土结构技术规程》JGJ 3—2010 第 3.4.5 条的限值（1.2）要求。

自振周期比较　　　　　　　　　　　　　　　　　　　　　　　表 2.3-1

周期阶数	ETABS/s	PKPM/s	PKPM/ETABS	备注
第 1 阶	4.369	4.44	101.7%	Y 向平动
第 2 阶	3.391	3.42	100.9%	X 向平动
第 3 阶	2.002	2.03	101.5%	扭转振型

2）层间位移角

本塔楼主屋面结构高度为 197.8m，根据《高层建筑混凝土结构技术规程》JGJ 3—2010 第 11.1.5 条和第 3.7.3 条，按照弹性方法计算并采用线性插值法算得最大层间位移角限值为 1/667。地震作用、风荷载作用下，各楼层的层间位移角曲线如图 2.3-1 所示。采用 ETABS 分析时，本塔楼在地震作用和风荷载下的各楼层最大层间位移角分别为 1/1894 和 1/768；采用 PKPM 分析时，分别为 1/1818 和 1/687。风荷载下层间位移角的验算起控制作用，本塔楼所有层间位移角均满足规范要求。

3）地震剪重比

该塔楼处于 6 度设防地区，第一自振周期 $T_1 = 4.36s$，根据《建筑抗震设计规范》GB 50011—2010

（2016 年版）第 5.2.5 条，采用线性插值法算得最小剪重比限值为 0.68%。由图 2.3-2 可见，本塔楼X向和Y向的各楼层最小地震剪重比分别为 1.12% 和 1.08%，满足规范要求。

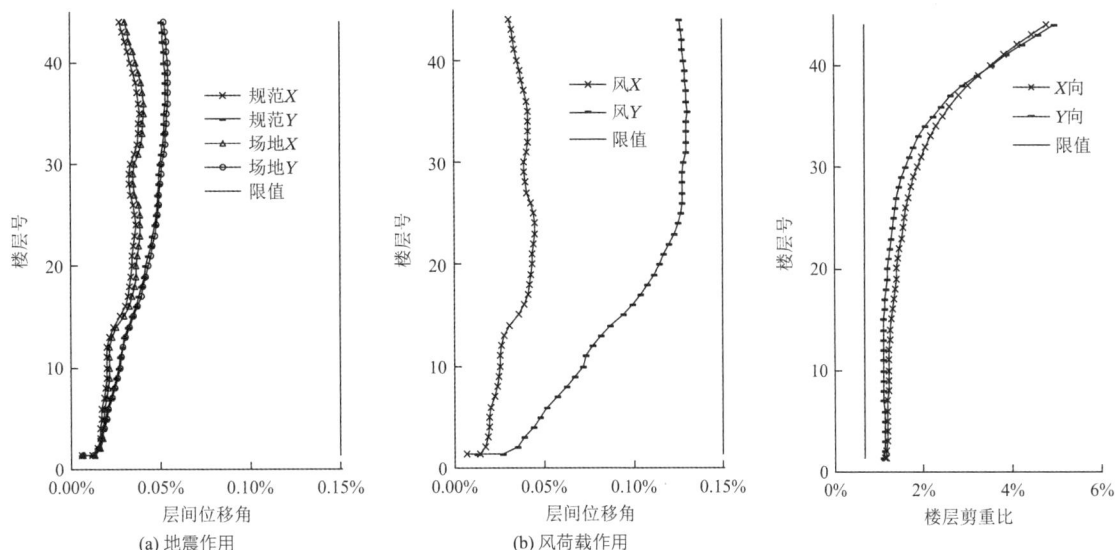

图 2.3-1 层间位移角

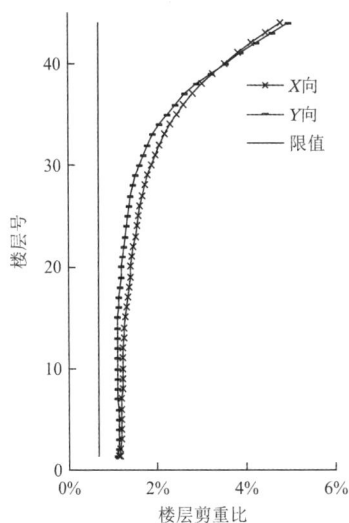

图 2.3-2 地震剪重比

4）地震剪力比

该塔楼斜交网格外框筒的抗侧刚度较大，绝大多数楼层的外框筒承担的地震剪力比大于结构基底剪力的 20%，个别楼层大于 10%，最大达到 91.3%，见图 2.3-3。根据《高层建筑混凝土结构技术规程》JGJ 3—2010 第 8.1.4 条和第 9.1.11 条，X向和Y向外框筒剪力比不足 20% 的个别楼层剪力设计值均调整为 20% 结构基底剪力，其余无需调整。

ETABS 和 PKPM 计算得到的塔楼底部地震剪力结果基本一致。在两个空中花园层，由于楼板缩进，外框筒承担的剪力出现突变性大幅增大，设计时加大截面至 700mm×700mm，并保证每 4 层高的刚度比、受剪承载力比及斜柱压弯承载力稳定性满足规范要求。

5）地震倾覆力矩比

该塔楼外框筒承担的各楼层X向和Y向的地震倾覆力矩比均在 50%～80% 之间，如图 2.3-4 所示。根据《高层建筑混凝土结构技术规程》JGJ 3—2010 第 8.1.3 条规定，剪力墙按框架-剪力墙结构进行设计，斜交网格构件部分设为关键构件，其抗震性能应根据性能化设计要求提高。ETABS 和 PKPM 计算得到的塔楼底部地震倾覆力矩结果基本一致。

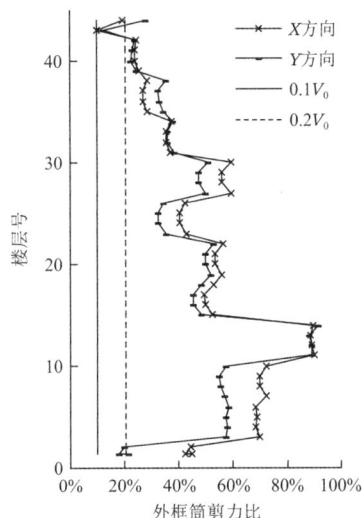

图 2.3-3 地震剪力比

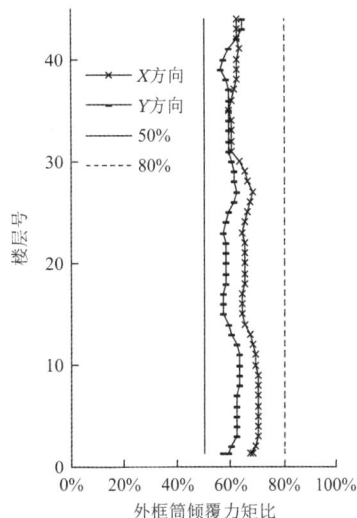

图 2.3-4 地震倾覆力矩比

6）楼层侧向刚度比

由于斜交网格为轴向构件且每4层一个节点，节点层的楼板与核心筒紧密连接。所以整体指标的计算应基于相邻斜交节点层，计算刚度比时以每4层为一个单元来校核较为合理。

根据《高层建筑混凝土结构技术规程》JGJ 3—2010 第 3.5.2 条第 2 款规定，本层与相邻上层的侧向刚度比值不宜小于0.9，对结构底部嵌固层不宜小于1.5。图 2.3-5 为本塔楼X向和Y向的随楼层递增的各楼层侧向刚度变化曲线。可知，最小侧向刚度比分别为 1.06 和 1.17，底部楼层侧向刚度比分别为 1.60 和 1.97。由于空中花园层（10~14 层、26~30 层）楼板缩进且位于上下节点层之间，还需作为转换层，根据《高层建筑混凝土结构技术规程》JGJ 3—2010 附录 E.0.3 条进行刚度比验算，分别采用单位力$P = 1.0$kN（ETABS）、$P = 1.0$kN/m（PKPM）计算，计算模型见图 2.3-6。

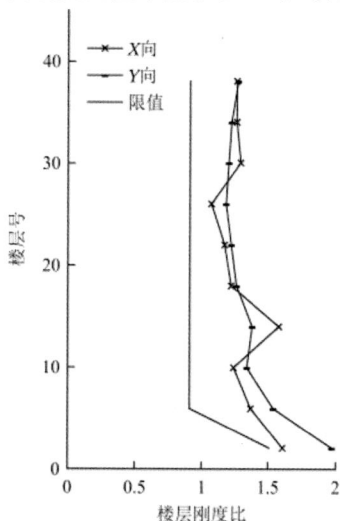

分别采用 ETABS 和 SATWE 计算得到的本塔楼转换层下部结构与上部结构的等效侧向刚度比结果基本一致，均满足规范抗震设计不小于0.8 的要求。

7）楼层受剪承载力比

楼层受剪承载力以每4层为一个单元进行校核，其中斜撑的轴向承载力考虑了空中花园层无侧向支撑的长细比。图 2.3-7 为各楼层在X向、Y向的受剪承载力比曲线图。可知，本塔楼X向和Y向的各楼层最小受剪承载力比分别为 80% 和 92%，满足《高层建筑混凝土结构技术规程》JGJ 3—2010 第 3.5.3 条的最小限值（75%）要求。

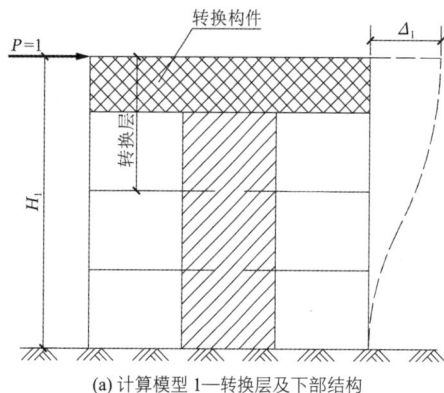

图 2.3-5 楼层侧向刚度比

(a) 计算模型1—转换层及下部结构

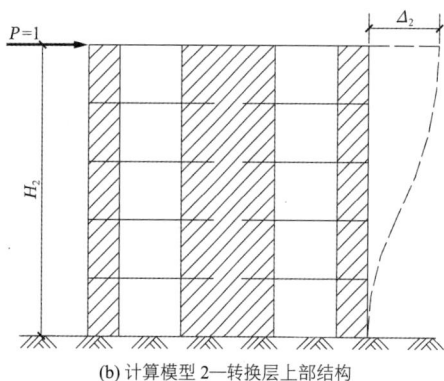

(b) 计算模型2—转换层上部结构

图 2.3-6 侧向刚度比计算模型

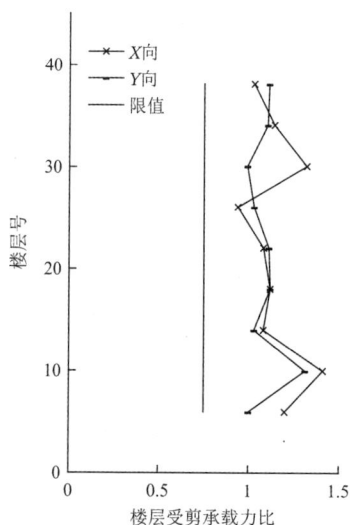

图 2.3-7 楼层受剪承载力比

8）塔楼嵌固验算

本塔楼地上首层和地下室一层的抗剪刚度如表 2.3-2 所示。可知，刚度比为 7.36，大于《高层建筑混凝土结构技术规程》JGJ 3—2010 第 5.3.7 条限值 2，因而地下室可作为上部结构的嵌固端。

楼层抗剪刚度（ETABS）

表 2.3-2

楼层	地上首层			地下一层		
	剪力墙	斜交网格	合计	剪力墙	斜交网格	合计
等效刚度/（MN/m）	33407	14031	47438	283283	65993	349286
刚度比	7.36 > 2.0，符合嵌固端要求					

9）刚重比和整体稳定性

表 2.3-3 为 ETABS 和 SATWE 计算的刚重比对比。可知，本塔楼X向和Y向的刚重比分别为 5.15 和 2.95（ETABS）、4.33 和 2.79（SATWE），均大于《高层建筑混凝土结构技术规程》JGJ 3—2010 第 5.4.1 条第 1 款限值 2.7 和第 5.4.4 条第 1 款限值 1.4，满足整体稳定性要求，在X向和Y向均不需要考虑重力二阶效应。

刚重比和整体稳定性验算比较

表 2.3-3

等效侧向刚度比	ETABS	SATWE	规范限值
X向	5.15	4.33	> 2.7，符合要求
Y向	2.95	2.79	> 1.4，符合要求

10）风荷载舒适度验算

本塔楼在X向的顺风向、横风向风振加速度分别为 0.033m/s²、0.094m/s²，在Y向的顺风向、横风向风振加速度分别为 0.066m/s²、0.075m/s²。根据《高层建筑混凝土结构技术规程》JGJ 3—2010 第 3.7.6 条，办公类高层建筑的结构顶点最大风振加速度限值为 0.25m/s²，满足规范规定的舒适度要求。

11）多遇地震弹性时程分析

（1）输入时程波

选用 3 条天然地震波进行弹性时程分析，对应小震反应谱比较见图 2.3-8。

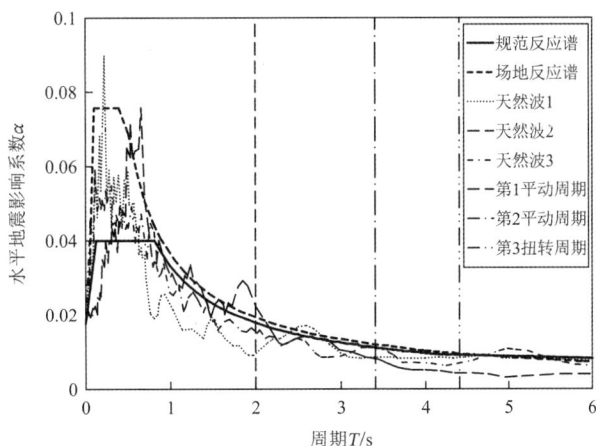

图 2.3-8　天然地震时程波的反应谱

（2）基底剪力

弹性时程分析和规范反应谱的对应地震基底剪力比较如表 2.3-4 所示。可知，每条波时程分析所得基底剪力均大于规范反应谱剪力的 65%，三条波平均基底剪力大于规范反应谱剪力的 80%，满足《高层建筑混凝土结构技术规程》JGJ 3—2010 第 4.3.5 条的要求。

（3）楼层层间位移角

弹性时程分析和规范反应谱、场地反应谱的累积楼层层间位移角如图 2.3-9 所示。可知，所有层间位移角均符合规范要求。其中场地反应谱的计算结果比规范反应谱要大，而时程曲线天然波 3 在Y向起控制作用。因此，各构件的设计取场地时程分析结果和场地反应谱分析的包络值。

弹性时程时的地震基底剪力   表 2.3-4

方向	工况	基底剪力/kN	与规范反应谱比值	平均值与规范反应谱比值
X向	规范谱	11024	—	—
	天然波 1	10277	93%	104%
	天然波 2	11260	102%	
	天然波 3	12783	116%	
Y向	规范谱	10482	—	—
	天然波 1	9486	90%	96%
	天然波 2	9822	94%	
	天然波 3	10744	103%	

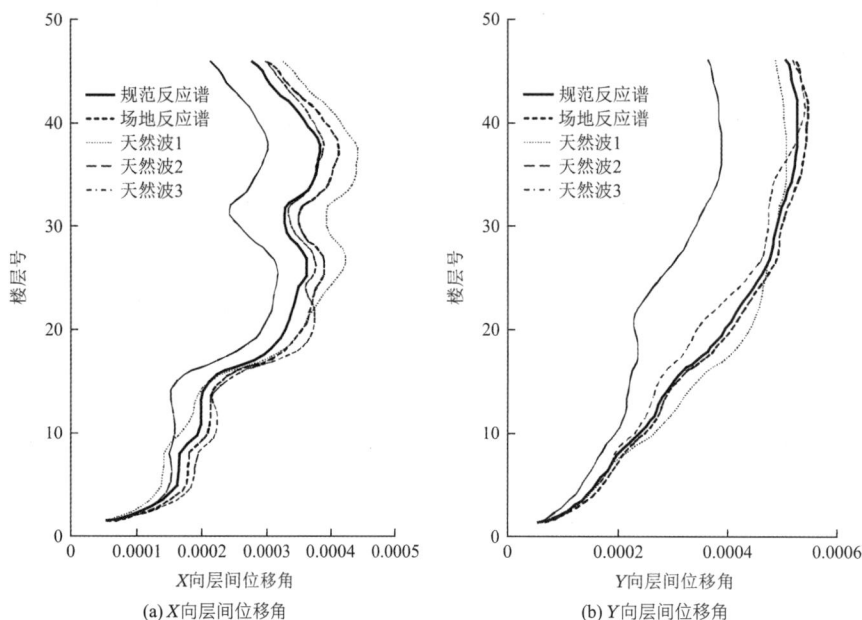

(a) X向层间位移角

(b) Y向层间位移角

图 2.3-9　弹性时程的层间位移角

2.3.2　性能目标和构件性能验算

本项目塔楼结构的抗震性能目标定为 C。根据《高层建筑混凝土结构技术规程》JGJ 3—2010 第 3.11 节确定塔楼各构件的性能要求，特别关键构件则提高设计性能要求。各地震水准下塔楼的层间位移变形要求按《建筑抗震设计规范》GB 50011—2010（2016 年版）附录 M1.1.1 中性能要求 3 确定。小震计算时取《建筑抗震设计规范》GB 50011—2010（2016 年版）和《地震安全性评价报告》计算的包络值，中震和大震时按《建筑抗震设计规范》GB 50011—2010（2016 年版）计算。结构各构件的具体性能目标见表 2.3-5。

结构构件性能目标   表 2.3-5

地震水准		小震	中震	大震
性能水准定性描述		不损坏	可修复损坏	无倒塌
变形参考值		$\Delta < [\Delta_{ue}]$	$\Delta < 2[\Delta_{ue}]$	$\Delta < 4[\Delta_{ue}]$
关键构件	斜交网格	弹性	受剪承载力弹性，正截面承载力弹性	受剪承载力不屈服，正截面承载力不屈服，破坏程度可修复
	斜交网格地下室墙	弹性		
	节点层抗拉周边梁	弹性		

地震水准		小震	中震	大震
关键构件	节点层与首层楼板	弹性	楼板受拉配筋不屈服	—
普通竖向构件	核心筒墙	弹性	受剪承载力不屈服，正截面承载力不屈服	受剪承载力不屈服
耗能构件	连梁	弹性	受剪承载力不屈服，构件塑性变形满足"防止倒塌"要求	构件塑性变形满足"防止倒塌"要求

注：$[\Delta_{ue}]$为规范规定的弹性变形限值。

2.3.3　结构弹塑性分析

1）罕遇地震弹塑性时程分析

（1）输入时程波

选用 7 组地震记录分析了塔楼在双向地震作用下的反应，包括 7 组大震时程（5 组天然波和 2 组人工波），该 7 组大震反应谱和规范反应谱的比较见图 2.3-10。因分析中仅采用了 7 组时程记录，所以取平均的反应参数来确保符合性能要求。

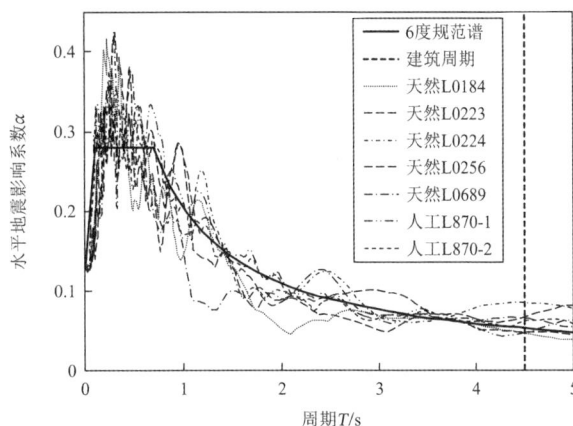

图 2.3-10　大震时程波的反应谱

由小震计算结果可知，结构第一振型和第二振型分别沿Y向和X向平动，本节采用三向地震分别计算X向、Y向为主算方向（主、次、竖向峰值加速度比为 1：0.85：0.65）时的结构时程响应，6 度罕遇地震时地震加速度的最大值为 125cm/s²，采用大震时程波进行罕遇地震下结构的动力弹塑性时程分析，计算时将其特征周期调整到罕遇地震作用水平 0.70s；大震时程波的计算时长取为 50s，间隔 0.02s。动力弹塑性可查询随时间变化的各层剪力、位移、构件内力及塑性铰等结果。

（2）基底剪力

为简便起见，以下仅给出了各工况下主方向的分析结果，即地面峰值加速度取 100%的方向。大震弹塑性和大震弹性下结构基底剪力的比较如表 2.3-6 所示。可知，大震弹塑性和大震弹性基底剪力的比值的平均值大于 70%，表明本塔楼在大震下非线性特征比较合理，地震能量得到了有效消散。

大震时程时结构基底剪力　　　　　　　　　　　　　　表 2.3-6

方向	工况	大震弹性基底剪力/kN	大震弹塑性基底剪力/kN	弹塑性/弹性基底剪力比值
X主方向	L0184	53180	42340	79.6%
	L0223	51550	43200	83.8%
	L0224	73930	54560	73.8%
	L0256	57520	45270	78.7%
	L0689	45960	39990	87.0%
	L870-1	75330	49250	65.4%

方向	工况	大震弹性基底剪力/kN	大震弹塑性基底剪力/kN	弹塑性/弹性基底剪力比值
X主方向	L870-2	63810	41550	65.1%
	平均	60180	45170	75.1%
Y主方向	L0184	54240	43900	80.9%
	L0223	43760	40280	92.0%
	L0224	82190	56220	68.4%
	L0256	58850	48820	83.0%
	L0689	48670	42300	86.9%
	L870-1	65850	45070	68.4%
	L870-2	65830	48920	74.3%
	平均	59910	46500	77.6%

（3）楼层位移和层间位移角

对于大震弹塑性时程分析，X向、Y向为主方向时结构顶部的最大弹塑性位移分别为 299mm 和 550mm，其中Y向为主方向时的位移起主要控制作用。本塔楼的大震弹塑性分析调整前和分析调整后的最大楼层层间位移角比较如表 2.3-7 所示。可知，塔楼X向、Y向为主方向时，最不利工况下分析调整后最大楼层层间位移角分别为 1/437 和 1/311，其中Y向主算时的位移角起主要控制作用，均满足规范要求的位移角限值 1/169。结构整体设计能够满足"小震不坏，大震不倒"。

大震时程时的最大楼层层间位移角 表 2.3-7

方向	工况	大震弹塑性楼层层间位移角		方向	工况	大震弹塑性楼层层间位移角	
		分析调整前	分析调整后			分析调整前	分析调整后
X主方向	L0184	1/375	1/437	Y主方向	L0184	1/366	1/311
	L0223	1/423	1/538		L0223	1/315	1/334
	L0224	1/348	1/441		L0224	1/224	1/393
	L0256	1/382	1/479		L0256	1/246	1/346
	L0689	1/450	1/459		L0689	1/252	1/345
	L870-1	1/365	1/513		L870-1	1/291	1/361
	L870-2	1/494	1/592		L870-2	1/277	1/369
	平均	1/399	1/488		平均	1/275	1/349

2）构件屈服次序研究

（1）结构时程作用

以底部剪力最大的 L0224 波Y向（短轴向）作用为例，对比结构在大震弹性与大震弹塑性工况下的顶部位移，如图 2.3-11 所示。曲线 0～5s 内重合度较高，后逐步出现幅值偏差，但结构整体位移趋势相似，并未产生周期滞后。该现象表明弹塑性工况下结构刚度逐步退化，地震作用减小，但退化程度相对较小，即失效构件相对较少。

本节旨在探究体系在极端地震灾害下的失效模式，故将 L0224 波人为放大，加速度峰值为 310cm/s²，考虑计算成本仅截取地震波前 20s，地震波加速度时程曲线见图 2.3-12。

（2）结构协同作用

钢管混凝土斜交网格外筒-RC 核心筒结构体系的内外筒通过两者间的梁板连接实现协同作用。与传统外框筒不同，斜交网格外筒通过斜柱层间相连，实现了将水平作用以水平分量的形式沿构件轴向传递，传力路径更为高效；斜交网格外筒较密柱框筒提供了更大的刚度，使得外筒的受力特性更接近于实腹截面的结构。因此该体系内外筒的协同工作机理与传统筒中筒体系有所不同。通过对比内外筒在大震作用下承担基底剪力的比例间接分析该体系内、外筒的刚度。

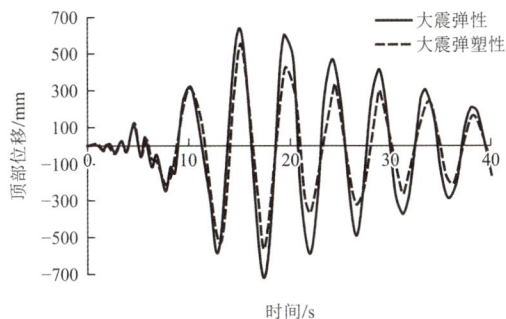

图 2.3-11 L0224 波 Y 向作用顶部位移对比

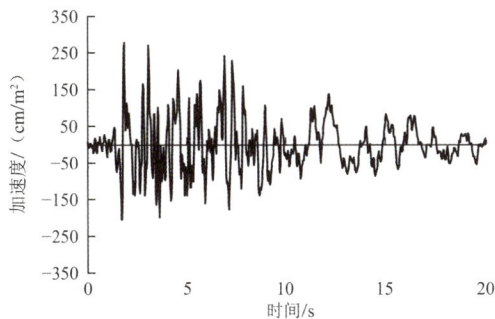

图 2.3-12 L0224 波（310cm/s²）时程曲线

如图 2.3-13 所示，地震作用由内、外筒共同承担，该结果符合筒中筒结构的受力特性。同时相较于内筒，外筒承担底部剪力的比例更高。因此在设计时需要充分考虑斜交构件的剪切和弯曲变形，以及由其构成的外筒承担的基底剪力。

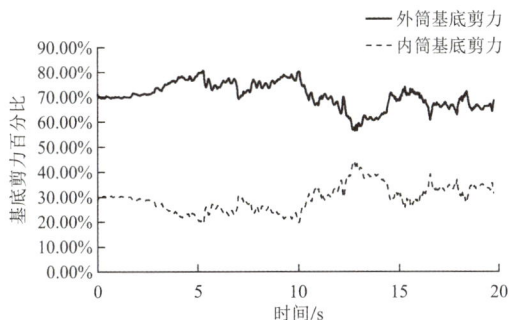

图 2.3-13 内外筒基底剪力时程曲线

（3）结构构件屈服顺序

如图 2.3-13 所示，内外筒承担基底剪力比例随时程变化，内筒承担的基底剪力比例先减小后增大，外筒则相反，因此可以认为结构在时程作用下存在两次内力重分布。通过对比图 2.3-12 和图 2.3-13，本小节主要研究罕遇地震时程作用下各类构件内力变化及内外筒刚度变化。各类构件屈服时刻及构件损伤如表 2.3-8 所示，底部受力较大楼层各类构件屈服时刻示意图如图 2.3 14 所示。

结构构件屈服时刻 表 2.3-8

构件	内筒连梁	外筒斜柱	内筒墙肢
屈服时间/s	3.5	5.5	12.5

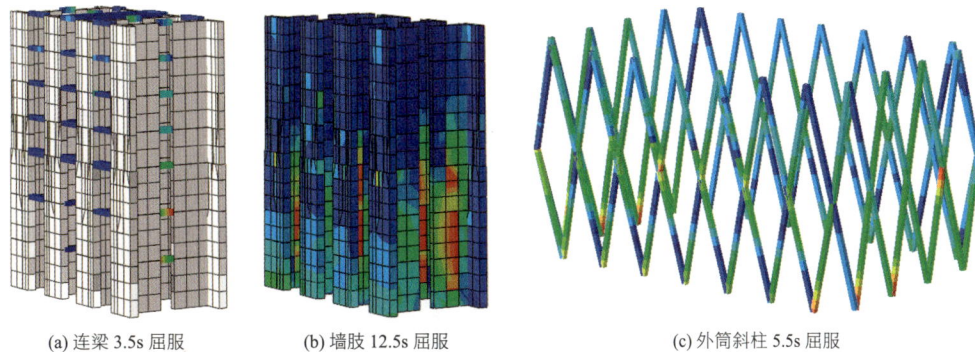

(a) 连梁 3.5s 屈服　　(b) 墙肢 12.5s 屈服　　(c) 外筒斜柱 5.5s 屈服

图 2.3-14 各类构件屈服时刻示意图

随着地震时程作用，主要构件的屈服顺序依次为 RC 内筒连梁、斜交网格外筒斜柱、RC 内筒剪力墙墙肢。该顺序与传统筒中筒结构体系主要构件的屈服顺序不同，这可能是由于斜交网格外筒构件主要承受轴力，构件在轴向拉压作用下的塑性变形较受弯作用下形成塑性铰转动时小，即斜交外筒延性小于传统筒中筒结构体系的外筒。因此斜交网格外筒承担基底剪力比例较高，导致外筒斜柱先于内筒剪力墙墙肢屈服。

对比图 2.3-13 基底剪力变化规律进一步论证：基底剪力根据内外筒刚度分配，首先主要由外筒承担，随着内筒中连梁逐步屈服，内筒刚度进一步减小，外筒承担基底剪力比例进一步增大；而当基底剪力增大致使外筒斜柱屈服时，外筒刚度逐步减小，结构体系基底剪力再次重分布而向内筒转移，内筒墙肢损伤逐步累积至失效。

剪力墙连梁及墙肢在往复作用下受拉/压损伤见图 2.3-15。可知，大部分连梁端部在地震作用下损伤较严重；在地震作用下仅底部小部分墙肢发生受拉/压损伤，且仅个别墙肢单元损伤较严重。连梁作为主要耗能构件，应允许其变形耗能，而斜交网格斜柱则以轴向受力为主，延性小，不宜产生过大变形。因此在设计中应注意加强斜交网格斜柱，故需进一步探究斜柱在斜交网格外框中的屈服顺序，以做针对性加强。

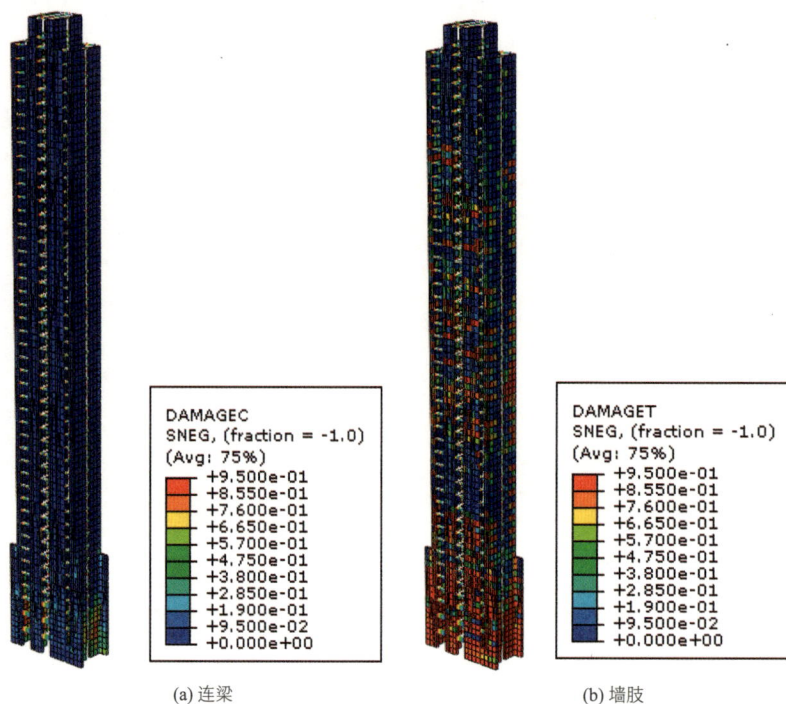

(a) 连梁

(b) 墙肢

图 2.3-15　剪力墙连梁及墙肢的受拉/压损伤图

（4）斜交网格外筒构件屈服顺序

斜交网格外筒构件主要承担轴力，故取底部 20 层轴力较大部位进行讨论。构件压力主要由管内混凝土与钢管共同承担，拉力则由钢管承担。在地震时程作用下，以钢管内混凝土的损伤程度为屈服标志，构件的屈服路径如图 2.3-16 所示。可知，外筒受剪力与弯矩的共同作用，角部构件首先屈服，屈服构件由角部向两侧发展。同时，底层轴力较大构件首先屈服后，屈服构件由底层向上部发展。设计时应充分重视体系的这一特性，对底层的角部斜柱予以加强；同时外筒构件应具有一定的强度，避免局部构件承载力不足对整体性能的削弱。

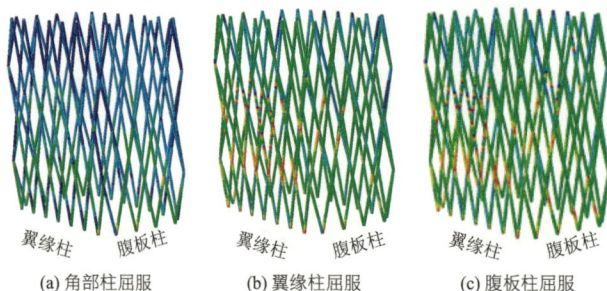

(a) 角部柱屈服

(b) 翼缘柱屈服

(c) 腹板柱屈服

图 2.3-16　斜交网格外筒构件屈服路径

2.4 结构超限判断和主要加强措施

2.4.1 结构超限判断

本项目存在超限情况如下：①特殊类型高层建筑（斜交网格混合结构）；②4层穿层斜交网格构件（穿层斜柱）；③空中花园层高位转换。

2.4.2 主要抗震加强措施

1）抗震构造措施

（1）斜交网格外框架。采用措施如下：①18层以下箱形钢管内部浇灌C60混凝土以获得相对较大的承载力和刚度；②斜交网格构件和节点层抗拉周边梁要求大震下不屈服；③控制斜交网格节点大震下为弹性，节点核心区要求大震下不屈服；④斜交网格外框架全高采用全熔透坡口等强焊接方式进行组装。

（2）核心筒。采用措施如下：①底部加强区和空中花园层剪力墙抗震等级一级，控制底部加强区轴压比不超过0.5；②核心筒墙体按照中震不屈服进行设计，抗剪截面满足大震不屈服的性能目标。

（3）其他。采用措施：①节点层楼板采用弹性膜计算，厚度加大为150mm，配筋根据计算结果进行放大；②高层转换吊柱等构件设计时考虑冗余度。

2）超限应对措施

采用以下超限应对措施：①规范反应谱与场地反应谱振型分解弹性分析；②采用两个独立软件进行建模分析，并对两个软件结果进行对比；③多遇地震下弹性时程分析；④罕遇地震下弹塑性时程分析；⑤构件达到《高层建筑混凝土结构技术规程》JGJ 3—2010性能水准C，特别关键构件提高了设计性能要求；⑥斜交网格构件要求大震下不屈服；⑦对斜交网格节点进行3D有限元模型分析；⑧斜交网格抗拉周边梁大震下不屈服；⑨高层转换构件设计考虑冗余度；⑩提高底部加强区和空中花园层的剪力墙设计抗震等级。

2.5 专项分析

2.5.1 斜交网格构件分析

（1）斜交网格地上斜柱

图2.5-1为塔楼地上部分的典型4层斜交网格结构长边剖面图。荷载组合考虑重力和风荷载强度设计组合A、小震弹性强度设计组合B、中震弹性强度设计组合C。在关键楼层（首层、第10层和第26层花园层），取典型构件的中震弹性最不利荷载组合进行校核验算。表2.5-1给出了这3种工况组合时各类型斜交网格构件的最大利用率（即应力比），可知最大利用率均小于0.8，在保证安全的同时具有较好的经济性。

（2）斜交网格地下室柱

斜交网格以下地下室内的柱子采用内置型钢的型钢混凝土柱，以确保钢管混凝土斜交网格构件的内力能适当传达到地下竖直柱子上，转角位置和短边方向增加剪力墙以提高侧向刚度和承载力，如图2.5-2所示。由于其重要性，根据规范相关计算公式，分别采用重力荷载组合A、大震不屈服强度设计组合B的工况组合进行校核，典型柱构件的计算结果如表2.5-2所示，均符合规范要求。

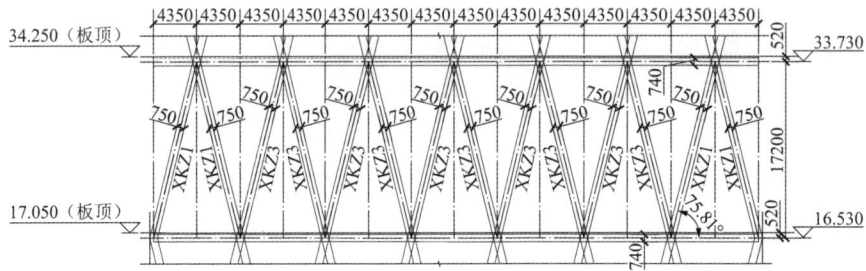

图 2.5-1 典型长边剖面图

各荷载工况时的斜交网格构件最大利用率   表 2.5-1

工况	15 层以下的钢管混凝土		15 层以上的箱形截面钢管	
	中部	角部	中部	角部
A	0.795	0.785	0.659	0.727
B	0.590	0.552	0.459	0.538
C	0.697	0.585	0.573	0.640

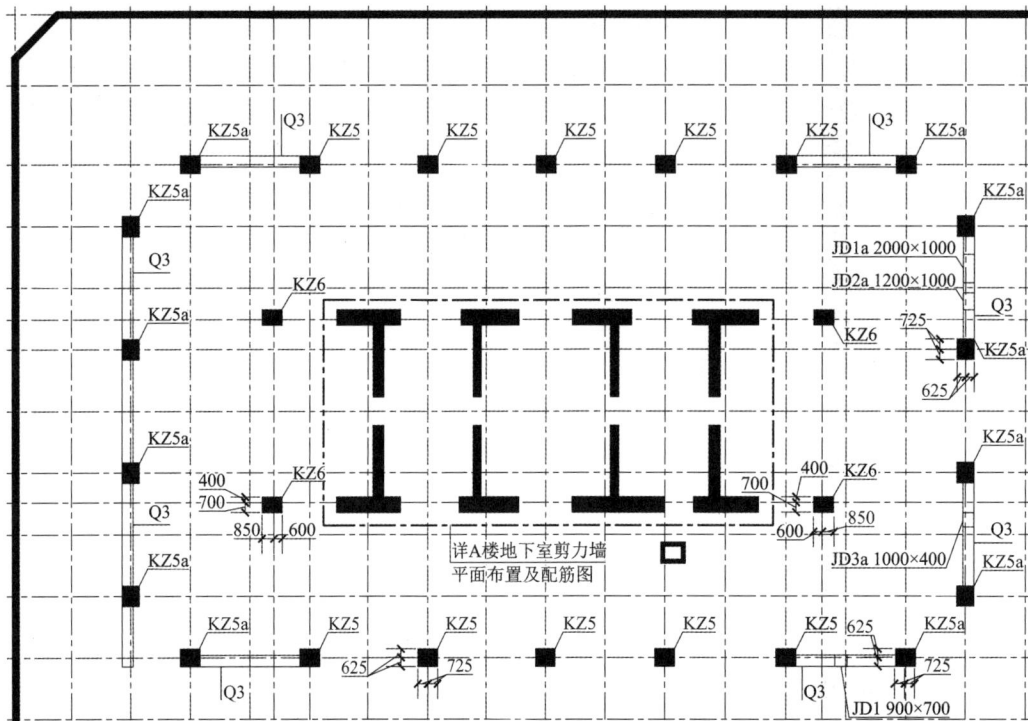

图 2.5-2 地下室型钢混凝土柱平面布置图

各荷载工况时的地下室转换柱构件计算结果   表 2.5-2

工况	轴压比	X向		Y向		压弯承载力比
		受压承载力比	受弯承载力比	受压承载力比	受弯承载力比	
A	0.707	0.723	0.949	0.723	0.992	0.826
B	0.490	0.528	0.608	0.513	0.682	0.559

2.5.2 节点层抗拉周边梁分析

为了获得地震作用下，与斜交网格节点连接的边梁的最大轴力和弯矩，取楼板刚度为其实际刚度的
1%，以消除楼板面内力的影响。节点层抗拉周边梁的设计需满足常遇地震、风力和重力荷载共同作用下

的受力要求。周边钢梁按照常遇地震和设防烈度地震下保持弹性、罕遇地震下不屈服来设计。节点层钢梁主要截面为 H740×300×35×35 和 H740×300×20×20，为焊接工字钢。表 2.5-3 给出了 3 种工况下各节点层边钢梁的压弯稳定验算应力比结果，其中弯矩考虑作用在两个主平面内，结果均符合规范要求。

节点层边钢梁的压弯验算应力比结果   表 2.5-3

节点楼层	常遇地震		设防地震		罕遇地震	
	稳定应力比 1	稳定应力比 2	稳定应力比 1	稳定应力比 2	稳定应力比 1	稳定应力比 2
2	0.546	0.506	0.807	0.751	0.942	0.879
6	0.100	0.095	0.140	0.134	0.156	0.149
10	0.152	0.371	0.616	0.581	0.759	0.719
14	0.314	0.146	0.243	0.232	0.297	0.283
18	0.138	0.295	0.494	0.467	0.614	0.583
22	0.215	0.133	0.228	0.218	0.283	0.271
26	0.124	0.202	0.352	0.333	0.441	0.419
30	0.124	0.120	0.226	0.216	0.285	0.272
34	0.169	0.158	0.236	0.222	0.340	0.320
38	0.117	0.113	0.287	0.264	0.406	0.377
42	0.115	0.107	0.275	0.252	0.300	0.273

2.5.3 转换吊柱与横梁构件分析

转换吊柱采用焊接箱形截面钢管构件，考虑外加 10% 额外重力（竖向地震作用）工况。经压弯构件稳定性验算，其最大稳定应力比为 0.691，并未超过 0.7 的限值，符合其重要性的要求。

连接核心筒剪力墙和斜交网格节点、支撑转换吊柱的横梁根据重力组合进行内力验算。在使用荷载下，根据规范要求，横梁的挠度不应大于 $L/250$，在活荷载卜，横梁挠度卜应大于 $L/350$。表 2.5-4 给出了典型横梁构件的挠度结果，均符合规范要求。

典型横梁的挠度计算结果   表 2.5-4

工况	斜梁（$L = 12.7\text{m}$）	直梁（$L = 11.0\text{m}$）
恒荷载/mm	10.5	15
活荷载/mm	15.3	14.1
总限值/mm	44.00	48.68
活荷载下限值/mm	31.43	34.77

2.5.4 节点层楼板分析

周边梁的设计可以抵抗来自斜交网格的内力，但在重力作用下斜交网格仍会产生一个向外的平面内变形。通过在节点层对楼板进行加厚和额外增加钢筋来提高承载力，从而缓解楼板在重力作用下正常使用时可能存在的问题。其中节点层（2 层、10 层、18 层和 26 层）钢筋桁架楼承板的混凝土在塔楼地上结构封顶后浇筑，以避免由于过大的面内应力而导致开裂。模型计算时，节点层楼板采用弹性膜模拟分析，以考虑面内应力的影响。

2.6 地基基础计算

2.6.1 塔楼筏基设计分析

（1）力学建模

塔楼筏基结构通过有限元软件 SAFE 建模分析，以获得内力分布情况。桩基作用采用弹簧模拟，对应弹簧刚度根据 SATWE 沉降云图（详见第 2.6.2 节）反推计算获得。为保守计，不考虑土体对筏板的支承作用。SAFE 筏基结构模型见图 2.6-1。

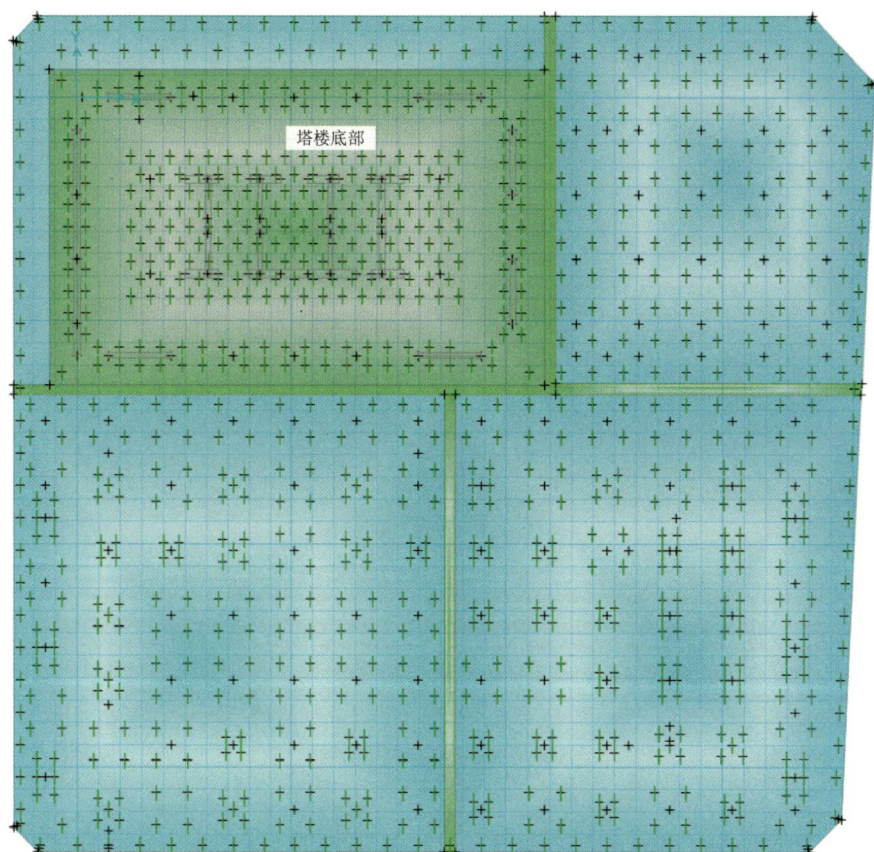

图 2.6-1　SAFE 筏基结构模型

（2）承载力计算结果

图 2.6-2 为选取的竖向承载较大的核心筒部分和典型地下室柱的计算平面位置，其中双向受剪-冲切、受弯承载力验算结果分别见表 2.6-1、表 2.6-2。可知，大部分构件承载利用率均在 70% 以下，满足设计要求。

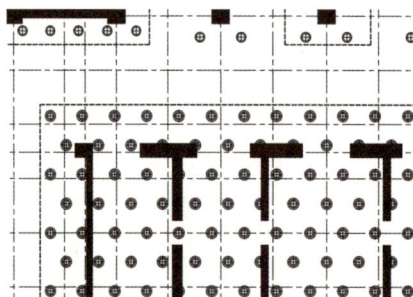

图 2.6-2　竖向构件的计算平面位置

双向受剪-冲切验算   表 2.6-1

项目	控制截面	冲切剪力/kN	冲切周长/m	承载力利用率/%
核心筒	45°冲切	70816	126	25.4
	深冲切，不含核心筒 4 根角柱	262156	94.7	47.1
	深冲切，包含核心筒 4 根角柱	320224	120.1	47.9
柱 1	45°冲切	24338	16.80	65.6
	深冲切	38601	6.28	69.6
柱 2	45°冲切	51027	34.20	67.6
	深冲切	76795	23.68	39.2
柱 3	45°冲切	22561	16.40	62.3
	深冲切	47348	6.08	87.8

受弯验算   表 2.6-2

弯矩	荷载组合	单位宽度内的弯矩/kN	配筋率/%
M_X	非地震组合	6850	0.25
	地震组合	6918	0.19
M_Y	非地震组合	31098	1.12
	地震组合	25956	0.70

2.6.2 基础沉降

塔楼筏基结构可通过有限元软件 SAFE 进行建模分析，以获得内力分布情况。桩基作用采用弹簧模拟，对应弹簧刚度根据 SATWE 沉降曲线图反推计算获得，经计算，塔楼核心筒最大沉降约 86mm，塔楼边缘沉降约 67mm。

2.7 钢管混凝土斜柱足尺模型试验

2.7.1 试验模型参数

1）模型位置选取

考虑中部平面斜交节点（X 形）和角部空间斜交节点（K 形）两种，位置选取如下：①中部平面斜交节点 A：取 2～6 层范围的中部 2 根斜柱及对应 6 层斜交节点；②角部空间斜交节点 B：取 6～10 层范围的角部 2 根斜柱及对应 10 层斜交节点。

斜柱构件截面为箱形 750mm × 750mm，厚度 40mm，内部浇筑 C60 混凝土，根据实际尺寸做 1：1 的全尺寸混凝土浇筑试验模型。斜柱构件、节点及内部隔板的几何尺寸、位置需与实际完全一致。现场试验平台需做好固定措施。若试验浇筑工艺能达到密实度要求，实际施工时应采用与试验浇筑工艺相同的工艺操作。

2）足尺模型参数

（1）X 形钢管混凝土斜柱节点

X 形钢管混凝土斜柱节点的上部保留至对接接头位置，上部竖向高度为 2.134m，模型总高度为

10.762m；柱底为厚 30mm 的钢底板，并通过锚筋锚入 700mm 高的块状基础进行固定；两侧采用 H300×150×12×12 的型钢斜撑进行侧向支撑，防止模型出现倾覆；两侧钢支撑底部则通过 15mm 厚的钢底板，并通过锚筋锚入 400mm 高的块状基础。块状基础混凝土材料为 C30，钢材为 Q345B，钢管内部浇灌 C60 混凝土；X 形节点钢材总质量约为 8.2t，需侧向浇灌混凝土总质量约为 29t；钢柱上半段质量为 5.4t，钢柱下半段质量为 5.4t。详见图 2.7-1（a）。

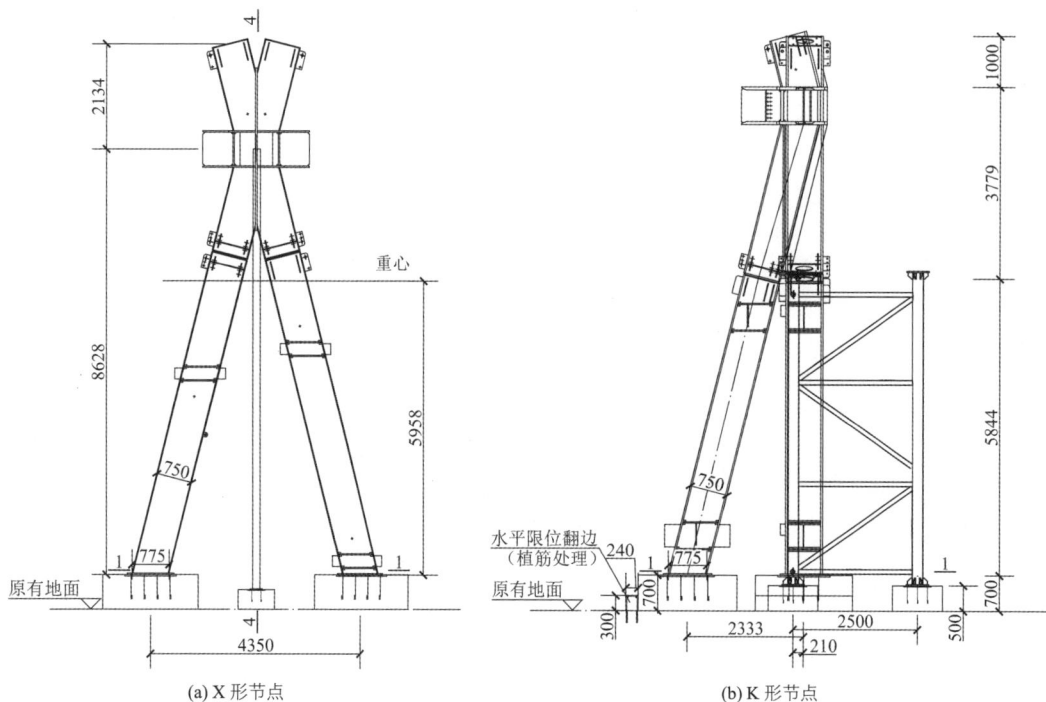

(a) X 形节点　　　　　　　　(b) K 形节点

图 2.7-1　钢管混凝土斜柱节点足尺模型

（2）K 形钢管混凝土斜柱节点

K 形钢管混凝土斜柱节点上部保留至对接接头 3.4m 中的 1.0m 高度，满足灌浆试验要求，减轻整体重量。模型总高度为 10.623m，柱底为厚 30mm 的钢底板，并通过锚筋锚入 700mm 高的块状基础进行固定；模型重心位置设置方形临时支撑架，防止其出现倾覆；支撑架底部为厚 20mm 的钢底板，并通过锚筋锚入 500mm 高的块状基础。块状基础混凝土材料为 C30，钢材为 Q345B，钢管内部浇灌 C60 混凝土；K 形节点钢材总质量约为 14.5t，需侧向浇灌混凝土总质量约为 41t；钢柱上半段质量为 4.6t，钢柱下半段质量为 4.6t。详见图 2.7-1（b）。

2.7.2　试验模型和测线布置实景

（1）试验模型实景

图 2.7-2 为 X 形钢管混凝土斜柱节点（2 号）和 K 形钢管混凝土斜柱节点（1 号）足尺试验模型的现场实景图，即本次试验检测对象，主要目的是检测 1、2 号模型钢管混凝土斜柱的内部混凝土密实度及强度分布情况，采用声波 CT 技术进行检测。图 2.7-3 为足尺模型的斜交节点位置的侧向浇灌孔细部构造实景。

（2）测线布置实景

本次检测采用北京同度工程物探技术有限公司开发的声波 CT 检测仪和 BCT 仪器系统。图 2.7-4 为测线布置方式，采用两个排列，每个排列均包含 30 个激发点和 30 个检波器，敲击点与接收点的间距均为 0.05m。超声 CT 成像检测分析时，结果的准确性取决于各检测面的射线密度和射线正交性，图 2.7-5 为现场采集测线布置实景。

(a) X 形节点试验模型装置

(b) K 形节点试验模型装置

图 2.7-2　足尺试验模型实景

(a) X 形节点

(b) K 形节点

图 2.7-3　足尺模型侧向浇灌孔的细部实景

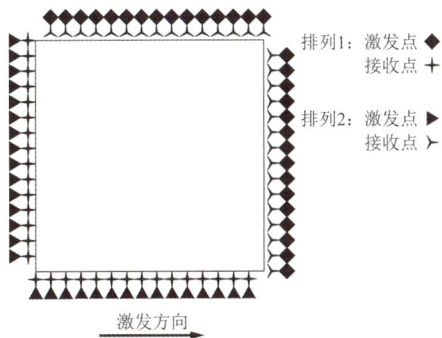

排列1：激发点 ◆
　　　　接收点 ┿

排列2：激发点 ▶
　　　　接收点 ⊁

激发方向

图 2.7-4　测线布置图

图 2.7-5　K 形节点试验模型测线布置实景

2.7.3 模型检测结果分析

（1）斜柱横截面检测结果

本项目共检测了 X 形（2 号）、K 形（1 号）钢管混凝土斜柱足尺试验模型的 19 个横截面，详见表 2.7-1、表 2.7-2。可知，所检测部位混凝土的平均波速（大于 4500m/s）、离散度（小于 9%）、最大缺陷尺度（无内部缺陷）这 3 项参数均满足要求；C60 以上的合格率面积比，除个别截面（北 2、北 4）外均不小于 70%（其中不小于 75% 的截面数超过一半）；C50 以上的合格率面积占比均不小于 97%。

上述 4 项判定参数中，前 3 项均满足要求，表明钢管内部混凝土已具备良好的平均强度、较小的强度离散性和最大缺陷尺度的控制。仅第 4 项 C60 以上合格率面积比小于 80% 而略有不足，这是由于实际检测时施工工期原因导致混凝土未达到龄期（28d），但仍保证了最低为 70%（其中不小于 75% 的截面数超过一半），且 C50 以上的合格率面积比均已达到 97% 以上，即高强度混凝土面积比率基本实现全覆盖，最低强度性能覆盖率有保障。因而可认为钢管混凝土斜柱构件的内部混凝土密实度基本达到了 C60 强度和质量均一的要求。待混凝土满足龄期要求后，可再取个别横截面进行二次检测，以确保强度满足要求。

X 形（2 号）试验模型不同横截面的检测结果　　　　　　　　　　　　　　　表 2.7-1

检测区域	距地面高度/m	平均波速/（m/s）	离散度/%	≥C60 面积比/%	≥C50 面积比/%	内部缺陷
北 1	1.70	4537.2	2.10	71.09	97.66	
北 2	4.50	4552.7	2.23	75.69	99.22	
北 3	6.00	4532.8	1.78	75.98	98.82	
北 4	8.00	4532.1	1.66	75.39	98.43	
北 5	9.00	4531.3	1.27	71.52	100	无
南 1	1.85	4577.9	2.11	81.96	99.61	
南 2	4.50	4540.8	1.85	72.44	99.61	
南 3	6.00	4555.6	1.95	72.55	100	
南 4	8.00	4531.1	1.35	70.31	100	
南 5	9.00	4564.5	1.48	83.65	100	

K 形（1 号）试验模型不同横截面的检测结果　　　　　　　　　　　　　　　表 2.7-2

检测区域	距地面高度/m	平均波速/（m/s）	离散度/%	≥C60 面积比/%	≥C50 面积比/%	内部缺陷
北 1	1.95	4452.4	2.34	74.51	100	
北 2	5.00	4516.3	1.18	63.39	100	
北 3 ·	6.05	4550.9	1.89	76.47	98.82	
北 4	9.10	4513.3	1.23	60.05	100	
南 1	1.75	4536.2	1.27	77.25	100	无
南 2	5.00	4548.3	1.87	77.56	99.61	
南 3	6.05	4549.1	2.00	77.33	97.66	
南 4	9.10	4519.1	1.23	69.02	100	
南 5	10.00	4538.8	1.43	75.86	100	

（2）其他措施

一般的竖直钢管混凝土柱，当自密实混凝土下抛高度超过 4m 时，可通过自重及冲击力达到自密实效果。斜交网格由于斜度引起的摩擦以及斜交节点位置的较多内部隔板，每两层位置开浇灌孔，同时在斜交节点处辅以振捣法，以达到充分自密实的效果。

参考资料

[1] 王震，杨学林，冯永伟，等. 宁波国华金融大厦超高层斜交网格体系设计[J]. 建筑结构, 2019, 49(3): 9-14.

[2] 王震，杨学林，冯永伟，等. 超高层结构中不同斜交网格体系的抗侧性能影响研究[J]. 建筑结构, 2020, 50(1): 38-43.

[3] 王震，杨学林，冯永伟，等. 超高层钢结构中斜交网格节点有限元分析及应用[J]. 建筑结构. 2019, 49(10): 46-50.

[4] 瞿浩川，王震，杨学林，等. 超高层斜交网格-RC核心筒体系结构抗震性能研究[J]. 建筑结构, 2020, 50(S2): 223-229.

[5] 王震，杨学林，赵阳，等. 斜柱网格体系内部混凝土浇灌实体模型及检测试验研究[J]. 建筑结构, 2023, 53(6): 124-130.

设计团队

结构设计单位：浙江省建筑设计研究院有限公司（初步设计＋施工图设计）
　　　　　　　SOM建筑设计事务所（方案＋初步设计）

结构设计团队：杨学林、冯永伟、王　震、张陈胜

执　笔　人：王　震

获奖信息

2023RIBA中国城市地标100——城市综合体类

2022年美国LEED-CS绿色建筑金级认证

2020—2021年度国家优质工程奖

第十三届第二批中国钢结构金奖工程

2023年度浙江省优秀勘察设计成果建筑工程设计类一等奖

2023年度浙江省优秀勘察设计成果建筑结构设计专业类一等奖

第 3 章

杭州钱江世纪城望朝中心

3.1 工程概况

杭州钱江世纪城望朝中心位于杭州市萧山区钱江世纪城的盈丰路东侧，市心北路北侧，总建筑面积16.2万 m²，地上总计建筑面积12.5万 m²，地下3.7万 m²，地下设有四层地下车库，由主楼及其裙房组成。主楼地上61层，建筑高度288m；裙房地上10层，建筑高度50m；主楼和裙房在二层设置连廊。项目用途为商业金融业、办公，工程于2024年建成，已成为杭州城市新形象的标志性建筑之一（图3.1-1～图3.1-4）。

经典解构 浙江省建筑设计研究院有限公司篇

图 3.1-1　建筑实景

图 3.1-2　主体施工实景

本项目结构安全等级为二级，设计使用年限为50年。主楼和裙房的设计基本地震加速度值为0.05g，设计地震分组为第一组。场地类别为Ⅲ类，场地特征周期为0.45s。抗震类别：主楼为重点设防类，按地震烈度6度计算地震作用，按7度采取抗震措施；裙房为标准设防类，按6度计算地震作用并采取相应抗震措施。基本风压为0.45kPa，地面粗糙度类别为B类，基本雪压为0.45kPa。

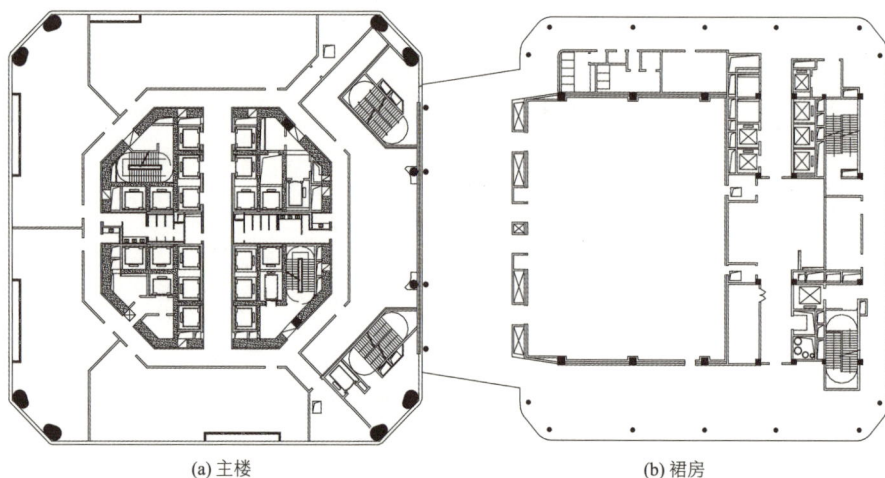

(a) 主楼　　　　　　　　　　　　　　(b) 裙房

图 3.1-3　大底盘建筑平面图

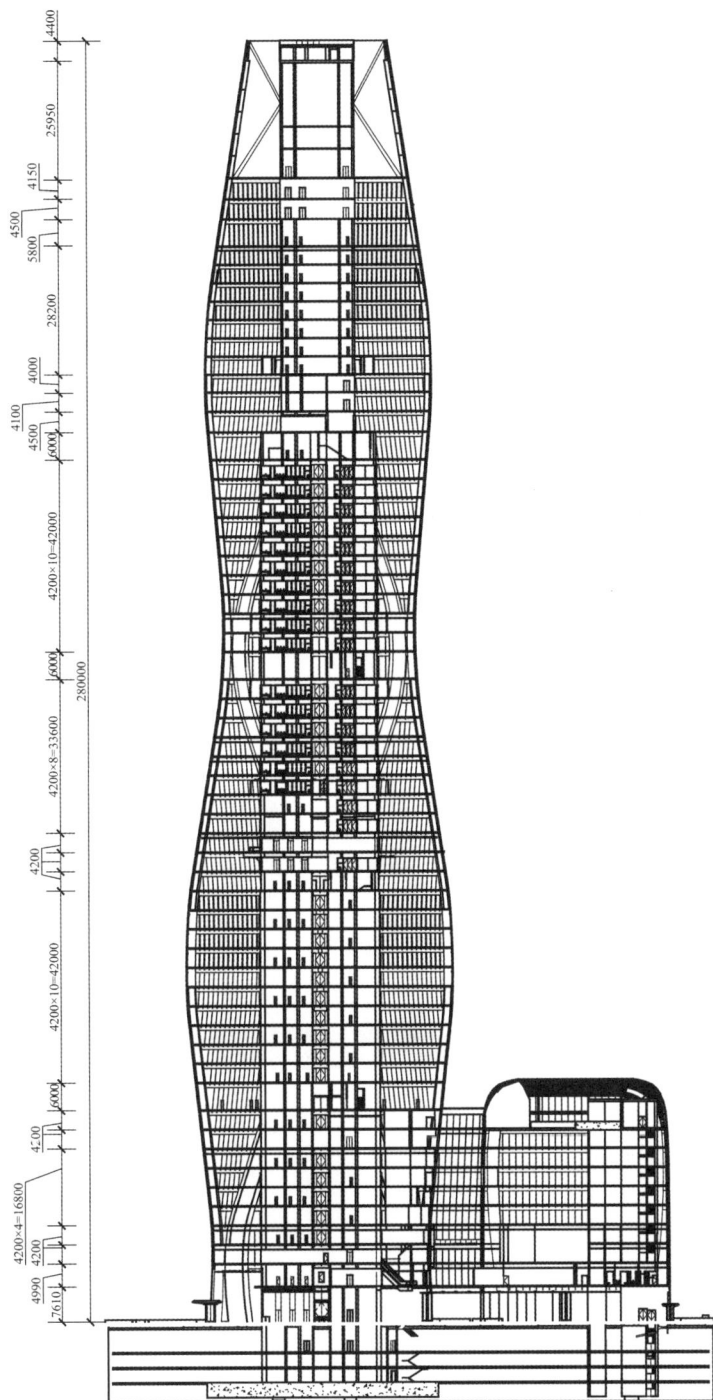

图 3.1-4　主楼和裙房剖面图

3.2　结构方案

3.2.1　结构体系

（1）主楼抗侧力体系

主楼抗侧力体系由位于中央的钢筋混凝土核心筒墙和周边的钢管混凝土抗弯框架组成，见图 3.2-1。在主楼的下部楼层，核心筒外墙呈八角形，电梯、楼梯和后勤空间之间有直线隔墙。在主楼顶部，随着八角形外墙逐渐内收，变为一个矩形的核心筒。周边的钢管混凝土抗弯框架由钢管混凝土柱以及 700～800mm 高的边钢梁组成。随着柱间距逐渐变大，边梁的长度也随之变化。在角柱趋于融合的节点层，布置平面内支撑，与边梁相结合，解决了这些楼层存在的张力和压缩力。

（2）主楼重力体系

主楼重力体系由组合钢梁、钢筋桁架楼承板组成。钢梁高度为 250～700mm，典型梁间距为 3m，连接核心筒和外框柱的钢梁两端均为铰接，钢筋桁架楼承板厚 110mm。在核心筒内部，钢筋混凝土现浇板厚 150mm，钢筋混凝土梁高 450～800mm。柱采用钢管混凝土圆柱和马蹄形柱。位于塔楼周边的角柱和次柱共同承担重力，8 个外围角柱沿两个方向倾斜，满足塔楼的建筑外观设计要求。随着角柱逐步分开，次柱与角柱也逐渐分开，以保持相等的柱间距。在层与层之间，角柱保持直线形态，但总体随着建筑表现形态弯曲，与此同时通过楼面系统主梁与核心筒连接固定。底层大厅的上方设计了 3 榀跨度 38m 的空腹桁架用于转换西侧、北侧和南侧不落地的次柱，以形成一个敞开的 12m 通高大堂空间，见图 3.2-2。

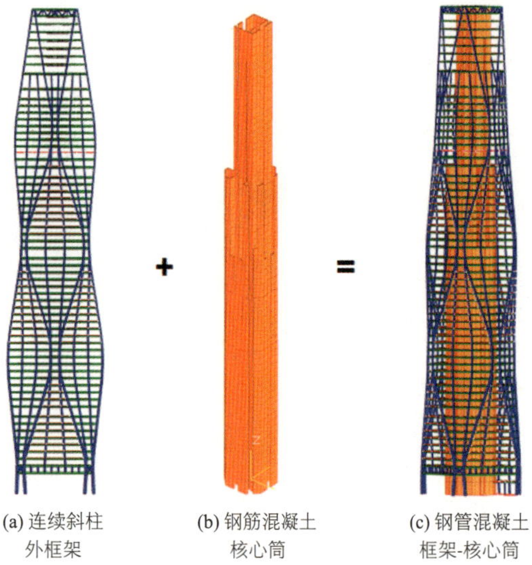

(a) 连续斜柱　　(b) 钢筋混凝土　　(c) 钢管混凝土
外框架　　　　　核心筒　　　　　框架-核心筒

图 3.2-1　主楼结构模型

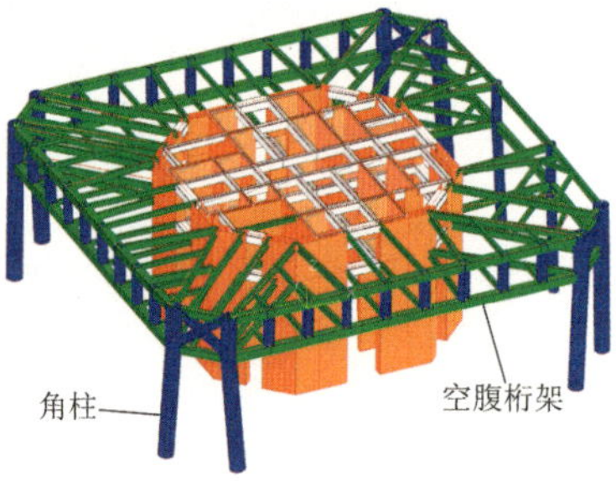

角柱　　　空腹桁架

图 3.2-2　空腹转换桁架模型图

（3）裙房抗侧力体系

裙房抗侧力体系由钢框架和斜支撑组成。钢斜支撑均利用建筑隔墙布置，截面高度为 300～600mm，钢材为 Q345，作为抗震的首道防线，见图 3.2-3、图 3.2-4。

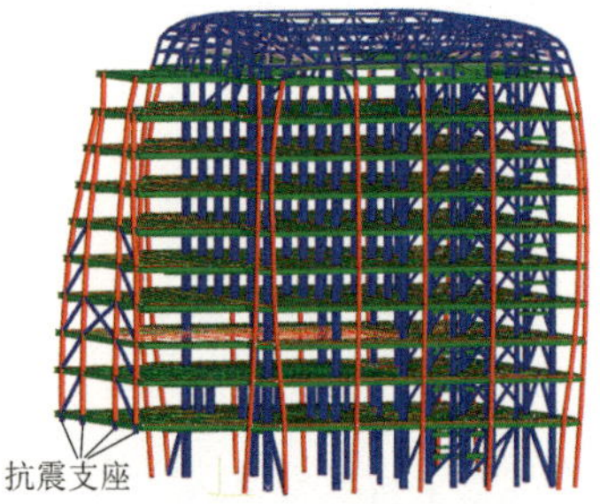

抗震支座

图 3.2-3　裙房结构模型图

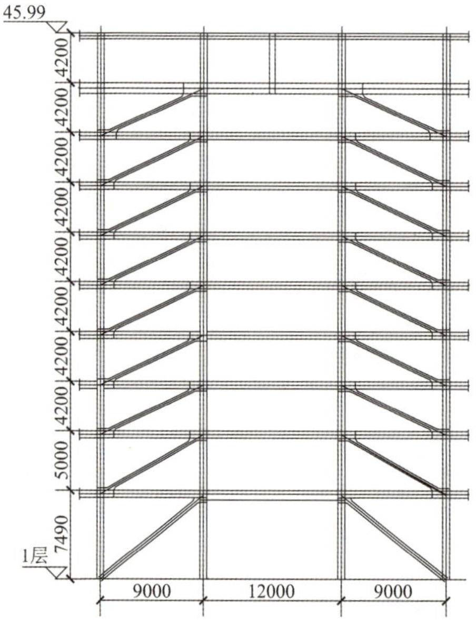

45.99

4200 4200 4200 4200 4200 4200 5000 7490

1层

9000　12000　9000

图 3.2-4　裙房钢斜支撑立面图

（4）裙房重力体系

裙房重力体系由钢筋桁架楼承板、楼面钢梁、2 榀单层空腹桁架和 3 榀 5 层空腹桁架组成。钢筋桁架楼承板厚 110mm，钢梁典型间距为 3m。底层楼面处为无柱大堂空间，3 层楼面处布置了无柱的两层通高大堂，上部楼层柱均不能下落。为保证建筑自由分隔，上部桁架也不能有斜腹杆，因此采用空腹桁架，跨度为 30m，腹杆间距 6m。

3.2.2 结构布置方案

主楼结构典型平面布置图如图 3.2-5、图 3.2-6 所示。由建筑底层到顶层，外筒墙体厚度从 1000mm 减小至 450mm，内筒墙厚度从 500mm 减小至 350mm，混凝土强度等级从 C60 降低至 C40。主角柱直径从 1600mm 减小至 600mm，次柱的直径从 1200mm 减小至 450mm，钢材等级从 Q345 提高到 Q460，钢管内部填充 C60 混凝土。主楼各部分构件的抗震等级如下：钢筋混凝土核心筒为一级，钢管混凝土框架柱为一级，其余钢结构为三级。

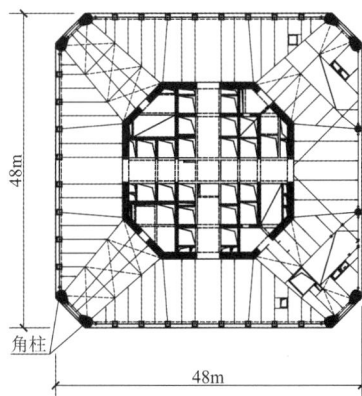

图 3.2-5 主楼 3 层结构平面图

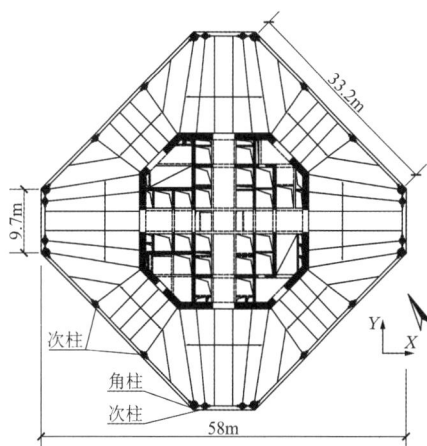

图 3.2-6 主楼 15 层结构平面图

裙房采用方形和圆形钢管混凝土柱，方柱宽 400~850mm，圆柱直径 400~600mm，钢材为 Q345，钢管内部混凝土为 C40，随着高度的增加，外围边柱从向外倾斜变为向内倾斜；钢梁高从 1000mm 减小至 600mm；空腹桁架弦杆高度从 1300mm 减小至 900mm，腹杆高度 800mm，见图 3.2-7、图 3.2-8。裙房钢结构抗震等级为四级。

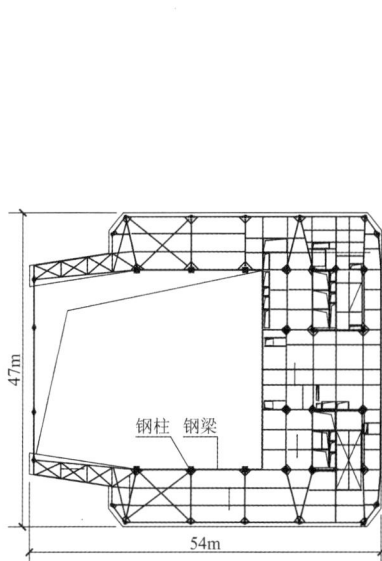

图 3.2-7 裙房 4 层结构平面图

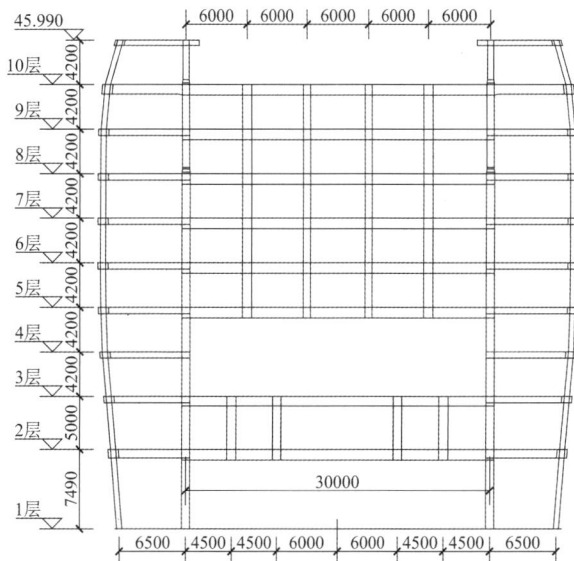

图 3.2-8 裙房空腹桁架立面图

主楼和裙房在二层楼面处连为一体，形成层数差异较大的复杂连体超高层结构，连接体结构和主体结构之间采用滑动连接。要求裙房边柱在与主楼交界处不落地，因此在主楼的二层楼面设置了牛腿和挑梁，其中裙房边跨的两根中柱落在主楼钢柱的牛腿上（图3.2-9、图3.2-10），裙房边跨的两根角柱则落在主楼的悬挑钢梁上（图3.2-11、图3.2-12），牛腿和悬挑钢梁上部都设有抗震型球形钢支座，裙房边跨柱均首先落在球形钢支座上，Z向固定，X、Y向滑动。

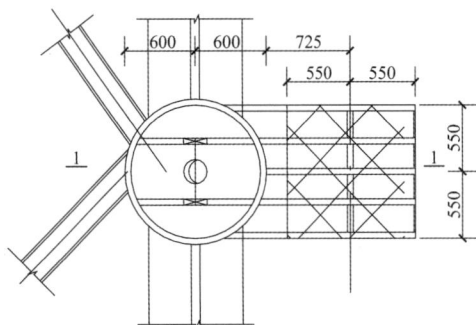

图3.2-9 柱搁置端平面图

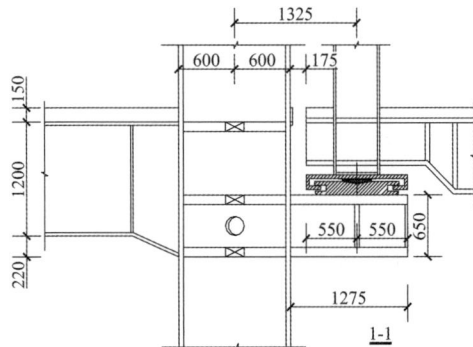

图3.2-10 柱搁置端剖面图

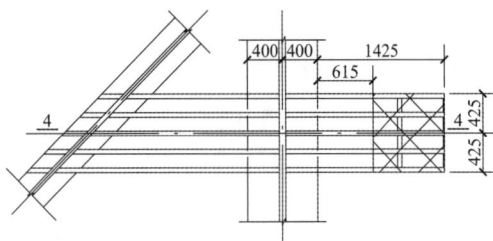

图3.2-11 梁搁置端平面图

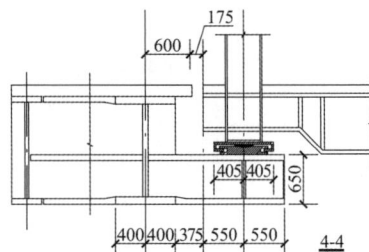

图3.2-12 梁搁置端剖面图

3.2.3 地基基础设计方案

（1）地质条件

场地土层分布从上至下依次为素填土、砂质粉土、粉砂、黏质粉土、淤泥质黏土、粉质黏土、细砂、上层圆砾、粉质黏土、下层圆砾、强风化砂砾岩和中风化砂砾岩（表3.2-1、图3.2-13）。场地勘察期间测得场地勘探孔的孔隙潜水水位为1.57～2.38m，相对应高程为4.64～4.88m（1985国家高程基准），承压水隔水层主要为淤泥质黏土和粉质黏土。上层圆砾和下层圆砾中存在孔隙承压水，承压水水位在地面下约9.0m；基岩裂隙水主要赋存于基岩风化裂隙中。

主要土层物理力学参数 表3.2-1

建议值						
地基承载力特征值	预制桩		钻孔灌注桩		抗拔承载力系数	层号	岩土名称
	特征值		特征值			
	桩周土摩擦力	桩端土承载力	桩周土摩擦力	桩端土承载力		
f_{ak}/kPa	q_{sa}/kPa	q_{pa}/kPa	q_{sa}/kPa	q_{pa}/kPa	λ		
						①	素填土
140	20		16		0.75	②₁	砂质粉土
120	16		14		0.75	②₂	砂质粉土
150	20		16		0.75	②₃	砂质粉土
170	28		25		0.70	②₄	粉砂

地基承载力特征值	建议值				抗拔承载力系数	层号	岩土名称
	预制桩		钻孔灌注桩				
	特征值		特征值				
	桩周土摩擦力	桩端土承载力	桩周土摩擦力	桩端土承载力			
f_{ak}/kPa	q_{sa}/kPa	q_{pa}/kPa	q_{sa}/kPa	q_{pa}/kPa	λ		
100	14		12		0.75	②₅	黏质粉土
80	10		8		0.80	③	淤泥质黏土
180	28		25		0.80	④	粉质黏土
220	30		27		0.65	⑥	细砂
420	70	4600	62	2400	0.55	⑧₁	圆砾
130			25	700	0.75	⑧₁	粉质黏土
480			70	2600	0.55	⑧₂	圆砾
450			58	2000		⑩₁	强风化砂砾岩
800			85	3000		⑩₂	中风化砂砾岩

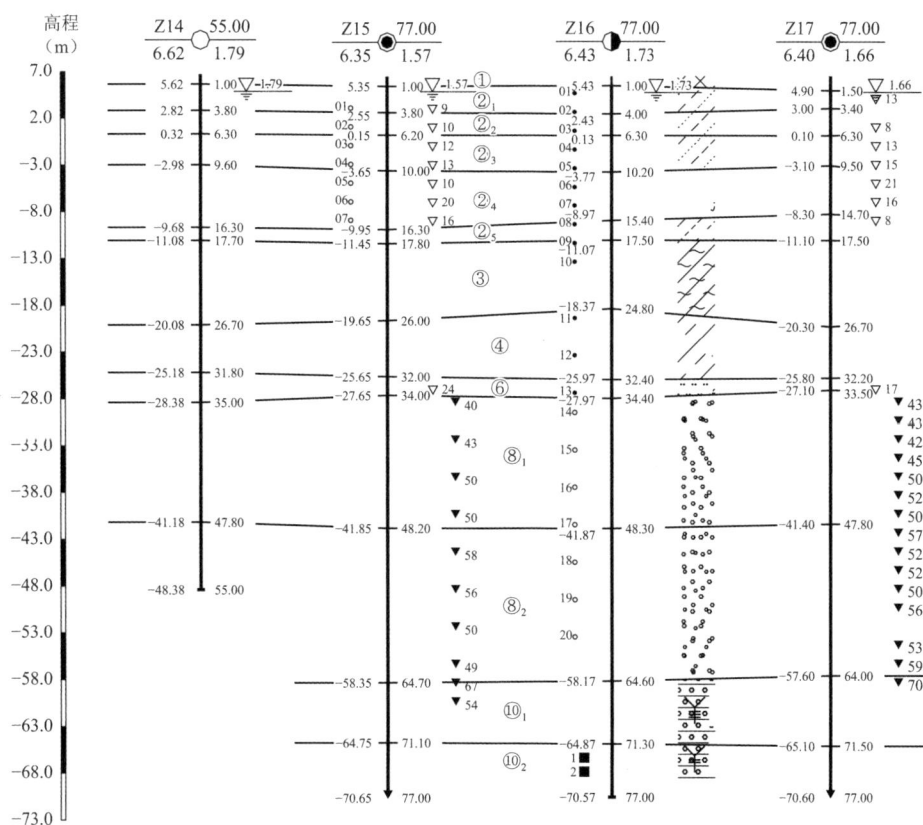

图 3.2-13 典型地质剖面

（2）基础设计方案

主楼采用桩径 900mm 的钻孔灌注桩，穿越上部的粉土、砂质粉土、粉砂和细砂后，以⑧₂层圆砾为持力层，并采用桩端后注浆，有效桩长约 37m，单桩竖向受压承载力特征值为 7300kN。与以⑩₂层中风化砂砾岩为持力层相比，桩长可减短约 22m。裙房采用桩径 700mm 的钻孔灌注桩，以⑧₂层圆砾为持力层，单桩竖向受压承载力特征值为 4200kN，单桩竖向抗拔承载力特征值为 2140kN。主楼采用桩筏基础，因下部土层存在孔隙承压水，经抗突涌验算最小隔水层厚度，基底标高不应超过 −18m，因此主楼基础采用筏板整体上翻的做法，上翻区域板厚 4.35m，其余区域板厚 1.0m。裙房采用桩-承台基础，裙房处承台板厚 1.5～2.0m，其余区域板厚 1.0m，见图 3.2-14、图 3.2-15。

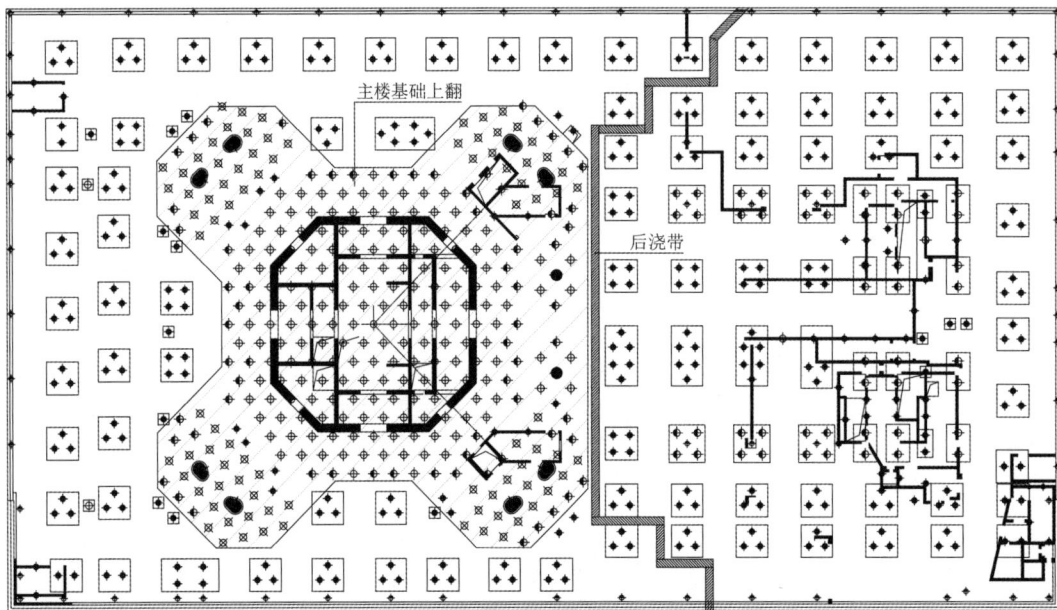

图 3.2-14　桩基及基础图

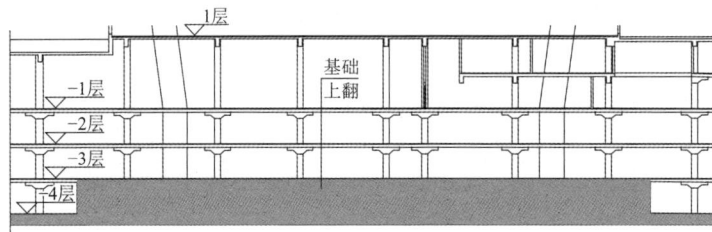

图 3.2-15　主楼基础剖面图

3.3　结构抗震计算

3.3.1　多遇地震计算

采用 ETABS 和 YJK 两种分析软件进行计算对比，结构整体分析时考虑楼板对结构刚度的影响。

（1）结构动力特性分析

两种软件对比计算多遇地震下结构的周期和振型等结构动力特性指标，结果基本一致，见表 3.3-1。以 ETABS 为例，前 3 阶周期为 5.55s、5.34s、2.61s，分别为 X 向平动、Y 向平动和扭转；$T_Z/T_1 = 0.47$，不大于 0.85，满足规范要求。计算采用振型分解反应谱法，取 60 个振型，考虑竖向地震对建筑的影响，竖向第一主导振型为第 21 阶振型，周期为 0.58s。裙房前 3 阶周期为 2.07s、1.51s、1.36s，分别为 X 向平动，Y 向平动和扭转，$T_Z/T_1 = 0.66$，不大于 0.85，满足规范要求。

主楼弹性分析计算结果　　　　　　　　　　　　　　　表 3.3-1

不同软件	周期/s			最大扭转位移比	最大层间位移角		最小剪重比	最小刚度比	最小抗剪力比	最小刚重比
	T_1	T_2	T_3		风荷载	地震				
ETABS	5.55	5.34	2.61	1.14	1/750	1/1607	0.0062	0.93	0.94	1.50
YJK	5.49	5.34	2.62	1.21	1/811	1/1639	0.0061	0.89	0.82	2.12

结构楼层抗侧力体系的承载能力变化平稳，风荷载作用下的底部剪力、倾覆力矩及层间位移角均大于地震作用，主楼结构受力由风荷载控制。

（2）地震剪力系数分析

以 ETABS 为例（以下均同），主楼地震剪力系数X向为 0.62%，Y向为 0.64%，满足规范不小于 0.6%的要求（图 3.3-1）。裙房地震剪力系数X向为 1.07%，Y向为 1.28%，满足规范不小于 0.8%的要求。对于薄弱层，剪力按 1.25 倍放大，同时考虑薄弱层剪力系数按照 1.15 倍调整。

（3）结构扭转效应分析

主楼最大位移与层平均位移的比值以及最大层间位移与平均层间位移的比值均未超过 1.14，如图 3.3-2 所示，满足规范要求；扭转周期比也远小于 0.85 的规范限值，由此可看出，空间连续斜柱外框架提供了较大的抗扭刚度。

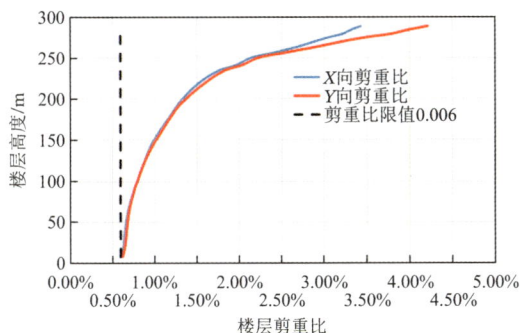

图 3.3-1 主楼剪重比

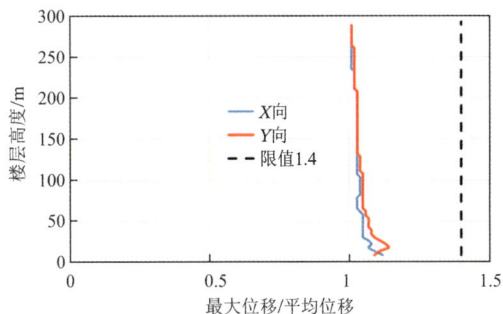

图 3.3-2 主楼扭转位移比

（4）楼层刚度比分析

根据《高层建筑混凝土结构技术规程》JGJ 3—2010：对框架-核心筒结构，楼层与上部相邻楼层侧向刚度比不宜小于 0.9，楼层层高大于相邻上部楼层层高 1.5 倍时，不应小于 1.1，底部嵌固楼层不宜小于 1.5。根据场地谱地震作用计算得到楼层剪力，通过三维有限元模型计算分析，主楼相邻楼层刚度比X向最小为 0.93，Y向最小为 0.94（图 3.3-3、图 3.3-4）；楼层受剪承载力比X向最小为 0.94，Y向最小为 0.95。裙房相邻楼层刚度比X向最小为 0.81，Y向最小为 0.71；楼层受剪承载力比X向最小为 0.72，Y向最小为 0.73，属于楼层刚度和承载力突变，但突变程度较轻。

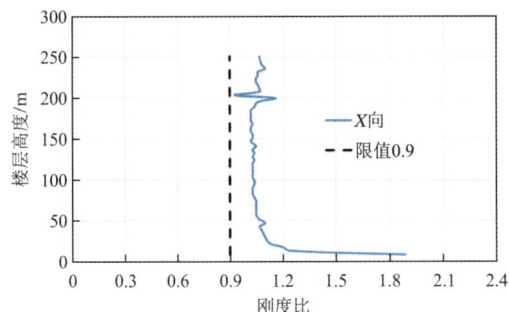

图 3.3-3 主楼X向刚度比

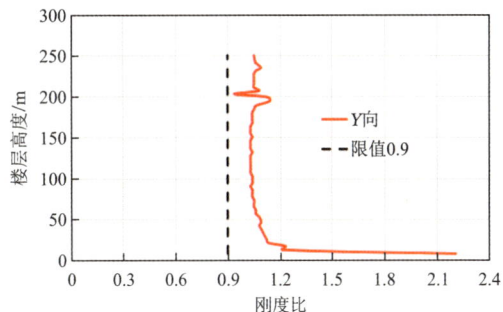

图 3.3-4 主楼Y向刚度比

（5）框架剪力分配及二道防线分析

主楼外框架因采用空间连续斜柱，侧向刚度比普通直柱框架要大很多。分析结果表明，主楼地震作用引起的底部弯矩约 30%由外框架承担，上部楼层的弯矩承担比例为 30%～41%；主楼地震作用引起的底部剪力外框架承担至少 8%，上部楼层的剪力承担比例为 13%～42%，见图 3.3-5、图 3.3-6。由此可见与普通直柱框架相比，空间连续斜柱外框架分担了更多的地震剪力，既能作为抗震二道防线，也能减轻核心筒构件的负担，缩小核心筒的尺寸，还能与建筑外表面充分融合、协调统一，对于建筑的布局和使用无疑都是有利的。

（6）墙柱轴压比分析

主楼核心筒墙肢轴压比最大为 0.5，钢管混凝土柱轴压比最大为 0.78（图 3.3-7）。裙房钢管混凝土柱轴压比最大为 0.55。钢管混凝土柱因充分利用混凝土的约束强度，其截面尺寸可比型钢混凝土柱减小38%。而且可利用钢管做模板，充分贴近建筑外表面作连续斜向构件的混凝土施工，这是型钢混凝土柱施工难以做到的，因此钢管混凝土柱能减小落地面积，拓展室内空间。同时，因充分贴近建筑外表面，连续斜钢柱还能参与幕墙受力，代替部分幕墙构件，节省幕墙造价。

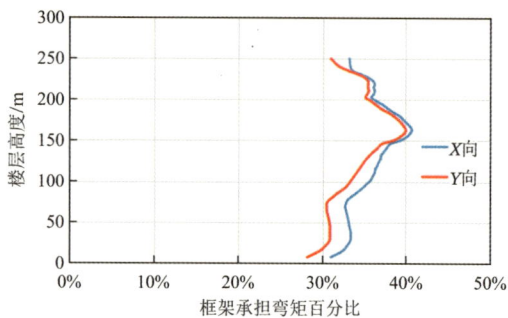

经典解构 浙江省建筑设计研究院有限公司篇

图 3.3-5　主楼弯矩分配

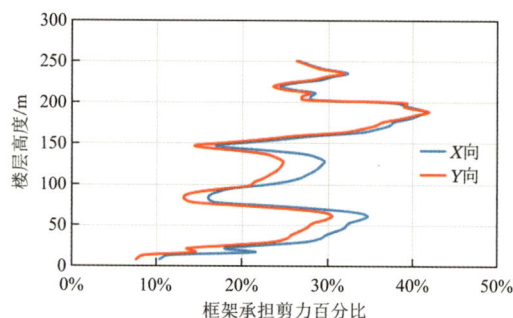

图 3.3-6　主楼剪力分配图

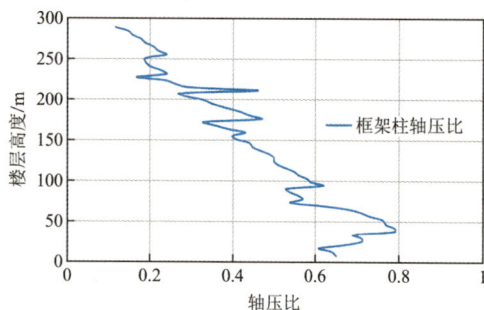

图 3.3-7　主楼框架柱轴压比

（7）小震弹性时程分析

选取 5 条天然波，2 条人工波进行弹性时程分析，每条时程曲线计算所得的结构基底剪力均不小于振型分解反应谱法结果的 65%，7 条时程曲线计算所得的结构基底剪力平均值不小于振型分解反应谱法结果的 80%。计算结果显示，弹性时程分析的平均值比 CQC 法的结果略大，如图 3.3-8～图 3.3-11 所示。采用反应谱进行内力计算时，相应楼层地震作用予以放大调整。

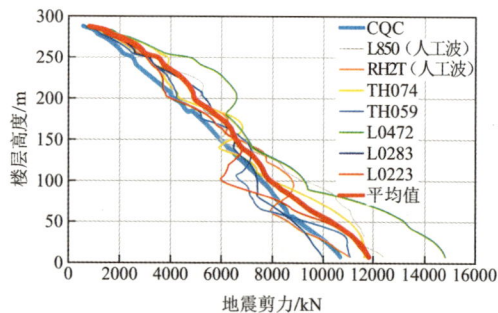

图 3.3-8　主楼 X 向楼层剪力

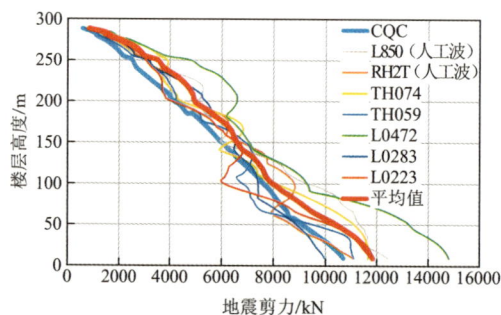

图 3.3-9　主楼 Y 向楼层剪力

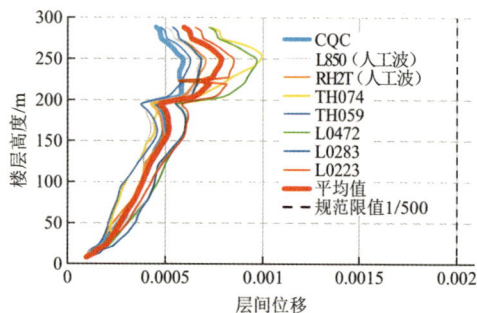

图 3.3-10　主楼 X 向层间位移角

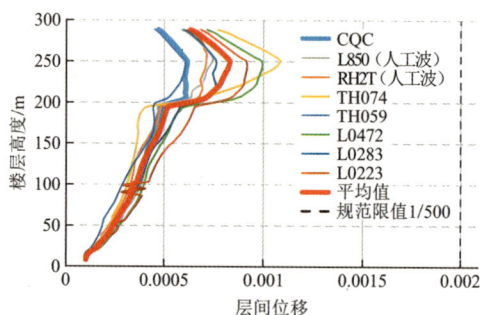

图 3.3-11　主楼 Y 向层间位移角

3.3.2 性能目标和构件性能验算

（1）抗震性能目标

主楼结构根据《高层建筑混凝土结构技术规程》JGJ 3—2010 要求进行抗震性能化设计，整体结构抗震性能目标选用 C 级，关键构件、普通竖向构件和耗能构件的性能设计指标见表 3.3-2。

结构构件抗震性能设计指标　　　　　　　　　　　　　表 3.3-2

抗震烈度			频遇地震	设防烈度地震	罕遇地震
性能水平定性描述			不损坏	修理后即可使用	较大的修复或加固可使用
层间位移角限值			1/500	—	1/100
构件抗震设计性能目标	核心筒	底部加强区 抗弯	弹性	弹性	不屈服
		底部加强区 抗剪	弹性	弹性	不屈服
		普通楼层 抗弯	弹性	不屈服	不屈服
		普通楼层 抗剪	弹性	不屈服	
	连梁		弹性	可进入塑性（抗剪不屈服）	可进入塑性（抗剪不屈服）损坏程度≤LS
	外围抗弯框架和内部框架梁		弹性	抗剪弹性 可进入塑性	抗剪不屈服，损坏程度≤LS
	角柱		弹性	弹性	抗剪、轴向不屈服，≤LS
	转换桁架		弹性	弹性	抗剪、轴向不屈服，≤LS
	柱合并楼层加固梁		弹性	弹性	抗剪、轴向不屈服，≤LS
	边柱		弹性	抗剪弹性 抗弯不屈服	抗剪、轴向不屈服，≤LS
	其他结构构件		弹性	可进入塑性	可进入塑性，损坏程度≤CP
	节点			不先于构件破坏	

（2）构件中震性能验算

中震作用下地震内力组合不考虑与抗震等级相关的内力调整。计算结果显示：角柱应力比最大为 0.90；底层大厅上方 38m 跨度的空腹桁架，下弦杆应力比 0.73，腹杆应力比 0.94。

主楼在外围空间连续斜柱外框架和核心筒的协同作用下，中震时楼板按抗剪弹性和抗拉不屈服设计，板中大部分区域拉应力小于 C35 混凝土的抗拉强度标准值 2.20MPa，见图 3.3-12，这些区域无需额外配置钢筋。在靠近核心筒、边梁以及楼板开洞处，局部拉应力大于混凝土抗拉强度标准值处，增设了附加配筋。斜柱转折处斜率较大，在楼板和楼面梁中均产生了较大的轴力，构件设计中均考虑轴力因素，见图 3.3-13。

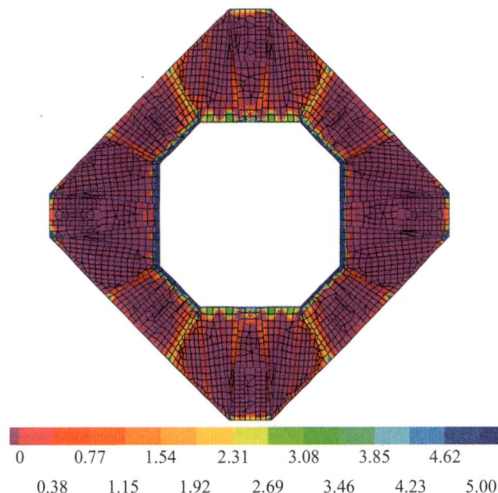

0	0.77	1.54	2.31	3.08	3.85	4.62					
0.38	1.15	1.92	2.69	3.46	4.23	5.00					

图 3.3-12　中震下斜柱转折处楼板应力图（单位：MPa）

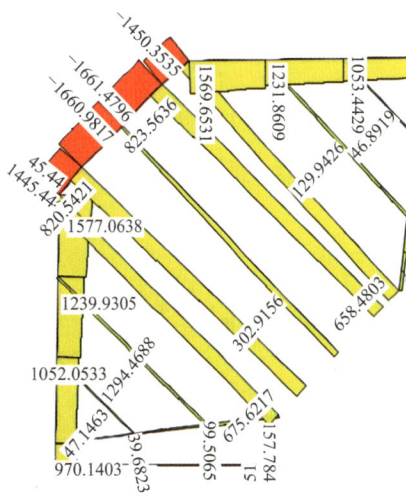

图 3.3-13　中震下斜柱转折处梁轴力图（单位：kN）

3.3.3 结构弹塑性分析

采用 PKPM-SAUSAGE 软件进行罕遇地震下的动力弹塑性分析，选用 5 组天然波和 2 组人工波对主楼进行弹塑性时程分析。地震波峰值选用 125gal，采用三向同时输入，主、次向和竖向幅值比值为 1.0：0.85：0.65。

（1）整体指标分析

7 组地震波中两个方向的最大底部剪力分别为 105000kN 和 102100kN，罕遇地震位移角计算结果显示最大弹塑性层间位移角 X 向为 1/175、Y 向为 1/203，均小于框架-核心筒结构 1/100 的限值，表明在天然波和人工波罕遇地震作用下结构仍保持直立。

（2）构件抗震性能评价

大震弹塑性时程分析:首层剪重比为 5% 左右,首层 X、Y 向剪力与大震弹性时程最小比值分别为 0.800 和 0.801，表明结构具有一定的耗能能力。结构的弹塑性层间位移角曲线总体较光滑，但在 44 层处有明显放大，说明该层核心筒外墙收进以后造成刚度突变，结构弹塑性位移的反应明显，与常规的定性判断相吻合。

构件屈服次序依次为核心筒连梁、框架梁、局部核心筒墙肢。

大震下仅个别外框柱和外框梁出现轻微的塑性应变，大部分外框架柱和框架梁处于弹性状态。外框架在大震作用下的承载力仍有较大富余，核心筒进入塑性后外框架可以起到抗震二道防线的作用。标高 12.600m 处的空腹转换桁架上下弦杆和腹杆均只出现轻微的塑性应变，大部分处于弹性状态，8 根转换柱无损坏。各层楼板中仅少量出现轻度损坏，其余无损坏，见图 3.3-14、图 3.3-15。

计算结果表明本结构抗震性能良好，结构在罕遇地震作用下的震后性能状况：主承重核心筒剪力墙、外框柱和框架梁基本无损坏；空腹转换桁架杆仅出现轻微的塑性应变，大部分处于弹性状态；转换柱均处于弹性状态；楼板轻微损坏；连梁中度损坏（部分有较严重的损坏）的性能目标，满足所设定的抗震性能要求。

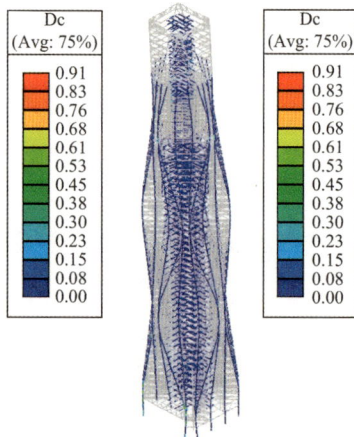

图 3.3-14　主楼框架和剪力墙整体损伤图　　　图 3.3-15　主楼剪力墙收进处墙体损伤图

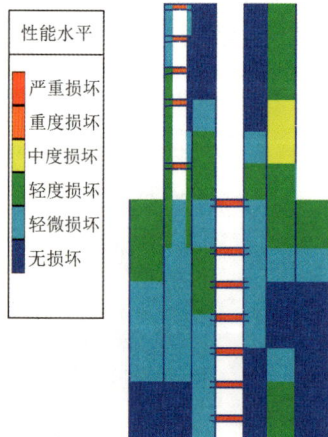

3.4 结构抗风计算

3.4.1 风洞试验

本工程立面曲线造型复杂，无法从《建筑结构荷载规范》GB 50009—2012 提供的建筑体型表中准确选定结构的体型系数，需通过风洞试验确定风荷载取值，测压模型外形与结构原型严格相似。试验在 3.7m×2.2m 边界层风洞中进行，模型安装了测压点并模拟大楼周围半径 500m 范围内所有建筑地貌。在风洞工作段前方设置适当的地面粗糙元与紊流尖塔，对每个风向逐一模拟。地面粗糙度类别根据不同地貌对应的风向角选取，在 10°～70° 及 350°～360° 区间内按 B 类取值，在 80°～180° 以及 240°～340° 区间内按 C 类取值，在 190°～230° 区间按 D 类取值。风气候统计模型由 2015 年杭州萧山气象站的近地风记录和计算机台风模拟得到。台风模拟数据由美国北卡罗来纳州罗利市的应用研究所提供，采用蒙特卡洛法模拟了 10 万个热带风暴以确定台风的强度和风向。基本风压按 50 年重现期取为 0.45kN/m²，风洞试验时取 1.1 倍基本风压。风洞试验和 80%规范风荷载作用下的楼层剪力和弯矩对比见图 3.4-1，结果显示两个方向的基底剪力和弯矩均小于规范的近似值。

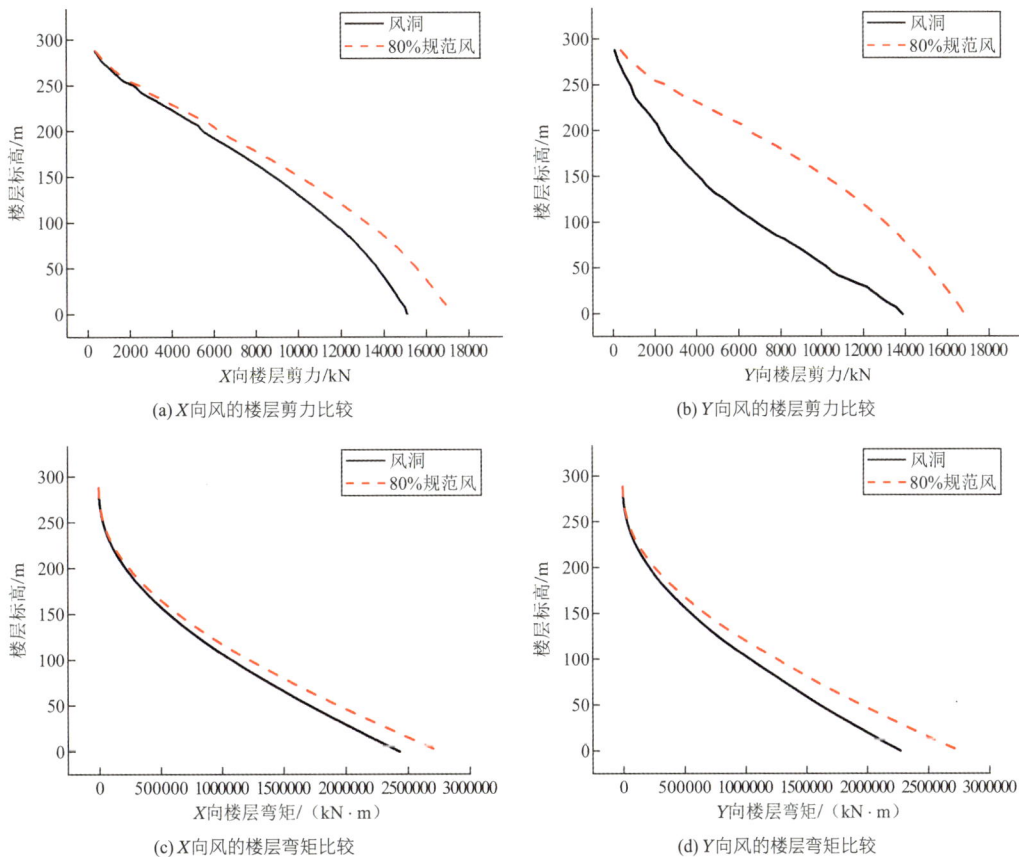

(a) X向风的楼层剪力比较 (b) Y向风的楼层剪力比较

(c) X向风的楼层弯矩比较 (d) Y向风的楼层弯矩比较

图 3.4-1　风洞和 80%规范的楼层剪力及弯矩比较图

3.4.2　风洞试验与规范风荷载比较

本工程底部的平面形状为正方形，四个角部切除，各楼层切角宽度为 4.8～10.5m，达到平面宽度的 10%～20%，有效降低了横风向涡激振动的幅度。立面上随着高度的增加，平面宽度总体上呈收进的趋势，从二层的 48.5m 宽收进到屋面的 40m 宽，直至塔冠的 29.6m 宽，让旋涡脱落特性随着高度变化而变化，使其不具备规则性和周期性。同时，角部布置的斜柱的多次融合与分离，造成立面内倾、外斜多次交替变换，降低横风向涡激振动的相关性，使结构不具备足够的共振条件。

通过以上措施，超高层主楼风荷载显著减小，较规范风荷载下降 30%以上，按风洞试验等效风荷载和 80%规范风荷载进行设计，见表 3.4-1。鉴于结构在 45° 和 135° 方向存在迎风面，且迎风面宽度与正交处不同，故按上述风向角进行补充计算，结果略小于正交方向。

设计按风洞试验 24 个风向角和 80%《建筑结构荷载规范》GB 50009—2012 风取包络值，结构顶点风振加速度为 0.12m/s²，满足《高层建筑混凝土结构技术规程》JGJ 3—2010 要求。

风荷载下基底剪力和倾覆弯矩比　　　　　　　表 3.4-1

工况	底层弯矩			底层剪力	
	$M_X/$（$\times 10^6$kN·m）	$M_Y/$（$\times 10^6$kN·m）	$M_Z/$（$\times 10^4$kN·m）	$F_X/\times 10^4$kN	$F_Y/\times 10^4$kN
风洞试验值	2.43	2.27	2.97	1.51	1.39
80%规范值	2.76	2.75	3.12	1.71	1.68
风洞/80%规范	0.88	0.83	0.95	0.88	0.83

3.5 结构超限判断和主要加强措施

3.5.1 结构超限判断

本工程主楼结构实际高度 288m，规范允许最大适用高度 220m，属高度超限；另外还存在构件间断（上下柱不连续）和局部不规则（有穿层柱和斜柱）等不规则内容，详见表 3.5-1，主楼属于超限高层建筑。裙房结构存在扭转位移比大于 1.2、4 层楼板宽度小于 50%、通高大堂处柱子转换和 4、5 层楼层受剪承载力比值小于 0.8 等不规则内容，详见表 3.5-2，裙房也属于超限高层建筑。

主楼结构超限内容　　　　　　　　　　　表 3.5-1

项目	判别类型
主楼高度 288m 超过 B 级高度 220m 限值	高度超限
底层大厅西侧，北侧和南侧的次柱不落地	构件间断
各层有斜柱，局部具有穿层柱	局部的穿层柱、斜柱

裙房结构超限内容　　　　　　　　　　　表 3.5-2

项目	判别类型
扭转位移比大于 1.2	扭转不规则
4 层楼板宽度＜50%	楼板局部不连续
柱子转换	构件间断
4、5 层楼层受剪承载力突变	楼层承载力突变

3.5.2 主要抗震加强措施

针对超限类型和程度，主楼结构采取以下加强措施：

（1）加强 3～4 层处的空腹转换桁架构件截面，使其在大震时上下弦杆和腹杆均只出现轻微的塑性应变，大部分处于弹性状态；

（2）加大 8 根转换柱的壁厚，使其在大震时无损坏；

（3）提高裙房搁置端支撑柱的钢材强度，采用 Q460GJ 钢，使其在大震时不屈服；

（4）提高连梁的配箍率，增强其延性和耗能能力；

（5）加强楼板配筋，并增大核心筒内的楼板厚度。

裙房结构采取以下加强措施：

（1）空腹桁架的弦杆和腹杆均采用矩形钢管，增强其双向抗弯能力；

（2）加大空腹桁架两端支撑柱的壁厚，降低其应力比；

（3）采用临时支撑，楼板混凝土延后浇筑，降低空腹桁架构件的初始内力。

通过以上措施，实现了框架梁基本无损坏；空腹转换桁架杆仅出现轻微的塑性应变，大部分处于弹性状态；转换柱均处于弹性状态；楼板轻微损坏；连梁中度损坏（部分有较严重的损坏）的性能目标，满足所设定的抗震性能要求。

3.6 专项分析

3.6.1 主楼全过程施工模拟及主楼空腹转换桁架内力分析

同一楼层分步施加恒荷载和部分楼层楼板滞后施工对减小构件截面尺寸有积极作用。

因建筑功能需要，主楼外围框架在南、北、西三面的中柱均不能落地，需在 3～4 层采用桁架进行转换，跨度为 38m，且建筑立面不允许设斜杆，故采用空腹桁架（图 3.6-1）。计算分析表明，该桁架第一节间的下弦杆受力较大，且对加载模式和顺序极为敏感。由表 3.6-1、表 3.6-2 可知，分层加载和一次性加载的计算结果相差很大。在内隔墙和幕墙未施工之时，按分层加载模式，第一节间下弦杆的弯矩比一次性加载增大 201%，轴力比一次性加载增大 583%，ETABS 和 YJK 两个程序的计算结果较为接近，都反映出各楼层刚度因逐次形成而对桁架内力产生的增大作用。

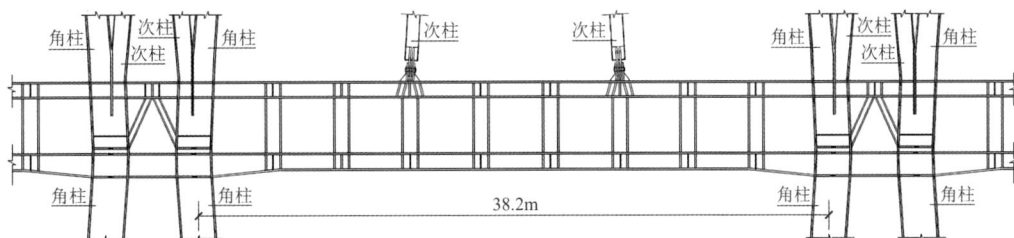

图 3.6-1 转换桁架立面图

转换桁架第一节间弦杆内力对比   表 3.6-1

计算	刚度形成以及加载方式	轴力/kN	弯矩/（kN·m）
模式 1	ETABS（一次性形成刚度并加载）	286	3264
模式 2	ETABS（分层形成刚度，分层加载）	1956	9845
模式 3	YJK（分层形成刚度，分层加载）	1854	8630

注：均按加载 1 计算。

加载 1 内容   表 3.6-2

加载编号	管线 + 吊顶重 DL/kPa	面层重量 SDL/kPa	施工荷载 LL/kPa	玻璃幕墙自重 SDL2/kPa
加载 1	0.5	2.0	1.0	0

注：不考虑楼层内部隔墙自重，DL 中梁板柱自重另计。

因建筑立面要求，转换桁架杆件截面高度不超过 1m，仅首跨端部可加腋。为减小桁架内力，设计采用同一楼层分步施加恒荷载和部分楼层楼板滞后施工的方法，即先浇捣第 17、18 层楼板，待空腹桁架和上部各楼层（至 18 层楼面）形成整体作用以后，再浇捣 2～16 层楼板混凝土。计算结果显示，同一楼层经分步施加恒荷载后，作为桁架弦杆主控因素的弯矩值有了显著下降，其中下弦杆的下降幅度达 23%，仅下弦杆的第一节间需要加腋至 1.4m 高，其余各节间的梁高均未超过 1m，满足了建筑的立面需求，见表 3.6-3、表 3.6-4。

按上述分步施加恒荷载工况下的下弦杆首跨杆顶弯矩标准值，转换桁架完工时为 2638kN·m，第 11 层楼面完工时为 4449kN·m，第 18 层楼面完工时为 5660 kN·m，屋顶层完工时加上活荷载为 25218 kN·m。

综合最不利工况的轴力、弯矩和剪力作构件应力比计算，下弦杆应力比按一次性施加恒荷载时最大为 1.0，按分步施加恒荷载则减小为 0.73；腹杆应力比按一次性施加恒荷载时最大为 1.11，分步施加恒荷载则减小为 0.94，构件受力状况得到显著改善（图 3.6-2）。桁架跨中挠度在恒荷载作用下减小了约 26%，在恒荷载 + 活荷载作用下减小约 23%，最大挠度为跨度的 1/388，见表 3.6-5；施工时采取预起拱 50mm，最终恒荷载 + 活荷载作用下挠度为跨度的 1/792。

转换桁架第一节间弦杆内力比较（均按加载 2 计算，单位：kN·m） 表 3.6-3

恒荷载 + 活荷载	①楼板逐层浇捣	②2～16 层楼板整体后浇	差值百分比(①－②)/①
上弦杆弯矩标准值	14104	12207	15%
下弦杆弯矩标准值	31973	25218	23%

加载 2 内容（单位：kN/m²） 表 3.6-4

加载编号	DL	SDL	LL	SDL2	SDL3	LL1
加载 2	0.5	2.0	2.0～3.0	1.5	2.5	7.0～10.0

注：DL 为管线及吊顶重量，SDL 为面层粉刷重量，LL 为限制施工荷载，SDL2 为玻璃幕墙自重，SDL3 为内部隔墙自重，LL1 为设备层活荷载。考虑楼层内部隔墙自重。

不同加载模式下的转换桁架跨中挠度对比（单位：mm） 表 3.6-5

荷载工况	①同一楼层一次性加载	②同一楼层分步加载	差值百分比(①－②)/①
恒荷载	112	83	26%
恒荷载 + 活荷载	127	98	23%

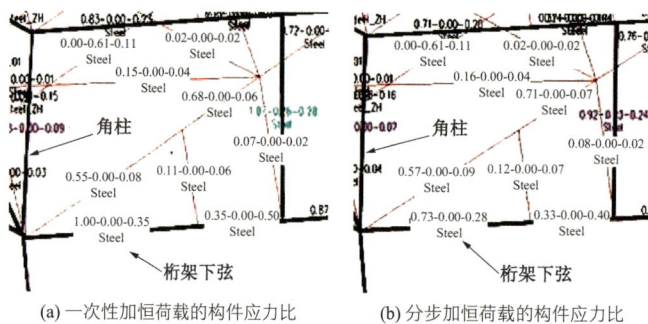

(a) 一次性加恒荷载的构件应力比   (b) 分步加恒荷载的构件应力比

图 3.6-2　恒荷载一次性施加和分步施加引起的构件应力比较

3.6.2　混凝土收缩徐变效应影响分析

连接外围钢柱和核心筒的钢梁两端均采用铰接，因此核心筒混凝土的收缩和徐变不会对钢柱和钢梁受力带来影响。核心筒和外围钢柱均按照实际标高测量、建造和下料，并随每一层楼板面找平，以部分补偿竖向构件的压缩变形。

3.6.3　裙房转换桁架复杂部位力学分析

为满足建筑功能需要，裙房 2～3 层楼面、5～10 层楼面之间均采用空腹多层桁架，不设斜腹杆，桁架跨度为 30m，弦杆高 900～1300mm，3～5 层楼面之间为通高大堂。为使空腹桁架的各楼层构件在承受自重的阶段（包括钢筋桁架及底模）即能整体协同受力，钢结构施工时在 3～5 层楼面之间设置了 V 形临时支撑，在 1～2 层楼面之间设置了直立临时支撑，然后钢构件逐层安装至屋面并形成整体（图 3.6-3）。

如果随后立即开始各层楼板混凝土的浇筑，则楼板混凝土的重量会传至直立临时支撑，造成其下部对应的地下室混凝土柱和基础受力过大，因此待钢结构施工完毕，各空腹桁架形成整体刚度之后，先依次拆除 3～5 层楼面之间的 V 形临时支撑，再依次拆除 1～2 层楼面之间的各直立临时支撑。待两道临时支撑均拆除以后，再开始各层楼面混凝土板的浇筑，这样楼板自重会传至空腹桁架两端的边柱，与计算模型的假定一致。

按上述分步施加恒荷载工况下的转换桁架 2 层处下弦杆，其首跨杆顶弯矩标准值在转换桁架完工时为 165 kN·m（图 3.6-4），拆除 3 层临时 V 形支撑时因上部卸载效应降为 69 kN·m，拆除底层临时支撑时因跨度变大而增大为 504 kN·m（图 3.6-5），全部恒荷载及活荷载作用下为 6098 kN·m（图 3.6-6）。在风荷载和地震作用的最不利工况下，弯矩设计值为 8800 kN·m，轴力设计值为 2920kN，应力比不超过 0.7。空腹多层桁架在形成整体刚度（包括钢筋桁架及底模）时跨中挠度为 12mm，随后在恒荷载作用下为 28mm，在恒荷载 + 活荷载作用下为 38mm，最大为跨度的 1/790，均能满足规范要求。

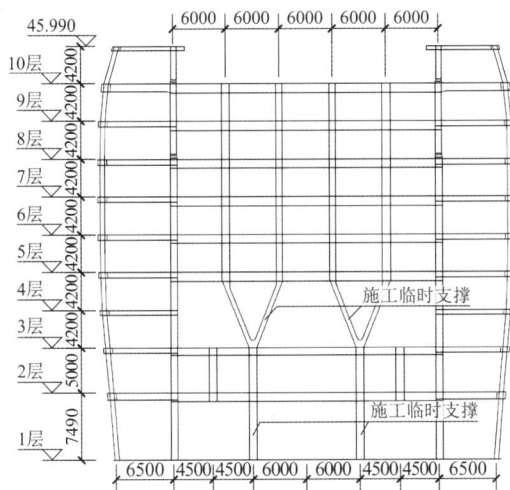

图 3.6-3　施工状态临时支撑图

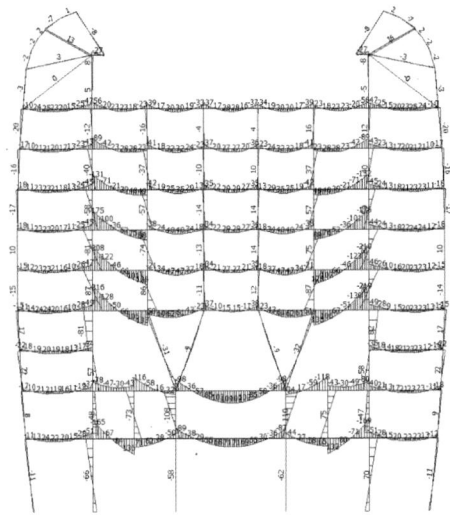

图 3.6-4　施工至顶层时桁架恒荷载弯矩图

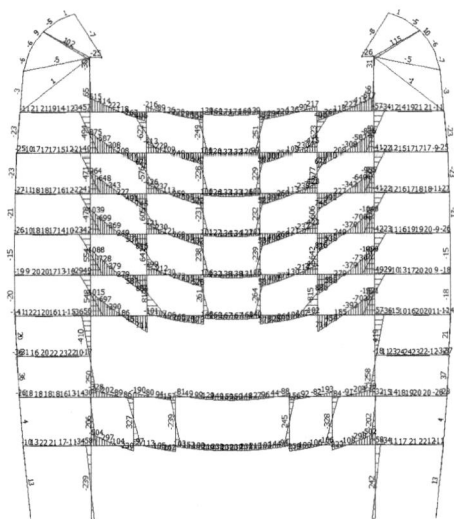

图 3.6-5　拆除临时支撑时桁架恒荷载弯矩图

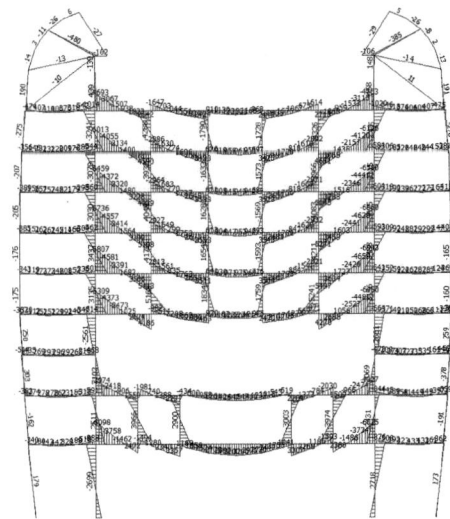

图 3.6-6　全部恒荷载 + 活荷载时桁架弯矩图

3.6.4　典型节点构造设计和应力分析

主楼融合柱是空间连续斜柱外框架的关键构件，为异形的马蹄形柱，分叉柱为圆管柱，两者的连接形状不规则，柱身角度也不一致，同时有多个方向的钢梁与之连接，受力复杂。故对融合柱、分叉柱、钢梁和钢柱内混凝土进行统一的有限元建模分析，同时考虑轴力、剪力、弯矩和扭矩的联合作用。计算结果显示，在罕遇地震工况组合下，除个别奇点外，钢构件的 Mises 应力小于 340MPa，混凝土部分的应力小于 50MPa，钢构件采用 Q390GJ 钢，节点钢材未屈服，混凝土采用 C60，局部抗压能满足要求，节点的变形也能符合要求（图 3.6-7、图 3.6-8）。融合柱按一级焊缝要求进行检测，整体加工，整体吊装。在裙房边柱搁置端处对钢柱、钢牛腿、钢梁和钢柱内混凝土进行统一的有限元建模分析，计算结果显示，钢构件 Mises 应力最大为 370MPa，混凝土局部最大应力为 48MPa，均发生在钢牛腿下翼缘处。钢构件采用 Q460GJ 钢，节点钢材未屈服，混凝土采用 C60，局部抗压足够（图 3.6-9），因此搁置端节点强度能满足受力要求。同时，梁搁置端节点强度也能满足受力要求（图 3.6-10）。

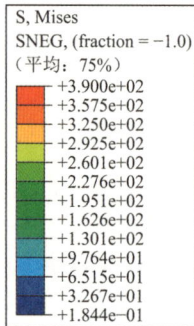

图 3.6-7 异形柱钢应力图（单位：MPa）

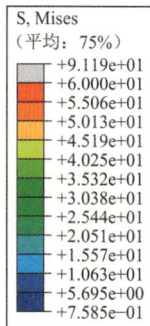

图 3.6-8 异形柱混凝土应力图（单位：MPa）

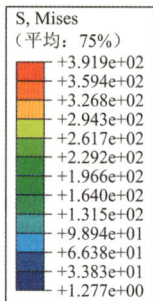

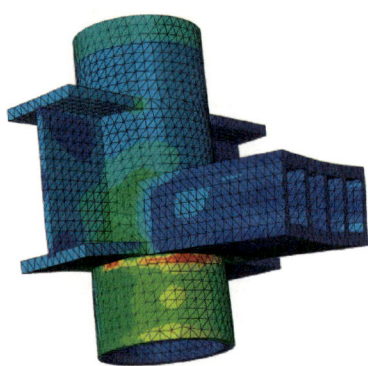

(a) 钢构件单元应力

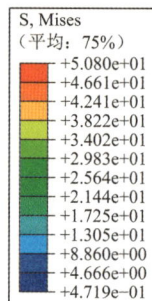

(b) 混凝土单元应力

图 3.6-9 柱搁置端大样分析图（单位：MPa）

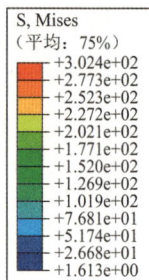

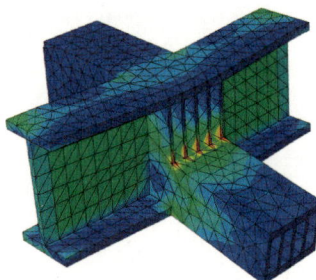

图 3.6-10 梁搁置端大样分析图（单位：MPa）

3.6.5 防倒塌分析

主楼采用拆除构件法进行抗连续倒塌分析，将 3～4 层转换桁架的腹杆拆除，用考虑 $P\text{-}\Delta$ 效应的线性静力法计算剩余结构。楼面恒荷载、活荷载和风荷载采用标准值，楼面活荷载准永久值系数取 0.5，风荷载组合值系数取 0.2。计算结果显示原转换桁架上的不落地次柱转化为吊柱（图 3.6-11、图 3.6-12），由抗压转变为抗拉并承担全部楼面荷载，应力比为 0.53；角柱继续抗压，应力比为 0.68，整体结构不会因转换桁架破坏而出现连续倒塌。

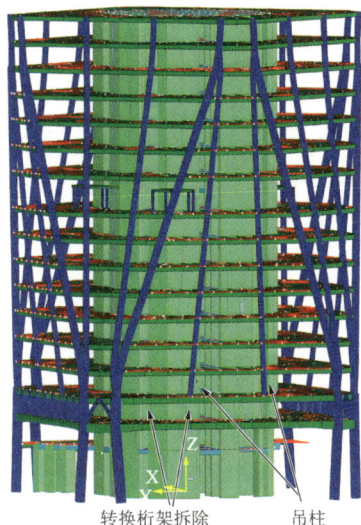

图 3.6-11　转换桁架拆除图

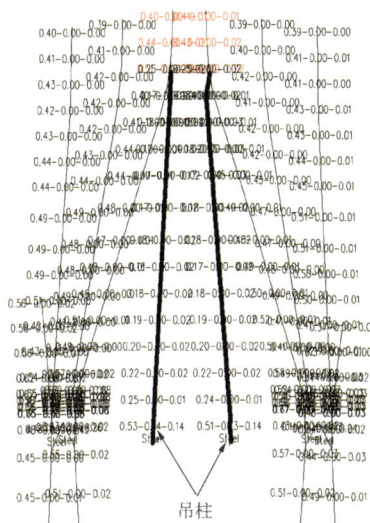

图 3.6-12　吊柱应力比图

3.7　地基基础计算

现场取 3 根试桩做堆载试验，采用慢速维持荷载法，单桩竖向抗压极限承载力值最小为 15818kN，最大为 16380kN，对应沉降量为 25～45mm。综合沉降控制和施工质量控制等因素，单桩竖向受压承载力特征值取 7300kN。

单桩计算最大反力为 8956kN，位于主楼核心筒的内部（图 3.7-1）。底板正弯矩最大值为 16280 kN·m，位于主楼核心筒的边缘部位，底板负弯矩最大值为 7549 kN·m，位于主楼核心筒的中央部位（图 3.7-2）。最大计算沉降量为 6cm，至结构封顶时实测沉降量不到 2.5cm（图 3.7-3）。

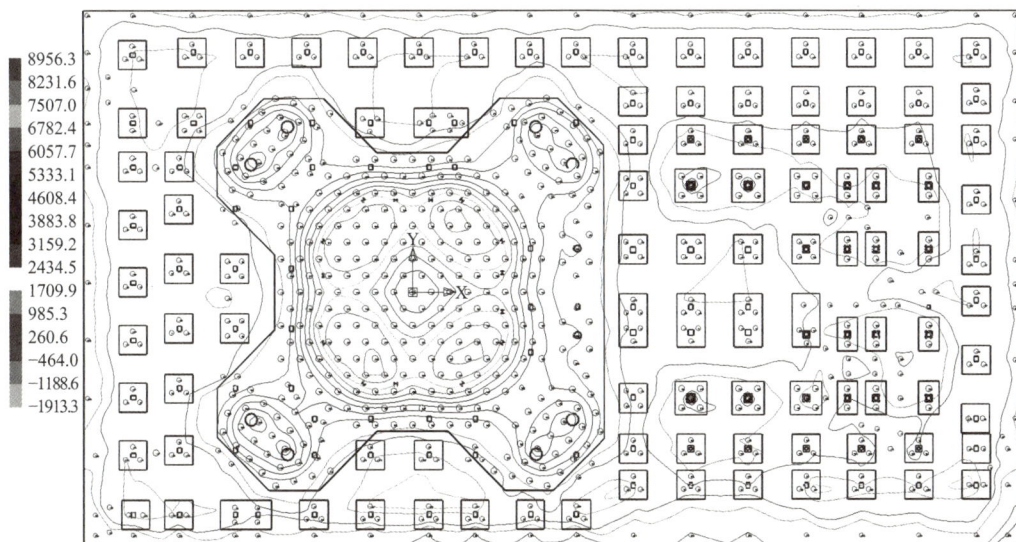

图 3.7-1　主楼受压桩顶反力图（单位：kN）

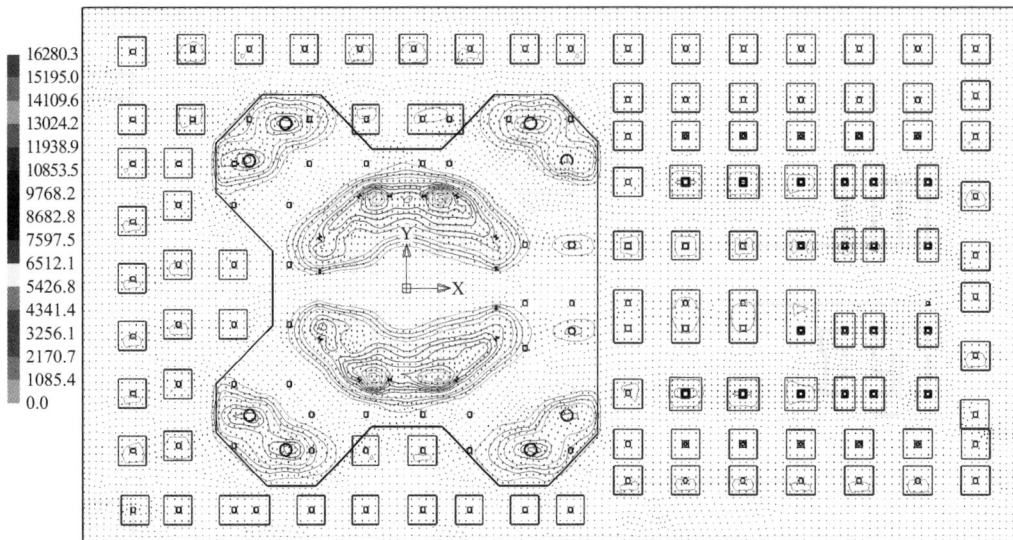

图 3.7-2　底板弯矩图（单位：kN·m）

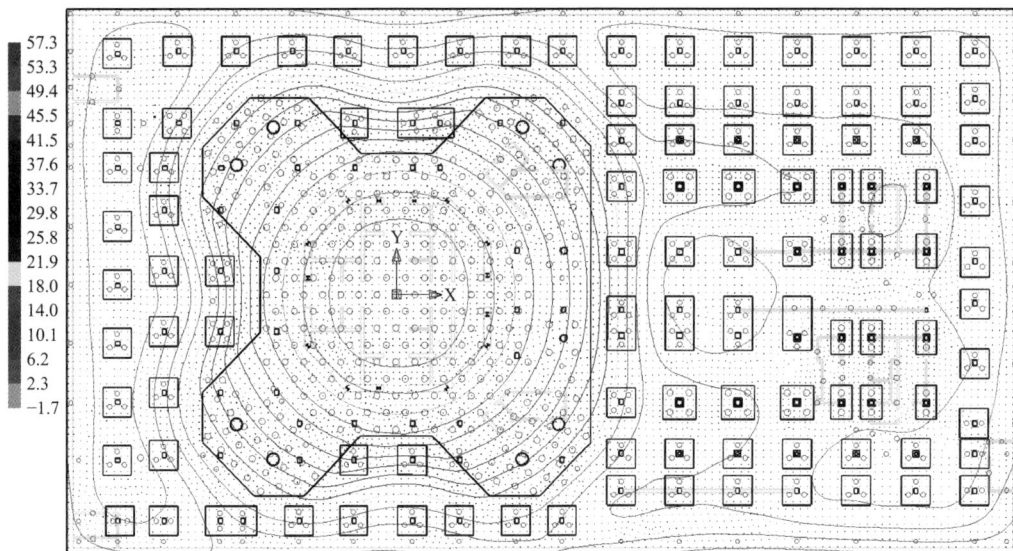

图 3.7-3　基础沉降图（单位：mm）

参考资料

[1]　住房和城乡建设部. 建筑结构荷载规范: GB 50009—2012[S]. 北京: 中国建筑工业出版社, 2012.

[2]　杜向东. 钱江世纪城 H12 地块风洞试验报告[R]. 卡尔加里: RWDI, 2017.

[3]　住房和城乡建设部. 高层建筑混凝土结构技术规程: JGJ 3—2010[S]. 北京: 中国建筑工业出版社, 2011.

[4]　住房和城乡建设部. 超限高层建筑工程抗震设防专项审查技术要点: 建质〔2015〕67 号[A]. 2015.

[5]　王鑫鑫, 于东晖, 韩巍, 等. 国家会议中心二期项目大跨重载转换结构设计要点[J]. 建筑结构, 2021, 51(19): 7-12.

[6]　中国工程建设标准化协会. 建筑结构抗倒塌设计规范: CECS 392: 2014 [S]. 北京: 中国计划出版社, 2014.

设计团队

结构设计单位：浙江省建筑设计研究院有限公司（初步设计 + 施工图设计）

      SOM 建筑设计事务所（方案 + 初步设计）

结构设计团队：杨学林、丁　浩、王国琴、唐立华、翟立祥、赵　林、任铭宇

执　笔　人：丁　浩

获奖信息

第 15 届中国钢结构金奖

2023 年 RIBA 中国地标 100

2024 年 CTBUH 最佳高层建筑奖（亚洲）

第 4 章

杭州云城北综合体 1 号塔楼

4.1 工程概况

杭州云城北综合体（金钥匙）项目位于杭州西站北侧，融合了站城一体化开发的规划设计理念，集聚超级总部、未来产业、商务办公、超五星级酒店、服务型公寓、剧院等多重城市业态与功能，打造未来杭州创新创业和人文艺术的全新地标。金钥匙1号塔楼为杭州云城综合体的核心项目，以"云端之窗"为设计理念，规划设有360°云端观景平台，建成后将成为杭州第一高楼。1号塔楼建筑功能为办公＋酒店，总高度为399.8m，地上84层地下4层，建筑总面积为43.5万 m²（地上19.7万 m²、地下23.8万m²）。塔楼平面为边长约52m的三角形，在平面角部进行截角处理，建筑效果及结构整体模型见图4.1-1、图4.1-2，塔楼的剖面、典型建筑平面见图4.1-3、图4.1-4。

经典解构

浙江省建筑设计研究院有限公司篇

图 4.1-1　建筑效果

图 4.1-2　结构整体模型

1号塔楼结构设计基本参数取值如下：结构设计使用年限为50年；结构安全等级为一级；抗震设防烈度为6度，设计地震分组为第一组；场地类别为Ⅱ类；地震基本加速度为0.05g；抗震设防类别为重点设防类；基本风压：0.45kN/m²（50年一遇）、0.50kN/m²（100年一遇）；结构阻尼比：4%（用于多遇地震计算）、3.5%（用于风荷载位移计算）、2%（用于风荷载承载力计算）、1%（用于风荷载舒适度计算）。

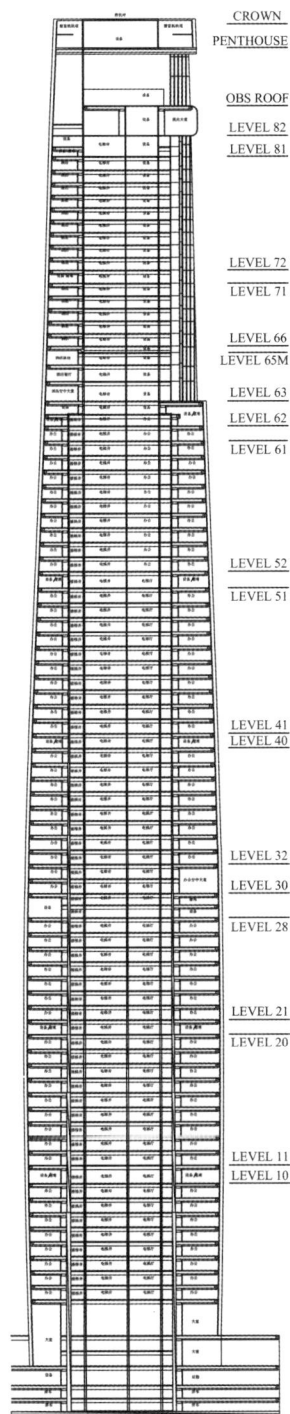

图 4.1-3　建筑剖面

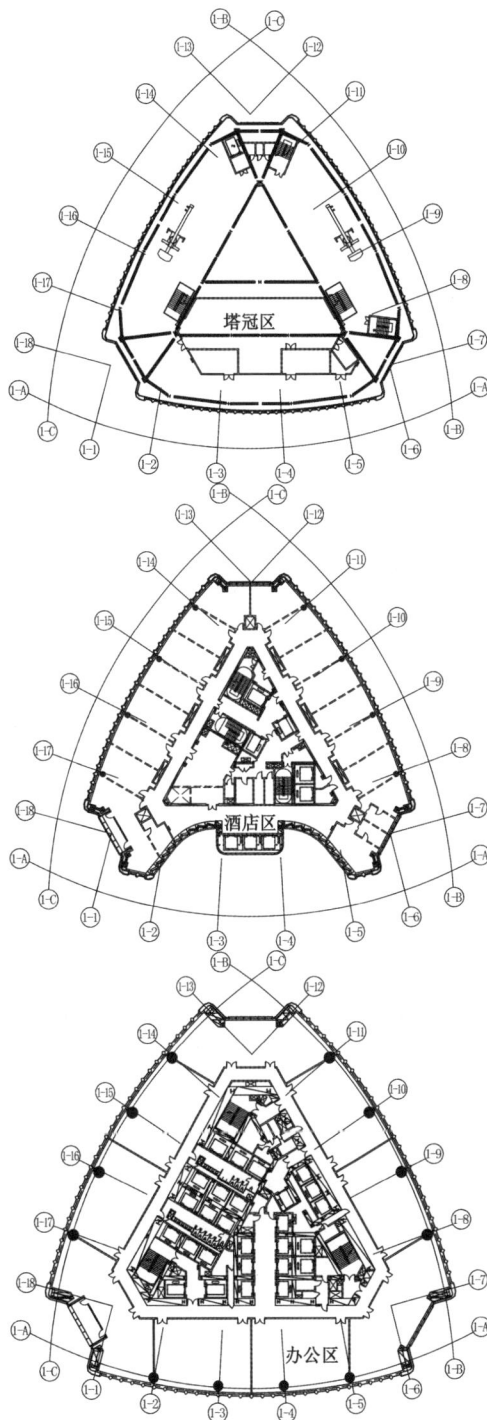

图 4.1-4　建筑典型平面

4.2　结构方案

4.2.1　结构体系

　　1号塔楼采用型钢混凝土框架-核心筒组合结构，塔楼平面为边长约52m的三角形，在平面角部进行截角处理，见图4.2-1。

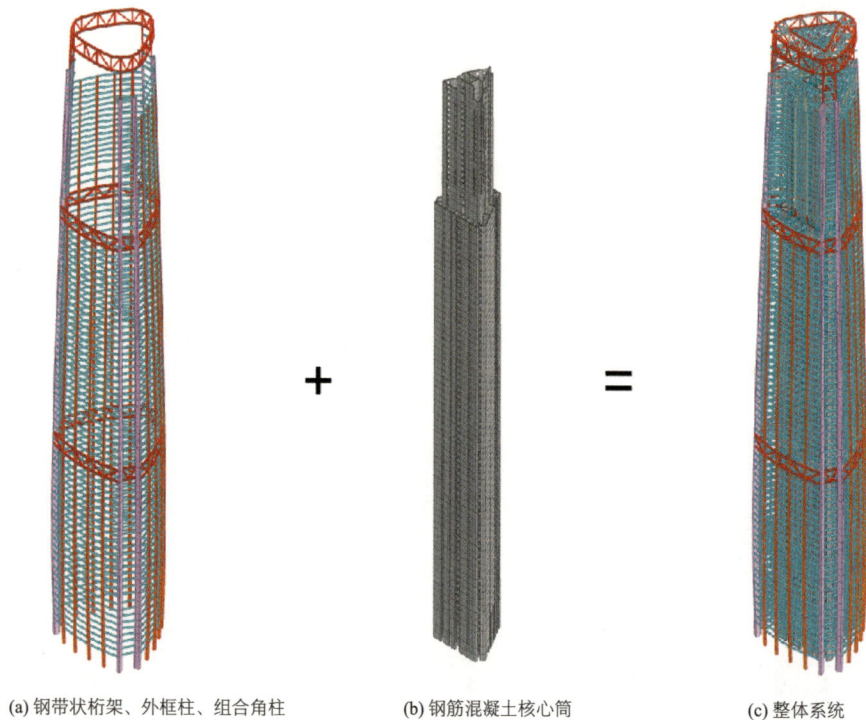

(a) 钢带状桁架、外框柱、组合角柱　　　　(b) 钢筋混凝土核心筒　　　　(c) 整体系统

图 4.2-1　塔楼结构体系示意图

（1）塔楼抗侧力体系

塔楼抗侧力体系包括：位于楼面中心的钢筋混凝土核心筒和型钢混凝土外框架体系。外框架柱为型钢混凝土柱，外框架梁为钢梁。由于酒店区域外框架不连续，故酒店区域核心筒和角柱之间设置伸臂钢梁，办公区域结合避难层设置伸臂钢梁，如图 4.2-2 和表 4.2-1 所示。塔楼分别在 28～30 层与 62～63 层设置带状桁架层，用于平衡酒店区域南部楼板缺失对外框架柱的轴力影响，提升塔楼的整体刚度，塔楼顶部设置三脚架形式的桁架，塔楼角柱延伸至顶部，以支承顶冠结构。顶部桁架钢斜撑不仅为顶冠提供侧向刚度，还可平衡核心筒和外框架间的不均匀变形。

（2）塔楼重力体系

塔楼核心筒为传统的钢筋混凝土剪力墙体系，钢筋混凝土核心筒和外框架柱之间的楼面系统为钢梁＋混凝土楼板组成的组合楼板系统，外框架柱均采用型钢混凝土组合柱。

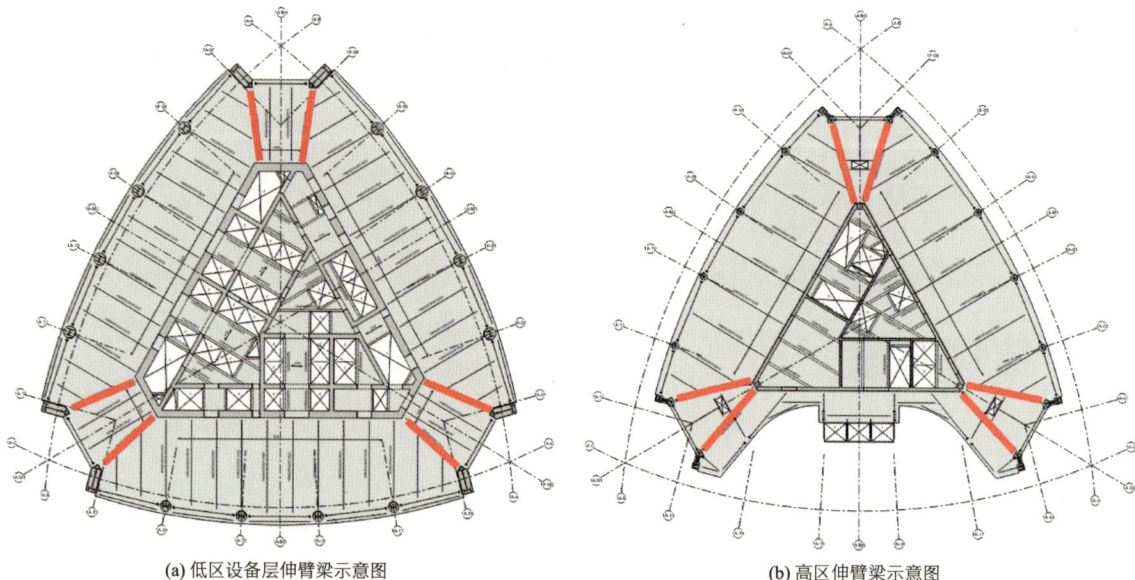

(a) 低区设备层伸臂梁示意图　　　　(b) 高区伸臂梁示意图

图 4.2-2　塔楼结构体系示意图

经典解构　浙江省建筑设计研究院有限公司篇

伸臂钢梁规格　　　　　　　　　　　　　　　　表 4.2-1

楼层	截面	楼层	截面
21	H1200 × 500 × 30 × 60	63	H1200 × 400 × 50 × 90
30	H1200 × 500 × 30 × 60	64～70	H900 × 400 × 22 × 40
41	H1200 × 400 × 40 × 80	71～81	H900 × 400 × 18 × 35
52	H1200 × 400 × 40 × 80		

4.2.2　带状桁架结构方案对比分析

由于项目所处场地为 6 度区且风荷载较大，塔楼结构刚度需求和侧向位移主要由风荷载控制。通过对比不同位置桁架层的结构自振周期和规范风荷载下层间位移角，选择设置带状桁架的最佳位置。

（1）低区带状桁架位置选取

为选择低区带状桁架设置的最佳位置，通过对比方案 0～方案 10（见表 4.2-2）的分析结果（表 4.2-3），当桁架设置在 28～30 层时（方案 0），各项刚度指标明显优于其他方案。由图 4.2-3～图 4.2-4 可知，当带状桁架设置在 28～30 层间时，位移角明显小于其他方案，由于建筑 29 层为避难层，故将低区带状桁架布置在 28～30 层。

（2）高区带状桁架位置选取

高区带状桁架层主要用于平衡酒店层南部楼板缺失对外框柱产生的轴力影响，并提升塔楼整体刚度。若取消 62～63 层桁架：X、Y 向的刚重比分别下降 3.76% 和 4.69%，风荷载及地震作用包络下位移角在 X、Y 向分别增大 6.34% 和 6.35%，同时 63 层多处外框柱出现配筋率超限情况。由于 47～61 层建筑功能限制，不具备设置桁架层的条件，因此将高区带状桁架层设置在 62～63 层。

带状桁架不同设置楼层的方案汇总　　　　　　　　　　　　　　表 4.2-2

方案序号	方案 0	方案 1	方案 2	方案 3	方案 4	方案 5	方案 6	方案 7	方案 8	方案 9	方案 10
低区桁架层位置	28～30	28～30	12～14	14～16	16～18	18～20	20～22	22～24	24～26	26～28	不设
高区桁架层位置	62～63	不设	62～63	62～63	62～63	62～63	62～63	62～63	62～63	62～63	不设

从表 4.2-3 可知，方案 1～方案 10 的第一周期均大于 8s，整体刚度较弱。根据多方案对比分析，塔楼结构最终结合建筑功能布置选择在 28～30 层和 62～63 层处设置两处带状桁架层，除加强结构侧向刚度外，还承担调节外框柱轴力分布及变形的功能，减小外框剪力滞后效应影响，在不影响建筑功能的前提下确保结构受力经济合理。

带状桁架不同设置方案对应的结构周期（单位：s）　　　　　　　　　表 4.2-3

方案序号	方案 0	方案 1	方案 2	方案 3	方案 4	方案 5	方案 6	方案 7	方案 8	方案 9	方案 10
T_1	7.78	8.20	8.11	8.11	8.11	8.07	8.06	8.03	8.02	8.02	8.45
T_2	7.65	8.03	7.93	7.94	7.94	7.90	7.89	7.87	7.85	7.85	8.26
T_3	3.87	4.16	4.13	4.14	4.15	4.12	4.12	4.12	4.12	4.12	4.32
T_3/T_1	0.50	0.51	0.51	0.51	0.51	0.51	0.51	0.51	0.51	0.51	0.51

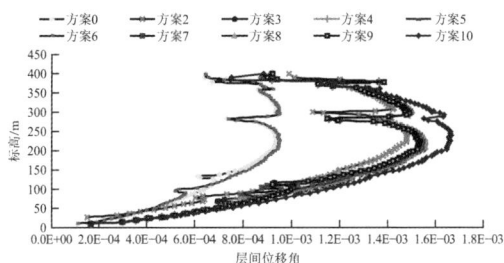

图 4.2-3　风荷载下 X 向层间位移角　　　　　　　　图 4.2-4　风荷载下 Y 向层间位移角

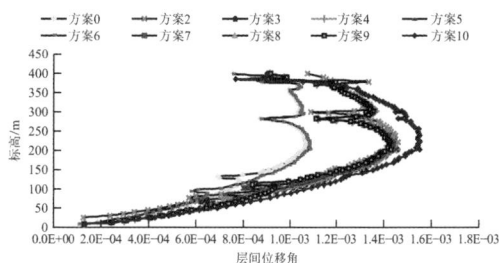

4.2.3　结构布置方案

由于建筑功能需求，塔楼一层楼板局部缺失，塔楼结构典型平面布置图如图4.2-5～图4.2-8所示。核心筒剪力墙厚度由底部1.4m逐步收缩至0.4m，角部柱结合建筑形体截面尺寸由底部3.0m×1.5m逐步收缩至2.0m×0.8m，柱内型钢尺寸由底部H1000×500×65×65逐步收缩至H400×400×15×35；中部型钢混凝土框架柱由ϕ1800逐步收缩至ϕ800，柱内型钢由H1050×1050×56×56逐步收缩至H350×350×32×32；钢框架梁典型截面为H900×350×18×40；带状桁架弦杆典型截面为H900×500×35×70和H900×400×35×60，腹杆典型截面为H950×600×80×80，伸臂钢梁典型截面为H1200×500×30×60、H1200×400×30×80；混凝土强度等级为C40～C60。

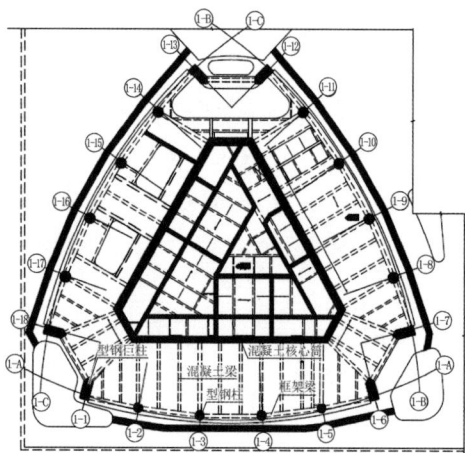

图4.2-5　塔楼一层结构平面图

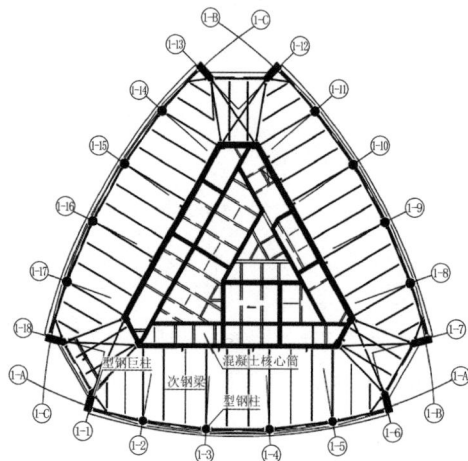

图4.2-6　塔楼办公区结构平面图

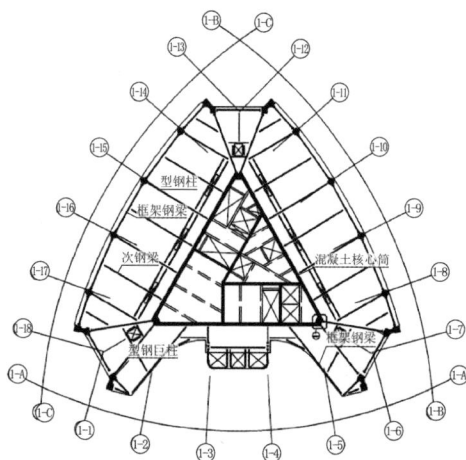

图4.2-7　塔楼酒店区结构平面图

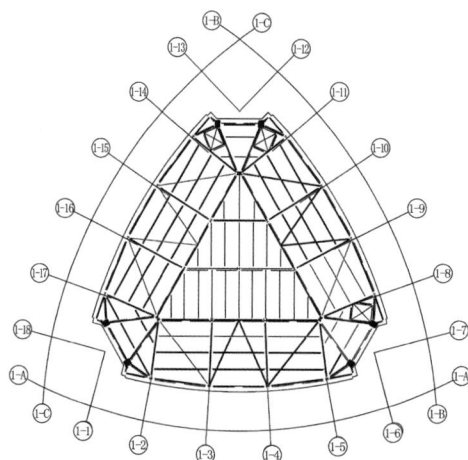

图4.2-8　塔楼塔冠区结构平面图

根据建筑抗震设防类别及构件受力特性确定塔楼各部分构件的抗震等级，如表4.2-4所示。

塔楼结构抗震等级　　　　表4.2-4

部位	底部加强区核心筒	带状桁架	核心筒收进处相邻层竖向构件	普通楼层核心筒	外框柱	伸臂梁	顶部桁架	连梁	外框钢梁
抗震等级	特一级	二级	一级	一级	一级	一级	二级	一级	三级

4.2.4　地基基础设计方案

（1）地质条件

场地区域构造属华东平原冲积区中的长江三角洲徐缓沉降区，新构造运动不明显，地震活动微弱，无活动断裂穿越，场地地貌属冲海积平原区，地势开阔、平坦。场地存在软弱土，属于建筑抗震一般地段，场地基本稳定，适宜工程建设。典型工程地质剖面图如图 4.2-9 所示。

（2）基础设计方案

根据场地地质情况及塔楼受力特点，塔楼基础采用桩筏基础，筏板厚度为 4000mm。桩基采用混凝土钻孔灌注桩，桩基直径为 1100mm，桩身混凝土采用 C50，桩基持力层为⑩₃中风化泥质粉砂岩，桩长为 16～21m，桩端采用后注浆工艺，根据试桩确定单桩受压承载力特征值为 13000kN，总桩数 313 根，塔楼桩位布置及基础平面见图 4.2-10。

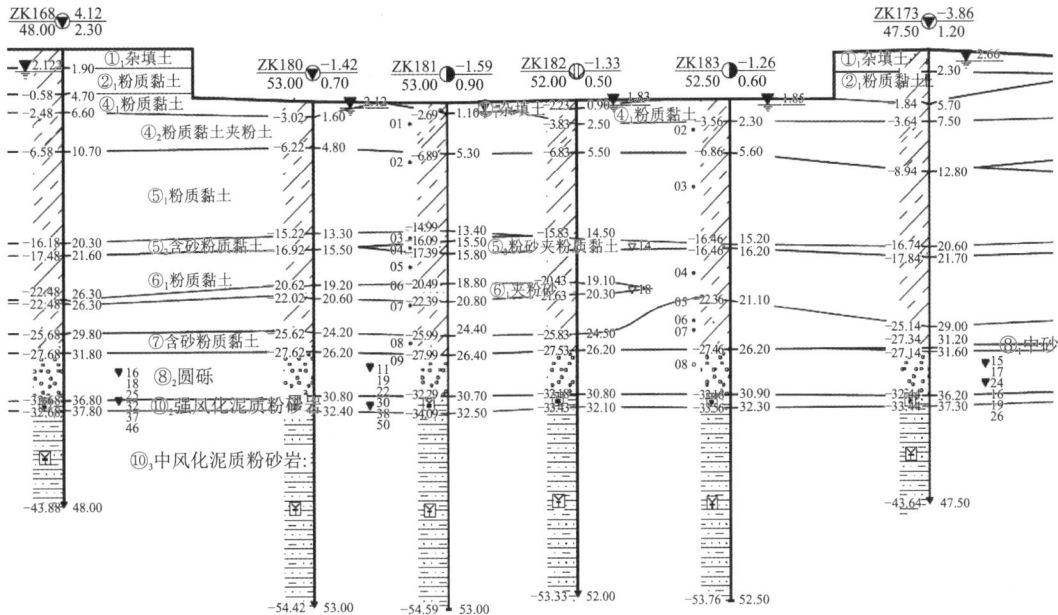

图 4.2-9　典型地质剖面图

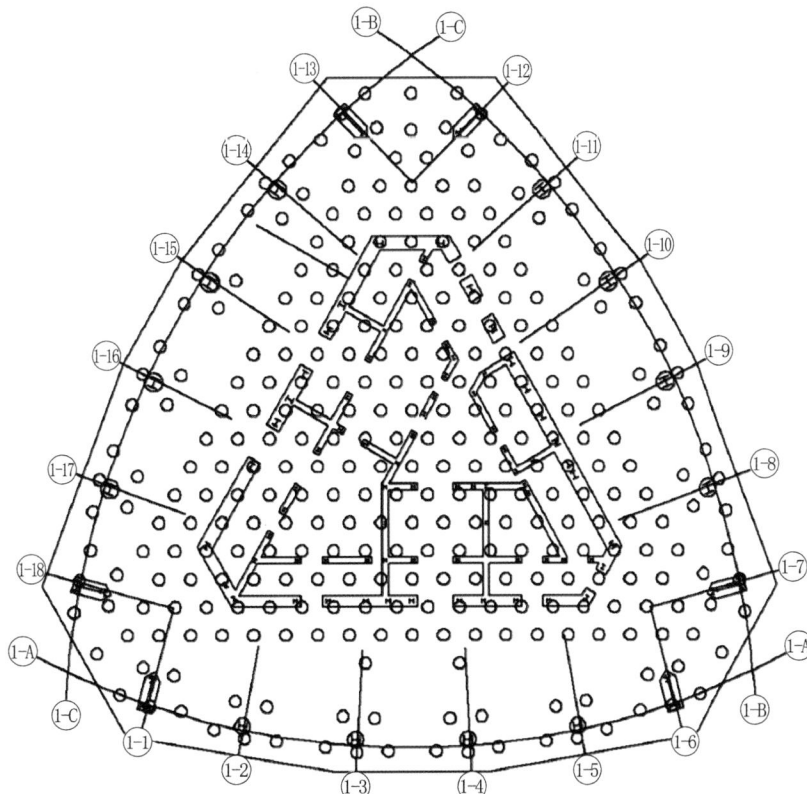

图 4.2-10　塔楼桩基及基础图

4.3 结构抗震计算

4.3.1 多遇地震计算

由于 1 号塔楼离地下室外墙较远，同时顶板处楼板开洞面积比较大，首层嵌固刚度无法满足要求，故塔楼嵌固端选择在地下一层楼板处。采用 YJK 和 ETABS 进行计算分析对比。塔楼结构整体分析时，考虑楼板对结构刚度的影响。

（1）结构动力特性分析

对比两种软件计算得到的多遇地震下结构周期和振型等结构动力特性指标，结果基本一致，见表 4.3-1。由表可知，第一、二振型为平动振型，第三振型为扭转振型，各指标均满足《建筑抗震设计规范》GB 50011—2010（2016 年版）要求，塔楼结构楼层抗侧力体系的承载能力变化平稳。

多遇地震计算结果对比 表 4.3-1

分析软件		ETABS	YJK
结构周期/s	T_1	7.76（X向平动）	7.74（X向平动）
	T_2	7.52（Y向平动）	7.65（Y向平动）
	T_3	3.80（扭转）	3.87（扭转）
周期比	T_3/T_1	0.49	0.50
最大扭转位移比		1.3（X向）、1.3（Y向）	1.25（X向）、1.28（Y向）
最大层间位移角	风荷载	1/841（X向）、1/818（Y向）	1/804（X向）、1/839（Y向）
	地震作用	1/1771（X向）、1/1723（Y向）	1/1662（X向）、1/1573（Y向）
相邻楼层侧向刚度比（下层/上层的最小值）		0.79（X向）、0.81（Y向）	0.72（X向）、0.73（Y向）

（2）地震剪力系数分析

根据《高层建筑混凝土结构技术规程》JGJ 3—2010，6 度地区第一周期大于 5s 的结构，最小楼层剪力不应小于该层以上累计地震质量的 0.6%。按超限审查技术要点，6 度（0.05g）设防且基本周期大于 5s 的结构，当计算的底部剪力系数比规定值低，但按底部剪力系数 0.8%换算的层间位移满足规范要求时，即可采用规范关于剪力系数最小值的规定进行抗震承载力验算。对于本工程，多遇地震作用下，结构底部两个主轴方向的计算剪重比均为 0.43%，对应的楼层最大层间位移角分别为：1/1771（X向）、1/1723（Y向），按底部剪力系数 0.8%换算后的楼层最大层间位移角分别为：1/952（X向）、1/926（Y向），仍满足弹性层间位移角限值要求，故对结构布置可不作调整，仅按规范规定的最小剪力系数进行抗震承载力验算即可。

（3）结构刚重比分析

《高层建筑混凝土结构技术规程》JGJ 3—2010 采用刚重比作为结构侧向刚度和重力荷载影响结构整体稳定的控制指标。浙江等低烈度区的高层建筑容易满足水平荷载作用下的层间位移角限值，刚重比指标却较难满足规范要求，或为满足规范整体刚重比要求大幅增加结构抗侧刚度从而造成浪费。规范基于楼层荷载沿竖向均匀分布的假定，给出了刚重比的限制指标。但对于体型复杂的高层建筑，楼层质量沿高度不均匀变化，若仍采用规范中的控制参数，结构稳定性指标无法反映实际结构的整体稳定情况。

根据《高层建筑混凝土结构技术规程》JGJ 3—2010，按倒三角形分布荷载作用下结构顶点位移相等的原则，将结构的侧向刚度折算为竖向悬臂受弯构件的等效侧向刚度。塔楼结构高度为 $H = 409\text{m}$（嵌固端为 B1 层楼板），假定倒三角形分布荷载的最大值为 $q = 409\text{kN/m}$，在该荷载作用下的结构顶点质心的弹性水平位移为 $u_X = 1.07\text{m}$，$u_Y = 1.06\text{m}$，则结构的弹性等效侧向刚度 EJ_d 为：

$$EJ_\text{dX} = \frac{11qH^4}{120u_X} = \frac{11 \times 409 \times (409)^4}{120 \times 1.07} = 9.56 \times 10^{11}\text{kN} \cdot \text{m}^2$$

经典解构 浙江省建筑设计研究院有限公司篇

$$EJ_{dY} = \frac{11qH^4}{120u_Y} = \frac{11 \times 409 \times (409)^4}{120 \times 1.06} = 9.64 \times 10^{11} \text{kN} \cdot \text{m}^2$$

各楼层重力荷载设计值（1.2 倍恒荷载 + 1.4 倍活荷载）总和为：

$$\sum_{i=1}^{n} G_i = 4414813 \text{kN}$$

$$\frac{EJ_{dX}}{H^2 \sum_{i=1}^{n} G_i} = \frac{9.56 \times 10^{11}}{409^2 \times 4414813} = 1.29$$

$$\frac{EJ_{dY}}{H^2 \sum_{i=1}^{n} G_i} = \frac{9.64 \times 10^{11}}{409^2 \times 4414813} = 1.31$$

可见，按《高层建筑混凝土结构技术规程》JGJ 3—2010 方法计算的两个主轴方向的刚重比指标分别为 1.33 和 1.28，不满足刚重比不得小于 1.4 的规定。下面根据文献《复杂体型高层建筑稳定性验算》（《土木工程学报》，杨学林等）方法考虑楼层质量不均匀分布对刚重比的修正。楼层质量分布系数为：

$$\beta = \sum_{i=1}^{n} G_i \left(\frac{H_i}{H}\right)^2 / \sum_{i=1}^{n} G_i = \frac{1131624}{4414813} = \frac{1}{3.901}$$

则考虑楼层质量不均匀分布的修正系数ω为：

$$\omega = \beta_0 / \beta = \frac{1/3}{1/3.901} = 1.30$$

修正后的刚重比分别为：

$$\frac{EJ_{dX}}{H^2 \sum_{i=1}^{n} G_i} \cdot \omega = 1.29 \times 1.30 = 1.68$$

$$\frac{EJ_{dY}}{H^2 \sum_{i=1}^{n} G_i} \cdot \omega = 1.31 \times 1.30 = 1.70$$

可见，按考虑楼层质量不均匀分布修正后的结构刚重比计算指标均大于最小限值 1.4，说明结构整体稳定性满足要求。

（4）结构扭转效应分析

图 4.3-1 为基于层间位移的扭转位移比结果，图 4.3-2 为基于位移的扭转位移比结果。从图 4.3-1 和图 4.3-2 可知，在规范地震作用下最大扭转位移比大于 1.2，结构扭转不规则，但所有楼层的扭转位移比均不超过限值 1.4。

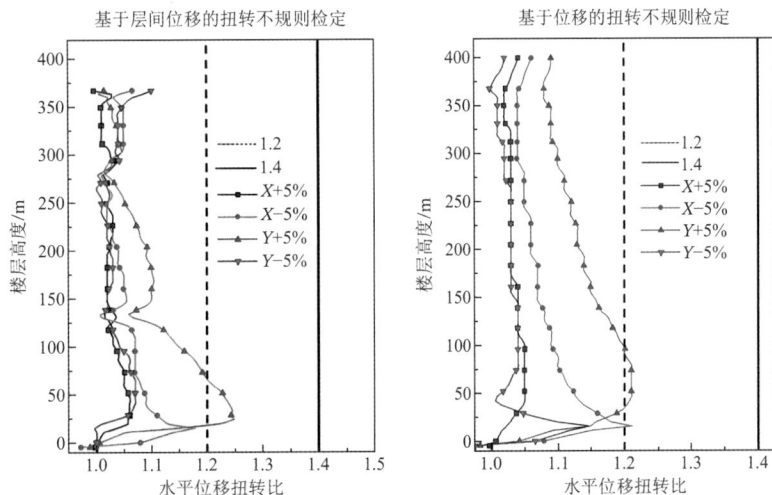

图 4.3-1　塔楼扭转位移比（层间位移）　　图 4.3-2　塔楼扭转位移比（位移）

（5）楼层刚度比及受剪承载力分析

根据场地谱地震作用计算得到楼层剪力，通过三维有限元模型计算分析，塔楼桁架楼层由于设置带状桁架产生刚度突变，塔冠楼层由于外框柱减少而产生刚度突变，其余楼层的刚度满足规范要求，见图4.3-3。对于不满足规范要求的楼层，根据规范将楼层剪力放大1.25倍。图4.3-4为塔楼受剪承载力比，由图可知，带状桁架楼层存在受剪承载力不规则。

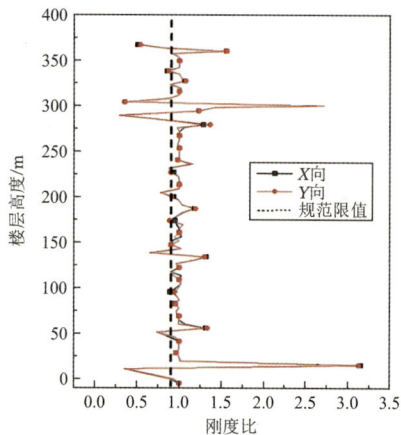

图4.3-3　塔楼刚度比

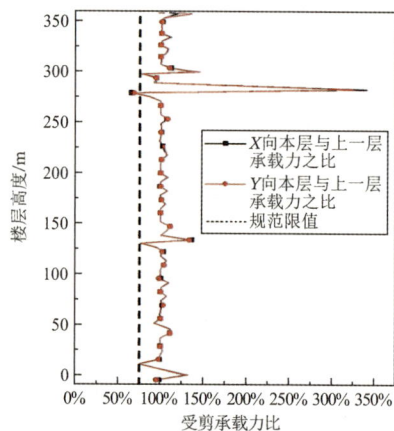

图4.3-4　塔楼受剪承载力比

（6）框架剪力分配及二道防线分析

由图4.3-5、图4.3-6可知，塔楼结构底部框架部分承受的地震倾覆力矩约占总数的29%，符合框架-剪力墙结构受力特性。

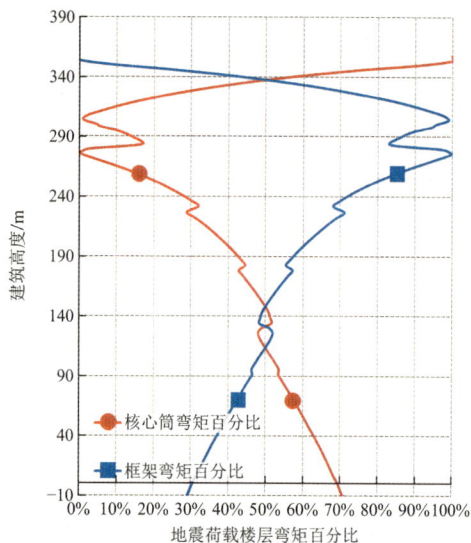

图4.3-5　塔楼X向弯矩分配

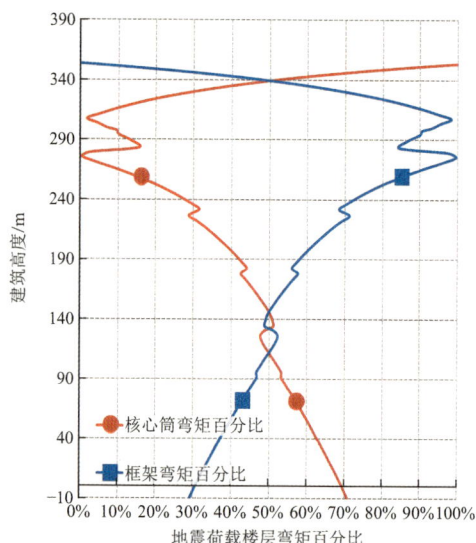

图4.3-6　塔楼Y向弯矩分配

图4.3-7、图4.3-8为多遇地震作用下塔楼核心筒和外框架承担的剪力分配，X、Y两个方向外框架承担的地震剪力均应调整为20%基底剪力，由地震作用产生的该楼层各构件的剪力、弯矩和轴力标准值均进行相应的调整。故塔楼框架结构满足二道防线要求。

（7）墙柱轴压比分析

塔楼核心筒剪力墙抗震等级为一级，当仅考虑混凝土强度时，低区核心筒剪力墙中局部墙肢轴压比超过规范限值0.50，在该墙肢内设置型钢后，墙肢轴压比满足规范限值要求。外框架柱抗震等级为一级，轴压比限值为0.70，通过验算，塔楼角部柱最大轴压比为0.58，中间框架柱最大轴压比为0.56，均能满足规范轴压比限值要求。

（8）多遇地震位移及弹性时程分析

项目选择5组天然波（TH1～TH5）和2组人工波（TH6～TH7）对塔楼结构进行多遇地震弹性时程分析。塔楼两个方向弹性时程分析所得的楼层剪力如图4.3-9、图4.3-10所示，7组时程曲线计算所得的

经典解构　浙江省建筑设计研究院有限公司篇

结构楼层剪力的平均值不小于规范反应谱法得到楼层剪力的 85%，满足《建筑抗震设计规范》GB 50011—2010（2016 年版）要求。X、Y 向的时程分析结果楼层剪力均小于反应谱结果，顶部楼层时程结果略大于反应谱结果，这些楼层相应的反应谱应放大后用于结构构件设计。从图 4.3-11、图 4.3-12 地震位移分析中可知，多遇地震下层间位移角远小于规范限值 1/565，表明塔楼结构在地震作用下有足够的刚度。

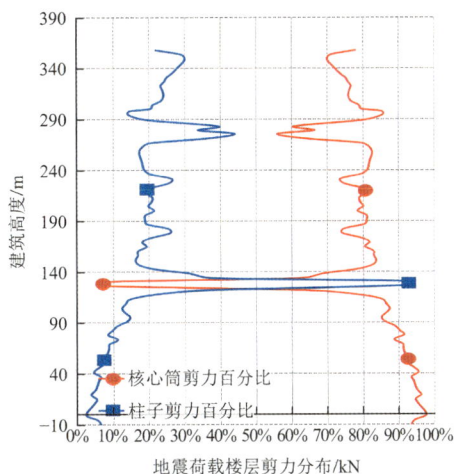

图 4.3-7　塔楼 X 向剪力分配

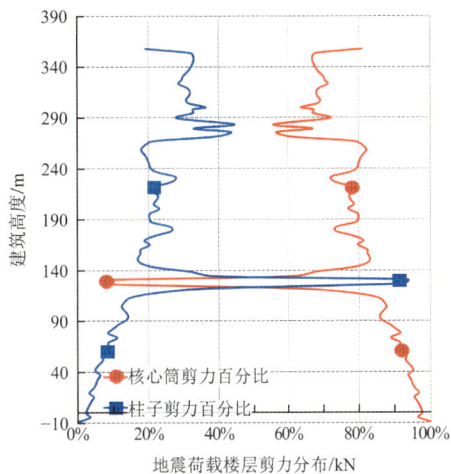

图 4.3-8　塔楼 Y 向剪力分配

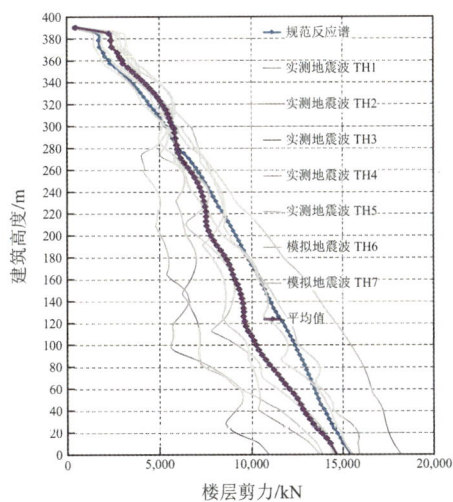

图 4.3-9　塔楼 X 向楼层剪力

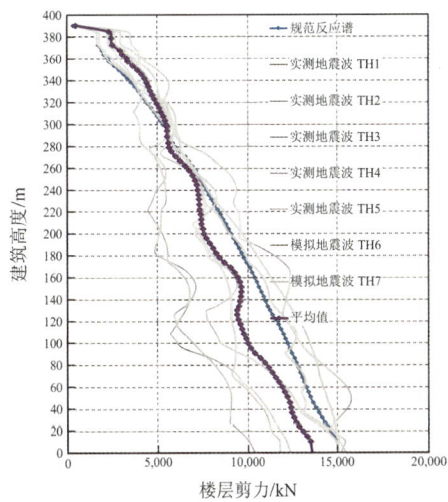

图 4.3-10　塔楼 Y 向楼层剪力

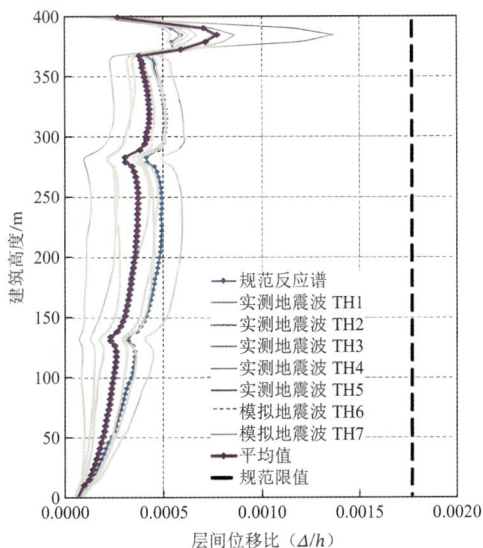

图 4.3-11　塔楼 X 向层间位移角

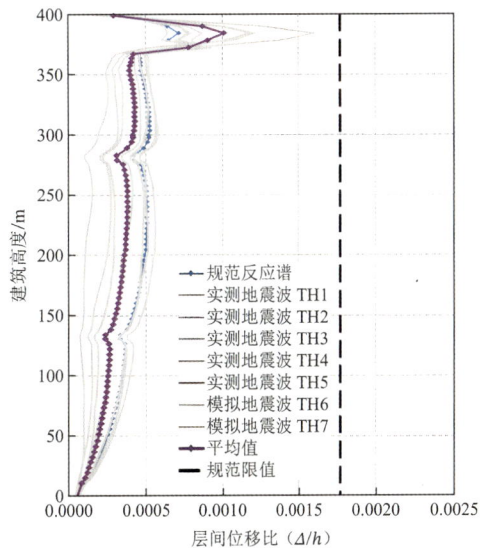

图 4.3-12　塔楼 Y 向层间位移角

4.3.2 性能目标和构件性能验算

（1）抗震性能目标

塔楼结构根据《高层建筑混凝土结构技术规程》JGJ 3—2010 要求进行抗震性能化设计，整体结构抗震性能目标选用 C 级，抗震设防性能目标细化见表 4.3-2。

结构抗震性能目标细化表　　　　　　　　　　　　　　　表 4.3-2

抗震烈度			小震	中震	大震
性能水平定性描述			不损坏	可修复损坏	结构不倒塌
层间位移角限值			1/500	—	1/100
关键构件	底部加强区核心筒墙（−1~9层）	压弯	弹性，特一级	弹性	可形成塑性铰，破坏程度轻微，可入住：$\theta <$ IO
		拉弯			
		抗剪	弹性，特一级	弹性	受剪截面满足限制条件
	带状桁架		弹性，二级	弹性	可形成塑性铰，破坏程度轻微，可入住：$\theta <$ IO
	核心筒收进处相邻上下层竖向构件		弹性，一级	弹性	可形成塑性铰，破坏程度轻微，可入住：$\theta <$ IO
普通构件	普通楼层核心筒墙	压弯	弹性，一级	不屈服	可形成塑性铰，破坏程度可修复并保证生命安全：$\theta <$ LS
		拉弯			
		抗剪	弹性，一级	弹性	受剪截面满足限制条件
	外框柱		弹性，一级	弹性	可形成塑性铰，破坏程度轻微，可入住：$\theta <$ IO
	伸臂梁		弹性，一级	不屈服	可形成塑性铰，破坏程度轻微，可入住：$\theta <$ LS
	顶部帽桁架		弹性，二级	不屈服	可形成塑性铰，破坏程度轻微，可入住：$\theta <$ LS
耗能构件	连梁		弹性，一级	允许进入塑性	最早进入塑性：$\theta <$ CP
	外框钢梁		弹性，三级	允许进入塑性	可形成塑性铰，破坏程度可修复并保证生命安全：$\theta <$ LS
其他结构构件			弹性	允许进入塑性	可形成塑性铰，破坏程度可修复并保证生命安全：$\theta <$ LS
节点			不先于构件破坏		

（2）核心筒性能验算

在中震荷载组合下，除酒店区核心筒收进部位个别墙肢出现拉应力，最大拉应力为 $0.22N/mm^2$，远小于混凝土抗拉强度标准值，其余墙肢均未出现拉应力。当采用中震弹性组合的剪力最大值作为墙肢剪力设计值，且只考虑混凝土强度（忽略钢筋承载力）时，仅有少部分核心筒底部及酒店区收进层墙肢受剪承载力不足，通过设置内嵌型钢加强后，墙肢受剪承载力均能满足规范要求。综上分析，核心筒能满足表 4.3-2 的中震性能目标要求，大震验算详见后续弹塑性时程分析。

（3）框架柱性能验算

在中震荷载组合下，塔楼角部柱抗压最大截面利用率为 0.62、抗弯最大利用率为 0.73、抗剪最大利用率为 0.16；中间柱抗压最大截面利用率为 0.59、抗弯最大利用率约为 0.81、抗剪最大利用率为 0.58；各受力状态截面利用率均小于 1.0，表明外框柱处于弹性状态，满足中震弹性性能目标要求，大震验算详见后续弹塑性时程分析。

（4）带状桁架性能验算

位于 28~30 层和 62~63 层的带状桁架是塔楼的重要结构构件，分析得到中震作用组合下带状桁架各构件的最大应力比（表 4.3-3）均未超过 1.0。由此可见，带状桁架能满足中震弹性要求，罕遇地震结果见弹塑性分析。

環桁架中震下最大应力比 表 4.3-3

环桁架位置	38~39 层			62~63 层		
	上弦杆	腹杆	下弦杆	上弦杆	腹杆	下弦杆
最大应力比	0.37	1.0	0.87	0.54	1.0	0.24

4.3.3 结构弹塑性分析

（1）6 度罕遇地震动力弹塑性分析

为评估塔楼在罕遇地震下的性能，项目选取 5 组天然波（Group1~Group5）和 2 组人工波（Group6和 Group7）对结构进行弹塑性时程分析。罕遇地震下的结构最大基底剪力、大震弹性基底剪力、层间位移角最大值等汇总于表 4.3-4。罕遇地震弹塑性时程分析得到的基底剪力平均值分别为 103997kN（X向）、106104kN（Y向），弹塑性与弹性时程的基底剪力比值约为 82%~97%，结构部分进入塑性，但塑性程度不高。各组地震波作用下，结构在两个主轴方向的最大弹塑性层间位移角分别为 1/312、1/304，远小于规范限值 1/100。除核心筒连梁出现损伤外，核心筒墙肢及外框架结构构件均未出现明显损伤。

各组地震波作用下弹塑性大震计算结果汇总表 表 4.3-4

	大震弹塑性底部剪力/kN		大震弹性底部剪力/kN		弹塑性/弹性		位移/m			
	X	Y	X	Y	X	Y	X	楼层	Y	楼层
Group1	109164	137766	116915	153353	93%	90%	0.799（1/363）	72	0.799（1/367）	66
Group2	90976	98270	99642	117246	91%	84%	1.083（1/226）	70	1.138（1/224）	66
Group3	127974	120596	156157	124095	82%	97%	0.741（1/288）	70	0.728（1/302）	77
Group4	88757	97303	93130	107417	95%	91%	0.707（1/334）	72	0.714（1/298）	66
Group5	128955	108076	135262	127438	95%	85%	0.636（1/335）	76	0.680（1/327）	67
Group6	95004	98005	98230	105602	97%	93%	0.778（1/319）	65	0.779（1/307）	65
Group7	87148	82709	98398	91317	89%	91%	0.709（1/373）	65	0.693（1/352）	65
平均值	103997	106104	113962	118067	91%	90%	0.779（1/312）	—	0.790（1/304）	

注：（ ）中为最大层间位移角

（2）7 度罕遇地震动力弹塑性分析

为进一步研究结构构件的屈服次序和破坏机制，进行了 7 度罕遇地震作用下的结构弹塑性分析。选取一组天然波 Kocaeli, Turkey_NO_1177，以此组地震波为例，人为放大峰值加速度至 220cm/s²，即 7 度罕遇地震时程的最大值，讨论罕遇地震作用下塔楼构件的损伤。

塔楼核心筒主要墙体的编号如图 4.3-13 所示，各主要墙体的墙肢与连梁受压损伤云图如图 4.3-14 所示，呈现以下主要规律：①在结构底部，位于外围的核心筒墙体 Q1~Q5 受压损伤大于内部墙体 Q7 和 Q8，最大受压损伤因子为 0.385；②在结构高区无外围墙体部分，内部墙肢受压损伤明显加剧；③各墙肢连梁端部受压损伤较为显著，符合耗能构件特征。

7 度罕遇地震作用下塔楼外框柱及外框梁塑性应变分布情况如图 4.3-15 所示，呈现以下主要规律：①仅部分高区框架梁及框架柱进入塑性，结构外框架部分整体塑性发展程度较低；②高区核心筒内部

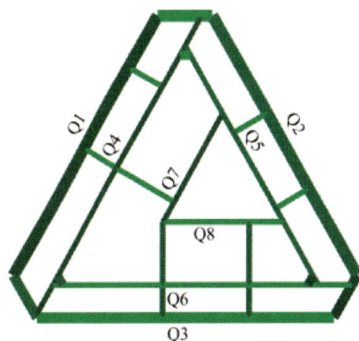

图 4.3-13 核心筒主要墙肢编号示意图

墙肢与外框柱间连接框架梁塑性发展程度相对较高。上述主要结构构件损伤及塑性发展情况表明，在 7 度罕遇地震作用下，塔楼结构低区框架柱塑性发展及墙肢损伤程度相对较低，主要损伤集中于结构底部

靠外侧；由于高区核心筒收进处存在刚度突变，内部核心筒损伤较为严重，且通过与之连接的框架梁向外框架柱传递。在设计时可适当增大损伤区域墙肢、框架梁及框架柱承载力计算余量，适当提高构件抗震构造措施以防止脆性破坏。

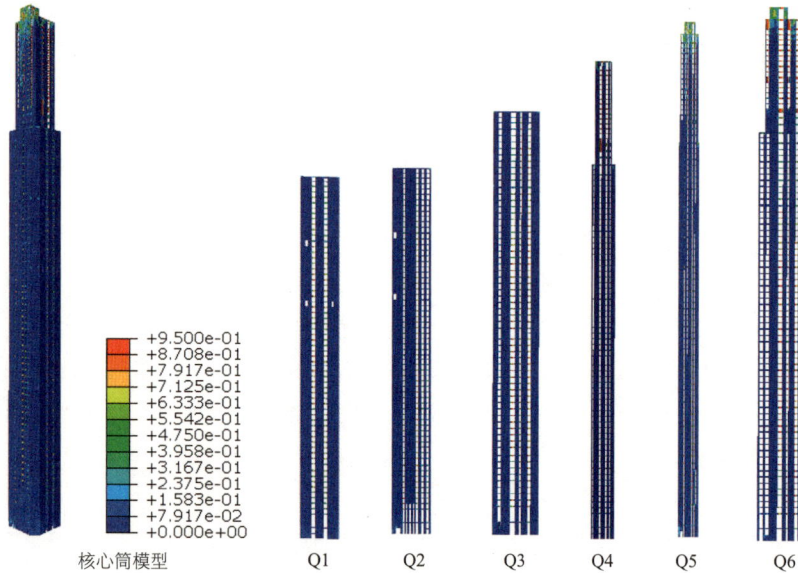

图 4.3-14 核心筒主要墙肢受压损伤云图

图 4.3-15 外框架塑性应变

4.4 结构抗风计算

4.4.1 风调试验

图 4.4-1 为项目所在地的典型风剖面。综合考虑建设场地的纬度、风速和不同方向下的数十公里的地貌变化，将不同风向下的地貌划分为两种类型，如表 4.4-1 所示。

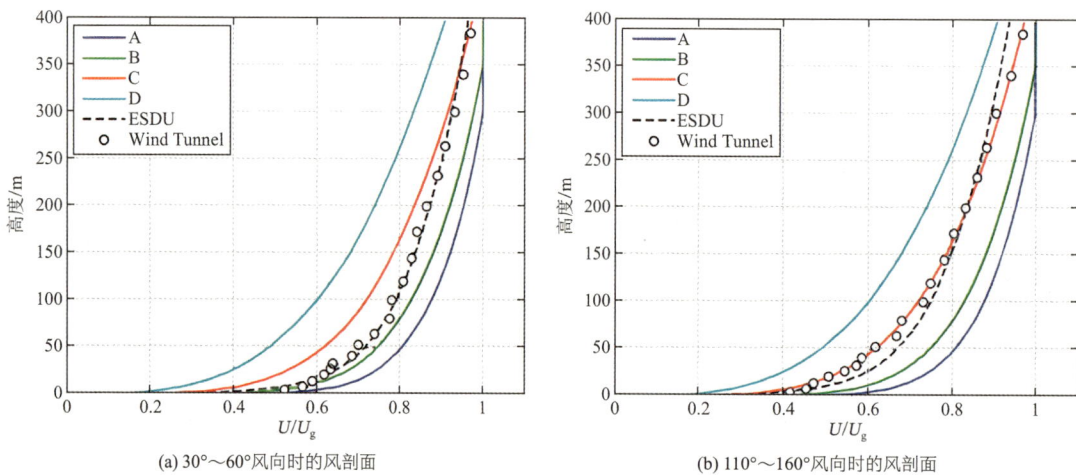

(a) 30°～60°风向时的风剖面

(b) 110°～160°风向时的风剖面

图 4.4-1 典型风剖面

地貌类别

表 4.4-1

上风向地貌	风向角
开阔郊区近 B 类：结合了农田、村庄和远处山区	30°～60°、250°～350°
市郊/市区近 C 类：结合城市郊区建筑、远处市区	0°～20°、70°～240°

根据杭州气象站 1968—2018 年间的日最大风速资料，采用极值统计分析方法，得出了不同风向的风速折减系数。图 4.4-2 和图 4.4-3 给出了各个风向 50 年重现期风速和各风向的风速折减系数。分析结果表明，杭州北偏西方向风速较大，其他风向的风速相对较小。

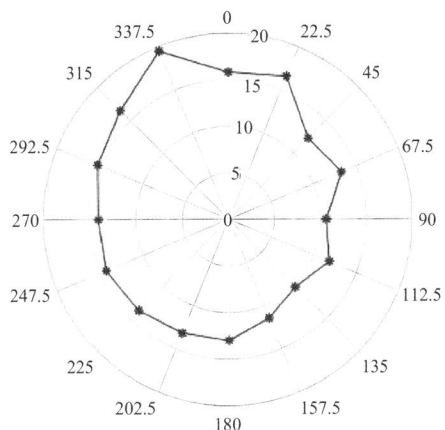

图 4.4-2 各风向 50 年重现期风速

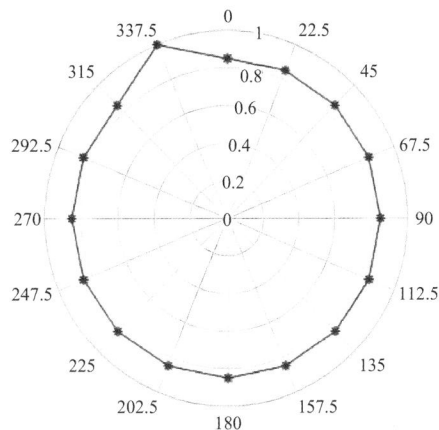

图 4.4-3 各风向风速折减系数

风洞模型缩尺比为 1:400，共布置了 556 个测点；在 0°～360° 范围内每隔 10° 一个风向角，共进行了 36 个风向角工况的动态压力测试。图 4.4-4～图 4.4-11 为阻尼比分别为 3.5% 和 2.0% 且考虑风速风向影响的塔楼底部弯矩、剪力响应。10 年重现期风荷载作用下，阻尼比为 1.0% 并考虑风速风向影响的塔楼屋顶形心加速度约为 0.1m/s²，不超过 0.25m/s²，满足《高层建筑混凝土结构技术规程》JGJ 3—2010 关于办公楼舒适度的规定。

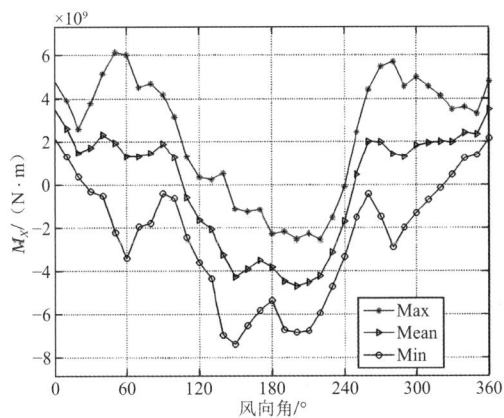

图 4.4-4 M_X 随风向角变化（阻尼比 3.5%）

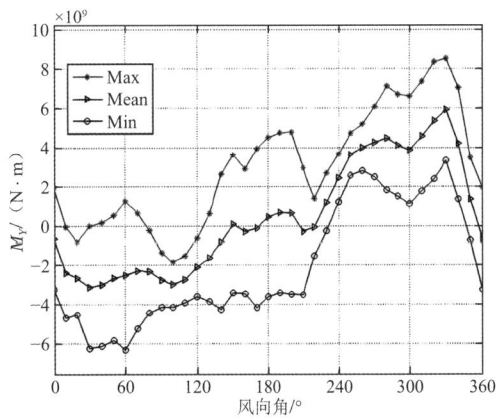

图 4.4-5 M_Y 随风向角变化（阻尼比 3.5%）

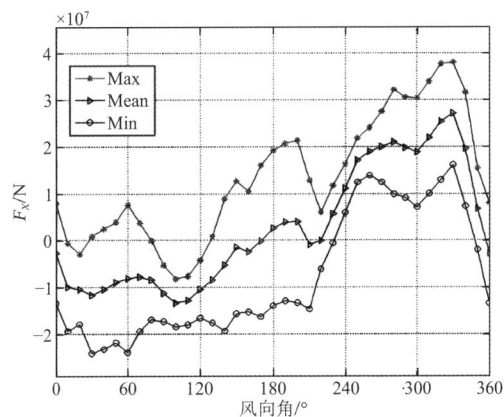

图 4.4-6 F_X 随风向角变化（阻尼比 3.5%）

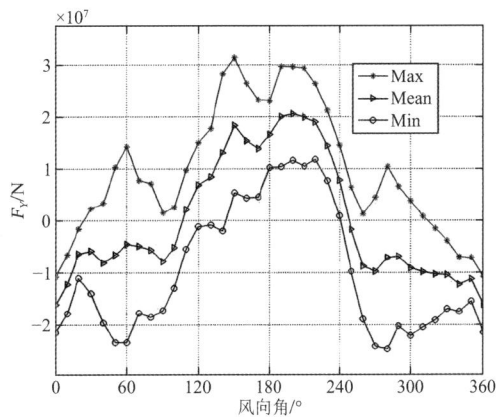

图 4.4-7 F_Y 随风向角变化（阻尼比 3.5%）

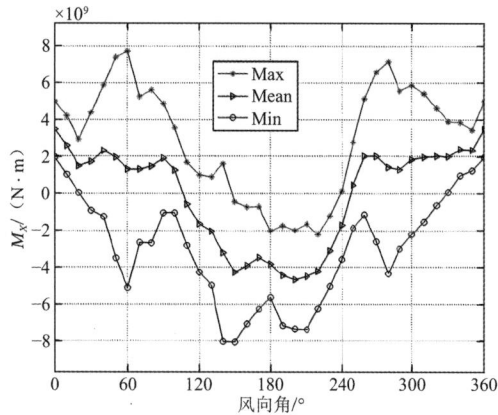

图 4.4-8　M_X 随风向角变化（阻尼比 2.0%）

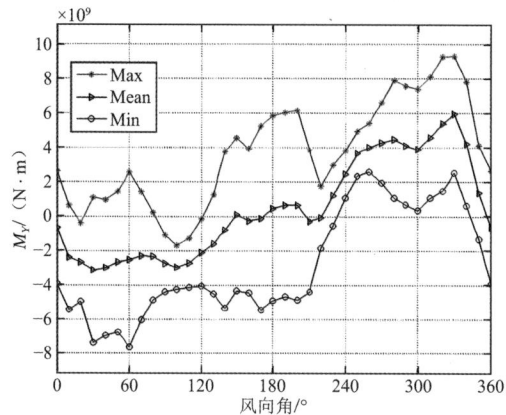

图 4.4-9　M_Y 随风向角变化（阻尼比 2.0%）

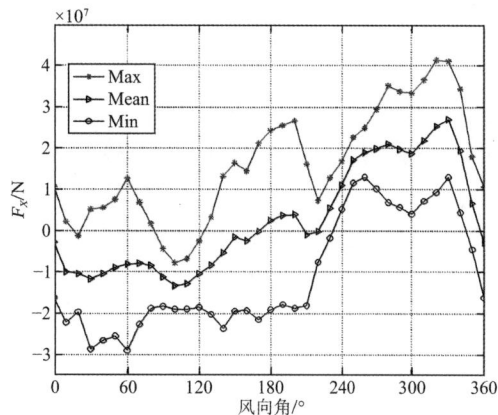

图 4.4-10　F_X 随风向角变化（阻尼比 2.0%）

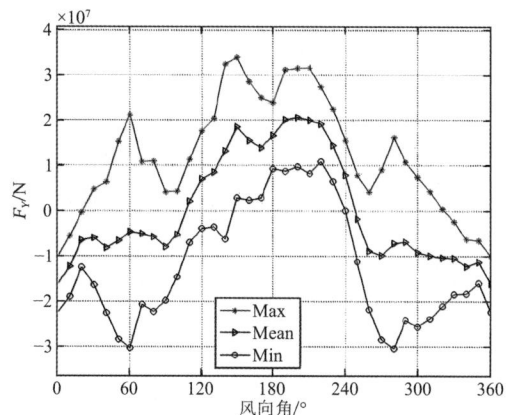

图 4.4-11　F_Y 随风向角变化（阻尼比 2.0%）

4.4.2　风洞试验风荷载与规范风荷载计算比较

规范风按 B 类粗糙度计算，根据《高层建筑混凝土结构技术规程》JGJ 3—2010 第 4.2.3 条，体型系数取 1.29，塔楼规范风与风洞风的底部剪力和倾覆弯矩对比如表 4.4-2、表 4.4-3 所示。结构设计时采用 80%规范风和风洞风的包络值。

水平风荷载作用下的结构底部剪力和倾覆力矩（阻尼比 2.0%）　　　　　　表 4.4-2

T1 主塔楼		底部剪力/MN		底部倾覆弯矩/（MN·m）	
风荷载	地面粗糙度	V_X	V_Y	M_X	M_Y
50 年一遇规范风	B	42734	45946	12224453	11308437
50 年一遇风洞风	B/C	44055	36928	10025495	11318124
50 年一遇风洞风与规范风比值	B	103%	80%	82%	100%

水平风荷载作用下的结构底部剪力和倾覆力矩（阻尼比 3.5%）　　　　　　表 4.4-3

T1 主塔楼		底部剪力/MN		底部倾覆弯矩/（MN·m）	
风荷载	地面粗糙度	V_X	V_Y	M_X	M_Y
50 年一遇规范风	B	36908	39745	10472422	9672384
50 年一遇风洞风	B/C	37605	29635	7975779	9180892
50 年一遇风洞风与规范风比值	B	102%	75%	76%	95%

4.4.3 风荷载及多遇地震下的侧向位移分析

图 4.4-12、图 4.4-13 为风荷载及多遇地震下的层间位移角，从图中可知规范风荷载和风洞风作用下最大的层间位移角分别为 1/693 和 1/812，多遇地震下的最大层间位移角为 1/1723，均远小于规范限值 1/500。

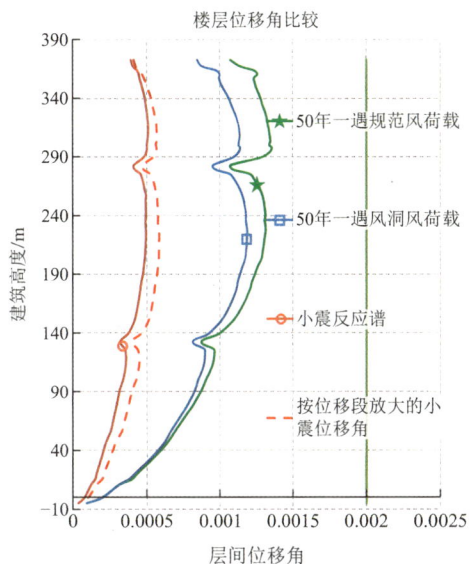

图 4.4-12 塔楼X向层间位移角　　　　图 4.4-13 塔楼Y向层间位移角

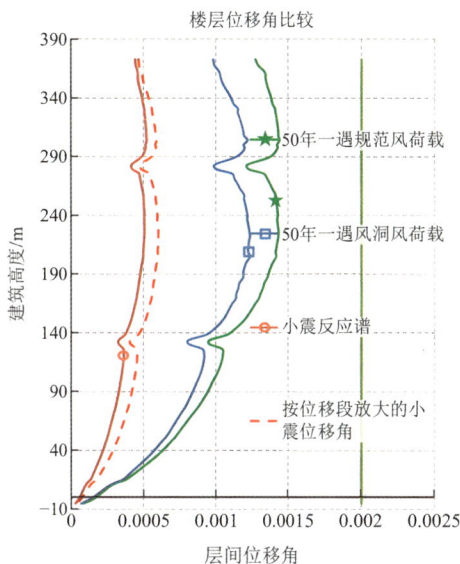

4.5 结构超限判断和主要加强措施

4.5.1 结构超限判断

根据《超限高层建筑工程抗震设防专项审查技术要点》，1 号塔楼结构存在高度超限、扭转不规则、凹凸不规则、构件间断、楼板局部不连续、侧向刚度突变及受剪承载力突变共 7 项抗震超限项，塔楼属于抗震超限高层建筑。

4.5.2 主要抗震加强措施

针对塔楼结构超限情况，设计中采取了如下加强措施：

（1）采用两种独立软件 ETABS 和 YJK 进行分析，且对比两种软件的分析结果；同时采用弹性时程分析法对结构进行多遇地震补充分析，并与规范反应谱法进行对比；

（2）采用动力弹塑性时程分析评估塔楼在罕遇地震下的性能，找出薄弱部位并提出相应的加强措施；

（3）塔楼的框架柱采用延性优良的型钢混凝土柱，外框柱按中震弹性进行控制；

（4）底部加强区（−1～9 层）、带状桁架楼层及相邻上下层（27～31 层，61～64 层）的剪力墙、核心筒收进区设计为抗弯中震弹性和斜截面抗剪中震弹性，大震抗剪截面控制；

（5）带状桁架设计考虑竖向地震作用，并按大震不屈服控制；

（6）在多道防线的处理上，外框地震剪力按底部总剪力 20% 和除转换层外最大层框架剪力 1.5 倍二者的较小值调整；

（7）带状桁架楼层（28～30层，62～63层）楼面在角部提供平面内支撑，保证水平力的有效传递。楼板厚度采用200mm，并对配筋进行适当加强。

4.6 专项分析

4.6.1 塔楼全过程施工模拟及内力分析

（1）分析模型

钢筋混凝土竖向构件的变形包括瞬时弹性变形和由徐变、收缩和阶段施工引起与时间相关的长期非弹性变形。本塔楼的徐变和收缩的计算采用FIP2000模型，并考虑了配筋和复杂加载历史对变形的影响。阶段施工假定：施工速度为7d/层；外框和楼面比核心筒慢10层；附加恒荷载和幕墙荷载比外框架和楼面慢30层。

（2）变形分析

不同时间点核心筒和各组外框柱（图4.6-1）的总变形和变形差如图4.6-2所示。从图中可知，随着时间的推移，外框柱与核心筒之间的变形差逐渐加大，到10000d时趋于平稳，变形差较小，变形差最大值仅约为23mm，塔楼的变形协调能力较强。

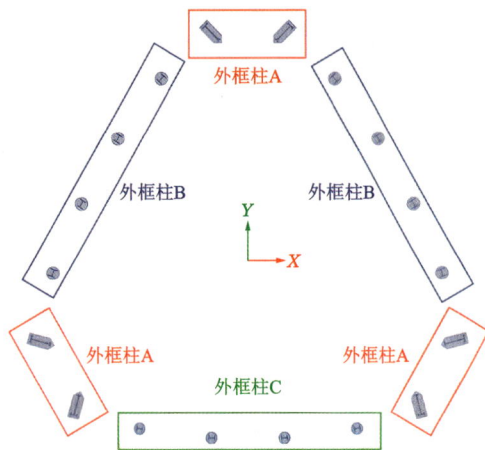

图 4.6-1 外框柱分组示意图

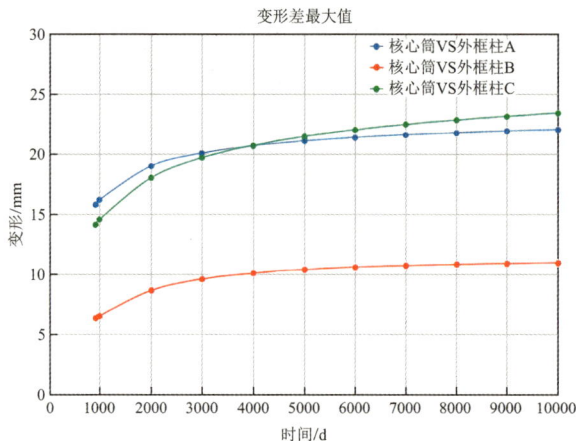

图 4.6-2 外框柱与核心筒变形差

4.6.2 角部长柱分析

经与建筑专业协调，角部柱采用长柱形式，图4.6-3为低区角柱，图4.6-4为高区角柱。柱截面既能为两端梁柱节点提供可靠的连接，又能与建筑室内空间使用和外墙几何形式相匹配。由于塔楼角柱梁柱节点存在一定偏心，且在伸臂梁楼层伸臂梁端弯矩及柱中剪力较大，因此在这些楼层柱内设置连续水平加劲肋进行加强，以保证梁柱节点的有效传力路径。

（1）梁柱节点核心区受剪水平截面验算

进行典型无伸臂梁楼层的节点核心区受剪水平截面验算时，考虑的节点区域仅为柱端区域，如图4.6-5阴影区域所示。有伸臂梁楼层的节点核心区受剪水平截面验算时，由于有连续水平加劲肋，因此考虑的节点区域可以包含所带动的更大区域，如图4.6-6阴影区域所示。在风荷载及中震作用下，无伸臂梁时受剪核心区截面利用率最大值分别为0.6和0.47，有伸臂梁时核心区截面利用率最大值分别为0.92和0.84，均满足要求。

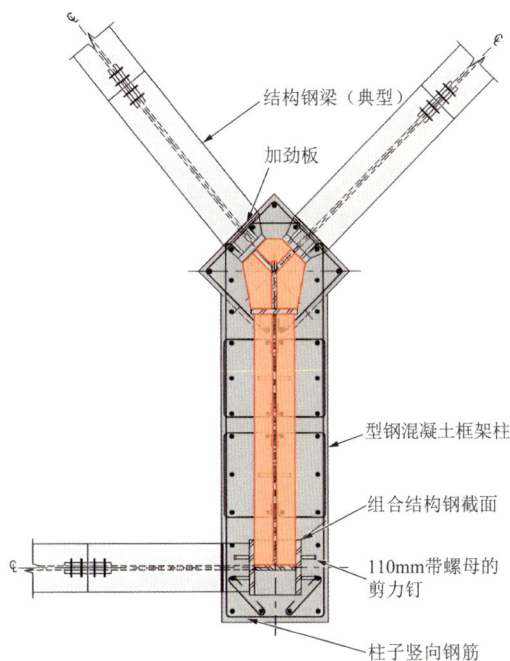

图 4.6-3 低区角柱示意图

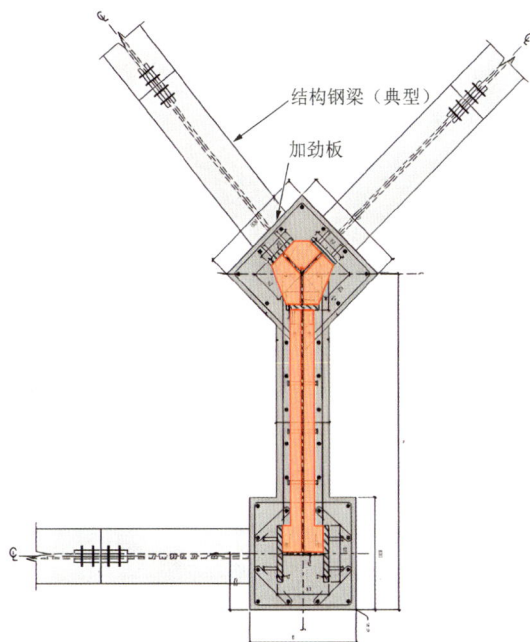

图 4.6-4 高区角柱示意图

结构钢梁（典型）
加劲板
型钢混凝土框架柱
组合结构钢截面
110mm带螺母的剪力钉
柱子竖向钢筋

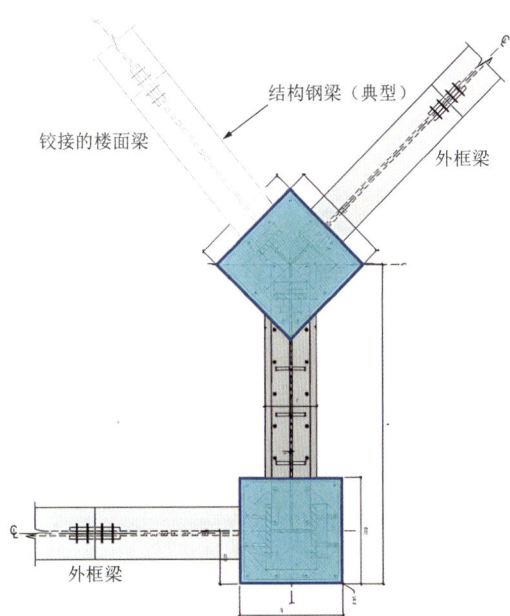

图 4.6-5 无伸臂梁楼层节点核心区

结构钢梁（典型）
铰接的楼面梁
外框梁
外框梁

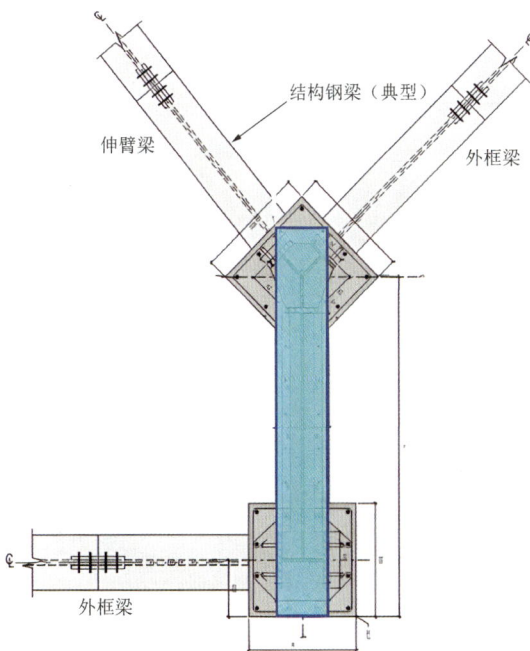

图 4.6-6 有伸臂梁楼层节点核心区

结构钢梁（典型）
伸臂梁
外框梁
外框梁

（2）梁柱节点受剪承载力验算

梁柱节点受剪承载力验算中，无伸臂梁时风荷载作用及中震下截面利用率最大值分别为 0.6 和 0.47，有伸臂梁时风荷载及中震作用下截面利用率最大值分别为 0.71 和 0.64，均满足要求。

4.6.3　带状桁架层楼板应力分析

由于带状桁架的存在，有部分水平力被传递到楼板系统中，这些力的一部分由边梁和楼面梁承担，其余由楼板来承担。项目分析了第 28、30、62、63 层楼板应力，分析时保留核心筒、外框及楼面梁等构件；分析将筒外楼板设为壳单元并对壳单元进行细化分解，图 4.6-7～图 4.6-10 给出 28 层风荷载及中震作用下两个方向的楼板应力。分析得知楼板在核心筒和带状桁架周边应力相对较大，风荷载下最大拉应力约为 5.4MPa，中震作用下楼板最大拉应力约为 6.0MPa，均超出楼板混凝土抗拉强度，该楼板应配置附加钢筋，经计算，附加钢筋配筋率 1.5%即可满足楼板承载力要求。

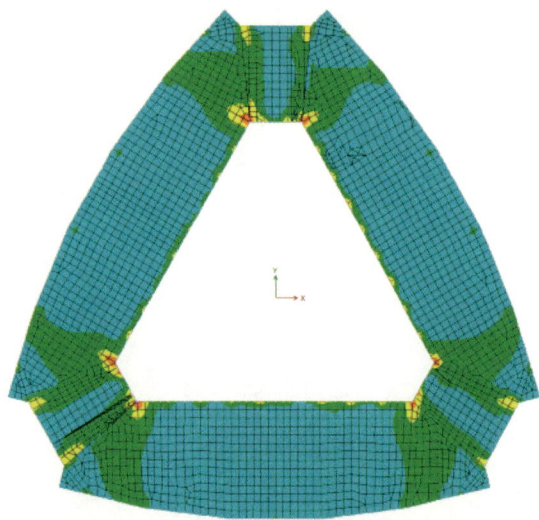

图 4.6-7　风荷载垂直核心筒向楼板应力（单位：MPa）

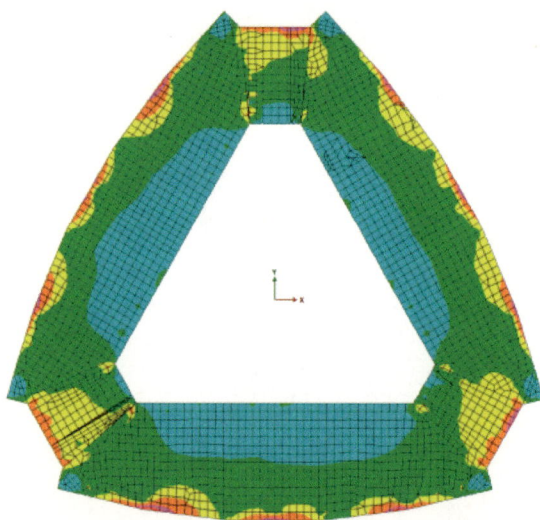

图 4.6-8　风荷载平行核心筒向楼板应力（单位：MPa）

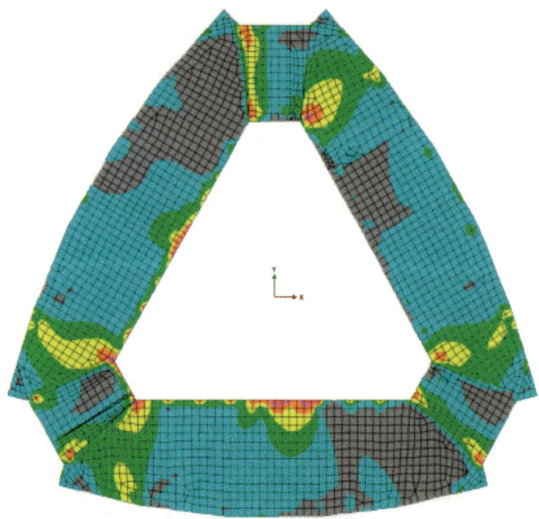

图 4.6-9　中震不屈服垂直核心筒向楼板应力（单位：MPa）

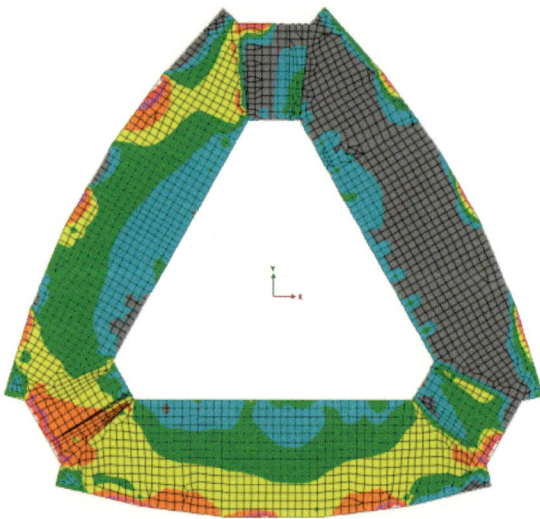

图 4.6-10　中震不屈服平行核心筒向楼板应力（单位：MPa）

4.7　地基基础计算

　　考虑低水位有利影响后的塔楼桩顶反力如图 4.7-1 所示，核心筒范围及外框柱承台范围内的桩反力较为均匀，核心筒内的桩反力明显大于外围桩反力，但未超出规范要求。图 4.7-2 显示，塔楼基础计算沉降量最大值约为 20mm，且基础沉降较为均匀。基础两个方向弯矩如图 4.7-3、图 4.7-4 所示，塔楼基础底板在核心筒外墙处应力集中，局部弯矩较大，导致底板配筋大。基础设计时可对底板刚度进行折减，根据刚度折减后重分布的内力进行配筋，从而减少底板配筋，降低工程造价。

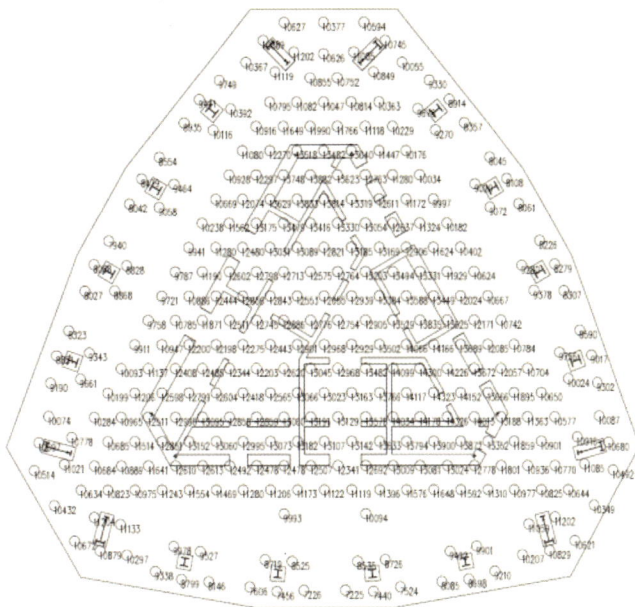

图 4.7-1 塔楼受压桩顶反力（单位：kN）

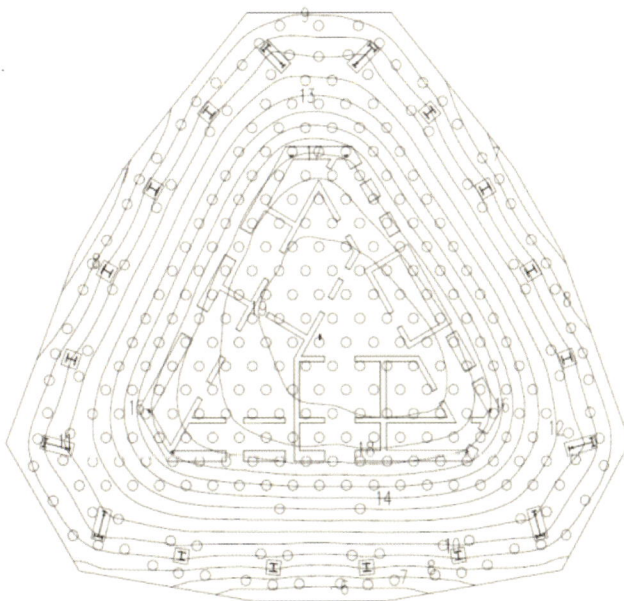

图 4.7-2 塔楼基础沉降（单位：mm）

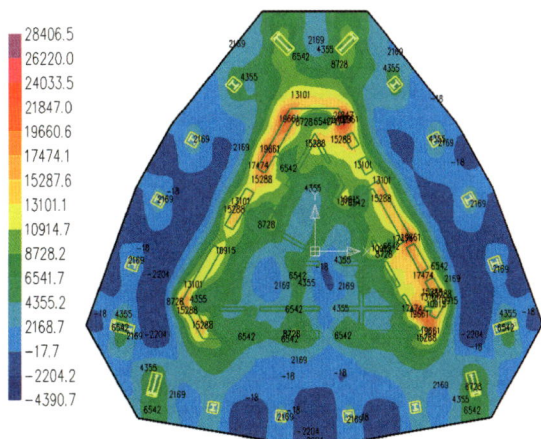

图 4.7-3 底板X向弯矩图（单位：kN·m）

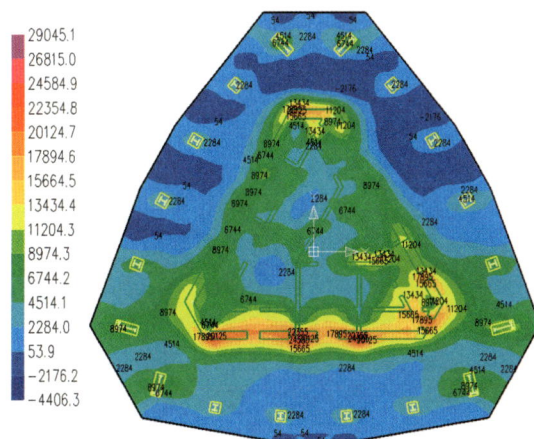

图 4.7-4 底板Y向弯矩图（单位：kN·m）

参考资料

[1] 住房和城乡建设部. 高层建筑混凝土结构技术规程: JGJ 3—2010[S]. 北京: 中国建筑工业出版社, 2011.

[2] 住房和城乡建设部. 建筑抗震设计规范: GB 50011—2010（2016 年版）[S]. 北京: 中国建筑工业出版社, 2016.

[3] 住房和城乡建设部. 超限高层建筑工程抗震设防专项审查技术要点: 建质〔2015〕67 号[A]. 2015.

[4] 中国建研院建研科技股份有限公司. 杭州西站站北综合体项目 T1 塔风振分析报告[R]. 2021.

[5] 住房和城乡建设部. 建筑结构荷载规范: GB 50009—2012[S]. 北京: 中国建筑工业出版社, 2012.

[6] 中国建筑西南勘察设计研究院有限公司. 杭州市余杭区 YH-18 单元（高铁枢纽中心）（YH18-F-04）地块岩土工程勘察报告[R]. 2021.

[7] 杨学林, 祝文畏. 复杂体型高层建筑稳定性验算[J]. 土木工程学报, 2015, 48(11): 16-26.

[8] 杨学林, 林政, 吴嘉盛, 等. 杭州云城北综合体 1 号塔楼结构设计[J]. 建筑结构. 2023, 53(S2): 69-75.

设计团队

结构设计单位：浙江省建筑设计研究院有限公司 + 杰地设计集团有限公司（初步设计 + 施工图设计）
　　　　　　　SOM 建筑设计事务所（方案 + 初步设计）

结构设计团队：杨学林、林　政、李保忠、吴嘉晟、张元铭

执　笔　人：林　政

第 5 章

温州国鸿中心

5.1 工程概况

温州国鸿中心位于温州市永嘉县瓯江和楠溪江两江交汇处三江商务区，建设用地东侧为三江大道，北侧为楠瓯大道，西南侧为环江大道。规划建设用地面积 87005m²，总建筑面积为 36.45 万 m²，地上计容面积 27.37 万 m²，地下总建筑面积为 9.08 万 m²。整个地块内地势平整，地块形状大致为三角形，其中西侧长边约 234m，东北侧短边长约 143m，东南侧斜边长约 200m。

本项目由一幢 356m 超高层建筑，四幢高层建筑及裙房组成，主要功能为办公、酒店、商业。地下室三层，功能为停车库、商业和设备用房。建筑平面形状近似为两个梯形相错，塔楼地面以上结构总层数 73 层，裙房结构层数为 4 层。建筑效果及施工实景图见图 5.1-1、图 5.1-2。

图 5.1-1 建筑效果图　　图 5.1-2 施工实景图

本工程结构安全等级为二级，设计使用年限为 50 年。抗震设防烈度为 6 度，设计基本地震加速度值为 0.05g，设计地震分组为第一组，场地类别为Ⅳ类，场地特征周期为 0.65s。由于超高层结构单元内经常使用人数小于 8000 人，根据《建筑工程抗震设防分类标准》GB 50223—2008，本工程抗震设防类别为标准设防类。本工程基本风压为 0.60kN/m²，地面粗糙度类别为 B 类，设计风荷载通过风洞试验确定。

5.2 结构方案

5.2.1 结构体系

本工程塔楼采用钢管混凝土叠合柱-钢梁-钢筋混凝土核心筒结构体系，楼面结构体系采用钢梁＋钢筋桁架楼承板组合楼板的形式。

5.2.2 结构布置方案

塔楼标准层边长为 43.4m，两个对角方向外挑约 4.2m。楼面主要采用单向布置的钢梁，外围框架柱之间的钢梁与钢柱采用刚接，柱间距为 11.15m 和 9.0m。外围框架柱和核心筒之间的楼面梁两端均采用铰接。外围框架柱与核心筒中距为 8.1m、10.2m、11.7m。楼板采用钢筋桁架楼承板系统，标准层楼板厚度为 120mm、130mm；加强层上下楼层楼板厚 150mm；屋面层、停机坪楼板厚 150mm。标准层结构布置图见图 5.2-1。

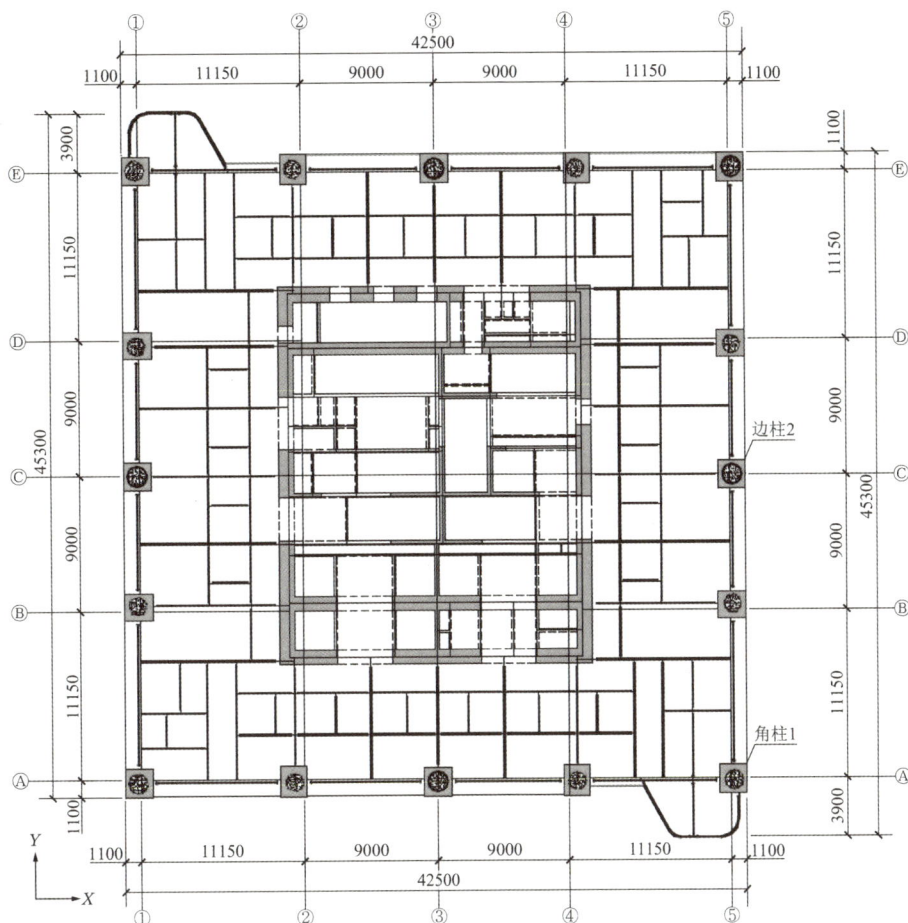

图 5.2-1 标准层结构布置图

为减小柱截面尺寸、降低含钢率，本工程框架柱采用钢管混凝土叠合柱。钢管混凝土叠合柱由中部钢管混凝土和钢管外混凝土叠合而成，截面形式可为矩形或圆形，叠合柱的内外组成部分可以不同期施工，也可同期施工。本工程采用矩形截面钢管混凝土叠合柱，采用同期施工方式，柱截面尺寸自下而上由 1800mm × 2000mm 过渡至 1400mm × 1400mm，柱内钢管壁厚为 30mm，钢管的混凝土保护层厚度不小于 250mm。核心筒呈矩形，核心筒平面尺寸为 21.70m × 25.10m，核心筒南、北侧 X 向剪力墙分别在 29 层与 55 层内收，内收后核心筒平面尺寸为 20.70m × 17.65m。下部楼层核心筒宽度是主屋面高度的 1/14.7，小于规范建议的限值 1/12。核心筒外圈剪力墙厚度自底部 1300mm 逐步减薄至 800mm，核心筒内部剪力墙由 400mm 减薄至 250mm。结构整体模型如图 5.2-2 所示。

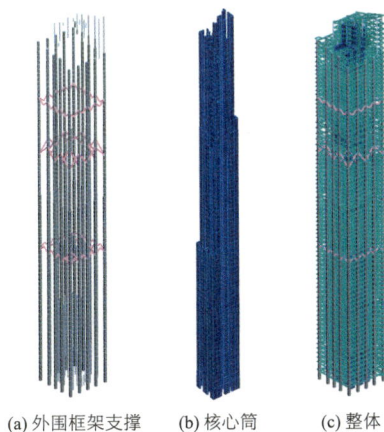

(a) 外围框架支撑   (b) 核心筒   (c) 整体

图 5.2-2 结构体系及布置

竖向构件布置图见图 5.2-3，框架柱截面尺寸见图 5.2-4。

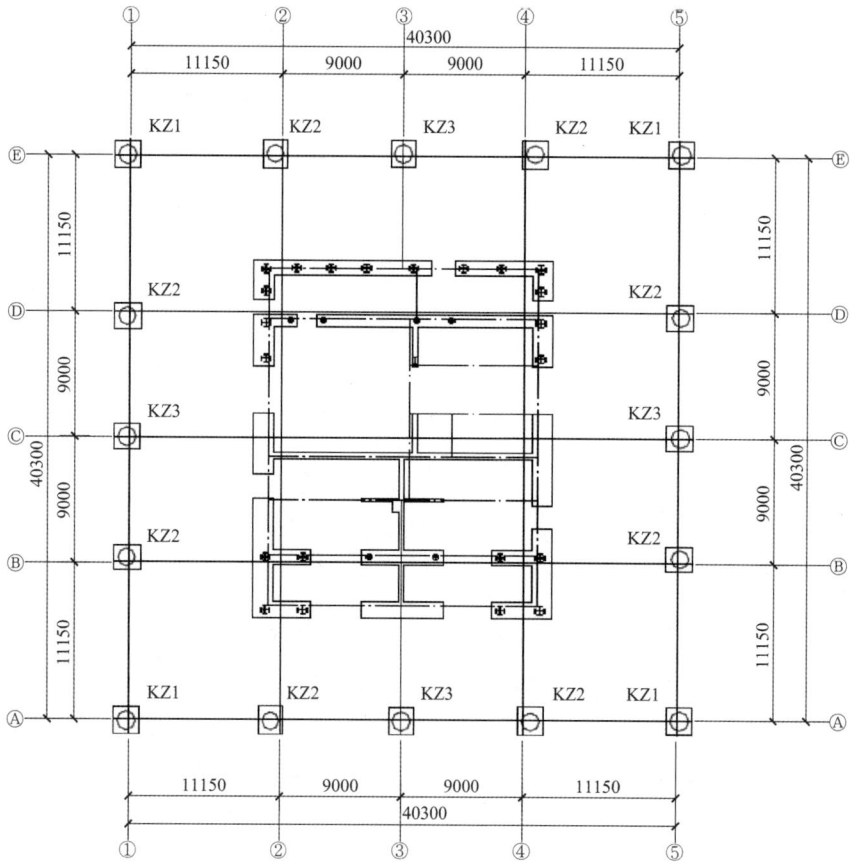

(a) 竖向构件布置图一

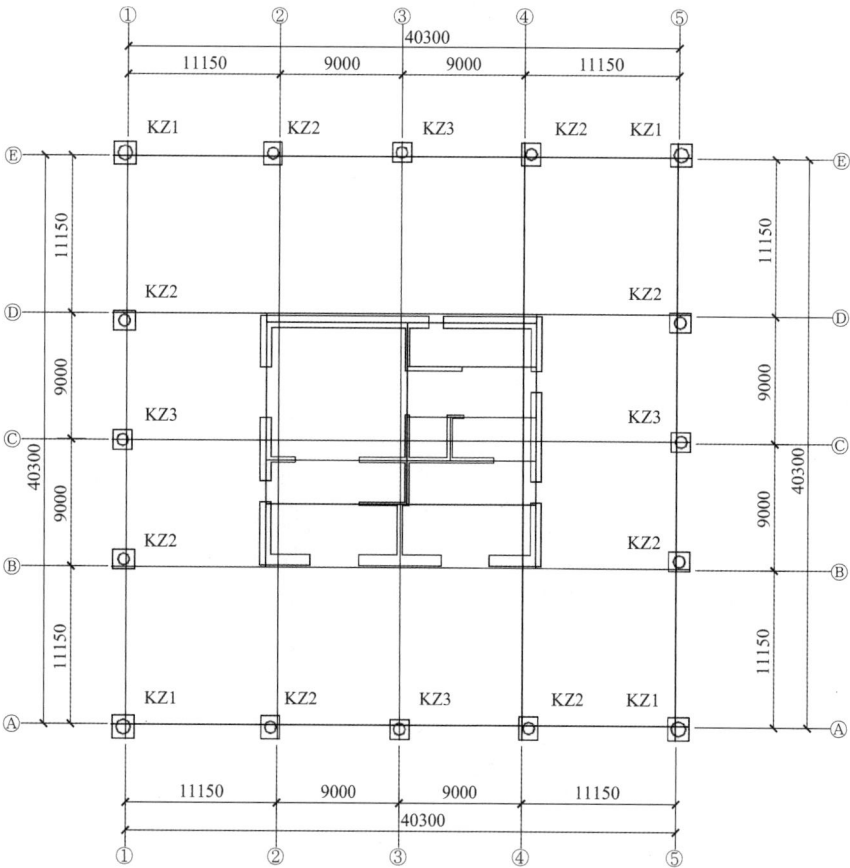

(b) 竖向构件布置图二

图 5.2-3　竖向构件布置图

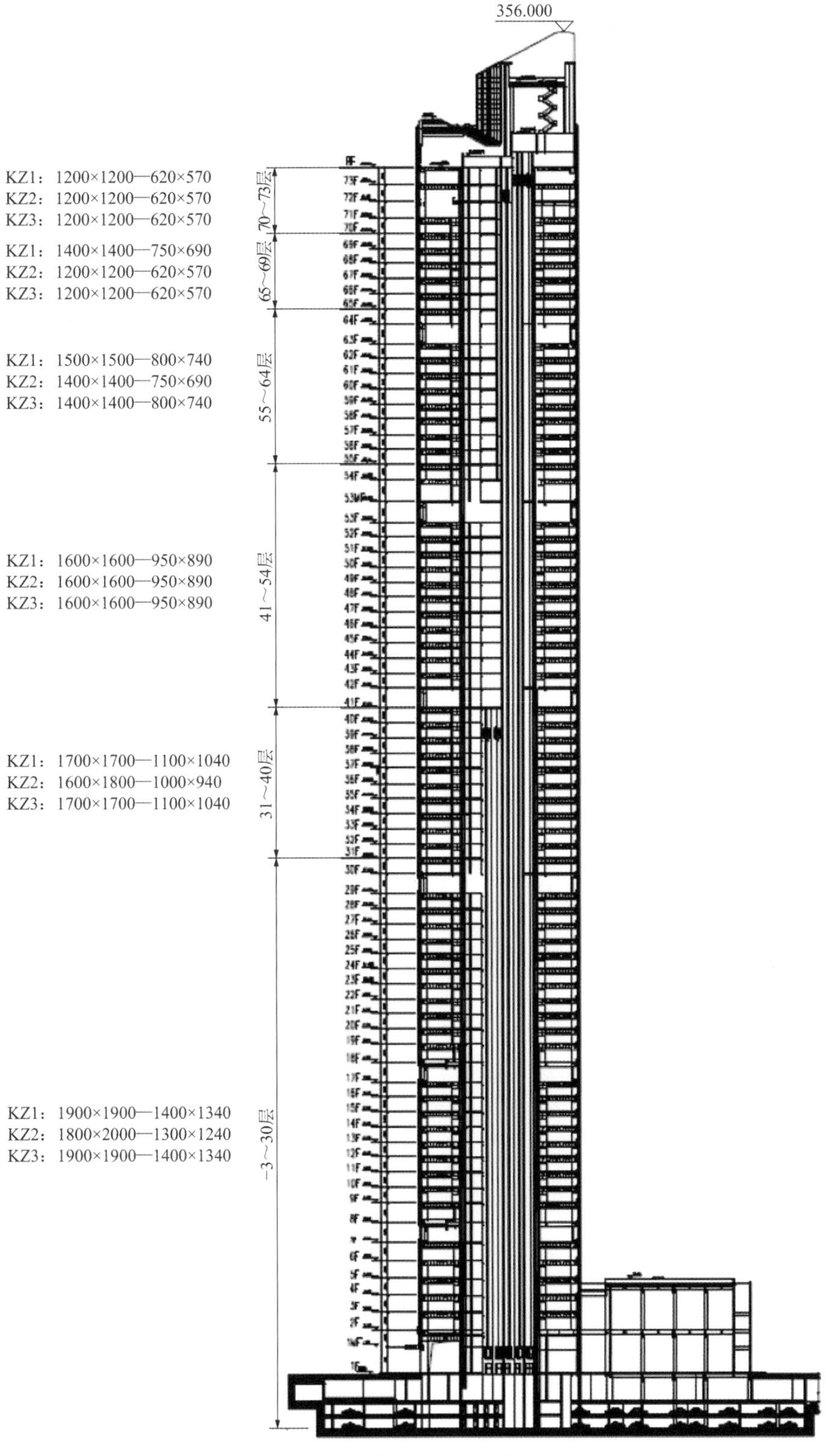
356.000
KZ1：1200×1200—620×570
KZ2：1200×1200—620×570
KZ3：1200×1200—620×570
70～73层
KZ1：1400×1400—750×690
KZ2：1200×1200—620×570
KZ3：1200×1200—620×570
65～69层
KZ1：1500×1500—800×740
KZ2：1400×1400—750×690
KZ3：1400×1400—800×740
55～64层
KZ1：1600×1600—950×890
KZ2：1600×1600—950×890
KZ3：1600×1600—950×890
41～54层
KZ1：1700×1700—1100×1040
KZ2：1600×1800—1000×940
KZ3：1700×1700—1100×1040
31～40层
KZ1：1900×1900—1400×1340
KZ2：1800×2000—1300×1240
KZ3：1900×1900—1400×1340
−3～30层

图 5.2-4　竖向构件尺寸示意图

5.2.3　加强层方案比选

温州市永嘉县基本风压为 0.60kN/m^2，结合本工程的风洞试验报告，经计算，风荷载对结构竖向构件布置起控制作用。未设置任何加强层时，风荷载作用下的层间位移角、刚重比等指标远不能满足现行结构设计规范要求，结构周期也偏长，表明结构抗侧刚度较小。本工程塔楼沿建筑竖向共设置了 6 个避难层，为有效抵抗水平荷载，减小核心筒和框架截面，同时克服核心筒尺寸相对较小的难题，结构布置时利用避难层设置加强层，以增大结构的整体刚度。加强层方案的对比主要考察风荷载作用下结构的层间位移角、刚重比及周期等指标。

塔楼避难层分别设置在 7 层、17 层、29 层、41 层、53 层、63 层。参考现有加强层研究成果，结合本工程的特点，对加强层设置高度、数量及伸臂桁架、环带桁架的不同组合方式进行了分析比较。试算的加强层方案如表 5.2-1 所示。

表 5.2-1

加强层试算方案

避难层	29层		41层		53层		63层	
加强层方案	环带桁架	伸臂桁架	环带桁架	伸臂桁架	环带桁架	伸臂桁架	环带桁架	伸臂桁架
方案一			○	□	○	□	○	
方案二			○		○	□	○	
方案三					○	□		
方案四	○	□			○	□	○	
方案五	○				○	□	○	
方案六			○	□	○	□		
方案七	○	□			○	□		

图 5.2-5 为不同加强层方案对应的层间位移角曲线，表 5.2-2 为不同加强层设置方案对应的刚重比计算结果。

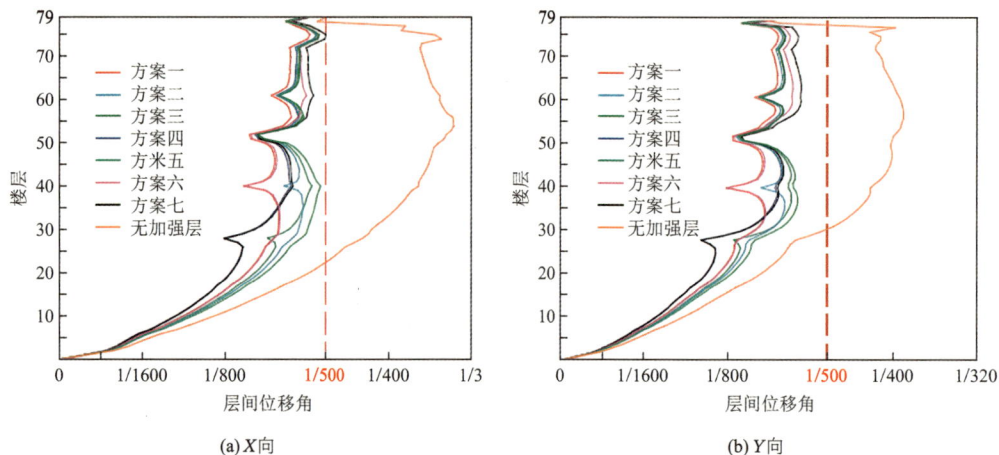

(a) X 向　　　　　　　　　　(b) Y 向

图 5.2-5　不同加强层设置方案对应的层间位移角

表 5.2-2

刚重比计算结果

加 强 层 方 案		无加强层	方案一	方案二	方案三	方案四	方案五	方案六	方案七
风荷载	X向	1.00	1.55	1.46	1.42	1.55	1.46	1.51	1.52
	Y向	1.03	1.53	1.46	1.41	1.51	1.44	1.49	1.46
地震作用	X向	1.15	1.70	1.62	1.56	1.74	1.62	1.65	1.68
	Y向	1.32	1.91	1.82	1.77	1.93	1.81	1.86	1.86

综合考虑层间位移角、刚重比、周期等整体指标，最终确定采用方案四，即在 29 层、53 层、63 层设置环带桁架，同时在 29 层和 53 层设置伸臂桁架的加强层方案，加强层布置见图 5.2-6，29 层、53 层伸臂桁架立面图见图 5.2-7。

5.2.4 地基基础方案

本工程 ±0.000 相当于绝对标高 6.050m，地下室结构 3 层，基础筏板面的设计标高为 −14.850m。基础形式为桩筏基础，工程桩采用泥浆护壁钻孔灌注桩。地基基础设计等级为甲级，桩基设计等级为甲级，桩身结构安全等级同上部结构。

塔楼以⑤$^1_{2\text{-}2}$卵石层为桩基持力层，桩径为 900mm 及 1000mm，桩长约 65～75m，桩端进入持力层深度不小于 9m、15m（核心筒及周边），工程桩采用桩端后注浆工艺，以提高单桩受压承载力，减小沉降量。桩身混凝土强度等级为 C45，单桩竖向承载力特征值为 7600kN、9300kN。裙房区域及纯地下室区域采用桩径 800mm 的钻孔灌注桩，以④$_3$层卵石层作为桩端持力层，用作抗压兼抗拔桩。单桩承载力特征值、桩身混凝土强度等级等相关信息见表 5.2-3。

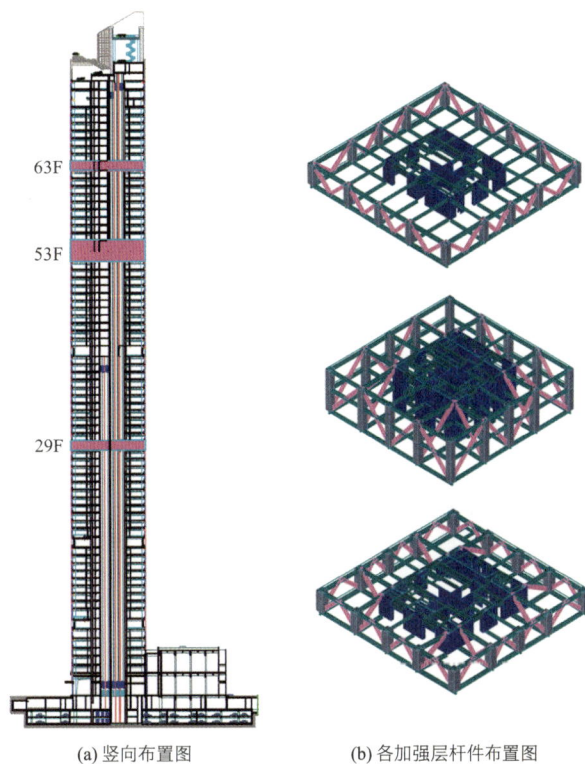

(a) 竖向布置图　　　　　(b) 各加强层杆件布置图

图 5.2-6　加强层布置图

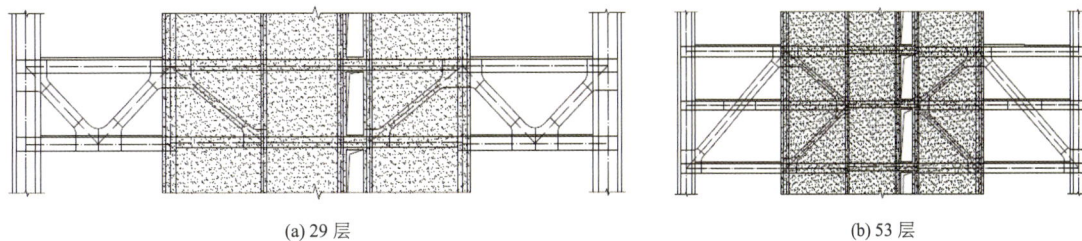

(a) 29 层　　　　　　　　(b) 53 层

图 5.2-7　伸臂桁架立面图

单桩竖向承载力特征值　　　　　　　　　　　　表 5.2-3

桩径/mm	800	900	1000
受压承载力特征值/kN	4000	7600	9300
用途	抗压兼抗拔	抗压	抗压
桩身混凝土强度等级	C35	C45	C45

本工程塔楼荷载较大，为尽可能减小其基础筏板的板厚，计算时考虑了上部结构刚度影响，并分别在地下三层、地下二层框架柱与核心筒之间设置了钢筋混凝土翼墙，以增强塔楼范围内地下室结构的刚度，分散核心筒荷载，翼墙平面布置见图 5.2-8。采用 PKPM JCCAD 和 YJK 建筑结构基础软件进行分析比较后，塔楼下核心筒范围筏板厚度取 4900mm，塔楼核心筒周边范围筏板厚度取 4100mm。裙房及纯地下室区域基础筏板厚度均为 800mm，在框架柱及裙房混凝土墙下设置基础承台。塔楼范围内基础筏板混凝土强度等级为 C50，抗渗等级 P8，垫层采用 150mm 厚 C15 素混凝土，垫层下做 200mm 厚塘渣。

基础沉降计算结果见图 5.2-9，核心筒中央最大沉降为 72mm，外框架角柱最小沉降为 45mm。核心筒和外框架之间最大沉降差为 27mm。

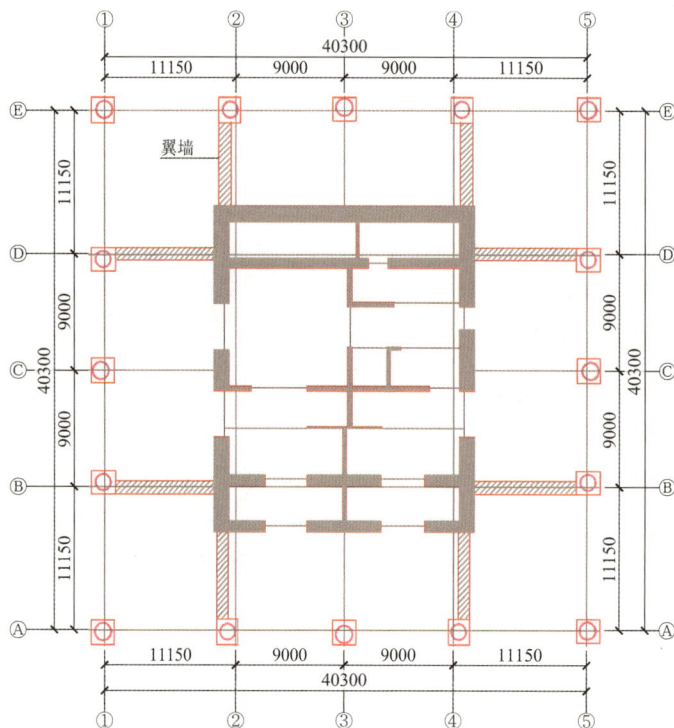

图 5.2-8 地下三层、二层核心筒翼墙

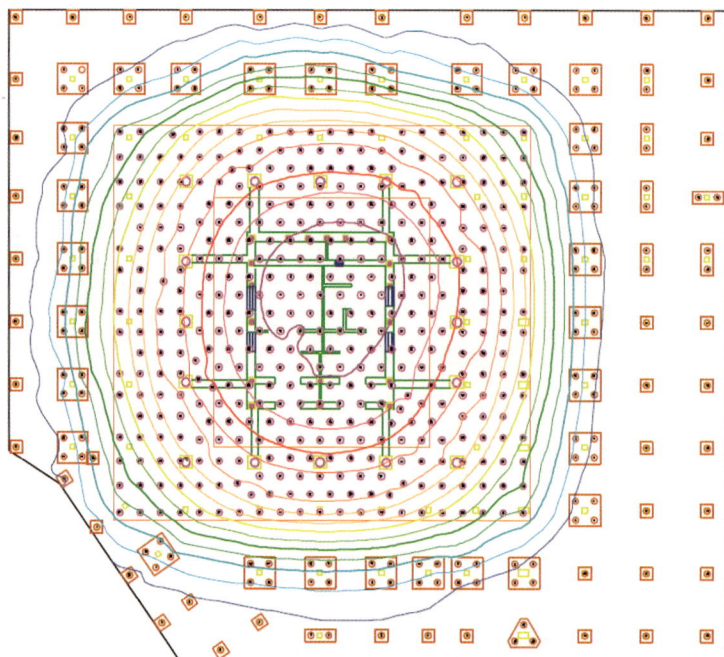

图 5.2-9 塔楼基础筏板沉降图

5.3 结构抗震计算

5.3.1 多遇地震计算

采用 MIDAS Gen 和 YJK 两种软件进行了多遇地震作用下整体分析,两种软件的计算结果见表 5.3-1。楼层质量比、楼层剪重比、楼层剪切刚度比、侧向刚度比、受剪承载力比、层间位移角、层间位移比、框架和核心筒各自承担的楼层倾覆力矩比例、框架和核心筒各自承担的楼层地震剪力比例、框架承担楼层地震剪力与基底剪力比例、首层墙柱轴压比等计算结果见图 5.3-1~图 5.3-11。

结构整体计算结果　　　　　　　　　　　　　　　　表 5.3-1

计算软件			MIDAS Gen	YJK
总质量/t			275611.1	270868.2
周期/s(平动系数)	T_1		7.2416(0.96)	7.2119(0.94)
	T_2		7.0473(0.96)	7.0505(0.94)
	T_3		3.3122(0.97)	3.5083(0.96)
最大层间位移角	风荷载	X向	1/500	1/520
		Y向	1/574	1/594
	地震作用	X向	1/1450	1/1456
		Y向	1/1531	1/1518
最大位移比	风荷载	X向	1.36	1.36
		Y向	1.17	1.18
	地震作用	X向	1.36	1.24
		Y向	1.12	1.16
基底剪力/kN(嵌固层)	风荷载	X向	42258.6	42489.1
		Y向	36516.1	36624.5
	地震作用	X向	17095.77	17324.76
		Y向	16625.89	16874.02
倾覆弯矩/(kN·m)(嵌固层)	风荷载	X向	1.08×10^7	9.86×10^6
		Y向	9.29×10^6	8.51×10^6
	地震作用	X向	3.99×10^6	3.879×10^6
		Y向	4.04×10^6	3.937×10^6

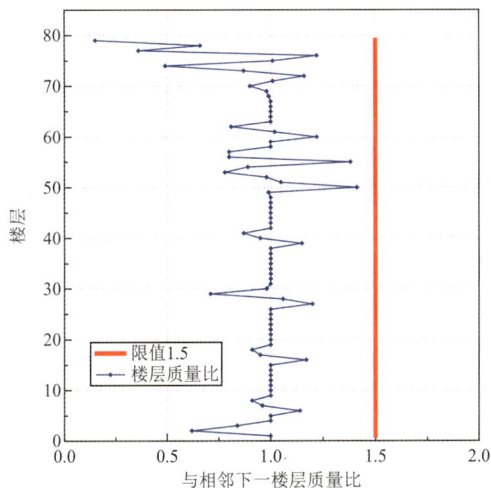

图 5.3-1　楼层质量比

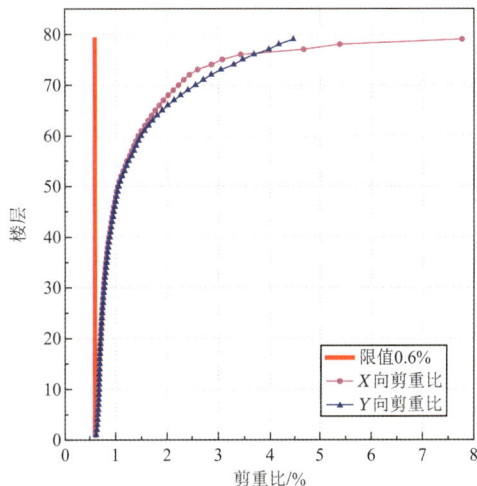

图 5.3-2　楼层剪重比

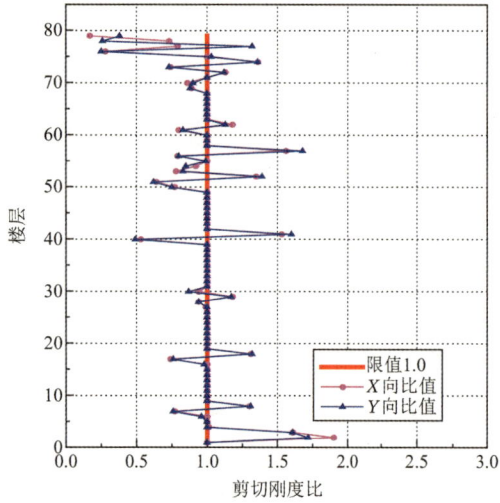

图 5.3-3　本层与下一层的剪切刚度比

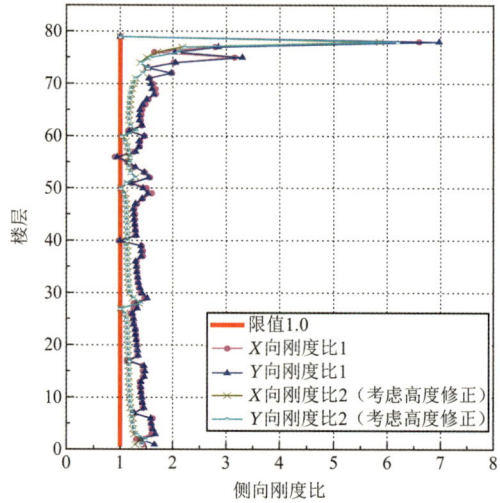

图 5.3-4　侧向刚度比

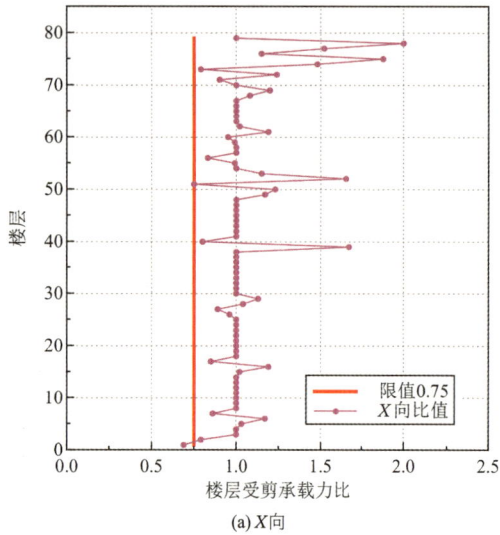

(a) X向

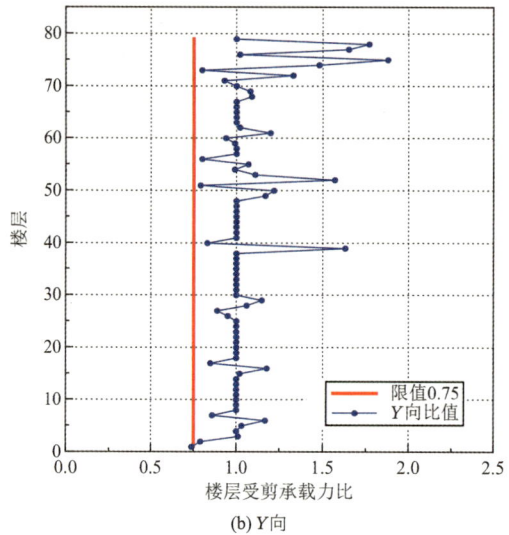

(b) Y向

图 5.3-5　楼层受剪承载力比

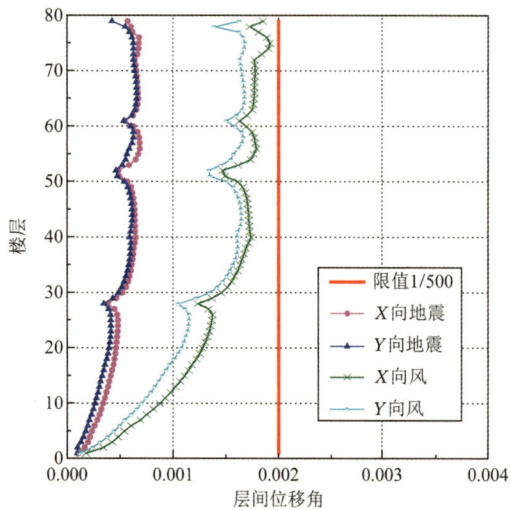

图 5.3-6　层间位移角

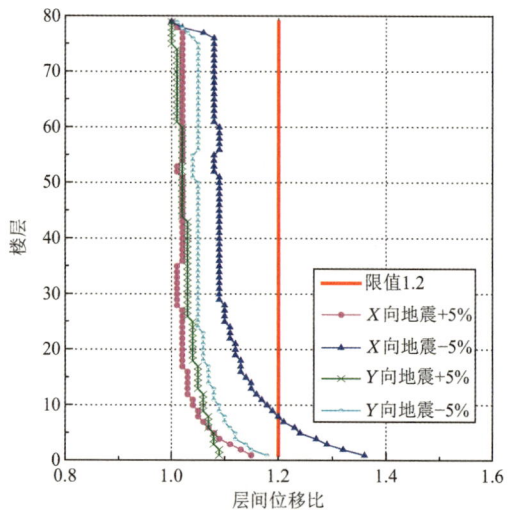

图 5.3-7　层间位移比

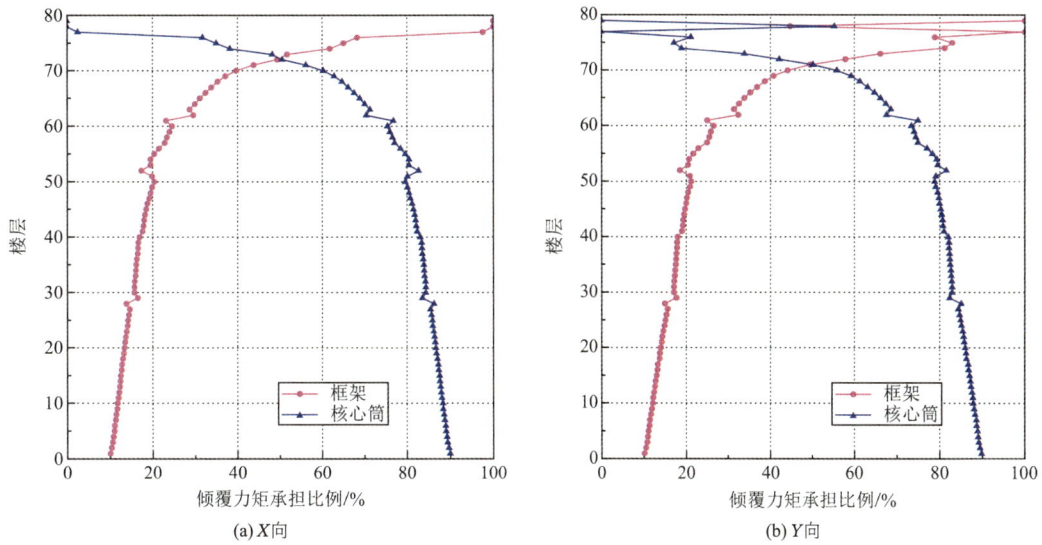

图 5.3-8 框架和核心筒各自承担的楼层倾覆力矩比例

(a) X向 (b) Y向

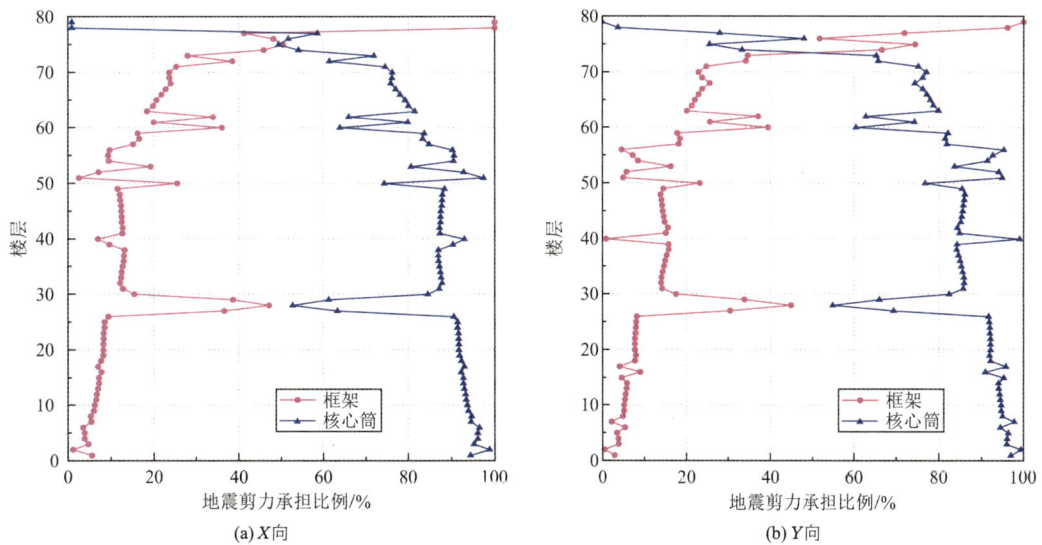

图 5.3-9 框架和核心筒各自承担的楼层地震剪力比例

(a) X向 (b) Y向

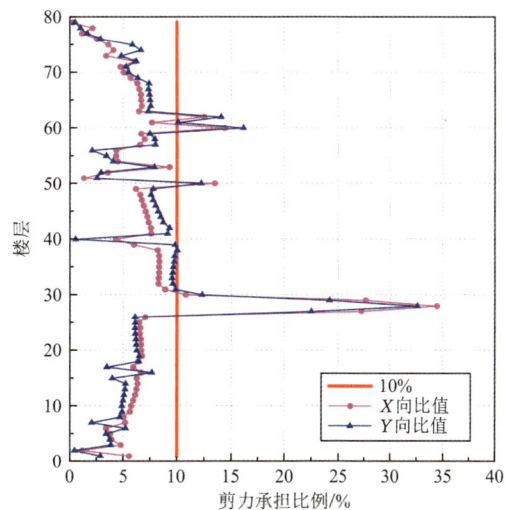

图 5.3-10 框架承担楼层地震剪力与基底剪力比例

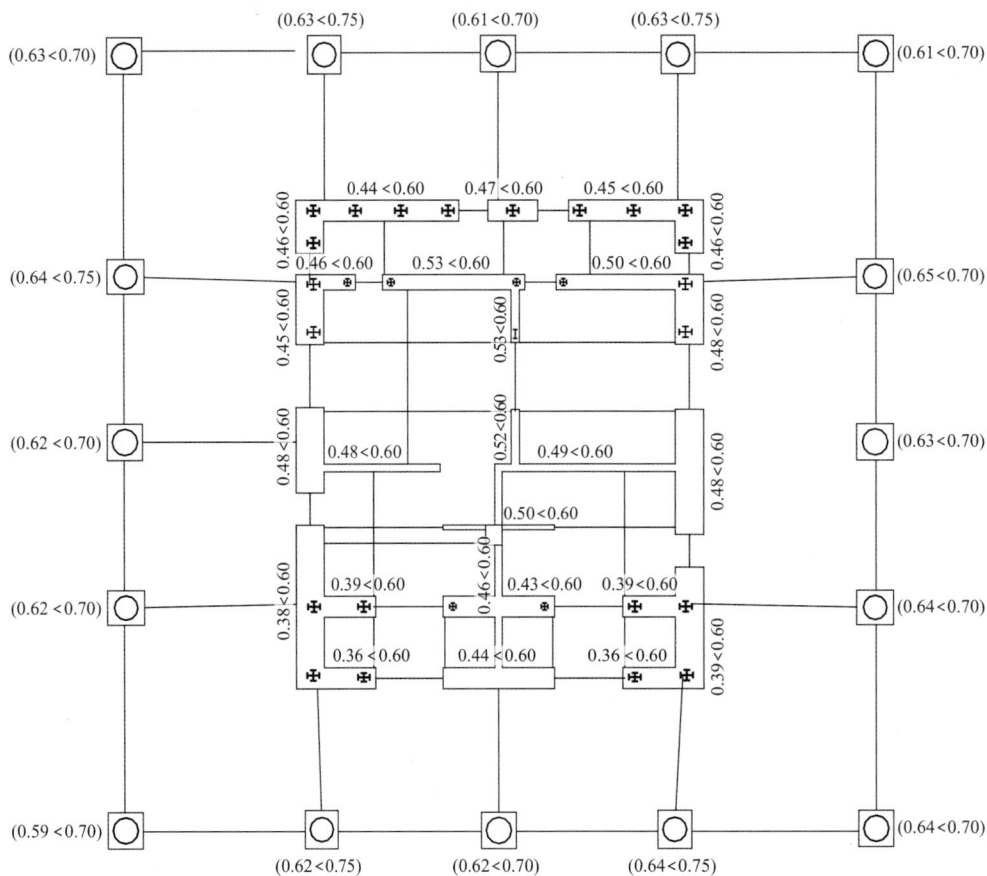

图 5.3-11 首层墙柱轴压比

结构抗倾覆验算及整体稳定性验算结果见表 5.3-2 及表 5.3-3，基础底面与地基之间未出现零应力区，满足规范要求；刚重比大于 1.4，小于 2.7，能够满足《高层建筑混凝土结构技术规程》JGJ 3—2010 第 5.4.4 条第 1 款的整体稳定验算要求，同时，计算时应考虑重力二阶效应。

结构抗倾覆验算结果   表 5.3-2

工况	抗倾覆弯矩 M_r/（kN·m）	倾覆弯矩 M_{ov}/（kN·m）	比值 M_r/M_{ov}	零应力区/%
X 向风荷载	5.758×10^7	9.860×10^6	5.84	0.00
Y 向风荷载	6.694×10^7	8.510×10^6	7.87	0.00
X 向地震	5.603×10^7	3.879×10^6	14.44	0.00
Y 向地震	6.513×10^7	3.937×10^6	16.54	0.00

整体稳定性验算结果   表 5.3-3

工况	验算公式	基于地震	基于风荷载
X 向	EJ_d/GH^2	1.738	1.554
Y 向	EJ_d/GH^2	1.932	1.509

根据《高层建筑混凝土结构技术规程》JGJ 3—2010 及《建筑抗震设计规范》GB 50011—2010（2016 年版）的规定，采用两组人工波和五组天然波共七组加速度时程曲线进行了小震弹性时程分析，对于分析结果大于反应谱法计算结果的楼层，按弹性时程分析结果与反应谱法计算结果的比值对楼层地震剪力进行放大。

5.3.2 结构抗震性能化设计

本工程塔楼建筑高度远高于混合结构规范适用高度，根据《高层建筑混凝土结构技术规程》JGJ 3—

2010 中第 3.11 节性能目标的选取原则，本工程塔楼采用 C 级性能目标，塔楼核心筒、周边框架及加强层伸臂桁架和环带桁架的抗震设计采用的性能目标见表 5.3-4。

结构抗震设计性能目标　　　　　　　　　　　　表 5.3-4

地震烈度水准			多遇地震	设防烈度地震	预估的罕遇地震
性能水平定性描述			不损坏	可修复的损坏	无倒塌
层间位移角限值			$h/500$	—	$h/125$
构件性能	核心筒		规范设计要求，弹性	正截面承载力不屈服，斜截面承载力弹性	受剪截面不屈服，允许进入塑性，控制塑性变形
	环带桁架、伸臂桁架	上下弦杆	规范设计要求，弹性	不屈服	允许进入塑性，控制塑性变形
		腹杆	规范设计要求，弹性	不屈服	允许进入塑性，控制塑性变形
	外围框架	钢管混凝土叠合柱	规范设计要求，弹性	弹性	不屈服
		边框架梁	规范设计要求，弹性	允许进入塑性	允许进入塑性，控制塑性变形

设防烈度地震下等效弹性法构件性能设计结果见表 5.3-5，在设防烈度地震作用下可满足预设抗震性能目标。

设防烈度地震反应构件性能设计　　　　　　　　表 5.3-5

构件中震性能水准	计算方法	性能计算结果
关键构件和普通竖向构件正截面不屈服、斜截面弹性	中震正截面不屈服、斜截面弹性	从配筋结果看，关键构件和普通竖向构件均未出现超筋，即正截面承载力满足不屈服、斜截面承载力满足弹性的设计要求
部分耗能构件正截面承载力屈服，受剪承载力不屈服	中震不屈服	从配筋结果看，所有耗能构件均未出现超筋，即受剪承载力满足不屈服的设计要求

5.3.3　动力弹塑性分析

针对本工程超限情况，选用 C 级性能目标及相应的性能水准，采用 Perform 3D 软件对结构进行大震下弹塑性时程分析，选取一组人工波及两组天然波进行计算，地震波主方向、次方向与竖向加速度峰值比取 $1:0.85:0.65$，主方向地震加速度峰值取 125cm/s^2，特征周期 $T_\text{g} = 0.70\text{s}$。大震下弹塑性时程分析结果见表 5.3-6，结构最大弹塑性层间位移角分别为 1/300（X向）和 1/275（Y向），均小于限值 1/125。

大震下弹塑性时程分析结果　　　　　　　　　　表 5.3-6

分析结果	方向	人工波	天然波 I	天然波 II	平均值
基底剪力/kN	X向	77446	91287	80817	83183
	Y向	77480	93767	81354	84200
剪重比	X向	2.83%	3.34%	2.96%	3.04%
	Y向	2.83%	3.43%	2.97%	3.08%
最大层间位移角	X向	1/300	1/326	1/311	1/312
	Y向	1/275	1/380	1/282	1/324
时程分析法基底剪力/CQC 法基底剪力	X向	0.84	0.91	0.66	0.79
	Y向	0.80	0.89	0.71	0.79

对整体结构在弹塑性时程下的基底剪力降低程度进行分析发现，X向、Y向弹塑性时程分析法的基底剪力相比 CQC 法均降低约 21%，说明大震下结构整体刚度发生了一定退化，但退化程度不高。

能量分布评估结果显示，大震下结构塑性耗能程度较低，换算阻尼比约为 2%。抗震性能和损伤评估结果显示，剪力墙剪应力较大处为底部楼层处核心筒腹板，但均可控制在 80% 屈服应变范围内，满足剪切不屈服要求；框架柱剪切不屈服、受弯不屈服；伸臂桁架与环带桁架弦杆与腹杆均处于受拉不屈服及受压不屈曲范围内，且应力水准较低，满足轻度损坏的性能水准；部分连梁进入受弯屈服状态，剪切截面满足要求，起到一定的耗能作用；结构整体性能可满足大震下的性能目标要求。

由于本项目位于 6 度区，结构整体承载力基本为风荷载控制，即使在罕遇地震作用下，结构损伤仍较小，仅部分连梁进入屈服状态。为评估结构构件在超越地震作用下的损伤顺序，采用设防烈度为 7 度（0.1g）的罕遇地震作用地震波进行分析。分析结果显示：连梁塑性耗能占比为 87.1%；框架梁塑性耗能占比为 7.5%；剪力墙塑性耗能占比为 3.9%；支撑塑性耗能占比为 1.5%；框架柱基本不参与耗能。从构件屈服顺序看，首先是高区少数连梁开始屈服，随后高区连梁损伤增多，中区连梁开始屈服，直至全楼连梁损伤加剧，部分支撑和底层个别剪力墙屈服，符合结构概念设计要求。全楼最终屈服状态如图 5.3-12 所示。

| OP | IO | LS | CP |

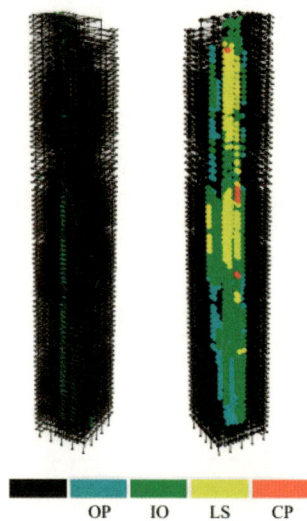

图 5.3-12　全楼结构构件屈服状态

5.4　结构超限判断和主要加强措施

5.4.1　结构超限判断

根据上述分析及《超限高层建筑工程抗震设防专项审查技术要点》（建质〔2015〕67 号），本工程塔楼超限项主要有：①高度超限；②扭转不规则（最大扭转位移比 1.36）；③楼板不连续（54 层、70 层楼板有效宽度小于 50%）；④构件间断（设有 3 个加强层）；⑤承载力突变（1 层与 2 层受剪承载力比值为0.69）；⑥局部不规则（53 层、69 层大堂）。本工程属于特别不规则结构。

5.4.2　主要抗震加强措施

1）核心筒采取的抗震加强措施

（1）控制核心筒剪力墙墙肢的剪应力水平，确保大震下核心筒墙肢不发生剪切破坏。结合性能化设计目标，在罕遇地震作用荷载组合下，对不同剪跨比的核心筒墙肢的抗剪截面进行验算，保证所有墙肢在大震下均满足抗剪截面控制条件，即在重力荷载代表值和罕遇地震作用下的墙肢截面剪力与有效截面面积之比不超过混凝土抗压强度标准值的 0.15 倍，确保大震下核心筒墙肢不发生剪切破坏。

（2）适当提高底部加强部位、核心筒四角部位的纵筋配筋率，确保核心筒在水平地震作用下，墙肢正截面（压弯、拉弯）承载力满足中震不屈服、斜截面受剪承载力满足中震弹性的性能要求。

（3）塔楼核心筒底部加强区取至第 8 层楼面标高位置，为总高度的 1/9，高于规范的规定（总高度的 1/10）。

（4）严格控制核心筒周边剪力墙的轴压比，确保剪力墙具备足够的延性。轴压比限值不超过 0.55。

（5）控制所有墙肢在水平风荷载或小震作用下不出现受拉状态；对中震作用下出现受拉状态的墙肢，均设置约束边缘构件。

（6）各楼层楼板标高位置配置纵向钢筋及箍筋以形成钢筋混凝土暗梁。

（7）核心筒剪力墙配置多层钢筋，确保墙肢受力均匀。

2）周边框架采取的抗震措施

（1）采用钢管混凝土叠合柱。钢管内部混凝土可有效防止钢管管壁发生局部屈曲，同时钢管对其内部混凝土的约束作用使混凝土处于三向受力状态，钢管内混凝土的破坏由脆性破坏转变为塑性破坏，从而使框架柱的延性性能得到明显改善。

（2）确保周边框架的二道防线作用。周边框架作为混合结构的第二道抗震防线，须承担不小于规范规定的地震剪力。计算结果表明，除加强层及相邻上下层、结构顶部楼层外，本工程框架部分按刚度计算分配的最大楼层地震剪力达到结构底部总地震剪力的 10.83%（X向）、12.35%（Y向），满足规范规定不宜小于 10% 的要求。

（3）周边框架截面设计时，根据规范，各楼层框架部分承担的地震剪力按不小于结构底部总地震剪力的 20% 和计算最大楼层 1.5 倍两者的较小值，且不小于结构底部总地震剪力 15% 的要求进行调整。

（4）严格控制周边框架柱的轴压比，确保矩形钢管混凝土叠合柱具备足够的延性。轴压比控制严于规范，按 0.65 控制。

（5）周边框架柱正截面压弯和拉弯承载力、斜截面受剪承载力，均按中震弹性的性能要求进行设计。

（6）钢管混凝土叠合柱与钢框架梁采用带牛腿梁连接，使梁端塑性铰外移，确保强震下框架柱的安全。钢梁翼缘与短牛腿梁的翼缘焊接，钢梁腹板与短牛腿梁腹板采用双夹板高强度摩擦型螺栓连接。

3）加强层采取的抗震措施

（1）加强层核心筒内设置约束边缘构件，并向上、向下分别延伸 2 层；提高约束边缘构件的配箍率。

（2）考虑到环带桁架与钢管混凝土柱连接的节点及构造需要，将加强层的钢管截面及钢板壁厚向上、向下各延伸 1 层，对钢板壁厚进行缓慢过渡，避免刚度突变和局部应力集中。

（3）加强层水平伸臂构件布置于核心筒的转角、T 形节点处，并贯穿核心筒，水平伸臂构件与周边框架采用铰接连接。

（4）加强层上下楼板厚度加大至 150mm，并适当提高楼板配筋率。

4）其他措施

（1）在墙柱混凝土强度等级改变的楼层，不同时改变墙柱截面大小，以保证墙柱竖向构件强度的平稳过渡。

（2）对于计算结果中出现受剪承载力突变的楼层，通过适当增加纵筋配筋率以提高其受剪承载力，避免薄弱层和软弱层出现在同一楼层。

（3）采用多个结构软件（PKPM SATWE、YJK、MIDAS Gen 等）对计算结果进行分析对比；补充动力弹塑性时程分析，复核结构弹塑性层间位移，判断结构的薄弱部位、出铰机制和出铰顺序及屈服程度，对关键部位和关键构件进行有针对性的加强，确保大震下安全。计算罕遇地震作用下弹塑性位移角，控制最大层间位移角不大于 1/125。

5.5 风洞试验

本项目超高层建筑表面风压的风洞模型试验于 2020 年 6 月在浙江大学 ZD-1 边界层风洞中进行。风洞试验场景及模型见图 5.5-1。

本次试验的主要技术参数如下：

（1）试验模型的几何缩尺比为 1∶400。

（2）根据建筑所在场地及其周围的地形、地貌特征，同时参考《建筑结构荷载规范》GB 50009—2012 的规定，确定该建筑群处于 B 类地貌场地。在大气边界层风洞中进行模型风压测定，平均风速沿高度按指数规律变化，地面粗糙度系数 $\alpha = 0.15$；风场湍流强度沿高度的变化按照荷载规范取值。

（3）风洞试验参考点高度位于被测建筑模型上方距风洞底板约 2m 处，试验前仔细标定了参考点与塔楼模型顶部（即 0.9m 高处）的风速比值，试验得到的风压系数是对应于模型顶部（0.9m）的结果，该高度处未受扰时的风速为 14.0m/s，50 年重现期基本风压取 0.6kN/m²，对应于实际建筑物高度 360m 高度处，10 分钟平均风速为 53.04m/s，风速比为 1：3.79。模型的几何缩尺比为 1：400，由相似原理可得，风洞试验的时间比为 1：105.5。

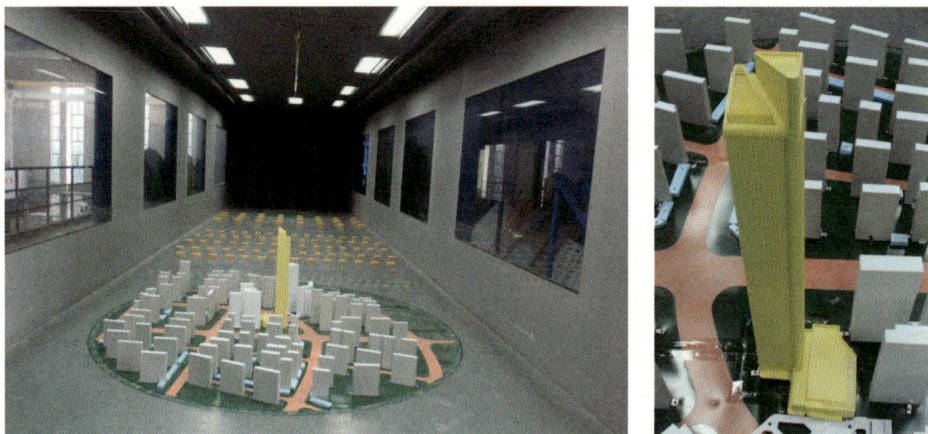

图 5.5-1　风洞试验场景及模型

（4）建筑物 50 年一遇的基本风压为 0.60kN/m²，相当于离地面 10m 高度处的风速 $U_0 = 26.83$m/s。

（5）本次试验的主要测量对象是建筑物外墙面上的风压，沿建筑外表面及顶部附近局部内表面共布置了 511 个测点。

（6）根据建筑物的地貌特征，在 0°～360°范围内每隔 10°取一个风向角，共设 36 个风向角工况，风向角定义如图 5.5-2 所示。

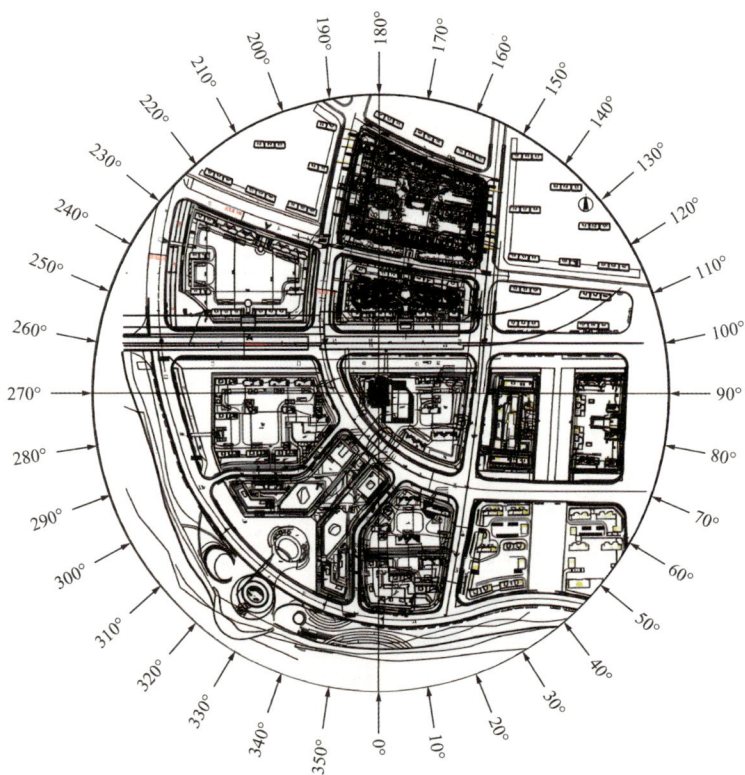

图 5.5-2　风向角定义

通过收集项目所在地区的风气候资料，确定适合本项目风工程研究的风速风向联合概率分布，结合台风事件的蒙特卡洛数值模拟结果，以详细了解温州永嘉地区的混合风气候特点，最终提出风速风向折减系数。不考虑风速风向折减时塔楼横风向共振现象较为明显，X 向和 Y 向基底最大剪力均由横风产生，横风荷载是塔楼的控制风荷载。当考虑风速风向折减时基底荷载有大幅下降，特别是横风共振现象有明显削弱，X 向风荷载不再由 180°风产生的横风荷载控制，最大 X 向风荷载出现在 80°风向角，而 Y 向风荷载仍由横风荷载控制，最大Y向风荷载也出现在 80°风向角。塔楼基底剪力V_X、V_Y随风向角的变化见图 5.5-3。

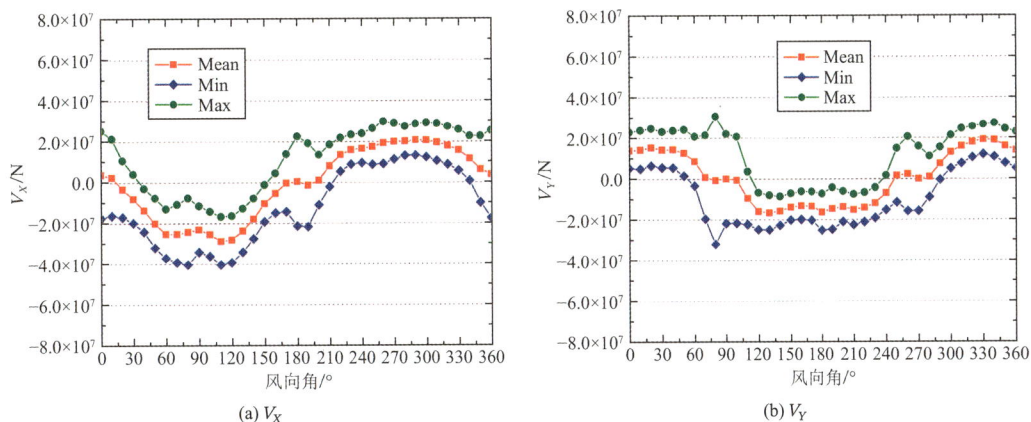

(a) V_X

(b) V_Y

图 5.5-3　塔楼基底剪力随风向角的变化图

结果显示，塔楼X向基底剪力最大值为 42258kN，塔楼Y向基底剪力最大值为 36472kN，最不利风向角均为 80°方向。风洞试验报告给出了各测点层的整体体型系数，见图 5.5-4，可以看出，各风向角风荷载作用下，大部分楼层的整体体型系数小于 1.4，仅部分底部楼层的体型系数大于 1.4。

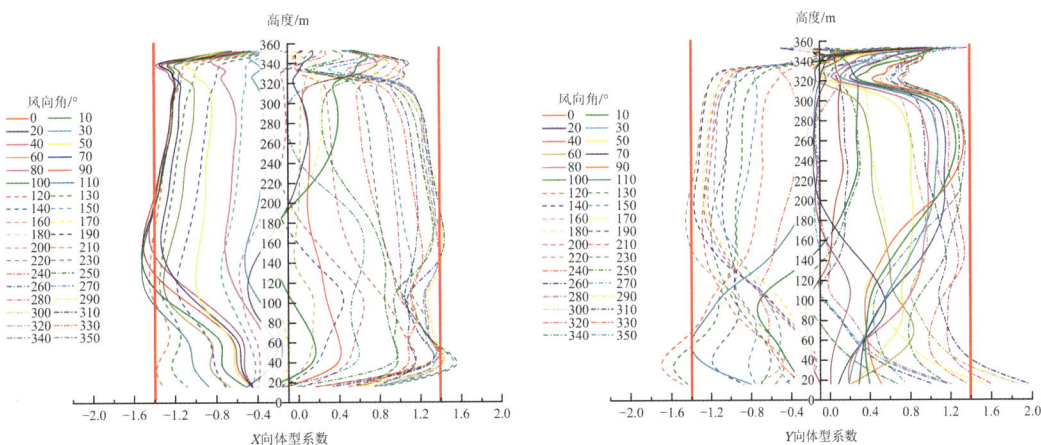

图 5.5-4　各风向角下整体体型系数

考虑到温州永嘉地区受到良态风和台风这两种不同风气候的共同影响，采用联合概率密度方法，获得考虑混合气候条件下不同重现期下的分风向设计风速，并结合现行《建筑工程风洞试验方法标准》JGJ/T 338—2014 规定，得出各个风向下的风速折减系数取值为 0.85。设计计算实际取用的风荷载值不低于《建筑结构荷载规范》GB 50009—2012 计算值的 80%。

5.6　施工模拟分析与收缩徐变分析

高层钢筋混凝土建筑在恒荷载作用下竖向构件的变形主要由弹性收缩、干燥收缩以及长期压缩荷载产生的徐变引起。干燥收缩和徐变的影响随着混凝土的强度、施工时间的变化而变化。

对于复杂超高层建筑，在重力荷载作用下，需要进行较精确的施工模拟计算，并计入混凝土收缩和徐变的影响，以便较准确地反映恒荷载作用下结构的变形和内力分布。施工模拟是分阶段变刚度的分析方法。对应于施工状态的每一个实际阶段，分别对本阶段结构状态施加相应荷载，不同施工阶段之间状态叠加，结构变形、内力分别在各阶段中与前一阶段中所得变形、内力相叠加，每次计算时，在前一次计算内力和变形的刚度矩阵的基础上增大本层刚度，作为本次计算的刚度矩阵，施加本层荷载计算，依次迭代，从而模拟实际施工的动态过程。

本工程施工方案考虑如下：①混凝土养护时间为 7 天；②核心筒、外框架附加重力荷载施工速度均为每层 7 天，附加重力荷载和自重荷载同步施加；③每一楼层对应一个施工阶段；④加强层施工完毕（包括环桁架）后再安装伸臂桁架；⑤最后一个施工阶段为主体结构施工完成后连接伸臂桁架的腹杆；⑥主体结构施工完毕，投入使用，全楼一次性施加活荷载的 50%。

参考《公路钢筋混凝土及预应力混凝土桥涵设计规范》JTG 3362—2018，混凝土收缩徐变模式采用 CEB-FIP 模式，相关参数如下：采用普通水泥，水泥类型系数取 0.25，水泥种类系数为 5，相对湿度 75%，收缩开始时间为第 3 天。对于钢管混凝土构件，考虑混凝土处于封闭环境中，环境湿度较大，其构件中混凝土相对湿度取 90%。

5.6.1 框架柱施工模拟

图 5.6-1 为框架柱角柱采用一次性加载和施工模拟分析时所得的竖向弹性变形量对比图。可以看出，进行施工模拟分析后，框架柱的变形沿结构高度呈现出鱼腹状变化趋势，竖向位移的最大值出现在结构的中部楼层；而按一次性加载计算时，不考虑施工找平调整，框架柱的竖向位移沿结构高度不断增大，最大变形发生在结构的顶部。两种方式的计算结果在结构底部几层较接近，中部以上差别十分明显。

5.6.2 核心筒施工模拟

核心筒施工模拟分析时，不仅考虑分层集成刚度、分层加载，同时还考虑徐变和收缩对结构内力及变形的影响。根据已有研究，混凝土的收缩和徐变在完工 2 年后趋于稳定，结构施工完成 5 年后，结构的变形大部分已经完成。现以施工完成后 5 年的变形值作为结构最终变形值，通过施工模拟分析考察核心筒在以下两阶段的竖向变形：①第一阶段：自结构施工开始起，至结构主体完成时结束，为施工阶段；②第二阶段：自结构主体完成时起，至结构施工完成后第 5 年年底结束，整体结构进入使用阶段。

图 5.6-2 为核心筒采用一次加载和施工模拟分析得到的竖向弹性变形量对比图。采用施工模拟分析时，核心筒的变形趋势类似于框架柱，沿结构高度呈现出鱼腹状变化，竖向位移的最大值出现在结构的中部楼层（36 层），竖向位移峰值为 30.1mm。而按一次加载分析时，核心筒的竖向位移沿结构高度不断增大，最大变形发生在结构的顶部，峰值为 80.6mm。

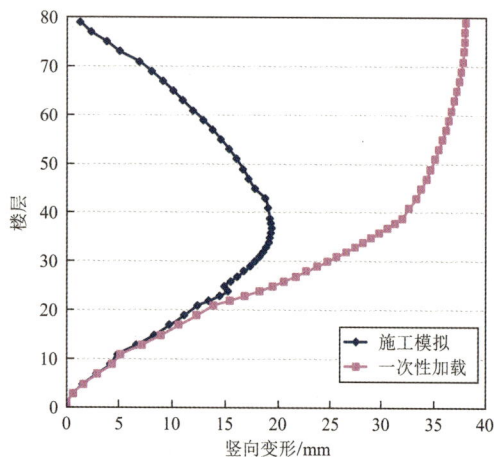

图 5.6-1　角柱竖向变形比较　　　　　　　图 5.6-2　核心筒竖向变形比较

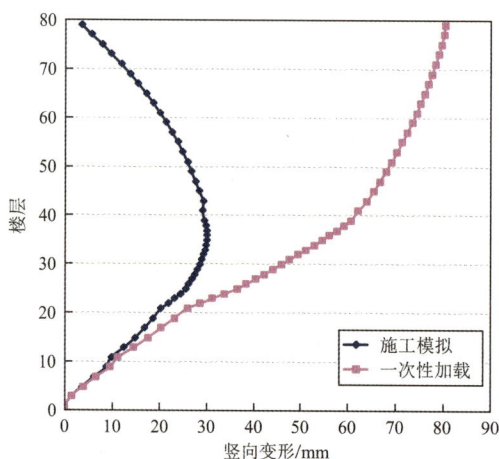

考虑收缩徐变后进行施工模拟分析，得到的核心筒竖向变形则分别由荷载作用下的弹性变形、徐变和收缩产生的变形三部分组成。施工阶段各部分变形如图 5.6-3 所示，沿高度的变化趋势三者一致，均呈鱼腹状，在中间层（36 层）达到最大值，顶部和底部则相对较小。从数值看，荷载作用下的弹性变形最

大，收缩效应产生的竖向变形最小。

使用阶段随着时间的推移，徐变效应引起的竖向位移峰值所在楼层逐步上移，由施工结束时对应的35层，5年后上升至47层，徐变引起的竖向位移峰值也由9.72mm增大到18.98mm，如图5.6-4所示。

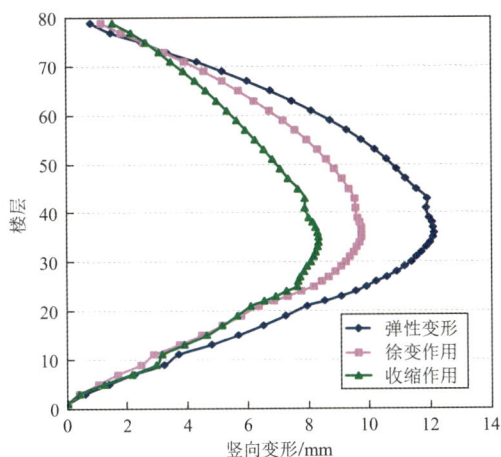

图5.6-3 核心筒竖向变形组成三部分比较

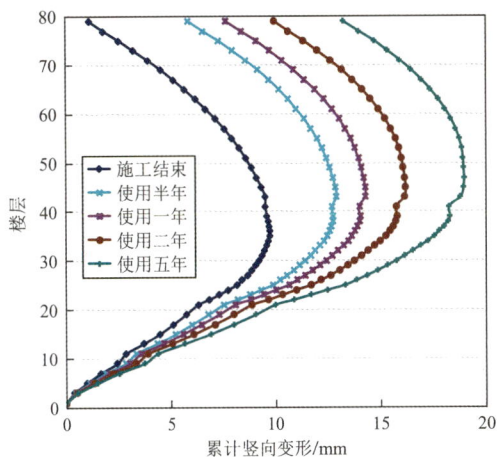

图5.6-4 核心筒混凝土徐变效应

图5.6-5为核心筒的收缩效应，施工完成时，由于施工阶段层层找平，底部早已开始收缩，顶部刚刚浇捣，因此收缩变形沿结构高度接近于鱼腹状曲线。使用阶段随着时间的推移，徐变效应引起的竖向位移峰值所在楼层逐步上移，由施工结束时对应的35层，1年后就迅速上升至顶层，徐变引起的竖向位移峰值也由8.31mm增大到13.3mm。

图5.6-6为核心筒总的竖向变形沿结构高度（或楼层）的变化曲线。虽然使用阶段随着时间的推移，徐变效应和收缩效应引起的竖向位移峰值所在楼层逐步上移，但总的竖向变形仍呈鱼腹状曲线，最大竖向变形发生在中间楼层。这是因为竖向变形以徐变引起的部分为主。

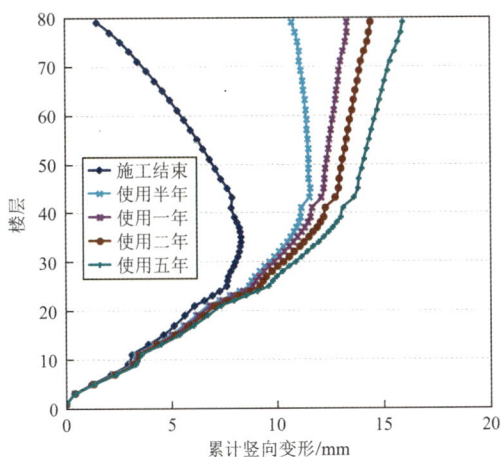

图5.6-5 核心筒的收缩效应

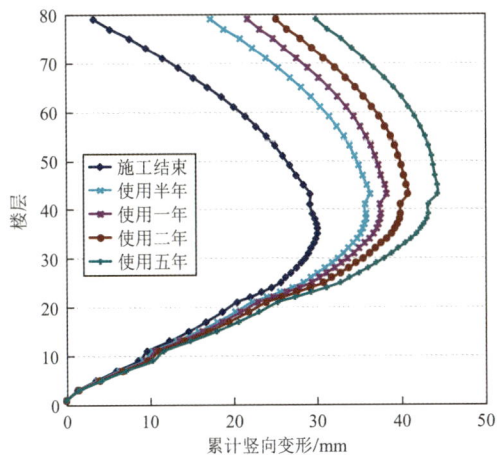

图5.6-6 核心筒的总变形

5.6.3 框架柱和核心筒竖向变形差分析

在均布恒荷载或活荷载作用下，外围钢管混凝土叠合柱和钢筋混凝土核心筒之间的变形差势必会给联系二者的楼面梁产生附加内力。36层及顶层不同情况下对应的沉降差分别如表5.6-1、表5.6-2所示。因框架柱未考虑内填混凝土的收缩和徐变，因此其竖向变形在施工模拟分析时仅考虑了分层集成刚度、分层加载，没有考虑徐变和收缩效应，施工完成时的竖向位移值即为最终变形值。核心筒竖向变形则考虑施工模拟及混凝土的收缩和徐变效应。

经典解构 浙江省建筑设计研究院有限公司篇

36 层框架柱和核心筒竖向位移比较（单位：mm） 表 5.6-1

部位		角柱	边柱	核心筒
施工结束（不考虑施工模拟）	变形	29.83	34.28	56.24
	差值	26.41	21.96	—
施工结束（仅考虑施工模拟）	变形	19.37	21.34	12.09
	差值	−7.28	−9.25	—
施工结束（考虑施工模拟、收缩和徐变）	变形	19.37	21.34	30.10
	差值	10.73	8.76	—
投入使用 5 年（考虑施工模拟、收缩和徐变）	变形	19.37	21.34	42.34
	差值	22.97	21.00	—

顶层框架柱和核心筒竖向位移比较（单位：mm） 表 5.6-2

部位		角柱	边柱	核心筒
施工结束（不考虑施工模拟）	变形	38.07	44.45	80.6
	差值	42.53	36.15	—
施工结束（仅考虑施工模拟）	变形	1.31	1.40	0.80
	差值	−0.51	−0.60	—
施工结束（考虑施工模拟、收缩和徐变）	变形	1.31	1.40	3.49
	差值	2.18	2.09	—
投入使用 5 年（考虑施工模拟、收缩和徐变）	变形	1.31	1.40	30.00
	差值	28.69	28.60	—

计算结果表明，不考虑施工模拟，一次性加载计算，核心筒竖向变形比框架柱大。考虑施工模拟后，逐层施工，逐层找平，计算得到的周边柱和核心筒的竖向变形均小于一次性加载的计算结果，楼层越高，则计算结果差别越大。尤其在顶部，是否考虑施工模拟引起的柱竖向变形差高达 20～30mm。计入混凝土的收缩和徐变效应，施工结束时外围框架柱与核心筒竖向变形较为接近，但核心筒竖向变形随着时间推移逐渐增大，因此投入使用 5 年后，核心筒竖向变形比框架柱大很多，顶部楼层特别明显。

5.7 复杂节点有限元应力分析

由于伸臂桁架斜腹杆受力大，与弦杆、外框柱连接处受力复杂，对于该连接处的钢结构节点进行了有限元分析。整体计算模型在节点处最不利的荷载组合为恒荷载＋活荷载＋Y向风荷载，取该组合外力输入节点有限元模型进行分析，典型节点分析结果见图 5.7-1。从分析可知，风荷载及地震作用下混凝土应力均小于抗压强度设计值，钢构件仅在个别应力集中点出现较大应力，构件处于弹性阶段。

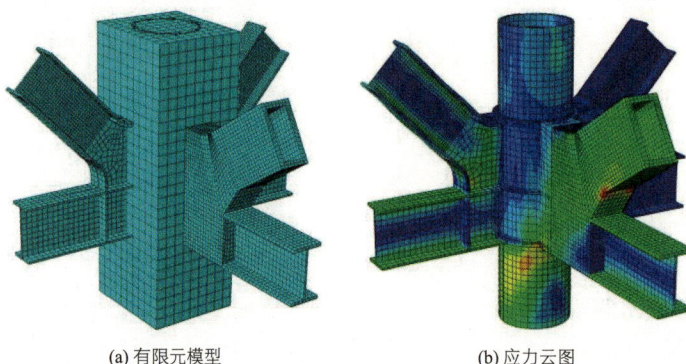

(a) 有限元模型　　　　　　(b) 应力云图

图 5.7-1　典型节点应力分析

参考文献

[1]   住房和城乡建设部. 建筑工程抗震设防分类标准: GB 50223—2008[S]. 北京: 中国建筑工业出版社, 2008.

[2]   浙江大学土木水利工程实验中心. 国鸿财富中心项目 B09-04 地块-1#楼风洞试验和风振分析报告[R]. 2021.

[3]   侯胜利, 赵宏. 超高层建筑结构中伸臂桁架的设计实践[J]. 建筑结构, 2018, 48(18): 15-21.

[4]   周建龙. 超高层建筑结构设计与工程实践[M]. 上海: 同济大学出版社, 2017.

[5]   中国工程建设标准化协会. 钢管混凝土叠合柱结构技术规程: T/CECS 188—2019[S]. 北京: 中国建筑工业出版社, 2020.

[6]   住房和城乡建设部. 超限高层建筑工程抗震设防专项审查技术要点: 建质〔2015〕67 号[A]. 2015.

[7]   住房和城乡建设部. 高层建筑混凝土结构技术规程: JGJ 3—2010[S]. 北京: 中国建筑工业出版社, 2011.

[8]   住房和城乡建设部. 建筑抗震设计规范: GB 50011—2010（2016 年版）[S]. 北京: 中国建筑工业出版社, 2016.

[9]   交通运输部. 公路钢筋混凝土及预应力混凝土桥涵设计规范: JTG 3362—2018. 北京: 人民交通出版社, 2018.

[10]   占毅, 杨学林, 李晓良, 等. 兰州红楼时代广场施工模拟与混凝土收缩和徐变效应分析[J]. 建筑结构, 2012, 42(8): 56-61.

设计团队

结构设计单位: 浙江省建筑设计研究院有限公司

建 筑 方 案: AECOM 艾奕康设计与咨询（深圳）有限公司

结构设计团队: 杨学林、任　涛、徐伟斌、高　超、徐伟斌、华　贝、杨　璟、刘昌芳、周平槐、
　　　　　　　严　巍、叶甲淳

执　笔　人: 任　涛

第 6 章

兰州红楼时代广场

6.1 工程概况

兰州红楼时代广场项目位于甘肃省兰州市城关区南关十字东南角，地处城市中心繁华地带，周边东侧为交通银行，西侧为城市主干道酒泉路，北临主干道庆阳路，北面为百安商场。项目所处地段是兰州市传统的商业中心，基地地理位置显要，交通便捷，配套完善，周边商业氛围浓厚。项目呈现度非常高，建成后的实景（图 6.1-1）与效果图（图 6.1-2）非常接近。

本项目主要建筑功能为商场、酒店及办公，由裙房和超高层塔楼组成。用地总面积 9578m²，总建筑面积约 13.7 万 m²。地上总建筑面积约为 11.4 万 m²，地下总建筑面积约为 2.3 万 m²。地下室共 3 层，地下二层、三层主要功能为车库及设备用房，层高分别是 5.40m、5.10m；地下一层主要用作商铺，层高 5.10m。裙房地上 10 层，高 61.50m，一层高度为 5.40m，其余各层高度均为 5.10m。塔楼地面以上共 59 层，其中到主屋面共 57 层，塔楼主屋面上另设有两层，主要用作停机坪。

塔楼建筑高度 313m（桅杆顶），最高屋面高度为 266.00m，是目前甘肃省已建成的最高建筑，2011 年设计时是西北第一高楼。塔楼除裙房屋面层、避难层、25 层、42 层～屋顶层楼层高度为 5.10m 之外，其余各层层高均为 3.80m。屋面以上设两层构架层，层高分别为 15.30m 和 5.10m。塔楼共设置三个避难层，分别位于 13 层（标高 61.500m）、27 层（标高 119.900m）和 42 层（标高 178.200m）。结构形式为矩形钢管混凝土柱-钢梁-钢骨混凝土核心筒 + 伸臂桁架环向腰桁架结构体系。经比较，确定利用避难层在 27 层和 42 层设置两个加强层。地下室顶板作为上部结构的嵌固端。2011 年 7 月 8 日通过全国超限高层建筑抗震设防审查委员会的抗震设防专项审查。

图 6.1-1 建成实景　　　　　　　　　　图 6.1-2 建筑效果图

建筑结构安全等级为二级，结构设计使用年限为 50 年。基本风压按照 100 年一遇取值，为 0.35kN/m²，地面粗糙度为 B 类。基本雪压同样按照 100 年一遇取为 0.20kN/m²，雪荷载与屋面活荷载不重复计算。基本地震加速度峰值为 0.20g，相应的抗震设防烈度为 8 度，设计地震分组为第三组，场地类别为 II 类。12 层以下为商业餐饮，按重点设防类（乙类）设计；12 层以上为办公及酒店，按标准设防类（丙类）设计。

6.2 结构方案

6.2.1 结构体系

　　塔楼采用矩形钢管混凝土柱-钢梁-钢骨混凝土核心筒结构体系，首层核心筒外围平面尺寸为 19.30m×19.30m，是主屋面高度的 1/12.7。出裙房屋面标准层外围每边共有 9 根框架柱，角部 2 根柱间距为 6.75m，其余柱间距均为 4.50m。核心筒作为主要的抗侧力体系，能够比较有效地抵抗地震和风等水平荷载。外框架不仅提供抗侧力作用，同时也能配合建筑立面的要求。塔楼抗侧力结构体系及结构组成分别如图 6.2-1、图 6.2-2 所示，典型楼层结构平面布置如图 6.2-3 所示。楼面主要采用单向布置的钢梁，楼板采用现浇钢筋混凝土楼板或钢筋桁架自承式组合楼板系统。塔楼连接外围框架和核心筒的平面钢梁，与外围框架柱之间采用固接，与核心筒之间采用铰接。

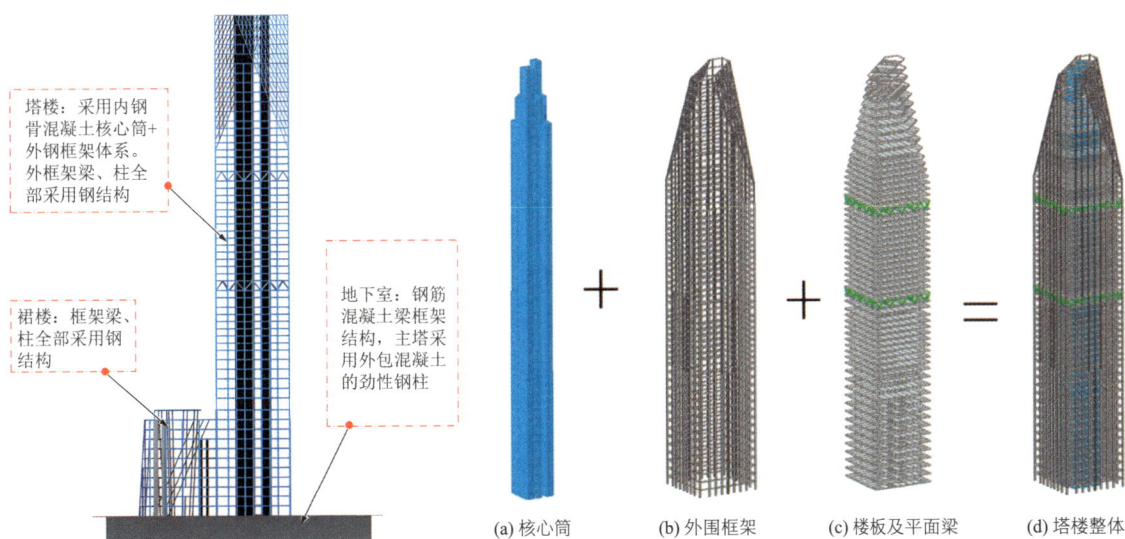

图 6.2-1　整体结构体系

(a) 核心筒　　(b) 外围框架　　(c) 楼板及平面梁　　(d) 塔楼整体

图 6.2-2　塔楼结构组成

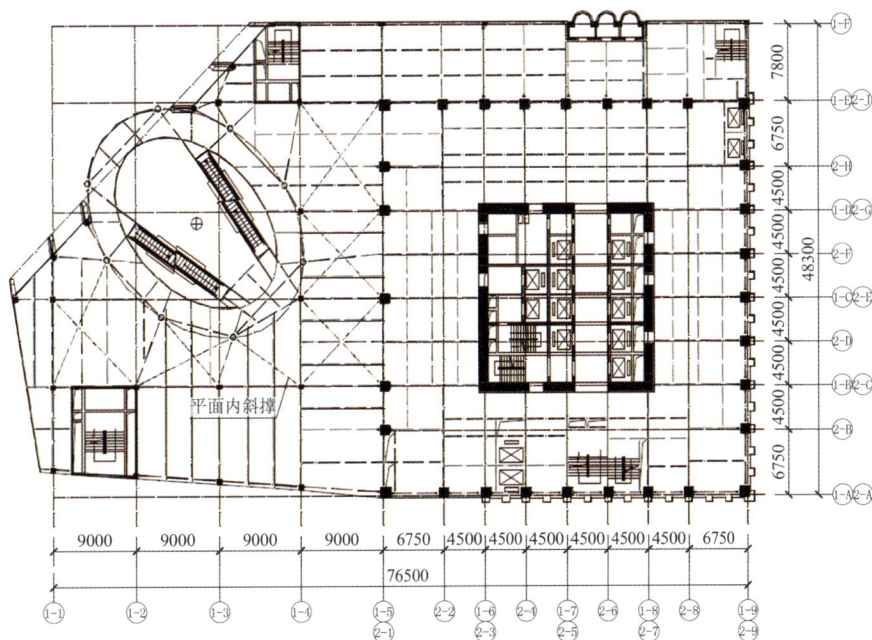

图 6.2-3　典型结构平面图

塔楼顶部建筑立面形成 2 个斜切面，外框架柱从 46 层（标高 194.700m）起向里倾斜；由于外立面内斜，核心筒从 55 层（标高 235.400m）开始内收。顶部内收，核心筒墙肢逐渐减少，既要满足建筑斜切面的需求，又要满足塔楼抗侧力刚度和顶点舒适度的双重需求。同时，切斜面导致部分外框架柱不连续，如何进行有效的结构布置，满足结构受力的同时实现建筑效果美观，也是较为棘手的难题。

为配合斜切面，结构布置时主要通过以下三个方面进行调整：①塔楼顶部楼层，楼面梁布置随着斜面而调整，如图 6.2-4 所示。在顶部考虑到楼面刚度偏弱，为有效传递水平荷载，顶部楼层尽量减小楼板开洞的面积，同时在屋顶构架层和停机坪层增设楼面水平斜撑。②核心筒逐层内收，相应切面范围内墙肢减少，同时也满足抗侧力刚度的需求，如图 6.2-5 所示。③两个角部随着斜切面不断内收，原来对应的外围框架柱，将由竖直柱转折到斜面，斜柱基本保持 2～3 层交叉一次，且交点正好在楼层标高处，如图 6.2-6 所示，很巧妙地解决了斜面外围大跨度框架梁的支承问题，同时布置也很有规律，结构体现了建筑之美。

裙房部分范围不大，在入口处形成 1 个切面，同时在入口附近自下而上开了一个朝斜切面相反方向往外倾斜的洞口，形成中庭（图 6.2-7）。原建筑方案沿着中庭洞口布置了 6 根斜柱，将导致裙房顶部框架梁跨度偏大，经与建筑专业沟通，将中庭洞口边的斜柱调整为 8 根，尽量减小框架梁的跨度，同时斜柱的布置更有规律（图 6.2-8）。裙房部分面积相对较小，因为内斜切面和外倾中庭的设置，导致裙房楼板缺失较多，在中庭周边增设楼面支撑（图 6.2-9），增强楼板的协调性。

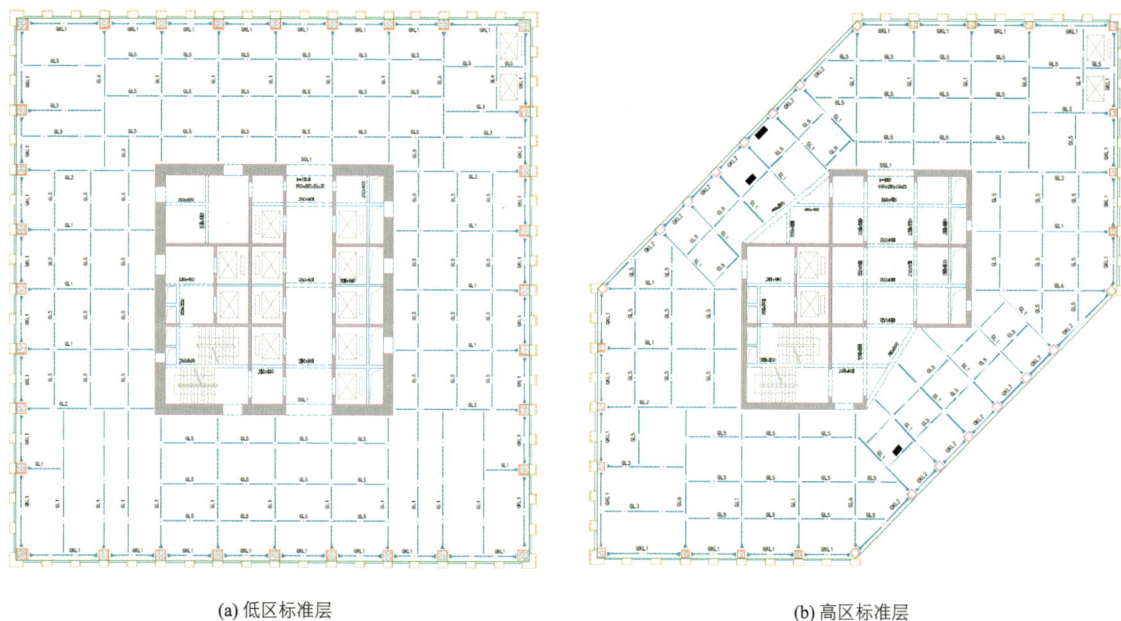

(a) 低区标准层　　　　　　　　　　　　　　　　(b) 高区标准层

图 6.2-4　塔楼典型结构平面图

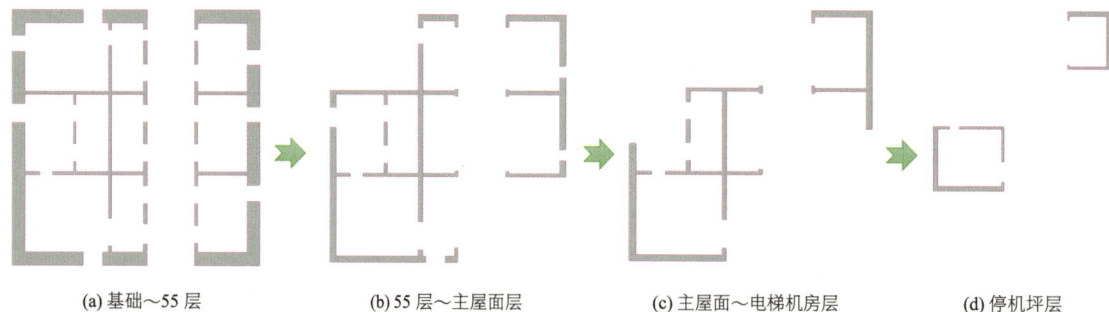

(a) 基础～55 层　　　　(b) 55 层～主屋面层　　　　(c) 主屋面～电梯机房层　　　　(d) 停机坪层

图 6.2-5　核心筒竖向布置变化

经典解构　浙江省建筑设计研究院有限公司篇

图 6.2-6 塔楼顶部斜面结构布置

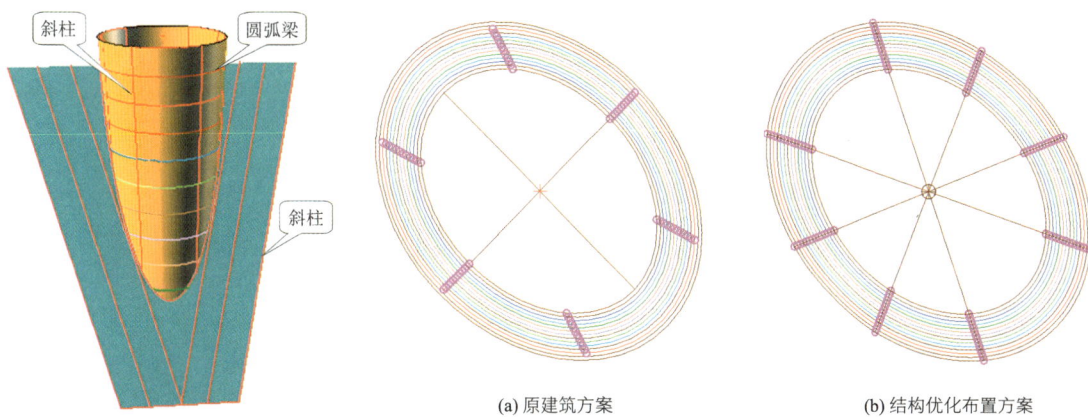

斜柱　　　圆弧梁

斜柱

图 6.2-7　裙房内斜切面与外倾中庭

(a) 原建筑方案　　　　(b) 结构优化布置方案

图 6.2-8　裙房中庭洞口附近斜柱的布置优化

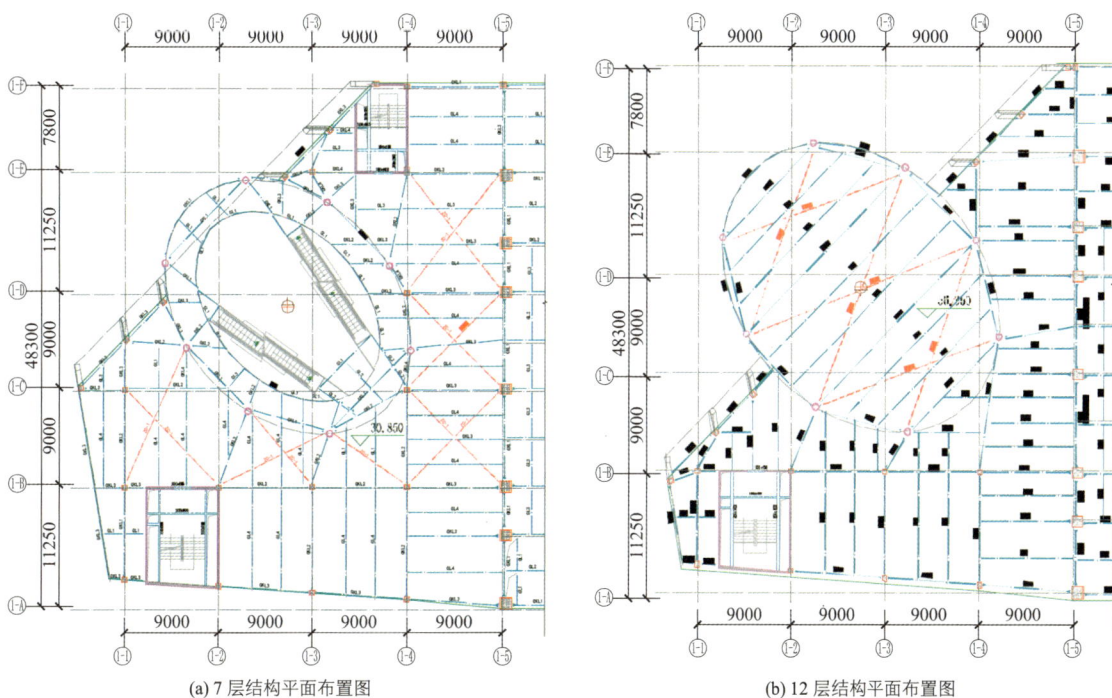

(a) 7 层结构平面布置图　　　　　　　　(b) 12 层结构平面布置图

图 6.2-9　裙房中庭附近增设楼面支撑

6.2.2 塔楼竖向构件布置

核心筒外圈墙肢从底部厚 1.1m 向顶部厚 0.45m 逐渐变化，内部墙肢厚 0.25m 或 0.30m。核心筒转角和墙肢端部设置实腹式型钢柱，如图 6.2-10 和图 6.2-11 所示。各楼层楼板标高位置设置型钢梁，构成墙内型钢框架，以提高核心筒的抗震承载力和结构延性。控制核心筒剪力墙墙肢的剪应力水平，确保大震下核心筒墙肢不发生剪切破坏。核心筒底部加强区延伸至裙房屋面以上 2 层。核心筒约束边缘构件的配置高度，延伸至墙肢轴压比小于 0.25 的楼层标高，同时控制所有墙肢在水平风荷载和小震作用下不出现受拉状态，对中震作用下出现受拉状态的墙肢，均设置约束边缘构件。

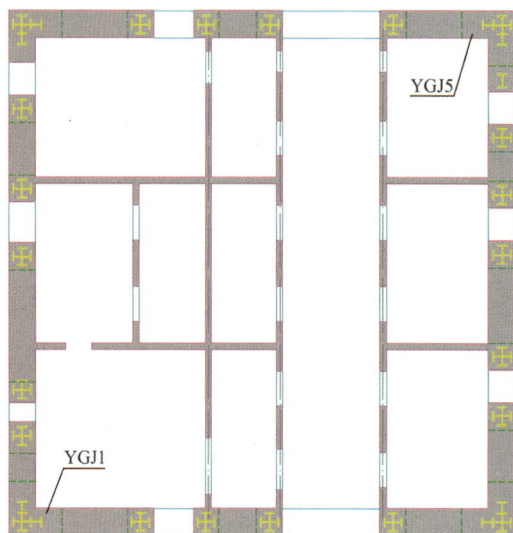

图 6.2-10　标准层核心筒

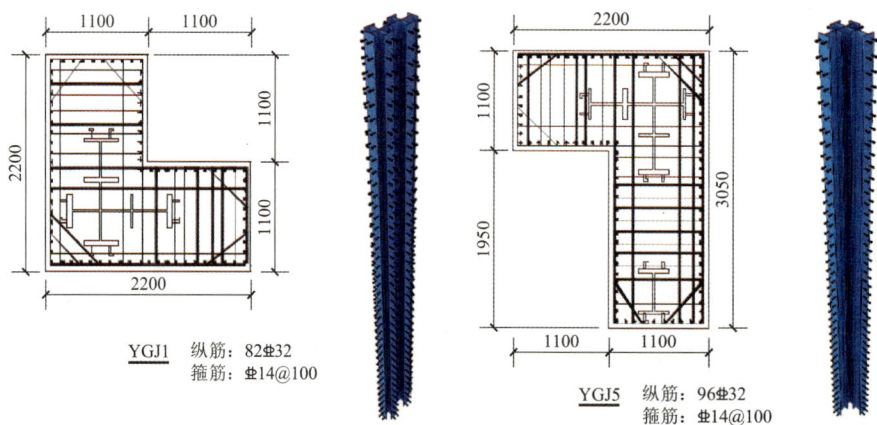

YGJ1　纵筋：82⊈32
　　　　箍筋：⊈14@100

YGJ5　纵筋：96⊈32
　　　　箍筋：⊈14@100

图 6.2-11　核心筒角部约束边缘构件及内插钢骨

塔楼外框架柱的间距 4.5m，裙房主要建筑功能为商场，为了增加下部商场的使用空间，提升商场品质，更好地发挥建筑的使用功能，在与裙房相接的一侧，11 层以下抽掉位于 2-D、2-F 轴线上的两根柱子，形成 9m 的柱网。12 层通过桁架转换，出裙房后该处柱网仍为 4.5m。转换桁架立面详图如图 6.2-12 所示，转换框架柱上延一层再收小截面。上部柱子标高范围从 61.250m 起，即使采用转换桁架过渡上下框架柱的内力传递，上部传下来的柱子轴力较大，转换桁架的结构设计必须充分考虑上部荷载，确保安全可靠。

外框柱采用钢管混凝土柱，钢管内部混凝土可有效防止钢管管壁发生局部屈曲，同时钢管对其内部混凝土的约束作用使混凝土处于三向受力状态，混凝土的破坏由脆性破坏转变为塑性破坏，从而使框架柱的延性性能得到明显改善。矩形钢管混凝土柱与钢框架梁的连接采用带牛腿梁的内横隔板连接方式，短牛腿梁在工厂全焊接连接，同时将周边框架梁端部翼缘加宽，使梁端塑性铰外移，确保大震下框架柱安全（图 6.2-13）。严格控制周边框架柱的轴压比和混凝土工作承担系数，确保矩形钢管混凝土柱具备足够的延性。

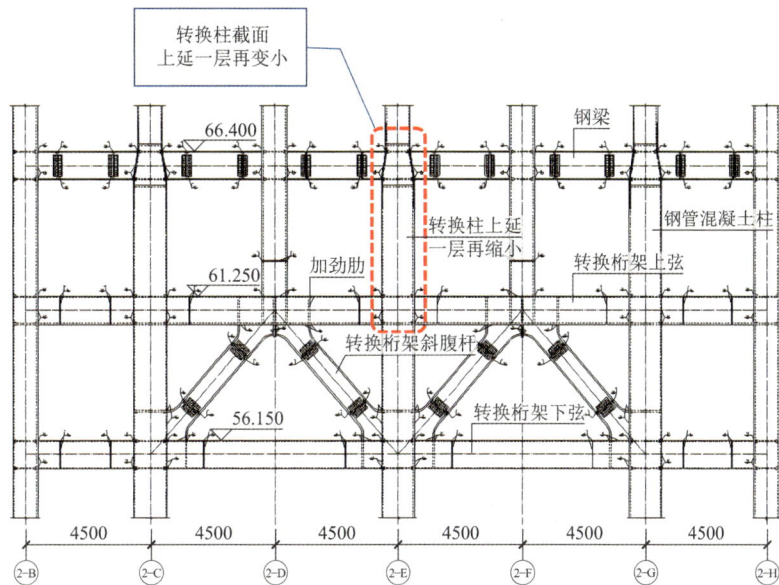

图 6.2-12　与裙房衔接处塔楼外框架转换桁架

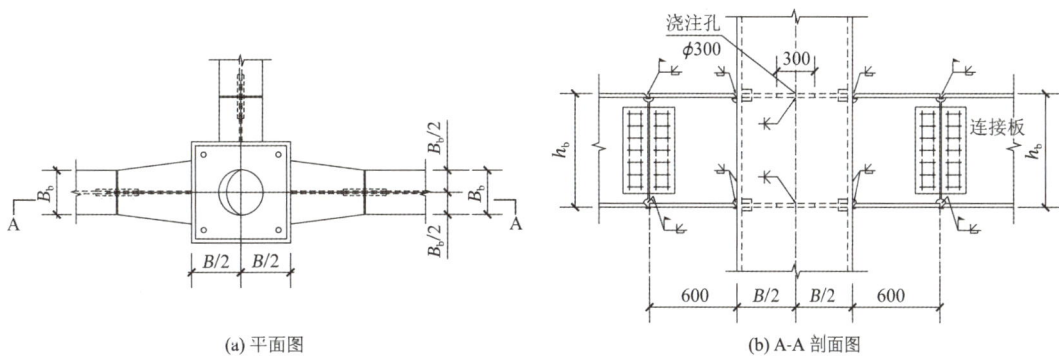

图 6.2-13　周边框架梁柱节点

6.2.3　塔楼加强层设置

建筑根据功能需求，沿着楼层高度分别在 13 层（标高 61.500m）、27 层（标高 119.900m）和 42 层（标高 178.200m）设置了 3 个避难层。伸臂桁架和腰桁架可以增强结构的抗侧刚度。利用避难层设置不同加强层方案的计算结果如表 6.2-1 和图 6.2-14 所示。可以看出，不设置加强层时最大层间位移角为 X 向 1/491（37 层），Y 向 1/493（44 层），不满足规范的要求（$<1/500$）。设置三道加强层时对应的结果显示，13 层的加强层对整体结构的层间位移角影响不大。经比较，最终确定利用避难层在 27 层和 42 层设置两个加强层。

为使周边各框架柱受力均匀，同时为进一步减小剪力滞后、提高结构刚度，在伸臂桁架加强层的周边布置环带腰桁架。伸臂桁架的上下弦杆均伸入核心筒墙体内，与墙内型钢柱可靠连接，并在核心筒内的第一跨设置斜腹杆，确保伸臂桁架与核心筒的刚性连接。与伸臂桁架直接相连的钢管混凝土柱的连接节点区，钢管壁厚加厚至 50mm，确保节点受力安全。为减小核心筒与周边框架柱因竖向弹性变形、基础不均匀沉降以及混凝土收缩徐变等因素对伸臂构件可能产生的不利影响，结合现场施工条件，将伸臂桁架与核心筒和周边框架柱的连接延时进行，即伸臂桁架斜腹杆先作临时固定，待主体结构封顶后进行封闭安装。

不同加强层方案对应的前三阶周期 表 6.2-1

加强层方案	第一周期/s	第二周期/s	第三周期/s
不设加强层	5.9501	5.7118	2.5793
上部两道加强层	5.5016	5.2650	2.5545
三道加强层	5.3714	5.1325	2.5151

经典解构 浙江省建筑设计研究院有限公司篇

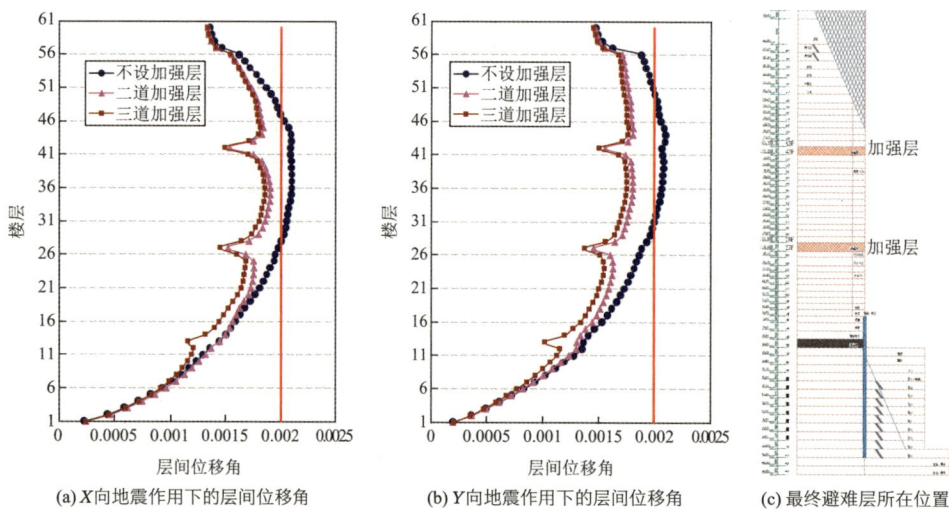

(a) X向地震作用下的层间位移角　(b) Y向地震作用下的层间位移角　(c) 最终避难层所在位置

图 6.2-14　塔楼设置加强层的不同方案比选

6.2.4　裙房与塔楼是否设缝比选

裙房和主楼之间是否设缝脱开，在结构方案设计阶段进行了详细的比选。裙房也存在斜切面，同时入口门厅中庭九层以下均为通高中空。为了增强裙房范围内整体结构的抗扭刚度，在裙房端部的两个楼梯间四周，设置剪力墙。塔楼和裙房整体结构模型如图 6.2-15 所示。根据《建筑抗震设计规范》GB 50011—2010，裙房屋顶标高为 61.50m，若设缝，则钢筋混凝土框架-剪力墙结构抗震缝宽不应小于 287mm，钢结构缝宽不应小于 1.5 倍，即 430.5mm，如此大的结构缝对裙房商场的使用功能影响较大。并且裙房单独作为一个结构单元，需在邻近主楼一侧设置较多混凝土剪力墙或者斜向支撑，对建筑平面布置也将产生较大的影响。屋顶平面呈狭窄三角形，偏心较大，考虑偏心地震作用下的 X 向最大扭转位移比达 1.64（结果详见图 6.2-16），超过规范允许值。综合考虑上述因素，裙房和塔楼之间不设抗震缝。连成整体后塔楼偏心超过 15%，属于结构不规则超限内容之一，设计时采取相应的加强措施，比如主楼核心筒底部加强区延伸至裙房屋面以上 2 层，裙房顶部设置楼面水平斜撑增加整体性等。

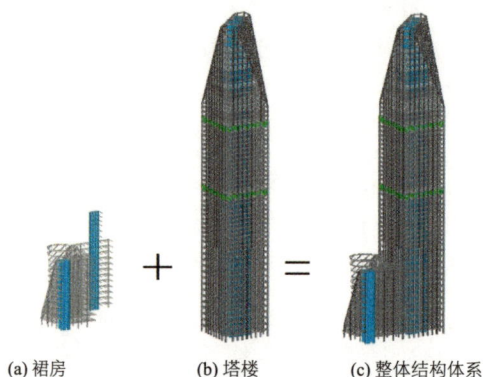

(a) 裙房　(b) 塔楼　(c) 整体结构体系

图 6.2-15　裙房与塔楼之间的连接关系

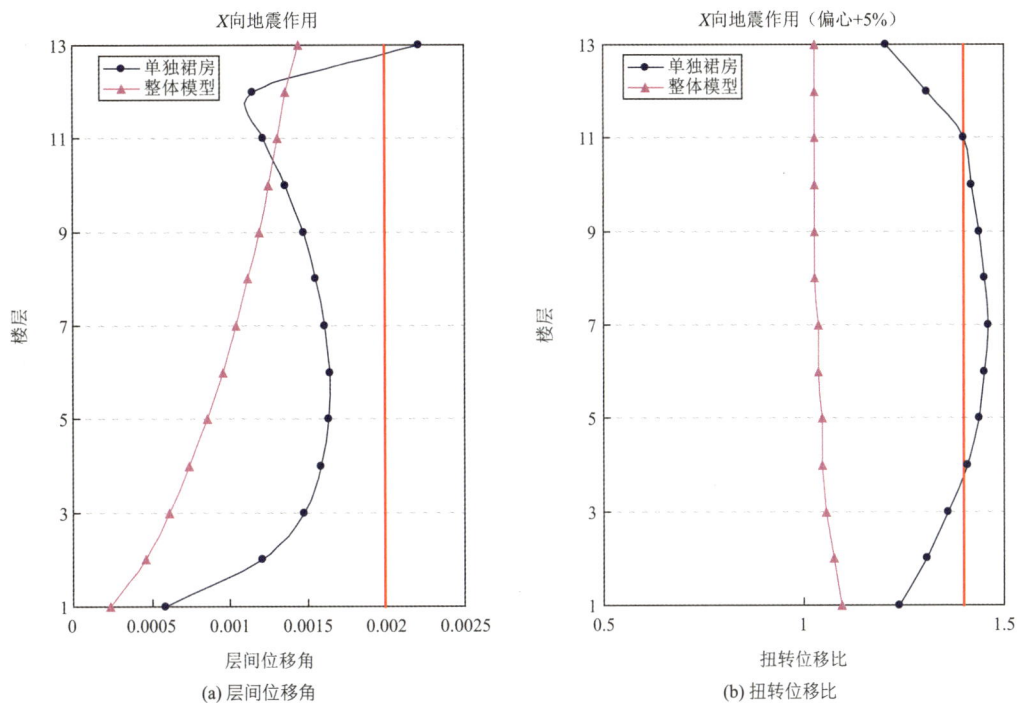

(a) 层间位移角　　　　　　　　　　(b) 扭转位移比

图 6.2-16　裙房单独模型与整体模型位移结果比较

6.2.5　基础设计

项目场地位于兰州市城关区南关十字东南角，地形平坦。地貌单元属黄河南岸Ⅱ级阶地，兰州断陷盆地外。据场地勘探钻孔揭露，勘察场地勘探深度范围内地层为第四系松散沉积物和新近系红色砂岩，自上而下依次为①杂填土；②粉质黏土；③卵石；④砂岩。场地地面高程在 1520.216～1521.340m 之间，相对高差 1.124m。场区地下水水位埋深一般为 3.7～4.6m，场区地下水稳定水位高出基底约 12.5m，因此应考虑地下室防水措施，并考虑筏板基础的抗浮设计和施工期间的抗浮问题。根据场区勘察期间量测的稳定水位，综合考虑周边场区水文条件及场地北侧世纪广场抽水试验结果，场区水位为 0.5～1.5m，建议抗浮设计水位按自然地面以下 2.2m 考虑。典型工程地质剖面如图 6.2-17 所示。

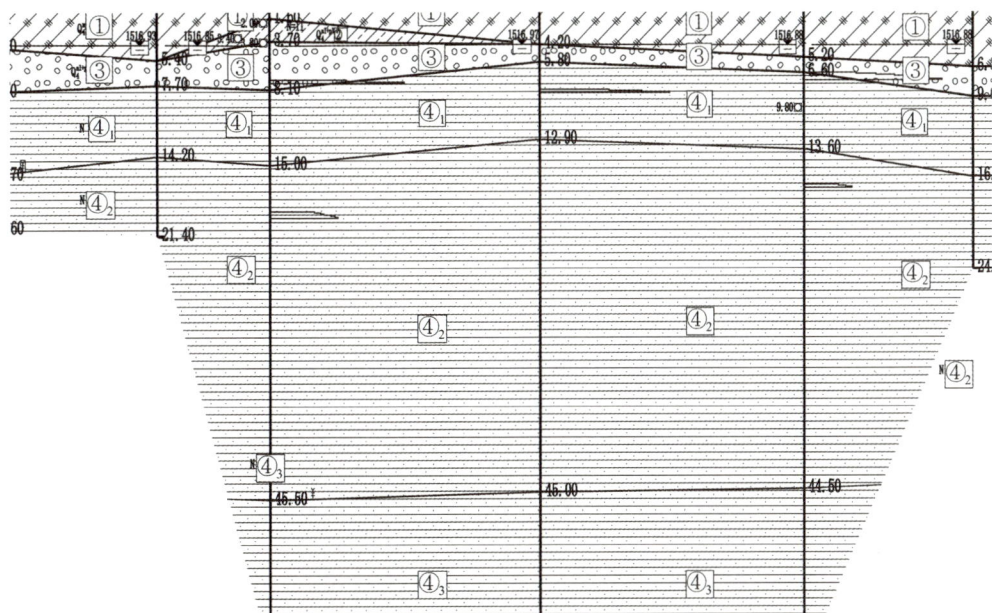

图 6.2-17　典型工程地质剖面图

鉴于塔楼荷载较大，结合当地工程经验和场地地质条件，本项目采用筏板基础，以④₂层中风化砂岩为持力层，根据室内试验、现场原位测试结果，结合地区建筑经验，综合确定地基承载力特征值$f_{ak}=1200kPa$。塔楼核心筒范围内基础底板厚度取 3.80m，塔楼其他范围内的基础底板厚 3.00m。底板混凝土强度等级为 C45。

裙房范围内同样以④₂层中风化砂岩为持力层，采用柱下独立基础，厚度取 1.5m。无上部结构的地下室范围内，因地下水压力而产生向上的浮力作用，采用抗浮锚杆来抵抗水浮力，抗浮锚杆直径 150mm，锚杆主筋采用ϕ36 钢筋，锚固段应嵌入稳定的④₂中风化砂岩内 ≥ 3.0m。锚杆采用二次注浆工艺，水泥砂浆强度等级 30MPa，应适量掺入微膨胀剂。裙楼范围基础底板厚 1.00m。底板混凝土强度等级为 C35。

地下室平面尺寸约为 73.1m × 102.6m。考虑到建筑功能需要，不设置永久性沉降缝。为了减小基础不均匀沉降及混凝土收缩徐变的影响，采取以下措施：①塔楼与裙房之间设置沉降后浇带，根据实测沉降资料确定封闭时间，一般在主体结构结顶 14 天后封闭。②后浇带应采用补偿收缩混凝土浇筑，可内掺一定量微膨胀剂。后浇带混凝土强度等级应比两侧混凝土高一级。③后浇带范围内增设加强钢筋。

6.3 抗震性能化设计

6.3.1 规范与安评报告的地震动参数取值比较

根据《建筑抗震设计规范》GB 50011—2010，项目所在地为兰州城关区，抗震设防烈度为 8 度，设计基本地震加速度 0.20g，第三组，场地类别为Ⅱ类，特征周期$T_g=0.45s$。根据《地震安全性评估报告》，50 年设计基准期超越概率 63%对应的水平地震影响系数为 0.23，介于抗震规范 8 度（0.20g）和 8 度（0.30g）的对应取值之间，二者的地震影响系数曲线对比见图 6.3-1，地震动参数取值对比见表 6.3-1。如果完全按照安评动参数进行设计，地震作用会增大较多，必然将导致构件截面增大，建造成本增加。根据专家论证会意见，按照正式安评报告和规范的较大值复核小震承载力，按照规范验算小震变形。偶遇地震（中震）和罕遇地震（大震）计算时，采用规范反应谱进行设计验算。

塔楼结构高度 266.0m，远超过 8 度区型钢（钢管）混凝土框架-钢筋混凝土核心筒的适用高度 150m，地震作用下的结构响应较大，采用抗震性能化设计，以确保结构安全可靠，同时也经济合理。

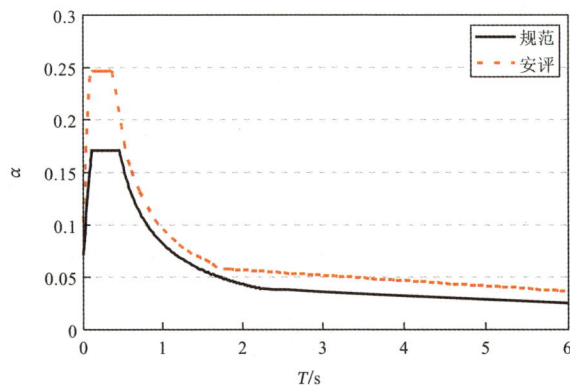

图 6.3-1　规范和安评对应的地震影响系数曲线

地震动参数取值　　　　　　　　　　　　　　　　　　　　　表 6.3-1

地震烈度	50 年设计基准期超越概率	重现期/年	地面加速度峰值 PGA/（cm/s²）		水平地震影响系数最大值α_{max}		场地特征周期T_g/s		T_1/s	γ（安评）
			规范	安评	规范	安评	规范	安评		
多遇地震	63%	50	70	73	0.16	0.23	0.45	0.35	0.1	0.9
偶遇地震	10%	475	200	210	0.45	0.53	0.45	0.55	0.1	0.9
罕遇地震	5%	2000	400	370	0.90	0.93	0.50	0.60	0.1	0.9

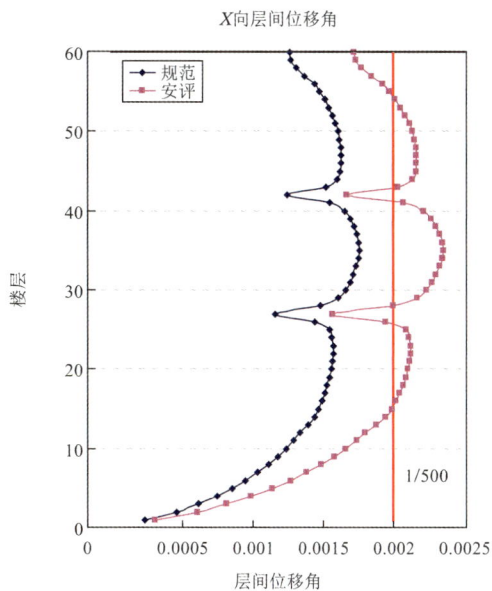

图 6.3-2　层间位移角比较

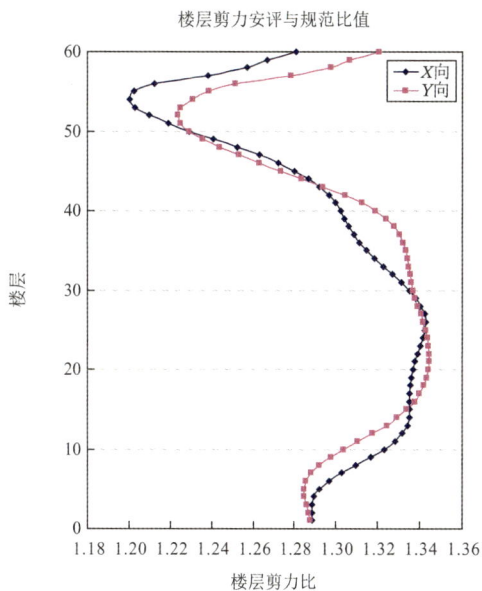

图 6.3-3　楼层剪力比较

6.3.2　超限内容及采取的主要抗震措施

8 度设防区型钢（钢管）混凝土框架-钢筋混凝土核心筒的最大适用高度为 150m，本项目结构高度为 266m，超过适用高度的 77%，高度超限；另外还存在多项规则性超限，主要包括：①平面扭转不规则，考虑偶然偏心的扭转位移比大于 1.2；②设置加强层引起的抗侧力构件间断；③裙房高度超过主楼高度 20%，属于因建筑立面收进引起的尺寸突变；④加强层上下相邻楼层受剪承载力变化超过 80%；⑤底部裙房和塔楼顶部出现较多斜柱和塔楼周边框架局部抽柱转换等。

针对这些超限内容，分别对核心筒、周边框架、加强层及相邻上下楼层等采取抗震加强措施，主要有：

（1）控制核心筒剪力墙墙肢的剪应力水平，确保大震下核心筒墙肢不发生剪切破坏。结合性能化设计目标，在考虑罕遇地震作用的荷载组合下，对不同剪跨比的核心筒墙肢的抗剪截面进行验算，保证所有墙肢在大震下均满足抗剪截面控制条件，即在重力荷载代表值和罕遇地震作用下的墙肢截面剪力与截面面积之比，不超过混凝土抗压强度标准值的 0.15 倍。

（2）核心筒转角和墙肢端部均设置实腹式型钢柱，各楼层标高位置设置型钢梁，以构成核心筒内的型钢混凝土框架，提高核心筒的抗震承载力和结构延性。

（3）核心筒约束边缘构件的设置高度，延伸至墙肢轴压比小于 0.25 的楼层标高，同时控制所有墙肢在水平风荷载和小震作用下不出现受拉状态；对中震作用下出现受拉状态的墙肢，均设置约束边缘构件。

（4）加强周边框架的二道防线作用，保证框架部分按刚度计算分配的最大楼层地震剪力达到结构底部总地震剪力的 10% 以上。严格控制周边框架柱的轴压比和混凝土工作承担系数，确保矩形钢管混凝土柱具备足够的延性。

（5）伸臂桁架的上下弦杆均伸入核心筒墙体内，与墙内型钢柱可靠连接，并在核心筒内的第一跨设置斜腹杆，确保伸臂桁架与核心筒的刚性连接。为减小核心筒与周边框架柱因竖向弹性变形、基础不均匀沉降以及混凝土收缩徐变等因素对伸臂构件可能产生的不利影响，结合现场施工条件，将伸臂桁架与核心筒和周边框架柱的连接延时进行，即伸臂桁架斜腹杆先作临时固定，待主体结构封顶后进行封闭安装。

（6）增大加强层核心筒内型钢柱的含钢率，并向下延伸 2 层，向上延伸 1 层。加强层核心筒内设置约束边缘构件，并向上、向下分别延伸 2 层；提高约束边缘构件的配箍率，保证与墙内型钢暗柱共同工作。加强层的钢管混凝土柱截面及钢板壁厚向上、向下各延伸 2 层，并使钢板壁厚缓慢过渡，避免刚度突变和局部应力集中。

（7）将裙房屋面以上 2 层的地震剪力乘以 1.25 的放大系数；采用多个结构软件对计算结果进行分析比较，补充动力弹塑性时程分析，复核结构弹塑性层间位移，控制最大层间位移角不大于 1/120，判断结构的薄弱部位、出铰机制和出铰顺序及屈服程度，对关键部位和关键构件进行有针对性的加强，确保大震下安全；顶部存在斜柱的楼层，按照"零楼板"分析地震作用下水平力的传递。

6.3.3　性能目标

进行性能化抗震设计，不同构件设置不同的性能目标。在满足国家、地方规范的同时，根据性能化抗震设计的概念，针对项目的结构超限情况，综合考虑抗震设防类别、设防烈度、场地条件、结构的特殊性、建造费用、震后损失和修复难易程度等因素，项目性能目标选用 C。主楼核心筒、周边框架及加强层伸臂桁架和腰桁架的抗震设计采用表 6.3-2 的性能目标。

结构抗震设计性能目标　　　　　　　　　　　　　　表 6.3-2

地震烈度水准			多遇地震	偶遇地震	罕遇地震
性能水平定性描述			不损坏	可修复的损坏	无倒塌
层间位移角限值			1/500	—	1/120
构件性能	核心筒		弹性	正截面承载力不屈服，斜截面承载力弹性	抗剪截面不屈服，允许进入塑性，控制塑性变形
	伸臂桁架、腰桁架	上下弦杆	弹性	不屈服	允许进入塑性，控制塑性变形
		腹杆	弹性	不屈服	允许进入塑性，控制塑性变形
	外围框架	方钢管混凝土柱	弹性	弹性	不屈服
		边框架	弹性	允许进入塑性	允许进入塑性，控制塑性变形
	转换桁架	上下弦杆	弹性	弹性	不屈服
		腹杆	弹性	弹性	不屈服
		转换柱	弹性	弹性	弹性

6.4　结构抗震计算

6.4.1　多遇地震计算

建立塔楼和裙房的整体计算模型，分别采用 ETABS、MIDAS Gen 和 SATWE 三种计算软件进行对比分析。主要计算结果如下：

（1）结构动力特性分析

三种软件分别得到的结构周期和振型等结构动力特性指标见表 6.4-1，三者结果基本一致。第一、二振型分别为 X 向和 Y 向平动振型，第三振型为扭转振型，各指标均满足《建筑抗震设计规范》GB 50011—2010 要求，塔楼结构受力由地震控制。

弹性分析主要计算结果　　　　　　　　　　　　　　表 6.4-1

不同软件	周期/s			T_3/T_1	最大扭转位移比	最大层间位移角		最小剪重比	最小刚度比
	T_1	T_2	T_3			风荷载	地震		
ETABS	5.1494	5.1083	2.3225	0.45	1.3	1/1576	1/613	2.7%	2.307
MIDAS Gen	4.9023	4.6345	2.1300	0.43	1.1	1/1604	1/638	2.55%	—
SATWE	5.1579	4.8010	2.3408	0.45	1.39	1/1277	1/569	2.6%	2.88

（2）剪重比分析

按规范反应谱得到多遇地震下塔楼各楼层的地震剪力系数（剪重比），如图 6.4-1 所示，剪重比均大于 2.4%，满足规范要求。对于软弱层，剪力按 1.25 倍放大；同时考虑薄弱层，按照剪力系数 1.15 调整。

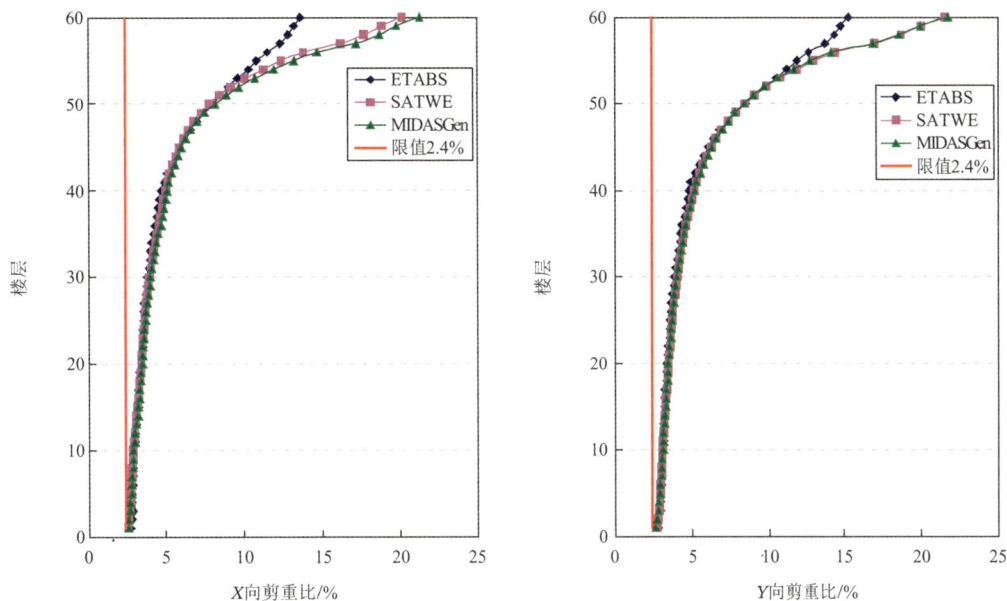

图 6.4-1　塔楼剪重比

（3）结构扭转效应分析

采用规范反应谱得到的楼层地震剪力换算成水平侧向力施加于整体结构，同时考虑 5% 的偶然偏心，计算塔楼的扭转位移比，如图 6.4-2 所示。X 向位移比均小于 1.2，Y 向考虑偶然偏心后在底部裙房高度范围内位移比超过 1.2，但都小于 1.4，满足规范要求。

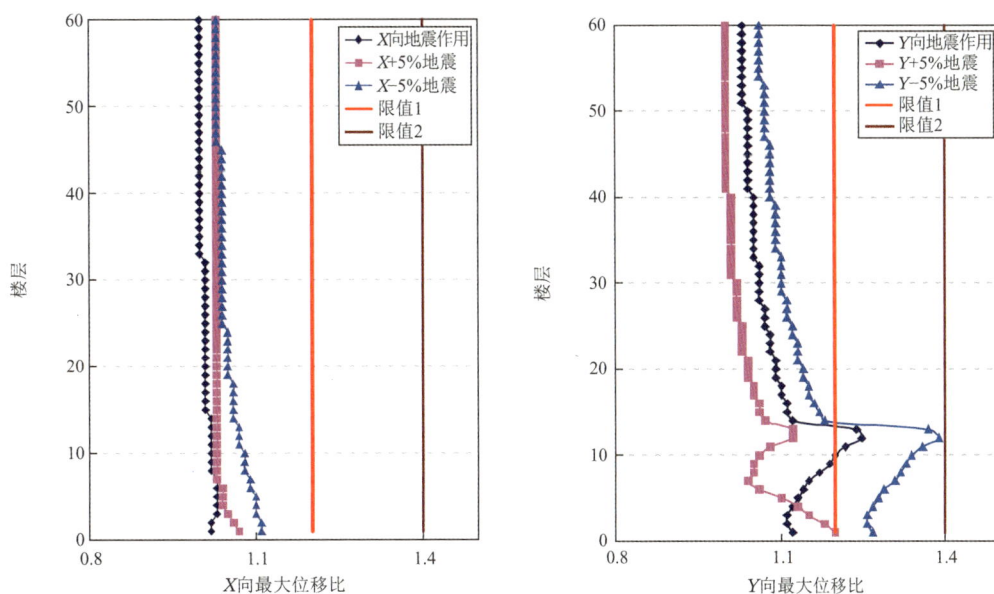

图 6.4-2　塔楼位移比

（4）楼层侧向刚度比分析

按照地震剪力与层间位移比算法计算层间刚度比，各楼层侧向刚度与相邻上部楼层侧向刚度的 70% 或其上相邻三层侧向刚度平均值的 80% 的比值如图 6.4-3 所示。从 SATWE 的计算结果可以看出，各楼层均满足规范"楼层侧向刚度不宜小于相邻上部楼层侧向刚度的 70% 或其上相邻三层侧向刚度平均值的 80%"的要求。

（5）楼层受剪承载力分析

规范要求"B 级高度高层建筑的楼层层间抗侧力结构的受剪承载力不应小于其上一层受剪承载力的75%"。SATWE 计算出的楼层受剪承载力比值结果如图 6.4-4 所示，其中两个加强层相邻下一层的受剪承载力比值X向分别为 0.34、0.24，Y向则分别是 0.33、0.23。对加强层相邻楼层的受剪承载力根据实际配筋进行手算补充复核，26 层受剪承载力与 27 层的比值X向为 0.62，Y向为 0.63。41 层受剪承载力与 42层的比值X向为 0.61，Y向为 0.62。计算结果同样表明这两层不满足规范要求，均为薄弱层。

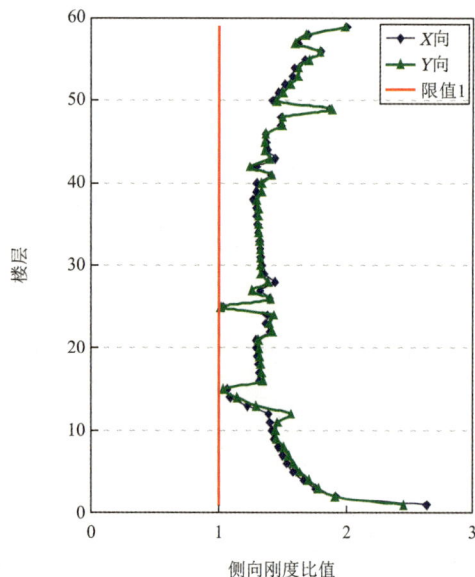

图 6.4-3 塔楼侧向刚度比

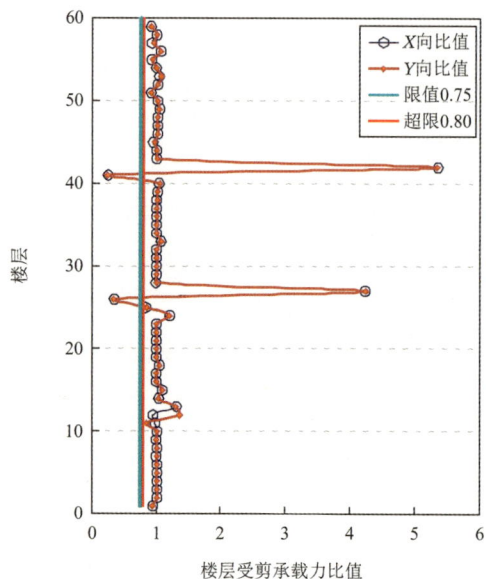

图 6.4-4 塔楼楼层受剪承载力比

（6）框架剪力分配及二道防线分析

不计入裙房，塔楼独立模型各楼层框架柱承担剪力如图 6.4-5 所示。周边框架为确保作为混合结构的第二道抗震防线，须承担不小于规范规定的地震剪力。结果表明，除加强层及相邻上下层外，本工程框架部分按刚度计算分配的最大楼层地震剪力均大于基底剪力的 10%，满足规范要求，框架分担的剪力显示其外围框架能与核心筒协同工作，组成双重抗侧力体系，满足抗震二道防线要求。

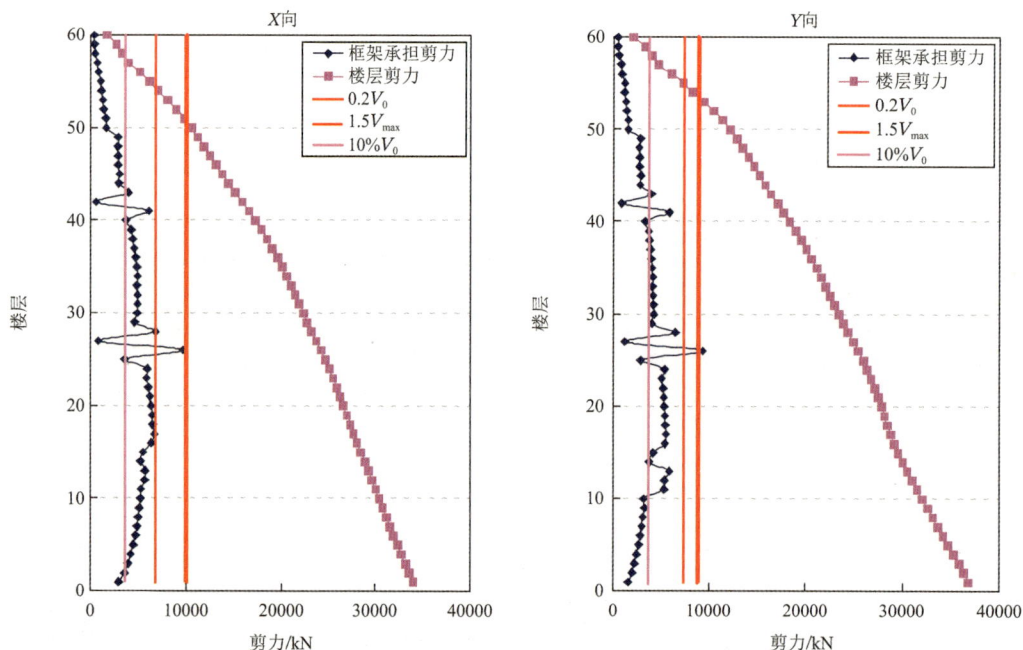

图 6.4-5 小震下塔楼外框架承担剪力比

周边框架截面设计时，严于规范，各楼层框架部分承担的地震剪力按不小于结构底部总地震剪力的25%和计算最大楼层1.8倍两者的较小值，且不小于结构底部总地震剪力15%的要求进行调整。

（7）结构整体稳定性

结构刚重比计算结果如表6.4-2所示。结果表明，结构两个主方向的刚重比均大于1.4，能够通过《高层建筑混凝土结构技术规程》JGJ 3—2010的整体稳定验算；但其中ETABS算得的刚重比两个方向均小于2.7，因此结构计算时均考虑重力二阶效应。

结构刚重比   表6.4-2

计算软件		ETABS	SATWE
刚重比	X向	2.379	2.88
	Y向	2.307	3.33

（8）墙柱轴压比分析

重力荷载代表值下首层混凝土核心筒各墙肢的轴压比验算见表6.4-3，墙肢编号详见图6.4-9。计算结果表明，考虑核心筒内的型钢作用，各墙肢的轴压比均小于0.40；不考虑钢骨则多数墙肢轴压比超过0.40。

小震下墙肢轴压比验算结果   表6.4-3

墙肢编号	墙肢厚度/nm	墙肢长度/mm	钢骨截面面积/mm²	重力荷载代表值N/kN	$n = \dfrac{N}{A_e f_e + A_m f_m}$	是否满足	不考虑钢骨
W1	1000	4900	104400	56939.20	0.344	满足	0.423
W2	1000	3350	90000	39670.00	0.334	满足	0.431
W3	1000	4350	104400	50470.55	0.336	满足	0.422
W4	1000	2300	89900	20495.15	0.228	满足	0.324
W5	1000	3150	90000	38718.20	0.342	满足	0.447
W6	1000	4800	90000	53016.70	0.334	满足	0.402
W7	1000	4150	104400	52643.75	0.363	满足	0.461
W8	1000	4350	104400	50038.35	0.333	满足	0.418
W9	1000	3350	90000	40593.15	0.342	满足	0.441
W10	1000	4900	104400	57506.85	0.347	满足	0.427
W11	1000	3600	104400	36526.90	0.281	满足	0.369
W12	1000	5900	90000	64010.95	0.339	满足	0.395
W13	1000	3900	90000	46385.80	0.347	满足	0.433
W14	1000	1300	74400	15485.75	0.268	满足	0.433

（9）矩形钢管混凝土柱承载力验算

计算结果显示，矩形钢管混凝土柱的轴压比均小于0.4。根据规范要求，柱中混凝土的工作承担系数因长细比不同而不同，最小限值为0.40（长细比大于40时）。核算结果见表6.4-4，均满足规范要求。

矩形钢管混凝土柱中混凝土的工作承担系数   表6.4-4

序号	钢管				混凝土		$\alpha_c = \dfrac{f_c A_c}{f_c A_c + f A_s}$	是否满足规范
	边长/mm	壁厚/mm	面积A_s/mm²	强度f/MPa	面积A_c/mm²	强度等级	f_c/MPa		
1	1000	40	153600	265	846400	C60	27.5	0.364	满足

序号	钢管					混凝土		$\alpha_c = \dfrac{f_c A_c}{f_c A_c + f A_s}$	是否满足规范
	边长/mm	壁厚/mm	面积A_s/mm²	强度f/MPa	面积A_c/mm²	强度等级	f_c/MPa		
2	900	36	124416	265	685584	C60	27.5	0.364	满足
3	900	32	111104	295	698896	C50	23.1	0.33	满足
4	800	30	92400	295	547600	C50	23.1	0.317	满足
5	700	25	67500	295	422500	C50	23.1	0.329	满足
6	800	28	86464	295	553536	C45	21.1	0.314	满足
7	700	25	67500	295	422500	C45	21.1	0.309	满足
8	700	22	59664	295	430336	C40	19.1	0.318	满足
9	600	20	46400	295	313600	C40	19.1	0.304	满足
10	700	20	54400	295	435600	C40	19.1	0.341	满足
11	600	16	37376	310	322624	C40	19.1	0.347	满足

（10）小震弹性时程分析

采用 5 条天然波和 2 条人工波进行小震弹性时程分析，比较时程分析与反应谱法所得的底部剪力，结果表明：每条时程曲线计算所得结构基底剪力不小于振型分解反应谱法计算结果的 65%，多条时程曲线计算的结构基底剪力的平均值不小于振型分解反应谱法计算结果的 80%。说明选取的时程波是合适的，满足规范要求。

图 6.4-6 列出了时程分析与反应谱对应的各楼层剪力，图 6.4-7 比较了时程分析平均楼层剪力与反应谱法结果的比值，图 6.4-8 以X向为例比较了规范反应谱、安评反应谱和小震时程分析所得的各楼层地震剪力。可以看出，虽然大多数楼层时程分析法所得楼层剪力均大于规范反应谱法结果，但均小于地震参数按照安评报告取值的结果，因此按照安评报告进行承载力计算是安全的。

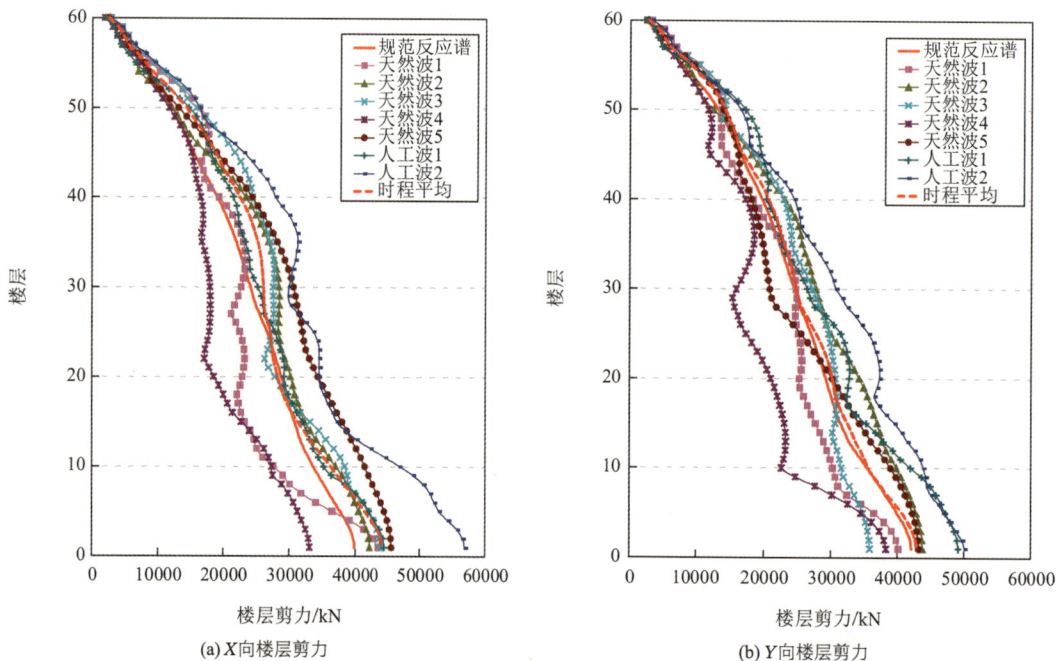

(a)X向楼层剪力　　　　(b)Y向楼层剪力

图 6.4-6　时程分析与反应谱分析楼层剪力比较

经典解构
浙江省建筑设计研究院有限公司篇

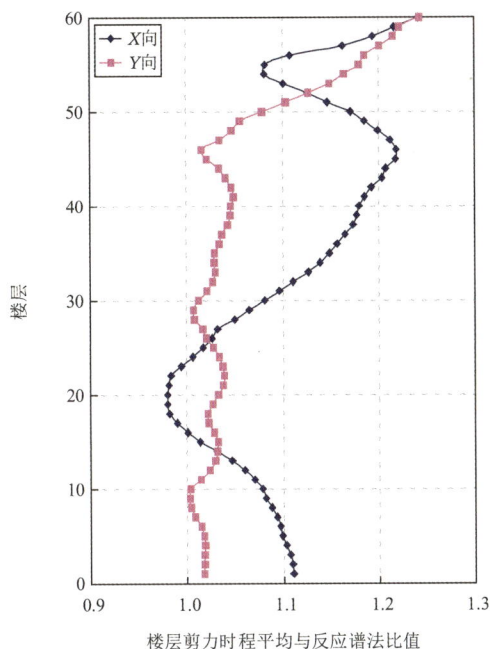

图 6.4-7　时程平均楼层剪力与反应谱结果的比值

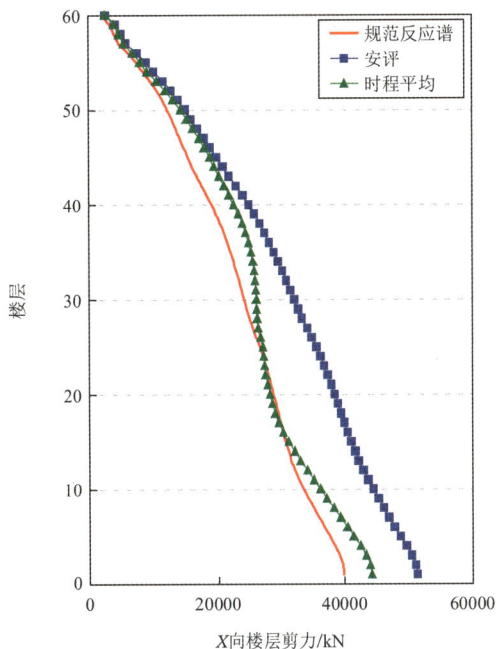

图 6.4-8　时程分析与反应谱、安评对应楼层剪力

6.4.2　中震验算

（1）墙肢正截面承载力中震不屈服验算

塔楼核心筒墙肢编号详见图 6.4-9。依次读取各墙肢组合工况下的内力，选取最不利组合工况，根据《高层建筑混凝土结构技术规程》JGJ 3—2010 公式（7.2.9-2）（地震作用组合）进行正截面承载力计算，结果见表 6.4-5，所有墙肢均满足承载要求。

（2）墙肢斜截面承载力中震弹性服验算

同理，依次读取各墙肢组合工况下的内力，选取最不利组合工况，根据《型钢混凝土组合结构技术规程》JGJ 138—2001 公式（8.1.4-2）（地震作用组合）进行正截面承载力计算，结果见表 6.4-6，所有墙肢均满足要求。

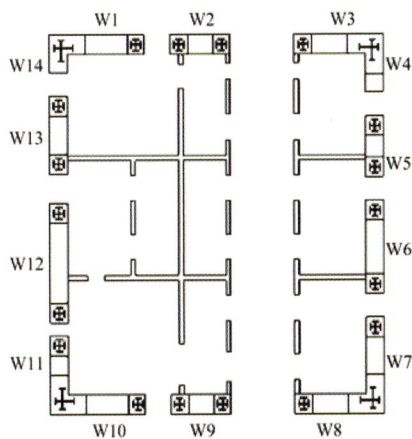

图 6.4-9　核心筒外圈墙肢编号

中震下墙肢正截面不屈服验算结果　　　　　　　　　　　　　表 6.4-5

墙肢编号	墙肢厚度/mm	墙肢长度/mm	轴拉力N/kN	$\dfrac{1}{\gamma_{RE}}\dfrac{1}{\dfrac{1}{N_{0u}}+\dfrac{e_0}{M_{wu}}}$	是否满足
W1	1100	4900	60547.45	63040.06	满足
W2	1100	3350	36635.80	53040.33	满足
W3	1100	4350	53917.15	61189.04	满足
W4	1100	2300	29737.35	59000.49	满足
W5	1100	3150	27760.75	60144.53	满足
W6	1100	4800	22122.55	77550.35	满足
W7	1100	4150	53778.75	66073.03	满足
W8	1100	4350	53982.65	62177.21	满足
W9	1100	3350	35215.50	53109.93	满足
W10	1100	4900	59239.30	59755.02	满足

墙肢编号	墙肢厚度/mm	墙肢长度/mm	轴拉力N/kN	$\dfrac{1}{\gamma_{RE}}\dfrac{1}{\dfrac{1}{N_{0u}}+\dfrac{e_0}{M_{wu}}}$	是否满足
W11	1100	3600	54858.80	65051.79	满足
W12	1100	5900	52169.45	70856.49	满足
W13	1100	3900	48672.20	62467.46	满足
W14	1100	1300	27588.80	39165.18	满足

中震下墙肢斜截面弹性验算结果 表 6.4-6

墙肢编号	墙肢厚度/mm	墙肢长度/mm	斜截面剪力V/kN	$V_{wu}^{\gamma c}=\dfrac{1}{\gamma_{RE}}\left[\dfrac{1}{\lambda-0.5}\left(0.4f_tb_wh_{w0}-0.1N\dfrac{A_w}{A}\right)+0.8f_{yh}\dfrac{A_{sh}}{s}h_{w0}+\dfrac{0.32}{\lambda}A_{ss}f_{yss}\right]$	是否满足
W1	1100	4900	16169.27	22007.47	满足
W2	1100	3350	8777.99	16685.68	满足
W3	1100	4350	9080.20	20119.09	满足
W4	1100	2300	4847.96	13080.60	满足
W5	1100	3150	8412.13	15999.00	满足
W6	1100	4800	11295.13	23109.55	满足
W7	1100	4150	11841.08	19432.41	满足
W8	1100	4350	10488.81	20119.09	满足
W9	1100	3350	9551.10	16685.68	满足
W10	1100	4900	17878.75	22007.47	满足
W11	1100	3600	8285.53	17544.03	满足
W12	1100	5900	13089.55	25440.88	满足
W13	1100	3900	11254.56	18574.05	满足
W14	1100	1300	3703.54	9647.18	满足

（3）加强层中震不屈服验算

中震不屈服验算结果表明，伸臂桁架和腰桁架的弦杆应力比均小于1.0，满足规范要求。弦杆应力比如图6.4-10所示。

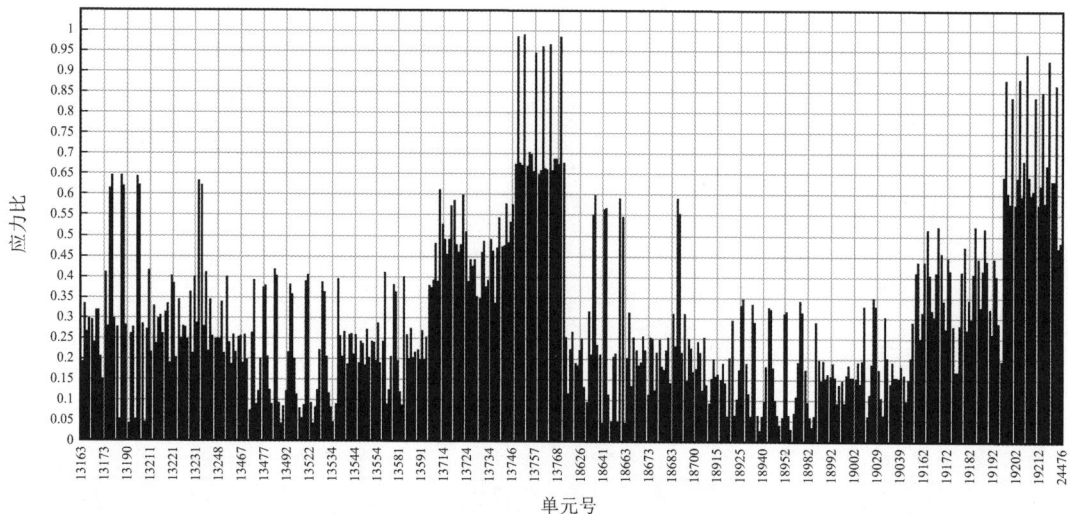

图 6.4-10 中震不屈服对应加强层杆件应力比

（4）外框架柱中震弹性验算

外框架柱编号如图 6.4-11 所示大部分柱子的轴压比为 0.67，强度应力比大部分在 0.6～0.8 范围之内。在恒荷载＋活荷载＋偶遇地震组合工况下，对钢管混凝土柱进行中震弹性承载力验算，代表性框架柱结果如图 6.4-12 所示。可以看出，中震下柱子内力均能满足弹性要求。

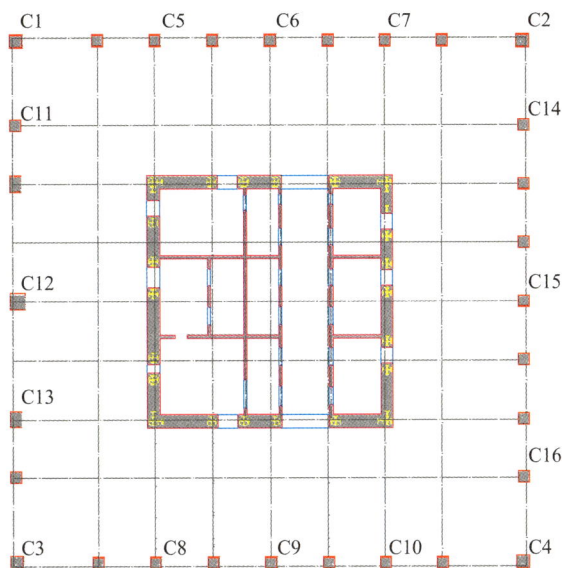

图 6.4-11　外框架柱编号

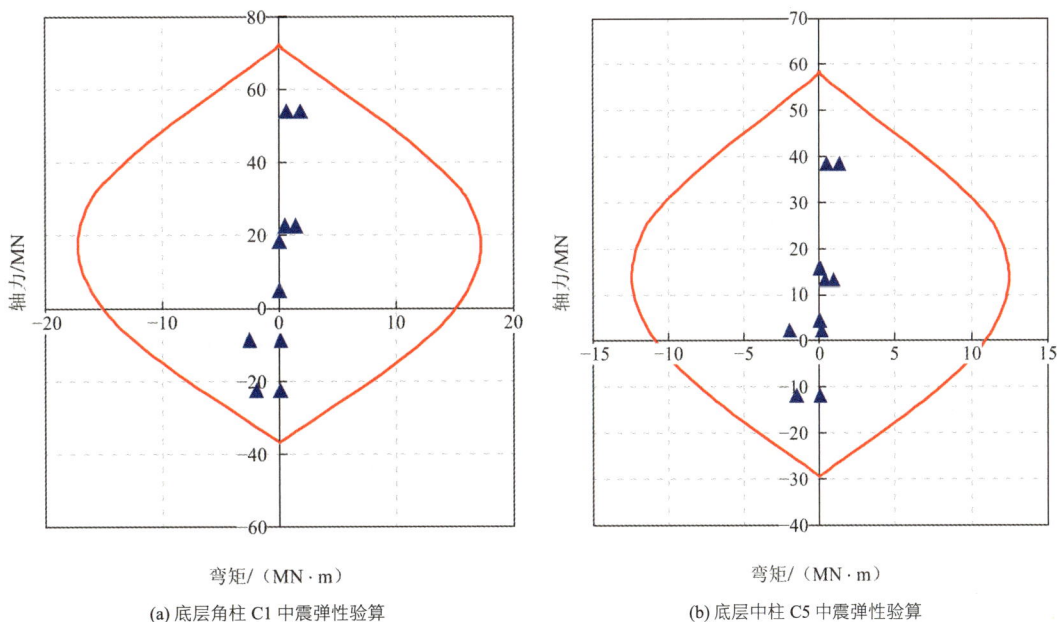

(a) 底层角柱 C1 中震弹性验算　　　　(b) 底层中柱 C5 中震弹性验算

图 6.4-12　塔楼底层典型框架柱中震承载力验算

6.4.3　大震弹塑性时程分析

为评价结构在罕遇地震作用下的弹塑性行为，同时了解构件在罕遇地震下的屈服次序，选用 5 组天然波（T1～T5）和 2 组人工波（R1～R2）对塔楼进行弹塑性时程分析。每次计算均输入 X、Y 两个水平方向的地震波。地震波的峰值按照 8 度区加速度峰值 400cm/s² 选用。持续时间 $T \geqslant 30s$，满足大于结构自振周期 5 倍的要求。地震波输入模型中，主、次向幅值比为 1.0：0.85。根据主要构件的塑性发展情况和整体变形情况，确定结构是否满足设计预期的设防水准要求，同时根据结构在大震作用下的基底剪力、顶点位移、层间位移角等综合指标，评价结构在大震作用下的力学性能。

（1）整体指标分析

7 组地震波中两个方向的最大底部剪力分别为 136747.13kN 和 150490.68kN，对应的剪重比分别为 8.98%和 9.88%。罕遇地震位移角计算结果表明各组地震波计算完成后结构依然处于稳定状态，整体没有出现较大的侧向变形，7 组地震波的层间位移角曲线如图 6.4-13 所示，最大层间位移角平均值分别为 1/135（X向）、1/121（Y向），均小于限值 1/120，表明塔楼结构在罕遇地震作用下有足够的刚度。

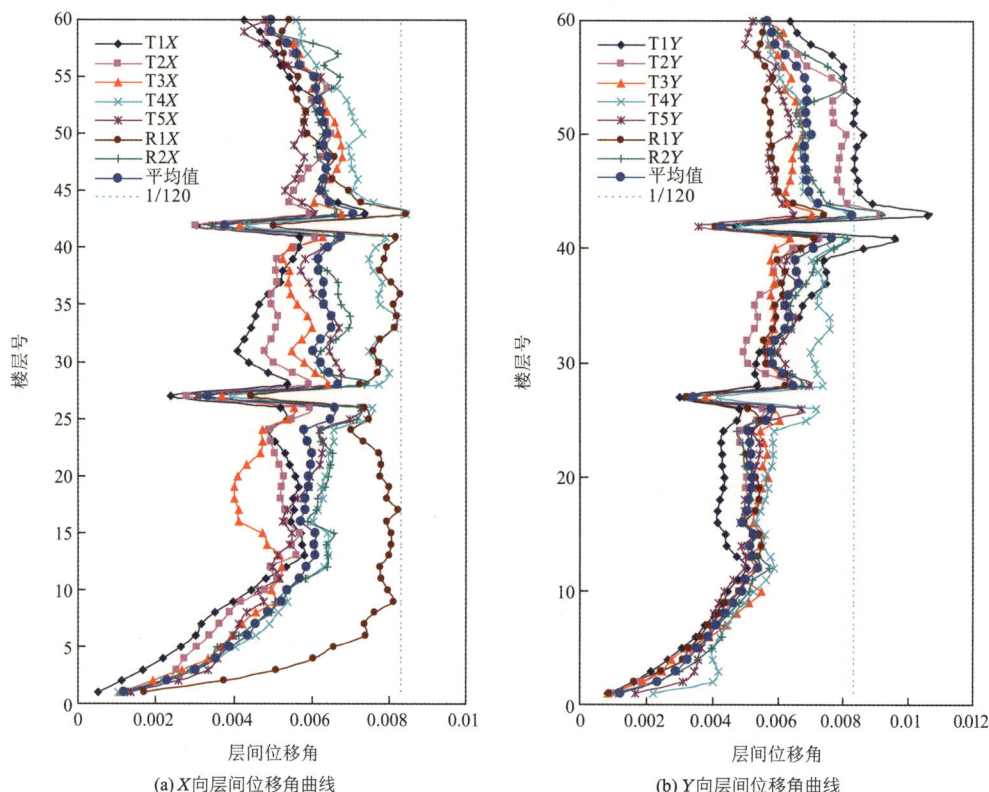

(a) X向层间位移角曲线　　　　(b) Y向层间位移角曲线

图 6.4-13　不同波组对应的层间位移角曲线

（2）构件抗震性能评价

大部分钢管混凝土柱受压损伤现象不明显，少量出现受压损伤现象，在加强层上一层柱子损伤最大，43 层柱子刚度退化最大，为 0.88。部分钢管出现塑性应变，但最大值小于限值 0.025。柱子转换处斜撑、钢管柱、梁均未发生塑性应变。结果表明，8 度罕遇地震作用下柱子受力性能良好。

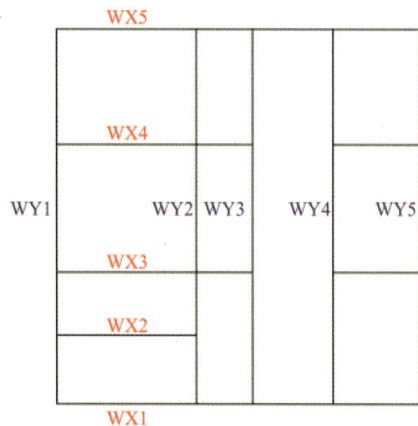

图 6.4-14　核心筒剪力墙编号

塔楼核心筒剪力墙的受压损伤发展历程为：底部X向连梁首先发生较为明显的受压损伤，并逐渐向上发展；接着Y向连梁进入明显的受压损伤状态；然后X向内部剪力墙体开始出现受压损伤现象，并得到一定程度的发展；外部墙体未见明显的受压损伤现象。核心筒剪力墙编号如图 6.4-14 所示，损伤情况如图 6.4-15～图 6.4-18 所示，可以看出，连梁受压损伤普遍比较明显，起到了很好的耗能作用；底部及中部主要受力剪力墙未发生明显受压损伤，WX4、WY5 顶部局部剪力墙损伤较为明显，底部两层剪力墙主体结构未压碎，钢筋未屈服。大震作用下，剪力墙整体受力性能良好。

加强层钢支撑未发生塑性应变；腹杆局部发生塑性应变，如图 6.4-19～图 6.4-20 所示。部分钢梁出现塑性变形状态，最大塑性应变达到 0.011，小于限值 0.025，满足设计条件。可以看到，梁的塑性应变比柱子和支撑都大，起到了很好的耗能作用。

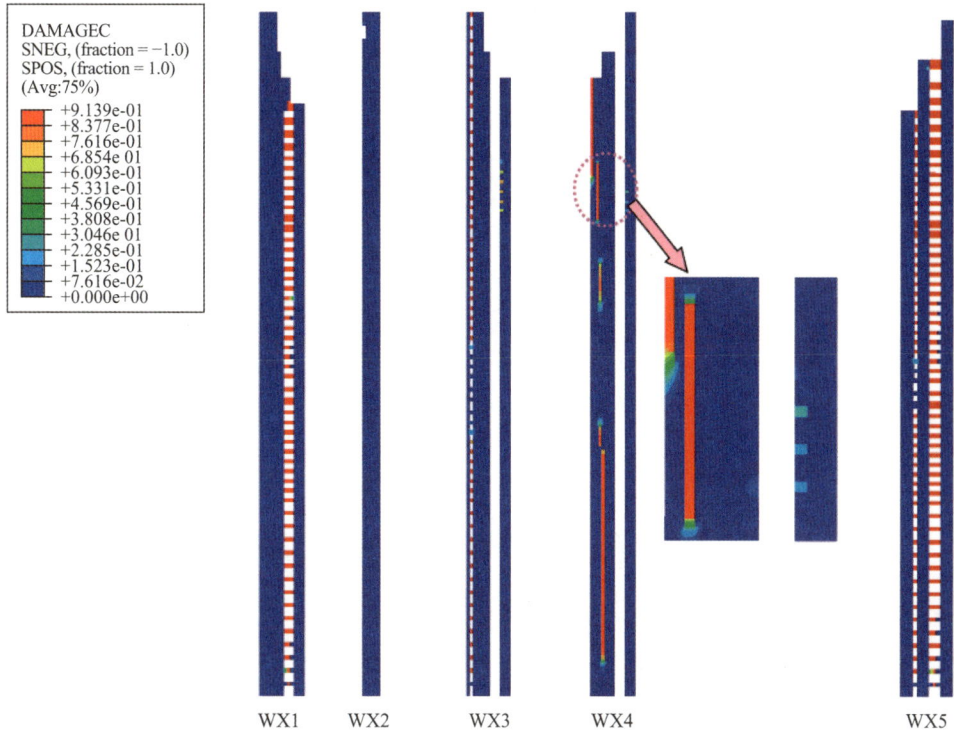

图 6.4-15 X向剪力墙受压损伤

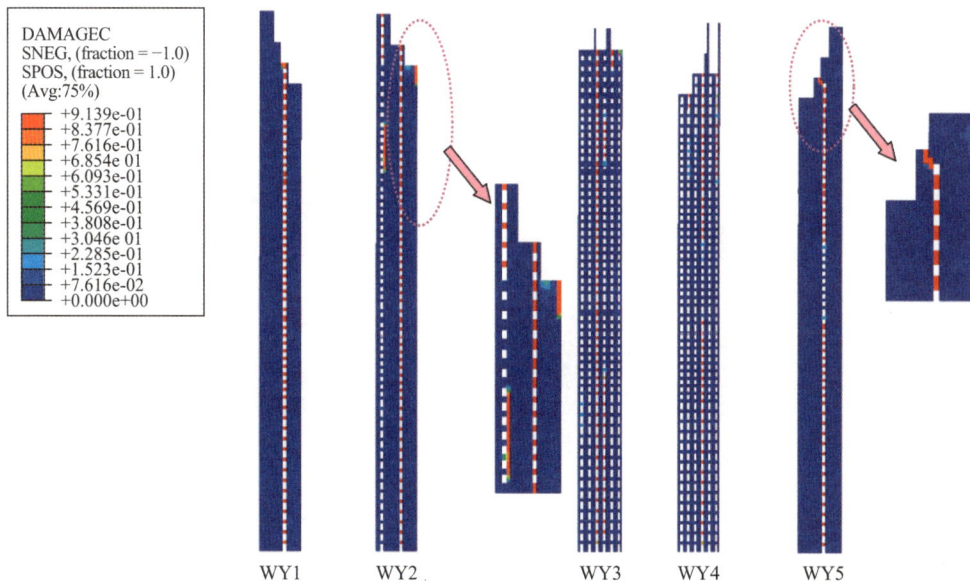

图 6.4-16 Y向剪力墙受压损伤

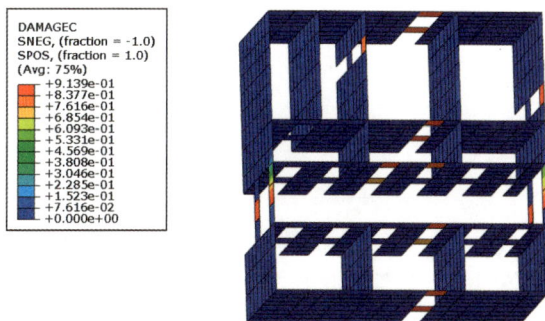

图 6.4-17 底部两层剪力墙受压损伤

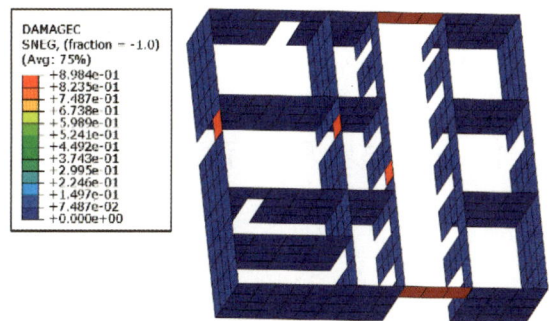

图 6.4-18 第一加强层剪力墙受压损伤

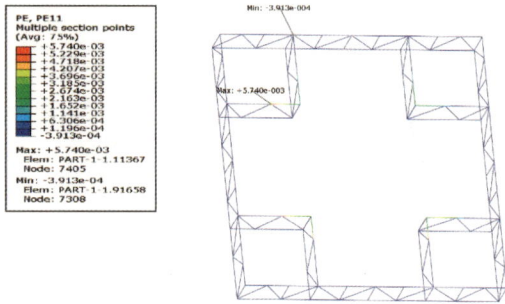

图 6.4-19　第一加强层钢支撑塑性应变　　　　图 6.4-20　第二加强层钢支撑塑性应变

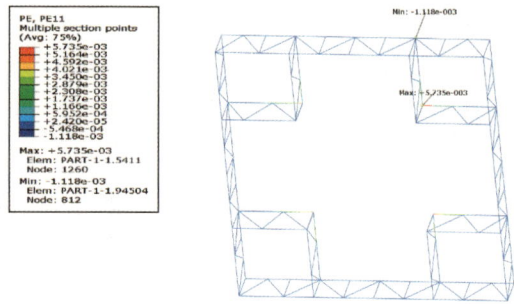

以第一加强层为例，分别分析上下弦楼层的楼板损伤。楼板受压和受拉损伤结果如图 6.4-21、图 6.4-22 所示。可以看到，大震作用下沿楼层梁楼板出现压碎现象；拉裂现象比较明显，但是钢筋产生塑性的范围比较小。所以在大震作用下，楼板钢筋仍保持其抗拉性能，楼板整体仍然可以承受竖向荷载，不至于坍塌。

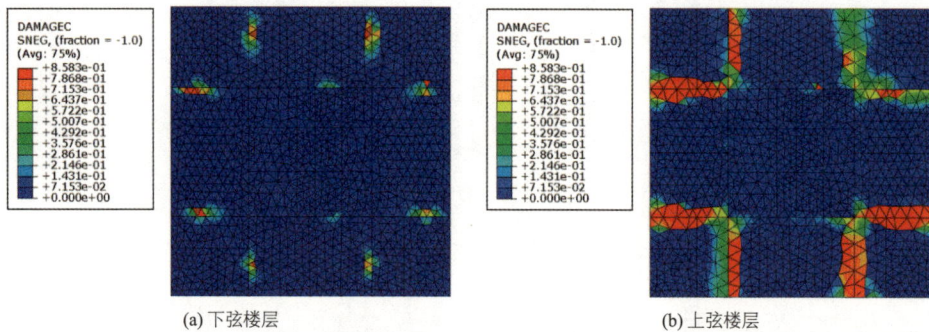

(a) 下弦楼层　　　　　　　　　　　　　(b) 上弦楼层

图 6.4-21　第一加强层楼板受压损伤

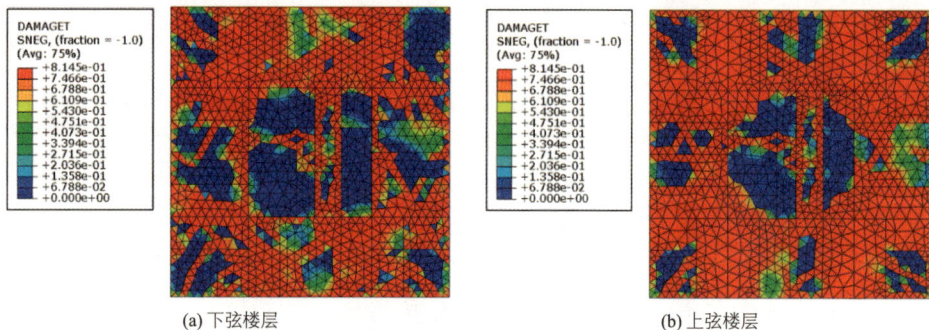

(a) 下弦楼层　　　　　　　　　　　　　(b) 上弦楼层

图 6.4-22　第一加强层楼板受拉损伤

6.5　结构抗风计算

兰州基本风压较小，地面粗糙度为 B 类，屋顶沿着方形标准层削去 2 个对角，逐渐内收形成窄长形，不利于承受风荷载。塔楼高、外观独特、体型复杂，属风敏感的超高层结构，其风荷载体型系数宜由风洞试验确定。

6.5.1　风洞试验及风荷载比较

项目风洞试验在接近于 B 类地貌的边界层风洞中进行（图 6.5-1），地面粗糙度系数 $\alpha = 0.19$，模型缩尺比为 1∶250，测点总数为 474 个，进行了 24 个风向角的测压试验。风洞试验考虑了本项目周围三幢 100m 高建筑物的影响。风振响应与风振系数采用简化层模型，利用动力有限元法进行计算；施加的脉动风荷载是根据刚性模型风洞试验测得的风压时程数据计算得到的。

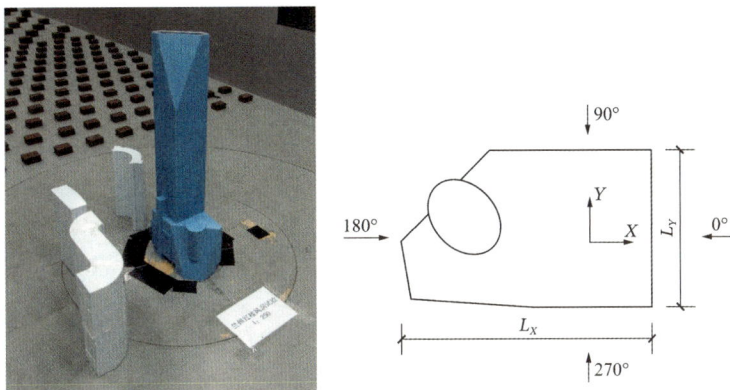

图 6.5-1 风洞试验模型以及 X、Y 坐标和风向角的定义

　　风洞试验体型系数与规范值相比,在裙房范围内风压有反向现象;在底部范围内少数超出规范值 1.4。在风向角为 75°～105°时,1～30 层的风振系数明显高于其他风向角的风振系数。这是由于在这些风向角下,结构受到相邻高层建筑(100m 左右)的遮挡,造成平均风压力相对较小,从而导致风振系数偏大,其总的等效风荷载并不大。135°和 315°风向为 24 个风向角中等效风荷载较大的最不利风向,但这两个风向的风振系数并不是最大。

　　根据风洞试验报告,挑选 0°(与 180°风向相反、但等效风荷载比 180°风向的大,因此选 0°风向)、45°、90°和 315°风向的等效风荷载进行计算,并与规范风荷载比较,结果如图 6.5-2、图 6.5-3 所示。从基底剪力、层间位移角和楼层位移看,都是规范风荷载对应的值大,因此本项目风荷载按照规范取值是偏安全的。

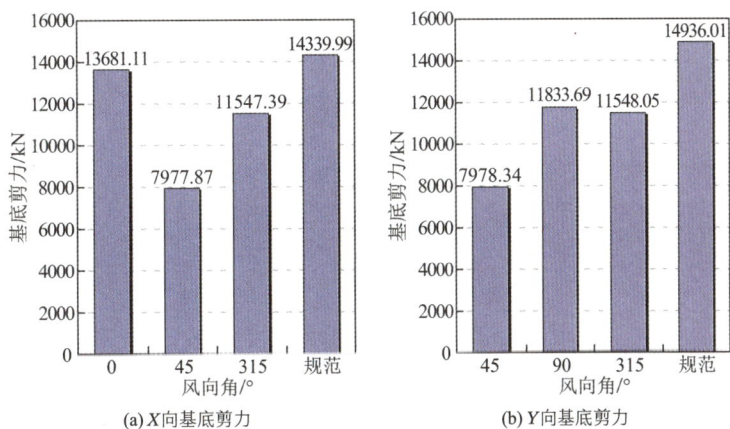

(a) X向基底剪力　　　　(b) Y向基底剪力

图 6.5-2　不同角度风向风荷载与规范风荷载对应的基底剪力比较

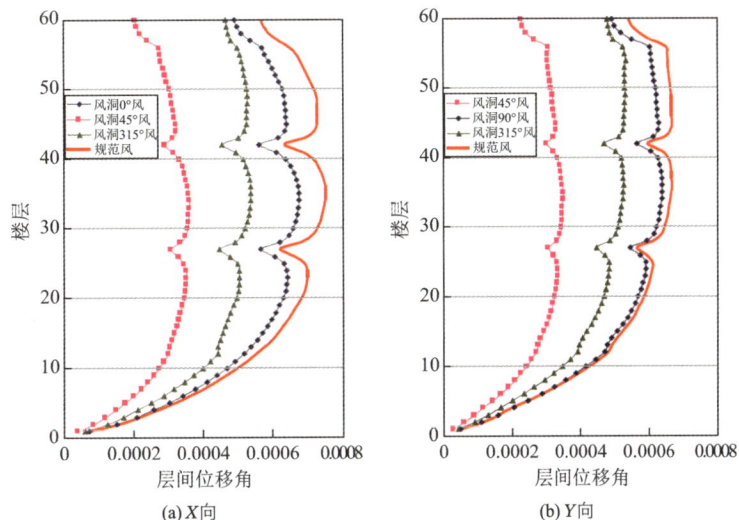

(a) X向　　　　(b) Y向

图 6.5-3　不同角度风向风荷载与规范风荷载对应的层间位移角比较

6.5.2 风荷载作用下的顶点加速度

根据《高层建筑混凝土结构技术规程》JGJ 3—2010 第 4.6.6 条，高度超过 150m 的高层建筑结构应满足舒适度的要求。按照 10 年一遇的风荷载取值，通过风洞试验结果计算的顺风向、横风向结构顶点最大加速度如图 6.5-4 所示，顺风向最大加速度为 11.18cm/s²，横风向最大加速度为 6.58cm/s²，矢量和最大值为 12.80cm/s²（270°），均满足规范要求。

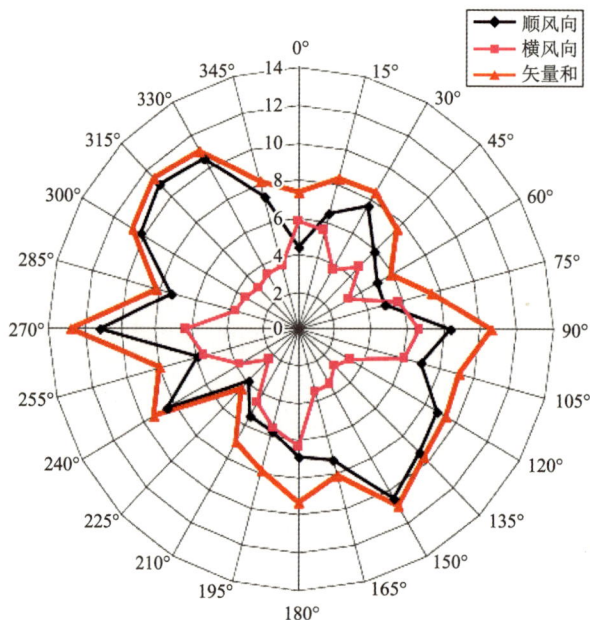

图 6.5-4　风荷载下结构顶点加速度（单位：cm/s²）

6.6 专项分析

6.6.1 施工模拟和收缩徐变的影响分析

对于复杂超高层建筑，在重力荷载作用下，需要进行较精确的施工模拟计算，并计入竖向收缩及徐变的影响，以便较为准确地反映恒荷载作用下结构的变形和内力分布。高层钢筋混凝土建筑物恒荷载作用下竖向构件的变形主要由弹性收缩和干燥收缩以及长期压缩荷载产生的徐变引起。干燥收缩和徐变的影响因混凝土的强度、施工时间不同而不同。采用 MIDAS Gen 进行施工模拟分析，计算过程采用考虑时间依存效果（累加模型）的方式，按照施工步骤将结构构件、荷载工况划分为若干个施工阶段，得到每一阶段完成状态下的结构内力和变形后，下一阶段程序依据新的变形对模型进行调整。在混凝土特性中考虑依赖于时间的徐变、收缩和强度增长。施工过程分阶段考虑部分构件的延时安装，如待主体结构整体施工完成后再固定伸臂桁架，并安装伸臂桁架和腰桁架的腹杆。

施工模拟分析时任一层柱的累积竖向变形取决于参与累积的楼层数量以及参与累积的各层柱在各自计算期内的变形增量。中下部楼层由于参与累积的楼层数量增多，柱累积的竖向变形由下往上逐渐增大；接近中部楼层时，虽然参与累积的楼层数量增多，但本层的计算期减小并超过前者所产生的影响，致使竖向变形逐渐减小，到结构顶层达到极小值。一次加载分析时，不考虑施工找平调整，框架柱的竖向位移沿结构高度（或楼层）不断增大，最大变形发生在结构的顶部。

结构主体完成后，徐变效应在开始阶段引起的变形增长很快，而随着时间的流逝变形速率渐渐减小。扣除施工阶段的变形值，徐变引起的核心筒竖向位移沿结构高度（或楼层）不断增大。通常收缩变形在结顶后的六个月可完成全部收缩量的 80%～90%，通常在两年后趋向稳定。混凝土收缩徐变引起的累积竖向变形在竖向构件变形中的占比较大，至施工完毕时，核心筒筒体徐变变形占总变形的 40%以上，并在使用阶段继续增长。如图 6.6-1～图 6.6-3 所示。

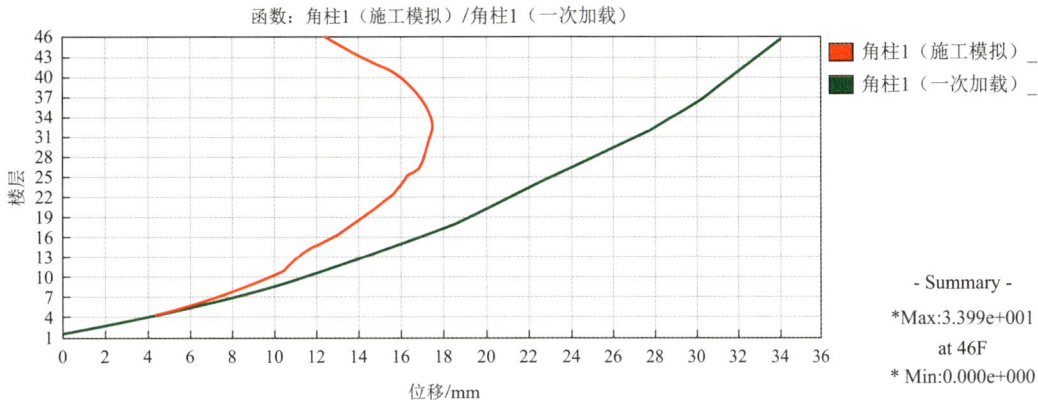

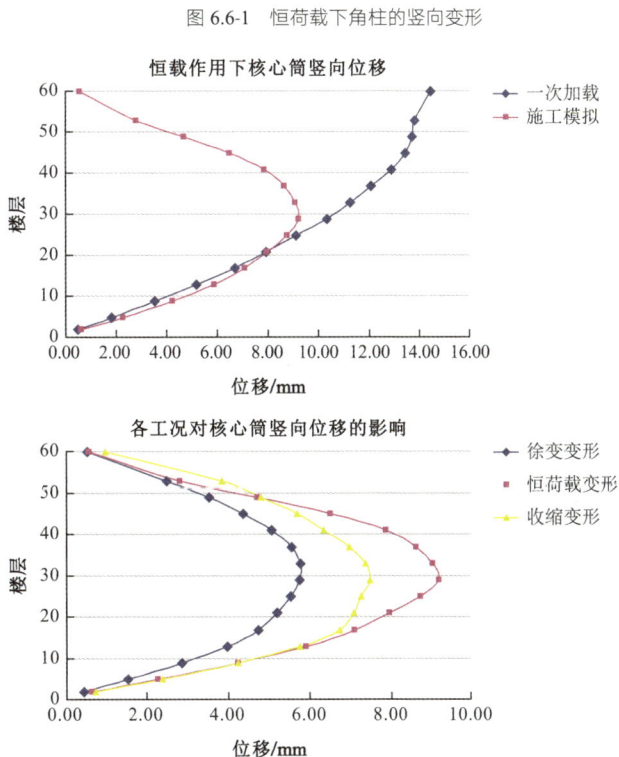

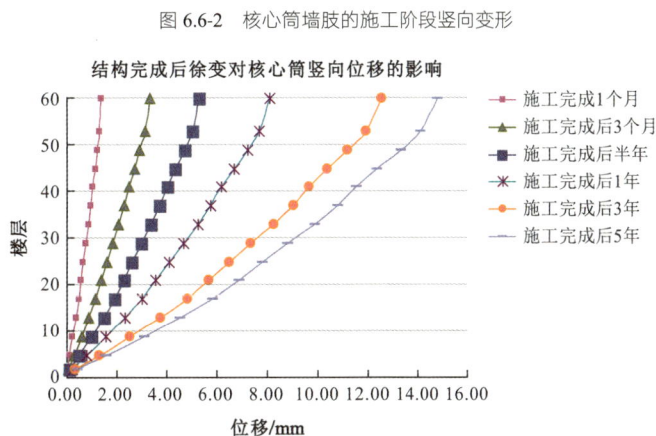

图 6.6-1 恒荷载下角柱的竖向变形

图 6.6-2 核心筒墙肢的施工阶段竖向变形

累积徐变效应对核心筒竖向位移的影响

累积收缩效应对核心筒竖向位移的影响

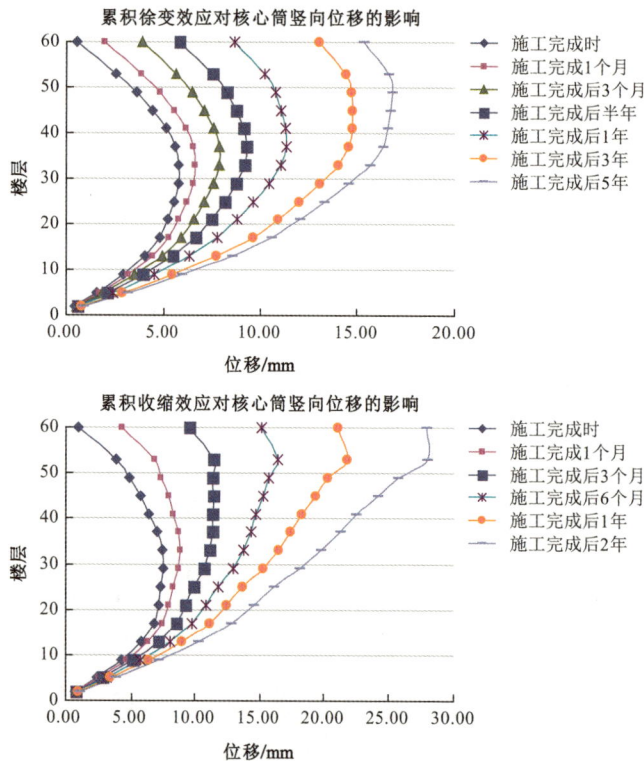

图 6.6-3　使用阶段核心筒墙肢的竖向变形发展

考虑结构分层施工、分层找平、分层加载的施工模拟，以及混凝土的收缩和徐变效应，恒荷载作用下核心筒及钢管混凝土柱的竖向变形峰值计算结果详见表 6.6-1。其中钢管混凝土柱未考虑收缩及徐变效应，故施工完成时的竖向位移值即为最终变形值。结果表明，按不考虑施工模拟的一次加载模式计算时，恒荷载作用下周边柱的竖向变形量最大，角柱达到 51.2mm，边柱为 69.9mm，此时周边柱与核心筒之间的竖向差异变形量也达到最大值，为 12.5～31.2mm；按考虑结构分层施工、分层找平、分层加载的施工模拟，计算得到的周边柱和核心筒的竖向变形值均小于一次加载模式的计算结果，周边柱与核心筒之间的竖向差异变形量也由 12.5～31.2mm 减小为 6.7～12.1mm；若同时考虑施工找平和核心筒混凝土的收缩和徐变效应，至施工结束时，恒荷载作用下周边柱与核心筒竖向变形峰值非常接近，两者之间的竖向差异变形量变号，核心筒的竖向变形要大于框架柱的竖向变形约 14.6～20.0mm。

考虑施工模拟、混凝土收缩和徐变时墙柱竖向变形峰值（单位：mm）　　　　　表 6.6-1

	SRC 柱		核心筒
	边柱 1	角柱 1	
施工完成时变形值（一次加载）	69.9 （31.2）	51.2 （12.5）	38.7
施工完成时变形值（考虑施工模拟、不考虑收缩和徐变）	31.3 （12.1）	25.9 （6.7）	19.2
施工完成时变形值（考虑施工模拟、收缩和徐变）	31.3 （14.6）	25.9 （20.0）	45.9
收缩变形按修正后的规范曲线计算　施工完成后 5 年时的竖向变形值	31.3 （37.4）	25.9 （42.6）	68.5

注：括号内数字为框架柱与核心筒的竖向变形差的绝对值。

6.6.2　基础不均匀沉降对上部结构的不利影响

场地位于黄河南岸 Ⅱ 级阶地，兰州断陷盆地外。据场地勘探钻孔揭露，勘察场地勘探深度范围内地层为第四系松散沉积物和新近系红色砂岩，自上而下依次为①杂填土；②粉质黏土；③卵石；④砂岩。场地地基土类型属中硬土，场地类别为 Ⅱ 类。场地内部及外围无第四系活动断裂通过，场地内无可液化或产生震陷的地基，也不存在地震作用下产生不良地质现象的可能，为建筑抗震有利地段，适宜于建筑物修建。

本项目设三层地下室，基础持力层基本坐落于中风化砂岩地基之上。④$_2$中风化砂岩的层面埋深12.6～17.0m，平均埋深15.5m，承载力较高，是本场地拟建建筑基础最为适宜的持力层。裙房范围内同样以④$_2$中风化砂岩为持力层，采用柱下独立基础，厚度取1.5m。无上部结构的地下室范围内，因地下水压力而产生向上的浮力作用，采用抗浮锚杆来抵抗水浮力。锚杆宜采用二次注浆工艺，水泥砂浆强度等级为30MPa，适量掺入微膨胀剂。

基础沉降较小，塔楼范围内最大沉降为80mm。为了考察沉降差异对结构受力的影响，现假定主楼范围内核心筒与外围框架之间的沉降差异最大值为50mm，向核心筒施加强制竖向位移50mm。计算结果如图6.6-4～图6.6-6所示，重点考察了其中典型剖面。可以看出，核心筒沉降50mm，平面梁内产生的附加应力较大，典型剖面最大应力为151MPa。

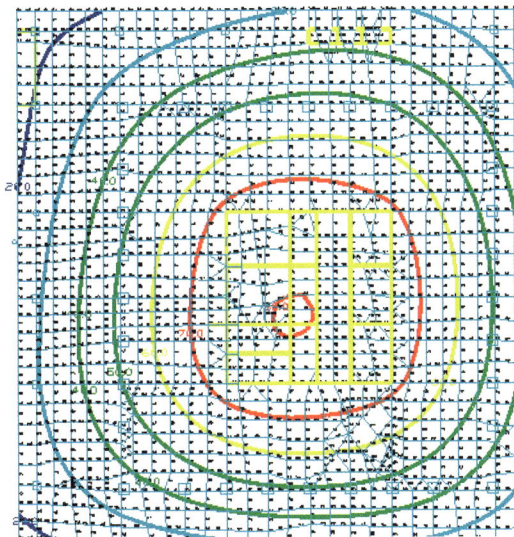

图6.6-4 塔楼沉降计算结果

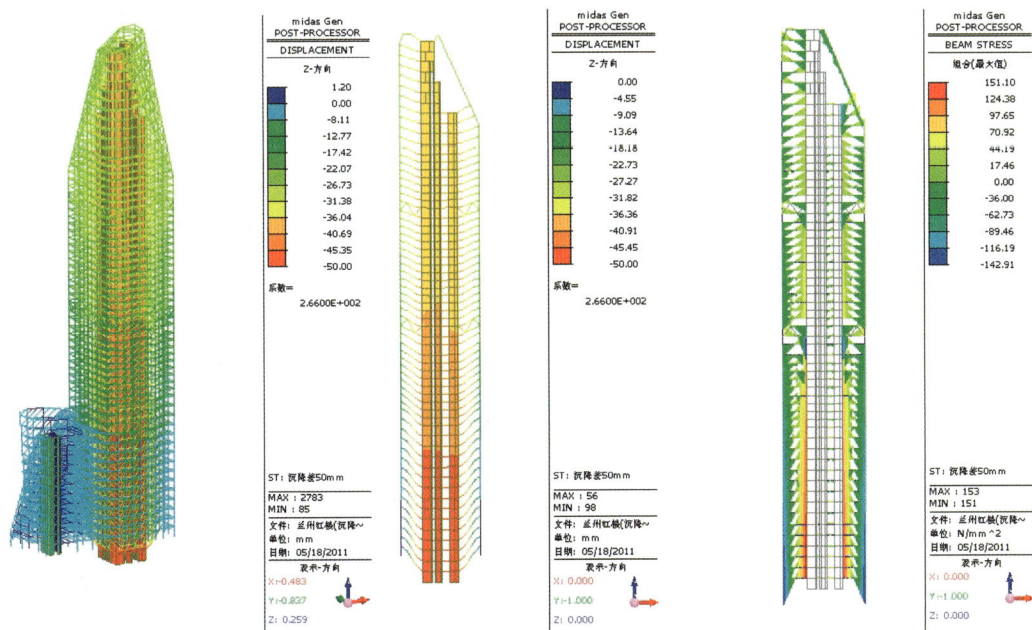

图6.6-5 整体及塔楼剖面1-1的竖向变形（单位：mm）

图6.6-6 沉降差引起的附加应力（单位：N/mm²）

6.6.3 典型节点有限元分析

塔楼屋顶有2个大斜面，外围框架柱在斜面处将转向，贴着切面斜向布置。塔楼顶部存在对称的两个斜切面，斜柱与下部直柱相交的节点复杂，设计时通过设置多面体进行转换，尽量保证上下柱节点缓慢过渡，避免出现应力集中现象。选取典型复杂节点，通过有限元分析节点承载性能，确保节点连接安全可靠、承载性能满足要求。

选择图 6.6-7 中的典型节点进行分析。节点 1 和节点 2 代表竖直柱与斜柱之间的过渡，节点 3 代表切面上 2 根斜柱交叉点。节点内部设有加劲板，以提高节点的承载能力。在大型有限元软件中建立节点分析模型，从整体计算模型中读取相应杆件的内力，然后施加到杆件端部。节点构造及计算结构如图 6.6-8～图 6.6-13 所示。最大 Mises 应力均未超过钢材屈服强度，局部出现应力集中。

经典解构 浙江省建筑设计研究院有限公司篇

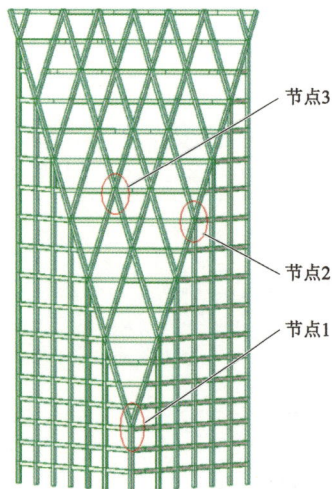

图 6.6-7 典型节点

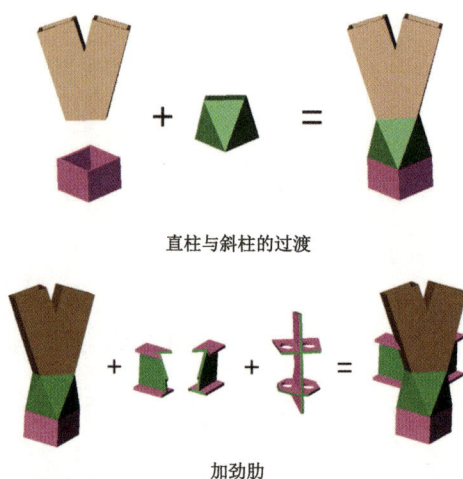

直柱与斜柱的过渡

加劲肋

图 6.6-8 节点 1 构造

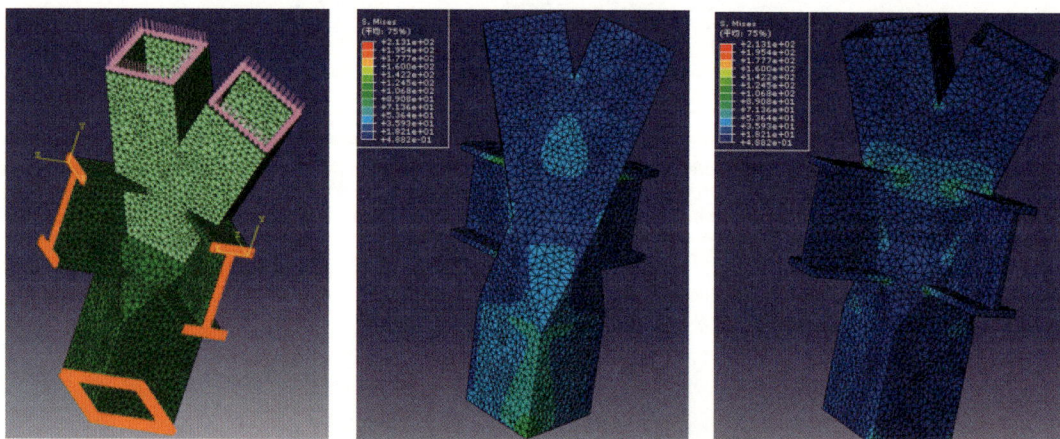

图 6.6-9 节点 1 有限元分析及结果

直柱与斜柱的过渡

梁柱相接

图 6.6-10 节点 2 构造

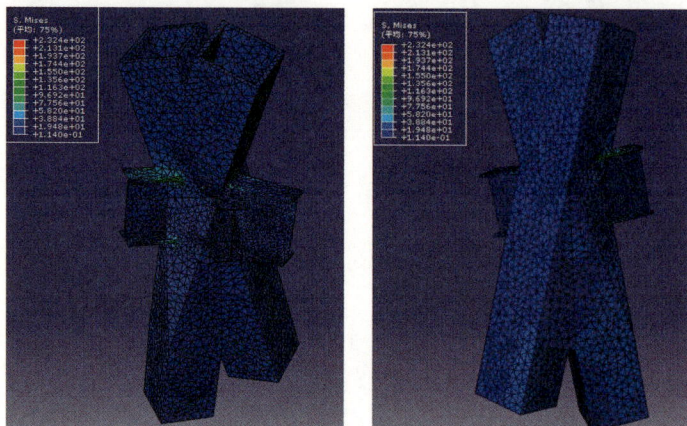

图 6.6-11 节点 2 有限元分析及结果

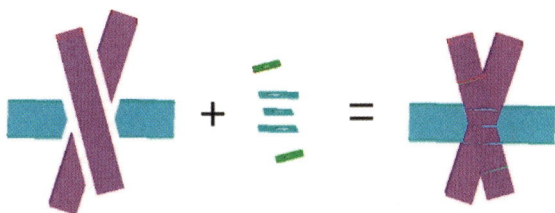

图 6.6-12 节点 3 构造

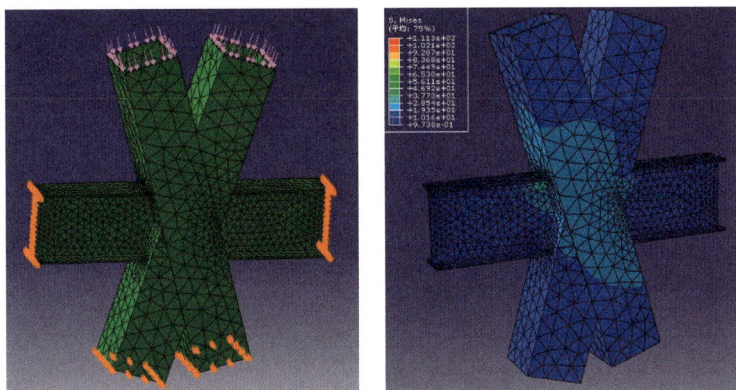

图 6.6-13 节点 3 有限元分析及结果

6.6.4 裙房斜面网格结构稳定验算

为了考察裙房斜面网格的稳定，建立单独的斜面网格结构，并从整体计算模型中读取斜柱底部的最大轴向反力，然后在斜面楼层处的每根斜柱和边梁相交的节点上，沿着斜面施加轴向集中荷载 2000kN。不考虑楼板的影响，斜面网格结构前四阶屈曲模态如图 6.6-14 所示，括号内表示荷载系数。可以看出，第一阶荷载系数很大，表明斜面网格结构具有很好的稳定性。

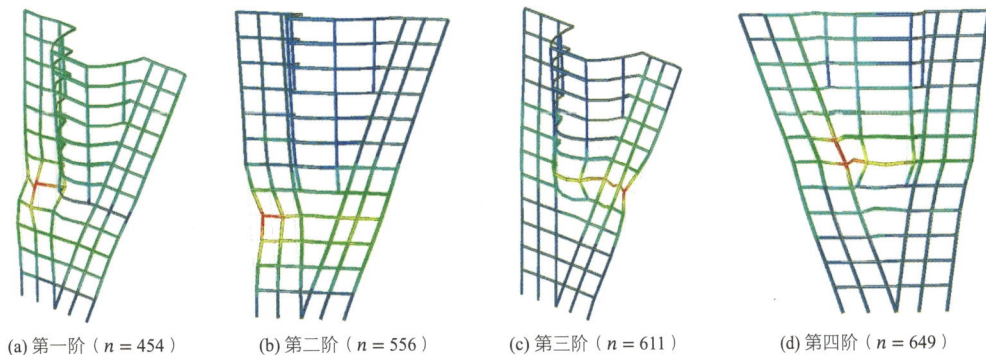

(a) 第一阶（$n = 454$）　　(b) 第二阶（$n = 556$）　　(c) 第三阶（$n = 611$）　　(d) 第四阶（$n = 649$）

图 6.6-14 斜面网格结构的前四阶屈曲模态及荷载系数

6.6.5 转换桁架大震验算

为更好发挥建筑的使用功能，增加下部商场的使用空间，塔楼靠裙楼一侧 11 层以下抽掉两根柱子，形成 9m 的柱网（图 6.2-12）。12 层通过桁架转换，出裙房后该处柱网仍为 4.5m。转换桁架立面如图 6.2-12 所示。转换框架柱上延一层再收小截面。转换桁架的上下弦杆以及斜腹杆，性能目标为大震不屈服；转换柱的性能目标则为大震弹性。

大震不屈服，即结构在大震作用下，结构承载力满足不屈服设计要求。计算时不考虑地震内力调整，荷载分项系数取 1.0，材料强度取标准值，抗震承载力调整系数取 1.0，荷载组合时不考虑风荷载。

大震弹性，即结构在大震作用下，结构承载力满足弹性设计要求。计算时不考虑地震内力调整，采用与小震作用时相同的荷载分项系数、材料分项系数和抗震承载力调整系数，荷载组合时不考虑风荷载。

转换桁架大震不屈服验算的强度比、上下弦杆和斜腹杆的应力如图 6.6-15～图 6.6-17 所示，均未超过钢材的强度，满足要求。大震弹性下转换柱的最大应力为 308.52MPa，出现在转换桁架相邻下一层；其余楼层转换柱最大应力大多不超过 230MPa，个别柱子达到了 252MPa，也满足要求。

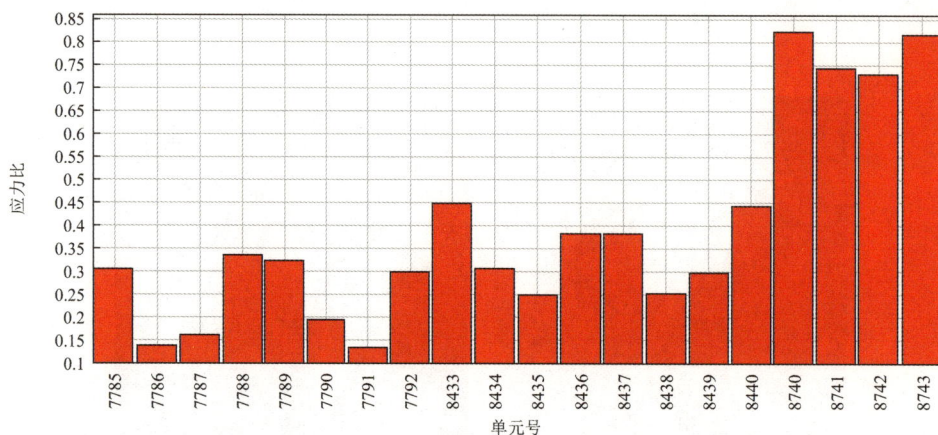

图 6.6-15　转换桁架的应力比

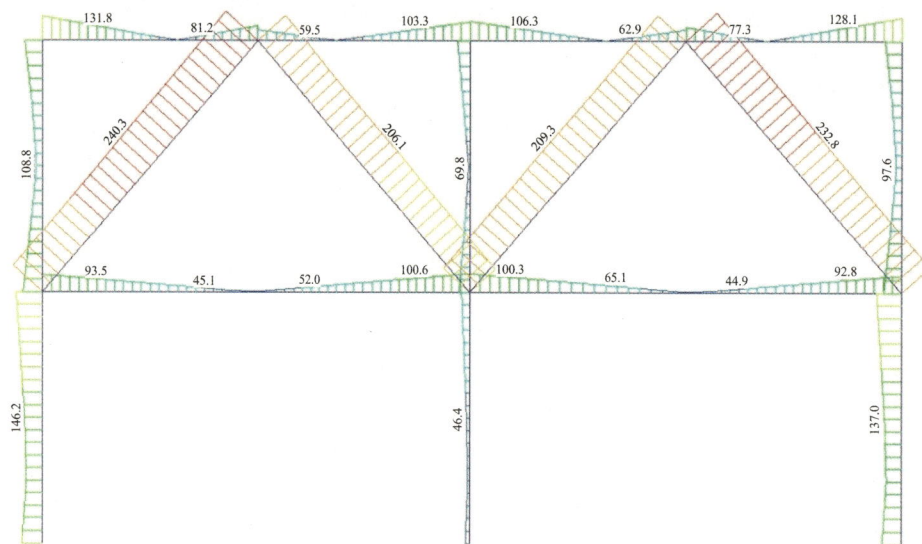

图 6.6-16　Y 向大震下转换桁架应力图（单位：MPa）

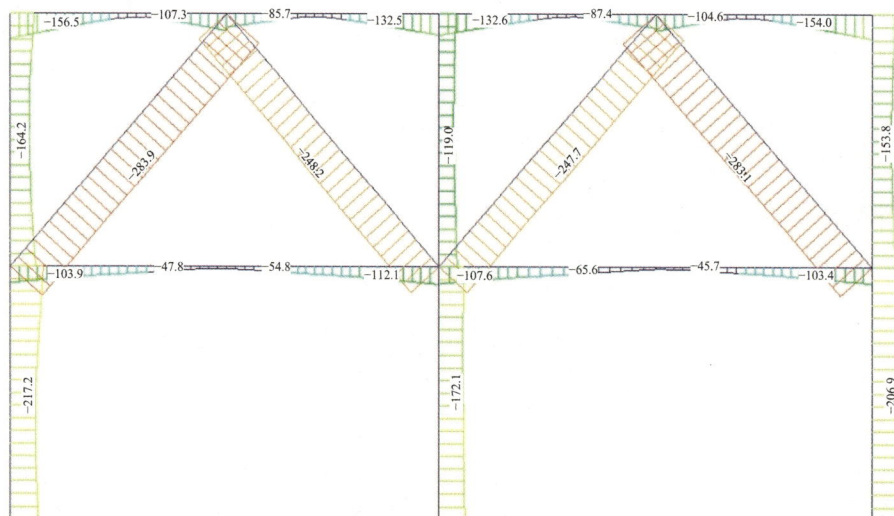

图 6.6-17　大震下转换桁架负的最大应力图（单位：MPa）

经典解构　浙江省建筑设计研究院有限公司篇

6.7 振动台模型试验

地震模拟振动台试验属于结构抗震动力试验，由于直接采用了实际地震记录输入进行结构地震反应分析，从而全面地考虑强震的三要素（振幅、频谱和持续时间）对结构破坏的影响，结构或构件的弹塑性性质采用了较为合理的全过程恢复力曲线模型，从而使计算结果能够详细、具体地给出结构弹塑性地震反应的全部过程，这对于了解结构在地震过程中的受力状态、判断结构的屈服机制、找出结构的薄弱环节都具有重要的意义。地震模拟振动台试验可以真实地再现地震过程，是目前研究结构抗震性能最准确的试验方法。模型振动台试验的目的主要是研究整体结构的动力特性、找出可能存在的薄弱部位和破坏模式；检验结构是否满足规范三水准的抗震设防要求，能否达到设计设定的抗震性能目标。在试验结果及分析研究的基础上，对结构设计提出可能的改进意见与措施，进一步保证结构的抗震安全。同时，振动台试验可以验证动力弹塑性分析的准确性。本项目位于高烈度区，结构平面和竖向均不规则，虽然通过程序分析了结构的抗震性能，但是结构地震响应的数值模拟毕竟基于各种假定，与真实情况不完全一致。因此本项目委托中国建筑科学研究院进行了振动台试验，通过地震过程的真实模拟，了解结构的薄弱部位，根据试验结果，进一步调整结构设计，从而提高结构在地震作用下的安全性。

模拟地震振动台模型试验输入的地震波由设计单位提供，包含小震和大震各七组地震波。小震选用7组地震波，进行单向及双向输入；中震选用3组地震波，进行单向及双向输入；大震选用一组地震波，只进行一次双向输入。单向地震波输入工况选用主方向地震波，双向地震波输入X向为主方向，Y向为辅方向。振动台试验过程中，由8度小震开始，逐渐加大台面输入地震波幅值，历经8度中震和8度大震，在模型状态允许的情况下，可进行8度半及9度大震的试验。各试验工况，通过加速度传感器可测得各测点加速度响应时程；通过在结构受力关键部位粘贴应变片，测量在地震作用下关键构件的动应变时程；根据白噪声激励下结构加速度响应时程，经分析可得到试验各阶段结构的自振特性（包括周期、振型及阻尼比）。

试验模型经历了相当于从小震到大震的地震波输入过程，峰值加速度从112gal（相当于8度小震）开始，逐渐增大至640gal（相当于8度大震）。各级地震作用下模型结构反应现象及动力响应简述如下：

（1）8度小震后模型状态。试验过程中，整体结构振动幅度不大，结构扭转反应亦不明显，未听到构件破坏响声。模型下部钢管混凝土柱未见损坏。输入结束后，模型各方向频率略降，通过试验后观察和应变结果，可说明小震作用下结构整体完好，达到了小震不坏的要求。

（2）8度中震后模型状态。试验过程中，模型结构振动幅度增大，结构位移反应较大，听到了轻微响声，未出现明显的扭转。8度中震输入结束后对模型进行了观察，下部结构构件未出现损伤。输入结束后，模型X、Y方向一阶频率下降较多，说明结构出现了一定的损伤。

（3）8度大震后模型状态。试验过程中，模型结构振动剧烈，位移仍以整体平动为主，扭转效应不明显。输入结束后对模型进行了观察，大量核心筒连梁端部出现裂缝，个别高度较大的连梁出现受剪交叉裂缝。模型结构自振频率下降较多，其中X向一阶降低35.16%、Y向一阶降低25.37%，说明结构出现较严重的损伤。但结构仍保持良好的整体性，结构具有良好的延性和耗能能力。

试验结束后，卸除模型上的配重，观察模型的损伤，典型位置结果如图6.7-1～图6.7-4所示。转换桁架、伸臂桁架、框架梁未出现损伤；大量连梁端部出现裂缝；个别较高连梁出现较严重的受剪交叉裂缝；部分楼层外框柱出现受压屈曲现象，其中多集中在27层（加强层的上一层）。

图 6.7-1 振动台试验模型

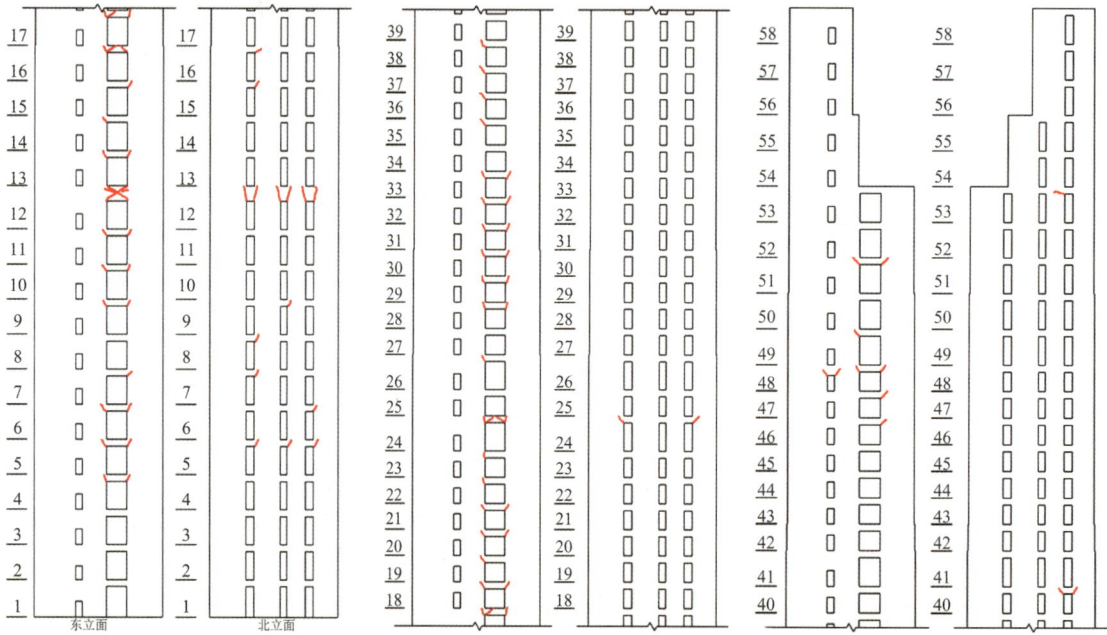

图 6.7-2 大震结束后核心筒外墙裂缝分布示意

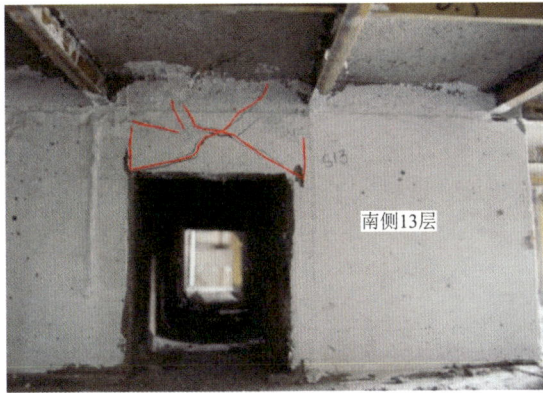

图 6.7-3　核心筒墙肢损伤情况

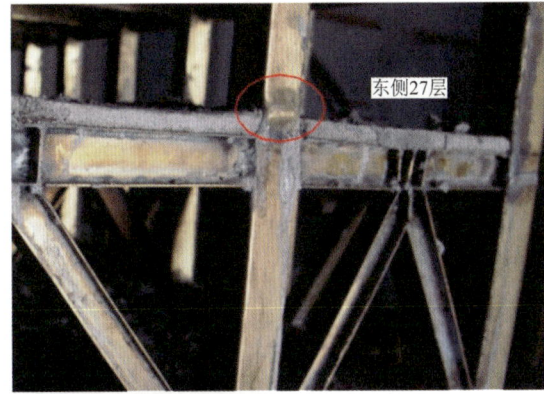

图 6.7-4　框架柱和环带桁架损伤情况

参考文献

[1] 杨学林, 周平槐, 徐燕青. 兰州红楼时代广场超限高层结构设计[J]. 建筑结构, 2012, 42(8): 42-49.

[2] 杨学林, 周平槐, 徐燕青. 兰州红楼时代广场超限高层性能化抗震设计[J]. 建筑结构, 2012, 42(8): 50-55.

[3] 占毅, 杨学林, 李晓良, 等. 兰州红楼时代广场施工模拟与混凝土收缩和徐变效应分析[J]. 建筑结构, 2012, 42(8): 56-61.

设计团队

结构设计单位：浙江省建筑设计研究院有限公司（方案＋初步设计）＋浙江中设工程设计有限公司

结构设计团队：杨学林、徐燕青、周平槐、方美平、钱学洲、严　巍、李静浪

执　笔　人：周平槐

获奖信息

2021 年浙江省行业优秀勘察设计成果建筑结构设计专业类一等奖

经典解构　浙江省建筑设计研究院有限公司篇

第 7 章

杭州体育馆亚运提升改造和索网加固

7.1 工程概况

杭州体育馆原名浙江人民体育馆，建造于 20 世纪 60 年代，1969 年投入使用，1973 年全国排球联赛、1979 年世界羽毛球锦标赛等重要比赛曾在这里举行，2000 年以前是杭州市举办重要比赛和外交活动的场所。体育馆屋盖采用单层悬索结构，是我国较早建成的马鞍形单层索网体育建筑，如图 7.1-1 所示，属于教科书上的经典案例，也是 20 世纪杭州市的标志性建筑之一，具有重要的历史价值，已成为杭州市历史保护建筑和文物保护对象。

图 7.1-1　改造前的杭州体育馆原始风貌

在投入使用 50 多年后，杭州体育馆再次被选用为第 19 届杭州亚运会的拳击比赛场馆。为满足亚运赛事和今后使用要求，需要对其进行提升改造。秉承本届亚运会"绿色、智能、节俭、文明"的办赛理念，坚持"修旧如故"原则，本次杭州体育馆重点进行了三方面提升改造。

（1）外立面修复：拆除不符合原有风貌的铝塑板墙体，窗户全部恢复为原有分隔方式，窗户分隔框架表面恢复为原有水刷石材质。

（2）特色风貌提升：修复南立面具有特别象征意义的马赛克壁画、水刷石工艺立柱和大厅内水磨石预制装饰板立柱等特色风貌。

（3）使用功能和结构性能升级改造：重新划分内部功能区，改造升级老旧的消防设施、设备管线、空调系统和安防消防系统，新增电子大屏，更换场馆地板，屋面翻修和结构加固等。

相应地，体育馆结构安全性能改造提升方面的主要内容包括：

（1）延长结构工作年限：原结构服役年限已超过设计工作年限，改造后结构满足后续工作年限 30 年。

（2）索网加固和屋面翻修：原屋面采用杉木板上铺白铁皮，防水性能较弱，局部渗水严重导致个别钢绞线索保护层破损、索体表面锈蚀，本次改造对所有索进行了索力检测，在保留原有索网不变的前提下，通过增索加固提高索网承载力，并对索体表面进行处理以提升耐久性，同时将屋面面层翻修为铝镁锰防水屋面。

（3）结构抗震加固：原结构未考虑抗震设防，本次改造基于既有建筑抗震性能化方法，使改造后结构满足 7 度、乙类建筑和后续工作年限 30 年的抗震性能要求。

7.2 屋面索网结构模型重构与受力分析

7.2.1 屋面索网结构组成

杭州体育馆由比赛大厅、练习房及室外附属机房组成，总建筑面积 12600m²，建筑平面尺寸 125.24m × 103.8m，比赛大厅固定座位数约 5300 个。比赛大厅屋面为两向正交马鞍形单层悬索结构，长轴尺寸 80m，短轴尺寸 60m, 净空高 15m。屋面索网由 56 根主索（承重索）和 50 根副索（稳定索）组成, 主索沿长向布置, 副索沿短向布置。主索间距 1m, 副索间距 1.5m。屋面主索设计垂度 4.4m, 副索设计拱度 2.6m。主索下设两根交叉索, 平行副索方向设 34 根水平拉杆, 索网屋面和水平拉杆之间用吊杆连接。索网锚固于周边钢筋混凝土环梁, 环梁截面尺寸 2000mm × 800mm, 由下部看台结构向上延伸的 44 根钢筋混凝土框架柱支承, 如图 7.2-1～图 7.2-4 所示。

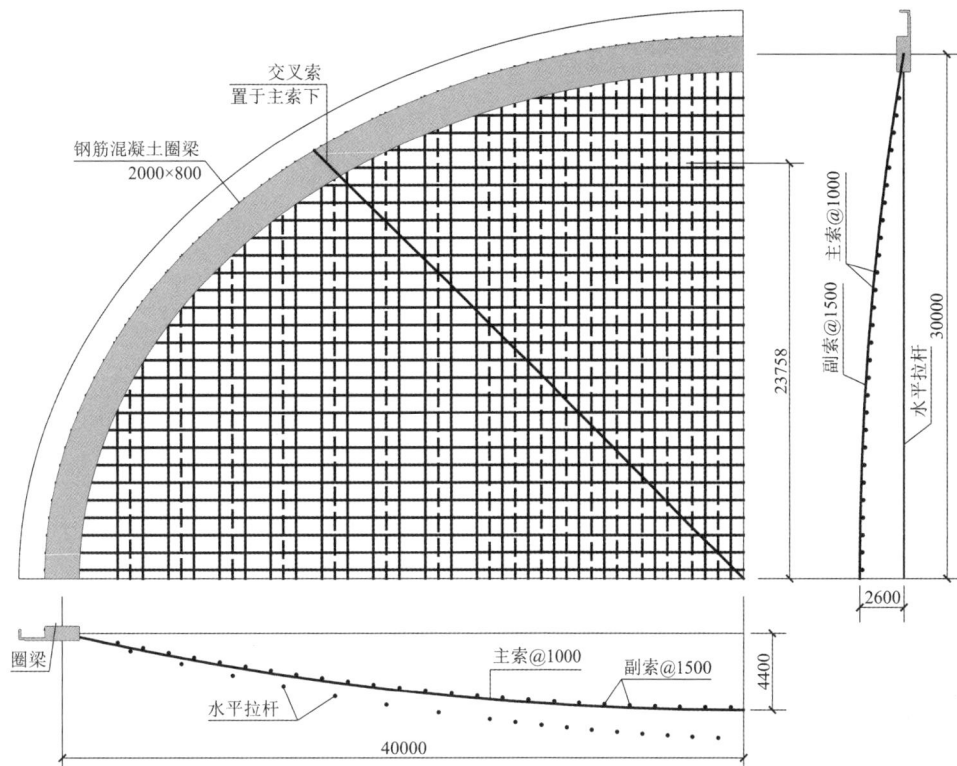

图 7.2-1 索网平面布置（对称, 1/4 模型）

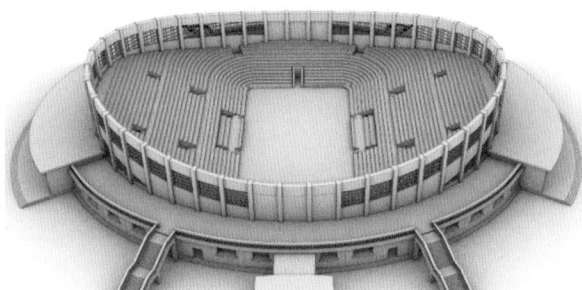

图 7.2-2 下部看台结构

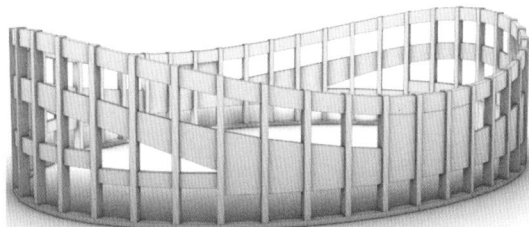

图 7.2-3 支承屋面环梁的周边混凝土结构

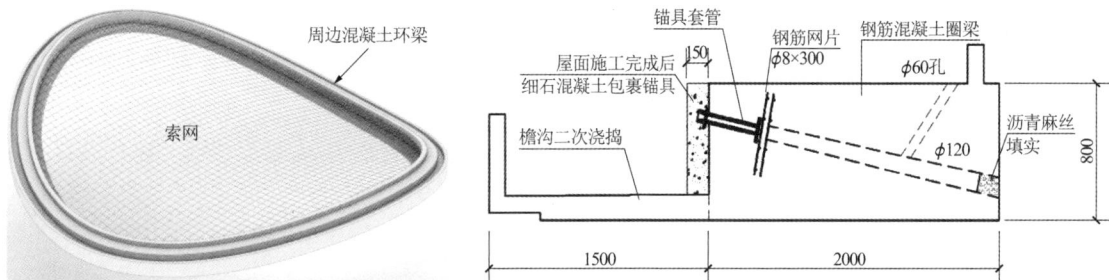

图 7.2-4 屋面索网和周边混凝土环梁剖面

主索和副索采用钢绞线（图 7.2-5）, 规格均为 $6 \times 7\phi^s4$, 钢绞线外涂沥青保护层和油布包裹。主索和副索之间通过直径 6mm 的 U 形钢筋夹具进行连接和固定, 如图 7.2-6 所示。

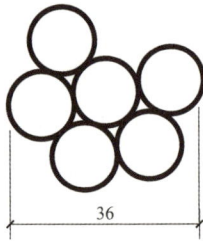

图 7.2-5　索截面

图 7.2-6　主索副索之间通过 U 形钢筋夹具连接

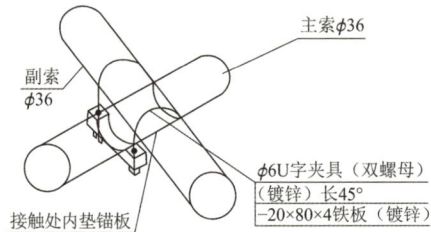

7.2.2　屋面索网结构模型重构

索网找形方法有力密度法、动力松弛法和非线性有限元法等。采用非线性有限元法进行找形分析，首先根据图纸的索网结构水平投影建立平面模型，将索网和周边混凝土环梁 z 坐标定义为相同标高，并将索弹性模量定义为一个非常小的值。根据环梁图纸坐标，给环梁施加强制位移（分 5 步施加），施加索力进行索网结构的非线性分析，得到周边环梁强制位移作用下引起的索网变形。调整索力，可得到不同的索网变形形态。分析结果表明，当副索和主索的索力比值为 1.1 时，索网中心点的竖向变形值接近图纸。根据索网变形计算结果，更新节点 z 坐标，可得到找形后的索网模型。

对比原施工图给定的 15 个控制点坐标（图 7.2-7），找形得到的控制点标高与图纸坐标（即下列双曲抛物面方程计算坐标）之间吻合度非常好，最大差值仅为 17mm，如图 7.2-8 所示。

$$z = \left[4.1 \times \left(\frac{x}{40} \right)^2 - 2.9 \times \left(\frac{y}{30} \right)^2 \right] + 15.900 \tag{7.2-1}$$

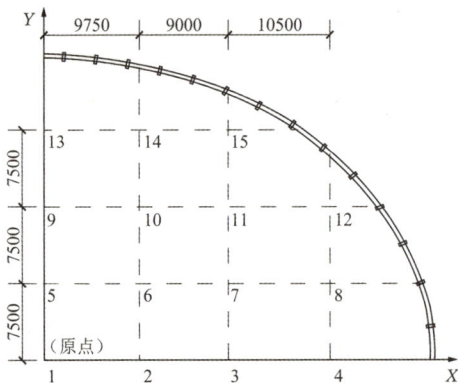

图 7.2-7　控制点编号

控制点编号	方程	有限元找形	差值
1	15.900	15.883	0.017
2	16.143	16.127	0.016
3	16.800	16.788	0.012
4	18.092	18.087	0.004
5	15.720	15.704	0.017
6	15.962	15.947	0.015
7	16.620	16.608	0.011
8	17.911	17.906	0.005
9	15.127	15.113	0.014
10	15.369	15.357	0.013
11	16.027	16.018	0.009
12	17.318	17.315	0.003
13	14.122	14.110	0.012
14	14.364	14.356	0.008
15	15.021	15.018	0.003

注：X、Y 轴线上的控制点采用索 U-A1 和 R-B1 的节点标高

图 7.2-8　控制点标高比较截图（单位：m）

7.2.3　原屋面索网结构受力分析

根据原结构专业施工图，索网高强钢绞线采用 JM-12A-6 型锚具，张拉采用 YC-60 型千斤顶。索网张拉和屋面施工顺序依次为：

（1）先安装主索，再安装副索，并同时施加第一次预应力。张拉时以索长、垂度、应力控制，但以控制应力为主。对主索施加 92kN、副索 93kN 的预拉力。

（2）安装索网 U 形钢筋夹具（放松状态），均匀铺设部分屋面。铺设檩条、屋面板、白铁皮、均布铺设部分木丝板或钢丝网水泥板，共计附加质量 33kg/m²。为便于第二次张拉时屋面自由变形，设置分区变形缝。

（3）调整索网，施加第二次预应力，上紧 U 形夹具。张拉时先主索、再副索，控制拔出长度。各索对应点张拉顺序和预应力大小均不同。

（4）施加全部静荷载，补做变形缝处屋面板，索网孔道灌浆，屋面施工完成。屋面附加质量增加 7kg/m²。

根据上述张拉和屋面加载次序进行全过程模拟分析，得到索网经历第一次张拉、第一次加载，到第二次张拉和第二次加载过程中的节点z坐标变化曲线，索网控制点竖向位置计算结果与原图纸比较如图 7.2-9 所示，二者非常接近，最大偏差仅 31mm。施工过程典型拉索位置变化如图 7.2-10 所示（其中索编号详见图 7.3-1）。

索网张拉和屋面面层施工完成后主索和副索拉力结果如图 7.2-11、图 7.2-12 所示，主索计算索力为 225～248kN，副索计算索力为 182～229kN，与原施工图纸记载的索力值也比较接近。

| 控制点 | 第二次加载后 | | |
编号	图纸	计算	差值
1	15.600	15.625	0.025
2	15.861	15.886	0.025
3	16.567	16.593	0.026
4	17.953	17.975	0.022
5	15.438	15.467	0.029
6	15.699	15.727	0.028
7	16.404	16.432	0.028
8	17.790	17.812	0.022
9	14.906	14.937	0.031
10	15.167	15.197	0.030
11	15.873	15.899	0.026
12	17.259	17.271	0.012
13	14.005	14.028	0.023
14	14.266	14.287	0.021
15	14.971	14.983	0.012

注：X、Y轴线上的控制点采用索U-A1和R-B1的节点标高

图 7.2-9　索网控制点竖向位置计算结果与原图纸比较

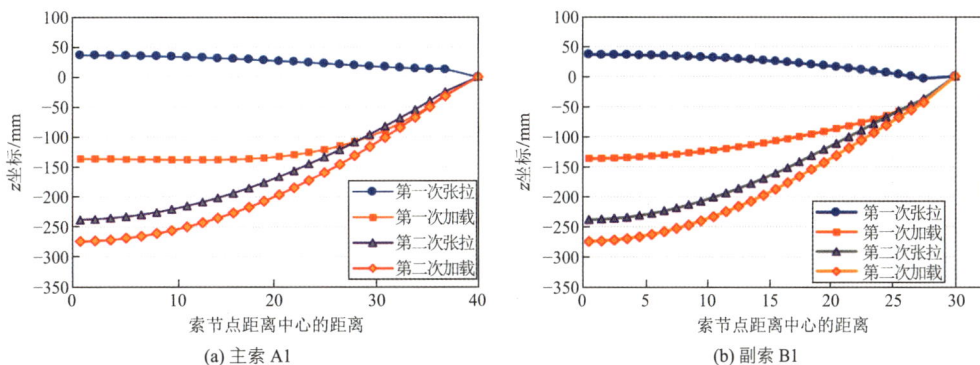

(a) 主索 A1

(b) 副索 B1

图 7.2-10　典型拉索张拉和屋面加载过程中z坐标变化

图 7.2-11　改造前原屋面主索索力（单位：kN）

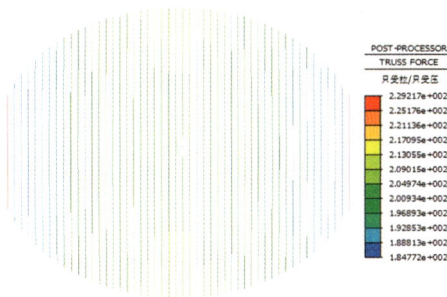

图 7.2-12　改造前原屋面副索索力（单位：kN）

7.3　索网结构索力及现状检测

工程改造前，基于"三点弯曲式"索张力测试原理，采用索张力测试仪对所有承重索、稳定索和水平拉杆的索力进行了检测。索编号如图 7.3-1 所示，图 7.3-2 为拉索实测拉力，可以看出，实测索力与计算索力之间存在一定差异。对于承重索，大部分索力大于实测值；对于稳定索，大部分索力小于实测值。分析原因，可能与改造前屋面实际荷载局部超过设计荷载有关。另外，实测索力波动幅度较

大，与变化非常平缓的计算索力显著不同，局部位置相邻索的实测索力相差达到50%。原屋面防水性能较差，局部渗水导致个别钢绞线索保护层破损、索体表面锈蚀（图7.3-3），对索的承载能力和耐久性产生一定影响。

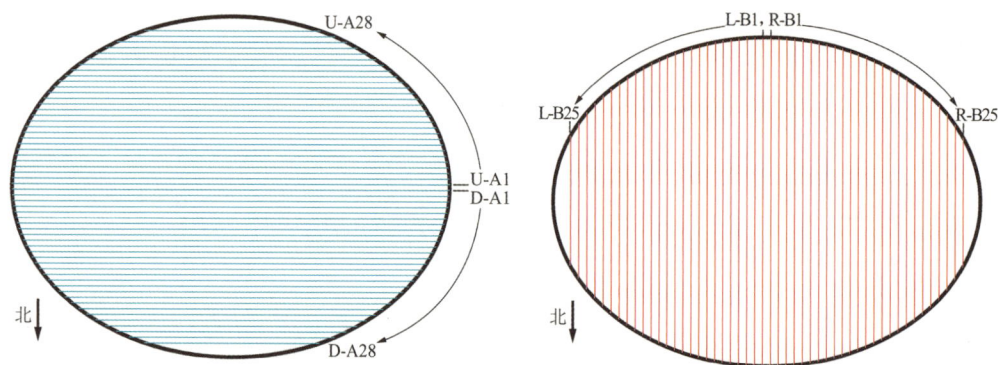

图 7.3-1 承重索和稳定索编号

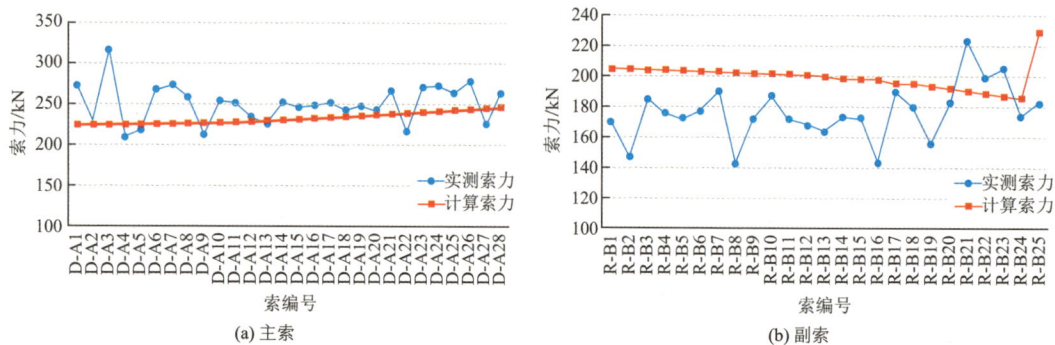

(a) 主索

(b) 副索

图 7.3-2 实测索力

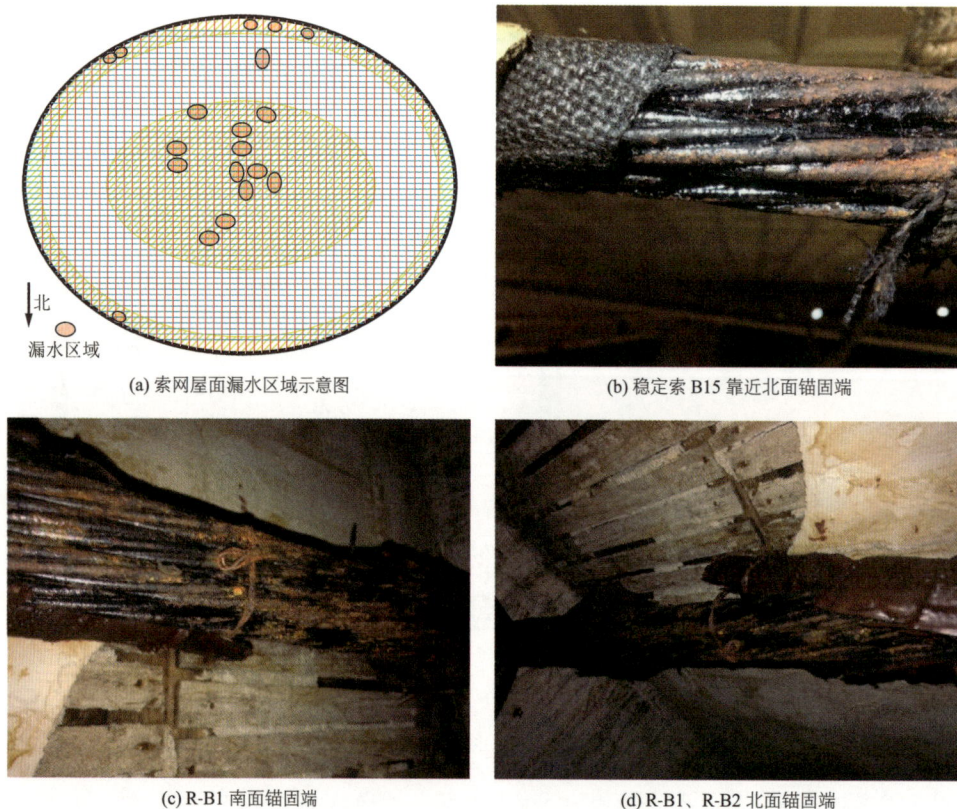

(a) 索网屋面漏水区域示意图

(b) 稳定索 B15 靠近北面锚固端

(c) R-B1 南面锚固端

(d) R-B1、R-B2 北面锚固端

图 7.3-3 索网保护层破损和索体表面锈蚀情况实测

经典解构 浙江省建筑设计研究院有限公司篇

7.4 屋面翻新和索网加固

7.4.1 屋面系统拆除翻新

原屋面的面层做法较为简单（图 7.4-1），先是在索网上面安装固定木格栅，再铺设杉木板和白铁皮，防水性能较差，使用过程中屋面渗漏问题时有发生。为彻底解决屋面防水问题，本次改造将原屋面面层拆除，采用图 7.4-2 做法，翻新为直立锁边铝镁锰防水屋面。

为适应索网屋面变形，直立锁边铝镁锰防水屋面的底座设计为可单向滑动，滑动方向与稳定索方向一致。

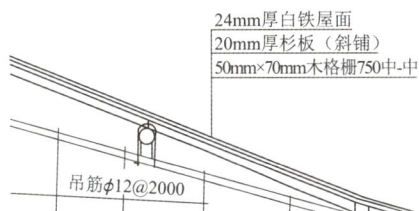

图 7.4-1 原图纸屋面面层做法

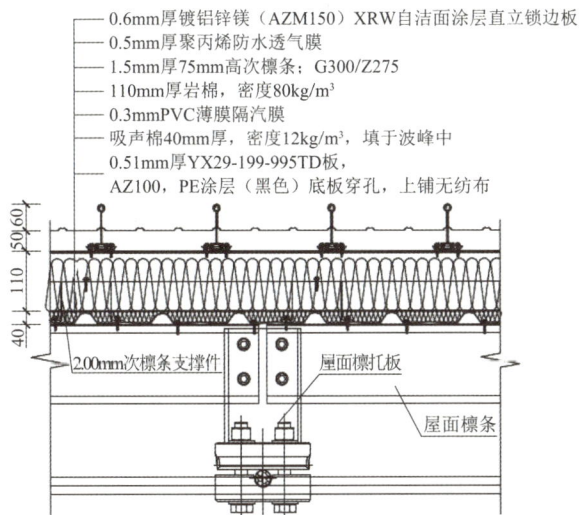

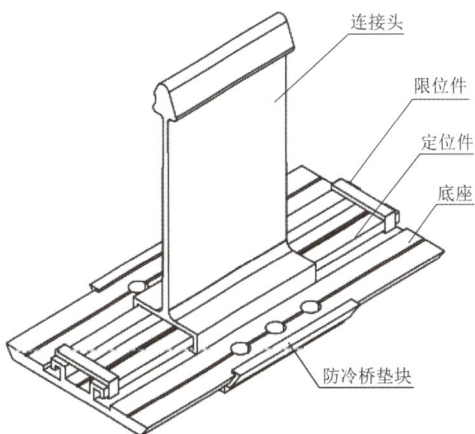

图 7.4-2 翻新后采用直立锁边铝镁锰防水屋面

新屋面安装前，先分块、分批、对称拆除原屋面面层，并将原承重索和稳定索之间的直径 6mm U 形钢筋夹具更新为新索夹（图 7.4-3），以满足直立锁边铝镁锰防水屋面的固定和安装要求。

(a) 原直径 6mm U 形钢筋索夹   (b) 新索夹

图 7.4-3 索夹变化

7.4.2　屋面索网结构加固

屋面翻新采用铝镁锰金属屋面板，原直径 6mm U 形钢筋夹具更换为新的索夹（新索夹每只质量约 20kg）；同时还要考虑亚运拳击比赛所需的新增灯光、音响设备、吊顶等吊挂荷重和新增马道等，屋面总荷载增加量较多。经计算，承重索的拉力增加较多，部分索力超过了原拉索的承载力；此外，考虑到实测索力的不均匀性，因此对既有索网采取适当加固措施。

方案阶段可供选用的加固方案主要有：①换索方案，根据计算拆除部分原拉索，采用承载力更高的新索；②并索方案，在原索位置紧靠着增设拉索予以加强；③增索方案，在承重索之间增设拉索予以加固。由于原索均锚固于周边混凝土环梁内，张拉端孔道已灌浆填实，旧索替换对混凝土环梁损伤较大，也不符合文物保护部门的要求。如采用在原索位置并索加强的方案，新增索的锚固存在较大难度，将导致索夹构造尺寸偏大，两端锚固支座不便施工等问题。经多方案比较，最终选择增索加固方案。

为确定新增拉索的数量和位置，通过计算进行多种方案比选，并考虑新增拉索张拉对混凝土环梁承载力的影响，最终确定在中间范围对称增加 11 根承重索的加固方案，新增拉索位置如图 7.4-4 所示。新增拉索采用直径 40mm 的密闭索，抗拉强度等级 1570MPa，索体理论最小破断力 1580kN，弹性模量 1.6×10^5MPa。

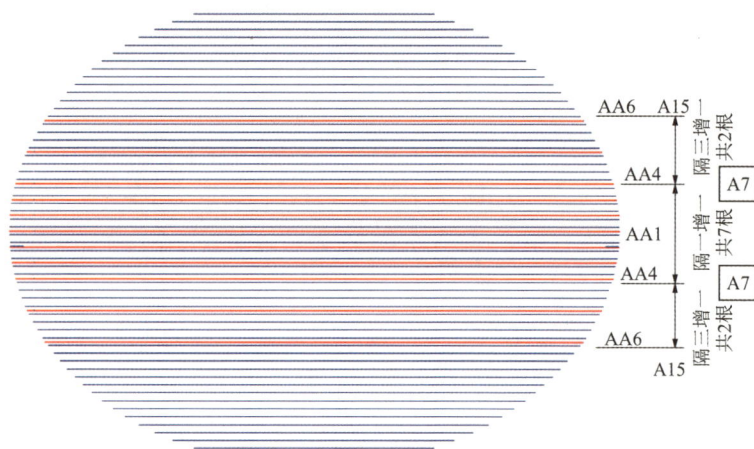

图 7.4-4　新增拉索所在位置及编号

根据结构检测报告和环梁承载力复核，对屋盖索网的周边混凝土环梁采用外包钢进行加固，提高环梁刚度和承载力，保证增索加固和屋面翻新改造后的设计要求。新增索与环梁连接节点，考虑了与环梁外包钢加固节点的一体化设计，如图 7.4-5 和图 7.4-6 所示。

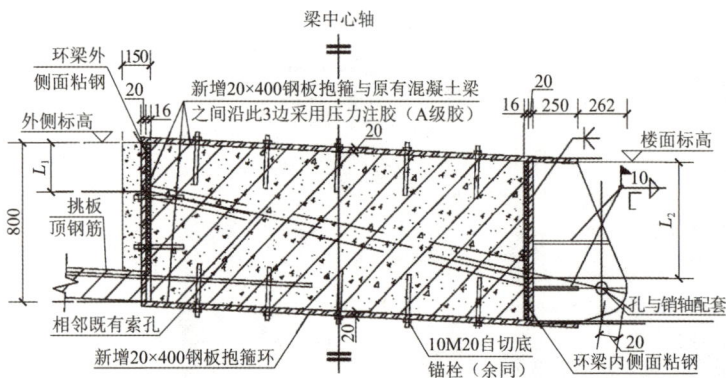

图 7.4-5　混凝土环梁外包钢加固节点

经典解构　浙江省建筑设计研究院有限公司篇

154

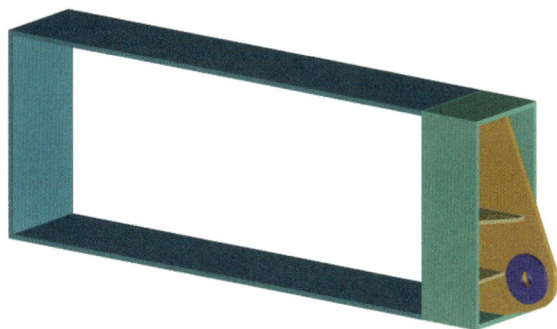

图 7.4-6 新增受力索与环梁连接节点

新增拉索采用一端固定、一端张拉的施工工艺。增索与环梁的连接节点设计，结合了混凝土环梁自身外包钢的加固方案，将环梁内侧加固钢板适当外伸，节点板上下与之双侧角焊缝连接，有效解决了新索的拉力传递问题。节点板开孔，通过销轴与索头相连，同时增设横向加劲板。新索张拉施工如图 7.4-7 所示。

图 7.4-7 新增拉索张拉施工

7.4.3 屋面系统拆除方案比较

拆除原屋面系统，对于索网而言，是个卸荷过程，会引起承重索拉力减小、稳定索拉力增大、索竖向上抬。考虑到屋盖索网结构的对称性，采取以下三种不同方式进行索网屋盖的卸载：①一次性卸载，假想一次性将所有屋盖结构的屋面去掉；②分两次卸载，从中间对称向两侧发展，以长轴四分点为界限；③分三次卸载。屋盖水平投影为椭圆，靠近中心处短轴方向跨度大，因此先对称沿着短轴同时两侧各卸载 10m 范围内的附加恒荷载，然后外扩分两侧 15m 范围进行卸载。三种不同拆除方案如图 7.4-8 所示。

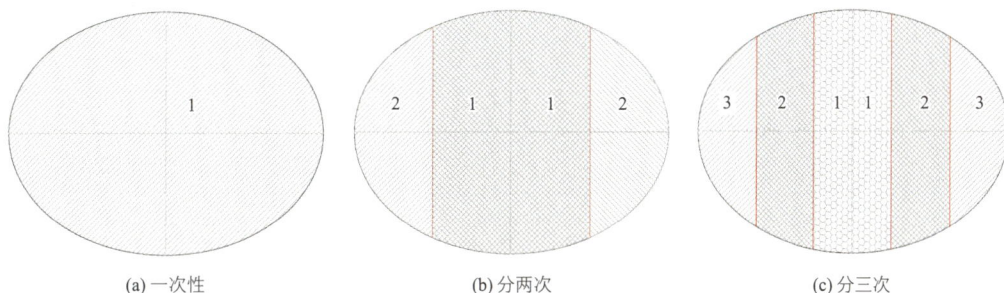

(a) 一次性   (b) 分两次   (c) 分三次

图 7.4-8 原屋面系统拆除方案

三种不同方式拆除原屋面系统，引起的索网结构中间最大竖向变形依次为 407.05mm、403.6mm、399.47mm，可以看出，分三次对称拆除引起的竖向变形最小，但影响不是很明显；拆除方案对拉索和圈梁内力的影响同样不明显。因此在后续分析中，为简化起见，采用一次性卸荷方案进行计算。

同时考虑到卸荷引起的竖向变形较大，屋面系统拆卸过程中建议增加适量配重，如图 7.4-9 所示。当屋面拆卸时配重取原压重的一半，即每个节点悬挂重量为 30kg，则竖向变形可以减小 64mm，承重索拉力仅增加 6.6kN。

图 7.4-9　随拆随挂的砂袋配重

7.4.4　屋盖索网结构改造施工全过程模拟

索网的内力分析结果和施工顺序有密切关系。结合现场施工条件，确定的主要施工工序为：①拆除原屋面系统，随拆随装配重；②更换原索夹，安装主檩条；③安装新索并进行第一次张拉，张拉力控制为设计张拉力的 60%，从中间新索 AA1 向两侧依次张拉；④新索第二次张拉，同样从中间向两侧张拉至设计张拉力的 100%；⑤安装新索和老索之间的新索夹，拆除配重；⑥安装铝镁锰金属屋面系统、吊顶和马道等。

统计屋面构造做法各部分重量，并考虑吊顶、灯光和音响等重量，屋盖翻新后附加质量取 50kg/m²，马道范围另附加均布恒荷载 0.5kPa。原有承重索和稳定索之间的新索夹，每个质量约 20kg，新增承重索和稳定索之间的索夹，每个质量约 15kg。

新索从中间向两侧分批张拉，第一次张拉到设计张拉力的 60%，第二次再完成 100%的张拉。新增拉索各索设计张拉力及两次张拉力见表 7.4-1～表 7.4-4。施工过程中对新增拉索的轴拉力进行监测。从监测结果看，新索第二次张拉完成后，计算索力与实测索力是非常接近的。

新索二次张拉的张拉控制值　　　　　　　　　　　表 7.4-1

索编号	设计拉索力/kN	第一次张拉 60%/kN	第二次拉至 100%/kN
AA1	260	156	260
AA2	240	144	240
AA3	230	138	230
AA4	220	132	220
AA5	220	132	220
AA6	210	126	210

新索第一次张拉的索力变化（单位：kN）　　　　　　　　　　表 7.4-2

工况序号	工况说明	索 AA1	索 AA2	索 AA3	索 AA4	索 AA5	索 AA6
1	第一次张拉新索 AA1	**156.0**	—	—	—	—	—
2	第一次张拉新索 AA2	144.9	**144.0**	—	—	—	—
3	第一次张拉新索 AA3	138.5	137.4	**138.0**	—	—	—
4	第一次张拉新索 AA4	134.8	133.3	133.1	**132.0**	—	—
5	第一次张拉新索 AA5	133.8	132.2	131.3	129.3	**132.0**	—
6	第一次张拉新索 AA6	133.8	132.1	130.9	128.4	129.0	**126.0**

新索第二次张拉的索力变化（单位：kN）　　　　　　　　　　表 7.4-3

工况序号	工况说明	索 AA1	索 AA2	索 AA3	索 AA4	索 AA5	索 AA6
7	第二次张拉新索 AA1	**260.0**	127.9	128.1	126.5	128.5	126.0
8	第二次张拉新索 AA2	252.1	**240.0**	122.7	123.0	127.3	125.9
9	第二次张拉新索 AA3	247.3	235.9	**230.0**	118.9	125.8	125.4
10	第二次张拉新索 AA4	244.5	232.9	226.0	**220.0**	123.8	124.6
11	第二次张拉新索 AA5	243.7	232.0	224.7	218.0	**220.0**	122.1
12	第二次张拉新索 AA6	243.6	231.9	224.4	217.3	217.6	**210.0**

新索第二次张拉后的实测索力　　　　　　　　　　　　　　　表 7.4-4

索编号	实测索力/kN	索编号	实测索力/kN
AA1	240.46	AA4-S	228.59
AA2-N	235.43	AA5-N	211.5
AA2-S	228.92	AA5-S	220.17
AA3-N	231.29	AA6-N	217.19
AA3-S	225.38	AA6-S	212.13
AA4-N	221.19		

图 7.4-10、图 7.4-11 为屋面翻新改造过程中各工况下的索网变形计算结果。可以看出，原屋盖旧面层拆除后，索网整体产生回弹变形，索网中心点挠度由拆除前的 274mm 回弹至 73mm；新索夹安装完成后，索网中心点挠度又增加至 140mm；11 根新索分二次张拉完成后，索网中心点挠度又回弹减小至 72mm；最后铝镁锰金属屋面系统、吊顶和马道全部安装后，索网中心点挠度增加至 278mm，与改造前的索网中心点挠度（274mm）基本一致。

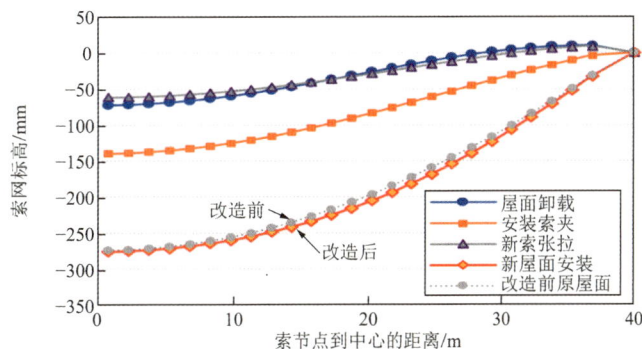

图 7.4-10　改造前后索网标高变化对比（承重索 A1）

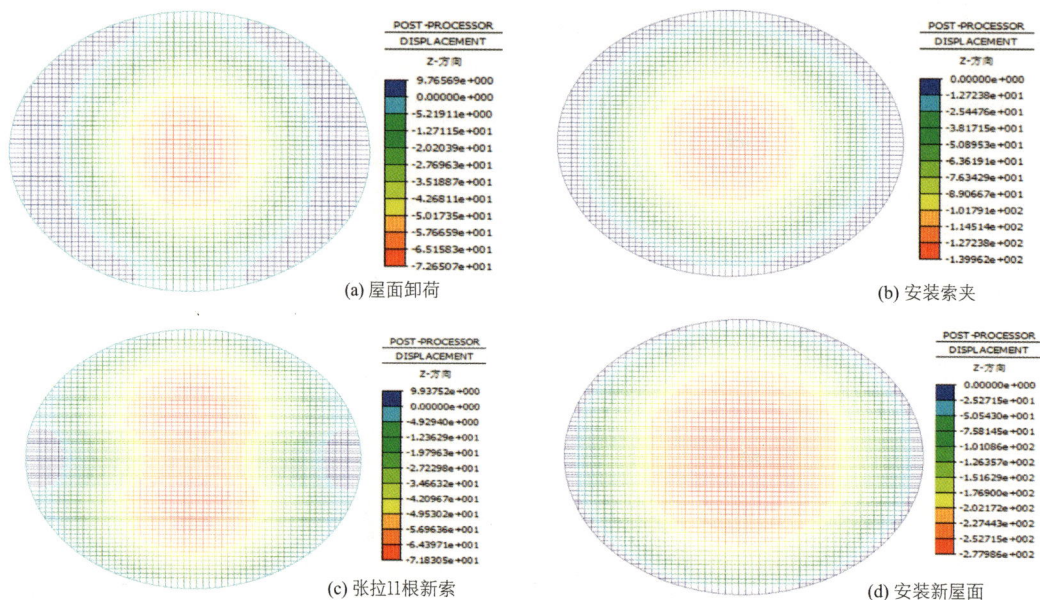

(a) 屋面卸荷

(b) 安装索夹

(c) 张拉11根新索

(d) 安装新屋面

图 7.4-11　屋面翻新改造过程各工况下的索网变形（单位：mm）

7.4.5　增索加固后的索网结构承载性能分析

增索加固和屋面翻新完成后，屋盖结构前 4 阶自振模态均表现为索网的上下振动（图 7.4-12），振型周期分别为：$T_1 = 0.9756s$，$T_2 = 0.8718s$，$T_3 = 0.8626s$，$T_4 = 0.7762s$。

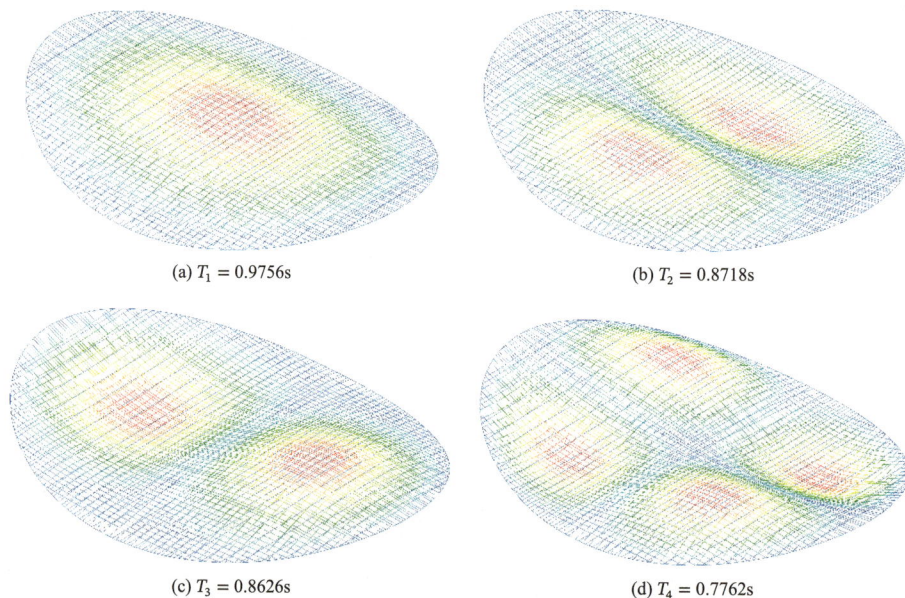

(a) $T_1 = 0.9756s$

(b) $T_2 = 0.8718s$

(c) $T_3 = 0.8626s$

(d) $T_4 = 0.7762s$

图 7.4-12　增索加固完成后屋盖结构的前四阶自振模态

初始态（即新屋面安装完成，未施加屋面活荷载的状态）时，主索索力为 186～260kN，副索索力为 208～248kN，其中新增索的索力为 247～254kN，如图 7.4-13 所示。比较各种组合工况下的索网内力，"1.3 恒荷载 + 1.5 雪荷载"为最不利组合工况，该工况下索网组合内力为 205～385kN，均满足索的承载力要求。

考虑到实测索力波动幅度较大，与理论计算索力之间存在较大差异，为此重构了基于实测索力的索网模型，将屋面翻修改造前的索力计算值替换为实测索力。基于实测索力的索网模型，初始态时主索计算索力为 173～326kN，副索计算索力为 149～254kN（图 7.4-14）。可见无论是主索还是副索，索力变化范围相比于理论模型有明显增大。最不利组合工况"1.3 恒荷载 + 1.5 雪荷载"对应计算结果如图 7.4-15

经典解构

浙江省建筑设计研究院有限公司篇

所示，索网组合内力设计值为 124～455kN，个别索组合内力设计值略超承载力，但若按"1.2 恒荷载 +
1.4 雪荷载"进行组合，承载力可基本满足要求。

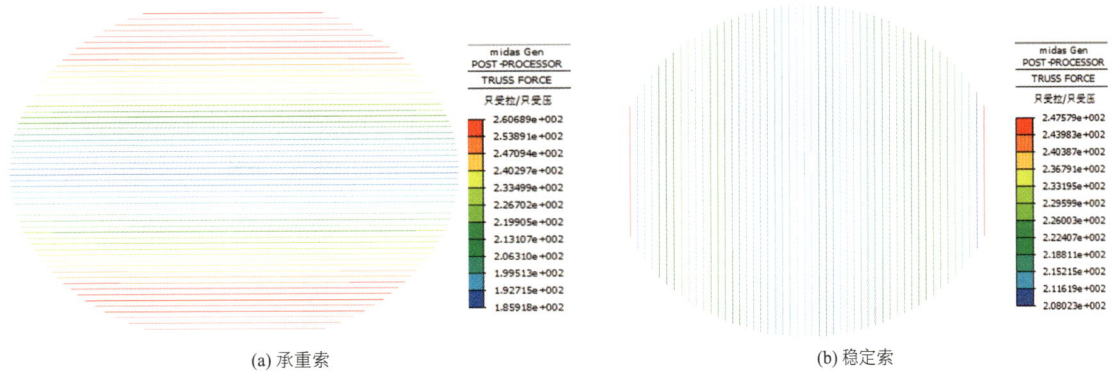

(a) 承重索   (b) 稳定索

图 7.4-13 基于设计模型的初始态索网索力（单位：kN）

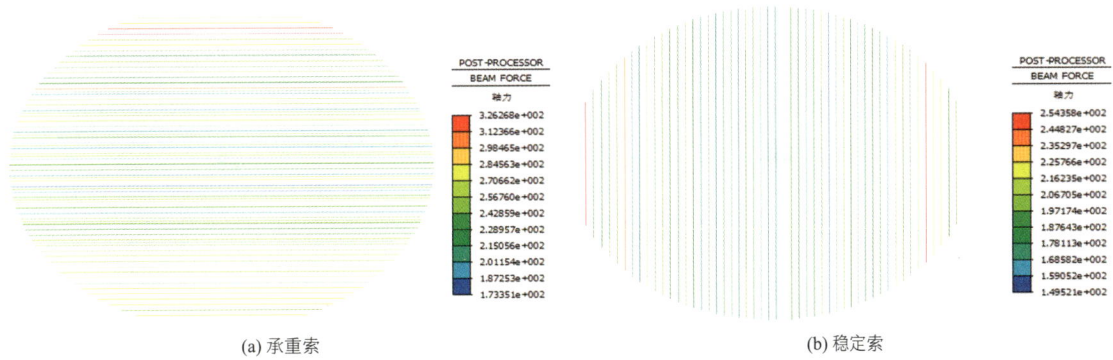

(a) 承重索   (b) 稳定索

图 7.4-14 基于实测索力模型的初始态索网索力（单位：kN）

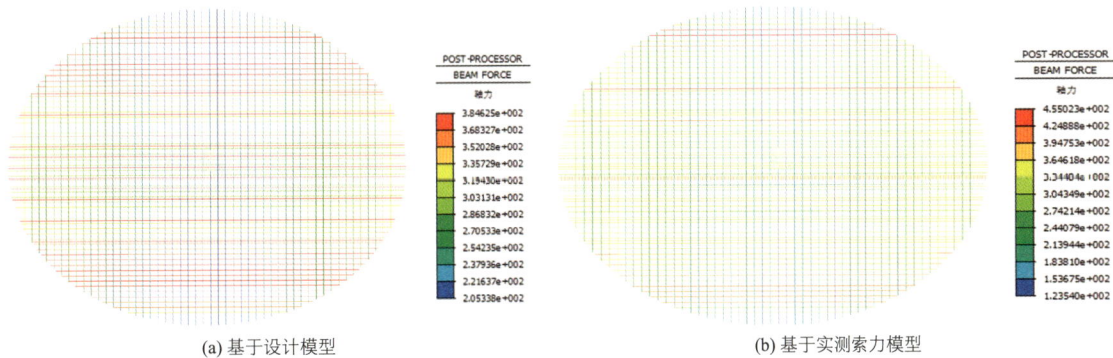

(a) 基于设计模型   (b) 基于实测索力模型

图 7.4-15 最不利组合工况下的计算索力组合值（单位：kN）

7.5 索网结构抗火与耐久性提升设计

7.5.1 索网结构抗火设计

屋面索网采用防火涂料防火时，在防腐胶带上涂刷防火涂料难度较大且极易脱落，较难达到规范要求的耐火极限 1.5h；若采用包裹防火毡防火，则防火毡的厚度超过 30cm，完整抵消了索网结构轻巧的特点，为历史保护建筑所不允许。因此，本工程进行了屋面索网防火性能研究，通过对防腐层阻燃性、索网结构耐火性、人员疏散安全性三个方面的防火研究（图 7.5-1、图 7.5-2），可知在采取消防增强措施后，各火灾场景下的索网结构抗火性能均能得到保障，屋面索网可不额外采用防火保护措施。

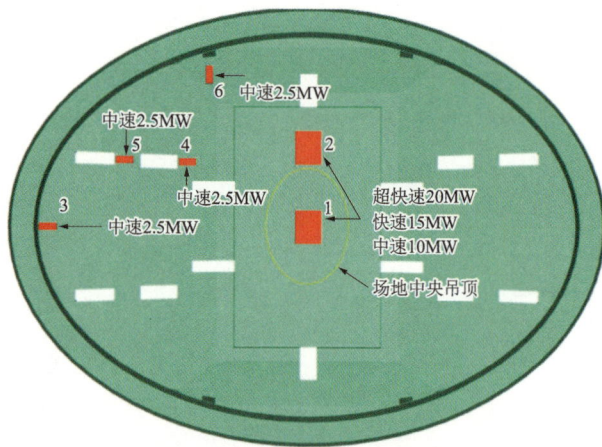

火源1：比赛场地中央（舞台、擂台常规位置）
火源2：比赛场地中央吊顶边缘正下方（距索网15.2m）
火源3：东西向送风口边缘正下方（距索网最近：7.5m）
火源4：东西向看台二层出口处（疏散分析）
火源5：东西向看台三层出口处（疏散分析）
火源6：南北向看台二层出口处（疏散分析）

图7.5-1　火灾场景设置示意图

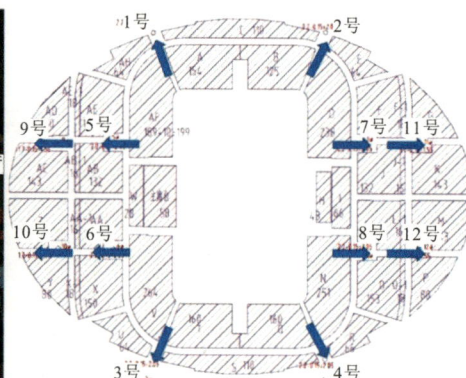

图7.5-2　疏散场景设置示意图（图中1～12号为安全疏散口）

经典解构　浙江省建筑设计研究院有限公司篇

　　模拟结果见表7.5-1、表7.5-2。结果表明，随着温度升高，索网张力逐渐减小，副索在高温作用下内力变为负值后退出工作，在温度达到300℃时，索网结构跨中节点竖向位移为948mm，索网跨中竖向位移随温度升高平稳变化，未出现明显突变或骤降趋势，表明此过程索网结构仍未失稳，临界温度值＞300℃。而基于模拟分析结果，最不利火灾场景下，安全疏散时间内索网升温的最高温度为243℃，小于临界温度。

各工况人员疏散时间　　　　　　　　　　　　　　　　　　　　　表7.5-1

工况编号	疏散运动时间T_M/s		必需安全疏散时间T_{RSET}/s
	疏散至准安全区（二楼疏散平台/无功能厅）	疏散至安全区（地面一层）	
1-YS	426	456	691
2-YS	463	497	736
3-YS	497	528	776
4-YS	431	461	697
1-CB	389	419	647
2-CB	424	458	689
3-CB	443	475	712
4-CB	398	432	658
1-ZZ	381	416	637
2-ZZ	422	453	686

索网升温和辐射模拟结果　　　　　　　　　　　　　　　　　　　表7.5-2

火灾场景	火源位置	HRR/MW	排烟系统	索网最高温度/℃	临界温度/℃	整体安全性校核	安全性判定
1-A-20	场地中央	20	20	174			安全
2-A-20	场地吊顶	2.5	20	179	＞300	安全	安全
3-A-2.5	看台三层边缘	2.5	2.5	155			安全

火灾场景	火源位置	HRR/MW	排烟系统	索网最高温度/℃	临界温度/℃	整体安全性校核	安全性判定
1-B-20	场地中央	20	20	215			安全
2-B-20	场地吊顶边缘	2.5	20	243			安全
3-B-2.5	看台三层边缘	2.5	2.5	146			安全
2-A-15	场地中央	20	15	163	>300	安全	安全
2-A-10	场地中央	20	10	131			安全
2-B-15	场地中央	20	15	199			安全
2-B-10	场地中央	20	10	153			安全

7.5.2 索网耐久性提升

原有拉索表面通过浇筑沥青、缠绕油布形成保护层，阻隔外部空气接触。改造前检测发现，大部分拉索表面完好，但考虑到索网已服役 50 余年，且屋面局部渗漏水已导致个别钢绞线索保护层破损、索体表面锈蚀（图 7.3-3），对索承载能力和耐久性产生一定影响，故对索网的索体表面进行适当处理，提升耐久性。

索网耐久性提升措施主要包括：①索体表面处理，包括清除原包裹索体的油布和沥青，锈蚀处打磨处理等（图 7.5-3）；②索体表面均匀涂抹防蚀膏，确保表面平整；③缠绕防腐胶带形成新的防护层（图 7.5-4、图 7.5-5）。

(a) 现状	(b) 打磨处理后

图 7.5-3 索网表层打磨处理

图 7.5-4 防腐胶带　　　　图 7.5-5 现场缠绕防腐胶带施工

7.6 看台结构加固设计

体育馆建于 20 世纪 60 年代，结构服役年限已超过设计工作年限，看台结构加固主要目的是延长结构后续工作年限，同时结合抗震加固提升结构整体抗震性能。

根据结构安全性检测报告，部分混凝土梁、楼板和承重砖墙存在较普遍的裂缝，某些裂缝甚至是贯穿性裂缝，影响构件承载力和耐久性能。另一方面，第五代地震动区划图颁布之前杭州为 6 度设防区，而《建筑抗震设计规范》GBJ 11—89 执行前 6 度区一般不考虑设防，因此本工程当时是按非抗震结构进行设计的。对照现行国家标准《建筑抗震鉴定标准》GB 50023—2009，体育馆结构主要存在以下不利于结构抗震的问题：①混凝土结构和砌体结构混合承重；②混凝土剪力墙单向布置，且墙厚仅 120mm；③部分混凝土梁与柱之间采用铰接连接；④软土地基采用砂桩复合地基，累积沉降大，对外界扰动十分敏感。

7.6.1　原看台结构体系

体育馆主馆上部二层（局部三层），采用现浇钢筋混凝土框架-剪力墙、砌体混合承重结构；观众席高区看台采用框架-剪力墙结构（剪力墙厚 120mm），低区看台采用砌体结构（详见图 7.6-1）。观众席看台采用 L 形预制板，走道采用现浇楼板，其他局部楼（屋）面采用现浇梁板结构。

主馆南、北两侧系单层单跨的附房，砌体结构屋面采用单向密肋楼盖叠合梁板现浇结构，密肋梁一端搁置在外立面的承重砖墙上，另一端铰接在主体结构外环梁的牛腿上，附房平面两端与主馆东、西门厅的交接处设置伸缩缝，与主馆上部结构脱开。

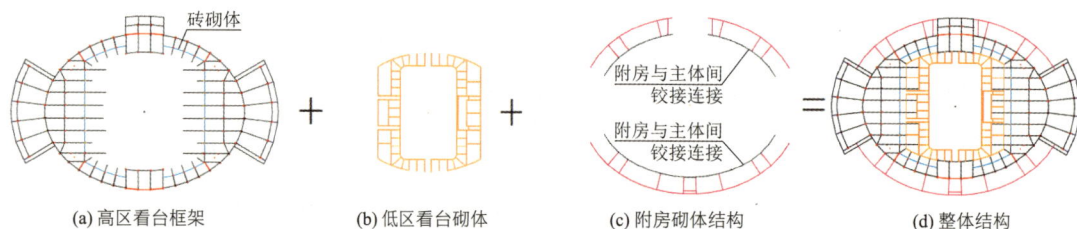

| (a) 高区看台框架 | (b) 低区看台砌体 | (c) 附房砌体结构 | (d) 整体结构 |

图 7.6-1　改造前结构平面简图

7.6.2　既有建筑结构安全性及抗震性能鉴定

按照《建筑抗震鉴定标准》GB 50023—2009 及《建筑抗震加固技术规程》JGJ 116—2009 的有关规定，本工程按后续使用年限 30 年的要求进行设计，按 A 类建筑进行抗震鉴定，采用综合抗震能力评定的方法进行计算复核、加固设计。30 年到期后，应重新进行结构安全性及抗震性能鉴定。

根据检测鉴定报告，本工程主体结构差异沉降及各向倾斜率测量结果均符合规范要求，地基基础无严重静载缺陷，可不进行地基基础抗震承载力验算。上部结构主要存在以下几方面的问题：

（1）主馆竖向承重构件为砌体与混凝土框架-剪力墙联合承重，属不合理承重体系。

（2）主馆 Y 方向未布置剪力墙，不符合《建筑抗震设计规范》GB 50011—2010（2016 年版）中框剪结构应双向设置剪力墙的规定。

（3）主馆东、西两侧系居中对称沿径向布置的三跨框架结构，第二内跨的框架梁一端铰接在柱子的牛腿上，另一端搁置在砖砌体的扶壁柱上，如图 7.6-2 所示，不符合现行规范的要求。

（4）主馆南、北两侧系居中对称沿径向布置的框架结构，内跨看台梁一端搁置在柱子上，另一端搁置在馆内环向内走廊的承重墙体上，如图 7.6-3 所示，搁置点未设置构造柱，该承重墙体也未设置圈梁，不满足《建筑抗震鉴定标准》GB 50023—2009 第 5.2.4 条的规定。另外，因框架 KJ-9 与 KJ-10 径向跨度不同，内侧柱不在同一环向轴线上，错位 3.0m，使两榀框架的环向连系梁无法闭合形成整体，不符合现行规范的要求。

（5）主馆部分梁柱节点区域及柱端加密区箍筋直径及间距不满足《建筑抗震鉴定标准》GB 50023—2009 第 6.2.3 条、第 6.2.4 条的规定。框架填充墙砌体均未设置拉结筋，不满足《建筑抗震鉴定标准》GB 50023—2009 第 6.2.7 条的规定。

（6）主馆东、西门厅雨篷悬挑梁根部区域均有倒 U 形裂缝，竖向分布，上宽下窄，为短时间局部超载所致，属于受力裂缝，最大缝宽 3.70mm，裂缝宽度已大大超过规范允许限值，影响结构构件承载力和耐久性。

（7）根据抗震鉴定计算结果，部分梁柱承载力、剪力墙稳定性、砌体承重墙抗震验算不满足要求。

从上述检测鉴定结果看，上部结构不符合《建筑抗震鉴定标准》GB 50023—2009 第一级鉴定的多项规定,依据《建筑抗震鉴定标准》GB 50023—2009,可按《建筑抗震设计规范》GB 50011—2010(2016年版)的方法进行抗震计算分析,按《建筑抗震鉴定标准》GB 50023—2009 第 3.0.5 条的规定进行构件抗震承载力验算,计算时构件组合内力设计值不做调整,但应按《建筑抗震鉴定标准》GB 50023—2009 第 6.2.12 条的规定估算构造的影响。

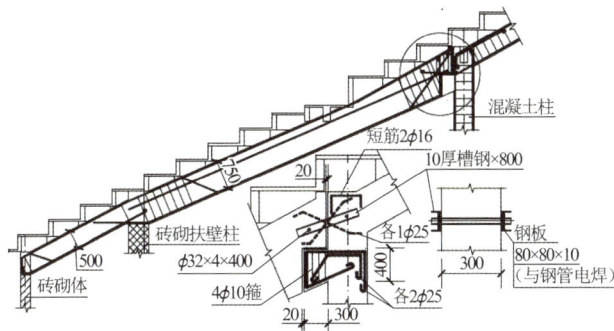

图 7.6-2 主馆东、西两侧框架立面详图

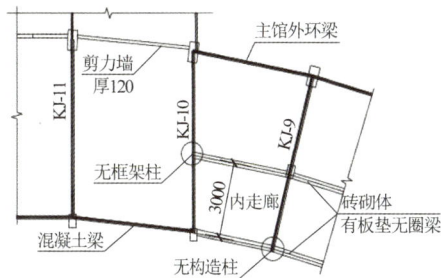

图 7.6-3 主馆北侧局部框架结构

7.6.3 既有结构综合抗震性能复核

看台为混凝土和砌体混合承重结构、附房为砌体结构,本工程既有建筑加固改造后的小震弹性抗震验算分别按"混凝土 + 砌体结构"和"全混凝土结构"模型进行计算,整体计算时看台板按弹性楼板考虑。结构抗震加固按上述两个模型的验算结果进行包络设计,图 7.6-4 为整体结构模型。

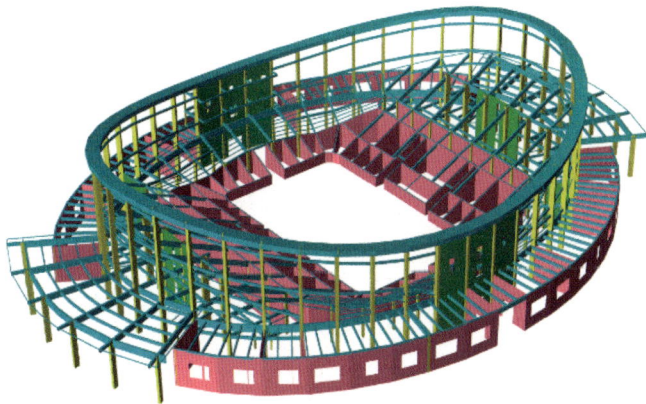

图 7.6-4 整体结构模型

由于原建筑结构按非抗震进行设计,第一级鉴定的综合评价不满足抗震要求,本工程的加固改造采用性能化设计思路:综合抗震能力验算,提高结构构件抗震承载力,放宽某些构造要求,从而达到缩小加固范围、节约成本、缩短工期,最大限度减轻加固施工对原有结构损伤的目的。

依据《建筑抗震鉴定标准》GB 50023—2009 给出综合抗震能力验算方法,结构构件的抗震验算可表示为:

$$S \leqslant \psi_1\psi_2 R/\gamma_{Ra} \tag{7.6-1}$$

式中:S 为结构构件内力组合的设计值;R 为结构构件承载力设计值;γ_{Ra} 为抗震鉴定的承载力调整系数,取 $\gamma_{Ra} = 0.85\gamma_{RE}$;$\psi_1$ 为整体构造影响系数,对于本工程可取 0.8~1.0,实际均按加固前结构取 0.8;ψ_2 为局部构造影响系数,对于本工程可取 0.7~0.95,实际均按加固前结构取 0.7。

通过对荷载或作用分项系数的调整,就可利用目前国内常用的结构设计软件实现综合抗震能力验算,具体通过以下途径实现:

由式(7.6-1),得:

$$0.85S/\psi_1\psi_2 \leqslant R/\gamma_{RE} \tag{7.6-2}$$

令 $\eta = 0.85/(\psi_1\psi_2) = 0.85/(0.8 \times 0.7) = 1.518$，则 $S_d = \eta S = \eta\gamma_G S_G + \eta\gamma_{Eh} S_{Eh}$

因此，综合抗震能力验算可表示为：

$$S_d \leqslant R/\gamma_{RE} \tag{7.6-3}$$

式(7.6-3)即为一般结构的抗震承载力验算公式，因此，通过对有地震作用参与组合的荷载或作用的分项系数考虑放大系数 η，即可利用现有软件进行抗震承载力验算，本工程具体组合系数见表7.6-1。

荷载或作用的分项系数   表7.6-1

序号	组合	恒荷载		活荷载		风	水平地震
		不利	有利	不利	有利		
1	恒＋活	1.35	1.0	0.7×1.4	0	—	—
2	恒＋活	1.2	1.0	1.4	0	—	—
3	恒＋活＋风	1.2	1.0	0.7×1.4	0	1.4	
4	恒＋活＋风	1.2	1.0	1.4	0	0.6×1.4	
5	恒＋活＋水平地震	$1.2\eta = 1.82$	$1.0\eta = 1.52$	$1.2 \times 0.5\eta = 0.91$	$0.5\eta = 0.76$	—	$1.0\eta = 1.52$

注：按《建筑抗震鉴定标准》GB 50023—2009 表中第5种组合中不考虑放大系数时的地震作用分项系数取1.0（一般为1.3）。

7.6.4　既有建筑上部结构加固设计

根据鉴定报告及综合抗震承载力验算结果，从结构体系、结构构件及梁柱节点等方面对上部结构进行改造加固，本工程主要改造内容见图7.6-5。

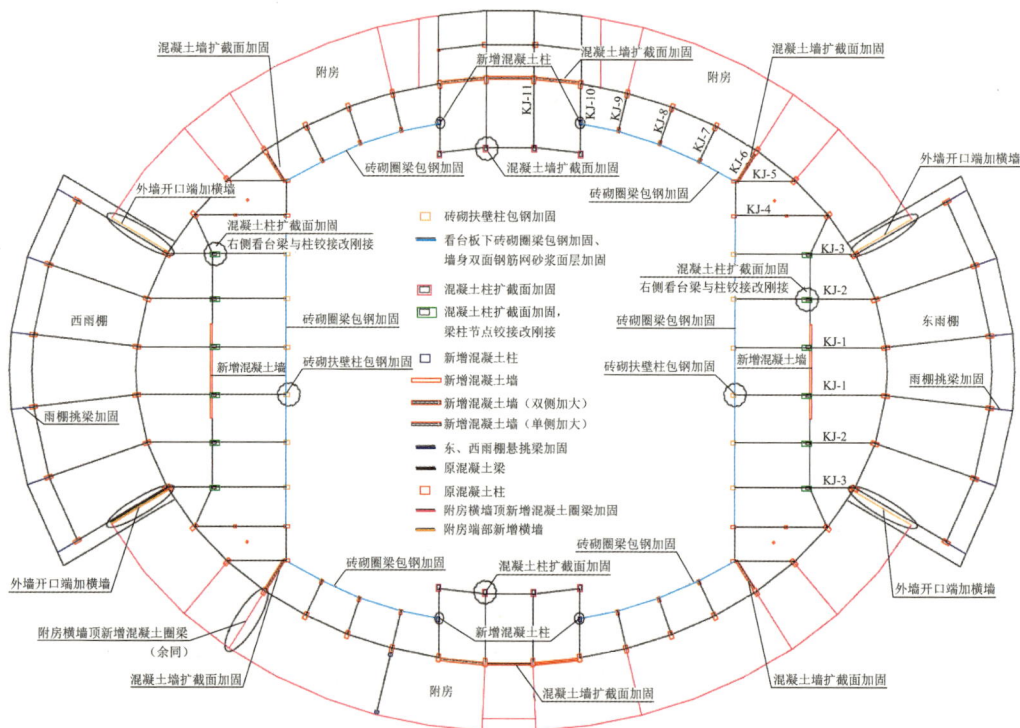

图 7.6-5　上部结构加固改造平面

（1）结构体系整体加固改造

局部增设剪力墙形成双向抗侧体系。在主馆东、西两侧高区看台下的合适位置各增加了一道250mm厚的Y向剪力墙，新增剪力墙与原有框架梁、截面增大的框架柱整浇成一体，形成双向框架-剪力墙抗侧体系。同时，原整体稳定性验算不满足的 120mm 厚剪力墙加厚至 240mm。

针对框架-砖墙混合承重结构的加固。高区看台框架结构平面东北、西北、东南、西南侧框架的内侧端柱间通过砌体承重墙相连，东西两侧框架最内侧以砖砌体扶壁柱为支座，相互间也通过砌体承重墙相

经典解构　浙江省建筑设计研究院有限公司篇

连，因此，高区框架没有形成双向整体的混凝土框架体系。本次改造通过对"原砖砌体扶壁柱外包竖向角钢＋钢板箍＋穿墙螺杆"、"原有混凝土板垫头＋砖砌体＋外包水平向钢板（通长）＋穿墙螺杆"＝"砖砌体钢板组合连系梁"的复合加固改造；并在其交接处用电焊连成整体，外包钢件与砖砌体之间的间隙，压注灌浆料或用聚合物改性水泥砂浆填充密实；使砖砌体与外包钢件紧密组合在一起，与扶壁柱相连的砖砌体均采用水泥砂浆和钢筋网砂浆面层加固法进行双面加固处理；以实现与原有框架体系的有效联合，达到共同承重目的；另外，框架 KJ-10 新增中柱，并在与其同一环向轴线上的 KJ-9 之间新增混凝土连系梁，以此完成框架体系的闭合改造。

针对梁柱铰接连接的节点加固。通过增大原带牛腿的框架柱截面，再采用内包钢件、外包混凝土的方法将原东、西两侧框架结构梁柱节点的铰接关系（图 7.6-2）改为刚接（图 7.6-6），使主馆的主体结构形成较完整的结构体系，更可靠地支承上部结构。

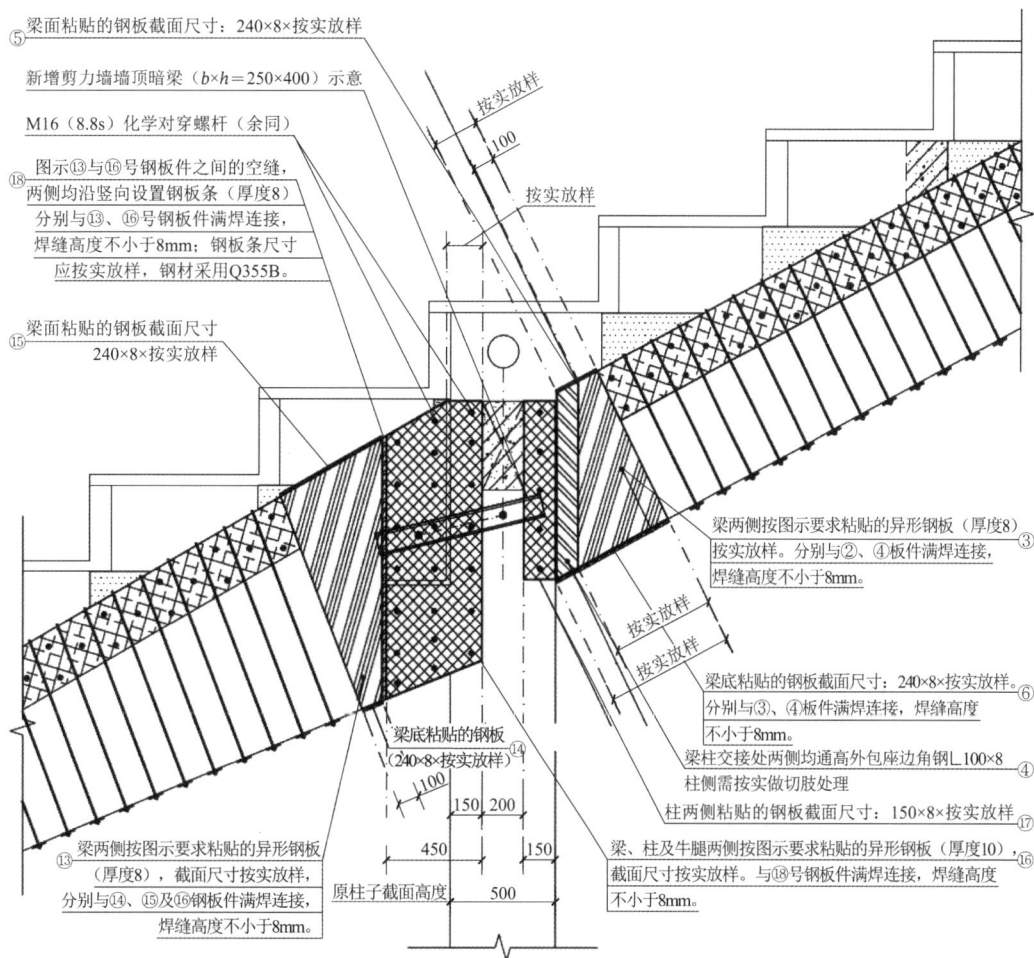

图 7.6-6　框架梁柱节点铰接改刚接详图

附房平面砌体结构的端部，位于伸缩缝位置，呈开口状，没有横墙，影响结构整体抗侧能力，本次结构改造在端部增设横墙。

（2）构件及节点加固设计

根据框架梁、柱承载力不足的程度和类型分别采用增大截面加固法、外粘型钢加固法、粘贴纤维复合材加固法等进行加固。如对底层正截面承载力不足的框架柱采用增大截面法加固；对顶层正、斜截面承载力不足的框架柱采用外包型钢法加固；对斜截面承载力不足的框架梁采用外包封闭式扁钢箍加固；梁柱节点采用附加扁钢箍＋化学对穿螺栓的方法进行加固。

附房内保留的原有砖砌体均采用水泥砂浆和钢筋网砂浆面层加固法进行双面加固；附房外立面墙体凡窗洞宽度为 3.20m 的洞口、径向横墙与外立面墙体交接处均采用外包型钢法加固。

东、西门厅雨篷悬挑梁的裂缝多且较宽，影响结构安全。故加固设计时，在湿式外包钢施工工艺的基础上，专门采取了挑梁顶面钢板与门厅柱顶面钢板两者安装时，事先预留一定张拉变形量的做法，并采用预应力张拉法使挑梁顶面钢板预先受力，待拉力达到预定的设计值后，在保持拉力不变的状态下，尽快完成挑梁与门厅柱顶面两者外包钢板之间的等强焊接。这样，一方面可部分卸除挑梁承受的荷载，减小挑梁的挠度；另一方面可使挑梁顶面的外包钢板能立即参加工作，确保加固效果，雨篷悬挑梁加固平面见图7.6-7，剪力墙、柱、梁加固如图7.6-8～图7.6-10所示。

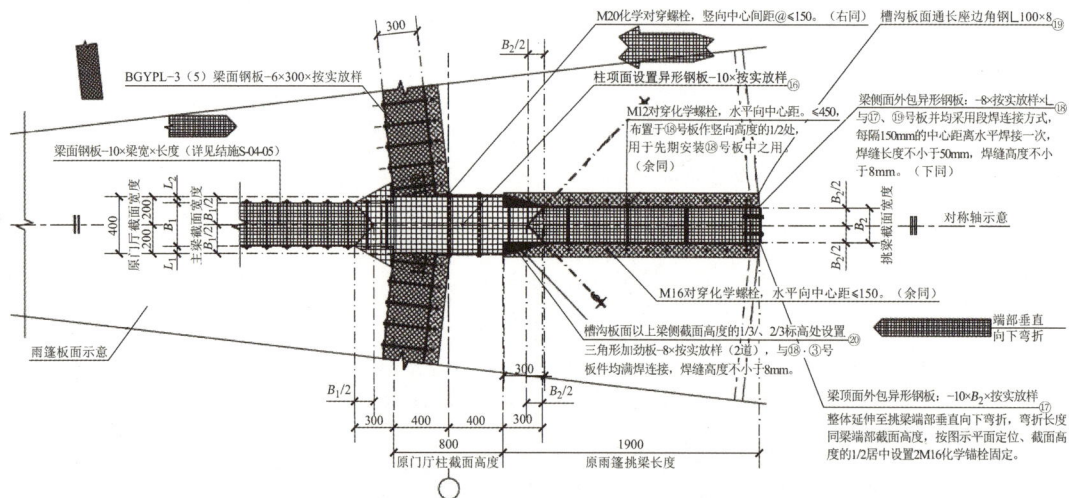

图 7.6-7　东、西门厅雨篷悬挑梁加固平面

图 7.6-8　剪力墙加大截面法加固

图 7.6-9　柱加大截面法加固

图 7.6-10　梁外包钢加固

7.7　地基基础加固设计

由于本次改造涉及功能和平面布置修改的内容均在地面层，二层、看台层基本维持原建筑功能和布

局，屋面也是在基本保持原荷载基础上进行的改造翻新，原建筑墙、柱底荷载基本不变；经计算，改造后基底总荷载增加不到5%，荷载主要来源于新增混凝土墙和原混凝土墙的加厚，因此墙柱下基础可不进行加固。另外，考虑到北侧紧贴体育馆与体育馆改造同步建设的训练馆的基坑开挖以及今后周边可能的基槽开挖对本工程的不利影响，支撑索网屋面环梁的主柱基础采用补桩加固，降低基础不均匀沉降的风险。

考虑到补桩施工均在室内进行，场地狭小、高度受到限制等因素，故补桩采用锚杆静压桩，桩型为边长250mm的钢筋混凝土预制方桩。同时为满足受力及补桩的需要，凡补桩处原基础结构均进行增大截面处理。锚杆静压桩要求采用预压封桩，如图7.7-1所示。

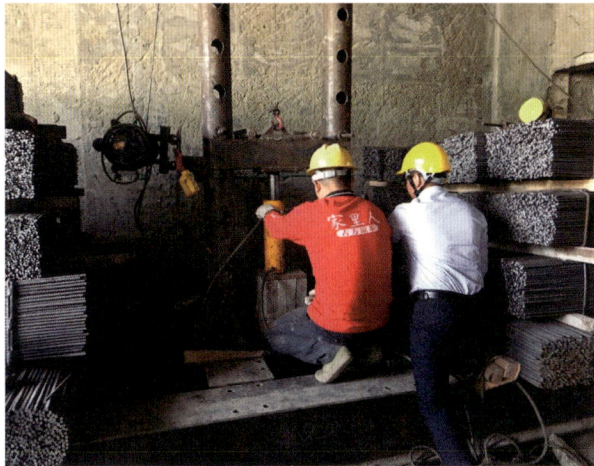

图7.7-1　锚杆静压桩施工（现场钢筋堆载反压）

参考资料

[1] 杨学林，周平槐，李晓良，等. 杭州亚运会拳击场馆杭州体育馆屋盖单层索网结构提升改造分析与设计[J]. 建筑结构，2022, 52(15): 98-104.

[2] 李晓良，杨学林，邰海波，等. 杭州亚运会拳击场馆杭州体育馆提升改造工程结构加固设计[J]. 建筑结构, 2022, 52(15): 91-97.

设计团队

结构设计单位：浙江省建筑设计研究院有限公司（初步设计＋施工图设计）

结构设计团队：杨学林、周平槐、李晓良、邰海波、丁　浩、叶甲淳

执　　笔　人：周平槐

获奖信息

2023年浙江省行业优秀勘察设计成果建筑结构设计专业类一等奖

第 8 章

杭州黄龙体育中心主体育场
亚运改造提升

8.1 工程概况

黄龙体育中心主体育场位于浙江省杭州市曙光路，是浙江省重点工程项目，也是杭州亚运会的足球赛场。黄龙体育中心主体育场总占地面积 15 公顷，总建筑面积近 10 万 m²，于 1997 年 6 月启动建设，于 2000 年 10 月建成，可容纳近 6 万观众观赛，改造前实景图见图 8.1-1，平面图见图 8.1-2，1-1 剖面图见图 8.1-3。

改造前抗震设防烈度为 6 度，基本风压和雪压均为 0.40kN/m²。项目设一层整体地下室，在吊塔区域设局部两层地下室，基础采用钻孔灌注桩。体育场主体结构平面投影呈圆形，采用框架-剪力墙结构，短向直径为 245.4m，南北对称布置的两座吊塔为核心筒结构，高度均为 88.5m。钢屋盖的外环平面为圆形，周长为 781m；内环平面为椭圆形，周长为 572m。屋盖东西向中心轴线最高处标高为 39.000m，最低处标高为 31.800m。

图 8.1-1　黄龙体育中心亚运改造前实景图

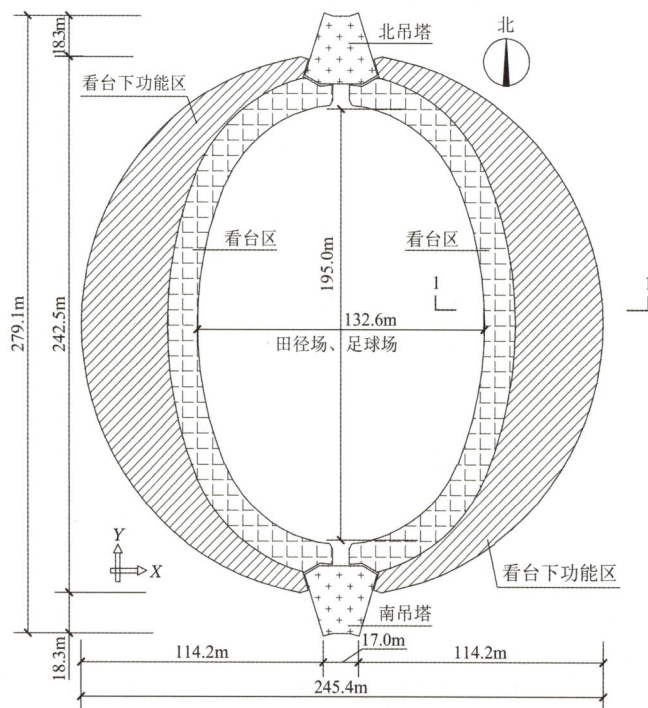

图 8.1-2　黄龙体育中心体育场平面图

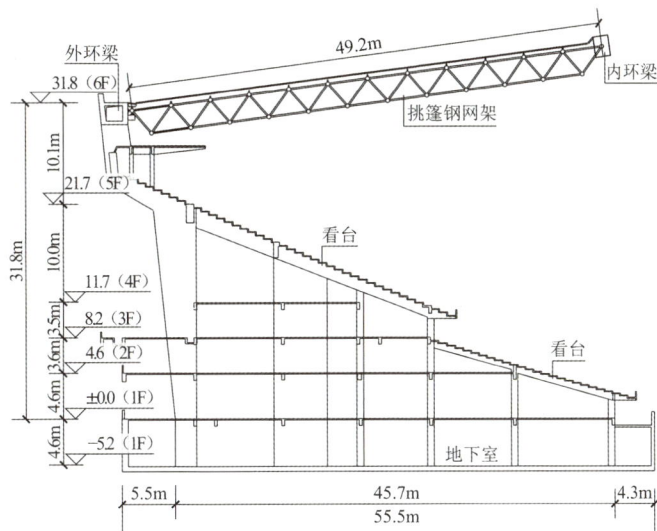

图 8.1-3　黄龙体育中心体育场剖面图

钢屋顶的受力体系由网架、斜拉索、外环混凝土箱梁、内环钢箱梁和两侧的吊塔共同组成。网架为类正方四角锥形式的焊接球节点网架，网架杆件和焊接球选用 Q235B 钢材，东西两侧的网架下方分别布置约 200m 长的稳定索。斜拉索一端锚固于吊塔中，另一端锚固于内环钢箱梁中。南北两座吊塔均由东西两肢组成，每肢吊塔上有 9 束钢索，四肢吊塔共 36 束斜拉索。

为满足杭州亚运会足球赛事的各项要求，需对其进行整体更新改造，具体结构改造内容涉及：拆除重建场馆外与主体结构设缝脱开的环形配套用房；屋顶钢结构的检测评估和修复，斜拉索的检测和耐久性提升，屋面围护结构更换；重新分割场馆内部分空间，调整机房和设备管井布置，局部增设楼梯和电梯。

8.2　主体混凝土结构抗震性能分析

根据第五代区划图，项目所在地杭州市西湖区抗震设防烈度已经由《建筑抗震设计规范》GBJ 11—89 规定的 6 度提升为 7 度，主体育场结构改造是否需要对整体结构进行抗震加固是本次改造提升关注的重点。参照《建筑抗震鉴定标准》GB 50023—2009 第 1.0.6 条，黄龙体育中心主体场未超出设计使用年限且已按照《建筑抗震设计规范》GBJ 11—89 进行设计，使用功能没有改变，仍是体育建筑。建立整体模型（图 8.2-1），荷载按调整后的建筑平面输入，局部楼梯和电梯的拆改按实际输入，计算后得知，改造前后主体结构的前三阶周期、质量、位移变化幅度均在 5%以内，说明主体结构的承载力和抗震性能无明显变化，可以不进行整体结构的抗震加固。结构布置和使用功能不变的区域按 6 度进行复核，局部结构布置和使用功能改变区域按现行抗震设防烈度复核及加固设计。

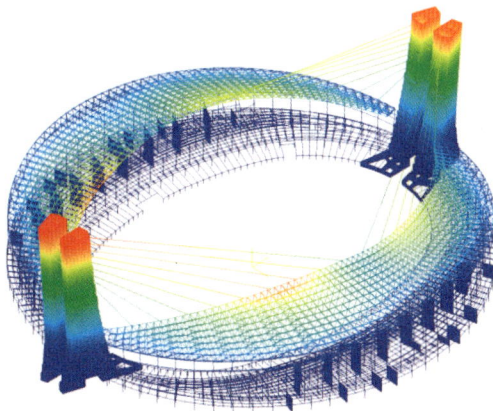

图 8.2-1　结构整体模型（第一振型）

因黄龙体育中心主体育场为承担亚运功能的重要体育建筑，按照设防烈度 7 度（0.1g）、后续使用年限 30 年的性能要求进一步验算结构抗震性能。取 30 年对应地震作用调整系数 0.8，主体结构在小震作用下不考虑偶然偏心作用的层间位移角，见图 8.2-2（a），在规定水平力作用下考虑偶然偏心作用的最大位移比，见图 8.2-2（b）。

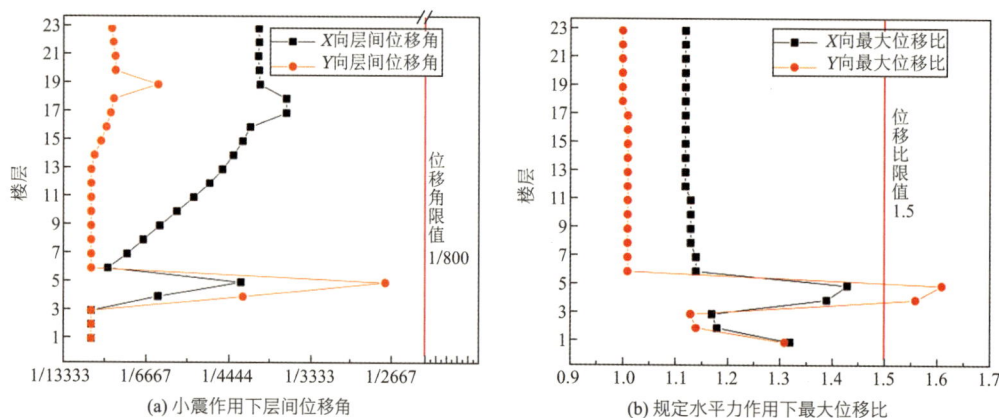

(a) 小震作用下层间位移角　　　　　　　　(b) 规定水平力作用下最大位移比

图 8.2-2　小震作用下层间位移角和最大位移比

由图 8.2-2 可知，主体结构网架以上（6 层以上）的吊塔核心筒结构层间位移角均小于 1/3300，最大位移比均小于 1.15，远小于规范的层间位移角限值 1/800 和位移比限值 1.5。整体结构的最大层间位移角为 1/2701，最大位移比为 1.61，位移比稍大于规范限值，但最大层间位移角远小于规范限值，且计算梁柱配筋 98% 以上区域均未超筋，判定整体结构基本可满足小震不坏的性能要求。层间位移角最大的楼层为五、六层（网架层及下一层），因为这部分结构混凝土楼板面宽较小，抗侧刚度相对较弱。

大震弹塑性分析选用特征周期为弹性时程分析特征周期 + 0.05s 的 Loma Prieta_NO_745（天然波 1）、RH3TG040（人工波 1）、Gilroy_NO_2024（天然波 2）三条地震波，采用预应力模拟初始索力，用非线性结构分析软件 PACO-SAP 对结构进行大震弹塑性分析，大震下各构件损伤结果如图 8.2-3 和图 8.2-4 所示。

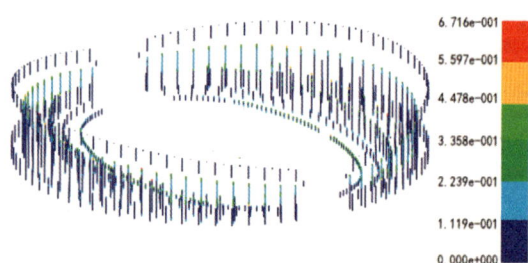

图 8.2-3　大震下混凝土框架柱弹塑性损伤云图　　　图 8.2-4　大震下混凝土剪力墙和外环梁弹塑性损伤云图

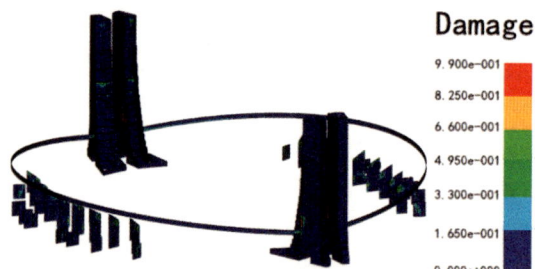

由图 8.2-3 可知，钢筋混凝土框架柱仅 3、4 层部分柱出现重度损伤（红色部分），占全部柱数量约 7%，其余均为中等、轻度损伤。由图 8.2-4 可知，剪力墙仅第 4、7、8、13 层局部出现重度损伤，重度损伤的剪力墙约占全部剪力墙的 3%，90% 以上剪力墙均为轻度及以下损伤。吊塔结构最大弹塑性层间位移角约 1/106，下部看台层最大弹塑性层间位移角约 1/300，均小于规范限值 1/100。

根据小震、大震分析结果，主体育场满足设防烈度 7 度、使用年限 30 年抗震承载力要求，按照局部改造的思路进行局部承载力补强即可。

8.3　斜拉索索力测试

斜拉索系统由平行钢绞线束、QMS 型体系锚具、HKPE 防护系统、减震装置和密封装置等组成。斜拉索外径为 225mm、180mm、140mm、110mm。钢绞线束采用ϕ15.20 钢绞线体系，其抗拉强度标准值

经典解构　浙江省建筑设计研究院有限公司篇

为 1860N/mm²。36 根斜拉索分为对称的四个区，每个区的斜拉索分别编号 1~9 号，1、2 号斜拉索由 49 根钢绞线束组成，3、4 号斜拉索由 31 根钢绞线束组成，5 号斜拉索由 17 根钢绞线束组成，6 号斜拉索由 12 根钢绞线束组成，7~9 号斜拉索由 7 根钢绞线束组成。

主体育场结构已使用近 20 年，作为重要受力构件的斜拉索因温度变化等各种环境因素产生了索力损失，对屋顶钢结构的内力分布有影响，需要重新分析结构变形和杆件应力状态。

斜拉索索力测定方法目前有油压表读数法、压力传感器测试法、频率振动法、光纤光栅应变式测量法等，其中油压表读数法、压力传感器测试法、光纤光栅应变式测量法很难对已经完工的索进行测量，因此本项目采用频率振动法测定斜拉索索力。

8.3.1 频率振动法基本原理

在斜拉索上安装加速度传感器，在环境激励下利用加速度传感器拾取斜拉索的随机振动信号，通过频域分析获取斜拉索的频谱图，识别出斜拉索的各阶振动固有频率，最后根据其固有频率、边界条件、刚度等参数来计算索力。

将拉索模拟为在平面内振动的弦，利用弦振动理论对拉索索力与振动频率间的关系进行分析。假定索的两端是铰支的（与本工程实际情况相符），则索力 T 的计算公式为：

$$T = \frac{4WL^2}{n^2 g} f_n^2 - \frac{n^2 EI \pi^2}{L^2}$$

式中：EI 为索的抗弯刚度；n 为索的针对阶数；W 为单位索长所受到的重力荷载；L 为索长；f_n 为频率；g 为重力加速度。

8.3.2 索力测试

受当天气候、风速、附近道路通行汽车振动等环境影响，测出的频率本身会有一定的误差，因而频率振动法测出的索力仅用来大体评估拉索的实际工作状态。为保证索力测试的准确度，本次测量选择在晴朗无风的时候进行。根据四组拉索的对称性和每组拉索的索力比例关系，对实测索力进行综合分析评定。委托第三方对屋盖结构 36 根斜拉索索力进行检测，斜拉索编号如图 8.3-1 所示，实测索力见表 8.3-1。由表 8.3-1 可知，实测斜拉索索力比理论值（施工张拉记录数据）稍低，均存在预应力损失情况，但大多数索力与理论值偏差在 17% 以内，仅 3、4 号斜拉索与理论值偏差稍大，偏差的幅度约为 22%，但所有斜拉索均未出现几何松弛现象。经检查，斜拉索索体本身无明显的损伤和锈蚀，锚头状态良好。

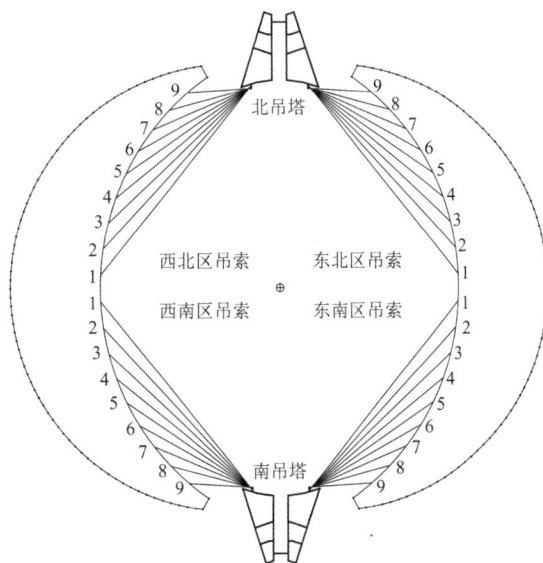

图 8.3-1　斜拉索编号

拉索编号		理论索力T/kN	实测索力T'/kN	偏差/%
西北区拉索	1	3645	3405	−6.6
	2	3839	3169	−17.4
	3	2307	1807	−21.7
	4	2238	1747	−21.9
	5	1260	1068	−15.3
	6	893	825	−7.6
	7	547	477	−12.8
	8	529	442	−16.5
	9	525	480	−8.6
西南区拉索	1	3731	3405	−8.7
	2	3750	3363	−10.3
	3	2307	1807	−21.7
	4	2238	1747	−21.9
	5	1253	1068	−14.8
	6	892	795	−10.9
	7	546	471	−13.7
	8	529	446	−15.7
	9	525	471	−10.2

根据同一侧屋盖对称位置测出的索力差异大小，可以判断出结构是否处于正常受力状态。由表 8.3-1 可知，同一侧屋盖南北对称位置索力偏差大部分在 5%以内，判定索力测试结果可信。

8.4　基于实测索力的钢结构屋顶分析

采用有限元软件 MIDAS Gen 对主体育场钢结构屋顶进行基于实测索力的分析。风荷载选用主体育场建造时的风洞试验结果，温度作用考虑结构 ±30℃变化，并分别与负风压、正风压及重力荷载组合。

8.4.1　按原设计工况分析

计算时结构材料、荷载及工况等设计信息根据体育场建设时的结构计算资料确定，图 8.4-1～图 8.4-4 给出了各种不利工况下的变形和应力图。工况 1 为恒荷载 + 活荷载 + 正风压荷载标准组合；工况 2 为 1.32 恒荷载 + 1.31 雪荷载 + 1.31 风荷载 + 1.10 温度作用组合。

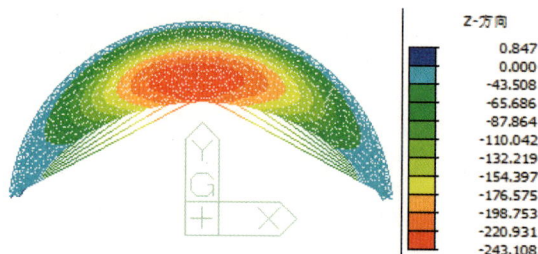

图 8.4-1　工况 1 网架竖向变形（单位：mm）

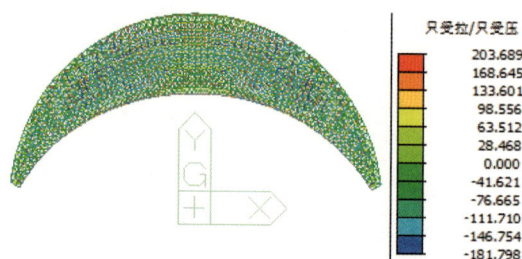

图 8.4-2　工况 2 网架应力（单位：N/mm²）

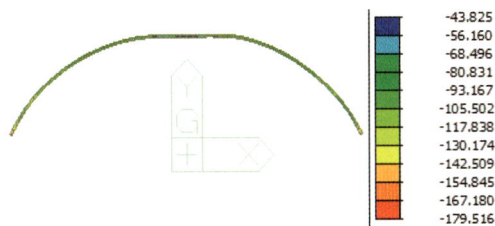

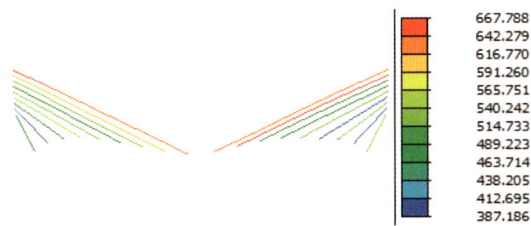

图 8.4-3 工况 2 内环梁应力（单位：N/mm²）　　　图 8.4-4 工况 2 斜拉索应力（单位：N/mm²）

由图 8.4-1～图 8.4-4 可知，结构在标准荷载组合下的最大竖向位移约为 243mm；基本组合工况下网架大部分杆件应力低于 80N/mm²，处于较低应力状态，网架短向杆件应力相对较高，最大应力约为 203.7N/mm²，小于 Q235 钢的设计强度；该工况内环梁受压，最大压应力约为 179.5N/mm²，斜拉索应力 667.8N/mm²，各项指标均满足要求。

8.4.2　单索失效极端情况验算

假定本次测试索力损失绝对值较大的西北区 2 号索失效，分析单索失效对屋顶钢结构安全的影响，分析结果如图 8.4-5～图 8.4-8 所示。

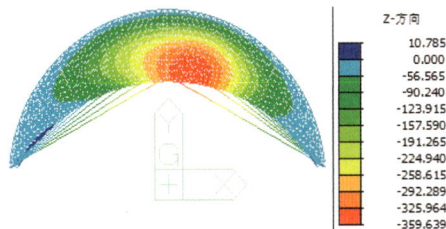

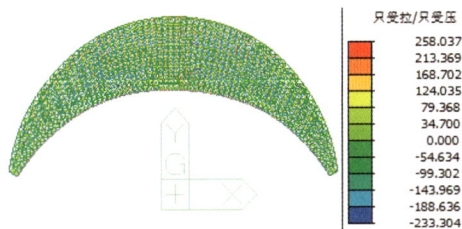

图 8.4-5 工况 1 网架竖向变形（单位：mm）　　　图 8.4-6 工况 2 网架应力（单位：N/mm²）

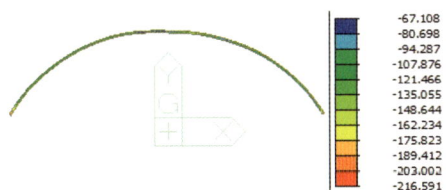

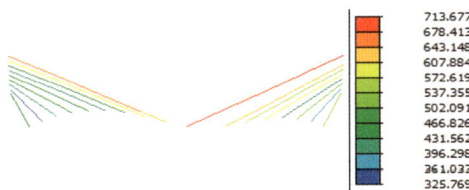

图 8.4-7 工况 2 内环梁应力（单位：N/mm²）　　　图 8.4-8 工况 2 斜拉索应力（单位：N/mm²）

比较实测索力与假定单索失效后的计算结果可知：斜拉索最大应力由 667.8N/mm² 增大到 713.7N/mm²，但仍小于斜拉索强度设计值 1320N/mm²。靠近断索的拉索，拉力增加较大，距离较远的变化较小。内环梁还是处于受压状态，仅支座处最大应力（216.6N/mm²）稍大于钢材强度设计值 215N/mm²，其余部分均满足要求；网架最大竖向位移区域从中点附近转移至失效单索位置附近，位移值由 243mm 变为 359.6mm，大于网架短向跨度的 1/250；网架最大应力由 203.7N/mm² 变为 258N/mm²，大于钢材强度设计值 215N/mm²，说明单索失效后对屋顶钢结构安全性影响较大，必要时及时换索。设计此类结构时斜拉索应留有一定的余量，并定期监测索力。

8.5　屋面板翻新改造分析

8.5.1　屋面做法

黄龙体育中心主体育场金属屋面系统面积约 19700m²，采光窗约 5000m²，原屋面为 0.53mm 厚镀铝锌压型钢板屋面。因使用时间过长而产生了锈蚀，需要对原屋面进行整体改造翻新。改造方案保留了原主檩条，更换了次檩条，拆除原有旧屋面围护系统，更换为 0.9mm 厚 H65 铝锰镁合金直立锁边扇形板系统，表面 PVDF 涂层，直立锁边系统加强了屋面抗风性能。图 8.5-1 为屋面直立锁边系统，图 8.5-2 为抗风夹，施工过程中和完成后的照片见图 8.5-3 和图 8.5-4。

图 8.5-1 屋面板的直立锁边系统

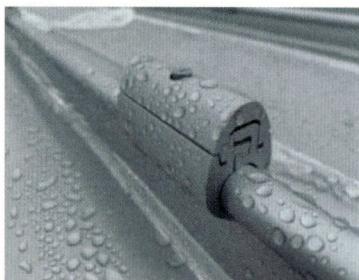

图 8.5-2 抗风夹

图 8.5-3 屋面翻新过程中

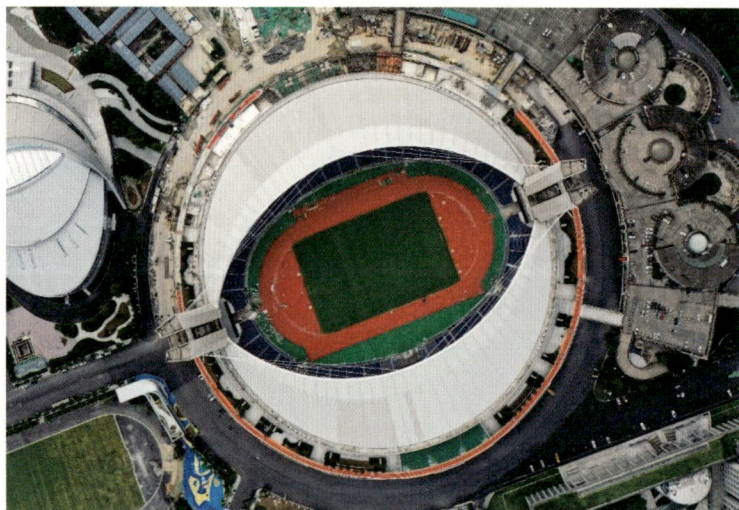

图 8.5-4 屋面翻新完成后

8.5.2 屋面受力分析与施工过程监测

考虑到钢网架＋斜拉索结构体系受力复杂，对屋面整体改造换新过程做了受力分析及施工监测，分析了屋面更换前、拆除过程中、拆除完成后及更换完成后的斜拉索、网架及内环梁等构件的受力及变形状态，以此来判断结构更换过程中屋顶应力和变形是否一直处于安全状态。

经计算，0.9mm 厚 H65 铝锰镁合金直立锁边板荷载为 0.05kN/m²，次檩条荷载为 0.055kN/m²，与原始屋面彩钢板荷载（0.07kN/m²）及冷弯型钢檩条荷载（0.05kN/m²）相比，屋面受荷情况变化不大，有利于结构整体的安全性。

工况 3 为原始屋面自重作用，工况 4 为拆除屋面后自重作用，工况 5 为屋面封闭后自重 + 正风压作用，不同工况作用下索力见表 8.5-1。由表 8.5-1 可知，工况 4 与工况 3 相比，索越长索力变化越大。四根最短的索索力变化在 10kN 以内，可忽略不计；两侧最长的两根索索力减小约 50kN，变化幅度不到 2%。与工况 4 的索力相比，工况 5 两侧各两根最长的斜拉索索力分别相差约 632kN、680kN，索力变化平均幅度达 20%，不可忽略，但索力没有超出强度设计值。

不同工况状态下的索力　　　　　　　　　　　　　　表 8.5-1

拉索编号		工况 3/kN	工况 4/kN	工况 5/kN
西北区拉索	1	3210	3161	3210
	2	2991	2939	3618
	3	1669	1635	2069
	4	1612	1580	1991
	5	1004	988	1188
	6	789	780	891
	7	459	456	495
	8	425	424	433
	9	467	467	459
西南区拉索	1	3199	3150	3782
	2	3319	3266	3946
	3	1651	1617	2050
	4	1604	1572	1981
	5	1009	993	1191
	6	603	594	703
	7	473	470	508
	8	406	405	413
	9	507	507	500

图 8.5-5 为不同工况状态下屋面的竖向位移，可知工况 3 网架靠近内环梁中点区域变形最大，竖向位移为 +86.0mm（向上为正），工况 4 竖向位移变为 +104.5mm，增大约 18.5mm。工况 5 内环梁跨中附近位移约为 −143.0mm，比工况 4 下降 247.5mm；工况 5 位移最大区域向网架的几何中心靠近，最大竖向位移为 165.7mm。经验算，上述工况的最大竖向位移均小于结构跨度的 1/250，满足规范要求。

第三方机构对整个屋面施工过程进行了监测，监测结果显示竖向位移较改造前增大幅度为 16mm，与数值模拟结果 18.5mm 较为接近；索力监测结果与数值模拟偏差也在 15% 以内。说明在屋面改造翻新过程中，结构受力与变形均在容许范围内。

(a) 工况 3

(b) 工况 4

(c) 工况 5

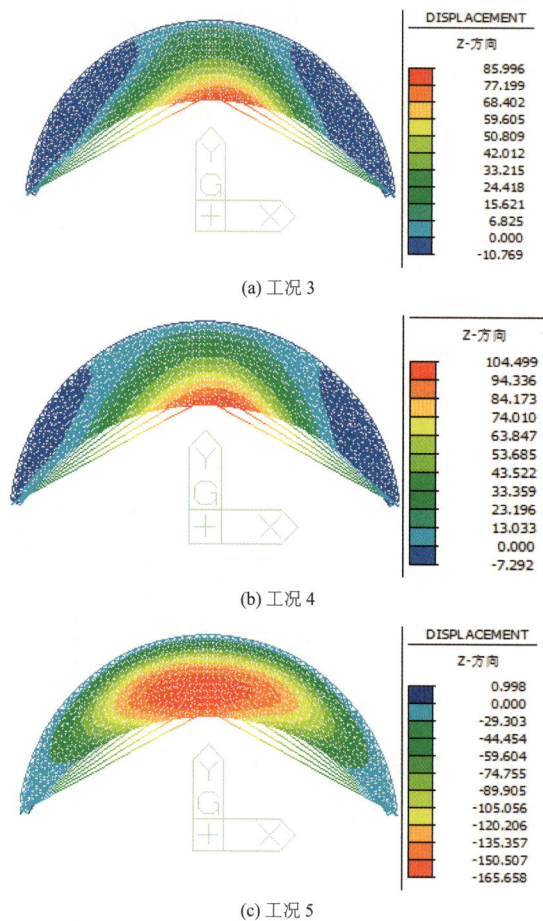

图 8.5-5　不同工况状态下屋面的竖向位移（单位：mm）

8.6　耐久性设计

8.6.1　斜拉索锚头检查与修复

拆开索在塔楼端的保护罩观察，锚头原防腐油脂饱满，油脂部分变白，出现轻微乳化现象，见图 8.6-1；清理完成后发现钢绞线夹持锚固平整牢靠、无滑丝、断丝、松脱现象，钢绞线无锈蚀，见图 8.6-2。将主索锚具内防腐油脂更换为白蜡，提高耐久性。

图 8.6-1　东北 6 号塔端清理油脂、除锈前照片

图 8.6-2　东北 6 号塔端清理油脂、除锈后

8.6.2　斜拉索涂装换新

由于斜拉索长期暴露于自然环境中，极易遭受环境腐蚀，特别是大气中的 SO_4^{2-}、CO_2、Cl^- 等腐蚀性

物质。针对斜拉索护套刮伤、孔洞等损伤，先将损伤处 PE 剥除，将相同 PE 母材填充在拉索破损处，采用加热套管在损坏的斜拉索破损位置处对 PE 原料进行热熔补充，冷却后用磨光机对修补处打磨光滑，施工照片见图 8.6-3。

图 8.6-3　PVF 带缠包施工

8.6.3　钢网架检测与修复

在风吹雨淋侵蚀的环境下防腐、防火涂层材料的实际寿命不超过 10～15 年，经过 21 年，网架上弦、下弦、腹杆、内环梁、檩条及焊接球节点普遍存在掉漆及锈蚀现象，见图 8.6-4。

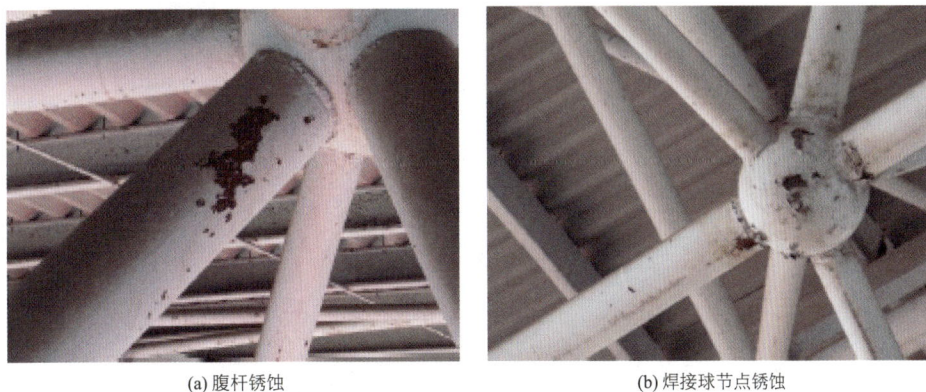

(a) 腹杆锈蚀　　　　　　　　　　　　　(b) 焊接球节点锈蚀

图 8.6-4　网架部分区域锈蚀图示例

除锈、防腐蚀和防火做法：锈蚀的钢材表面采用手工和动力除锈，达到 St3 标准；重新涂装前先进行清洁、干燥等预处理，防锈底漆选用溶剂型无机富锌底漆，涂刷两遍，漆膜总厚度不小于 65μm；选用 100μm 改性环氧有机硅耐热面漆；喷涂超薄型防火喷涂，耐火极限不小于 2.0h。

8.7　亚运改造提升效果

黄龙体育中心亚运改造提升之后的俯视实景图、立面实景图和室内实景图见图 8.7-1～图 8.7-3，经过本次改造，结构的安全性、耐久性进一步提升，2022 年杭州亚运会足球比赛场地在黄龙体育中心成功举办。

图 8.7-1　亚运改造提升后的俯视实景图

图 8.7-2　亚运改造提升后的立面实景图

图 8.7-3　亚运改造提升后的室内实景图

参考文献

[1]　程绍革. 大型公共建筑加固改造若干问题的思考[J]. 建筑结构, 2021, 51(17): 91-97.

[2]　浙江大学. 黄龙体育中心主体育场钢结构检测评估报告[R]. 2020.

[3] 滕军, 卢云军, 朱焰煌. 大跨空间钢结构模态频率的温度影响监测与分析[J]. 工程抗震与加固改造, 2010, 32(3): 36-41.

[4] 任伟新, 胡卫华, 林友勤. 斜拉索模态试验参数研究[J]. 实验力学, 2005, 20(1): 102-108.

[5] 北京大学湍流研究国家重点实验室, 中国建筑科学研究院建筑结构研究所. 浙江省黄龙体育中心主体育场挑篷风荷载及内场风环境模拟实验研究[R]. 1996.

[6] 中国建筑科学研究院建筑结构研究所. 浙江省黄龙体育中心主体育场挑篷结构整体分析计算[R]. 1998.

[7] 柳州欧维姆工程有限公司. 浙江省黄龙体育中心改造项目斜拉索体系维护施工方案[R]. 2020.

设计团队

结构设计单位：浙江省建筑设计研究院有限公司

结构设计团队：焦　俭、卢云军、陈伟伟、彭佳成、姜　峰、叶甲淳、杨学林

执　笔　人：卢云军

获奖信息

2023 年浙江省勘察设计行业优秀勘察设计成果建筑工程设计类三等奖

第 9 章

湖州南太湖奥体中心
体育场和游泳馆

9.1 工程概况

湖州南太湖奥体中心工程位于浙江省湖州市仁皇山新区北片，主要由体育场、游泳馆和小球馆组成。体育场位于醒目位置，会议酒店、会展中心、康复中心、游泳馆以及附属的商业中心等围绕着体育场，形成整体。在尊重湿地自然特征的基础上，形成了总体布局和地势造型，芦苇岛和水路作为点缀，如图 9.1-1 所示。体育场占地面积约为 1.6647 万 m²，总建筑面积约为 8.91 万 m²。体育场外形如同百合花，圆形外壳直径约 260m，屋顶椭圆形开口长轴约 186m，短轴约 150m；固定座约 4 万个，建成后实景如图 9.1-2 所示。下部混凝土看台沿着内场一圈环向设置，东西看台较高，最高处标高为 27.300m。看台下方设有 1 层地下室，埋深 5.8m，面积约为 2.49 万 m²。地下室局部在标高 −2.000m 设有设备夹层。看台和地下室均不设缝。

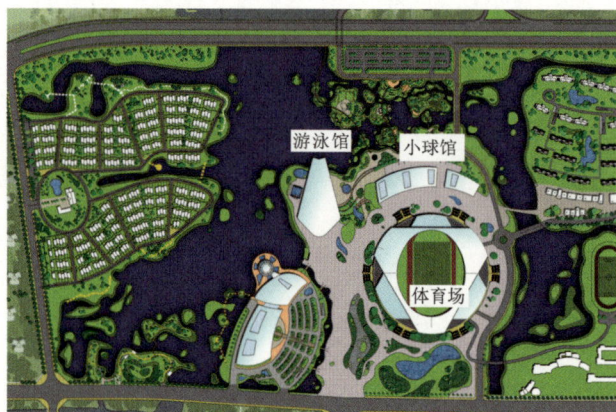

图 9.1-1　湖州市南太湖湿地奥体公园总平面图

图 9.1-2　体育中心建成实景

游泳馆位于体育场的左上方，斜卧水边，头部高昂，尾部接地，宛如一条刚跳出水面的鱼，因此建筑师称之为"飞鱼"造型。由横剖面看上去，则像蝶泳运动员正挥臂破浪前进，展现了体育竞技的动感和力量。建成实景如图 9.1-3 所示。平面功能上，标准比赛泳池、热身池和戏水池位于同一轴线上，比赛泳池两侧设有观众席，热身池两侧则为设备用房。游泳馆外设有一个室外跳水池和一个室外戏水池。游泳馆总建筑面积约为 1.57 万 m²。设有一层地下室，地下建筑面积约为 5000m²。观众席上共设约 1500 个座位。钢屋盖纵向水平投影长度约为 157.9m，宽度约为 102.3m，最高点标高为 27.200m。

小球馆则由 2 个独立的场馆通过中间的钢结构百叶连廊连接而成，场馆采用高低组合的空间桁架结构体系，建成实景如图 9.1-4 所示。

图 9.1-3　游泳馆建成实景

图 9.1-4　小球馆建成实景

9.2　体育场结构体系

9.2.1　结构体系融合于建筑造型

体育场建筑方案的最大亮点在于屋顶椭圆形开口周边设置了一圈观光走廊，朝内可俯视整个体育场，向外可欣赏湿地风景。方案初期，建筑师要求以下部为主要受力体系，入口处以及屋顶观光走廊等部位以附属钢结构的形式搭建在受力主体结构上。真正好的建筑，应该是建筑和结构完美融合的产物。根据建筑造型和使用功能，结构专业通过方案的认真比选，最终选择了和建筑高度一致的高低屋面叠合开口双层网壳结构体系，无需在受力体系上另设造型构件，建筑和结构之间形成一个整体的结合，同时该方案也符合力学逻辑，体现了创新性和新颖性，建筑效果与结构模型对比如图 9.2-1 所示。体育场钢结构根据功能和位置，分为四部分：高屋面网壳、低屋面网壳、入口百叶部分和观光电梯。体育场沿着周边共设置 6 个入口，每个入口正好对应高低屋面交接处。屋盖钢结构的受力体系融合于建筑造型之中，结构受力体系和建筑的造型形式完美结合、协调统一。

高低屋面由建筑提供的剖面和边界控制线，绕着中心线旋转一周，形成光滑曲面，然后通过内外边界线切割，形成弧线壳体，过程如图 9.2-2 所示。图 9.2-3 为典型剖面图，为了满足建筑视线无遮挡及美观要求,看台柱不作为上部钢结构的支承柱,钢屋盖直接落在标高 6.500m 的平台上。体育场屋盖结构主要部分由高低两个屋面叠合而成,高低屋面均为双层网壳,受力体系如图 9.2-4、图 9.2-5 所示。屋盖钢结构与下部钢筋混凝土看台部分完全脱开,全都支承在标高 6.500m 的观众室外平台上。为了到达屋盖观光走廊,沿着体育场对称布置 4 部电梯。下部采用现浇钢筋混凝土框架-剪力墙结构体系,上部钢屋盖则采用高低屋面叠合开口双层网壳结构。

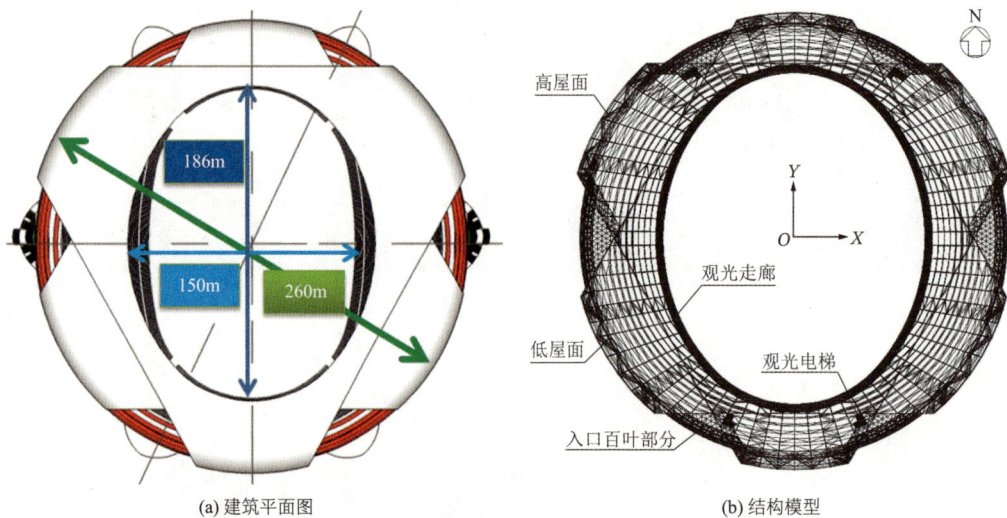

(a) 建筑平面图

(b) 结构模型

图 9.2-1　屋盖钢结构主要尺寸及结构模型对比

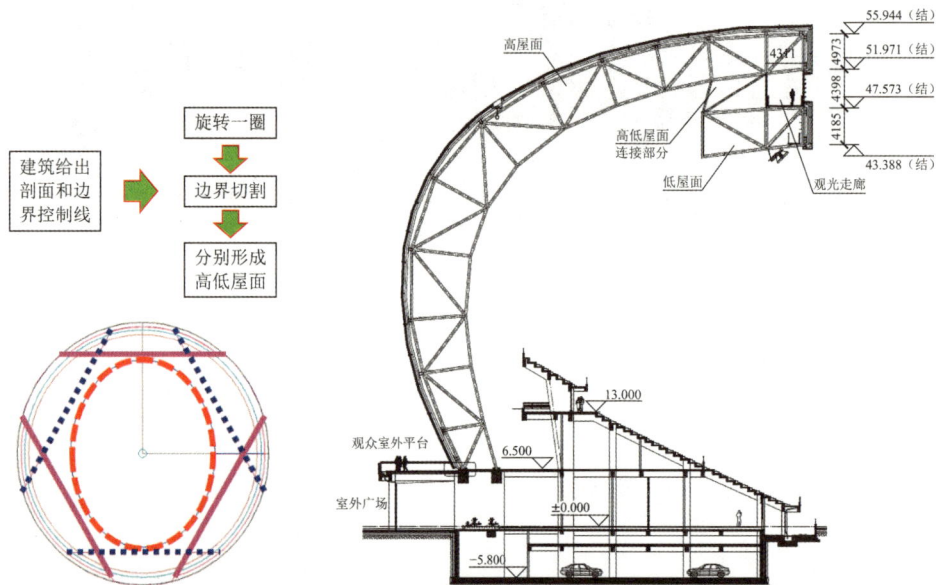

图 9.2-2　屋盖钢结构高低屋面成形过程

图 9.2-3　体育场典型剖面图

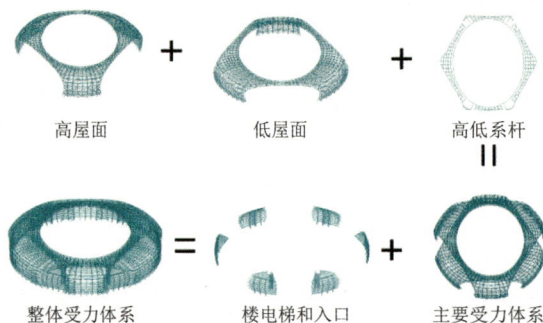

图 9.2-4　体育场屋盖钢结构组成

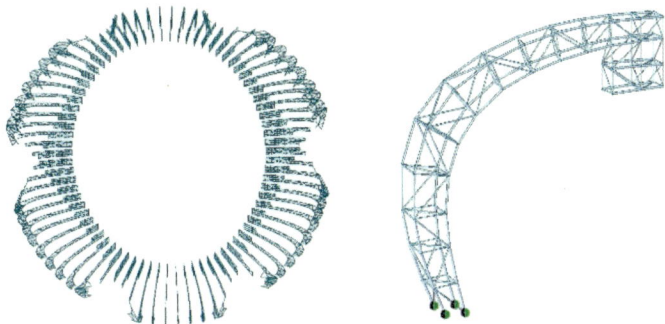

图 9.2-5　体育场屋盖钢结构主要受力结构示意图

高屋面和低屋面由于建筑造型的需要，对双层网壳的削弱较大，形成了 3 个落地悬挑网壳、其间再通过跨度很大的拱相连，如图 9.2-6（a）、（b）所示，自重作用下最大竖向变形均发生在拱的跨中处（图中 A、B、C 点处），该处最薄弱。高低屋面叠合在一起，通过腹杆将二者有机结合形成一个整体，高屋面的拱跨中正好落在低屋面的落地部分，低屋面支承着高屋面的拱跨中；低屋面的拱跨中也正好位于高屋面的落地部分，高屋面拉着低屋面的拱跨中，因此在自重作用下最大竖向变形转移到入口处对应的悬挑端（图中 A、B 点），如图 9.2-6（c）所示。

高低屋面外部经三角形切割后形成 6 个百叶部分，下方设有通往场内看台的入口。高低屋面扩初阶段建筑师要求屋盖钢结构突出高低屋面叠合成的百合造型，入口百叶部分结构则应弱化，由幕墙公司另出方案，且必须独立于屋盖钢结构。入口百叶部分最大弧线跨度有 66.4m，高度均在 34.3m 左右，入口门洞尺寸较大，竖向落地构件不宜太多，因此采用支承在观众室外平台上的悬臂结构方案显然不可行。经与建筑师协商，入口百叶部分与屋盖钢结构连成整体。靠近地面采用平面桁架，顶部与高低屋面之间形成的三角形部分则采用单层网壳，平面桁架和单层网壳之间通过四边形桁架过渡，每个入口部分设置 3 道竖向平面桁架，支承于室外平台，如图 9.2-7 所示。

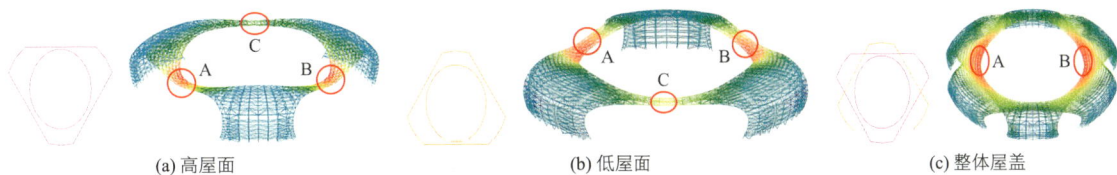

(a) 高屋面　　　　　　　　(b) 低屋面　　　　　　　　(c) 整体屋盖

图 9.2-6　自重下体育场屋盖钢竖向变形示意图

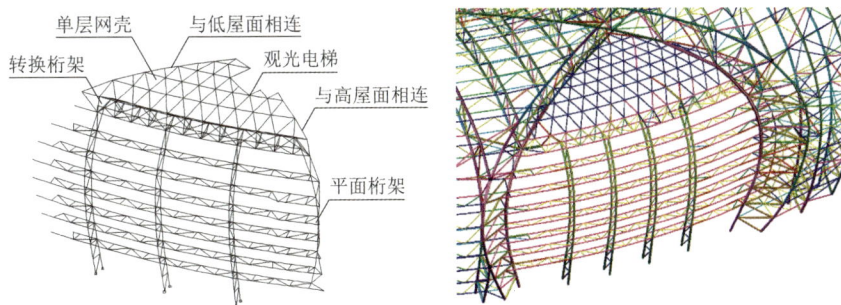

图 9.2-7　入口百叶部分

9.2.2　屋盖钢结构竖向支承

屋盖钢结构的主要受力单元——悬挑桁架，其根部直接落在标高 6.500m 的平台上，看台柱不作为上部钢结构的支承柱，提供了开阔的视野效果，如图 9.2-3 所示。根据上部屋盖钢结构与下部钢筋混凝土墙柱的位置关系，屋盖钢结构高低屋面上下弦杆落地柱脚，划分为 2 种支座形式：

（1）固接支座，直接插入下方钢筋混凝土柱内。钢屋盖大部分双层网壳的上下弦杆均落在下方同一根长柱子上，柱截面尺寸为 6m×1.2m，两端半圆。上部钢结构和下部混凝土柱子在标高 6.500m 的平台上交界，钢立柱下埋 2.4m，并设置直径 22mm 的栓钉，间距 150mm。同时在一定高度范围内设置十字加劲肋，如图 9.2-8 所示。位于四周的观光电梯，其钢立柱对应位置下方也均设有混凝土柱。

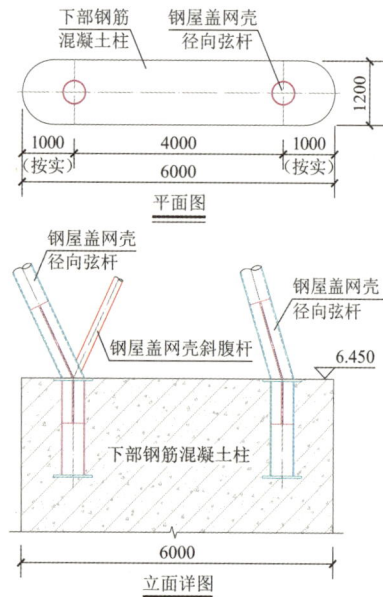

图 9.2-8　固接支座（直接插入下部混凝土柱内）

（2）铰接支座，高低屋面交界面处落地钢立柱对应位置下方无法设立钢筋混凝土柱，只能支承在钢筋混凝土梁上；局部梁宽不满足构造要求时水平加腋，并采用劲性框架结构，以增加混凝土梁的抗剪能力，如图 9.2-9 所示。

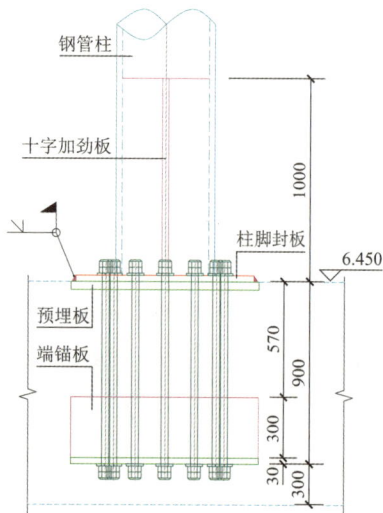

图 9.2-9　铰接支座（落在混凝土梁板上）

屋盖钢结构设有观光走廊，因此南北对称设置 4 部观光楼电梯作为竖向交通。由于看台柱不作为支承条件，楼电梯筒承担的竖向荷载较大。电梯筒竖杆与高低屋面相连时，附近杆件应力较大，其中弯曲应力约占一半。增大截面导致杆件刚度增大，承担的荷载更多，因而应力也随之增大，在截面和应力水平之间很难协调。为了减小弯曲对杆件截面应力的影响，通过抗震球支座将上部钢屋盖和下部楼电梯脱开，如图 9.2-10 所示。脱开前最大管为 P750×35，强度应力比略超过 1.0，不满足要求；脱开后，管以 P450×30 为主，局部 P500×30，应力比小于 1.0。

经典解构　浙江省建筑设计研究院有限公司篇

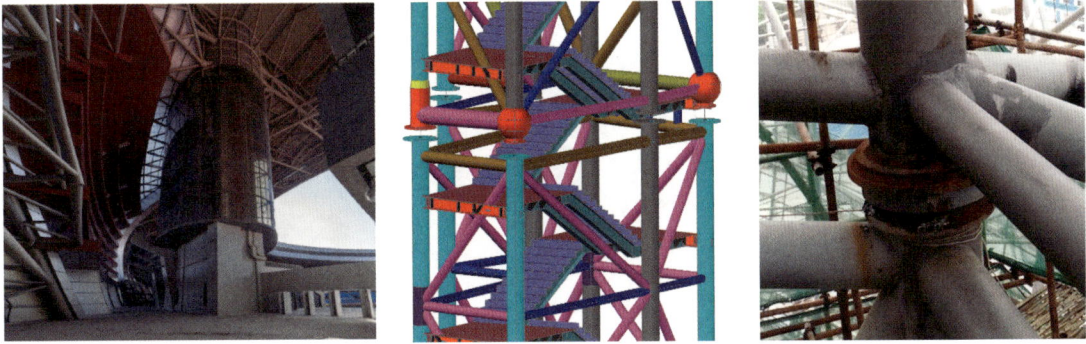

图 9.2-10　楼电梯筒与屋盖钢结构通过抗震球支座连接

9.2.3　屋面观光走廊

　　整个屋顶钢结构的结构形式为双层开口网壳，在高低屋面之间沿着中间椭圆洞口边缘一圈设有观光走廊，并在相关范围设有休息室，如图 9.2-11 所示。在悬挑最外端设置观光走廊，在承载力、舒适性等方面的设计中给结构带来挑战。同时考虑到走廊和休息室的空间需求，不得设置斜杆，改变了局部网壳的传力路径。

　　为了保证观光走廊的平整，必须利用二次钢结构搭建。在纵向桁架主管上，设置 4 根直径 180mm、高度不一的小立柱；沿着观光走廊纵向设 4 根次梁，次梁截面为 $H300 \times 200 \times 6 \times 10$，搁置在小立柱上；然后在次梁之间间隔一定距离设置横梁，提高次梁的面外稳定，增强走廊楼面结构的整体稳定性，二次钢结构做法详见图 9.2-12，建设过程和建成后的实际效果如图 9.2-13 所示。

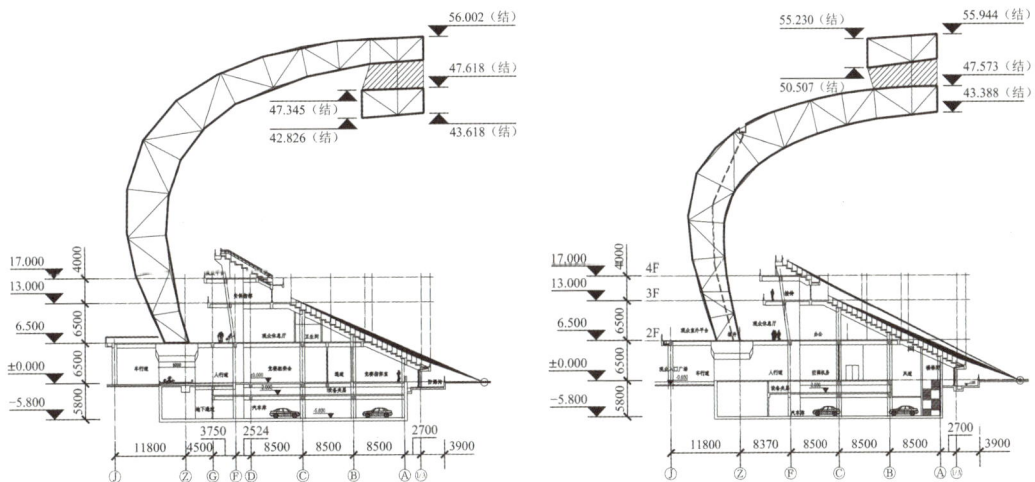

图 9.2-11　屋顶钢结构典型剖面图

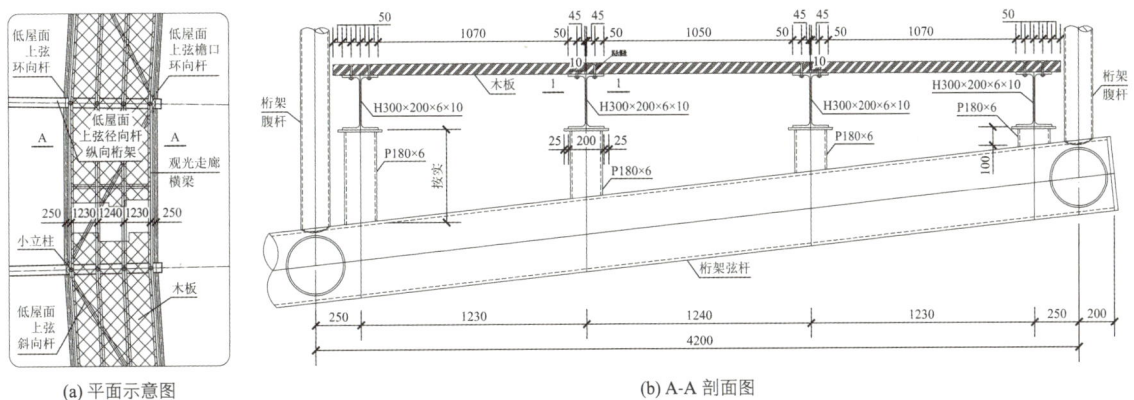

(a) 平面示意图

(b) A-A 剖面图

图 9.2-12　屋顶观光走廊二次钢结构

| (a) 建造中 | (b) 建成后 | (c) 休息室 |

图 9.2-13　屋顶观光走廊建造实景图

9.2.4　檩条及屋面系统

体育场为双曲造型，纵向剖面为不等弧曲线，环向为等弧圆形曲线，在屋面系统设计中对曲面进行网格划分时必须保证整体双曲立面顺滑。平行于径向桁架的方向设置主檩，环向设置次檩，次檩条间距控制不超过 1.5m。主檩条采用 Q345B 的矩形钢管，截面规格主要为 300mm × 150mm × 10mm 和 300mm × 150mm × 6mm，作用在环向桁架节点上方。次檩条则采用 150mm × 100mm × 5mm、200mm × 100mm × 6mm 的矩形钢管。纵向桁架之间的距离，多数超过 10m，导致主檩条间距较大。对于围护结构来说结构尺度过大，总体考虑结构布置不太合理，因此在环向桁架上弦杆中间增加一个节点，减小主檩条跨度，如图 9.2-14 所示。

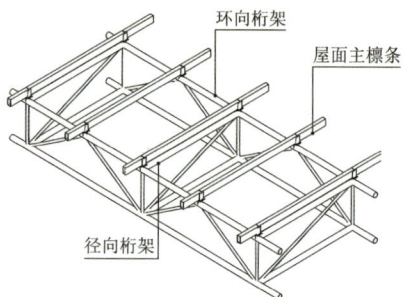

图 9.2-14　主次檩条设置

根据建筑的控制形状尺寸建立三维实体模型进行屋面的深化设计，以控制施工、材料加工。屋面檩条、屋面板、外装饰板必须控制加工的弧度以实现单曲及双曲造型。屋面系统的设计及安装必须具有调整误差的节点设计。屋面板采用 16mm 厚银灰色蜂窝铝板，然后依次设有保温棉、吸声棉。复合屋面系统如图 9.2-15 所示，入口百叶系统如图 9.2-16 所示。

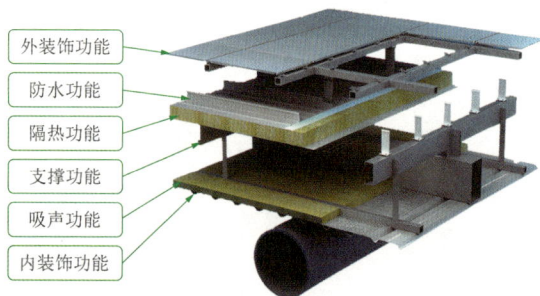

图 9.2-15　复合屋面系统

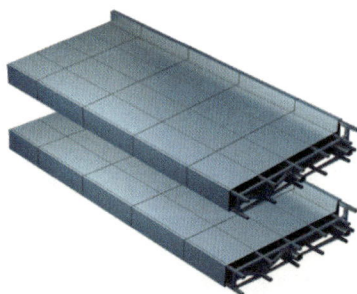

图 9.2-16　入口百叶系统

9.2.5　下部主体结构

平面形式采用"内椭圆外圆"平面，下部混凝土看台沿着内场一圈环向设置，东西看台较高，最高处标高为 27.30m。看台下方设有 1 层地下室，场地内圈无地下室。地下室局部在标高 −2.000m 设有设备夹层。地下室结构外径约 260m，属于超长混凝土结构。因建筑平面功能布置完整性的要求，地下室及下部看台结构不设永久结构缝。

建筑结构的安全等级为二级；地基基础设计等级为甲级；结构设计的使用年限为 50 年。下部结构采用钢筋混凝土框架结构，梁柱轴网沿着环形和径向布置，内部的框架柱以 600mm × 600mm 和 800mm × 800mm 为主，支承上部钢屋盖弦杆的最外围框架柱截面为复合形状，中间矩形为 1200mm × 4800mm、两端各加一个直径 1200mm 的半圆。首层（标高 ±0.000）楼板厚 180mm，楼板钢筋平行楼面梁方向，板面钢筋ϕ12@150，板底钢筋ϕ12@180。大平台层（标高 6.500m）室外部分板厚 150mm、板面结构标高 6.250m，室内部分板厚 130mm、板面结构标高 6.450m。看台板厚 80mm，竖向踏步处设置 150mm 宽暗梁。

本工程针对超长混凝土结构，从材料、配筋、设计构造、浇捣养护等方面提出了以下抗裂和防渗措施：①进行混凝土结构温度和收缩效应的计算，对薄弱部位采取有针对性的加强措施；②采用补偿收缩混凝土材料，并采用 60d 龄期的混凝土强度指标；③采用设置后浇带、膨胀补偿带等施工措施；④对易开裂的部位，适当加强构造配筋，并采用细筋密布的配筋方式；⑤二层及以上楼面在环向（及部分径向）框架梁布置后张法有粘结预应力筋，如图 9.2-17 所示；⑥严格控制混凝土的水灰比和坍落度，加强施工现场混凝土浇捣和养护；延长混凝土外墙带模养护时间，并采取喷淋、喷雾等养护措施；⑦超长结构在高温季节施工时采取"低温入模"的施工措施。

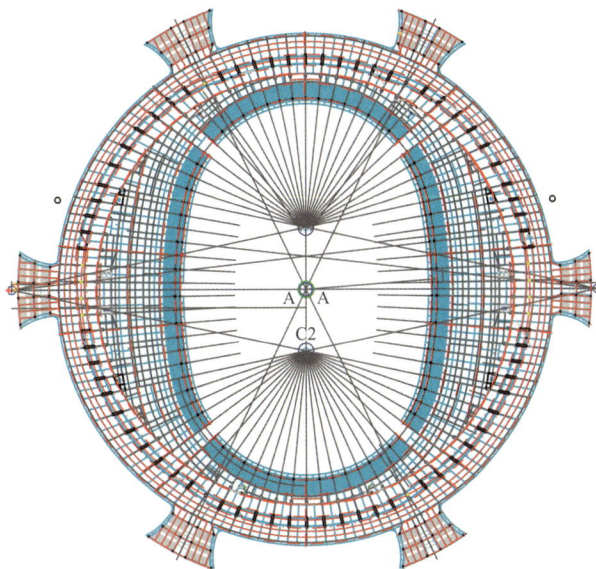

图 9.2-17　二层框架梁布设预应力筋平面示意图（点划线示意预应力筋位置）

9.2.6　内场地基处理

体育场周边设有一层地下室，挖深 4.8～6.0m；内场无地下室。场地地基土层为厚达 20m 的淤泥质土，在填土 2m 左右后，若不采取处理措施将产生较大长期沉降，影响体育场的正常使用。由于对地基沉降要求较高，经过现场试验及综合考虑后，采用刚性桩复合地基上铺设加筋土垫层形成的桩网复合地基。如图 9.2-18、图 9.2-19 所示。桩采用直径 400mm 的预应力混凝土管桩，桩长 27m，桩端位于⑤层碎石层顶面。根据内场及跑道范围对沉降的不同要求，桩间距分别采用 4m 和 3m。管桩桩间用塘渣填实，桩顶标高应比桩帽底部高出 30～50mm。加筋垫层厚度为 60cm，分两层铺设。设计初期，拟在桩间布置塑料排水板以利于淤泥质土层固结，但在采取了加密桩网、加厚褥垫层、增加土工织物、优化桩帽构造等措施后，结合前期现场试验结果，复合地基的沉降得到有效控制，因此取消塑料排水板。

根据建设方工期要求，在周边地下室顶板施工完成后进行桩帽、垫层及填土施工。要求任一施工段进行第一级堆载时，其相邻段碎石垫层及塑料排水板应施工完毕。每级堆载高度 300mm，相邻两施工段堆载的高差不得大于 1.0m。任一施工段，其前后两级堆载的时间差不得小于 15d。堆载所用的材料应为性质较好的粉土、粉砂、碎石土等，填土压实系数 0.90，每级填土每 100m² 范围内应有不少于一个检验点，检验填土的干密度及含水量。

在确保复合地基承载力，尽量控制变形的基础上，尽可能降低造价。考虑到本工程总投资额大、社会影响较大，进行现场荷载试验不仅能确定承载力特征值，还可现场检验桩网复合地基的沉降控制效果，因此与建设方、施工方协商后，2011 年 3 月在现场附近按照初步设计要求，进行了第一次现场试验。试验共打设 19 根桩，处理约 166m² 范围。试验堆载约 180 天，期间获得大量数据。根据第一次现场试验结果，对褥垫层厚度及做法、桩帽做法等进行了优化调整后，于 2012 年 6 月进行了第二次现场试验。试验地点即现场须处理的场地内，面积与第一次试验相同。试验堆载时间也为 180d。试验表明，刚性桩复合地基的承载力特征值、加筋土垫层面的承载力特征值、单桩竖向承载力特征值均满足上部堆载要求，地表沉降虽然未稳定，但总量较小，观察 8 个月后总沉降约 2.5cm，桩顶沉降趋于稳定且总体沉降较小。

图 9.2-18　复合地基施工现场

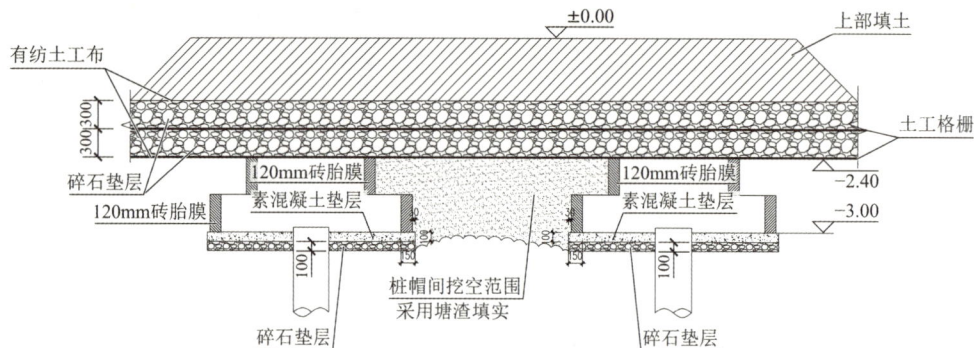

图 9.2-19　桩网复合地基构造剖面图

9.3　体育场计算分析与结构设计

9.3.1　构件截面规格

整体计算模型共有 21966 个单元，7142 个节点，所有杆件均采用圆钢管，截面规格主要有 P159×4、P180×5、P180×8、P219×10、P245×12、P273×12、P299×14、P377×16、P400×16、P450×16、P450×20、P450×25、P500×25、P600×30、P700×35 共 15 种类型，各自统计情况如图 9.3-1 和图 9.3-2 所示。管径最小的 P159×4 主要用于斜腹杆，杆件数量很多，累计总长度最长。屋盖结构的重量和荷载主要通过径向悬挑桁架传递到支座，因此径向弦杆截面比其他杆件大，管径 400mm 以上的圆管均用在径向桁架上下弦杆，其中 P450×16 杆件总的重量最大。管径最大为 P700×30，主要用在高低屋面边界处与入口连接部位。

(a) 按重量分类统计

(b) 按长度分类统计

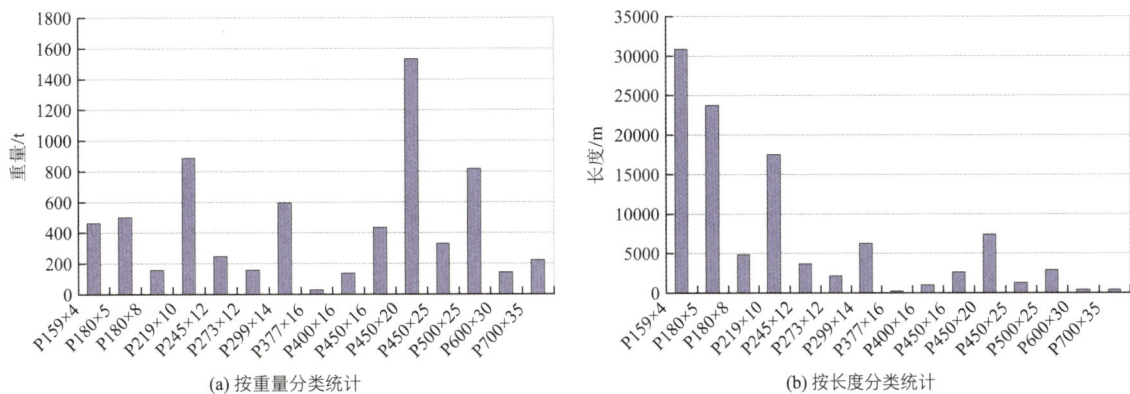

图 9.3-1　钢屋盖整体模型及杆件统计

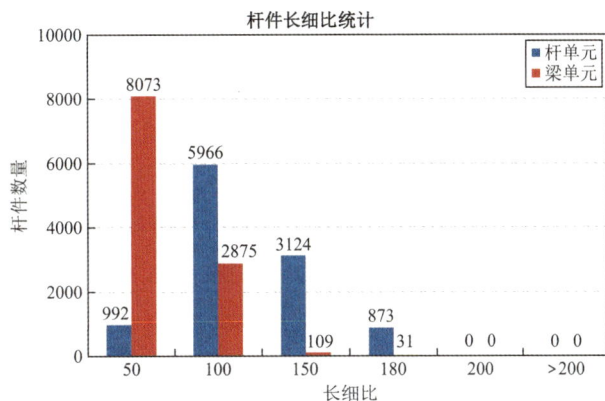

图 9.3-2　钢屋盖杆件长细比统计

9.3.2　风荷载取值

　　体育场位于太湖南侧，周边为湿地，而体育场跨度大、外观独特、体型复杂，属风敏感的柔性结构，风荷载为主导荷载。我国《建筑结构荷载规范》GB 50009—2012 规定，对于这类体型复杂的大跨空间结构，其风荷载体型系数宜由风洞试验确定；而且由于这类结构竖向刚度小、阻尼低，风致振动效应比较显著，故还应考虑风压脉动对屋盖产生风振的影响，按随机振动理论和结构动力学原理进行风振计算。为了从多种途径校验和确认体育场表面风荷载的大小，并与风洞试验结果进行对比分析，除了根据《建筑结构荷载规范》GB 50009—2012 近似取值进行复核外，还对该体育场进行了表面风压的数值模拟计算。

　　风洞试验在浙江大学的 ZD-1 边界层风洞中进行，风洞试验模型的几何缩尺比为 1 : 200，B 类地貌场地，要求模型风压测定在大气边界层风洞中进行，平均风速沿高度按指数规律变化，地面粗糙度系数α = 0.16；风场湍流强度沿高度按负指数规律变化。风洞试验模型及整体合力结果如图 9.3-3 所示。模型风压测点的布置考虑了体育场的对称性，取 1/2 的看台屋盖作为风压主要测试区域，共布置了 492 个测点（高屋面及其立面 257 个，低屋面及其立面 235 个）。根据建筑物和地貌特征，在 0°～360°范围内每隔 15°取一个风向角，共 24 个风向角。全风向角下平均正风压最大值为 1.07kPa，发生在 75°风向角下，相应的测点风压系数和风荷载体型系数分别为 1.28 和 1.34；平均负风压最小值为 −1.76kPa，发生在 120°风向角下，相应的测点风压系数和风荷载体型系数分别为 −2.10 和 −2.09。计入风振后的等效静风荷载控制风向角为 150°、210°，水平向阻力的控制风向角为 120°、240°为竖向升力（吸力）风压的控制风向角，135°、225°为绕竖向扭矩风压的控制风向角；风荷载体型系数负的最大值为 −0.81，正的最大值为 0.68；风振系数最大值为 2.98。

　　随着计算机技术和数值分析方法的快速发展，计算流体动力学（CFD）在结构风工程领域得到了越来越广泛的应用。相比于实体风洞模型试验，CFD 方法可以按照实际结构尺寸进行计算，避免了实体风洞只能进行缩尺试验的不足；CFD 方法成本低，速度快，资料完备，具有模拟真实和理想条件的能力。湖州体育场的体型较为复杂，故计算区域的网格划分采用了适应性良好的非结构四面体网格；对靠近建筑物表面附近的网格进行了局部加密，网格尺寸由内往外逐渐增大。结果表明，数值模拟的分区风压、分区体型系数与风洞试验有很好的一致性。

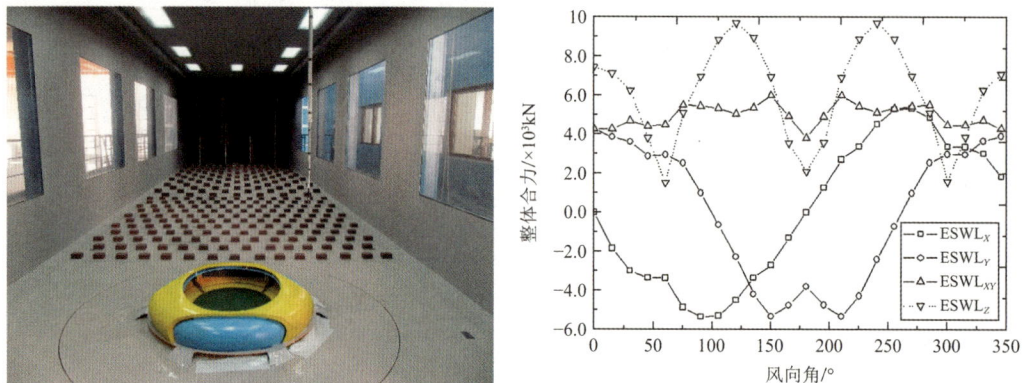

图 9.3-3　风洞试验模型及整体合力结果

9.3.3　自振特性分析

屋盖钢结构前 20 阶周期见表 9.3-1，第 1 阶周期为 1.168s。前 6 阶振型如图 9.3-4 所示，主要以悬挑端的局部振动为主，表明屋盖钢结构整体性能较好，抗扭刚度较大，未出现扭转振型。

钢屋盖结构前 20 阶自振周期　　　　　　　　　　　　　　　　表 9.3-1

模态号	周期/s	模态号	周期/s	模态号	周期/s	模态号	周期/s
1	1.1678	6	0.8116	11	0.6065	16	0.5241
2	1.1561	7	0.7190	12	0.5598	17	0.4789
3	1.1243	8	0.6783	13	0.5532	18	0.4469
4	1.1032	9	0.6704	14	0.5519	19	0.3839
5	0.8433	10	0.6146	15	0.5322	20	0.3585

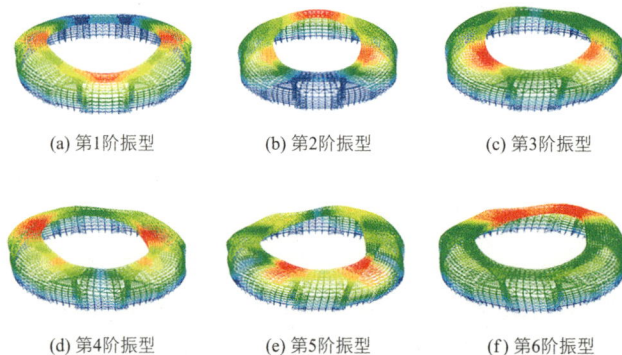

(a) 第1阶振型　　　　(b) 第2阶振型　　　　(c) 第3阶振型

(d) 第4阶振型　　　　(e) 第5阶振型　　　　(f) 第6阶振型

图 9.3-4　屋盖钢结构前 6 阶振型

9.3.4　变形和承载力验算

不同工况下钢屋盖的变形结果如图 9.3-5 所示。自重和恒 + 活标准组合下的最大变形位置一致，自重对应的变形占恒 + 活标准组合下的 41%，通过适当起拱，有利于控制结构变形。结果表明，恒 + 活作用下结构的最大位移为 309mm，小于规范限值 360mm；且此位移中包含自重作用下产生的竖向位移 149mm。半跨活荷载的不利作用下结构的竖向位移，与全跨活荷载下的基本相同。升温 30℃时钢屋盖发生向上的竖向位移，最大值为 40mm；降温 30℃时则刚好相反，发生向下的竖向位移，最大值为 −40mm。竖向地震反应谱作用下结构的竖向位移很小。风荷载作用下结构的整体水平位移仅为 27mm 左右，表明结构的刚度较大。

经典解构　浙江省建筑设计研究院有限公司篇

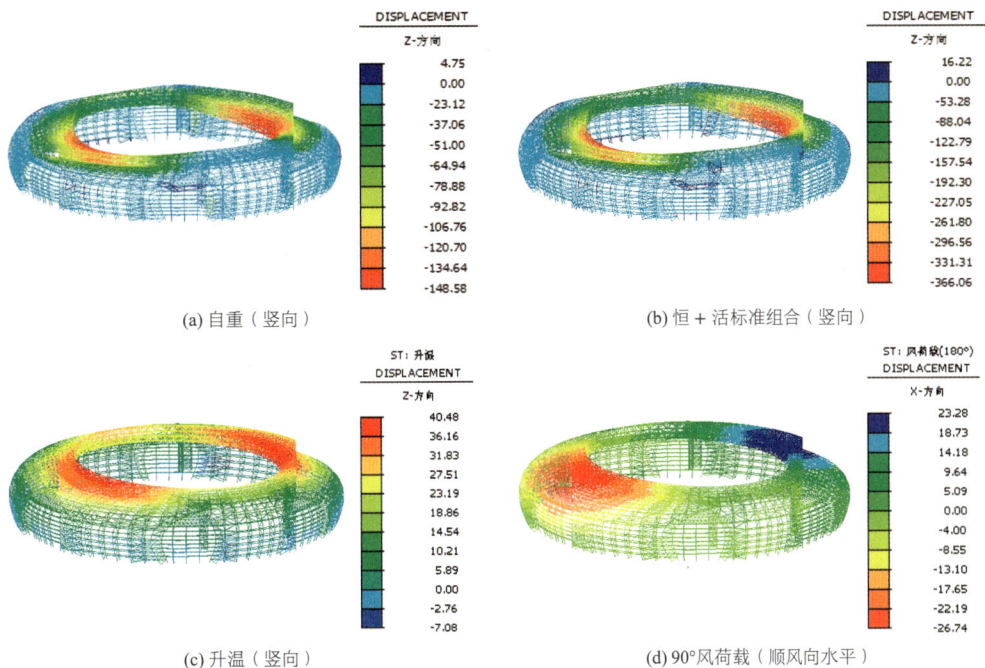

(a) 自重（竖向）

(b) 恒＋活标准组合（竖向）

(c) 升温（竖向）

(d) 90°风荷载（顺风向水平）

图 9.3-5　不同工况对应的变形验算结果（单位：mm）

计算模型中将弦杆设为梁单元，斜腹杆设为杆单元。恒＋活基本组合工况下钢屋盖杆件的组合应力结果如图 9.3-6 所示，其中梁单元最大应力为 −291.37MPa，杆单元最大应力为 208.73MPa，高低屋面弦杆的最大应力为 −287.25MPa。包络工况下梁单元最大应力为 −298.67MPa，出现在高屋面边界落地弦杆处；杆单元最大应力为 236.96MPa，对应低屋面边界靠近地面处（图 9.3-7）。

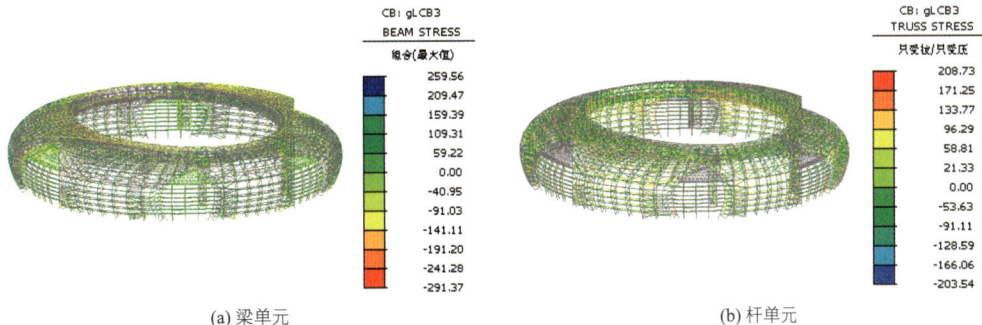

(a) 梁单元

(b) 杆单元

图 9.3-6　"1.35D＋0.98L"下对应的组合应力（单位：MPa）

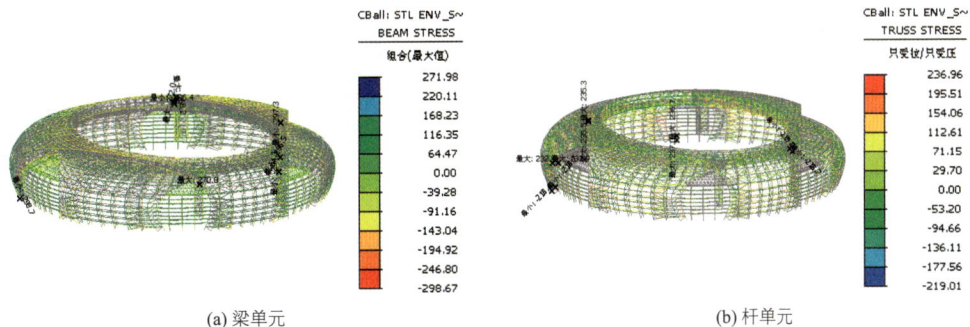

(a) 梁单元

(b) 杆单元

图 9.3-7　包络工况下对应的组合应力（单位：MPa）

电梯作为上部结构的支承结构，承担了较大的竖向荷载。以右下电梯为例，比较杆件的组合应力和轴向应力，结果如图 9.3-8 所示，可以看出，最大组合应力为 −289.32MPa，对应悬挑根部；最大轴向应力为 −187.66MPa，出现在悬挑根部相邻的斜腹杆上。最大组合应力杆件对应的轴向应力也较大，所以电梯杆件以轴向受力为主。

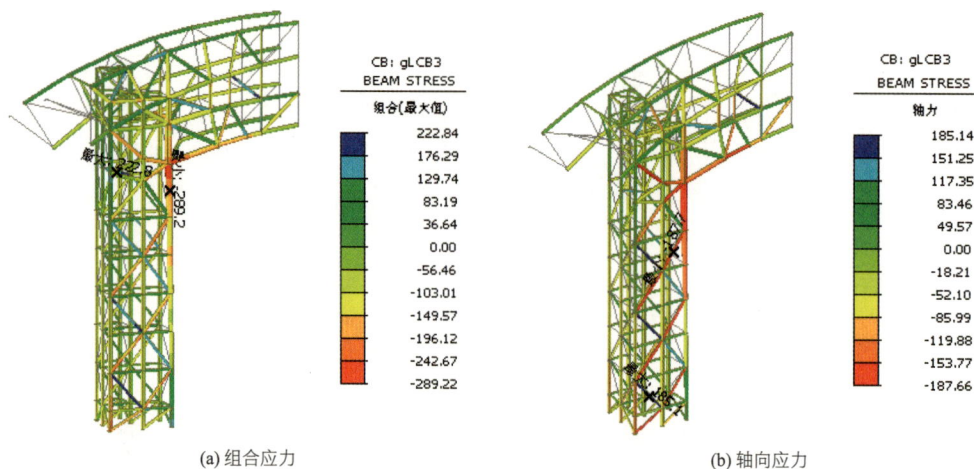

(a) 组合应力 　　　　　　　　　　　　　　　(b) 轴向应力

图 9.3-8　右下电梯杆件"1.35D + 0.98L"工况下应力（单位：MPa）

9.3.5　稳定分析

　　屋盖结构主要包括叠合而成的高低两个双层网壳和四个电梯筒桁架两大部分，高低双层网壳间的投影重合区域通过腹杆连接构成整体性较好的屋盖结构。高低两个双层网壳和电梯筒的落地端节点均为铰支座约束。不同的荷载分布下，同一结构具有不同的屈曲模态和非线性稳定性能，因此需对网壳屋盖结构进行多种荷载组合工况下的稳定性分析。根据风洞试验获得的风荷载特性（包括两类控制风向角：风吸力为主和水平方向风压为主）以及静力分析结果，设计时选取三种荷载组合工况对简化模型作稳定性能分析：①DL + LL；②DL + LL + W_0（风吸力为主）；③DL + LL + W_{105}（水平方向风压为主）。其中 DL 为包含重力的恒荷载，LL 为活荷载，W_0 和 W_{105} 分别是 0° 和 105° 风向角时的风荷载。

1. 特征值分析

　　1.0 恒 + 1.0 活作用下，屋顶整体模型的前 20 阶屈曲模态中仅有 6 个模态（分别是第 5、6、9、10、15、16 阶）是屋顶高低屋面局部较多杆件的屈曲，其余 14 个模态均为电梯筒或者高低屋面边界少数杆件的局部屈曲。入口百叶部分四边均与高低网壳相连，平面桁架部分基本上处于竖向立面上，三角形单层网壳水平跨度小，均未出现屈曲，因此在稳定分析中忽略入口百叶部分，重点考察高低屋面在电梯筒支承下的稳定性能。

　　三种荷载组合工况下网壳结构部分的屈曲模态形式及其发展规律具有较大的相似性，均是首先在东西两侧的悬挑端出现局部屈曲，然后围绕此区域逐渐发展扩大；其中前 8 个屈曲模态主要是局部小范围的屈曲，从第 9 个屈曲模态（图 9.3-9）开始才出现大范围分布的变形形式。三种荷载组合工况下，对应屈曲模态的荷载系数差异不大，即不同的荷载分布对网壳结构的稳定性能影响不大；第一个屈曲模态的荷载系数为 16.5～17.5，荷载系数较大，说明网壳结构具有较好的整体稳定性。

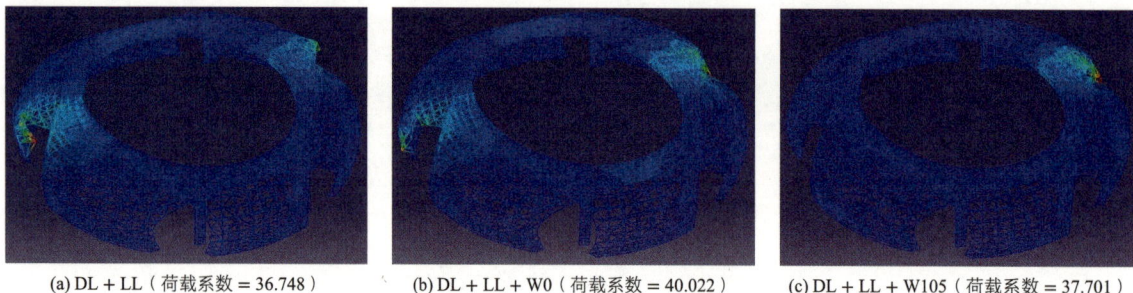

(a) DL + LL（荷载系数 = 36.748）　　(b) DL + LL + W0（荷载系数 = 40.022）　　(c) DL + LL + W105（荷载系数 = 37.701）

图 9.3-9　不同荷载组合工况下第 1 阶整体屈曲模态（$n = 9$）

2. 几何非线性分析

　　在非线性分析中，初始几何缺陷形式的选择是一个比较重要而复杂的问题。屋盖钢结构低阶屈曲模态主要是东西两侧开口区域变形，而高阶模态（如 $n = 9$ 屈曲模态）中会出现变形分布范围比较广的屈曲

经典解构　浙江省建筑设计研究院有限公司篇

模态变形。因此可以采用高阶模态分布作为缺陷初始分布形式。初始缺陷的幅值是另一个需要确定的参数，《空间网格结构技术规程》JGJ 7—2010 建议取网壳跨度的 1/300，本结构模型的最大悬挑跨度为 45m（对应缺陷幅值应取其 1/150），因此缺陷幅值可取 300mm，并取缺陷幅值 600mm 作比较。图 9.3-10 为不同分布模式、不同幅值大小的初始缺陷，所对应的西侧最大竖向位移位置的荷载-位移曲线，无论是对于变形分布于局部区域的低阶屈曲模态缺陷形式，还是对于变形分布较为广泛的高阶模态缺陷形式，有缺陷时（包括不同缺陷幅值）的荷载-位移曲线均与无缺陷时的荷载-位移曲线差别不大，说明屋盖钢结构的稳定性能对于初始缺陷并不敏感，设计时可以第一个屈曲模态作为初始几何缺陷的分布形式。

　　图 9.3-11 为不同荷载组合工况下不考虑初始缺陷时西侧和东侧最大竖向变形点 M、N 对应的荷载-位移曲线，这三种荷载工况下两个节点的荷载-位移曲线差异不大，即不同荷载工况对结构稳定性能影响不大。三种荷载工况下不同局部区域位置的变形情况及趋势较为相似，均是节点 M、N 所处局部区域随荷载增大，其竖向位移基本呈线性增长，当竖向变形位移超过 5m 以后开始出现非线性变化，直至变形过大而导致计算无法收敛。只考虑几何非线性效应时，本结构在这三种荷载工况下均不存在整体或局部稳定问题。

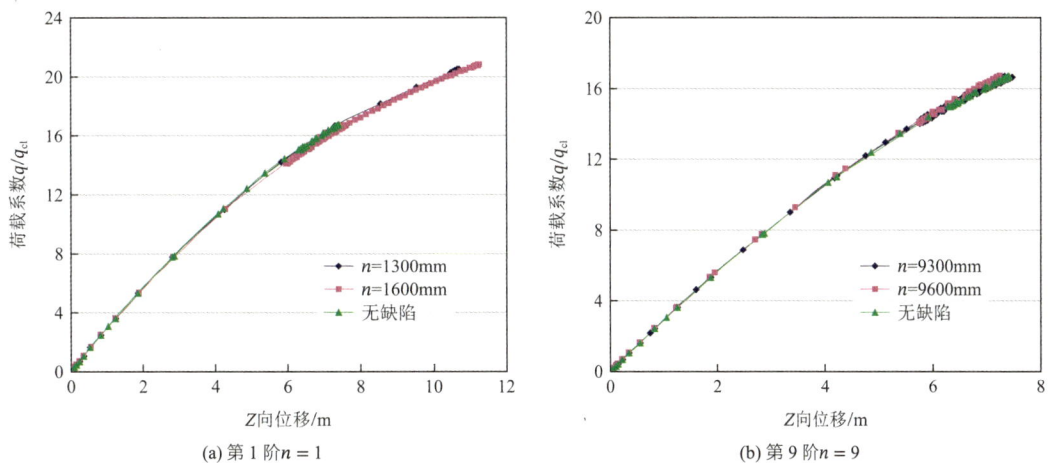

(a) 第 1 阶 $n = 1$　　　　　　　　　　　　(b) 第 9 阶 $n = 9$

图 9.3-10　不同初始缺陷下西侧最大位移节点的荷载-位移曲线

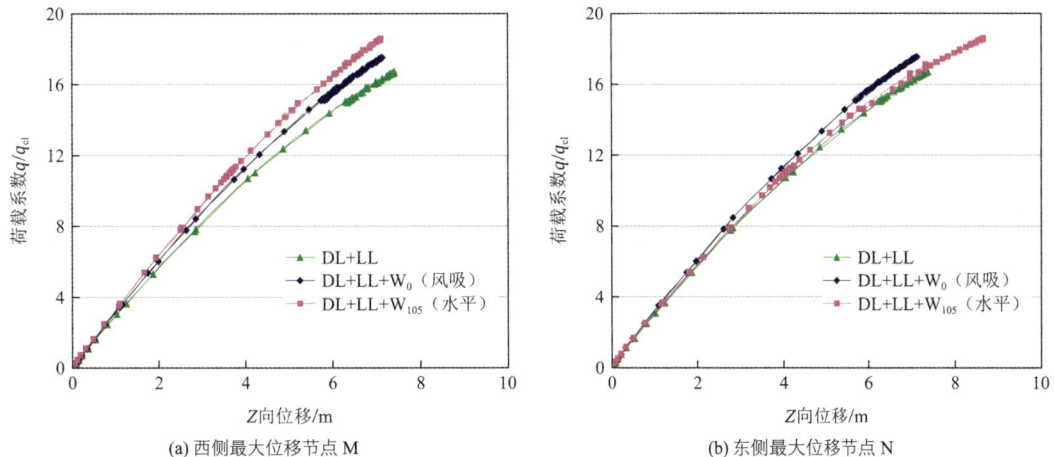

(a) 西侧最大位移节点 M　　　　　　　　　　(b) 东侧最大位移节点 N

图 9.3-11　不考虑初始缺陷时的荷载-位移曲线

3．几何、材料双重非线性分析

　　几何非线性和几何、材料双重非线性分析得到的稳定极限承载力有很大差异，这是因为当网壳的最大竖向位移超过 1m 后，已有大量杆件进入屈服状态，所以本网壳结构需要通过双重非线性分析才能获得接近实际的稳定承载力。假设材料为理想弹塑性材料。结构的稳定性能不仅受初始缺陷的影响，也与荷载条件等因素有关。从表 9.3-2 中可以看出，三种荷载组合工况下对应屈曲模态形式的荷载系数差异不大，即不同的荷载分布对网壳结构的稳定性能影响不大。结构对初始缺陷形式、荷载工况并不敏感，因此仅针对 DL + LL 工况下、引入第 9 阶屈曲模态（幅值为 300mm）的结构进行材料和几何双重非线性分析，从而得到更加接近实际情况的结构稳定承载力。对应西侧静力分析竖向位移最大点荷载-位移曲线见图 9.3-12，刚开始结构处于弹性阶段，荷载随竖向位移线性增大。当荷载系数接近 2.8 时达到顶点，随后缓慢上升。所以可将顶点荷载作为结构的极限荷载，极限荷载系数为 2.8，大于《空间网格结构技术规程》JGJ 7—2010 要求的 2.0（弹塑性分析），满足结构稳定性要求。类似几何非线性时的分析，有缺陷时的荷载-位移曲线与无缺陷时的荷载-位移曲线差别不大，即本网壳结构的稳定性能对于初始缺陷并不敏感。

前 10 阶特征值屈曲临界荷载系数

表 9.3-2

荷载工况	$n=1$	$n=2$	$n=3$	$n=4$	$n=5$	$n=6$	$n=7$	$n=8$	$n=9$	$n=10$
DL + LL	16.551 (5)	16.561 (6)	19.016 (9)	19.026 (10)	24.400 (15)	24.417 (16)	25.174 (17)	25.179 (18)	36.748 (29)	36.810 (30)
DL + LL + W_0	17.449 (7)	17.453 (8)	20.196 (9)	20.203 (10)	26.087 (17)	26.094 (18)	27.960 (20)	27.975 (21)	40.022 (31)	40.101 (32)
DL + LL + W_{105}	17.251 (6)	18.649 (7)	19.637 (9)	21.536 (10)	25.046 (14)	25.836 (15)	26.380 (16)	29.552 (20)	37.701 (28)	41.455 (34)

注：括号中的数字是对应荷载组合工况下该屈曲模态的实际模态阶数。

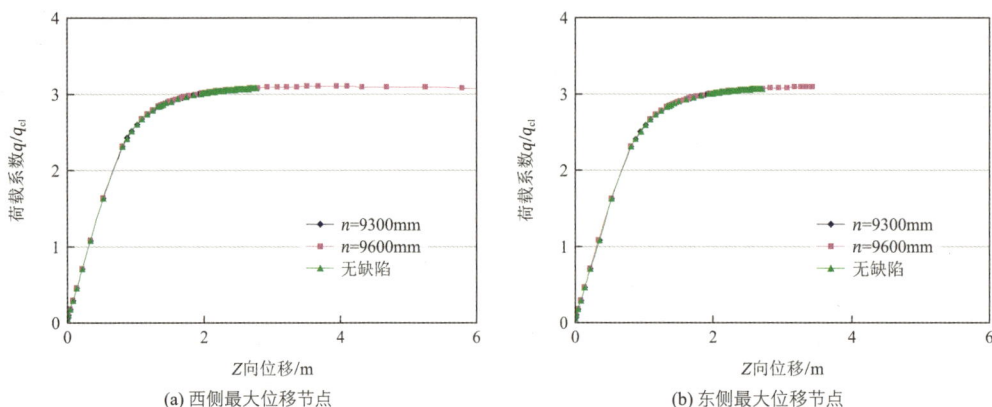

(a) 西侧最大位移节点   (b) 东侧最大位移节点

图 9.3-12 考虑初始缺陷（$n=9$）双非线性分析对应的荷载-位移曲线

9.3.6 节点连接构造及承载力验算

高低屋面叠合的结构体系，节点汇交杆件非常多，其中一个节点连接杆件最多的多达 14 根。节点连接构件之间的空间关系复杂，节点受力较大，给结构设计增加了难度。屋盖连接节点以图 9.3-13 所示的相贯节点为主，少数连接杆件多、受力较大的节点采用焊接球节点，如图 9.3-14 所示。

图 9.3-13 相贯节点   图 9.3-14 焊接球节点

两向杆件正交时，相贯节点弦杆直径较大的管件作为贯通主管，贯通主管局部加厚，节点域设置暗节点板（位于上下弦平面内），提高节点承载力，如图 9.3-15 所示。少数受力复杂、连接杆件多的节点，则采用局部板厚增加、同时设置横隔板的做法（图 9.3-16）。

钢结构节点性能研究是空间结构设计的重要环节。目前国内主要大型空间钢结构工程设计中普遍采用了节点试验和弹塑性有限元分析等手段。作为大型钢结构工程项目，本体育场屋盖同样存在结构体量大、结构体系复杂、节点受力状态复杂等特点，为确保工程安全、可靠、经济，同时又能满足加工制作、施工安装等方面要求，委托浙江大学对结构复杂节点进行专门的计算分析和试验研究。

经典解构 浙江省建筑设计研究院有限公司篇

节点试验在浙江大学结构实验室"空间结构大型节点试验全方位加载装置"中进行，该装置球形自平衡反力架，可灵活实现对不同方向、不同夹角杆件的拉、压加载，用于空间关系复杂且各不相同的空间节点试验研究十分方便，如图 9.3-17 所示。通过节点试验，全面了解复杂节点的弹性、弹塑性受力性能，检验其强度是否满足设计要求；同时比较试验结果与有限元分析结果，验证有限元模型的正确性或对其进行改进，从而通过有限元方法对其他较为复杂的节点进行补充验算。结合实际，在高低双层主网壳、边桁架、入口转换桁架、出电梯上屋盖等不同位置选取 6 种关键节点，并对其中 3 种进行足尺试验（典型节点 1～3），另外 3 种仅进行有限元计算分析（典型节点 4～6）。节点 1 有限元分析与试验结果对比如图 9.3-18，节点 4～6 的有限元分析结果如图 9.3-19，分析结果表明，各类节点均具有良好的承载能力及足够的安全储备，工程的节点设计安全可靠。

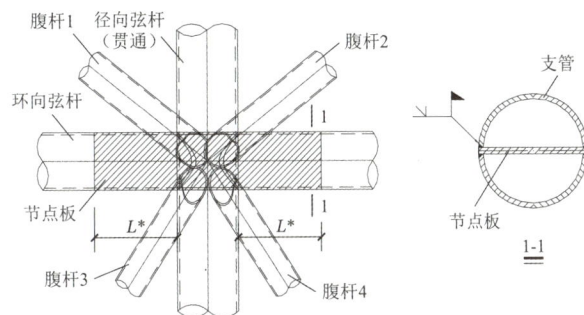

图 9.3-15　节点暗节点板连接构造

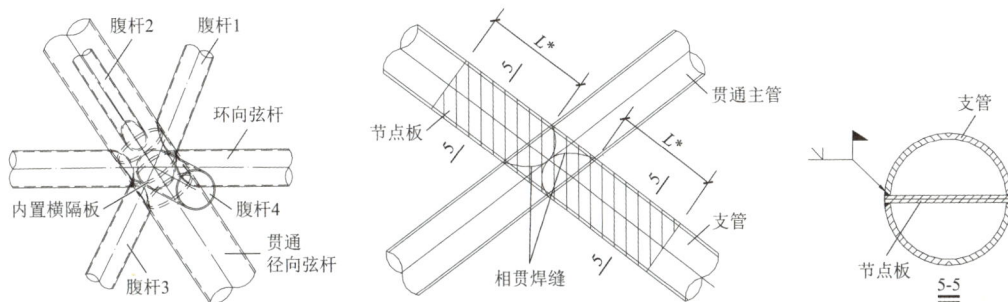

图 9.3-16　节点内置横隔板连接构造

图 9.3-17　节点试验装置

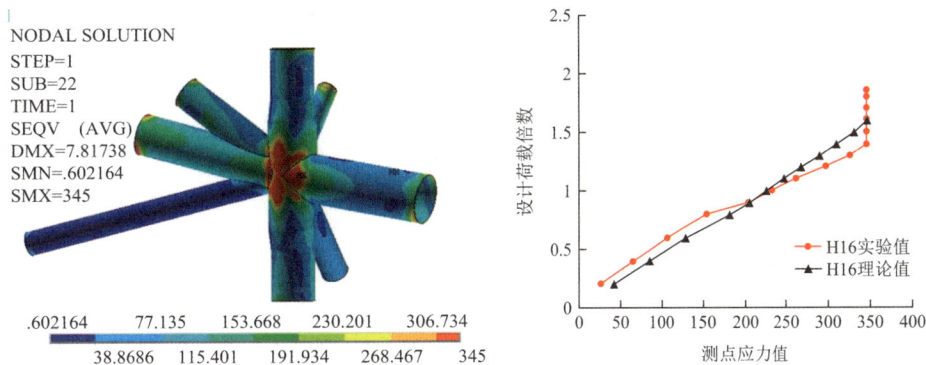

图 9.3-18　节点 1 有限元分析与试验结果对比

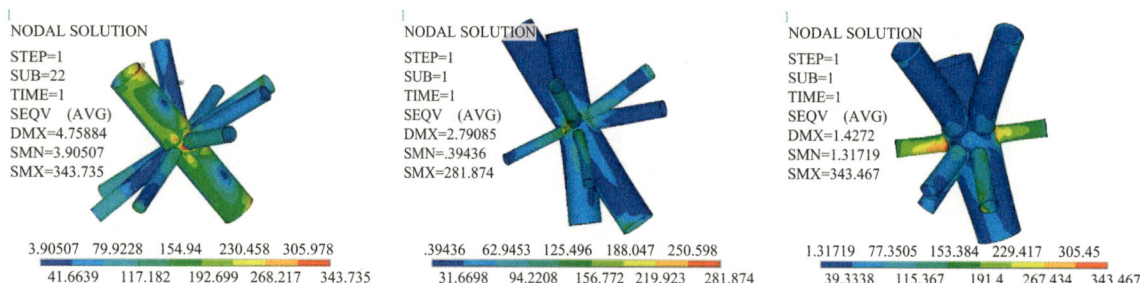

图 9.3-19 典型节点的有限元分析结果

9.4 游泳馆结构体系

游泳馆屋盖钢结构支承在看台柱子上，看台与外幕墙之间设有通道。看台和设备用房周围一圈用砖墙或者幕墙密闭到顶。为了避免互相干扰，3 个池之间也通过幕墙或砖墙隔开。相当于外幕墙把 3 个池包裹在内，里面又包含了 3 个独立又连通的空间。下部采用现浇钢筋混凝土框架结构体系。

9.4.1 屋盖钢结构方案比选

方案设计初始阶段，屋盖钢结构选用网壳结构，搁置在两侧柱子上；同时为了吻合建筑方案中"屋脊"的效果，在纵向对称轴处变成双层网壳，如图 9.4-1（a）所示。为满足建筑师通透屋顶的要求，尽量避免运动员仰游时满眼都是结构杆件，因此在上述方案基础上尝试着进行抽空，如图 9.4-1（b）所示，抽空前后二者在受力形态、变形特征等方面较为接近，但是抽空后用钢量减少较为明显，从 570t 降到540t。结合杆件传力途径规律继续抽空，在支承柱附近集中保留杆件，如图 9.4-1（c）所示，作为方案设计阶段的初步结构方案。

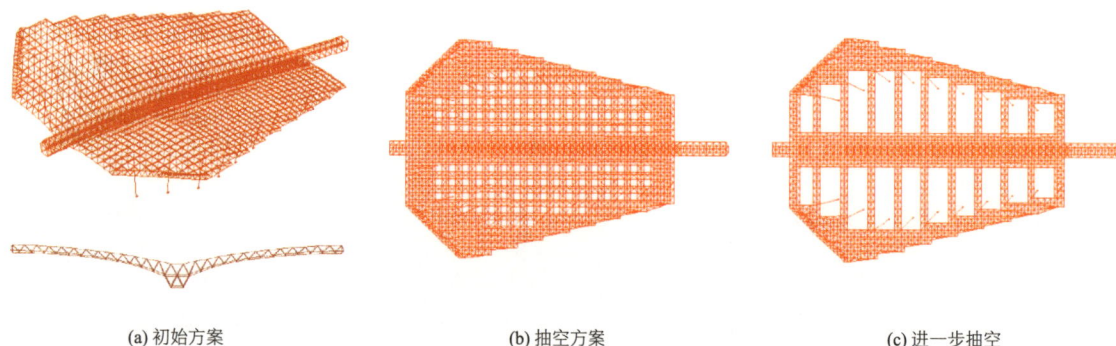

(a) 初始方案　　　　　　　　(b) 抽空方案　　　　　　　　(c) 进一步抽空

图 9.4-1　游泳馆屋盖网壳方案

沿着网壳抽空的演变方向进一步优化屋盖钢结构布置方案，直接考虑采用四管桁架体系，在支承柱处设置桁架，桁架造型贴合建筑外形；同时沿纵向对称设置两榀桁架，以满足建筑造型的需要，如图 9.4-2所示。通过结构方案与建筑构思的比较，四管桁架结构方案更加接近建筑师的要求，但是通过简单的计算分析，发现管桁架在自重和附加荷载的作用下，中间下凹屋脊处向下变形最大处约为 22mm，而两侧悬挑端上抬变形高达 322mm。为减小两侧的变形，悬挑端由预应力拉索锚固于地面，通过调整拉索预应力，可将两侧变形控制在 57mm 之内。

四管桁架方案虽然已经很接近方案构想，但建筑师在统筹考虑室内装修效果时，认为有两点非常影响效果：①内部四管桁架需要外包，才能完美体现力量感，如图 9.4-3 所示；②两侧的拉索影响幕墙造型。因此最终决定采用箱形钢梁的结构方案，同时根据建筑要求在屋顶开天窗，结构方案如图 9.4-4 所示。图 9.4-5 为轴测图和正视图。柱子位于游泳馆看台两侧，箱形钢梁空间位置由建筑造型确定。

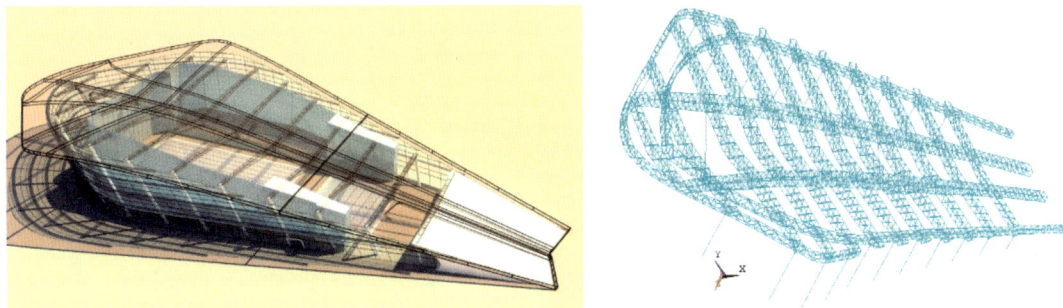

图 9.4-2　游泳馆屋盖四管桁架方案

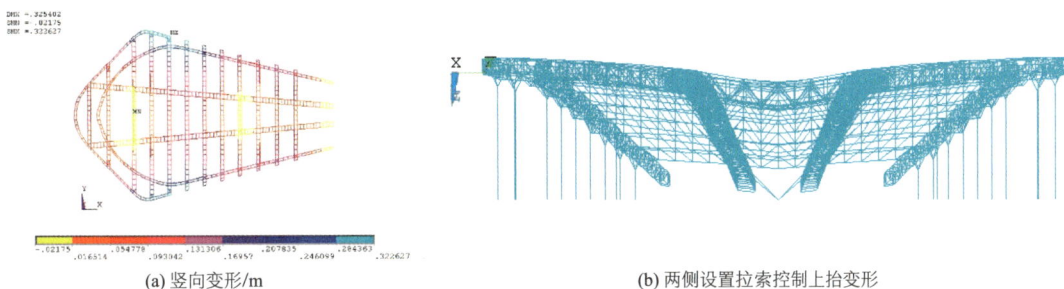

(a) 竖向变形/m

(b) 两侧设置拉索控制上抬变形

图 9.4-3　四管桁架结构体系的竖向变形及优化方案

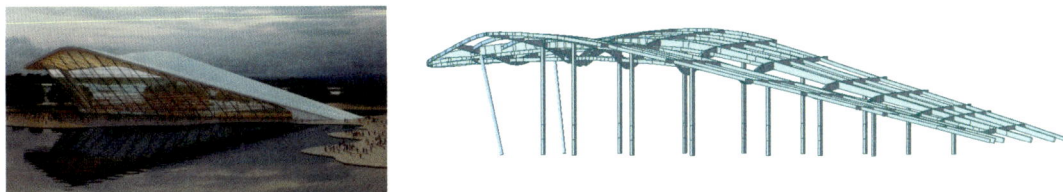

图 9.4-4　箱形钢梁结构方案与建筑效果图比较

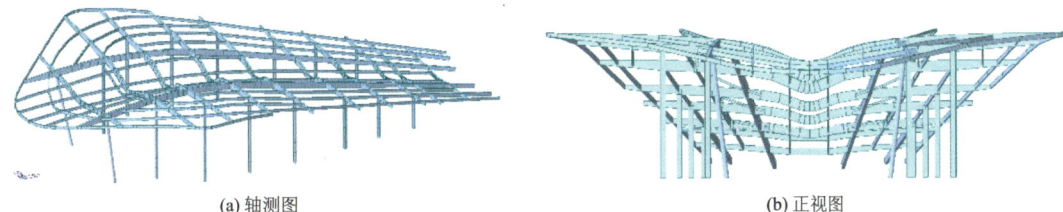

(a) 轴测图

(b) 正视图

图 9.4-5　箱形钢梁结构方案轴测图和正视图

9.4.2　屋盖钢结构布置

游泳馆钢屋盖南北对称，屋盖曲面依建筑造型确定。观众席最后一排柱子出看台后变成方钢管柱，作为屋盖钢结构的支承。入口大厅处设置 2 根斜柱，支承屋面悬挑部分。为了展现建筑创意，在中间沿纵向有 2 榀大梁较为突出，结构平面布置如图 9.4-6 所示。

屋顶钢结构短向共有 10 榀钢梁，钢梁断面为矩形，每一榀钢梁宽度不变，高度在纵向大梁（见图 9.4-6 中的 GL11）之间不变，从纵向大梁到悬挑端则采用变截面，悬挑端高度均为 800mm。图 9.4-7 为长度最大的一榀钢梁 GL3，支承钢柱之间跨度为 56m，悬挑跨度为 20.6m。在两榀纵向大梁之间，钢梁截面为 2000mm × 600mm × 16mm × 28mm；大梁至悬挑端则采用变截面，端部高度统一为 800mm。为了防止钢梁发生局部屈曲，每隔 2m 左右设置一道内置加劲板。钢梁 GL2 两端悬挑长度最大（图 9.4-8），最大悬挑长度达 28.472m。

根据消防要求，屋盖需要增设天窗。屋顶天窗采用在主钢梁上增设立柱和钢梁的方式，如图 9.4-9 所示。

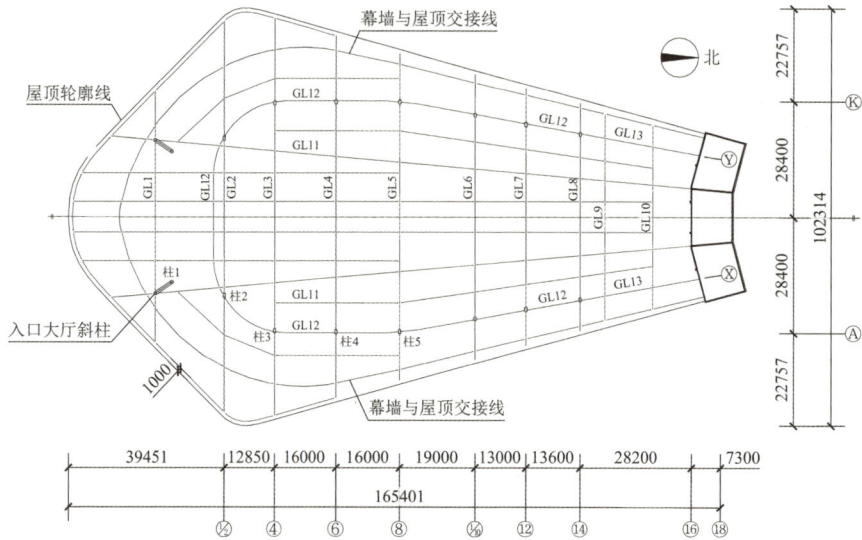

图 9.4-6　游泳馆屋盖钢结构平面图

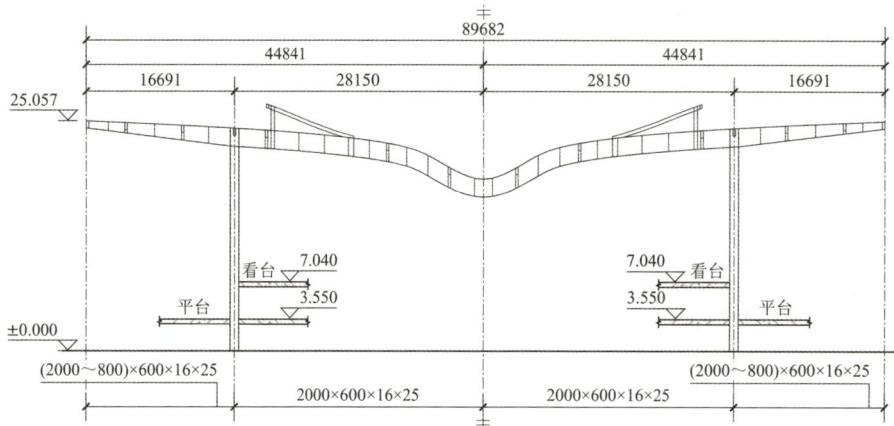

图 9.4-7　钢梁 GL3（柱间跨度最大）立面图

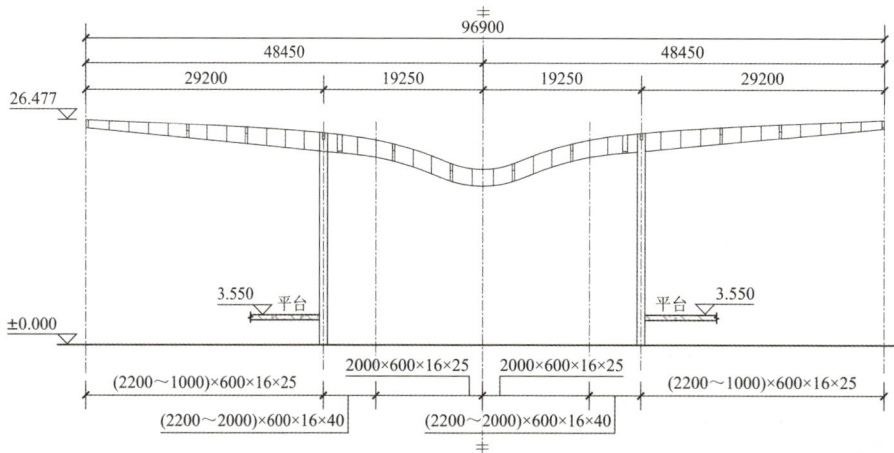

图 9.4-8　钢梁 GL2（两侧悬挑最大）立面图

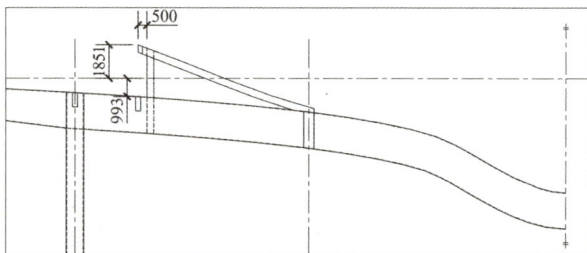

图 9.4-9　屋盖增设天窗

9.4.3 节点的连接构造

由于屋面梁悬挑跨度大，梁柱节点受力复杂，为确保节点受力可靠，屋面大梁与圆形截面斜柱相连的梁柱节点，上翼缘板采用整块钢板的构造设计，如图9.4-10所示；横向大梁与箱形截面柱相连的梁柱节点部位，上翼缘板和侧板均采用整块钢板的构造设计，如图9.4-11所示。

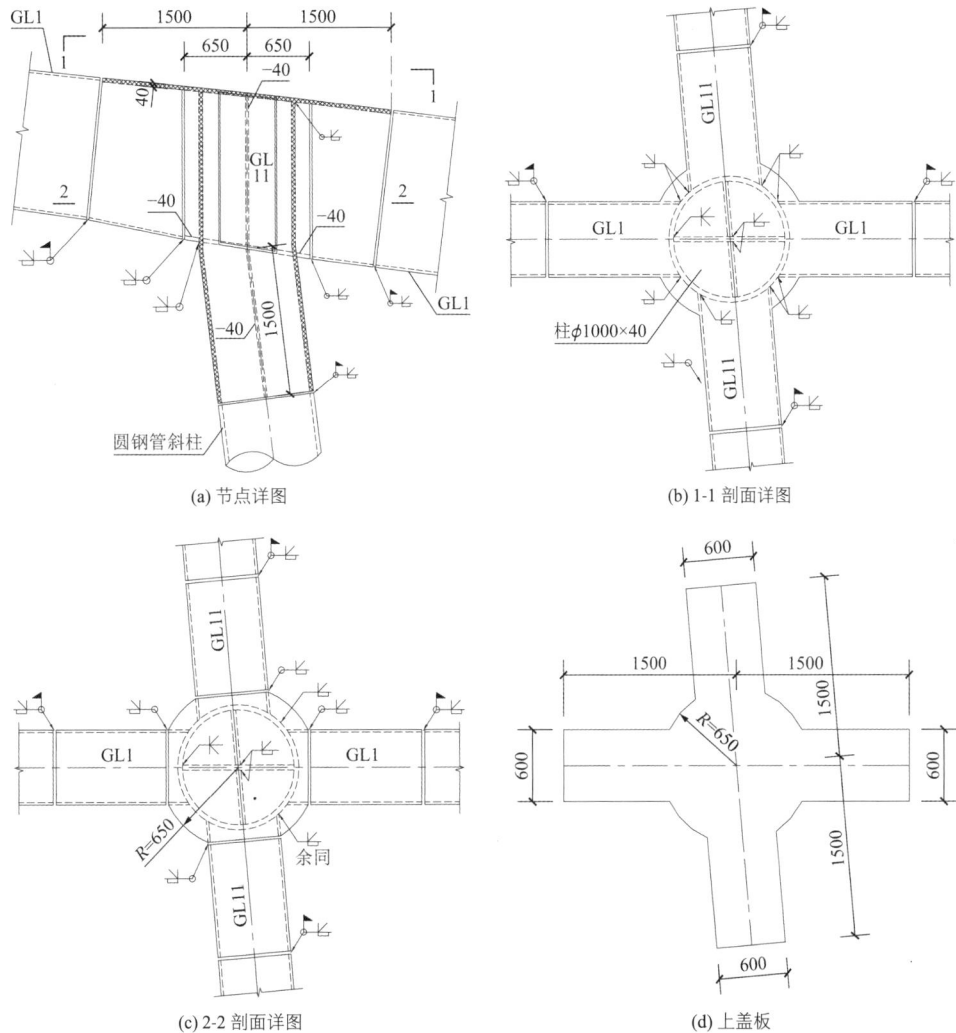

(a) 节点详图

(b) 1-1 剖面详图

(c) 2-2 剖面详图

(d) 上盖板

图 9.4-10　屋面大梁与圆形截面柱的梁柱节点连接构造

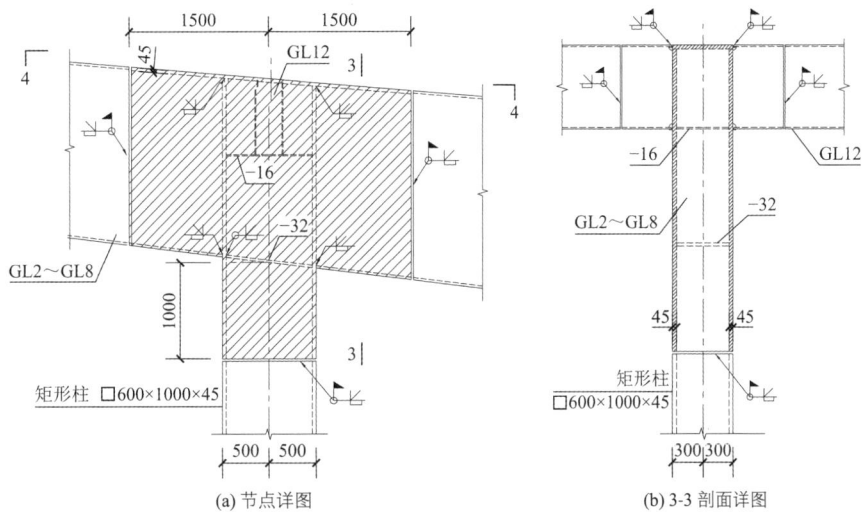

(a) 节点详图

(b) 3-3 剖面详图

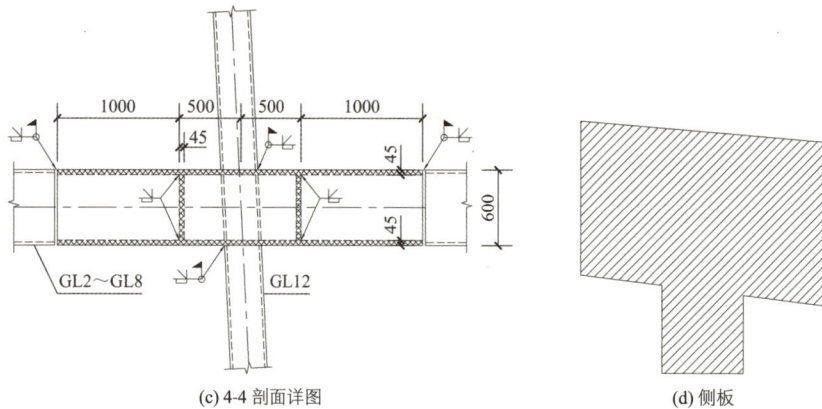

(c) 4-4 剖面详图   (d) 侧板

图 9.4-11　横向大梁与箱形截面柱的梁柱节点设计

9.5　游泳馆计算分析与结构设计

9.5.1　风荷载与雪荷载取值

游泳馆紧邻水边，设计分析时按照 100 年一遇的基本风压进行承载力验算，50 年一遇的基本风压进行变形验算。同时委托浙江大学土木系进行风洞试验，如图 9.5-1 所示。试验模型的几何缩尺比例为 1：100，模型试验在浙江大学 ZD-1 边界层风洞中进行，考虑到对称性，取 1/2 整体结构作为风压测试区域，共布置 453 个测点，在 0°～360°范围内每隔 15°取一个风向角。竖向平均风压的控制风向角为 15°、165°，水平平均风荷载的控制风向角为 210°和 330°。最大风振系数为 2.82（入口悬挑端、330°风）和 2.72（入口悬挑端、15°风）。水平向风荷载合力值为 704.5kN，小于规范风荷载取值，因此计算时以规范风压值为准。

钢屋盖在中间处依建筑外形而下凹，容易积雪，考虑雪荷载作用时应考虑积雪效应，参照《建筑结构荷载规范》GB 50009—2012，积雪分布系数在屋脊下凹范围内偏保守取 2.0，如图 9.5-2 所示。同时考虑半跨雪荷载的不利布置。

图 9.5-1　风洞试验模型

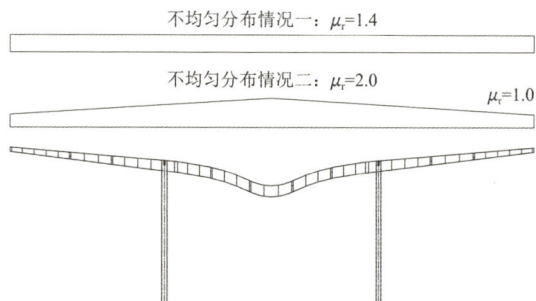

图 9.5-2　雪荷载不均匀分布情况

9.5.2　钢屋盖模型和总装模型分析结果对比

大跨空间结构下部混凝土和上部钢结构分开设计的方法既不能反映上部结构刚度对整体结构的贡献，也不能反映下部结构有限刚度对上部结构效应的放大。本项目屋顶钢梁支承在看台柱上，因此进行整体结构总装分析。对比屋顶钢结构单体模型和上下总装模型的竖向位移，因为钢结构单体模型中也包含了钢柱，且屋盖与下部混凝土仅通过 16 根立柱相连，所以钢结构单体模型和上下总装模型的结果相近。前 3 阶振型比较见表 9.5-1。

模型	第 1 阶	第 2 阶	第 3 阶
钢屋盖模型			
总装模型			

9.5.3　主要计算结果

主要工况下屋盖钢结构的竖向变形如图 9.5-3 所示，自重和考虑不均匀分布雪荷载作用下结构变形相对较大，最大竖向变形分别是 104.5mm 和 84.1mm。将自重作用下的竖向变形作为反拱值，扣除钢梁反拱后变形均满足要求。横向风荷载作用下，入口处悬挑部分结构沿 Y 向变形较大，为 98.8mm，如图 9.5-4 所示。若计算模型考虑看台楼板对柱子侧限的约束，则变形值将会减小。

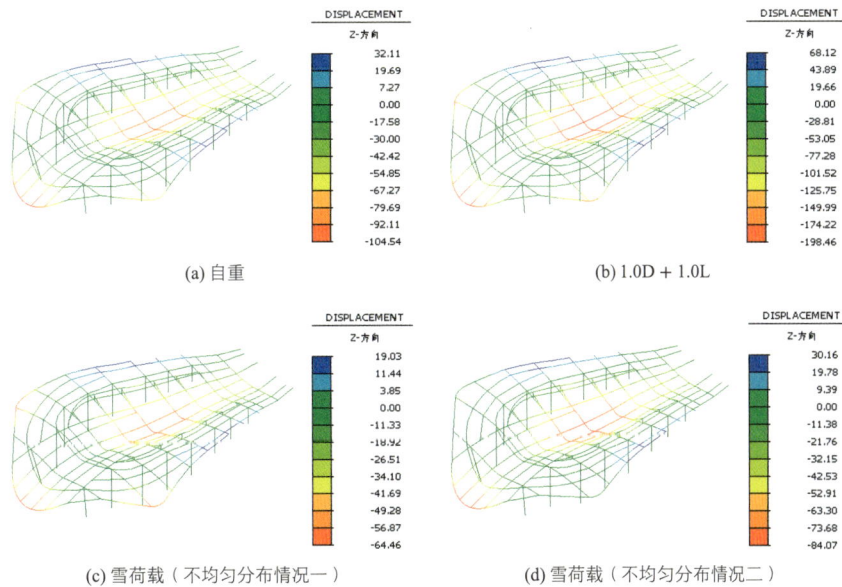

(a) 自重　　　　　　　　　　　　(b) 1.0D + 1.0L

(c) 雪荷载（不均匀分布情况一）　　　　　　　　(d) 雪荷载（不均匀分布情况二）

图 9.5-3　各种工况对应的竖向变形（单位：mm）

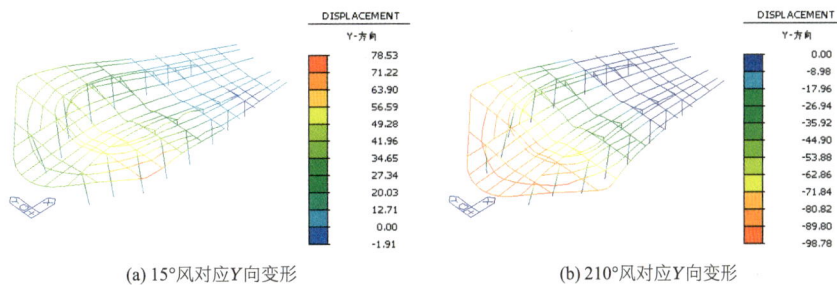

(a) 15°风对应 Y 向变形　　　　　　　　　　(b) 210°风对应 Y 向变形

图 9.5-4　风荷载作用下的水平变形（单位：mm）

典型工况下对应结构的组合应力如图 9.5-5 所示。可以看出，自重、附加恒荷载、活荷载和雪荷载对应的最大应力均出现在屋脊下凹处，其中自重引起的最大应力为 101MPa。最不利工况为以风为主导的恒 + 活 + 风组合，最大应力为 265MPa。各工况下横向钢梁靠近柱子范围应力均较大，因此在设计中靠近柱子范围内对钢梁上下翼缘进行了加厚。

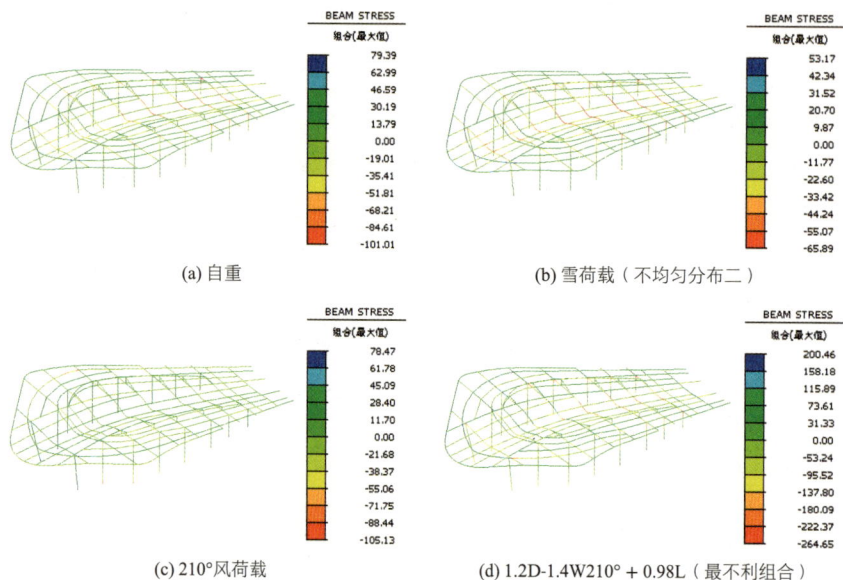

(a) 自重

(b) 雪荷载（不均匀分布二）

(c) 210°风荷载

(d) 1.2D-1.4W210° + 0.98L（最不利组合）

图 9.5-5　典型工况下屋盖钢构件的组合应力（单位：MPa）

参考文献

[1]　杨学林, 赵阳, 周平槐, 等. 南太湖湿地奥体公园体育场屋盖钢结构设计[J]. 建筑结构, 2012, 42(8): 1-7.

[2]　杨学林, 陈水福, 周平槐. 大跨双层屋盖结构风洞试验与风振响应研究[J]. 建筑结构, 2012, 42(8): 12-14.

[3]　杨学林, 周平槐, 赵阳. 南太湖湿地奥体公园游泳馆屋盖钢结构设计[J]. 建筑结构, 2012, 42(8): 15-18+22.

设计团队

结构设计单位：浙江省建筑设计研究院有限公司

建筑方案单位：德杰盟工程技术（北京）有限公司

结构设计团队：杨学林、赵　阳、周平槐、焦　俭、程宝龙、陈志刚、丁　浩、王　震

执　笔　人：周平槐

获奖信息

2017 年浙江省建设工程钱江杯（优秀勘察设计）专项工程一等奖（主体育场）

2019—2020 中国建筑学会建筑设计奖结构专业二等奖

2018 年浙江省建设工程钱江杯（优秀勘察设计）二等奖

2018 年浙江省勘察设计行业优秀建筑结构专业一等奖（游泳馆）

2019 年全国优秀工程勘察设计行业奖优秀公共建筑设计二等奖

第 10 章

杭州国际体育中心

10.1 项目概况

杭州国际体育中心位于杭州市余杭区，地处杭州市"第三中心"的核心区，是未来新一代公共中心的重要组成部分。项目总用地面积约 26.1 万 m²，总建筑面积约 50.8 万 m²，地上建筑面积约 31.2 万 m²，地下总建筑面积约 19.6 万 m²。地上包含"一场两馆"，包括专业足球场、综合体育馆、游泳跳水馆和室外平台 4 个子项，各子项间沿着各场馆边缘设结构缝脱开，形成独立的结构单体，同时也可以减小温度应力和混凝土收缩的影响，场地内满堂设置一层地下室。图 10.1-1 为杭州国际体育中心的区位图和建筑效果图。

图 10.1-1　项目区位图和建筑效果图

专业足球场建筑面积 17.1 万 m²，建筑高度 59.7m，可容纳 6 万名观众，属甲级特大型体育场，设有一个符合国际足联标准的足球场地（长 91.4m，宽 55.0m），可以举办世界杯级的国际比赛，赛后可以满足体育教学、训练、高级比赛、社会服务等多功能复合要求。

综合体育馆建筑面积 7.1 万 m²，建筑高度 45.100m，可容纳约 1.8 万名观众，属甲级特大型体育馆，场地设有一个满足亚运会、NBA 标准的篮球场地（长 28.0m，宽 15.0m），同时可以通过改变活动座椅的布置方式举办国际级别的手球、羽毛球、乒乓球、体操、冰球等比赛。赛后可以满足体育教学、训练、高级比赛、全民健身、社会服务等复合多功能要求。

游泳跳水馆建筑面积 29720m²，建筑高度 33m，可容纳约 900 名观众，属丙级游泳馆，馆内设有一个 25m×50m 标准泳池、一个 21m×50m 训练泳池、一个 16m×25m 青少年训练泳池以及两片戏水池，可以举办地方性、群众性运动会。赛后可以满足体育教学、训练、社会服务、全民健身等复合多功能要求。设计总座位数为 944 座，其中 893 座为固定座席，7 座为残疾人座席，44 座为贵宾座席。

本项目设计使用年限为 50 年，普通构件耐久性设计使用年限 50 年，重要构件则为 100 年，包括框架柱、剪力墙、转换构件、基础、≥18m 的大跨度框架梁和悬挑长度 ≥4m 的悬挑梁、关键节点等，结构安全等级为一级（重要构件，重要性系数 1.1）/二级（普通构件，重要性系数 1.0），抗震设防烈度为 6 度，设计地震分组为第一组，场地类别为 Ⅱ 类，地震基本加速度为 0.05g，抗震设防类别为重点设防类（专业足球场和综合体育馆）/标准设防类（其他）。基本风压为 0.45kN/m²，地面粗糙度为 B 类。

本项目规模较大，体型较为复杂，屋盖钢结构对风荷载较为敏感，为了更好地确保结构设计的安全性，对结构的风荷载参数以及风荷载的效应进行深入的研究，委托浙江大学进行了物理风洞试验。

10.2 专业足球场

杭州国际体育中心的专业足球场外立面造型取意于杭州的茶山和玉璧，建成后将是浙江省规模最大的专业足球场。图 10.2-1 是专业足球场的建筑效果图。

(a) 轴测图

(b) 侧面图

图 10.2-1 专业足球场建筑效果图

10.2.1 结构方案

专业足球场结构总高度约 58m，下部看台主要采用钢筋混凝土框架-剪力墙结构，局部采用钢框架结构，其中 3～5 层外侧造型平台采用钢桁架体系，局部大跨转换部分采用型钢混凝土梁柱；上部屋盖采用环形双向正交钢桁架-单层环索马鞍形轮辐式索桁架结构，索桁架部分覆上下双层 PTFE 膜结构；看台顶部设置一整圈内场格栅结构，内外覆幕墙体系，用以分隔场内外空间。图 10.2-2 为专业足球场整体模型拆解图。

专业足球场下部看台共 5 层（包含夹层），层高分别为 4.85m、4.15m、5.75m、4.80m 和 5.75m，图 10.2-4 为专业足球场长轴剖面图。各层平面近似呈椭圆形，以 2 层为例，短轴长度约 262m，长轴长度约 313m，外圈周长约 900m，采用无缝设计。下部看台采用框架-剪力墙结构，框架以混凝土框架为主，局部采用钢结构框架，剪力墙结合场馆四周的交通核设置，混凝土框架抗震等级三级，钢结构框架抗震等级四级，剪力墙抗震等级二级，看台及平层楼盖为普通钢筋混凝土框架梁板体系。分析时考虑温度应力的影响，二层及以上的楼板和看台板，均设置缓粘结预应力筋。因建筑造型要求，主体外侧周圈自上而下呈碗状收进，最外侧竖向构件无法落地，使 3～5 层外围形成跨度约 12～16m 的多层大悬挑环形平台，为结合幕墙造型，承托上部屋盖外侧斜柱，以及满足人行空间的要求，结构采用钢结构穿层悬挑桁架，楼板采用钢筋桁架楼承板。

足球场屋盖结构整体呈椭圆形，基本呈双轴对称，长轴 323.1m，短轴 267.2m，场心处开椭圆形洞口，洞口长轴 110.5m，短轴 97.0m，如图 10.2-3 所示。屋盖形状主要由内圈线、中圈线和外圈线三圈控制线决定，如图 10.2-5 所示。内圈索桁架结构为马鞍形，其形状与结构受力紧密相关，只有合理的形状才能力学平衡。因此，外圈线完全由建筑决定；中圈线的投影形状由建筑决定，结构给出其高差要求；内圈线的平面投影形状由结构在建筑初定形状基础上找形优化得到，其在高度方向上的具体定位，由结构找形分析后确定。最终，在短轴处，外、中、内圈线的标高分别为 58.024m、54.555m 和 48.203m，在长轴处分别为 46.058m、42.529m 和 45.107m，中圈处长短轴的高差约为 12m（即轮辐式索桁架的最大高差），对比类似项目，此高差只有常规值的一半左右，因此对屋面排水形成巨大挑战。

足球场屋盖分内外两圈（图 10.2-5），内圈为轮辐式索桁架结构，外圈为刚性桁架结构，外圈又可细分为屋面刚性桁架和侧边结构，下面分别阐述各部分的结构体系。

内圈轮辐式索桁架结构由环索、径向索和撑杆组成，双轴对称，投影面积 17256m²，如图 10.2-6 所示。环索呈椭圆形，长轴 110.5m，短轴 97.0m，总长约 325m，与 40 榀径向索用 40 个索夹连接，在短轴处，环索中心点标高 48.201m，长轴处环索中心点标高 42.515m。环索共设 8 根，分 2 排布置，上、下排各 4 根。径向索共 40 榀，内端与环索通过索夹连接，后端与一环桁架连接。上下索之间设 4 道撑杆，撑杆截面$\phi100 \times 7$，撑杆将上下索分成 5 段，5 段水平投影长度之比为 1：2：2：2：1。环索和径向索均采用三层 Z 形钢丝密封索，强度等级采用 1770 级，环索索径 96mm，径向索索径 92mm。

索桁架上下层均设置膜结构，采用 PTFE 膜材。每榀均设置 4 道拱杆，上拱杆采用$\phi245 \times 12$，下拱杆采用$\phi245 \times 8$，上下层拱杆的平衡索均采用$\phi26$ 高钒索。上层拱杆的矢跨比采用 1：7.5，下层拱杆的矢跨比采用 1：15，膜结构的形状以拱杆和索为边界找形得到。

屋面刚性桁架结构由径向桁架、环桁架和径向分隔梁组成（图 10.2-7），投影面积 42205m²。径向桁架共 40 榀，短轴处投影长度 51.1m，长轴处投影长度 62.3m，支承在下部 36 颗巨柱上，东西南北对称轴处各抽掉一颗柱子，在下部形成大空间，此处 4 榀径向桁架由环向桁架转换。桁架在支座处高度由长轴的 6m 渐变到短轴处的 4.5m，桁架内场悬挑端高度均为 3m。环桁架共设置 5 圈，由场心至场外，分别为一环、二环、三环、四环和五环。一环采用四管桁架便于设置马道，其余均采用三管桁架。

径向桁架在支承柱顶设置铰接支座，如图 10.2-8 所示，采用如下约束方式：在屋面系统安装完成之前，约束环向和竖向，释放径向；在屋面系统完成之后，约束径向自由度。此做法可以将自重及附加恒荷载引起的径向力释放掉，柱顶仅承受活荷载引起的径向力。

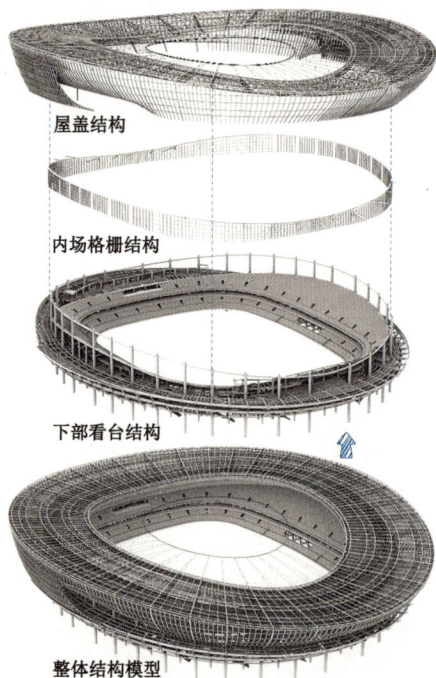

图 10.2-2 专业足球场整体模型拆解图

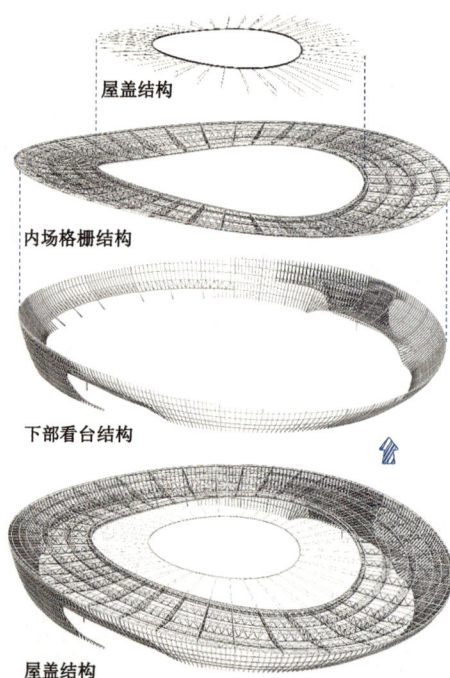

图 10.2-3 专业足球场屋盖模型拆解图

图 10.2-4 专业足球场长轴剖面图

侧边结构主要作为外侧幕墙的支架，分为贯通的侧边斜柱结构和对称布置的耳朵结构，如图 10.2-9 所示。侧边斜柱结构中，共设置与径向桁架连接的主斜柱 40 道，次斜柱 280 道。在南侧立面开洞处有 1 道主斜柱和 46 道次斜柱不落地，在两边耳朵处各有 1 道主斜柱和 42 道次斜柱不落地，均由桁架转换；

在耳朵处各有 5 道主斜柱落于巨柱上。

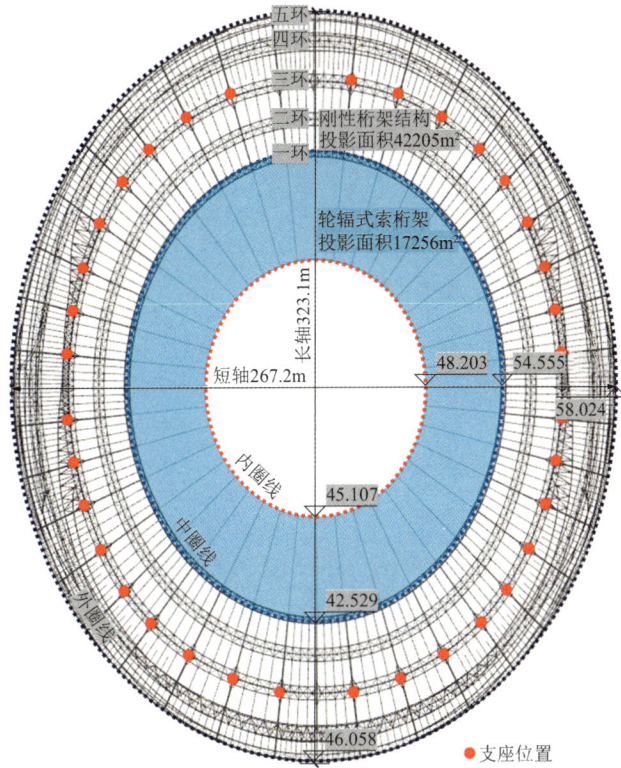

图 10.2-5　足球场屋盖结构平面示意图

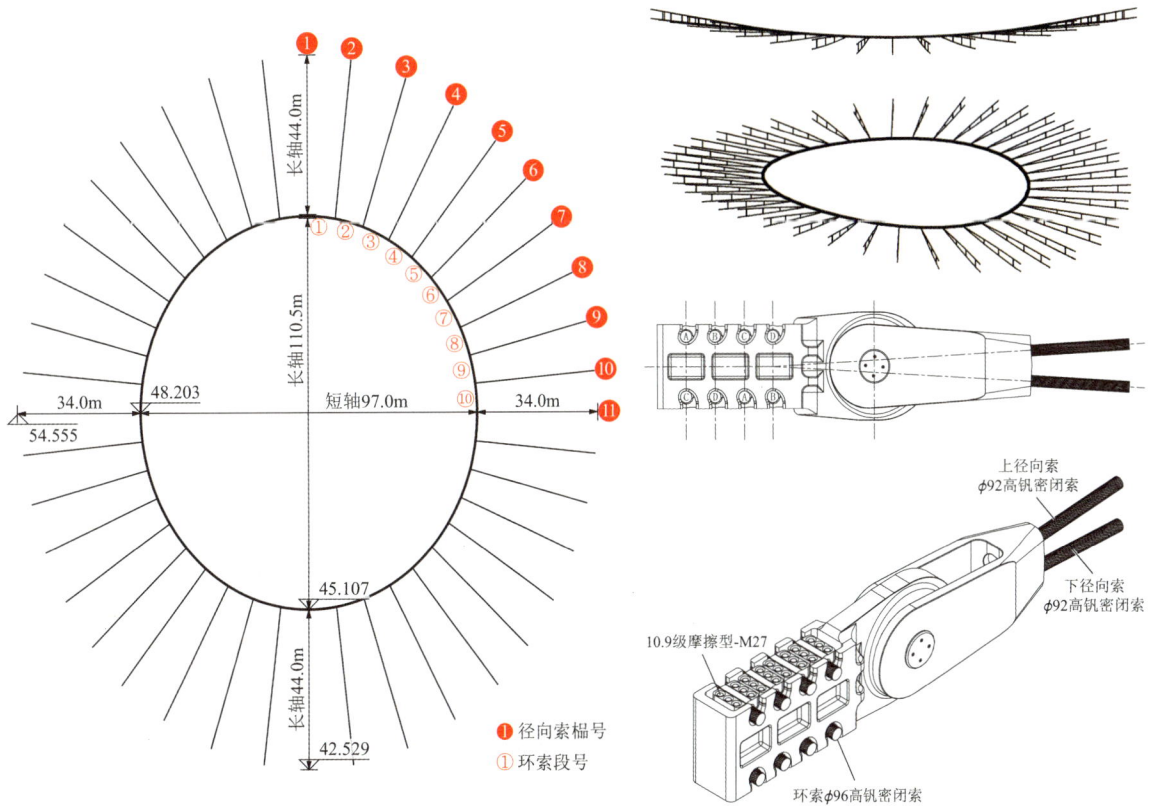

图 10.2-6　索桁架结构示意图及节点大样

在高度方向每隔 5m 左右设置一圈水平杆，水平杆不仅作为斜柱的侧向支撑，同时还作为一道道"箍"，将 320 根斜柱"箍"成一个整体。

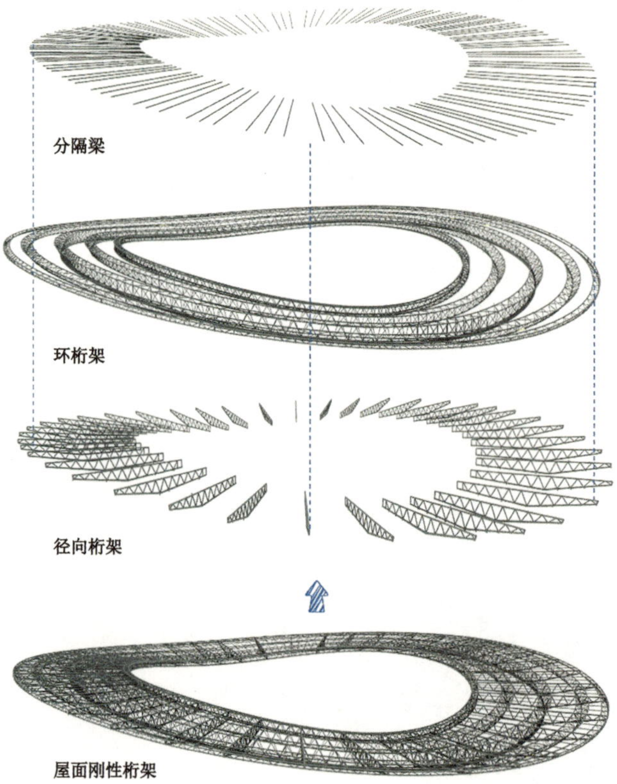
分隔梁
环桁架
径向桁架
屋面刚性桁架

图 10.2-7　屋面刚性桁架整体模型拆解图

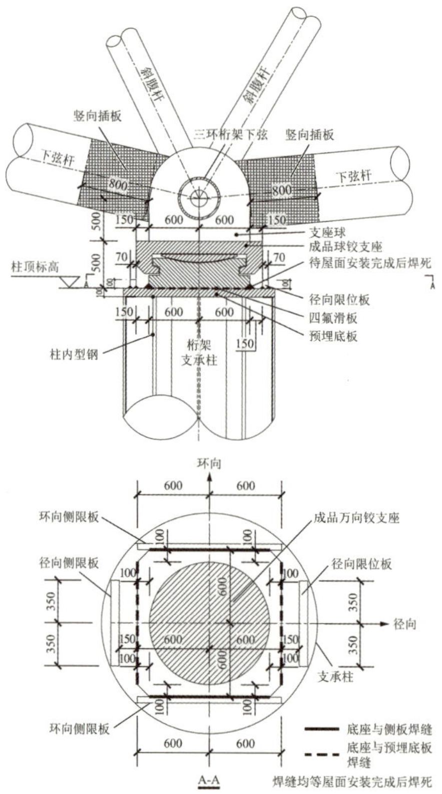
斜腹杆
竖向插板
三环桁架下弦
下弦杆
支座球
成品球铰支座
待屋面安装完成后焊死
柱顶标高
径向限位板
四氟滑板
预埋底板
柱内型钢
桁架支承柱
环向
环向侧限板
成品万向铰支座
径向侧限板
径向限位板
径向
支承柱
底座与侧板焊缝
底座与预埋底板焊缝
A-A
焊缝均等屋面安装完成后焊死

图 10.2-8　径向桁架支座大样

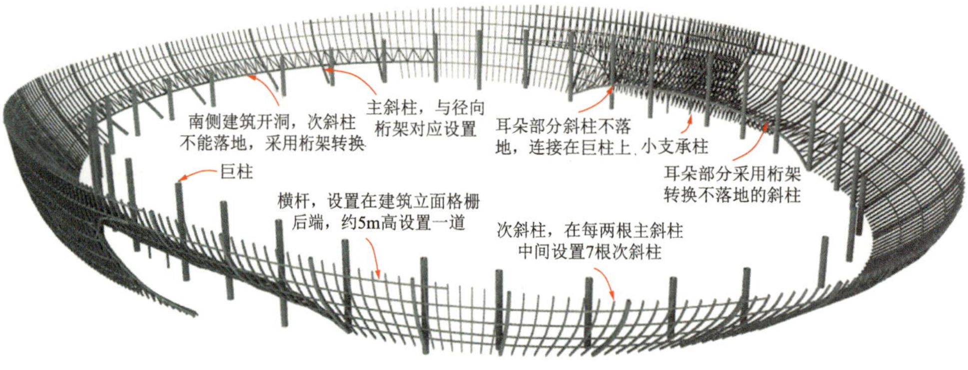
南侧建筑开洞，次斜柱不能落地，采用桁架转换
主斜柱，与径向桁架对应设置
耳朵部分斜柱不落地，连接在巨柱上，小支承柱
巨柱
耳朵部分采用桁架转换不落地的斜柱
横杆，设置在建筑立面格栅后端，约5m高设置一道
次斜柱，在每两根主斜柱中间设置7根次斜柱

图 10.2-9　侧边结构示意图

10.2.2　超限情况判定及抗震性能目标

根据《超限高层建筑工程抗震设防专项审查技术要点》建质〔2015〕67 号，针对本项目的超限类型和超限程度进行判断，判定项目存在扭转不规则、楼板不连续、刚度突变、构件间断及承载力突变等不规则项，同时，屋盖的悬挑长度及单元长度均超限，因此，专业足球场属于超限高层结构。考虑结构特点、设防烈度、抗震设防类别、场地条件、社会效益及结构的重要性等因素，抗震性能目标确定如下：看台结构 C 级，屋盖结构 B 级，详见表 10.2-1 和表 10.2-2。

看台结构抗震设防性能目标　　　　表 10.2-1

抗震烈度	多遇地震（小震）	设防地震（中震）	罕遇地震（大震）
性能水准	1	3	4
宏观损坏程度	完好、无损坏	轻度损坏	中度损坏
层间位移角限值	1/800	1/400	1/160

抗震烈度			多遇地震（小震）	设防地震（中震）	罕遇地震（大震）
构件性能	关键构件 1	混凝土结构 弯矩、轴力	弹性	弹性	不屈服
		混凝土结构 剪力	弹性	弹性	不屈服
		钢结构	弹性	弹性	不屈服
	关键构件 2	混凝土结构 弯矩、轴力	弹性	不屈服	允许局部屈服，控制屈服程度
		混凝土结构 剪力	弹性	弹性	不屈服
	普通竖向构件	混凝土结构 弯矩、轴力	弹性	不屈服	允许局部进入塑性，控制塑性变形，截面受剪满足受剪截面控制条件
		混凝土结构 剪力	弹性	弹性	
		钢结构	弹性	弹性	轻微破坏
	耗能构件	混凝土结构 弯矩、轴力	弹性	可屈服	大部分构件允许进入塑性，塑性变形满足"防止倒塌"的要求
		混凝土结构 剪力	弹性	不屈服	
		钢结构	弹性	轻微破坏	中度破坏

注：关键构件 1：支撑屋盖的框架柱、支撑周圈造型桁架的框架柱、二层支撑造型桁架框架柱的转换梁、三～五层环形造型平台穿层桁架、屋盖支座处环梁；关键构件 2：底部加强部位（一层、夹层）剪力墙；普通竖向构件：关键构件之外的竖向构件；耗能构件：除关键构件外的框架梁、剪力墙连梁。

屋盖钢结构抗震设防性能目标　　　　　　　　　　　　　表 10.2-2

地震水准		多遇地震	设防烈度地震	预估的罕遇地震
性能水准		1	2	3
宏观损坏程度		完好、无损坏	基本完好	轻度损坏
关键构件	径向桁架上下弦杆、腹杆	弹性	弹性	弹性
	各圈环桁架的弦杆	弹性	弹性	弹性
	内环索、径向索	弹性且不松弛	弹性且不松弛	弹性且不松弛
	径向桁架的支承柱、支座	弹性	弹性	不屈服
重要构件	各圈环桁架的斜腹杆	弹性	弹性	不屈服
	索桁架的刚性撑杆	弹性	弹性	不屈服
	侧边结构的主斜柱	弹性	弹性	不屈服
一般构件	屋面的径向梁	弹性	不屈服	轻微损坏
	侧边结构的其余构件	弹性	不屈服	轻微损坏
	膜结构	弹性	弹性	弹性

10.2.3　轮辐式索桁架结构分析

本项目采用 Rhino + Grasshopper 进行参数化建模，采用 3D3S 和通用有限元软件进行对比分析。图 10.2-10 为采用参数化方法创建的屋盖整体模型。

为了便于后文阐述，首先定义四态：零状态、张拉态、初始态、荷载态。

零状态：即放样态，为没有预应力的形态。通过有限元找形找力得到。

张拉态：在零状态的基础上，在自重作用下张拉预应力达到平衡后的形态。

初始态：在张拉态的基础上，施加附加恒荷载，经非线性分析后得到的形态。本工程定义初始态时的形状与建筑给定的几何形状吻合。

荷载态：在初始态的基础上，施加活荷载，经非线性分析后得到的形态。

本文定义张拉态的原因主要有：一是因为常规定义张拉态为初始态，而本工程定义初始态为施加附加恒荷载之后的状态，故加以区分；二是为了获取此形态下的索力结果，以指导施工。图 10.2-11 为索桁架分析全流程图，主要分为力密度找形分析、恒荷载迭代优化形状、找形找力分析、荷载态分析等步骤。

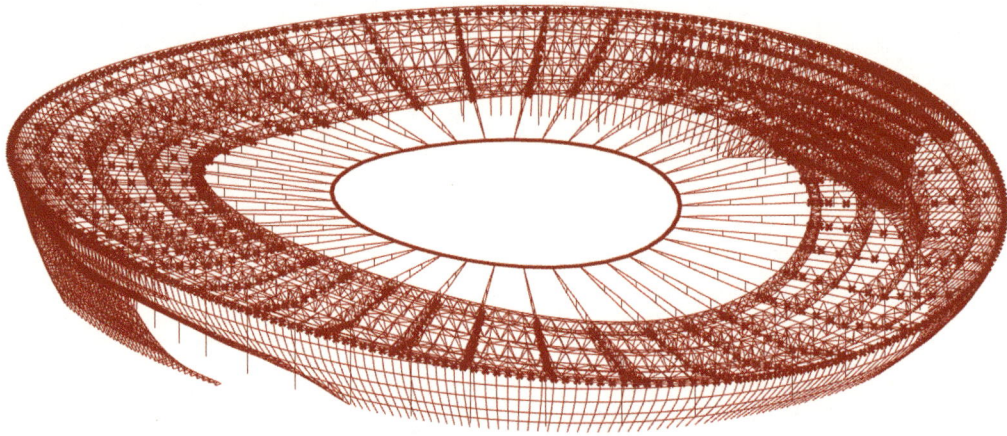

图 10.2-10　参数化创建的屋盖整体模型

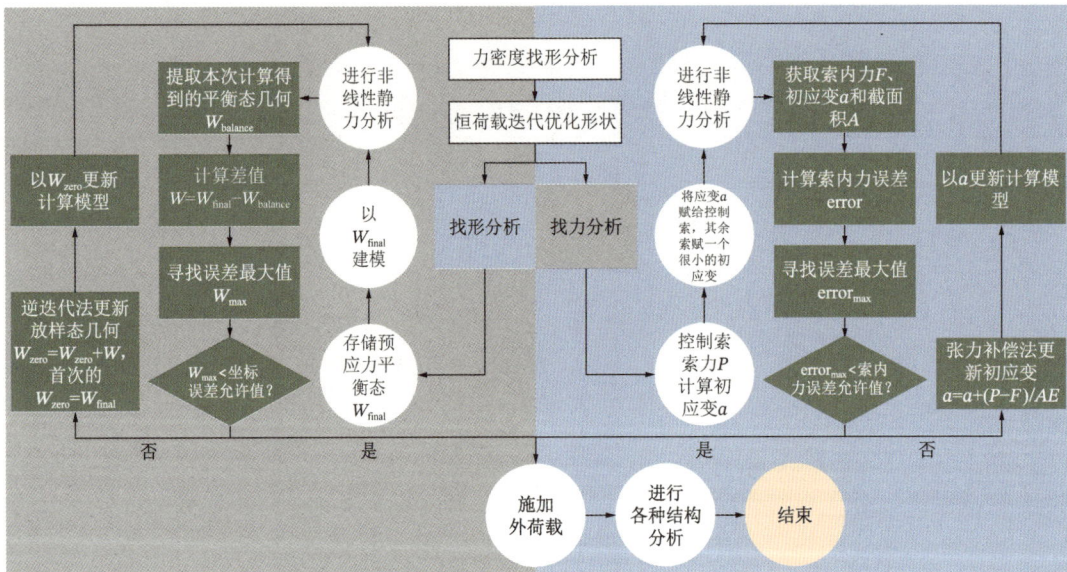

图 10.2-11　索桁架分析全流程

　　采用通用有限元软件和 3D3S 对索桁架部分单独建模对比分析，前 9 阶振型结果如表 10.2-3 所示，前 6 阶振型如图 10.2-12 所示。两个软件的计算结果非常接近，几阶主要振型的周期误差均在 1% 以内。

有限元和 3D3S 的前 15 阶振型周期对比（单位：s）　　　　　　　　　　表 10.2-3

振型	第 1 阶	第 2 阶	第 3 阶	第 4 阶	第 5 阶	第 6 阶	第 7 阶	第 8 阶	第 9 阶
通用有限元	0.961	0.917	0.832	0.789	0.594	0.594	0.465	0.464	0.437
3D3S	0.966	0.923	0.838	0.793	0.601	0.600	0.472	0.472	0.458

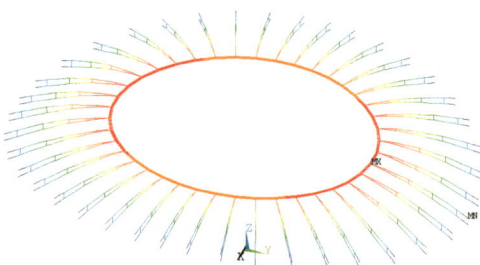

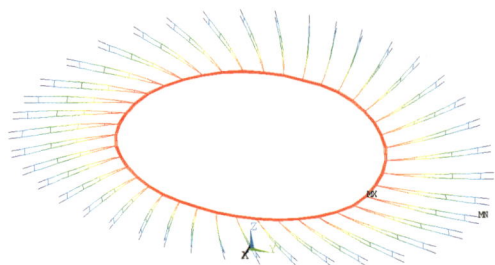

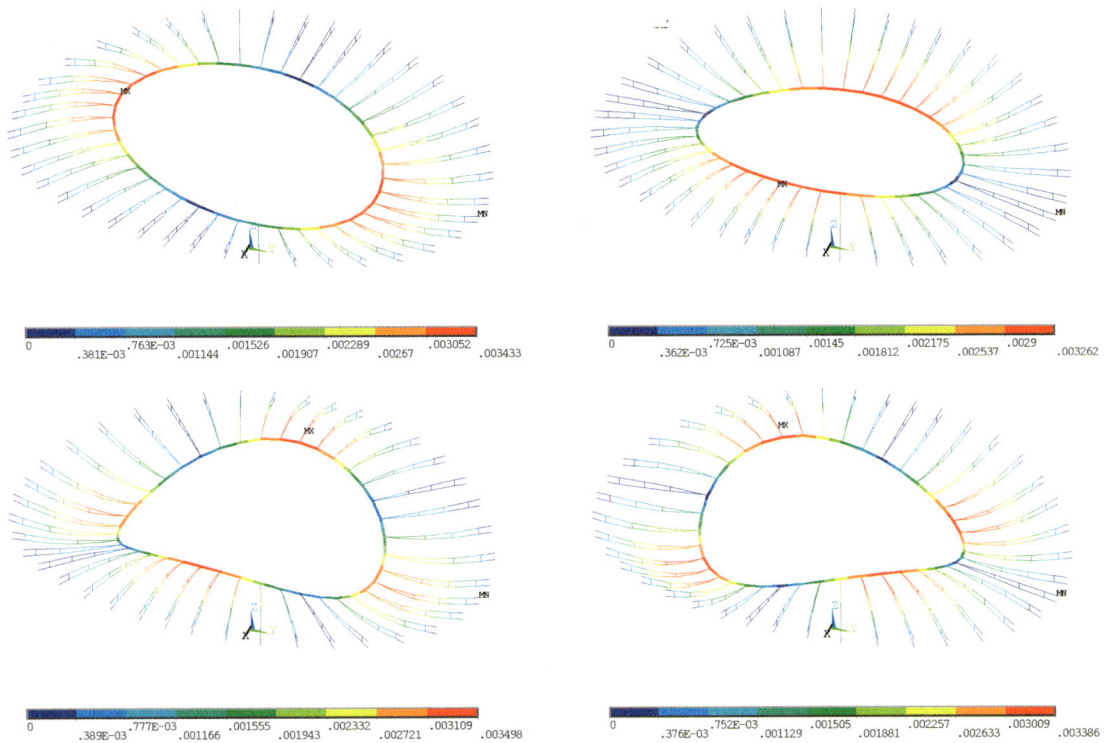

图 10.2-12　前 6 阶振型图

索力、变形、排水坡度等结果分别如表 10.2-4、表 10.2-5、表 10.2-6 所示。

索力结果（单位：kN）　　　　　　　　　　　　　　　　　　表 10.2-4

编号	环索索力				上径向索索力				下径向索索力			
	G1	G2	G3	G4	G1	G2	G3	G4	G1	G2	G3	G4
1	3096	3279	3925	3638	2153	2599	3444	3121	2748	2558	2664	2550
2	3152	3339	3996	3704	2112	2548	3369	3059	2741	2552	2673	2550
3	3213	3403	4073	3775	1992	2433	3248	2948	2687	2496	2624	2521
4	3270	3463	4144	3842	2052	2599	3638	3315	2421	2128	2024	1911
5	3317	3512	4200	3894	1923	2503	3583	3228	2335	2018	1868	1819
6	3370	3568	4266	3955	1814	2412	3506	3129	2262	1919	1723	1695
7	3408	3607	4311	3997	1691	2314	3435	3025	2189	1821	1589	1593
8	3425	3623	4329	4015	1602	2247	3389	2953	2131	1738	1461	1501
9	3426	3624	4330	4015	1550	2203	3354	2900	2101	1690	1384	1448
10	3410	3607	4309	3996	1542	2202	3357	2892	2086	1663	1333	1419
11					1550	2212	3367	2898	2084	1655	1306	1409

注：表中，G1 代表张拉态，G2 代表初始态，G3 代表恒、活（雪荷载）组合，G4 代表恒、活（积水荷载）组合，下同。

变形结果（单位：mm）　　　　　　　　　　　　　　　　　　表 10.2-5

榀号	G1	G2	G3	G4	f	跨度	f/跨度
1	−163	−885	−1598	−1392	−713	43984	1/62
2	−157	−876	−1587	−1374	−711	43818	1/62
3	−147	−859	−1559	−1331	−700	42871	1/61
4	−142	−843	−1526	−1274	−683	41486	1/61
5	−143	−834	−1497	−1227	−663	39791	1/60
6	−145	−822	−1468	−1183	−646	38333	1/59

榀号	G1	G2	G3	G4	f	跨度	f/跨度
7	−150	−816	−1446	−1153	−630	36735	1/58
8	−151	−809	−1428	−1128	−619	35410	1/57
9	−148	−798	−1410	−1105	−612	34561	1/56
10	−147	−791	−1400	−1093	−609	34144	1/56
11	−146	−787	−1396	−1088	−609	34033	1/56

排水坡度结果　　　　　　　　　　　　　　　　　　表 10.2-6

榀号	初始态					雪荷载组合				
	①	②	③	④	⑤	①	②	③	④	⑤
1	−3.62%	−3.99%	−5.25%	−6.63%	−7.79%	−4.12%	−3.68%	−3.72%	−3.74%	−3.78%
2	−3.00%	−3.37%	−4.63%	−6.00%	−7.14%	−3.61%	−3.15%	−3.13%	−3.02%	−2.92%
3	−0.45%	−0.84%	−2.13%	−3.53%	−4.68%	−1.15%	−0.70%	−0.65%	−0.47%	−0.28%
4	2.52%	1.26%	1.35%	1.35%	1.48%	1.73%	1.43%	2.86%	4.44%	5.89%
5	6.65%	5.54%	5.82%	5.99%	6.29%	5.99%	5.84%	7.38%	9.02%	10.53%
6	10.88%	9.55%	9.61%	9.55%	9.63%	10.17%	9.85%	11.20%	12.65%	13.96%
7	14.62%	13.27%	13.33%	13.28%	13.36%	13.88%	13.56%	14.97%	16.48%	17.86%
8	17.60%	16.21%	16.27%	16.20%	16.28%	16.86%	16.56%	17.96%	19.46%	20.82%
9	19.37%	17.96%	18.00%	17.92%	17.98%	18.63%	18.34%	19.73%	21.21%	22.55%
10	20.20%	18.78%	18.80%	18.68%	18.70%	19.52%	19.24%	20.58%	21.95%	23.16%
11	20.35%	18.93%	18.93%	18.77%	18.75%	19.75%	19.48%	20.74%	21.99%	23.06%

注：负值代表排水坡度向场外，正值代表排水坡道向场内。

10.2.4　屋盖钢桁架-索桁架整体分析

对钢屋盖桁架-索桁架整体模型也进行了详细的对比分析，图 10.2-13 为通用有限元软件和 3D3S 的整体分析计算模型图。

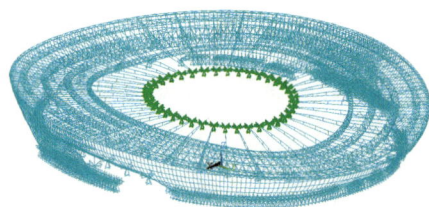

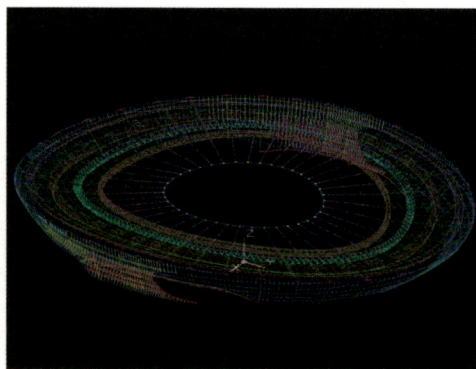

图 10.2-13　整体分析计算模型图

荷载施加的准确性是对比分析的基础条件。在 3D3S 中采用导荷范围施加，通用有限元软件中采用的荷载是在 Grasshopper 建立整体模型时，采用 Karamba3D 软件在全约束条件下导荷得到的，如图 10.2-14 所示。两种计算模型的荷载统计对比如表 10.2-7 所示，可见，两个计算模型中采用的荷载非常接近，误差控制在 0.5%以内。

整体模型分析结果显示，索桁架部分的振型、索力、变形结果，与索桁架单独分析得到的结果非常接近。限于篇幅，不再给出详细结果。

刚性桁架各典型部位的应力比情况如图 10.2-15～图 10.2-17 所示，所有构件的应力比均控制在 0.9
以内，其中重要构件考虑重要性系数 1.1。

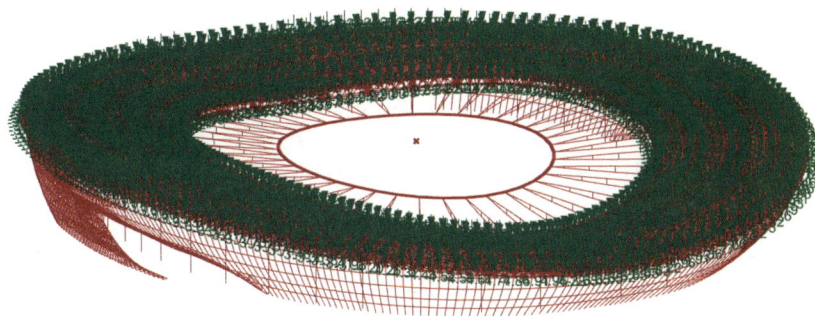

图 10.2-14　利用 Karamba3D 导荷

通用有限元和 3D3S 荷载统计对比　　　　　　　　　　　　　　　　　　表 10.2-7

荷载类型	通用有限元/kN	3D3S/kN	误差
自重	136507	136632	0.09%
恒荷载	131910	132485	0.44%
雪荷载	57770	57982	0.37%

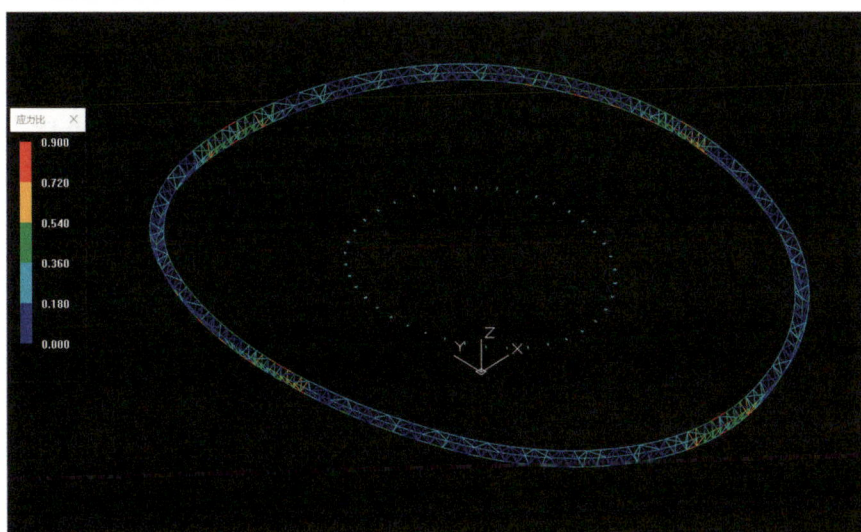

图 10.2-15　三环桁架应力比云图及分布

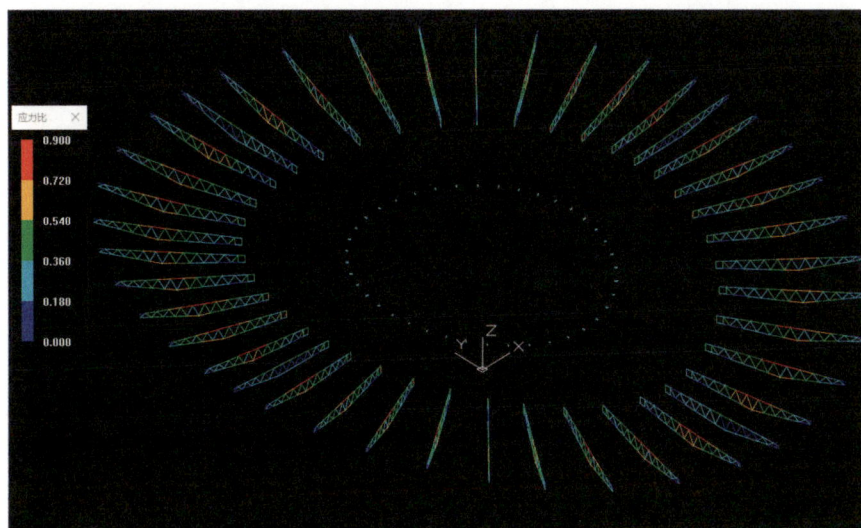

图 10.2-16　径向桁架应力比云图及分布

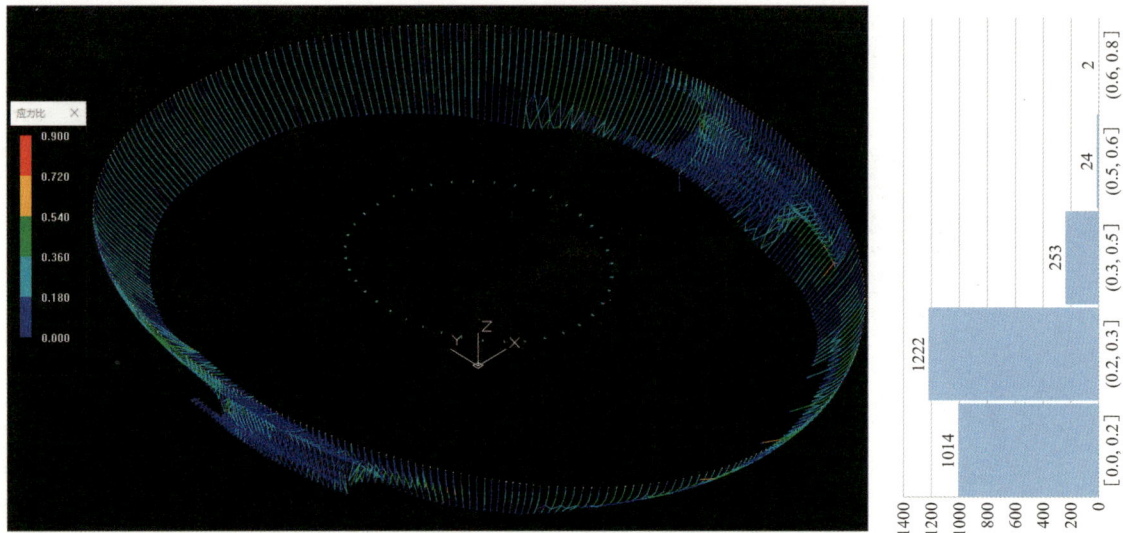

图 10.2-17　侧边结构斜柱应力比云图及分布

10.2.5　结构专项分析

1. 索桁架张拉模拟分析

张拉方案采用整体牵引提升，分层张拉锚固。其中，整体牵引过程中，上径向索主控牵引索长度，下径向索主控牵引力与上径向索相等；分层张拉锚固过程中，先上径向索，后下径向索。张拉步骤见表 10.2-8。

张拉步骤　　　　　　　　　　　　　　　　　　　　　　　　表 10.2-8

工况号	内容	上牵引工装索长/m	下牵引索力
GC-1	整体起始提升，刚性部分设置胎架	21.54～27.43	
GC-2	继续整体提升	10	
GC-3	继续整体提升	3	
GC-4	继续整体提升	1	同上牵引索力
GC-5	继续整体提升	0.5	
GC-6	上径向索锚固	0	
GC-7	下径向索锚固（张拉成形）	0	结构成型时索力
GC-8	撤除胎架	0	

各关键过程的主要结果详见表 10.2-9。

关键过程主要结果汇总　　　　　　　　　　　　　　　　　　表 10.2-9

工况号	内容	索网竖向位移/m	上/下径向索端部索力/kN	外压环桁架径向位移/mm	外压环桁架组合应力/MPa	支撑架内力/kN
GC-1	整体起始提升	−47.03	22.96～32.61	−8～8	−8～14.1	498～1880
GC-2	继续整体提升	−44.39	29.28～42.91	−8～8	−8.4～13.8	497～1880
GC-3	继续整体提升	−13.18	65.70～75.04	−9～7	−10～11.8	485～1870
GC-4	继续整体提升	−5.98	116.36～152.15	−11～6	−12.4～10.6	468～1850
GC-5	继续整体提升	−3.02	192.82～280.71	−14～5	−16.1～10.2	441～1830
GC-6	上径向索锚固	−0.37	1640～2290	−57～−11	−80.2～28.4	0～1490
GC-7	下径向索锚固	−0.39	1770～3130	−61～−12	−86.4～27.9	358～1950
GC-8	胎架拆除	−0.46	1530～2750	−59～−13	−87.8～33.0	—

注：位移均相对于零状态。

2. 屋盖安装模拟分析

屋盖安装模拟分析主要分以下 7 个步骤：

步骤 1：设置胎架，安装屋盖刚性桁架，桁架支座径向释放；

步骤 2：张拉索桁架部分；

步骤 3：安装侧边结构；

步骤 4：撤除胎架；

步骤 5：安装屋面幕墙结构，安装设备；

步骤 6：约束桁架支座的径向自由度；

步骤 7：施加活荷载。

各步骤的模型如图 10.2-18 所示，各安装步骤对应刚性桁架的径向变形如图 10.2-19 所示，支座处最大的径向位移约为 90mm。据此，在施工图中明确了各支座的反向预调值，理论上可以实现支座径向约束时，支座位于支承柱的中心。关键步骤下的屋盖支座反力如表 10.2-10 所示，其中 1 号为北侧长轴处，其余按顺时针编号，长短轴处均拔除一颗支承柱，因此表中 1 号和 11 号无反力数据。

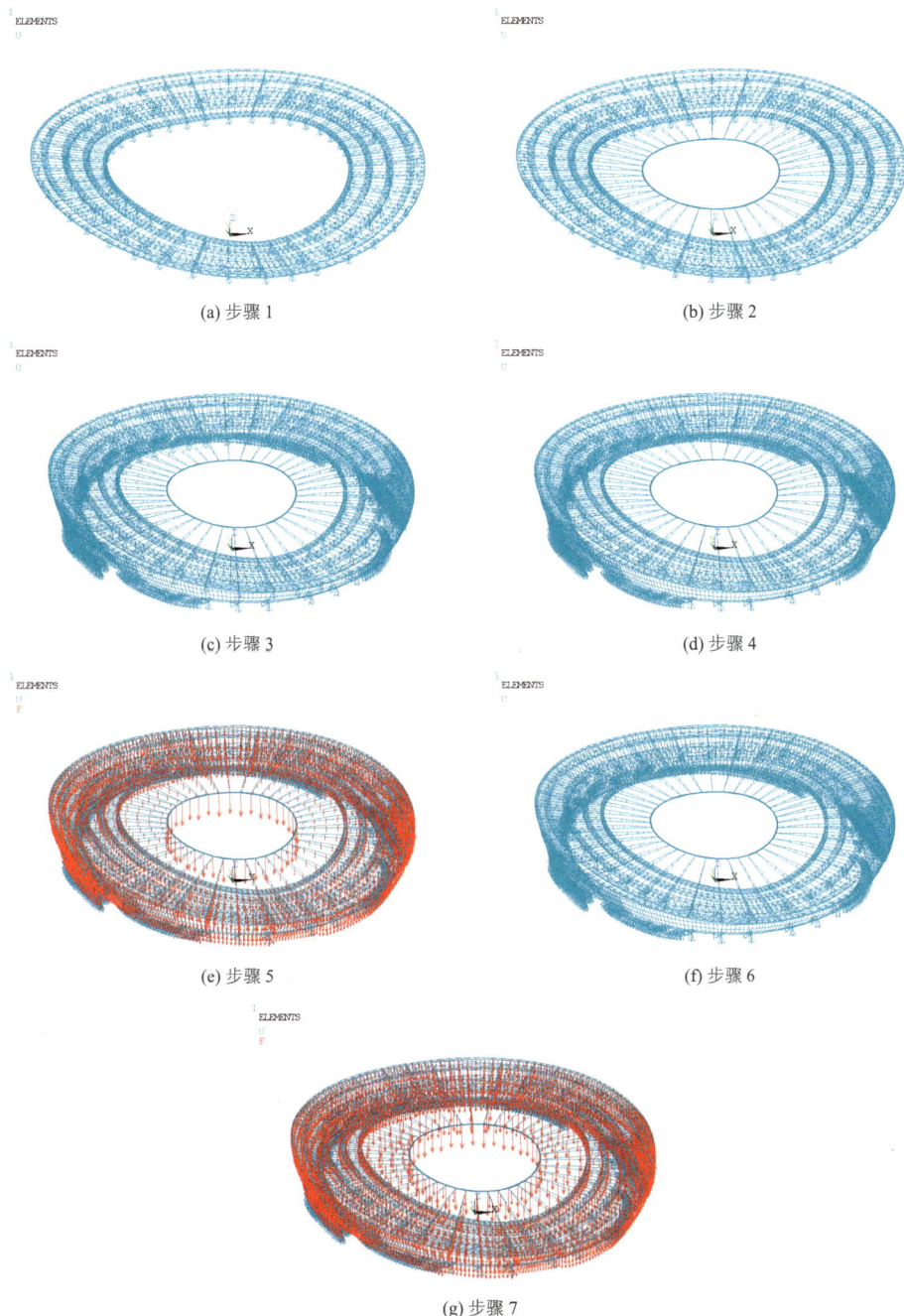

(a) 步骤 1

(b) 步骤 2

(c) 步骤 3

(d) 步骤 4

(e) 步骤 5

(f) 步骤 6

(g) 步骤 7

图 10.2-18　各安装步对应的计算模型

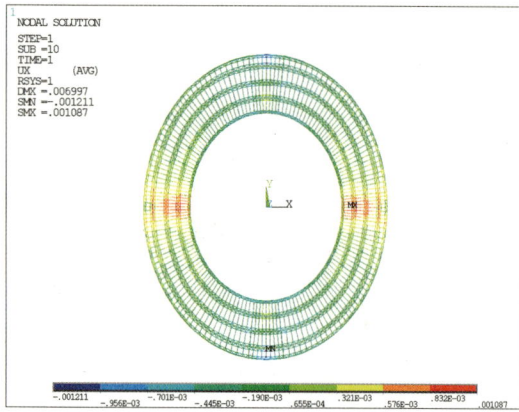

(a) 步骤 1

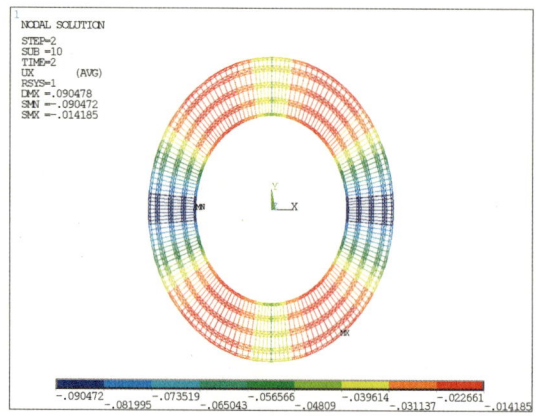

(b) 步骤 2

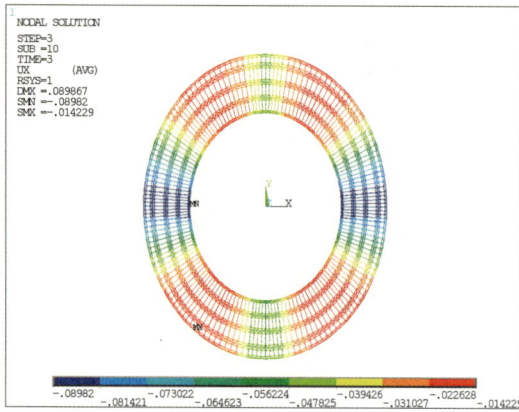

(c) 步骤 3

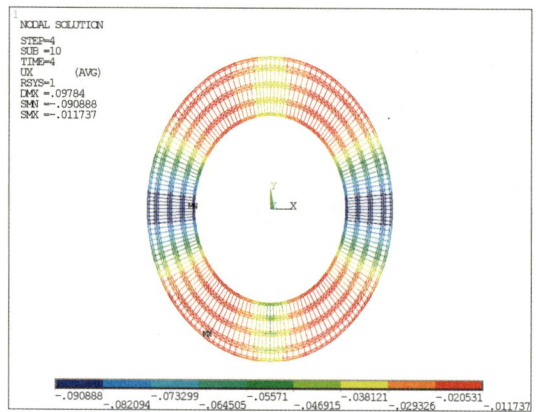

(d) 步骤 4

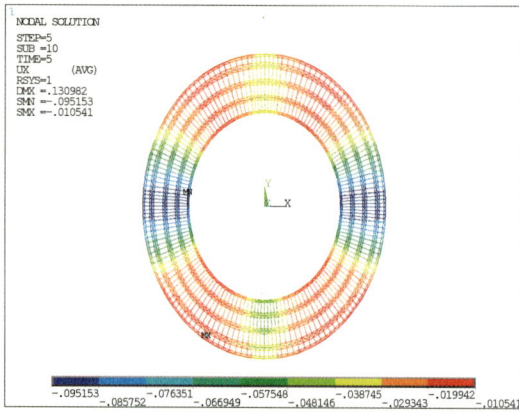

(e) 步骤 5

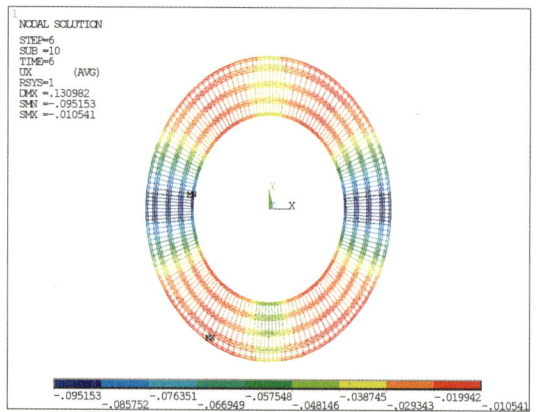

(f) 步骤 6

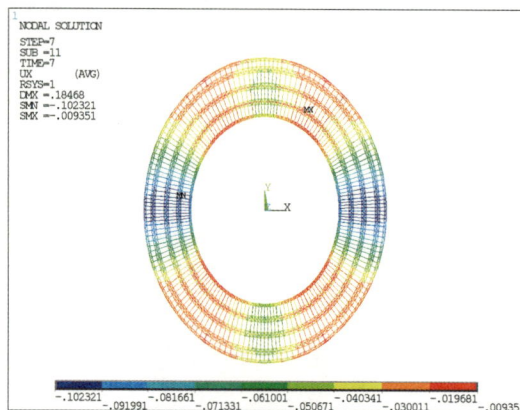

(g) 步骤 7

图 10.2-19　各安装步对应刚性桁架的径向变形（单位：m）

关键步骤径向桁架支座反力标准值（单位：kN）　　　表 10.2-10

支座序号	步骤4（张拉态）			步骤5（初始态）			步骤6（径向约束）			步骤7（荷载态）		
	径向	环向	竖向	径向	环向	竖向	径向	环向	竖向	径向	环向	竖向
1	北侧拔柱处											
2	0	−866	−4319	0	−1113	−7565	0	−1113	−7565	−113	−1331	−10669
3	0	77	−2539	0	256	−4912	0	256	−4912	−77	393	−6952
4	0	198	−2378	0	290	−4744	0	290	−4744	−55	361	−6758
5	0	368	−2194	0	387	−4452	0	387	−4452	−25	403	−6332
6	0	614	−1961	0	629	−4062	0	629	−4062	9	599	−5844
7	0	720	−1770	0	690	−3860	0	690	−3860	36	588	−5706
8	0	1229	−1982	0	1445	−4208	0	1445	−4208	7	1314	−5829
9	0	937	−1854	0	867	−3959	0	867	−3959	6	711	−5496
10	0	636	−2455	0	809	−4987	0	809	−4987	−40	1281	−7639
11	东侧拔柱处											
12	0	−723	−2423	0	−1154	−4930	0	−1154	−4930	−51	−1750	−7608
13	0	−993	−1587	0	−1008	−3482	0	−1008	−3482	7	−927	−5255
14	0	−1044	−1848	0	−1078	−3996	0	−1078	−3996	5	−1002	−5793
15	0	−699	−1878	0	−606	−4127	0	−606	−4127	21	−518	−5986
16	0	−631	−1855	0	−589	−3944	0	−589	−3944	6	−531	−5796
17	0	−398	−1984	0	−350	−4098	0	−350	−4098	−25	−302	−6066
18	0	−264	−2407	0	−299	−4731	0	−299	−4731	−75	−299	−6667
19	0	−128	−2635	0	−293	−5030	0	−293	−5030	−101	−370	−6973
20	0	938	−4577	0	1199	−7937	0	1199	−7937	−145	1370	−10903

3．下部看台和上部屋盖施工协同分析

足球场屋盖侧边结构的主斜柱、次斜柱及耳朵结构基本上直接落在下部的穿层悬挑桁架上。因此，侧边结构的底部约束不是理想的简支或固支支座，下部看台和上部屋盖的施工协同对屋盖的受力影响较大，应考虑施工顺序的影响。本项目采用 MIDAS 建立足球场整体模型，利用施工模拟分析方法，对比分析了如下两种施工顺序。

顺序 1：穿层悬挑桁架形成刚度→浇筑楼板混凝土（包括面层）→安装屋盖刚性桁架（设置胎架）→张拉索桁架→安装侧边结构→撤除胎架→施加屋盖恒荷载→约束桁架支座的径向自由度→施加活荷载。

顺序 2：穿层悬挑桁架形成刚度→安装屋盖刚性桁架（设置胎架）→张拉索桁架→安装侧边结构→撤除胎架→浇筑楼板混凝土（包括面层）→施加屋盖恒荷载→约束桁架支座的径向自由度→施加活荷载。

根据分析结果，统计了斜柱和耳朵结构底部的竖向变形和内力结果，如图 10.2-20～图 10.2-25 所示。可见，若楼板混凝土在屋盖安装完成后浇筑，会使屋盖侧边结构承受 25～40mm 的向下强制位移，使得侧边结构底部内力有较大幅度的增大，因此，应按照顺序 1 进行施工。

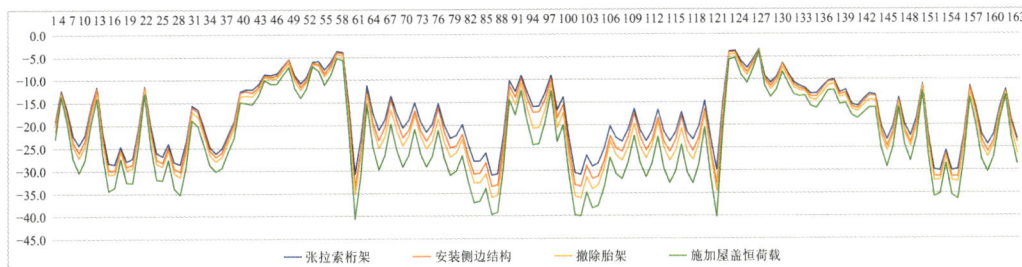

图 10.2-20　斜柱底部竖向变形（顺序 1）

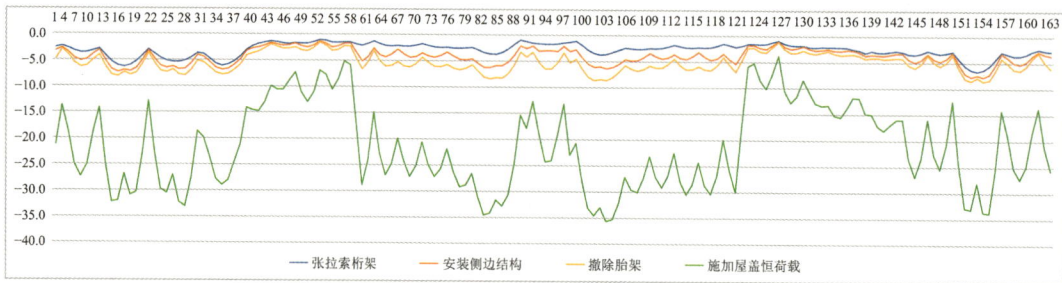

图 10.2-21 斜柱底部竖向变形（顺序 2）

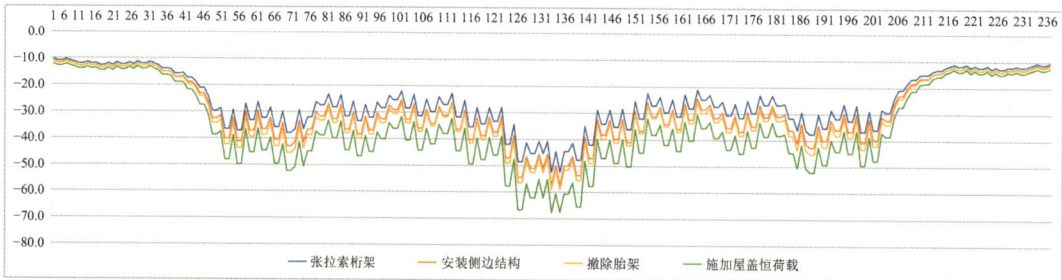

图 10.2-22 耳朵结构底部竖向变形（顺序 1）

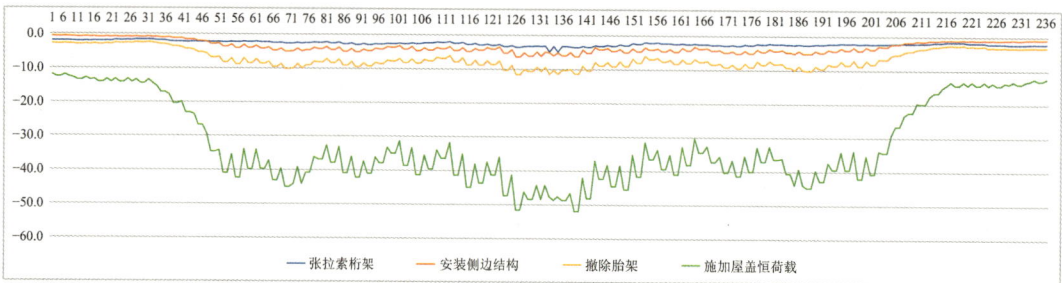

图 10.2-23 耳朵结构底部竖向变形（顺序 2）

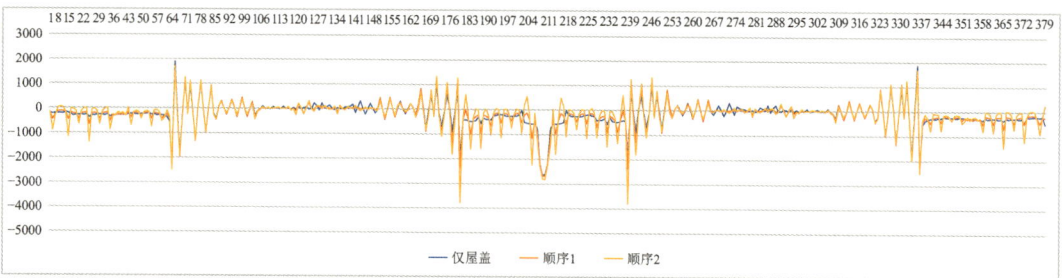

图 10.2-24 斜柱底部内力对比

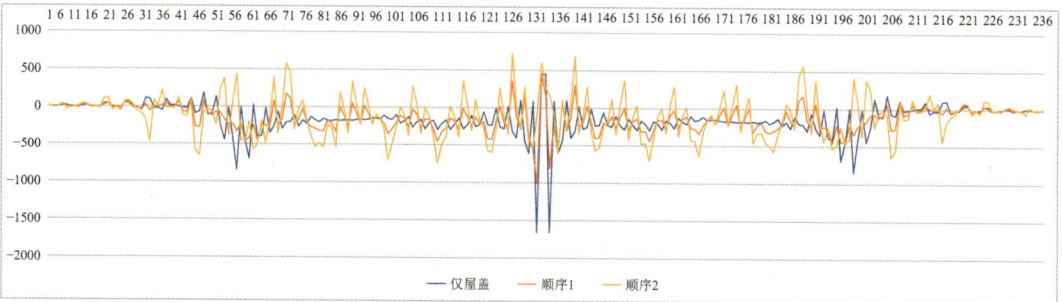

图 10.2-25 耳朵结构底部内力对比

4．索力对荷载不均匀分布的敏感性分析

荷载不均匀分布会导致索力分布变化，用满布活荷载、右半跨活荷载和下半跨活荷载三种情况来分析荷载不均匀对索力的敏感性，采用的组合为 1.0 预应力 + 1.3 自重 + 1.3 附加恒荷载 + 1.5 活荷载。活荷载布置如图 10.2-26 所示，索力对比见表 10.2-11、表 10.2-12。

经典解构 浙江省建筑设计研究院有限公司篇

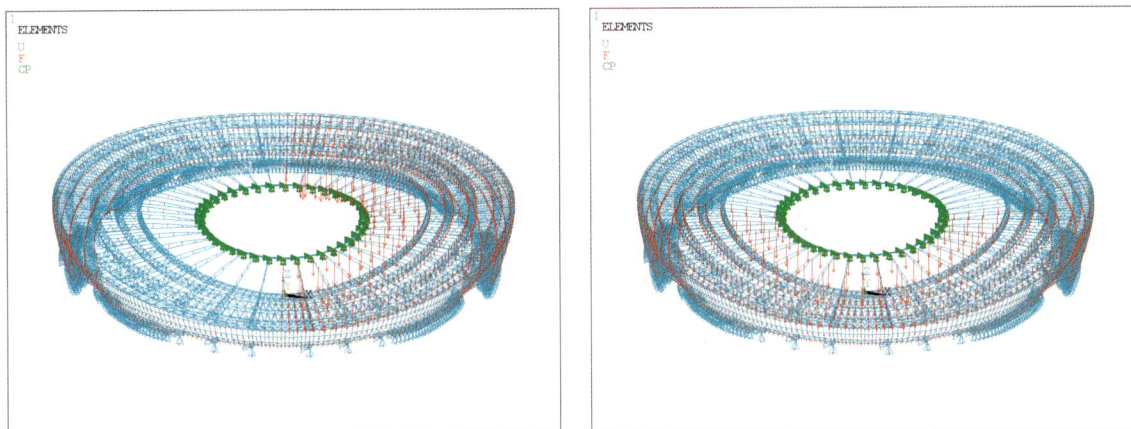

(a) 右半跨活荷载布置示意图　　　　(b) 下半跨活荷载布置示意图

图 10.2-26　板跨活荷载布置简图

不均匀荷载下的环索索力对比（第一象限，单位：kN）　　　表 10.2-11

索段号	满跨活荷载		右半跨活荷载		下半跨活荷载	
	环索索力	不平衡索力	环索索力	不平衡索力	环索索力	不平衡索力
1	3906	0	3664	1	3664	1
2	3976	70	3729	65	3731	67
3	4051	75	3801	72	3802	71
4	4120	69	3867	66	3867	65
5	4177	57	3921	54	3921	54
6	4241	64	3982	61	3982	61
7	4286	45	4025	43	4025	43
8	4305	19	4043	18	4045	20
9	4306	1	4044	1	4046	1
10	4283	−23	4023	−21	4026	−20

不均匀荷载下的径向索索力对比（第一象限，单位：kN）　　　表 10.2-12

索段号	满跨活荷载		右半跨活荷载		下半跨活荷载	
	上索	下索	上索	下索	上索	下索
1	3313	2754	3033	2671	2972	2772
2	3204	2794	2854	2804	2896	2782
3	3086	2755	2743	2729	2787	2715
4	3425	2210	3114	2162	2948	2331
5	3377	2040	3093	1974	2887	2167
6	3319	1876	3070	1799	2841	2004
7	3272	1718	3050	1629	2805	1830
8	3245	1561	3049	1463	2799	1659
9	3206	1483	3029	1377	2793	1555
10	3202	1474	3033	1359	2812	1507
11	3235	1437	3069	1319	2840	1520

　　上述数据表明，荷载不均匀布置会引起少量的索力不均匀分布，但是不均匀程度不高，环索的不平衡索力水平也和满跨活荷载工况下基本相当。

5. 断索分析

　　拉索预应力空间结构设计中，索本身强度较高，安全储备较大，一般只占到抗拉强度的 50% 左右。

因此在正常使用过程当中，拉索不易破断。但基于钢材本身材性的敏感性以及非预期荷载，拉索的破断情况仍然不能忽视。基于安全度考虑，对拉索预应力结构进行局部断索分析（图 10.2-27），研究其断索后的结构性能、抗连续倒塌的能力以及破坏形态是非常必要和重要的。

预应力拉索断裂之后，结构将产生内力重分布。目前抗连续倒塌分析的主流方法是单纯通过拿掉某些构件来模拟失效，而忽略了此时的构件内力，由此得到的计算结果与真实情况不符。有限元软件提供了单元的生死功能，通过选定添加和删除单元可以模拟实际工程中的开挖、结构安装和拆除、破坏等问题。有限元软件对于被杀死的单元仅仅是将单元刚度乘以一个极小的因子（因子缺省值为 1.0×10^{-6}，可以赋予其他数值）。本项目利用有限元软件的生死单元功能，并采用瞬态分析进行断索分析。瞬态分析的动态基本平衡方式如下式所示：

$$[M]\{\ddot{U}\} + [C]\{\dot{U}\} + [K]\{u\} = \{F(t)\}$$

式中：$[M]$是结构质量矩阵；$\{\ddot{U}\}$是节点加速度向量；$[C]$是结构阻尼矩阵；$\{\dot{U}\}$是节点速度向量；$[K]$是结构刚度矩阵；$\{u\}$是节点位移向量；$\{F(t)\}$是荷载向量。这些方程在任何给定的时间t内，均可以看成考虑了结构惯性力和结构阻尼的静态方程，以此可求得给定时间的结构动力响应（图 10.2-28）。再在此基础上，通过步长积分的方法，求得整个时间段的结构动力响应。

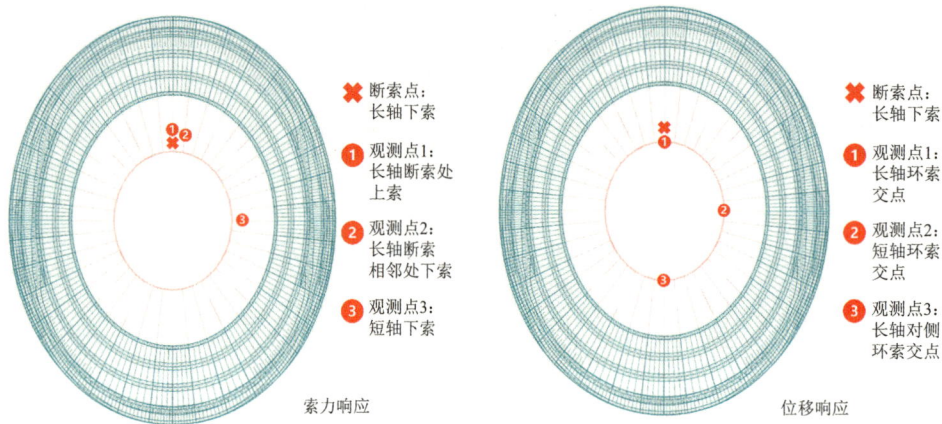

图 10.2-27　断索分析示意图

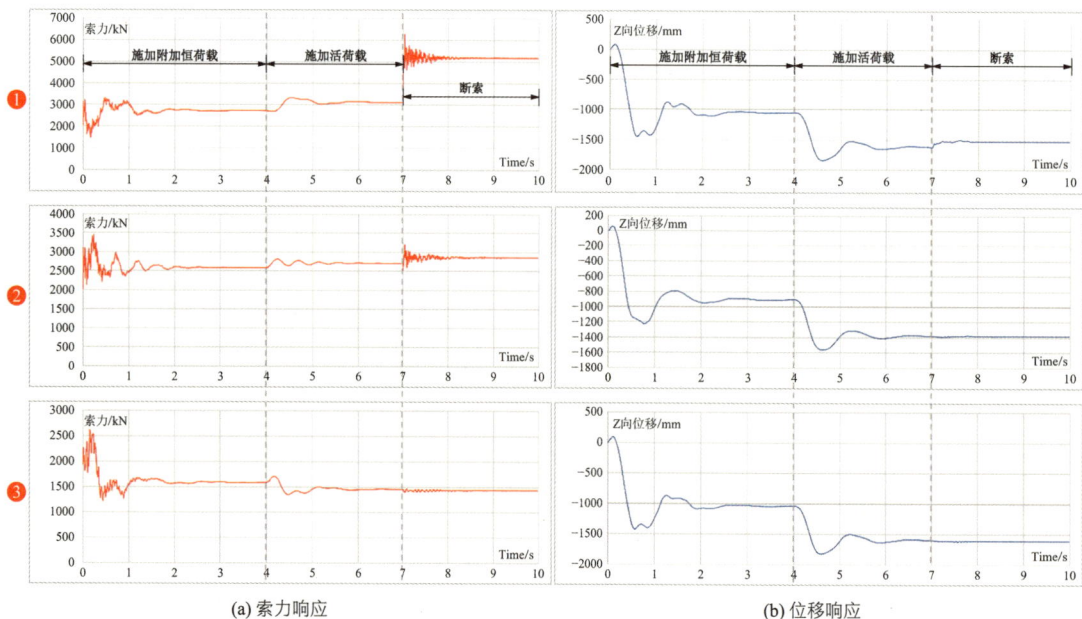

图 10.2-28　断索分析索力响应和位移响应

图 10.2-27 所示情况下断索后的索力为多种情况下的最大值，约为破断力的 0.57 倍，说明断索不会引起连续破坏。

6．温度作用分析

看台结构环向无缝长度达 900m，温度作用影响不容忽视。综合工程规模、施工条件、冬期施工及最不利温差等复杂影响因素，进行施工全过程模拟，分析中考虑后浇带位置、混凝土收缩徐变效应和地基基础有限刚度影响。荷载基本组合中温差效应分项系数取 1.5，组合值系数取 0.6；考虑混凝土带裂缝工作的刚度退化，刚度折减系数取 0.85；温度效应标准值分析结果中，降温工况包括 1.0 降温效应 + 1.0 收缩效应 + 1.0 徐变效应；升温工况包括 1.0 升温效应 + 1.0 收缩效应 + 1.0 徐变效应。

结合杭州市气象统计资料及施工模拟全过程，对于混凝土结构，施工阶段合拢温度取施工结构层相对应时段内的平均气温，则时段内最大负温差 = 时段内平均最低气温 − 时段内平均合拢温度；时段内最大正温差 = 时段内平均最高气温 − 时段内平均合拢温度；装修阶段结构已整体参与工作，按季节温差计入。对于钢结构，施工阶段结构构件直接暴露于室外，太阳辐射将引起结构构件温度升高，正温差取施工阶段极端最高气温 + 太阳辐射升温 − 施工阶段平均合拢温度；负温差取施工阶段极端负温差-施工阶段平均合拢温度。装修阶段不考虑太阳辐射升温，正温差取历年最高气温-合拢温度；负温差取历年最低气温-合拢温度。最终温度的取值详见表 10.2-13。

温度作用标准值　　　　　　　　　　　表 10.2-13

部位		升温	降温
混凝土结构	室内区域	21℃	20℃
	室外区域	26℃	−25.5℃
钢结构	室内区域	22.6℃	−18℃
	室外区域	30℃	−30℃
	索桁架结构	35℃	−35℃
	施工阶段	35℃	−35℃

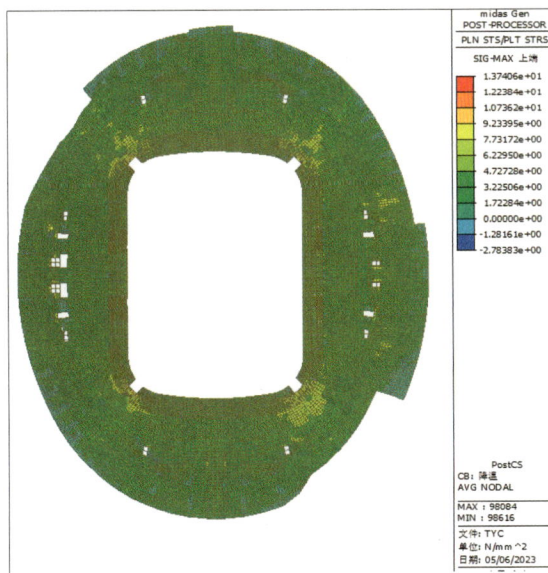

图 10.2-29　降温工况 9.000m 标高楼板应力 S_{max}　　　　　图 10.2-30　升温工况 9.000m 标高楼板应力 S_{max}

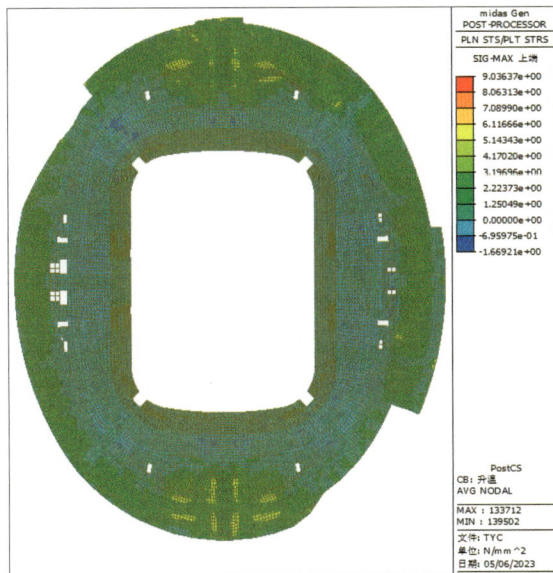

从应力结果（图 10.2-29、图 10.2-30）可知，在降温工况下，除后浇带位置及局部应力集中位置外，大部分楼板主应力在 3.5MPa 以下，对于后浇带位置应适当增配钢筋并在后浇混凝土中掺入适量膨胀剂以补偿混凝土收缩，对局部应力较大位置应采取多种加强措施以满足承载力和裂缝控制要求。在升温工况下，混凝土楼板仍以受拉应力为主，受拉区域主要位于外圈，受压区域主要位于内圈，且应力较小，尤其是外圈为钢结构的楼层楼板拉应力较大，主要原因是钢材线膨胀系数高于混凝土，钢材升温膨胀时，使混凝土受拉。但拉应力较大处的位置与降温工况有所不同，故升温与降温工况取包络值设计。

10.3 综合体育馆

10.3.1 结构方案

综合体育馆地下一层,地上 6 层(含夹层),结构高度约 42.18m,下部看台主要结构顶标高为 23.850m,各层层高分别为 4.8m、4.2m、4m、4.2m、4m、2.65m。综合体育馆屋盖采用网架结构,支承在 44 根均匀布置在看台座位碗周边的巨柱上;下部看台结构主要采用钢筋混凝土框架结构,局部大跨度部分采用钢结构。混凝土框架抗震等级为二级,钢结构部分抗震等级为四级,看台及平层楼盖为普通钢筋混凝土框架梁板体系。

综合体育馆各层平面近似呈椭圆形,最大平面尺寸约 236m × 166m(环向约 213m,径向约 78.5m),采用无缝设计。结构单元长度超过规范规定的幅度较大,设计时考虑温度应力的影响,夹层及二层楼面板设置缓粘结预应力筋,除设置普通的伸缩后浇带以外,地上各层宽度方向设置了一条 2m 宽的延迟伸缩后浇带(延迟后浇带在两侧混凝土浇筑完成 180 天后对其进行封闭浇筑,垂直延迟后浇带方向板筋在后浇带中间断开)。整体模型如图 10.3-1 所示,长轴剖面图如图 10.3-2 所示。

图 10.3-1 综合体育馆结构整体模型

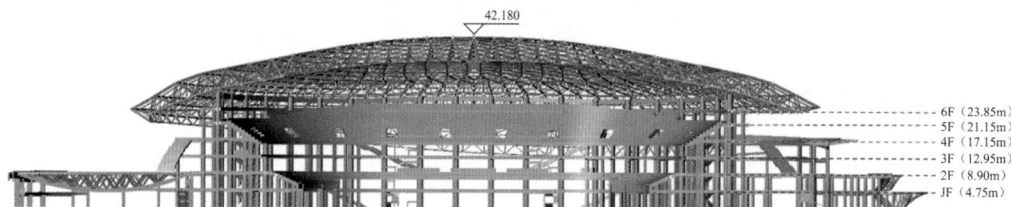

图 10.3-2 综合体育馆长轴剖面图

由于建筑功能需要,下部看台北部设置了大空间的篮球训练馆,其屋盖 X 方向跨度为 77m,Y 向跨度为 37.7～44.5m,采用 8 榀 Y 向的梭形空间桁架,桁架最高处高度为 3.9m,梭形中部两个上弦杆件之间的间距约 3.2m,如图 10.3-3 所示。桁架上弦采用方钢管 500mm × 20/25/30mm(方钢管宽度 × 厚度),桁架下弦采用方钢管 700mm × 50/40mm(方钢管宽度 × 厚度),桁架腹杆采用圆钢管 351mm × 10mm、351mm × 14mm、402mm × 14mm(钢管直径 × 壁厚),所有杆件均采用 Q390B。篮球训练馆屋盖北部支承柱为单柱,不能有效传递桁架的弯矩,此端在支承柱顶部设置单向滑动(南北向滑动)球形铰支座;桁架上下弦在南部也无法在楼层处连续,此端在支撑柱牛腿上设置固定球形铰支座。

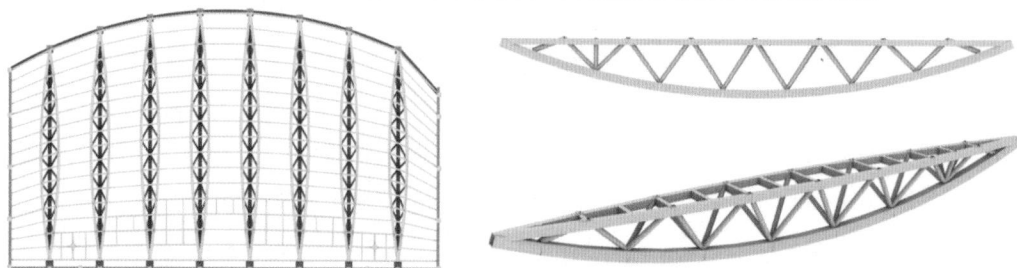

图 10.3-3 综合体育馆北部篮球训练馆屋盖结构

如图 10.3-4、图 10.3-5 所示，下部看台南部一层及夹层结合建筑造型，分别设置了一层拱桁架和夹层拱桁架，两榀拱桁架都往南外倾，一层拱桁架通过夹层楼面钢梁及楼板将拱桁架与主体结构相连，夹层拱桁架通过二层楼面钢梁及楼板将拱桁架与主体结构相连，以保证其稳定性。南部拱桁架基本参数详见表 10.3-1，上弦主要采用方钢管 400mm×300mm×16mm（方钢管高度×宽度×厚度），桁架下弦主要采用圆钢管 402mm×16mm~560mm×50mm（钢管直径×壁厚），圆钢管截面从支座至跨中逐渐减小，桁架腹杆采用圆钢管 219mm×16mm~402mm×16mm；下弦圆钢管采用 Q390B，其余杆件均采用 Q355B。

南部拱桁架基本参数 表 10.3-1

名称	跨度（弧长）	拱矢高	矢跨比	拱桁架最薄处厚度
南部一层拱桁架	34.0m	4m	1/8.5	1.2m
南部夹层拱桁架	32.3m	3.2m	1/10.1	1.6m

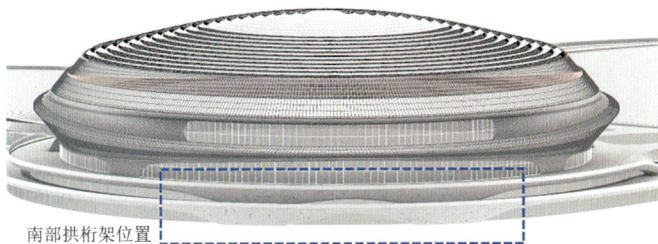

图 10.3-4 综合体育馆南部拱桁架处建筑造型

图 10.3-5 综合体育馆南部拱桁架结构模型

下部看台南部钢结构大平台四层楼面局部跨度较大，最大跨度约 25.6m，采用变截面钢梁，截面尺寸采用方钢管（1800~1200）mm×600mm×36mm，三层需要结合建筑幕墙造型，采用空间钢桁架结构。南部钢结构大平台与混凝土框架主体交接位置框架柱内插型钢，与钢结构大平台钢梁刚接，如图 10.3-6 所示。

图 10.3-6 综合体育馆钢结构大平台结构模型

10.3.2 屋盖设计

综合体育馆屋盖采用钢网架结构，整体近椭圆形，短轴跨度约为 113m，向两侧各悬挑约 12m；长轴跨度为约 131m，向北侧悬挑约 23m、南侧悬挑约 24m；矢高 9.5m，矢跨比约为 1/12，投影面积约为 1.9 万 m²。支承柱内侧为体育馆内场，外侧为功能用房，中间有墙体作为隔断。结合建筑平面，网架采用凯威特-肋环型结合的网格布置形式，内圈凯威特向下形成抽空三角锥，外圈肋环型区域向下形成四角锥，两种形式在支座附近进行转换，最终呈现体育馆内圈采用三角锥网架、外圈采用四角锥网架的效果。北侧根据立面造型布置下挂网架，下挂高度依据建筑要求在 3.5~10m 内变化，下部与幕墙结构连接。周圈布置 44 根支承柱，柱顶通过环梁拉结，基本呈现双轴对称。屋盖平面图、轴测图、北侧视图分别如图 10.3-7、图 10.3-8、图 10.3-9 所示。

屋盖结构呈现出拱壳的特性，中心区域主要由上弦层受力，逐渐经由腹杆传力，至支座附近转为主要由下弦层受力。屋盖刚度和支承柱及支座情况紧密相关，下部支承柱为直径 1.5m 的圆形型钢柱，高度在 1.2~4.6m 之间，相对于高度来讲，支承柱直径较大、具有一定的刚度。在支座铰接情况下，屋盖在支承柱的共同作用下形成较强的整体刚度，同时在支座处产生很大的水平推力。在支座释放情况下，结构整体刚度较弱、变形较大，支座处水平推力基本得到释放。考虑到支承柱径向为悬臂柱，为尽量减小支承柱水平受力，同时保证使用过程中屋盖具有良好的受力特点，在施工阶段释放径向平动约束，待屋盖钢结构合拢且幕墙安装完成后固定径向，形成铰支座。

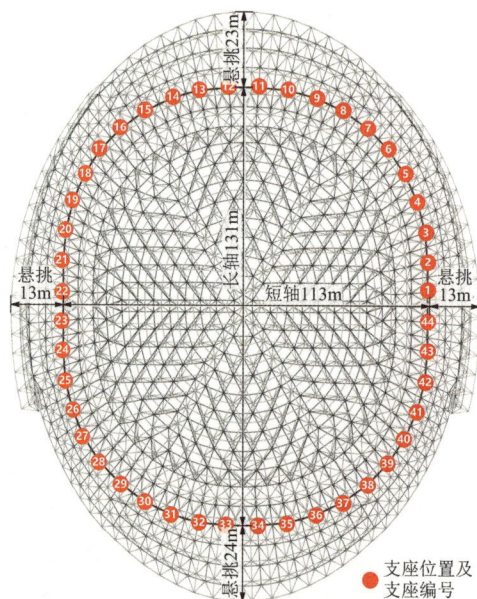

图 10.3-7　综合体育馆屋盖平面图

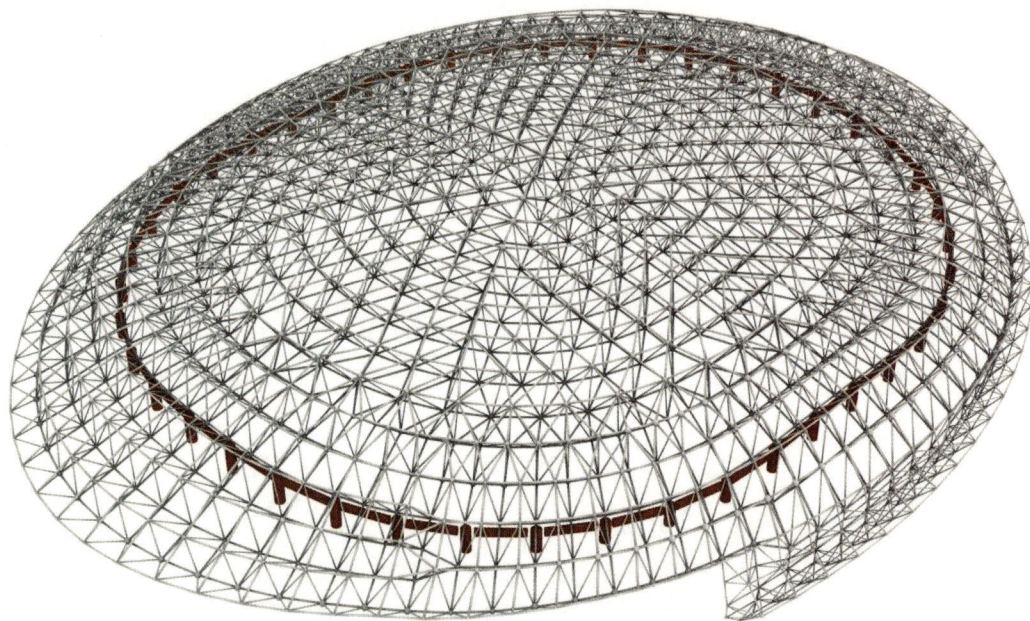

图 10.3-8　综合体育馆屋盖轴测图

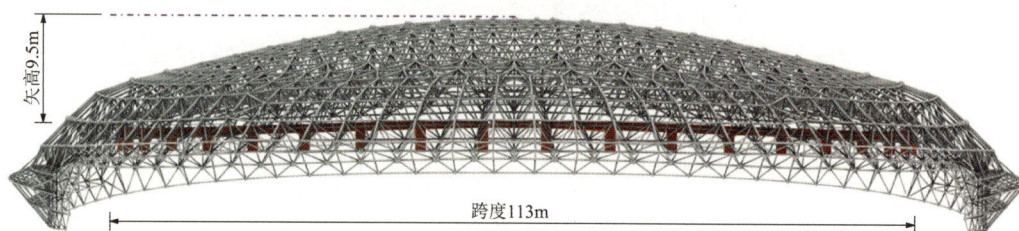

图 10.3-9　综合体育馆屋盖北侧视图

　　采用 3D3S 和 MIDAS 软件进行计算，得到的屋盖结构周期及振型结果基本一致，其前 3 阶振型结果如图 10.3-10 所示。结构在恒 + 活标准组合情况下的变形如图 10.3-10（d）所示，结构竖向位移为 234mm，屋盖跨度为 113m，最大挠跨比为 1/483，符合网架结构的容许挠度值要求（< 1/250）。

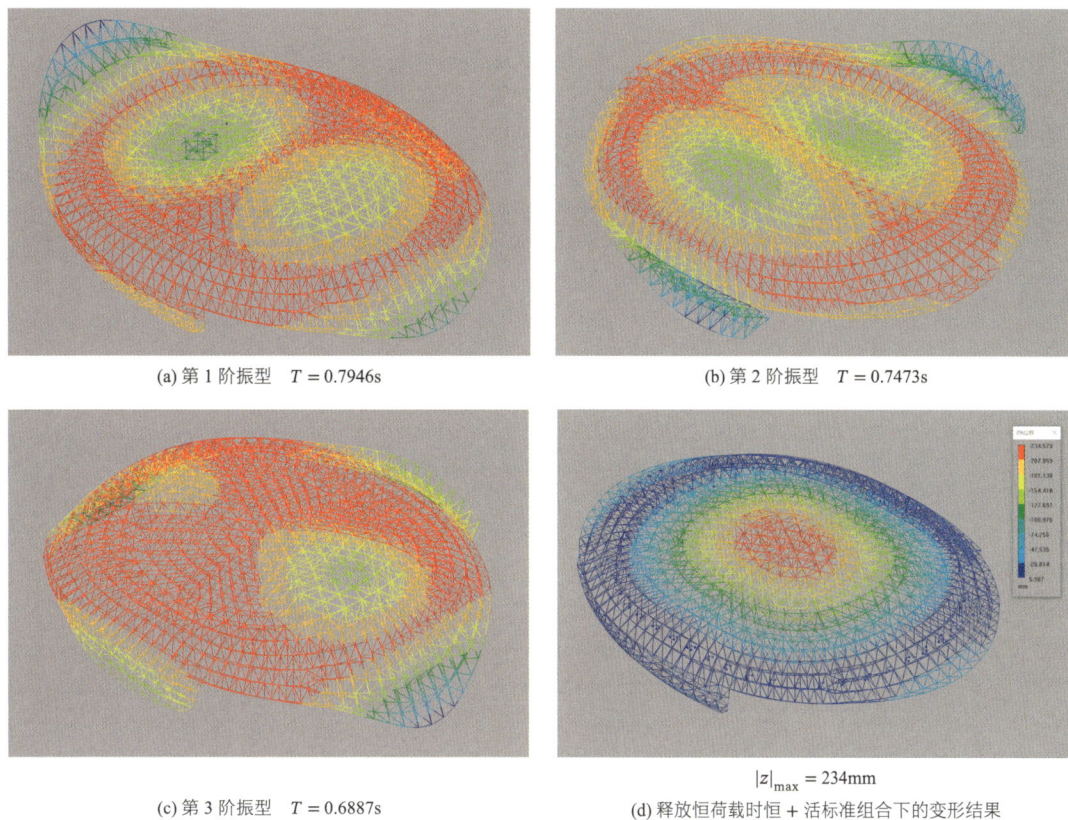

(a) 第 1 阶振型　$T = 0.7946s$

(b) 第 2 阶振型　$T = 0.7473s$

$|z|_{max} = 234mm$

(c) 第 3 阶振型　$T = 0.6887s$

(d) 释放恒荷载时恒 + 活标准组合下的变形结果

图 10.3-10　综合体育馆屋盖振型及变形结果

在恒荷载单工况下,屋盖上、下弦杆件内力最大分别达到 −3035kN、2457kN,径向反力最大达到 1584kN;在满布活荷载单工况下,上、下弦杆件内力最大分别达到 −2396kN、1925kN,径向反力最大达到 1177kN。为减小水平推力对支承柱的不利作用,考虑在施工过程中对结构自重、附加恒荷载造成的变形量进行释放,并采用以下方式进行:在支承柱顶与支座间设置滑动面,约束支座竖向、环向自由度,释放径向自由度;安装屋盖网架和屋面幕墙结构;约束桁架支座的径向自由度;完成屋盖施工。按上述顺序进行施工模拟分析,屋盖结构在恒 + 活工况下的内力结果如图 10.3-11 所示;各组合工况下,杆件应力均满足规范要求。如图 10.3-12 所示,在施工过程中释放恒荷载,支座径向反力水平显著下降;进一步考虑上部屋盖与下部看台的协同作用,发现在整体结构模型中,支座径向反力相比独立屋盖模型结果有所下降,且当支承柱高度较大、看台对支承柱的约束相对较弱时,降幅较为显著。

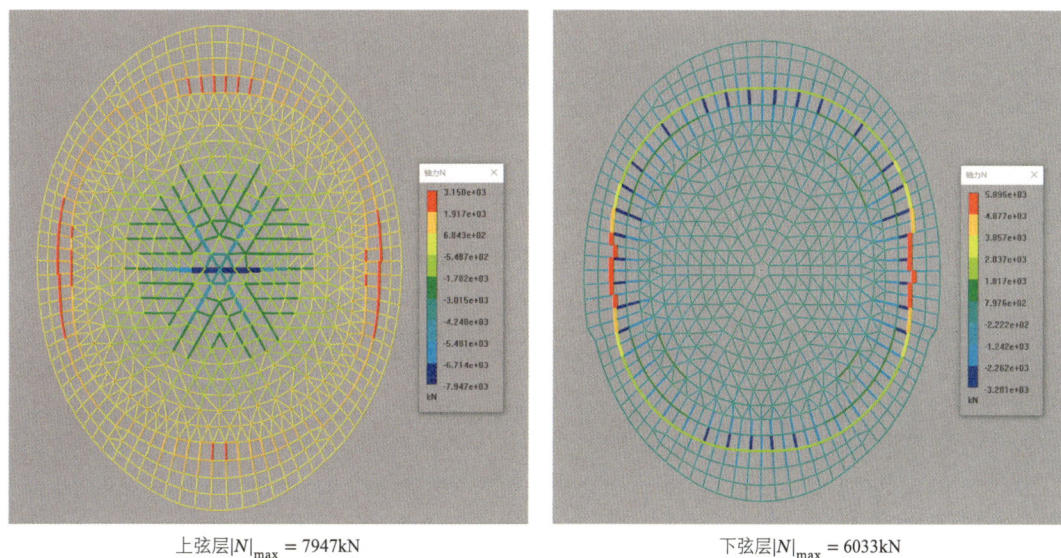

上弦层$|N|_{max} = 7947kN$

下弦层$|N|_{max} = 6033kN$

图 10.3-11　综合体育馆屋盖释放恒荷载情况下恒 + 活组合工况的内力结果

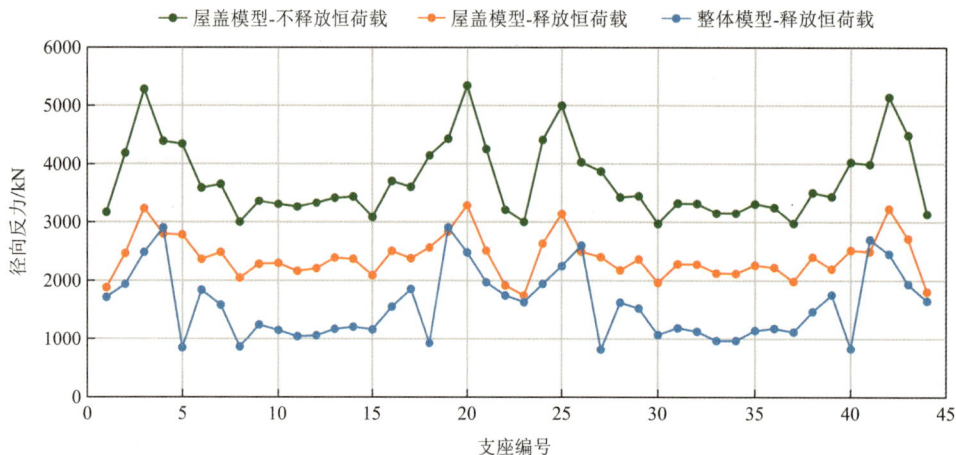

图 10.3-12　综合体育馆屋盖径向反力变化情况

10.4　游泳跳水馆

10.4.1　结构方案

　　游泳跳水馆结构高度约 30.00m，下部看台主要结构顶标高为 19.30m，地下一层，地上 4 层（含夹层），各层层高分别为 4.85m、4.15m、6.40m、4.00m，图 10.4-1 为游泳跳水馆结构整体模型，图 10.4-2 为短轴剖面图。屋盖采用钢桁架结构，支承于下部四周 40 根柱上，其中西侧 6 根为 K 形造型柱（图 10.4-3），采用型钢混凝土柱。下部看台主要采用钢筋混凝土框架结构，局部大跨部分采用钢结构。看台及楼盖采用钢筋混凝土梁板体系，混凝土框架抗震等级为三级，钢框架抗震等级为四级。

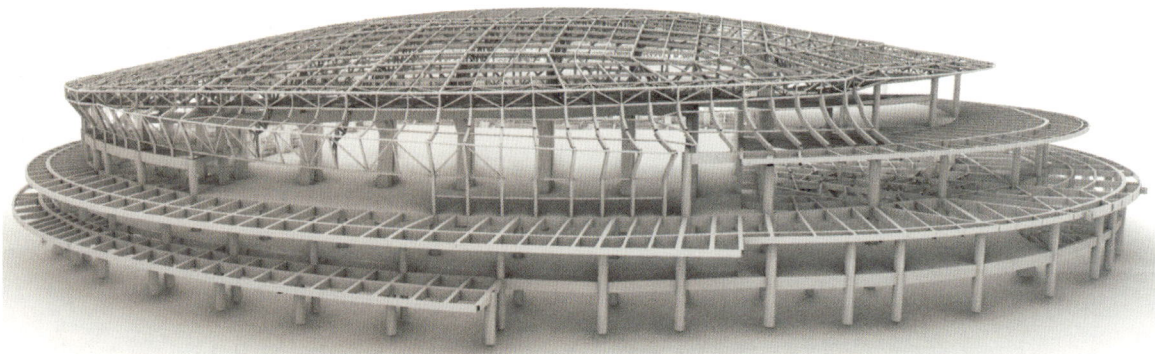

图 10.4-1　游泳跳水馆整体模型

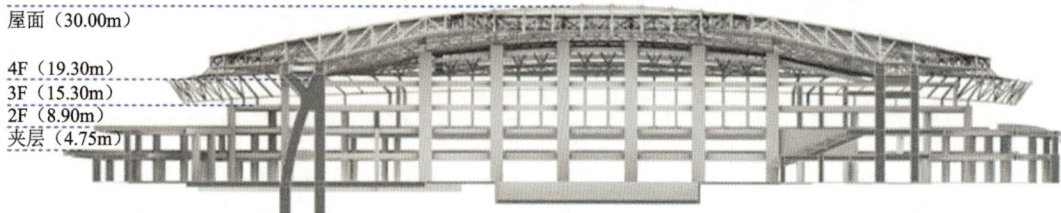

图 10.4-2　游泳跳水馆短轴剖面图

　　游泳跳水馆各层平面近似呈椭圆形，最大平面尺寸约 160m×125m（环向约 290m，径向约 35m），不设缝。结构单元长度超过规范限值较多，设计时考虑温度应力，楼板设置温度应力钢筋，梁腰筋按受拉锚固，并设置伸缩后浇带。

由于建筑功能及造型需要，南部区域支承第三、四层楼面及钢结构屋盖的 8 根钢柱需要通过训练池上方（9.0m 标高处）的大跨度结构进行转换。转换结构所在楼盖 X 向跨度约为 63m，Y 向跨度约为 32m。结合柱位置，放射状布置 11 榀主桁架（大致沿 Y 向），其中 8 榀为转换桁架，跨度 26～32m；大致沿 X 向布置 3 榀次桁架，以保证主桁架的侧向稳定性并加强转换结构整体性，由于高度受限，桁架高度均为 2.6m，如图 10.4-4～图 10.4-6 所示。主桁架弦杆、腹杆分别采用方钢管□500×800×40、□400×800×40，材质为 Q390B 耐候钢。

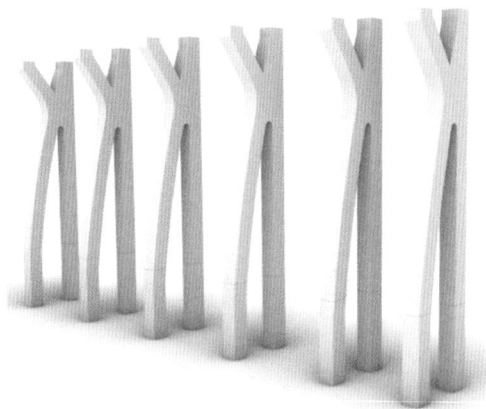

图 10.4-3 游泳跳水馆西侧造型柱模型

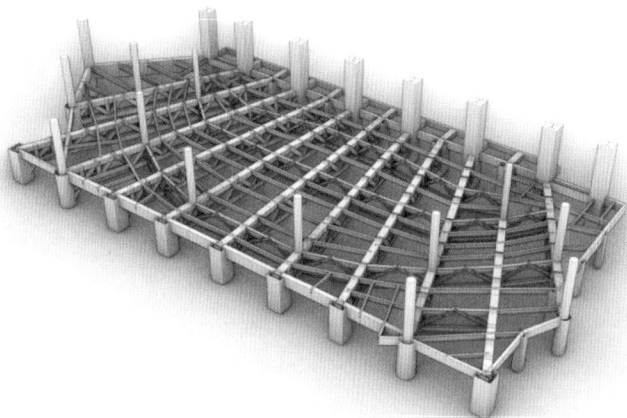

图 10.4-4 游泳跳水馆转换桁架三维模型

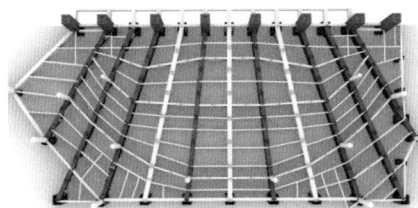

图 10.4-5 游泳跳水馆转换桁架平面
（深色为转换桁架）

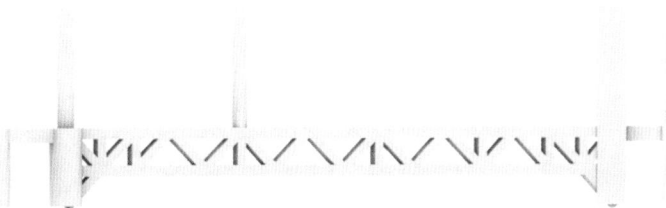

图 10.4-6 游泳跳水馆转换桁架立面

转换桁架上方的三层楼面柱距较大且南侧有较大悬挑，为减轻结构自重，此处三层及四层采用钢框架结构。二层楼面至屋面根据立面造型布置墙架围护结构，落于二层楼面主梁上，上部与屋盖连接。

10.4.2 屋盖设计

游泳跳水馆屋盖结构整体呈椭圆形，基本呈双轴对称，长轴约 140m，短轴约 100m；屋盖中心处设有椭圆形玻璃天窗，长轴 53m，短轴 35m。屋盖投影面积约 11400m²，由双向平面桁架屋盖结构、独立的中心天窗结构、侧面幕墙围护结构组成。双向平面桁架屋盖结构，间隔约 10m 设置一道双向桁架，个别桁架在中心天窗处不连通。独立的中心天窗结构，采用销轴节点铰接连接于中心环桁架上，平面外由两端铰接钢梁提供侧向支撑。侧面幕墙围护结构由上下铰接的曲柱和水平次梁组成，详见图 10.4-7。根据恒荷载下轴力分布（图 10.4-8）可以看到，屋盖结构的传力途径为中心天窗结构到内环立体桁架，经由悬挑桁架传至支座处。

游泳跳水馆屋盖支座，采用铰支座形式，在施工阶段释放主轴方向平动约束，待钢结构合拢且屋面板安装完成后固定支座，可减小屋盖结构对于下部混凝土支承结构的水平力。图 10.4-9 和图 10.4-10 分别为游泳馆屋盖最不利组合工况下的应力比和变形。

X向桁架

Y向桁架

外环立体桁架

内环立体桁架

围护结构

桁架
上弦次梁

桁架
下弦次梁

中心天窗结构

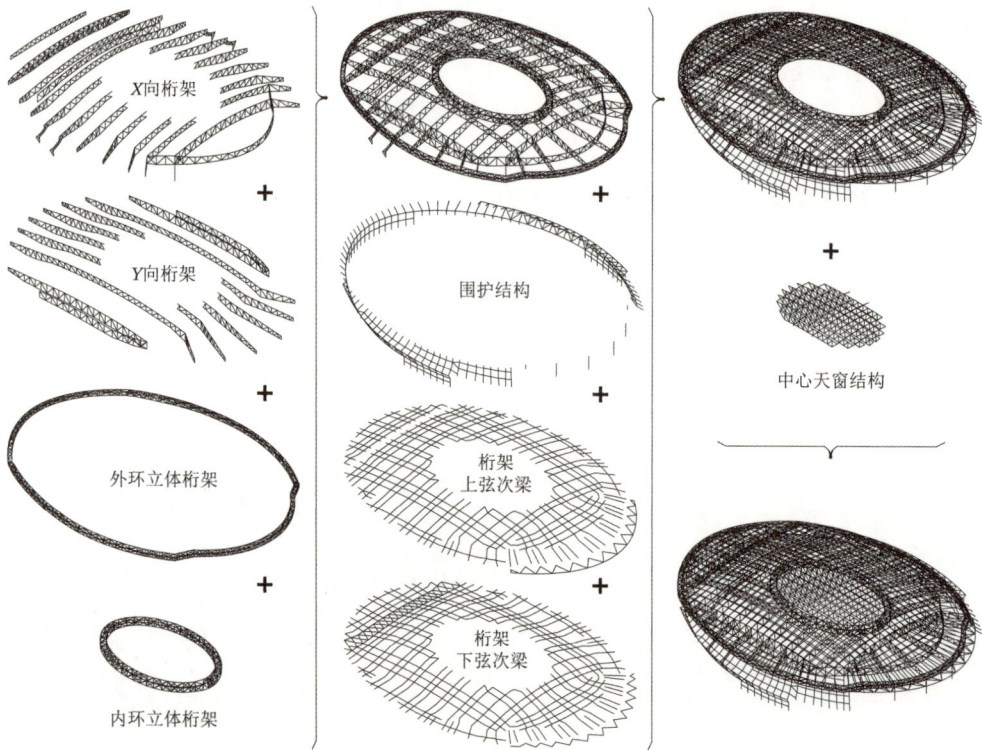

图 10.4-7　游泳跳水馆屋盖结构组成

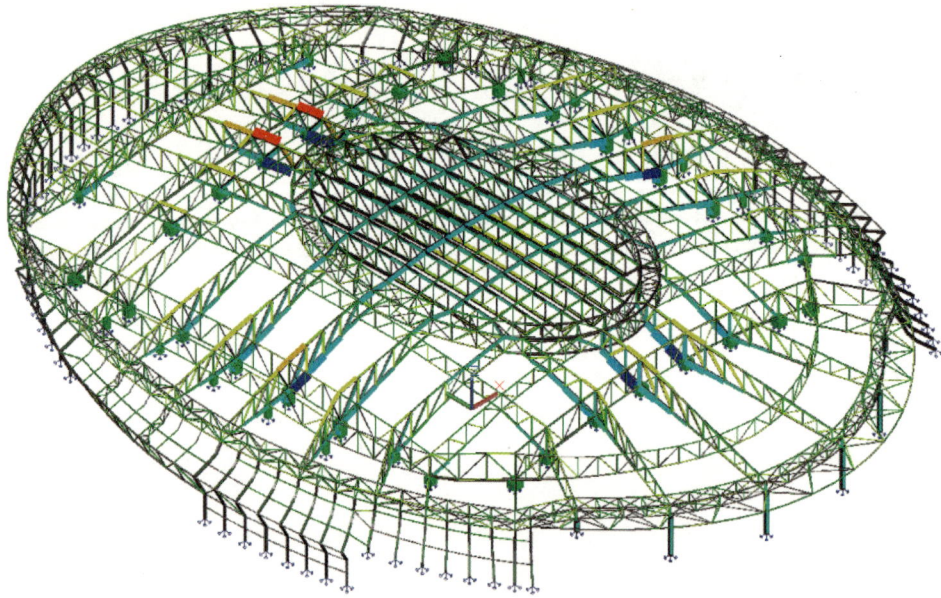

图 10.4-8　游泳跳水馆恒荷载下轴力分布

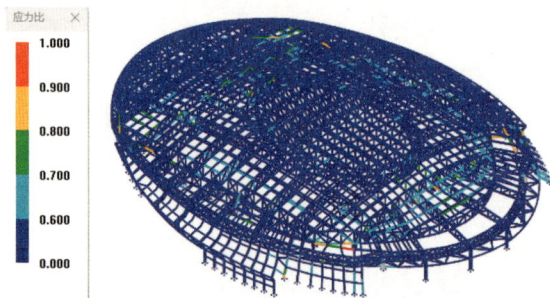

应力比

1.000
0.900
0.800
0.700
0.600
0.000

合位移

72.243
64.216
56.189
48.162
40.135
32.108
24.081
16.054
8.027
0.000
mm

图 10.4-9　游泳馆屋盖最不利工况下应力比

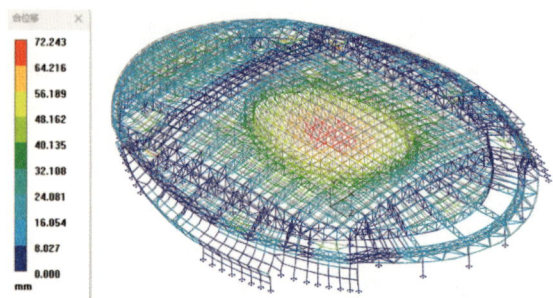

图 10.4-10　游泳馆屋盖最不利工况下变形（单位：mm）

参考文献

[1] 张佳毅, 邹贻权. 单层轮辐式索网结构形状确定研究[J]. 湖北工业大学学报, 2022, 37(1): 110-114.

[2] SCHEK H J. The force density method for form finding and computation of general networks. Computer methods in applied mechanics and engineering, 1974, 3(1): 115-134SS.

[3] CHI T H, LEE J. Advanced form-finding for cable-strut structures. International Journal of Solids and Structures, 2010, 47(14-15): 1785-1794.

[4] OTTER J R H. Computations for prestressed concrete reactor pressure vessels using dynamics relaxation[J]. Nuclear Structural Engineering, 1965: 61-75.

[5] ARGYRIS J H, ANGELOPOULOS T, BICHAT B. A general method for the shape finding of lightweight tension structures. Computer Methods in Applied Mechanics and Engineering, 1974, 3(1): 135-149.

[6] 郭彦林, 王昆, 田广宇, 等. 车辐式张拉结构体型研究与设计[J]. 建筑结构学报, 2013, 34(5): 1-10.

[7] 王昆. 车辐式张拉结构的体型研究与设计[D]. 北京: 清华大学, 2011.

[8] 李国强, 沈黎元, 罗永峰. 索结构形状确定的逆迭代法[J]. 建筑结构, 2006, (4): 74-76.

[9] 杨学林, 张和平, 王杰. 杭州国际体育中心专业足球场屋盖结构设计[C]//第二十届空间结构学术会议论文集. 天津, 2024.

[10] 张和平, 王杰, 杨学林. 复杂空间结构参数化构建计算模型技术[C]//第二十届空间结构学术会议论文集. 天津, 2024.

设计团队

结构设计单位：浙江省建筑设计研究院有限公司（初步设计 + 施工图）

建筑方案单位：Zaha Hadid Architects

结构设计团队：杨学林、谢忠良、张和平、陈夏挺、段　贝、李锋召、丁　浩、王　杰、蔡晖映、
徐　羿、曾　松、龚　聪、刘爱丽、王晓舟、杜政洋、郑文豪、葛晓梅、李志渊、
蒋智楠、黄大典、冯　章、潘　锋、潘龙钦、郑　祺、占　磊、沈光明、徐　诚、
周红梅、叶甲淳、周永明

执　笔　人：张和平、陈夏挺、段　贝、李锋召

第 11 章

浙江省全民健身中心

11.1 工程概况

浙江省全民健身中心工程位于杭州市下城区体育场路 153 号，地块东起东健康路，南到 XC0202-R21-01 地块（原 R21-09 地块），西邻杭州市体育发展集团体育中心，北至体育场路，整体呈倒"L"形（图 11.1-1），是以体育健身为主题，集全民健身、体育创新、运动康复、科学研究、文化宣传、产业导向等功能于一身的体育服务综合体，地上建筑面积约 12.5 万 m^2，地下建筑面积约 7.7 万 m^2，总投资约 25 亿元。该工程被纳入浙江省"十三五"重大建设项目规划、浙江省"4＋1"重大项目建设计划 2020 年实施计划、浙江省"六个千亿"产业投资工程 2020 年实施计划，是对于杭州市乃至浙江省的国民经济和社会发展具有重要影响的重点工程。

本工程主要建筑功能为体育健身活动用房、国际体育组织信息技术用房、全民健身科学研究与指导用房、运动康复服务用房、体育文化推广及展示用房、内部职工食堂、车库及附属配套用房等，图 11.1-2 为全民健身中心的建筑效果图。主要工程参数如表 11.1-1 所示。典型剖面如图 11.1-3 所示。

图 11.1-1　全民健身中心总平图

图 11.1-2　全民健身中心建筑效果图

建筑层数	地下 3 层，地上 11 层
建筑高度	主要屋面高度 61.00m
地下室尺寸	长约 218m，宽约 112m （与南侧安置房地块地下室连成一体，安置房地下室长约 106m，宽约 63m）
地上平面尺寸	长约 200m，宽约 94m
各层层高	详见典型剖面图（图 11.1-3）
拟采用结构形式	地下采用混凝土框架-剪力墙结构 地上采用钢框架（钢桁架）-混凝土剪力墙结构
楼盖结构	地下采用混凝土梁板结构 地上采用钢筋桁架楼承板
基础形式	核心筒范围采用桩筏基础，其余采用灌注桩-防水板基础
人防范围	地下三层
人防抗力等级	甲类核（常）六级

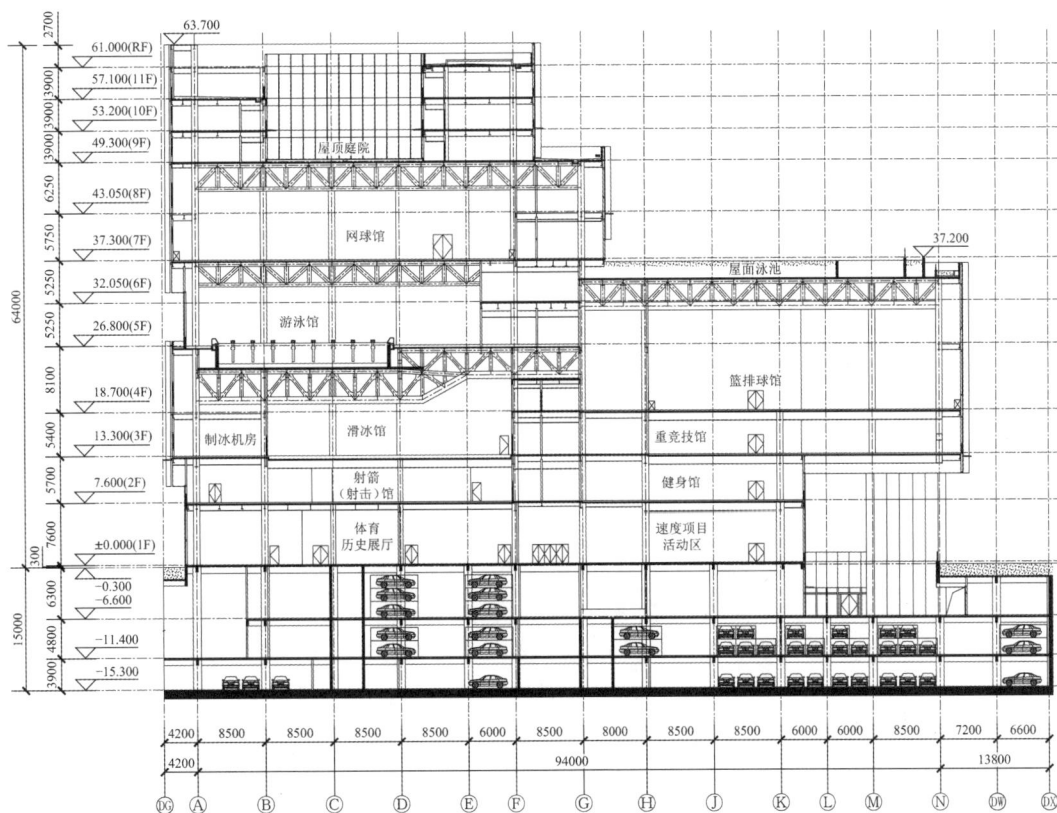

图 11.1-3　全民健身中心典型剖面

11.2　结构体系和布置

11.2.1　结构布置

　　全民健身中心主体结构高度约 61m，平面尺寸约为 200m×94m，内含羽毛球馆、篮球馆、轮滑馆、滑冰馆、游泳馆等多种大开间运动场馆，典型层的场馆分布如图 11.2-1 所示，各大空间场馆呈竖向叠放形式布置，结构内部存在较多的大跨度、大开洞、转换结构。结合以上特点，本工程采用钢框架（钢桁架）-混凝土剪力墙混合结构体系，图 11.2-2 为全民健身中心上部结构整体模型。

水平构件主要采用钢梁和钢桁架，楼层板采用钢筋桁架楼承板。钢梁连接节点以高强度螺栓连接为主，减少现场焊接工作量；钢桁架采用焊接连接，尽可能在工厂分段焊接完成，提高焊接质量，减少现场焊接工作量。

竖向构件包含混凝土剪力墙和钢柱。剪力墙和钢框架共同承担地震作用和风荷载产生的剪力和倾覆力矩。剪力墙的存在，极大提高了结构整体的侧向刚度，经计算，整体结构达到了强支撑结构的要求，因此在计算钢柱的计算长度时，按无侧移结构进行计算，降低了对钢柱的截面要求。

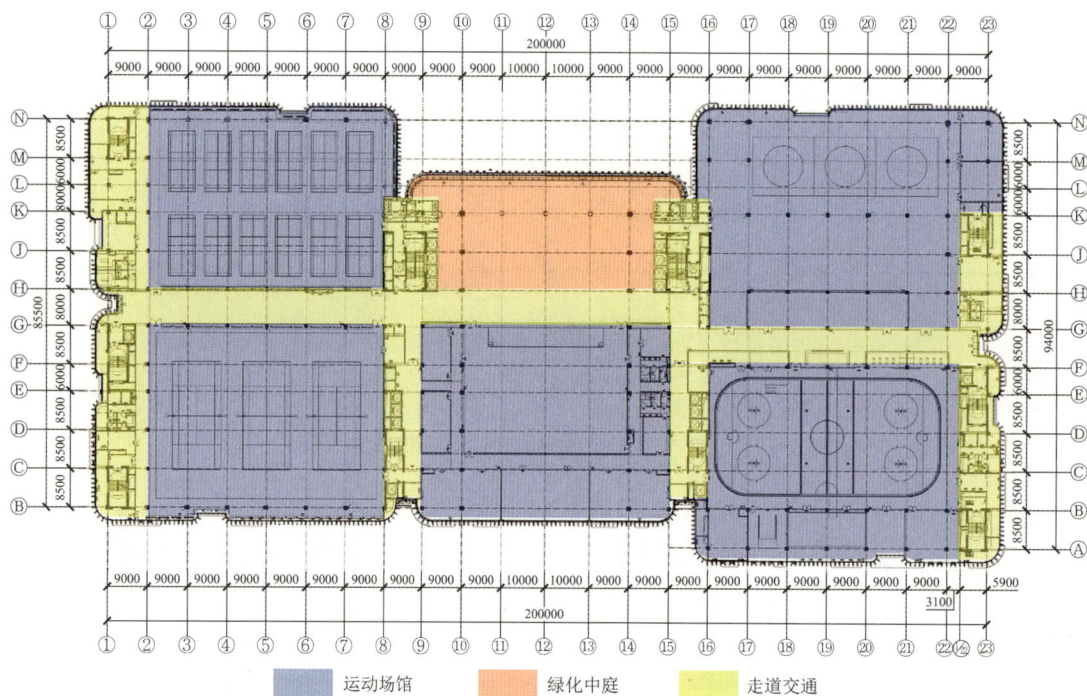

运动场馆　　绿化中庭　　走道交通

图 11.2-1　典型层功能分布

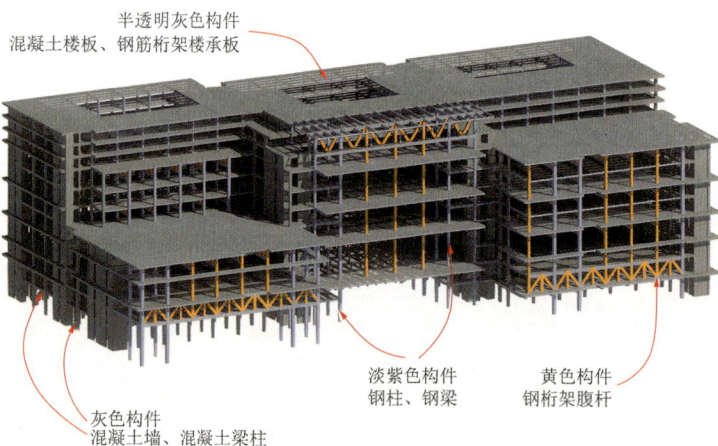

半透明灰色构件
混凝土楼板、钢筋桁架楼承板

淡紫色构件
钢柱、钢梁

黄色构件
钢桁架腹杆

灰色构件
混凝土墙、混凝土梁柱

图 11.2-2　全民健身中心上部结构模型

11.2.2　抗侧力体系

结合竖向交通核，本工程基本对称、均匀地设置了混凝土剪力墙（部分墙肢内含型钢，图 11.2-3），各筒外围墙体厚度 400～600mm，内部墙体厚度 200～300mm。分布在各场馆两侧的剪力墙，与钢框架和钢桁架一起，共同提供了足够的侧移刚度，达到了强支撑结构的要求。根据《钢结构设计标准》GB

50017—2017，当结构层侧移刚度满足式(11.2-1)要求时，为强支撑框架。

$$S_b \geqslant 4.4\left[\left(1+\frac{100}{f_y}\right)\sum N_{bi} - \sum N_{0i}\right]$$ (11.2-1)

图 11.2-4 显示了 X 向和 Y 向各层的侧向刚度与轴压杆稳定承载力比值，即

$$比值 = \frac{S_b}{4.4\left[\left(1+\frac{100}{f_y}\right)\sum N_{bi} - \sum N_{0i}\right]}$$ (11.2-2)

比值大于 1.0 即满足强支撑的要求，X 向和 Y 向最小比值均出现在顶层，分别为 1.81 和 3.44，可见，各层均满足了强支撑要求。框架柱的计算长度系数可按《钢结构设计标准》GB 50017—2017 附录 E 表 E.0.1 无侧移框架柱的计算长度系数确定，相比有侧移框架，钢柱的截面尺寸受长细比要求的限制会小，更容易满足建筑的美观要求。

图 11.2-3　全民健身中心上部剪力墙分布图

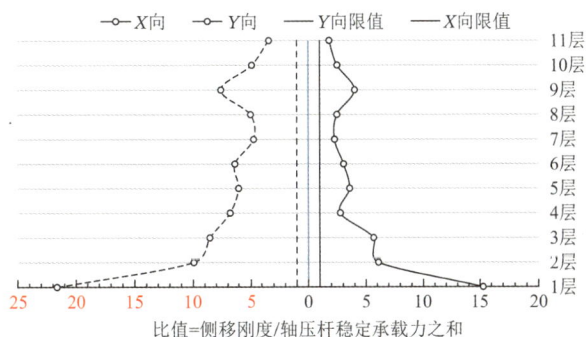

图 11.2-4　各层侧移刚度与轴压杆稳定承载力之比

图 11.2-5 和图 11.2-6 显示了 X 向和 Y 向各层倾覆力矩的占比（框架柱、剪力墙和斜撑），首层（嵌固部位）框架柱的倾覆力矩占比在 20% 和 30% 之间，是典型的框架-剪力墙结构。

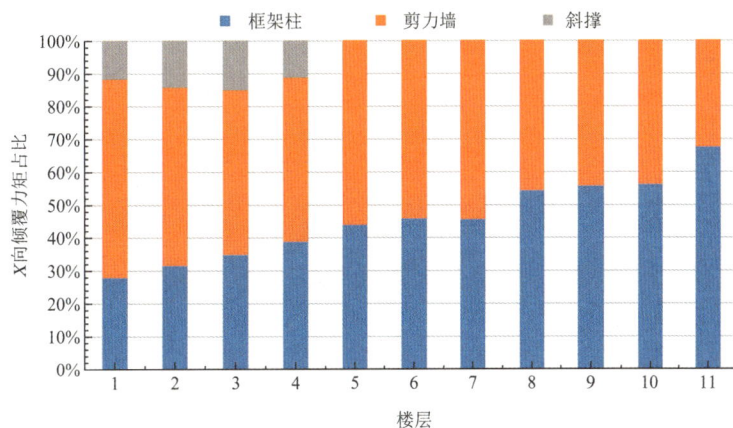

图 11.2-5　X 向各层倾覆力矩占比

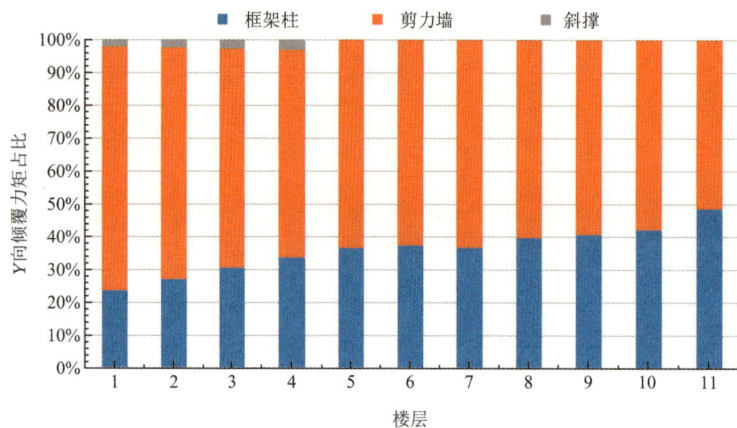

图 11.2-6 Y向各层倾覆力矩占比

11.2.3 竖向承重体系

竖向承重体系由楼盖系统、框架柱及剪力墙组成。楼盖体系包含钢梁、楼板和钢桁架。

（1）楼板

常规楼板采用钢筋桁架楼承板，通过钢梁上翼缘的抗剪栓钉与钢梁共同工作。钢筋桁架楼承板具有如下优势：桁架楼承板组合楼板免模施工，施工速度快；桁架楼承板相比压型钢板组合楼板，钢筋可以双层双向拉通，两个方向的有效楼板厚度均能达到楼板最大厚度，本项目平面有较大开洞，桁架楼承板组合楼板可以更有效地保证水平力有效传递；桁架楼承板底层钢板仅做模板，可以省去楼板防火涂料，方便后期维护。

室内泳池底板、上方楼板和室外泳池底板有防渗漏、防腐要求，一旦发生渗漏现象，也希望能尽快发现渗漏点并及时修补，因此，采用现浇混凝土楼板，板内设置缓粘结预应力筋。

（2）钢梁

二层、三层及各大跨运动场地之间的区域为正常跨度的框架，跨度在 8～10m 之间，局部有 20m 跨度，这些区域适合采用钢梁。钢梁主要截面尺寸如下：Ⅰ500mm × 250mm × 16mm × 22mm、Ⅰ700mm × 300mm × 18mm × 24mm、Ⅰ1000mm × 350mm × 22mm × 30mm、Ⅰ1300mm × 400mm × 24mm × 32mm、Ⅰ1500mm × 400mm × 26mm × 34mm、□1500mm × 400mm × 26mm × 34mm、Ⅰ1800mm × 400mm × 30mm × 36mm 等。

（3）钢桁架

本工程存在大量的钢桁架，主要用在如下区域：大空间运动场地区域、北立面抽柱转换（承托式整层转换桁架）、九层抬柱转换等。图 11.2-7～图 11.2-10 为本工程采用的典型钢桁架立面图，图 11.2-11 为钢桁架在全楼模型中的分布。

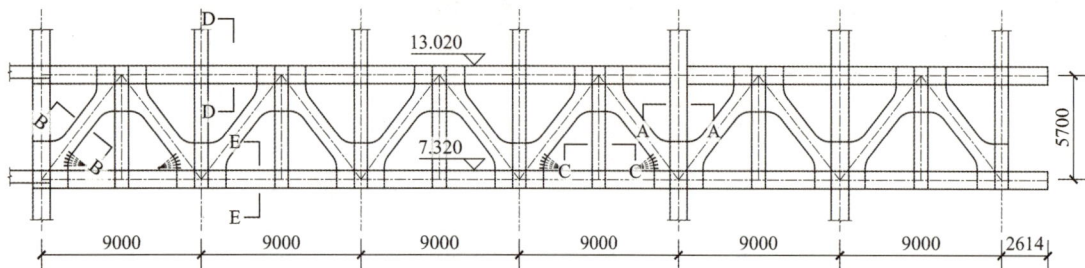

图 11.2-7 北立面二层抽柱转换桁架

框架柱（A-A）：1000mm × 1000mm × 40mm × 40mm，斜腹杆（B-B）：800mm × 1000mm × 38mm × 38mm
直腹杆（C-C）：800mm × 800mm × 38mm × 38mm，上下弦（D-D、E-E）：800mm × 1000mm × 38mm × 38mm

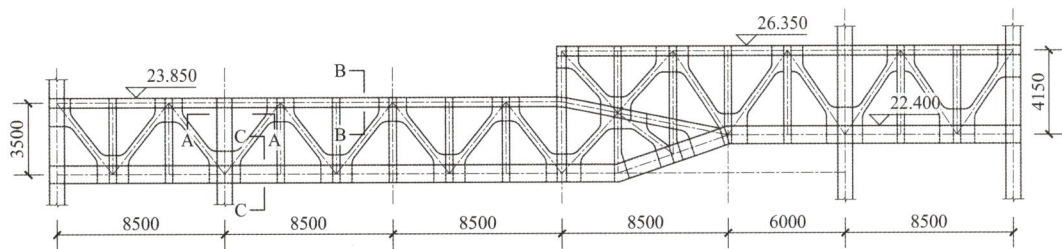

图 11.2-8　五层室内泳池区域桁架

框架柱（A-A）：800mm × 800mm × 38mm × 38mm，腹杆：400mm × 500mm × 22mm × 30mm
上弦（B-B）：500mm × 500mm × 30mm × 22mm，下弦（C-C）：500mm × 900mm × 36mm × 30mm

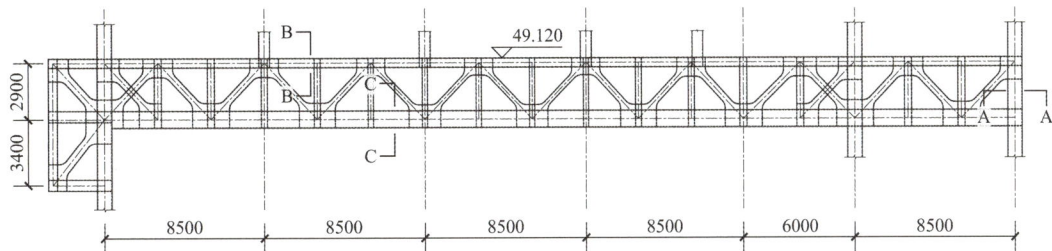

图 11.2-9　典型大空间运动场地区域桁架

框架柱（A-A）：800mm × 800mm × 38mm × 38mm，腹杆：500mm × 400mm × 30mm × 22mm～500mm × 300mm × 26mm × 20mm
上弦（B-B）：600mm × 500mm × 34mm × 24mm，下弦（C-C）：600mm × 900mm × 38mm × 34mm

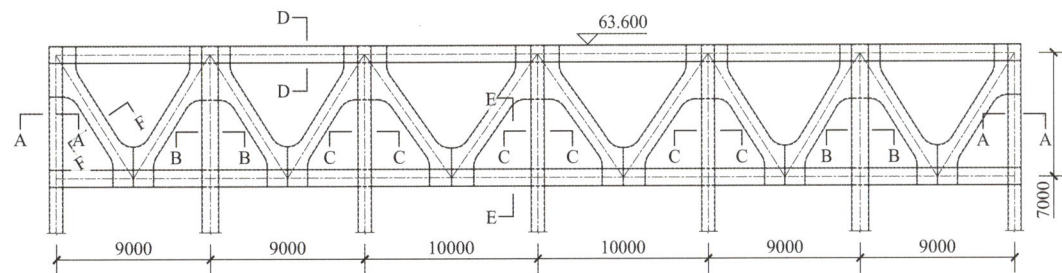

图 11.2-10　典型大空间运动场地区域桁架

落地柱（A-A）：800mm × 800mm × 38mm × 38mm，落地柱（B-B）：1000mm × 1000mm × 38mm × 38mm，吊柱（C-C）：800mm × 800mm × 38mm × 38mm
上弦（D-D）：800mm × 1000mm × 38mm × 38mm，下弦（E-E）：800mm × 1000mm × 38mm × 38mm，腹杆（F-F）：800mm × 1000mm × 38mm × 38mm

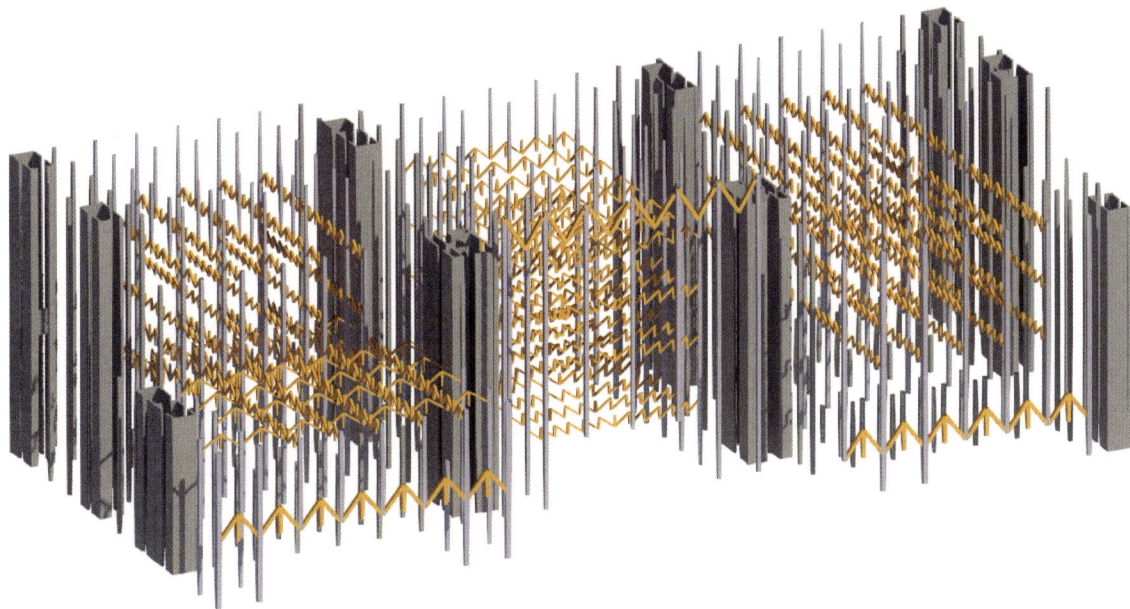

图 11.2-11　钢桁架分布

注：为了提升显示效果，桁架的上下弦未显示。

11.2.4　地下室及上部结构嵌固端

本工程设三层地下室，功能以机电用房、车位为主，地下室顶板作为上部结构嵌固部位。YJK 计算得出的地下一层/首层等效剪切刚度比为：X 向 9.896，Y 向 4.439，满足规范嵌固端刚度比要求。从结构布置上来看，地下室外墙均在上部结构的相关范围内，因此地下一层的等效剪切刚度会比地上一层大很多，与上述计算结果从概念上吻合。

地下室外墙与围护墙两墙合一；地下室采用肋梁楼盖，楼盖混凝土强度等级 C35，纯地下室范围墙柱混凝土强度等级 C35，主楼区域墙柱混凝土强度等级 C50～C60，地下室外墙混凝土强度等级 C35。地下室外墙、底板及首层楼板室外部分均采用防水混凝土。

首层楼板厚度，室内部分为 180mm，室外部分根据防水规范要求和受力要求（采用大板结构），厚度取 250～450mm。

11.3　结构超限情况及设计对策

根据《超限高层建筑工程抗震设防专项审查技术要点》建质〔2015〕67 号，针对本项目的超限类型和超限程度进行判断，存在扭转不规则、凹凸不规则、楼板不连续、尺寸突变、构件间断及承载力突变共计 6 项不规则项，属于超限高层结构。

抗震设计的指导原则为"小震不坏，中震可修，大震不倒"，由于结构存在多项超限，根据规范要求需采用基于性能的抗震设计方法以保证结构在不同水准地震作用下的受力性能。即采用线性和非线性的计算方法对结构整体和结构构件分析研究，以证明结构能够达到预期的性能目标。

结合本工程的超限情况和场地条件，参照《高层建筑混凝土结构设计规程》JGJ 3—2010 C 级的结构抗震性能目标要求，结构在多遇地震、设防烈度地震和罕遇地震下的性能水准等级分别为 1、3、4 级，制定出全民健身中心的抗震性能设计目标，详见表 11.3-1。

全民健身中心抗震性能目标　　　　　　　　　　　　　　　表 11.3-1

抗震烈度			多遇地震（小震）	设防烈度地震（中震）	罕遇地震（大震）
性能水准			1	3	4
宏观损坏程度			完好、无损坏	轻度损坏	中度损坏
层间位移角限值			1/800	—	1/100
构件性能	关键构件 1	弯矩、轴力	弹性设计	弹性	轻度损坏
		剪力	弹性设计	弹性	
	关键构件 2	弯矩、轴力	弹性设计	不屈服	轻度损坏
		剪力	弹性设计	弹性	
	普通竖向构件	弯矩、轴力	弹性设计	不屈服	部分构件中度损坏
		剪力	弹性设计	弹性	
	耗能构件	弯矩、轴力	弹性设计	可屈服	中度损坏、部分比较严重损坏
		剪力	弹性设计	不屈服	

"关键构件"是指该构件的失效可能引起结构的连续破坏或危及生命安全的严重破坏；"普通竖向构件"是指"关键构件"之外的竖向构件；"耗能构件"包括框架梁、剪力墙连梁及耗能支撑等。表 11.3-2 列举了各类构件的划分。

构件类型划分		表 11.3-2

构件类型	包含的构件
关键构件 1	转换桁架（抬柱或吊柱）及其支承柱：北立面二层、三层、四层，以及九层
关键构件 2	底部加强部位（一层、二层）的交通核外围墙
普通竖向构件	关键构件之外的竖向构件
耗能构件	框架梁、剪力墙连梁

除了采用性能化设计的方法，保证结构的抗震性能外，还采取了以下超限处理措施，以保证结构安全：

（1）整体多项超限的处理措施

本工程属于特别不规则结构。采用 YJK、ETABS 等多种软件分别进行风荷载和地震弹性整体分析，同时采用 Paco-SAP 对结构进行大震弹塑性时程分析，对结构薄弱部位重点加强，确保结构安全可靠。

（2）大跨度桁架加强措施

本工程运动场地区域基本为无柱大空间，采用单向钢桁架结构。对于支承桁架的钢柱，抗震等级由三级提高到二级；对于钢桁架，构件应力比控制在 0.8 以内，构件的截面板件宽厚比取 S2 级；对于钢桁架与钢柱交接区域，通过构造加强，并补充节点应力分析。

同时，这些区域的楼盖结构可能存在舒适度问题，补充楼板舒适度验算，必要时增设减振措施。

（3）转换桁架加强措施

在北侧二、三层，以及九层区域，设置了较多的转换桁架。对于转换桁架以及支承转换桁架的柱，抗震等级取二级；对于转换钢桁架，构件应力比控制在 0.75 以内，构件的截面板件宽厚比取 S2 级。采用 MIDAS 对转换桁架进行补充计算。

（4）楼板超长加强措施

本工程地上地下均为超长结构，地上部分结构单元长度超过规范规定的限值 250% 以上，且无条件设结构缝，计算时考虑温度应力，增加楼板配筋率至不小于 0.3%，在合适位置设置后浇带和膨胀加强带，严格控制后浇带封闭时间。

11.4 结构抗震分析

11.4.1 结构动力特性

小震分析采用考虑扭转耦联振型分解反应谱法，以地震参与质量达到 90% 以上为标准选取振型数，选取 21 个振型分析，前三阶振型特性见表 11.4-1。可以看出，YJK、ETABS 两种软件计算出的结构动力特性基本一致，塔楼结构的扭转周期比小于规范的限值 0.85，结构的第一个平动振型沿结构的短轴即 Y 轴方向，该方向亦是结构的最大地震作用方向。

反应谱分析结构动力特性							表 11.4-1

	振型	周期/s	X向平动比例	Y向平动比例	扭转比例	扭转周期比	振型参与质量系数	
							X向	Y向
YJK	T_1	1.5356	0.92	0.01	0.07			
	T_2	1.1946	0.03	0.88	0.09	0.67	94.22%	94.02%
	T_3	1.0220	0.06	0.13	0.81			
ETABS	T_1	1.59	0.941	0.008	0.051			
	T_2	1.211	0.028	0.853	0.119	0.65	96.2%	91.3%
	T_3	1.031	0.046	0.152	0.802			

11.4.2 结构位移

本工程侧向变形由地震作用控制，图 11.4-1、图 11.4-2 分别为各层位移角和位移比结果。X 向和 Y 向地震作用下的位移角均小于规范限值 1/800，图中"40%线"指的是楼层最大位移角规范限值的 40%；考虑偶然偏心影响的规定水平地震作用下，X 向的位移角均小于 1.2，Y 向的位移角最大值为 1.37。

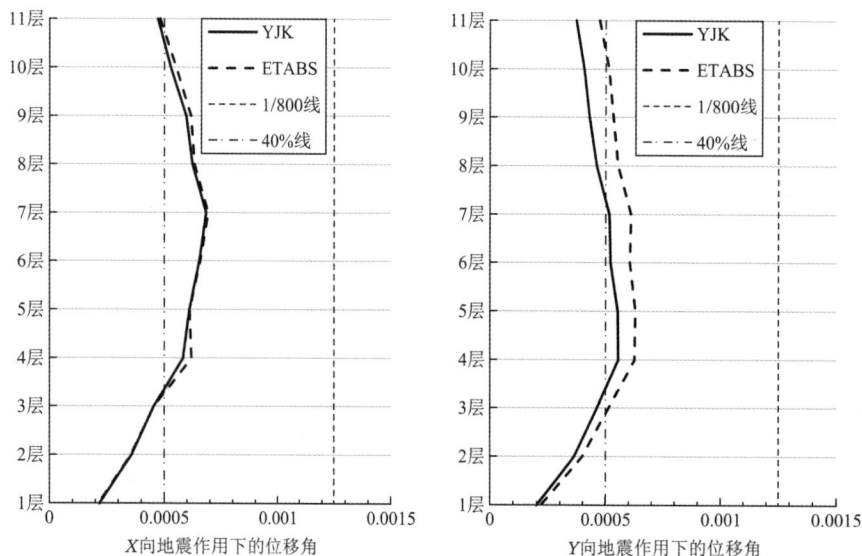

图 11.4-1　地震作用下的位移角

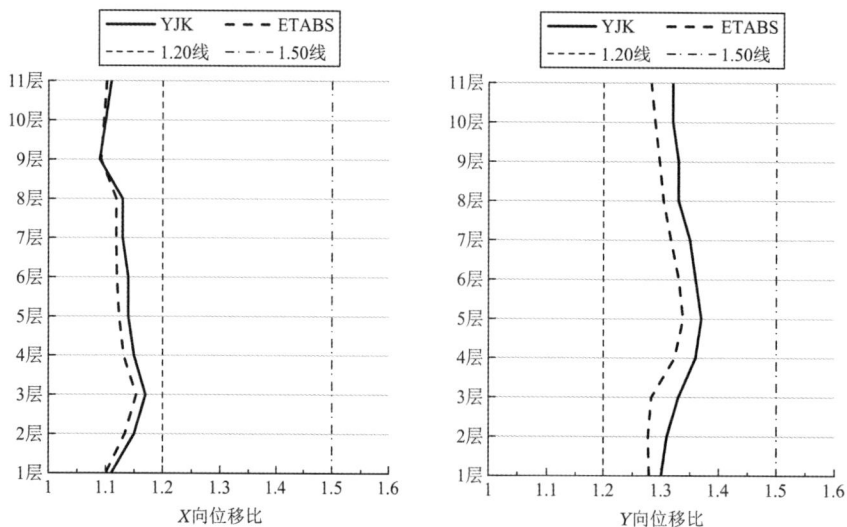

图 11.4-2　各层位移比

11.4.3 上部楼层刚度比

《高层建筑混凝土结构技术规程》JGJ 3—2010 第 3.5.2 条第 2 款规定：对框架-剪力墙、板柱-剪力墙结构、剪力墙结构、框架-核心筒结构、筒中筒结构，楼层与其相邻上层的侧向刚度比 γ_2 可按下式计算，且本层与相邻上层的比值不宜小于 0.9。

$$\gamma_2 = \frac{V_i \Delta_{i+1}}{V_{i+1} \Delta_i} \frac{h_i}{h_{i+1}}$$

图 11.4-3 和图 11.4-4 分别展示了两个软件计算得到的各层侧向刚度比值（Ratx2，Raty2：X，Y 方向本层塔侧移刚度与上一层相应塔侧移刚度 90%、110% 或者 150% 比值。110% 指当本层层高大于相邻上层

层高 1.5 倍时，150%指嵌固层），比值小于 1.0 者表示不满足规范的侧向刚度要求。可见，两种软件计算得到的各层侧向刚度比均满足规范要求。

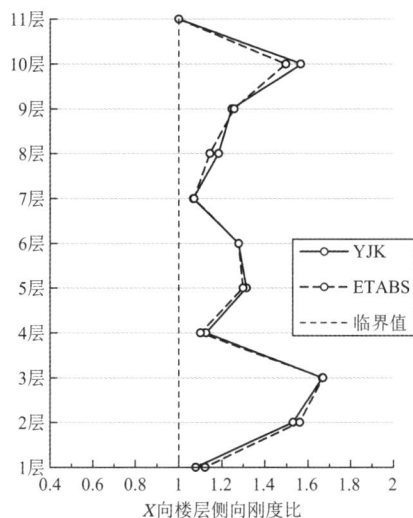

图 11.4-3　各层X向侧向刚度比　　　图 11.4-4　各层Y向侧向刚度比

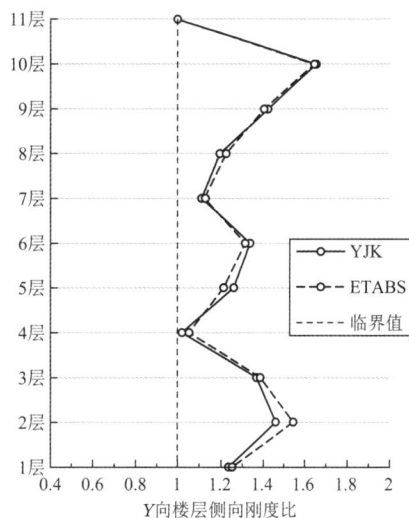

11.4.4　受剪承载力

根据《高层建筑混凝土结构技术规程》JGJ 3—2010 第 3.5.3 条，A 级高度高层建筑的楼层抗侧力结构的层间受剪承载力不宜小于相邻上一楼层的 80%，不应小于其相邻上一层受剪承载力的 65%。楼层抗侧力结构的层间受剪承载力是指在所考虑的水平地震作用方向上，该层全部柱、剪力墙、斜撑的受剪承载力之和。

图 11.4-5、图 11.4-6 为全民健身中心各层的楼层受剪承载力比值，从图中可见，因为一层层高较高，同时北侧有多根柱子不落地，且二层布置有较多的转换桁架，导致一层的楼层受剪承载力相比二层小很多，首层受剪承载力与二层的比值小于 80%，但大于 65%。

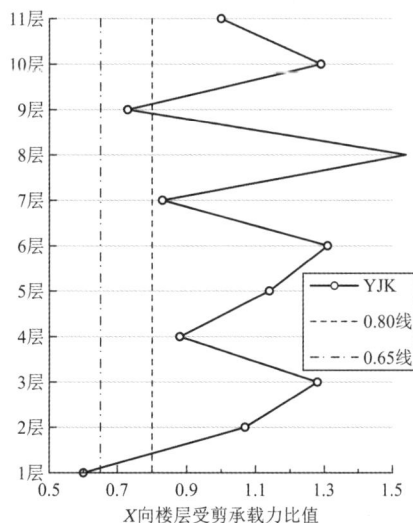

图 11.4-5　各层X向楼层受剪承载力比值　　　图 11.4-6　各层Y向楼层受剪承载力比值

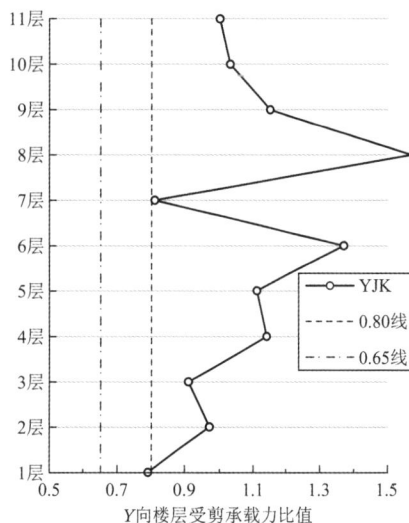

11.4.5　多遇地震弹性时程分析

根据规范要求，选取了 5 条天然波和 2 条人工波，5 条天然波分别为：Imperial Valley-06_NO_159，T_g（0.45）；Chi-Chi, Taiwan-06_NO_3291，T_g（0.47）；Loma Prieta_NO_741，T_g（0.44）；TH4TG045，T_g（0.45）

和 Chi-Chi, Taiwan-05_NO_2960, T_g（0.45）。2 条人工波分别为：ArtWave-RH2TG045, T_g（0.45）和 ArtWave-RH1TG045, T_g（0.45）。将各条地震波转换为反应谱的形式，并将其平均值与规范反应谱比较，主方向的比较如图 11.4-7 所示，平均地震波谱在主要周期点的数值均在反应谱的 ±20% 以内，符合规范要求。

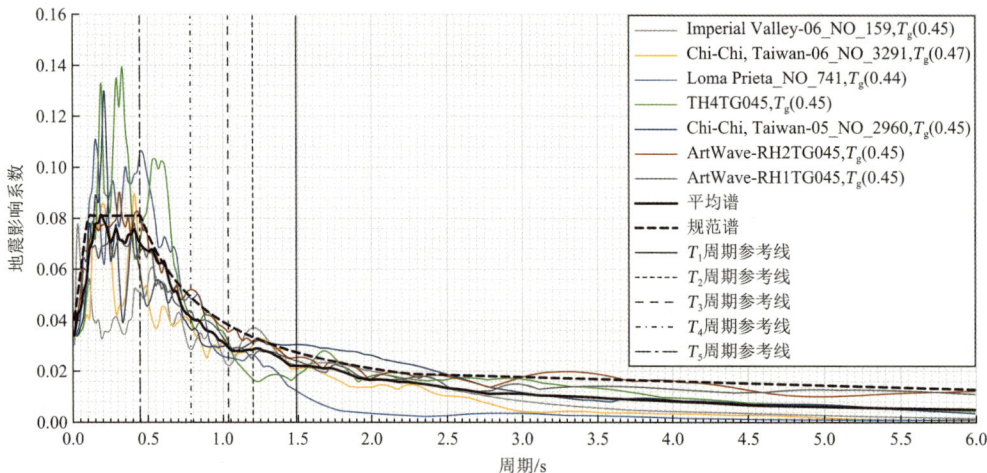

图 11.4-7　地震波主方向与反应谱的比较

图 11.4-8 为时程分析法计算的 X 向和 Y 向楼层剪力与反应谱法的比较，可以看出，大多数楼层反应谱法（CQC）计算的楼层剪力均大于时程分析剪力平均值，仅在顶部少数几层，CQC 计算得到的剪力小于时程分析得到的剪力平均值，时程平均值与 CQC 的最大比值为 1.1，楼层地震剪力取时程分析与反应谱法大值，按 CQC 法计算时，楼层剪力放大系数全楼取 1.1。

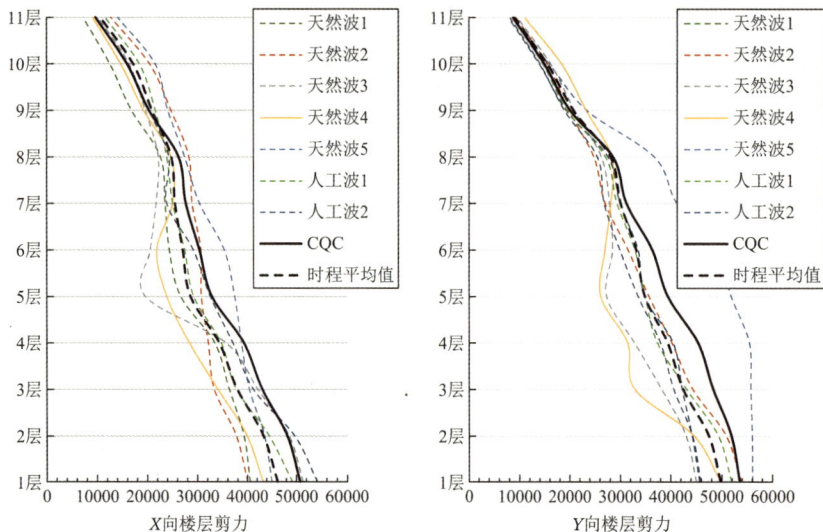

图 11.4-8　楼层剪力比较

11.4.6　中震构件性能化设计

（1）墙柱轴压比

中震下底层各墙柱的轴压比统计结果见图 11.4-9。从结果中可见，在中震作用下，各层各墙肢的轴压比均很小。

（2）墙肢拉应力

《超限高层建筑工程抗震设防专项审查技术要点》第十二条（四）：中震时出现小偏心受拉的混凝土构件应采用《高层建筑混凝土结构技术规程》JGJ 3—2010 中规定的特一级构造。中震时双向水平地震下墙肢全截面由轴向力产生的平均名义拉应力超过混凝土抗拉强度标准值时宜设置型钢承担拉力，且平均名义拉应力不宜超过两倍混凝土抗拉强度标准值（可按弹性模量换算考虑型钢和钢板的作用），全截面型钢和钢板的含钢率超过 2.5%时可按比例适当放松。

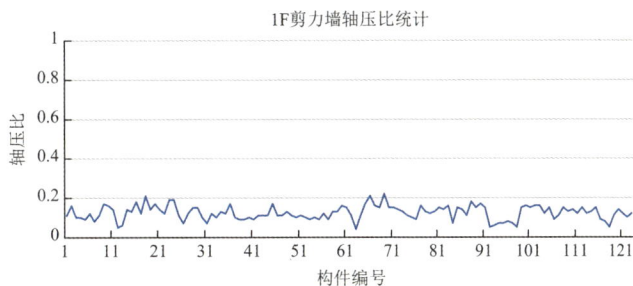

图 11.4-9　中震底层墙柱轴压比统计

名义应力按如下公式计算：

不插型钢时，

$$\sigma_c = \frac{N_{tk}}{A_c} = \frac{N_{tk}}{墙肢面积}$$

插型钢时，

$$\sigma_c = \frac{N_{tk}}{A_c} + A_a \frac{E_a}{E_c} = \frac{N_{tk}}{折算面积}$$

图 11.4-10 为底层墙肢名义拉（压）应力的统计。

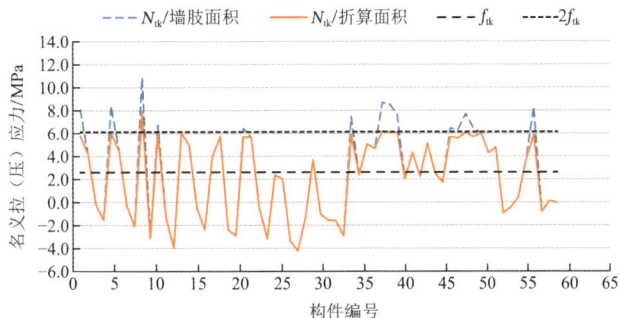

图 11.4-10　中震底层墙肢名义拉（压）应力统计

从计算结果可见，由于本工程结构布置的特点，剪力墙承担了绝大多数的地震作用，但竖向荷载基本上仅有墙体自重，因此，在底部几层，出现较多名义拉应力超过混凝土强度标准值的现象。鉴于本工程剪力墙的轴压比均非常低，针对上述现象，采取如下措施：

对于中震下名义拉应力小于混凝土强度标准值的小偏心受拉墙肢，采用《高层建筑混凝土结构技术规程》JGJ 3—2010 第 3.10 节中规定的特一级构造；

对于中震下名义拉应力大于 f_{tk} 但是小于 $2f_{tk}$ 的墙肢，除采用《高层建筑混凝土结构技术规程》JGJ 3—2010 第 3.10 节中规定的特一级构造外，水平和竖向分布钢筋的最小配筋率取为 0.50%（两排和）；

对于中震下名义拉应力大于 $2f_{tk}$ 的墙肢，墙内设置型钢，控制名义拉应力在 $2f_{tk}$ 以内（含钢率超过 2.5%时适当放宽），同时采用上述加强措施。

11.5　结构专项分析

11.5.1　穿层柱计算长度分析

利用屈曲分析确定受压构件计算长度是一种传统分析方法。主要有整体模型法和局部模型法两种。

对于前者，整体模型在恒荷载和活荷载作用下进行屈曲分析，这种加载模式的优点是与结构实际受荷载情况吻合，缺点是无法通过屈曲分析直接获得某一根柱的临界荷载，分析时需要计算比较多的模态，并需要在后处理中对屈曲模态逐一甄别，以得到临界荷载；对于后者，取出相关范围的模型，在研究对象柱的柱顶施加集中力，然后进行屈曲分析，优点是可以根据屈曲分析直接得到临界荷载，同时比较容易找到该穿层柱的屈曲模态，缺点是不能准确反映结构的真实边界条件和整体受力状态。相关对比分析研究结果显示，两种方法得到的结果较为接近。

根据欧拉公式，轴心受压构件的屈曲荷载可按下式计算：

$$P_{cr} = \frac{\pi^2 EI}{(\mu l)^2}$$

构件的计算长度可按下式计算：

$$l_0 = \mu l = \sqrt{\frac{\pi^2 EI}{P_{cr}}}$$

计算模型中算得临界荷载 P_{cr} 后，代入上式即可求得构件的计算长度。若构件截面为钢管混凝土截面等两种材料的组合截面，那么可以将混凝土根据弹性模量和重度的比例，转化为钢材截面。在 MIDAS 中，截面特性值表中直接提供了组合材料截面的相关数据。

以图 11.5-1 所示穿层柱为例，取出穿层柱相关范围的模型进行研究分析，在柱顶施加 1000kN 的节点荷载，并以此荷载作为变量进行屈曲分析。穿层柱的第一阶屈曲模态为 Y 向平面内失稳，第三阶为 X 向平面内失稳，分别如图 11.5-2 和图 11.5-3 所示。可见 X 向平面内的临界荷载 P_{cr} 为 1377000kN，Y 向平面内的临界荷载 P_{cr} 为 962900kN。根据 MIDAS 的截面特性表，将截面换算为钢材，两个方向的截面惯性矩均为 $3.3 \times 10^{10} mm^4$，弹性模量取 $206 \times 10^3 N/mm^2$，将数据代入公式可得 X 方向和 Y 方向穿层柱的计算长度分别为 6.98m 和 8.34m，几何长度为 13.3m，因此对应计算长度系数分别为 0.52 和 0.63。查询 YJK 计算结果，穿层柱在 X 方向和 Y 方向的计算长度系数分别为 0.70 和 0.72，均大于屈曲分析得到的结果。对于该穿层柱，最终的计算长度系数按 YJK 结果取用。

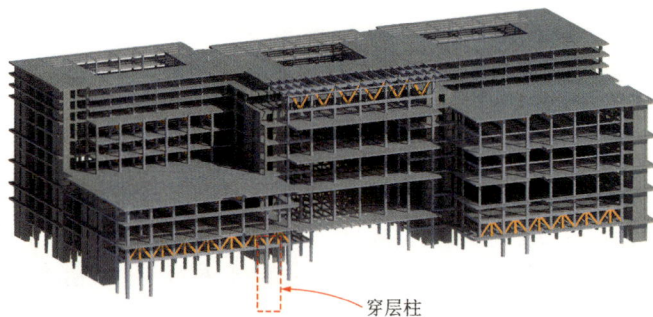

图 11.5-1　穿层柱取位示意

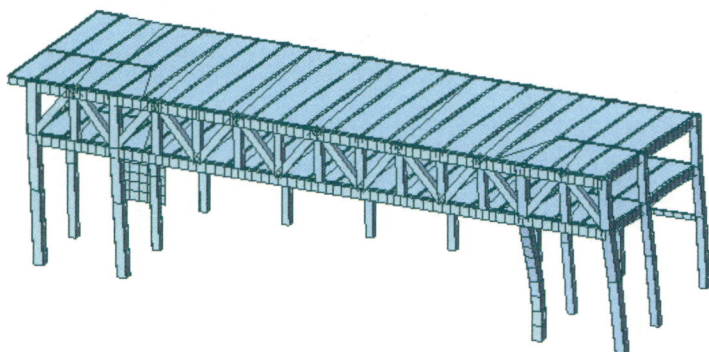

图 11.5-2　穿层柱第一阶屈曲模态

经典解构　浙江省建筑设计研究院有限公司篇

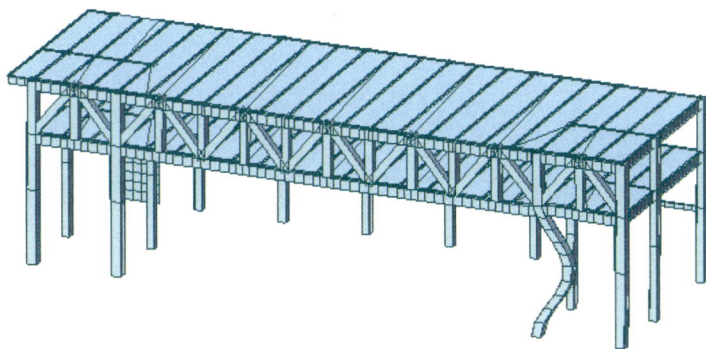

图 11.5-3　穿层柱第三阶屈曲模态

11.5.2　楼板舒适度分析

对于办公空间、酒店和大跨度运动空间等，应关注楼板振动舒适度，由于人员的行走，跳跃等振动激励可能会引起周围人群不舒适，特别是对于跨度大的楼盖结构。本工程楼面梁（桁架）跨度较大，桁架跨度 30～50m 不等，对楼盖振动应该特别关注。

国内外对振动舒适度进行过大量的研究，《高层建筑混凝土结构技术规程》JGJ 3—2010、《建筑楼盖结构振动舒适度技术标准》JGJ/T 441—2019 等对振动舒适度也进行了相关规定。对于楼板振动的设计分析，目前国内外的控制标准基本一致，主要是控制楼盖的竖向自振频率以及在振动激励下楼盖的竖向振动加速度。

有节奏运动为主的楼盖结构，在正常使用时楼盖的第 1 阶竖向自振频率不宜低于 4Hz，竖向振动有效最大加速度不应大于 0.50m/s²。以 5 层典型大跨楼盖(跨度 37.5m × 54m)为例，采用 MIDAS Gen 软件进行单层有限元分析。

有节奏运动为主的楼盖结构的荷载 F_c 按下式计算：

$$F_c = G_k + Q_q + Q_p$$

式中：G_k 为永久荷载标准值；Q_q 为有效均布活荷载；Q_p 为有节奏运动的人群荷载。

楼盖的自重由程序自动计算，附加恒荷载取 2.5kN/m²，$Q_q = 0$，$Q_p = 0.12$kN/m²；材料的弹性模量采用动弹性模量，取原弹性模量的 1.35 倍；阻尼比根据《建筑楼盖结构振动舒适度技术标准》JGJ/T 441—2019，取 0.06。

有节奏运动的荷载 $P_i(t)$ 可按下式计算：

$$P_i(t) = \gamma_i Q_p \cos\left(2\pi i \overline{f}_1 t\right)$$

式中：γ_i 为第 i 阶荷载频率对应的动力因子，其中 $\gamma_1 = 1.50$；$\overline{f}_1$ 为第一阶荷载频率，对于本例，$\overline{f}_1 = 4.19$Hz > 2.75Hz，取 2.75Hz。

楼盖满布施加以上时程荷载，通过分析楼盖跨中处最大加速度时程得出，最大加速度为 0.542m/s²，大于规范限值 0.5m/s²，如图 11.5-4（a）所示。

为提高楼盖振动舒适度，可采用提高楼盖刚度、增设额外构件支点、增大楼盖阻尼等减振措施。本项目中，建筑对净高要求很高，因此增加桁架高度来提高刚度的方法行不通；另外，在普通运动大跨度场馆，桁架的应力比不大，进一步增大杆件截面来提高结构刚度的方法也不大可取；增设额外构件支点的方法更是不具备条件。综合考虑，本项目采用设置调谐质量阻尼器（TMD）减振是比较合适的。在楼盖跨中位置次梁上，均匀设置 6 个 TMD，其中单个 TMD 的质量为 500kg，自振频率取楼盖第 1 阶自振频率（4.19Hz），阻尼比取 0.10。通过分析可以发现，设置 TMD 后楼盖最大加速度降为 0.44m/s²，小于规范限值 0.5m/s²，满足规范对于舒适度的要求，如图 11.5-4（b）所示。

(a) 未设置 TMD

(b) 设置 TMD

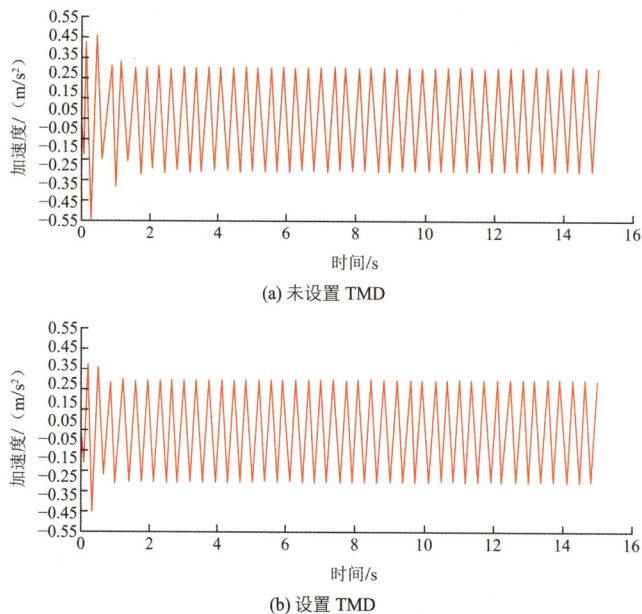

图 11.5-4 楼盖跨中处加速度时程曲线

11.5.3 施工模拟分析

本工程结构竖向堆叠，存在较多的转换结构，如北侧东西两处的承托式整层转换桁架、北侧中间屋顶的吊挂转换桁架，空间效应明显，施工过程中应先支撑，结构整体形成刚度后再拆除支撑。

采用 MIDAS Gen 软件进行施工模拟分析，以加载步的方式模拟安装步骤，临时支撑以节点约束的形式模拟（以□800×30 方钢管确定节点约束的竖向刚度），支撑拆除以钝化节点约束的方式实现。以吊挂桁架为例，施工模拟分 6 步，如图 11.5-5（a）所示。

通过分析各加载步的内力结果（图 11.5-5b）可以发现，在加载过程及支撑约束钝化前后，内力存在如下变化情况：钝化前，吊柱中的轴力均为压力，钝化后，均变成拉力；钝化前吊柱中的轴力最大值较钝化后要小；钝化前吊柱两侧内柱的轴力最大值较钝化后要小很多，很明显，吊柱从压力变为拉力的过程中，将竖向力大部分传递到了两侧内柱上；钝化后，顶部桁架会以两侧内柱为支座而向外反向悬挑，对外柱产生一定的上拉力，导致吊柱两侧外柱的轴力稍变小。

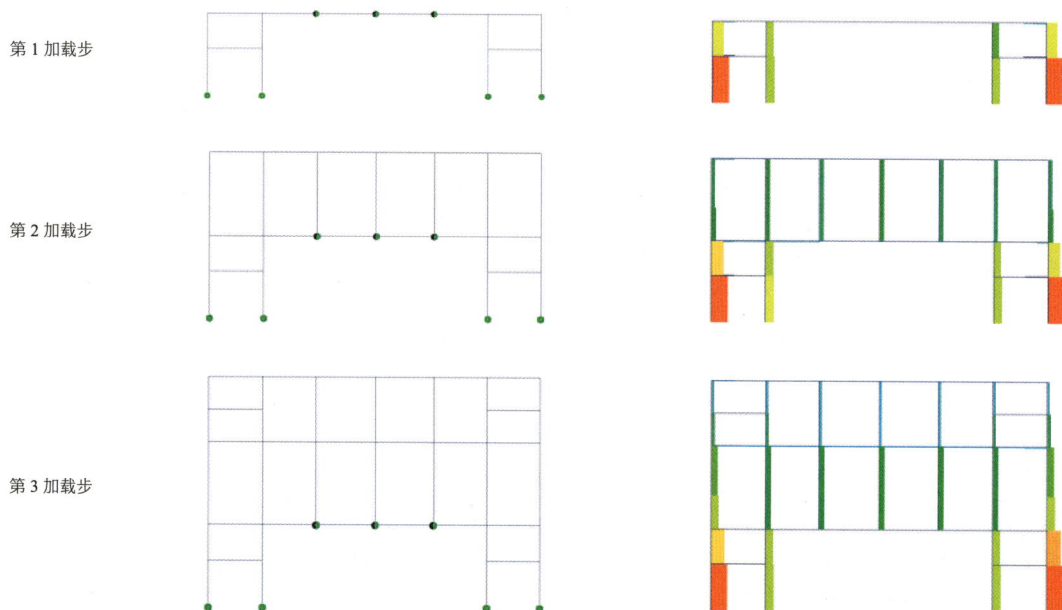

第 1 加载步

第 2 加载步

第 3 加载步

第 4 加载步

第 5 加载步

第 6 加载步

(a) 模型

(b) 轴力示意

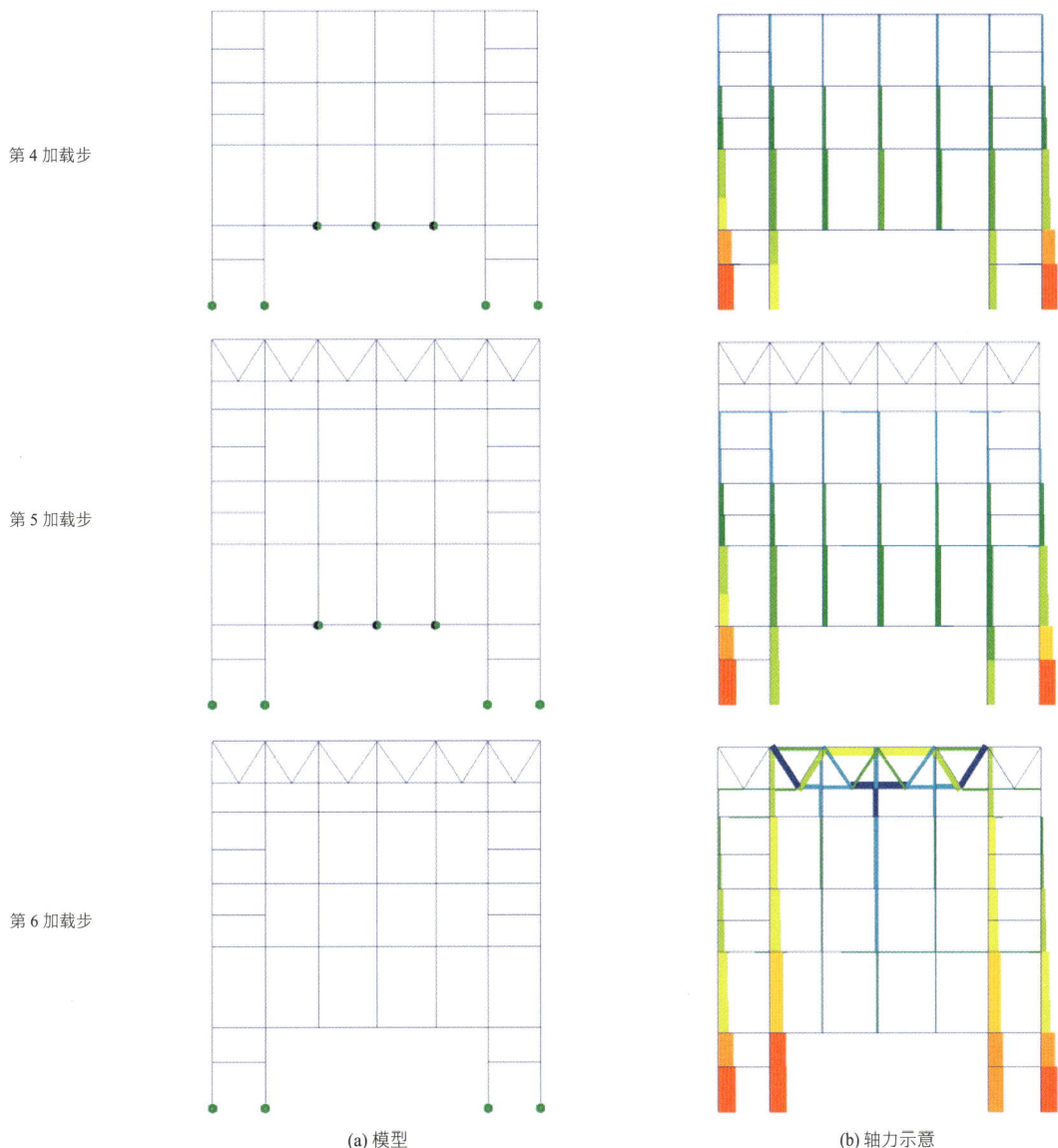

图 11.5-5　吊挂桁架转换施工模拟步模型及内力示意

11.5.4　大跨度桁架分析

本工程存在大量大跨度桁架结构,大跨度桁架的结构安全是本项目的重点,对主要的桁架均采用 YJK 和 MIDAS Gen 软件进行了内力、变形对比分析。为了得到准确的桁架内力,分析时应将相关楼板设置为弹性膜或楼板模型进行计算。图 11.5-6 和图 11.5-7 为典型桁架(吊挂桁架和泳池桁架)的轴力(取基本组合 1.3 恒荷载 + 1.5 活荷载)和变形(取标准组合 1.0 恒荷载 + 1.0 活荷载)分析结果对比。

由图 11.5-6 和图 11.5-7 可见, YJK 和 MIDAS Gen 软件所分析的内力和变形结果基本一致。

桁架与钢管混凝土柱的节点均为刚接,其承载力和安全度决定整个结构的承载力和安全度,是整个工程的关键。桁架节点构造的合理性,是桁架发挥其承载力的关键点,在钢管混凝土柱、桁架上下弦中,对应于杆件钢板的位置,应设置合理的加劲肋。

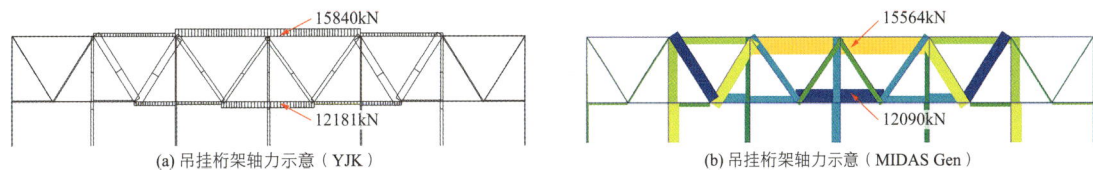

15840kN

12181kN

(a) 吊挂桁架轴力示意(YJK)

15564kN

12090kN

(b) 吊挂桁架轴力示意(MIDAS Gen)

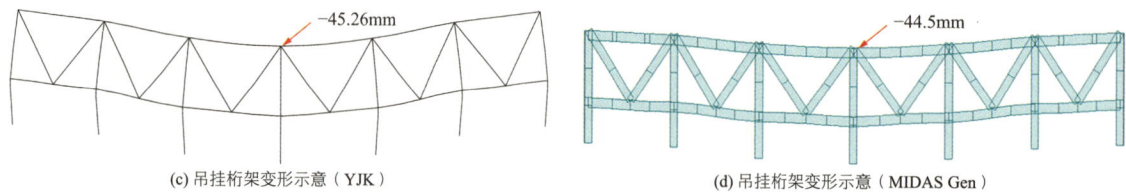

(c) 吊挂桁架变形示意（YJK）

(d) 吊挂桁架变形示意（MIDAS Gen）

图 11.5-6　吊挂桁架轴力和变形分析结果对比

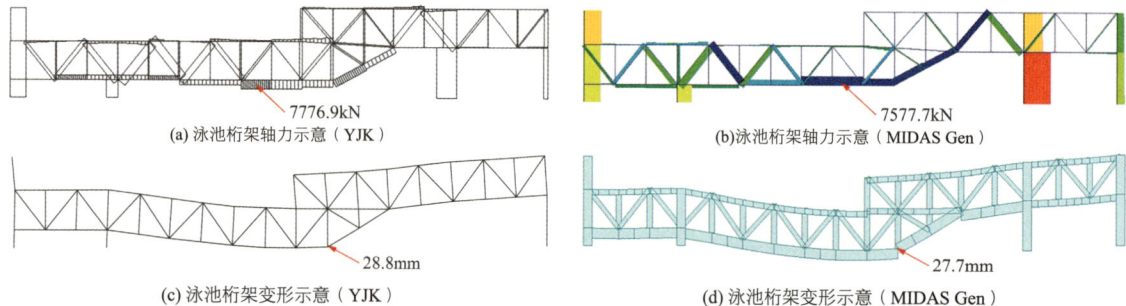

(a) 泳池桁架轴力示意（YJK）

(b) 泳池桁架轴力示意（MIDAS Gen）

(c) 泳池桁架变形示意（YJK）

(d) 泳池桁架变形示意（MIDAS Gen）

图 11.5-7　泳池桁架轴力分析结果对比

对节点进行非线性有限元分析，作用工况为基本组合（1.3 恒荷载 + 1.5 活荷载），典型节点 Mises 应力分析结果如图 11.5-8 所示。通过计算得出，节点区受力复杂，但在构件连接部位设置了适当的加劲肋（图 11.5-8b）后，应力控制较好，吊挂桁架与柱连接处节点，最大应力仅 219.77MPa（图 11.5-8a），下承式整层桁架与柱连接处节点，超过 360MPa 的区域仅极少量地分布在板件相交等容易引起应力集中的部位（图 11.5-8c）。

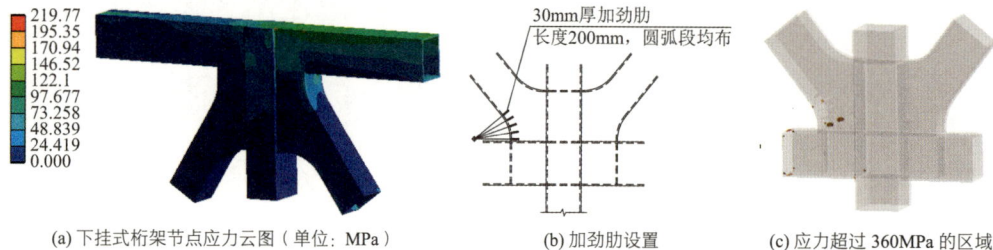

(a) 下挂式桁架节点应力云图（单位：MPa）

(b) 加劲肋设置

(c) 应力超过 360MPa 的区域

图 11.5-8　典型节点有限元分析应力结果和加劲肋设置

11.5.5　温度作用分析

本工程平面长度超长，需要考虑温度作用的影响。杭州市最低基本温度 −4℃，最高基本温度 38℃，最高初始平均温度或最低初始平均温度应根据结构的后浇带封闭时间确定，考虑春秋季（4 月或 11 月）封闭和夏季（即 7 月～8 月间）封闭两种情况，根据杭州的全年平均气温数据，封闭时的最低初始平均温度为 10℃，最高初始平均温度为 34℃。不同部位温度统计详见表 11.5-1。

不同部位温度统计　　　　　　　　　　　　　表 11.5-1

结构部位	使用阶段温度			合拢温度		使用阶段温差最值	
	夏季	冬季	冬季室外骤降 3℃	春秋季	夏季	升温	降温
内部（空调）	28℃	18℃	—	10℃	34℃	18℃	−16℃
内部（无空调）	35℃	5℃	—			25℃	−29℃
外围	38℃	−4℃	−7℃			28℃	−38℃

将地上部分赋予升温 25℃，降温 −29℃，采用 YJK 进行整体分析时，楼板设置为弹性膜。图 11.5-9 为 2 层楼板在升温工况下的应力结果。通过分析各层楼板在温度作用工况下的楼板应力，可以总结出如下结论：

（1）底部几层（约两层）的楼板应力很大，原因是嵌固端导致竖向构件的变形受限，在温度作用下，楼板的变形受到竖向构件的约束较大，楼层越往上，楼板应力越小，从四层开始，温度作用引起的楼板应力已经很小了；

（2）在剪力墙交通核周边，楼板应力较大，远离剪力墙交通核处楼板应力较小；

（3）升温工况下的楼板应力较降温工况下要小很多；

（4）Y向平面尺寸较X向小很多，因此，Y向楼板应力较X向楼板应力要小很多。

因此，需要在楼板上合理设置后浇带，尤其是剪力墙交通核周圈，后浇带混凝土在结构主体施工完成后浇筑；加强各层楼板的配筋率，两个方向均不小于0.3%，在剪力墙交通核周边及交通核梁线范围内（Y向），控制不小于0.35%。

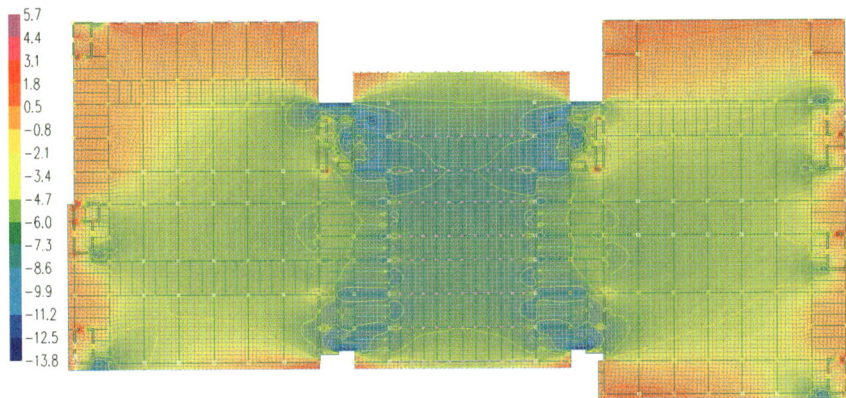

图 11.5-9　2 层楼板升温工况下应力 Sig-xx

11.5.6　楼板应力分析

本项目较多楼层设有大开洞，对楼板进行了应力分析。图 11.5-10 为 2 层楼板在小震 EX 工况下的应力 Sig-max。从计算结果看，各层楼板在小震作用下，绝大部分区域处于较低的应力水平，仅在剪力墙开洞处、剪力墙周边较小范围内，因为应力集中原因，出现了大于混凝土标准轴心抗拉强度（$f_{tk} = 2.20 \text{MPa}$）的拉应力，但是范围很有限。因此可以保证楼板在小震作用下处于弹性，有效传递水平力。施工图设计时，对剪力墙交通核内部和周边的板厚和配筋进行了加强。

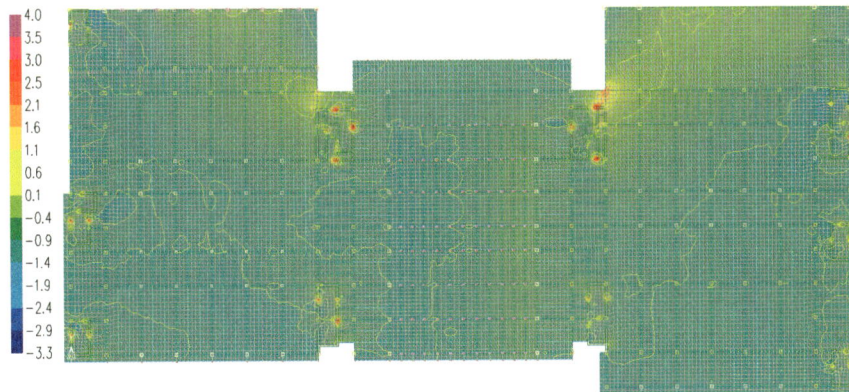

图 11.5-10　2F 楼板小震 EX 工况下应力 Sig-max

11.6　钢结构提升施工方案

本项目 B 区（⑩～⑭轴之间）首层为大开间，具备整体提升的条件。考虑到施工工期和施工成本，B 区钢结构采用分层整体提升的安装方案。

第 3、5、7、9 层钢结构均由 8 榀桁架及次梁组成，跨度 38m，安装标高分别为 13.120m、26.620m、37.120m、49.120m，总重量分别为 748.6t、569.4t、559.2t、1280.5t。3 层提升范围内重量为 703.8t，提升

高度 11m；5 层提升范围内重量为 517.1t，提升高度 24m；7 层提升范围内重量为 515t，提升高度 35m；9 层提升范围内重量为 1011.4t，提升高度 47m。

提升具体流程说明如下：

（1）将第 9 层桁架提升单元在其正下方的首层楼面上（−0.300m）拼装为整体提升单元；

（2）利用桁架两侧的主楼框架结构设置提升平台（上吊点），设置 16 组，每组提升平台上设置 2 台 XY-TS 型液压提升器，共 32 台；

（3）在提升平台上安装液压同步提升系统设备，包括提升器、传感器等；

（4）在提升单元与上吊点对应的位置安装提升下吊点临时吊具及加固杆件等临时措施；

（5）在提升上下吊点之间安装专用底锚和专用钢绞线；

（6）调试液压同步提升系统；

（7）检查钢结构提升单元以及液压同步提升的所有临时措施是否满足设计要求；

（8）确认无误后，开始试提升；

（9）按照设计荷载的 20%、40%、60%、70%、80%、90%、95%、100%的顺序逐级加载，直至提升单元脱离拼装平台；

（10）提升单元最低点脱离胎架约 100mm 后，暂停提升；

（11）微调提升单元的各个吊点的标高，使其处于设计姿态，测量提升单元跨中最大变形并进行记录，并静置 2～24 小时；

（12）再次检查屋面钢梁提升单元以及液压同步提升临时措施有无异常，并将测量数据与离地时进行对比；

（13）确认无异常情况后，开始正式提升；

（14）将单元整体提升至距离设计标高 600mm 左右时，暂停提升；

（15）测量各个吊点的实际标高，并与设计标高进行比对，做好记录，作为继续提升的依据；

（16）降低液压同步提升的速度，利用液压同步提升计算机控制系统的"微调、点动"功能，使各提升吊点缓慢地依次到达设计标高，满足安装要求；

（17）安装后装杆件等，使其形成完整的受力体系；

（18）液压同步提升系统按照 95%、90%、80%、70%、60%、50%、40%、30%、20%的顺序分级卸载，直至钢绞线松弛，屋面荷载全部转移至两侧主楼结构上；

（19）拆除液压提升系统及临时措施等，完成 9 层桁架 + K 轴钢梁的提升作业；

（20）按照详图方法完成 7 层、5 层、3 层桁架的提升作业。

图 11.6-1～图 11.6-8 为提升安装流程示意图。

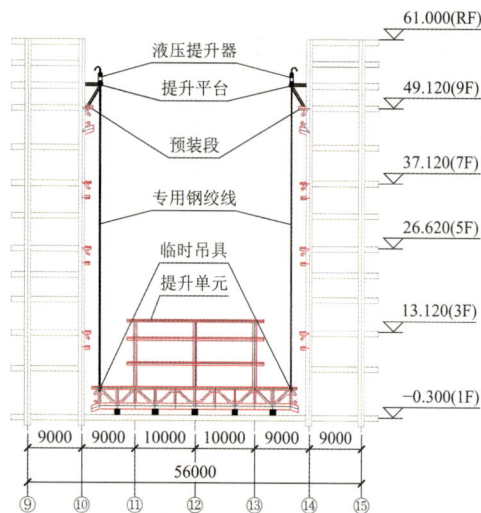

图 11.6-1　步骤 1

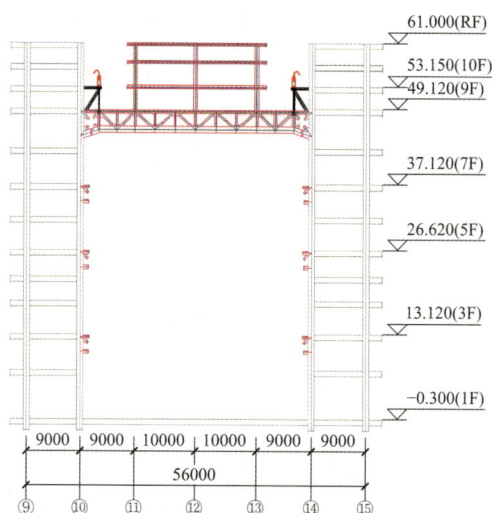

图 11.6-2　步骤 2

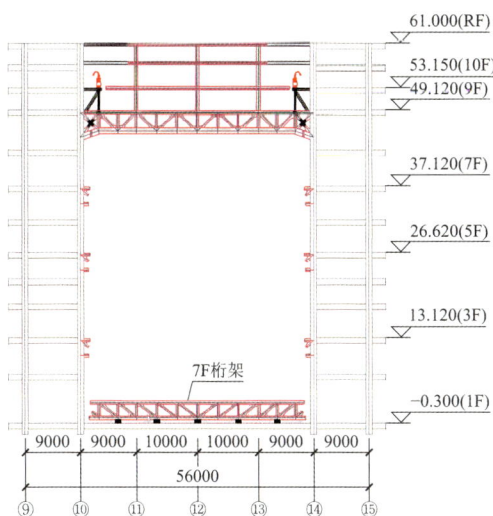

图 11.6-3　步骤 3

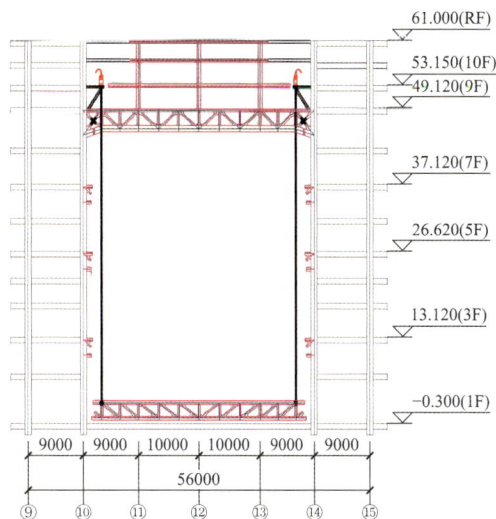

图 11.6-4　步骤 4

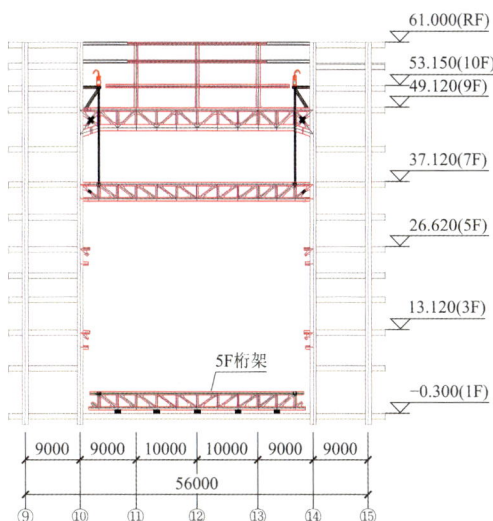

图 11.6-5　步骤 5

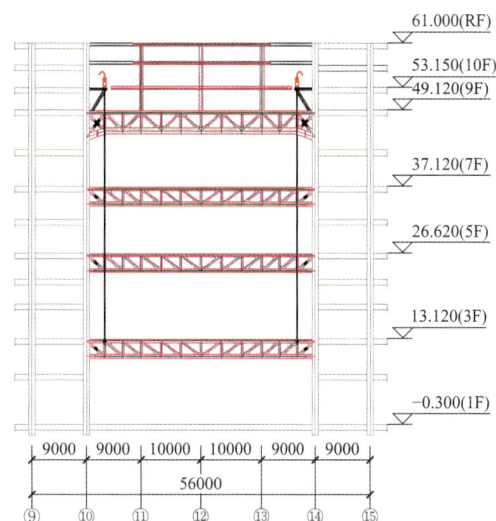

图 11.6-6　步骤 6

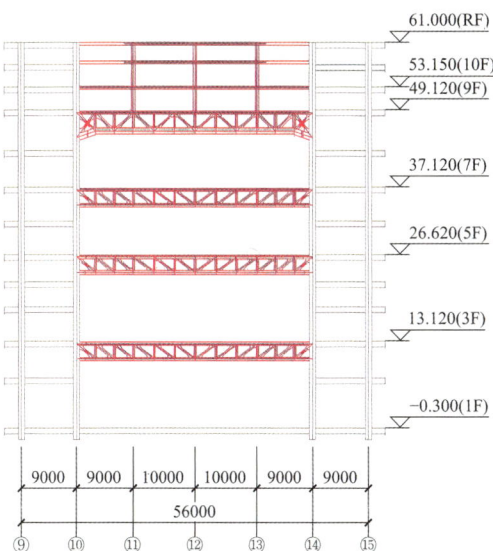

图 11.6-7　步骤 7

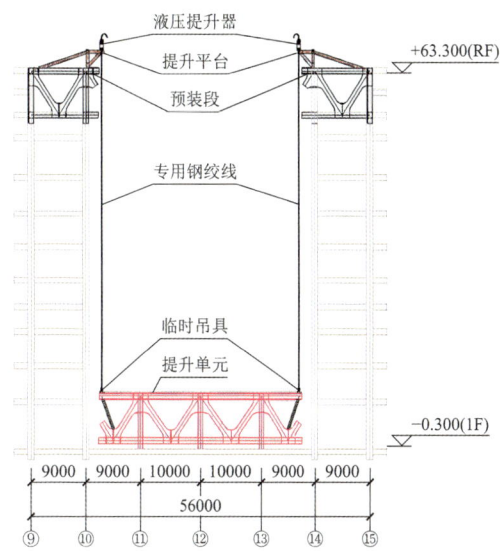

图 11.6-8　步骤 8

　　采用液压同步提升设备吊装大跨度钢结构，需要设置合理的提升上下吊点。在提升上吊点即提升平台上设置液压提升器。液压提升器通过提升专用钢绞线与提升钢结构上对应的下吊点相连接。

　　平台利用预装钢结构设置，根据提升工艺要求及结构特点，本次提升临时措施主要包括平台梁、立柱、斜撑、后拉杆、水平构造等。平台共两种，平台一适用于 3、5、7、9 层桁架提升，平台二适用于屋面桁架提升，如图 11.6-9 所示。

平台一利用十层两侧框架结构设置，共计 16 组，由平台梁、预装段、斜撑及水平构造等组成，材料材质为 Q355B。主传力构件间焊缝采用熔透焊缝，焊缝等级二级，所有加劲板厚度 16mm，加劲板与水平构造采用角焊缝焊接，焊缝尺寸 $h_f = 0.7t$。

提升现场照片见图 11.6-10～图 11.6-12。

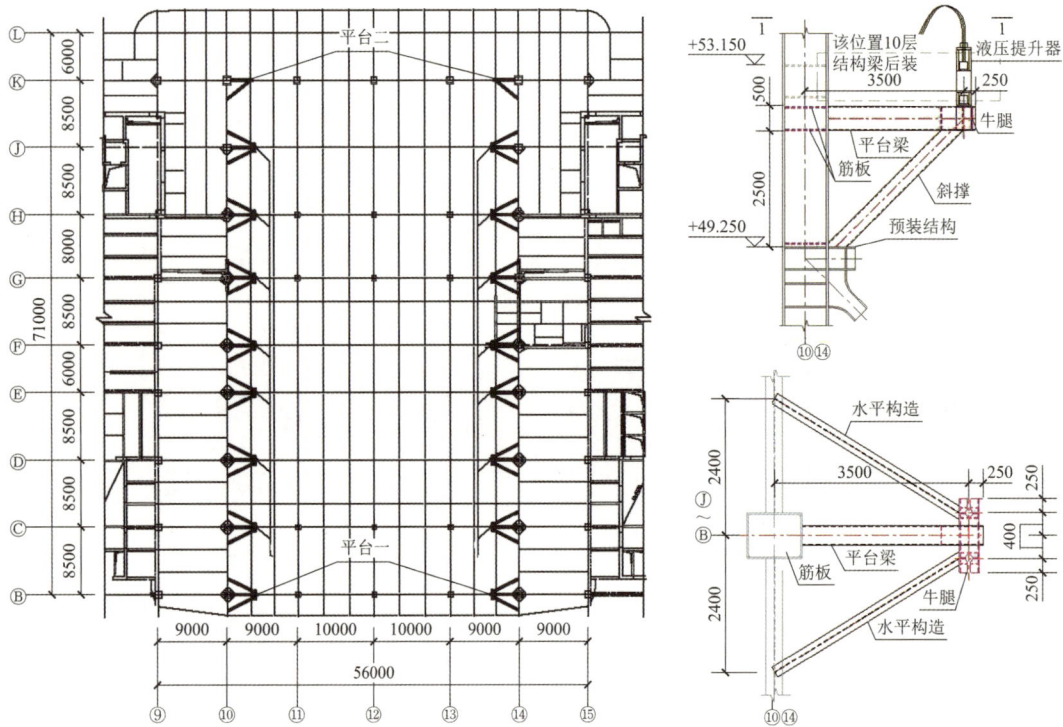

图 11.6-9　提升平台大样

图 11.6-10　提升现场照片一

图 11.6-11 提升现场照片二

图 11.6-12 提升现场照片三

参考文献

[1] 浙江省建筑设计研究院. 浙江省全民健身中心工程结构超限设计论证报告[R]. 2021.

[2] 张和平, 徐羿, 谢忠良, 等. 浙江省全民健身中心结构设计[J]. 建筑结构, 2022, 52(15): 40-44.

[3] 娄宇, 吕佐超, 黄健. 人行走引起的楼板振动舒适度设计[J]. 特种结构, 2011, 28(2): 1-4+29.

[4] 吕佐超, 娄宇. 天津环渤海大饭店楼板结构振动舒适度设计[J]. 建筑结构, 2012, 42(9): 66-69.

[5] 住房和城乡建设部. 高层建筑混凝土结构技术规程: JGJ 3—2010[S]. 北京: 中国建筑工业出版社, 2011.

[6] 住房和城乡建设部. 建筑楼盖结构振动舒适度技术标准: JGJ/T 441—2019[S]. 北京: 中国建筑工业出版社, 2020.

[7] 汪大绥, 姜文伟, 包联进, 等. CCTV新台址主楼施工模拟分析及应用研究[J]. 建筑结构学报, 2008, 29(3): 104-110.

[8] 李建伟, 赵勇, 杨斌斌, 等. 多筒体支承的大跨空间结构设计与研究[J]. 建筑结构, 2021, 51(1): 19-25.

[9] 练贤荣, 梁爱婷, 钟玉柏, 等. 深圳太子广场项目结构体系设计与应用[J]. 建筑结构, 2021, 51(3): 1-4.

[10] 林超伟, 王兴法, 夏熙尧, 等. 深圳工商银行大厦裙楼悬挑桁架分析与设计[J]. 建筑结构, 2016, 46(13): 7-12.

设计团队

结构设计单位：浙江省建筑设计研究院有限公司

结构设计团队：谢忠良、叶甲淳、张和平、杨学林、陈夏挺、曾　松、周红梅、周永明

执　　笔　人：张和平

第 12 章

杭州萧山国际机场一、二期工程

12.1 工程概况

12.1.1 项目简介

杭州萧山国际机场位于浙江省杭州市东部，距市中心 27 公里，是中国重要的干线机场、国际定期航班机场、对外开放的一类航空口岸和国际航班备降机场，是浙江省第一空中门户、浙江省大通道建设十大标志性项目、十九届杭州亚运会重要基础设施配套项目。机场按照"一次规划、分期建设"的原则，分近、中、远三期实施建设。机场一期工程占地 7260 余亩，新建 T1 航站楼，1997 年 7 月正式动工，2000 年 12 月 28 日建成通航。二期工程于 2007 年 11 月开工建设，新建国际航站楼（T2）、第二国内航站楼（T3）和第二跑道，2012 年 12 月 30 日全部建成投运。萧山国际机场一、二期项目总平面图及实景图见图 12.1-1 和图 12.1-2。

T1 航站楼建筑面积约 10 万 m²，设一层地下室，上部结构依次为到达层、到达夹层、出发层、出发夹层及钢结构屋面，平面尺寸 520m×125m，整体造型采用波浪概念，似妩媚的"平湖秋月"，见图 12.1-3。

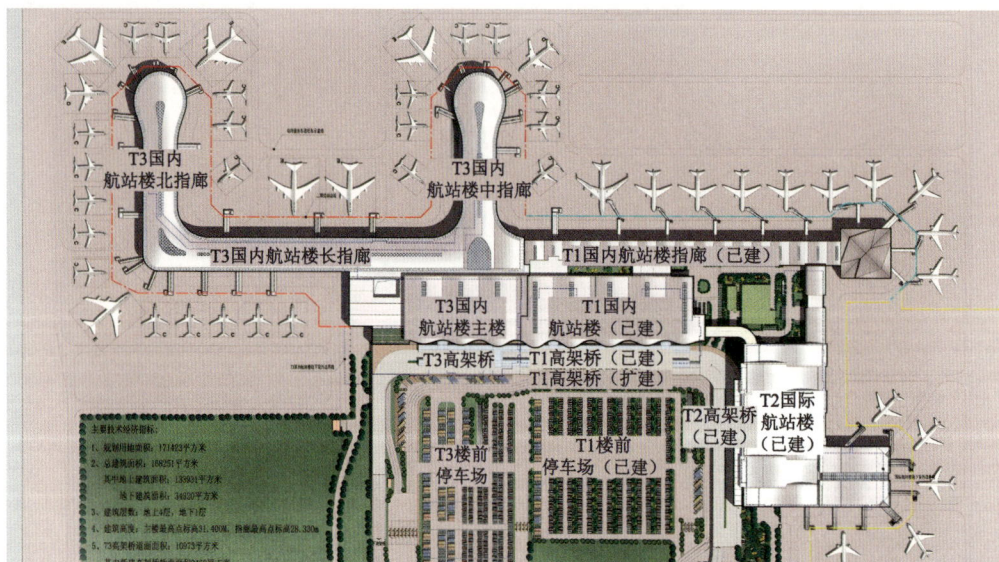

图 12.1-1　杭州萧山国际机场一、二期工程总平面图

图 12.1-2　杭州萧山国际机场一、二期工程实景图

图 12.1-3　杭州萧山国际机场 T1 航站楼实景图

　　T2 航站楼总建筑面积为 90899m²，设一层地下室，上部结构依次为到达层、到达夹层、出发层、出发夹层及钢结构屋面，总高度 26.949m，平面尺寸 204m×180m，大厅与指廊呈 L 形布局。整体造型延续 T1 航站楼的波浪概念，采用舒展的巨型波浪隐喻钱塘大潮，大厅正面为 4 个低波浪区及 3 个高波浪区，高低区依次间隔（图 12.1-4）。

图 12.1 4　杭州萧山国际机场 T2 航站楼实景图

　　T3 航站楼为两指廊式，总建筑面积为 170534m²，分主楼和指廊两部分。主楼大厅含一层地下室，上部结构分别为到达层、出发层及钢结构屋面，长 155m，宽 83m，最高点标高 31.40m。指廊区无地下室，上部结构分别为到达层、到达夹层、出发层、出发夹层及钢结构屋面，长 490m，宽 236m，最高点标高 28.33m。屋面波浪从两侧由低到高逐渐上升，蕴含着杭州西湖的山水文化，指廊呈现平湖微澜的波纹意向，整体仿佛是一架即将起飞的巨型飞行器（图 12.1-5）。

图 12.1-5　杭州萧山国际机场 T3 航站楼实景图

12.1.2 设计条件

（1）项目主体结构的设计使用年限均为 50 年，建筑结构安全等级为一级，结构重要性系数为 1.1。抗震设防烈度为 6 度，设计基本地震加速度值为 0.05g，设计地震分组为第一组，场地类别为Ⅲ类，场地特征周期值 0.45s。根据《建筑工程抗震设防分类标准》GB 50223—1995，工程建筑抗震类别为重点设防类（乙类），按地震烈度 7 度采取抗震措施。基本风压为 0.50kN/m²（按 100 年重现期），地面粗糙度为 B 类，基本雪压为 0.45kN/m²。

（2）根据钻孔揭露的地层结构、岩性特征、埋藏条件及物理力学性质指标，结合静力触探试验曲线及室内土分析结果，本次勘探深度范围内上部为杂填土、第四系海积、海相及河流相沉积物。根据岩土的成因、结构和物理力学性质，可将本次勘察深度内地层划分为 6 个工程地质组，细分为 9 个工程地质亚层，如图 12.1-6 所示。

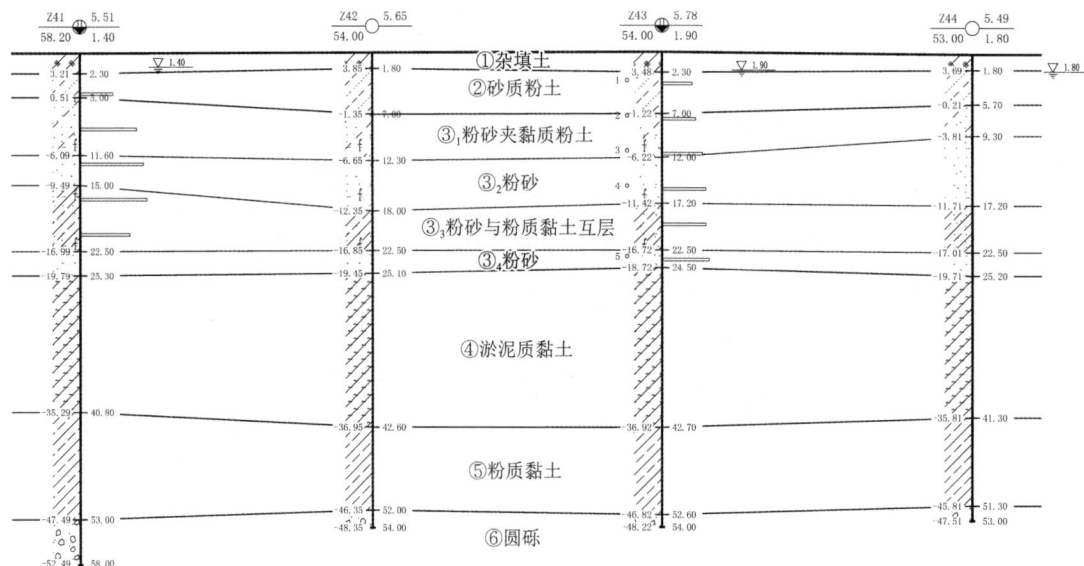

图 12.1-6 典型工程地质剖面

①杂填土：杂色，松散，以素填土为主，局部夹块石、砖块建筑垃圾、塘渣等，该层分布于全场地，层厚为 0.70～6.10m。

②砂质粉土：灰色，含云母、氧化铁，稍密，湿，干强度低，韧性低，摇振反应迅速，无光泽，标准贯入实测值为 $N = 8.0～14.0$ 击/30cm，平均值 $N = 10.0$ 击/30cm；该层分布于全场地，层顶埋深 0.70～6.10m，层厚为 1.20～7.44m。

③₁粉砂夹黏质粉土：灰色，稍密～中密，湿，夹黏质粉土，干强度低，低韧性，摇振反应迅速，无光泽，含云母碎片，标准贯入实测值为 $N = 10.0～20.0$ 击/30cm，平均值 $N = 14.0$ 击/30cm；该层分布于全场地，层顶埋深 3.20～9.64m，层厚为 2.10～9.40m。

③₂粉砂：灰绿、黄绿色，稍密～中密，湿，干强度低，低韧性，摇振反应迅速，无光泽，含云母碎片，标准贯入实测值为 $N = 11.0～30.0$ 击/30cm，平均值 $N = 18.6$ 击/30cm；该层分布于全场地，层顶埋深 8.00～13.50m，层厚为 2.20～7.90m。

③₃粉砂与粉质黏土互层：灰色，稍密，湿，互层粉质黏土，干强度低，低韧性，摇振反应迅速，无光泽，含云母碎片，标准贯入实测值为 $N = 8.0～31.0$ 击/30cm，平均值 $N = 13.7$ 击/30cm；该层分布于全场地，层顶埋深 14.70～19.70m，层厚为 2.80～8.60m。

③₄粉砂：灰色，稍密～中密，湿，干强度低，低韧性，摇振反应迅速，无光泽，含云母碎片，标准贯入实测值为 $N = 14.0～20.0$ 击/30cm，平均值 $N = 16.3$ 击/30cm；该层局部缺失，层顶埋深 20.20～24.30m，层厚为 0.70～4.40m。

④淤泥质黏土：灰色，流塑，含云母，腐殖物，贝壳，无摇振反应，切面稍光滑，干强度中等，韧性中等，层顶埋深 23.40～27.50m，层厚为 12.20～20.00m。

⑤粉质黏土：灰黄～褐黄色，软塑～可塑，局部夹粉砂，无摇振反应，切面稍光滑，干强度中等，韧性中等，层顶埋深 38.50～43.60m，层厚为 7.80～13.10m。

⑥圆砾：灰色，中密～密实，湿，不均一，粒径一般在 2～10mm，约占 60%，大者大于 4cm，有砂、黏性土填充，局部有砾砂夹层，厚约 50cm；重型动探实测值为 $N = 12.0～50.0$ 击/10cm，平均值 $N = 26$ 击/10cm；层顶埋深 49.50～54.40m，该层未揭穿。

12.2　T1 航站楼结构布置及分析

12.2.1　结构布置及选型

（1）基础和地下室

工程采用预制混凝土方桩，地库部分基础形式为桩承台＋防水底板，无地库部分基础形式为桩承台＋地梁。预制混凝土方桩截面尺寸为 300mm×300mm，桩端持力层为粉砂层，有效桩长为 8.5m（地库）和 12m（非地库），地下室底板厚度 0.6m，桩承台厚度 1.2～1.4m，承台间设置 400mm×（800～1000）mm 地梁拉结。

（2）上部结构

根据建筑物的平面和高度，结合各层的使用功能和分隔，建筑自下而上分为到达层（0.000m 标高）、到达夹层（3.300m 标高）及出发层（6.500m 标高）。到达层至出发层结构均采用纵横柱网较为规则的现浇混凝土框架结构，柱网间距为 12m，柱子截面为圆形，直径 1m。主楼、长廊、指廊之间设置抗震缝，将建筑划分为 6 个结构单体。T1 航站楼出发层建筑平面图、结构区块图、模型如图 12.2-1～图 12.2-3 所示。

到达层典型框架梁截面为 500mm×1100mm，次梁按井字分布，截面为 300mm×850mm；到达夹层边框架梁为 350mm×1000mm，中间框架梁为 400mm×500mm。到达层和到达夹层楼面采用现浇混凝土板，混凝土强度等级为 C35。出发层因层高的限制，框架梁及楼面次梁均采用后张无粘结预应力梁，主梁尺寸为 600mm×（1000～1100）mm，次梁采用 300mm×750mm。出发层主楼区域（A1、A2 区）楼板采用现浇混凝土大板结构，板跨达 12m×12m，楼板厚度 260mm，双向设置 2Φ^j15@400 无粘结预应力钢筋。出发层长廊及指廊区域（B1～B4 区）采用梁板结构，楼板跨度 4.5m×4.5m，楼板厚度 110mm，混凝土强度等级为 C35。T1 航站楼出发层结构平面图如图 12.2-4 所示。

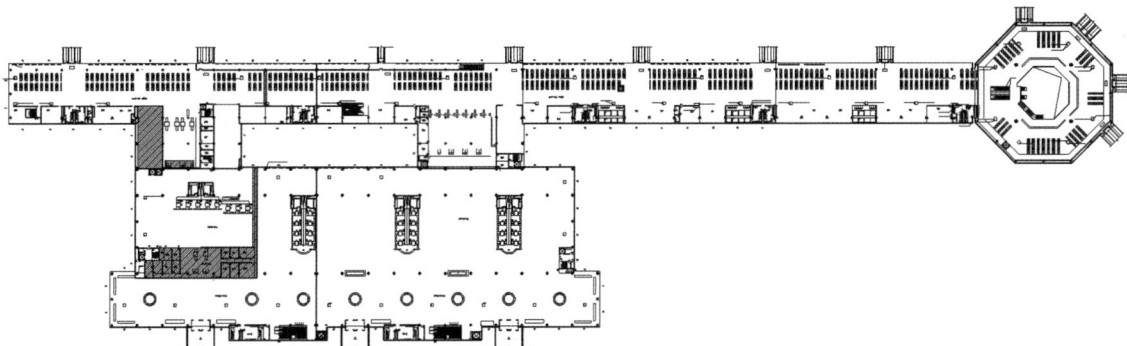

图 12.2-1　T1 航站楼出发层建筑平面图

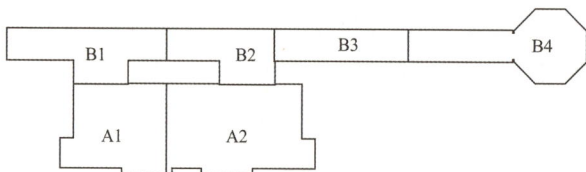

图 12.2-2　T1 航站楼结构区块图

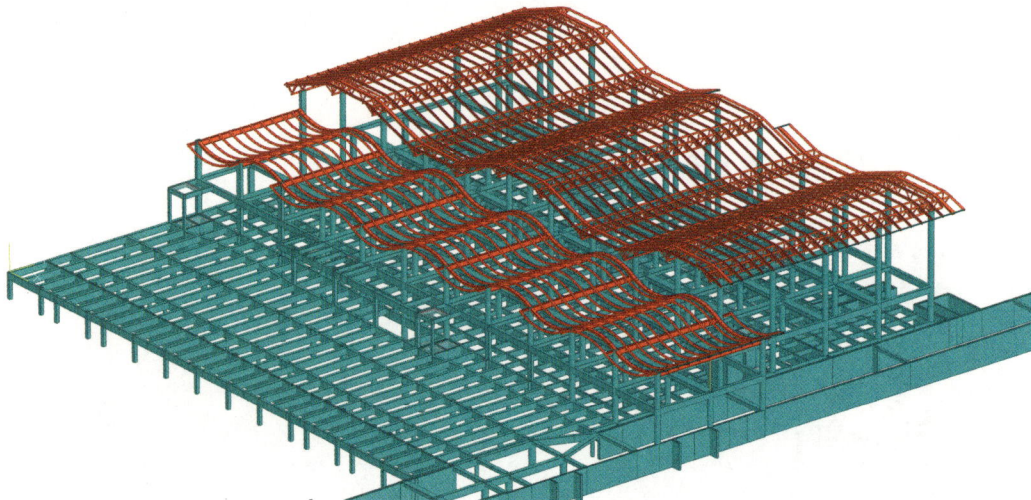

图 12.2-3　T1 航站楼结构模型

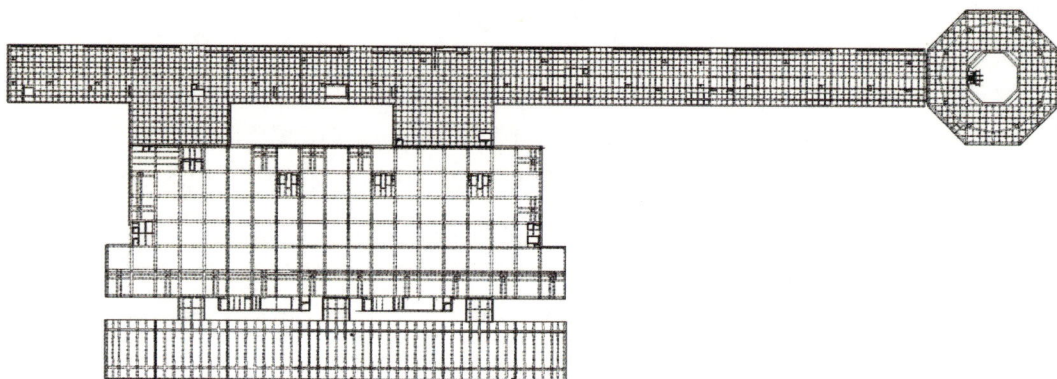

图 12.2-4　T1 航站楼出发层结构平面图

（3）钢结构屋面

T1 航站楼屋面造型复杂，高低错落较大，且出发层为大开间，主楼柱网间距为 36m×24m，长廊及指廊柱网为 24m×12m，连续性较弱，采用钢结构屋面（图 12.2-5）。支撑屋顶周圈的边柱采用钢管混凝土柱，柱子直径 1000mm；根据建筑造型，主楼在横向布置了主桁架，在纵向布置了次钢梁，长廊及指廊采用主次钢梁形式。桁架弦杆及腹杆均采用圆形钢管，钢梁采用波浪形工字钢梁。钢材均采用 Q345B，如图 12.2-6 所示。

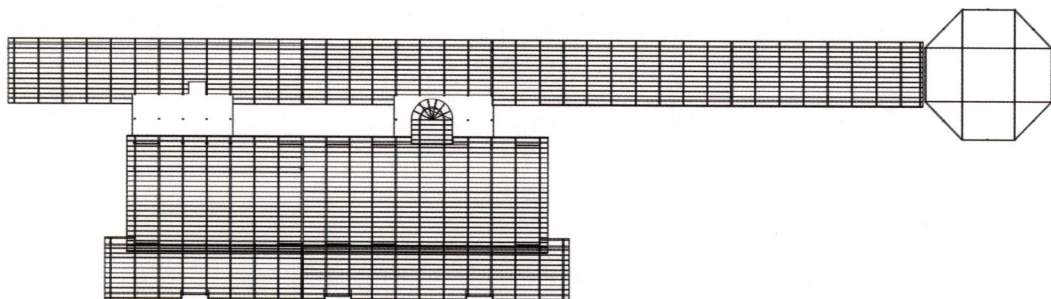

图 12.2-5　T1 航站楼钢屋面图

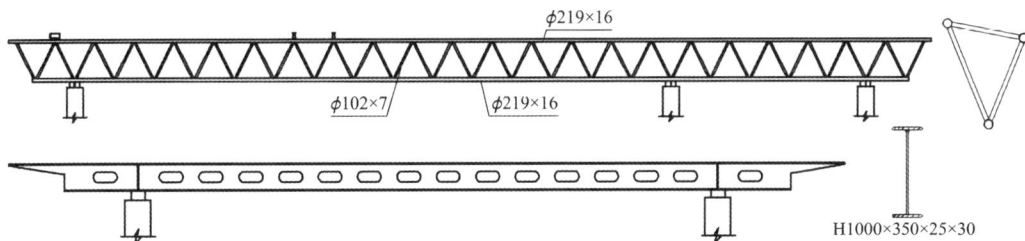

图 12.2-6　T1 航站楼钢桁架及钢梁详图

12.3　T2 航站楼结构布置及分析

12.3.1　结构布置及选型

（1）基础和地下室

工程采用钻孔灌注桩，基础形式为桩承台＋防水底板。钻孔灌注桩直径取 600mm、700mm、800mm 三种；桩尖持力层为卵石层，有效桩长为 47.5～52m，地下室底板厚度 0.6m，桩承台厚度 1.2～1.4m。

（2）上部结构

根据建筑物的平面和高度，结合各层的使用功能和分隔，地下室至出发层结构采用纵横柱网较为规则的混凝土框架结构，柱网间距为 12m，柱子截面为圆形，直径 1m。到达层梁截面为 700mm × 1000mm，次梁按井字分布，截面为 300mm × 800mm；到达夹层、出发层及出发夹层因层高的限制，梁做成宽扁梁，主梁截面为（900～1300）mm× 600mm，次梁截面为 350mm × 575mm，以满足夹层部位 2.4m 以上的净空要求。楼面采用现浇混凝土板，混凝土强度等级为 C35，见图 12.3-1。

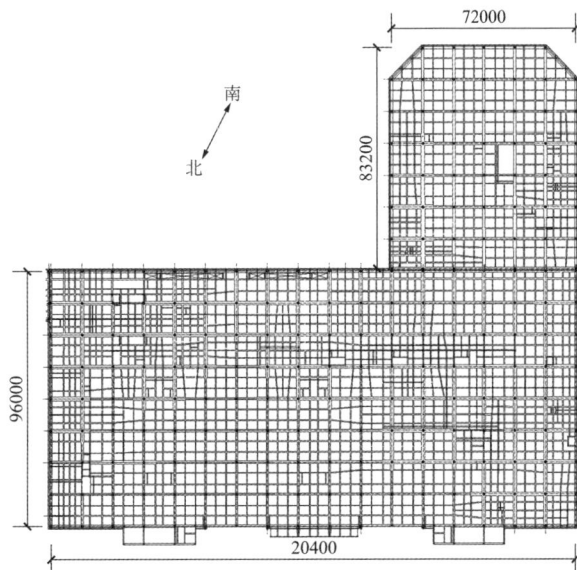

图 12.3-1　T2 航站楼出发层结构平面图

（3）钢结构屋面

T2 航站楼屋面造型复杂，高低错落较大，且出发层为大开间，柱网间距为 36m 及 24m，两者次第间隔，左右连续性较弱，采用钢结构屋面。根据建筑造型，在横向布置了主桁架，在纵向布置了次桁架。支撑屋顶周圈的边柱采用钢管混凝土柱，柱子直径 1000mm；中部为 Y 形竖向分叉摇摆柱，摇摆柱采用直径为 500mm 的圆钢管，直立落地部分采用直径 1000mm 的钢管混凝土柱；次桁架跨度为

24m 及 36m，采用圆形钢管。大厅主桁架呈横 8 字形，总跨度 96m，中间隔 36m 设 Y 形分叉柱，弦杆及腹杆均采用矩形钢管；在每一高低波浪区单元交界处的两侧均布置了钢管水平支撑桁架。指廊区主梁总跨度 83.2m，中间间隔 36m 设 Y 形分叉柱，主梁采用波浪形矩形钢管梁，见图 12.3-2。钢材均采用 Q345B。

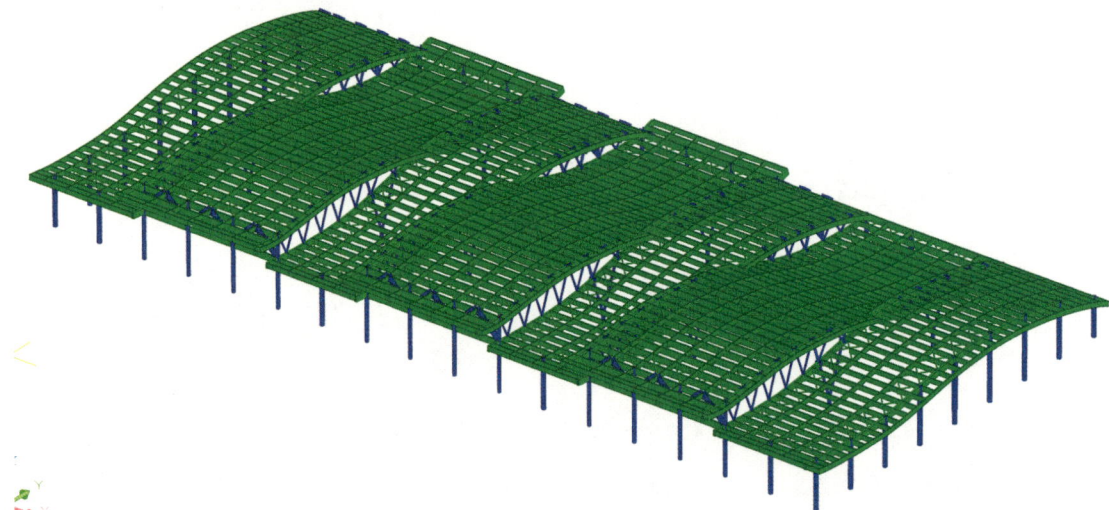

图 12.3-2　T2 航站楼大厅屋面钢结构

（4）其他

地上部分在大厅与指廊之间及大厅与连廊之间设两道伸缩缝，兼作防震缝之用。因为大厅结构长度较长，设计中采取了以下措施：①地下室、到达层、出发层混凝土梁板在相同的部位设置后浇带，纵向设四道，横向设一道，整浇部分的混凝土长度不大于 50m；②加强楼面板的配筋（配筋率为 0.44%），楼面梁设通长腰筋，并加大配筋率；③后浇带要求在两侧混凝土龄期达到 60d 后封闭，同时采用补偿收缩混凝土浇筑。

12.3.2　结构分析结果及设计

工程采用 PKPM 系列中的特殊多、高层建筑结构分析与设计程序 PMSAP 进行结构总体分析。主要计算结果见表 12.3-1 及表 12.3-2。

周期及振型　　　　　　　　　　　　　　　　　　　　　　　　　　表 12.3-1

振型	1	2	3	4	5	6	7
周期/s	1.29	0.81	0.77	0.69	0.66	0.56	0.52
振型描述	X 向平动	Y 向平动	扭转	Y 向平动	扭转	Y 向平动	竖向振型

最大层间位移角及顶点位移　　　　　　　　　　　　　　　　　　表 12.3-2

	最大层间位移角	最大顶点位移/mm
风荷载	1/557（钢屋面）	40
地震作用	1/1300（钢屋面）	17

结构振型数取 180 个，有效质量系数为 95%，结构扭转为主的第一自振周期与平动为主的第一自振周期之比为 0.60，说明主体结构的抗扭刚度较大，相对扭转振动效应不明显，结构的抗侧力构件布置合理。

（1）楼面宽扁梁的高跨比为 1/20，在恒荷载和活荷载作用下最大挠度为 59mm，超过规范限值，如采用增大梁配筋的方法来提高梁刚度则用钢量增加较多；而采用预应力框架梁则预应力钢绞线在穿越钢管混凝土柱时因存在竖向加劲板及内隔板而不便于施工，同时钢管的截面削弱也较严重。设计采取按 2‰ 跨度预起拱的措施（12m 跨度为 24mm），剩余挠度为 35mm，满足规范的变形要求（≤ L/300），相应梁裂缝宽度均小于 0.25mm。

（2）屋面 24m 跨的次桁架高度为 1.6m，上弦杆截面为 $\phi180 \times 8$，下弦杆最大截面为 $\phi152 \times 6$，斜腹杆最大截面为 $\phi121 \times 6$，见图 12.3-3。在恒荷载及活荷载作用下，跨中挠度为 60mm，扣除设计要求起拱 30mm，满足钢结构规范的变形要求（L/400），平均用钢量为 20kg/m²。如采用钢梁方案，则工字钢钢梁截面为 1100mm × 250mm × 10mm × 12mm，平均用钢量为 44kg/m²。

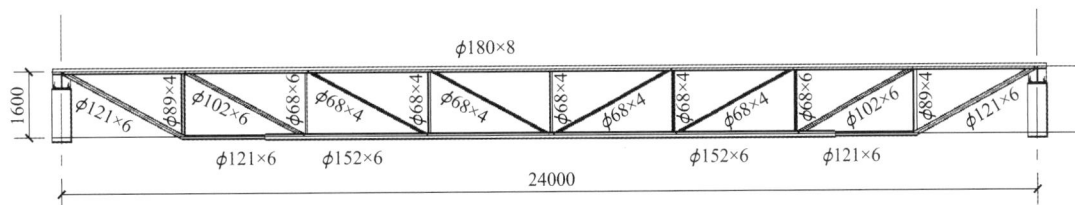

图 12.3-3　24m 跨次桁架立面图

（3）屋面 36m 跨的次桁架高度为 1.8m，上弦杆最大截面为 $\phi203 \times 12$，下弦杆最大截面为 $\phi194 \times 10$，斜腹杆最大截面为 $\phi159 \times 6$，见图 12.3-4。在恒荷载及活荷载作用下，跨中挠度为 140mm，扣除设计要求起拱 50mm，满足规范的变形要求，平均用钢量 32kg/m²。如采用钢梁方案，则工字钢钢梁截面为 1500mm × 300mm × 12mm × 14mm，平均用钢量为 68kg/m²。从上述方案对比来看，选用桁架的经济性更好。

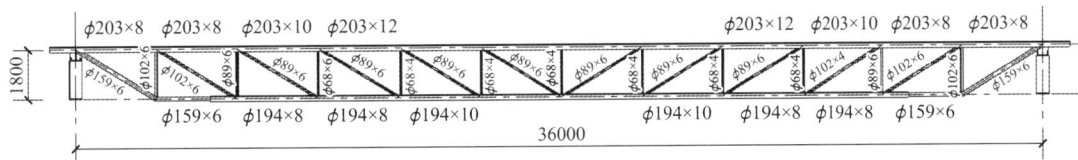

图 12.3-4　36m 跨次桁架立面图

（4）8 字形主桁架用于支撑 24m 跨及 36m 跨的次桁架，其前半榀上弦杆连接 36m 跨屋面、下弦杆连接 24m 跨屋面，后半榀变为上弦杆连接 24m 跨屋面、下弦杆连接 36m 跨屋面，腹杆处为侧面玻璃幕墙，中间两个支座布置了分叉柱，以减小桁架跨度。为满足建筑的视觉效果，须将分叉柱截面控制到最小，设计采用了分叉圆管摇摆柱，消除了弯矩的作用，以满足收细杆件直径的要求，见图 12.3-5。

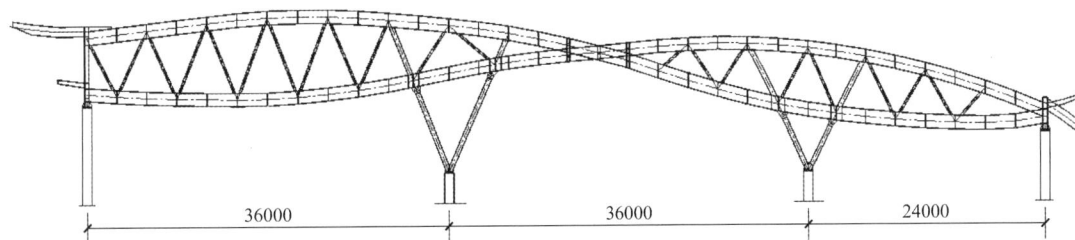

图 12.3-5　主桁架立面图

8 字形主桁架的上下弦杆选用 1300mm × 500mm × 20mm × 25mm 矩形钢管，腹杆选用 250mm × 25mm 方钢管，Y 形竖向分叉摇摆柱为 $\phi500 \times 32$ 圆钢管。在恒荷载及活荷载作用下，主桁架呈现连续梁受力特征：跨中上弦杆受压，下弦杆受拉；支座处上弦杆受拉，下弦杆受压，同时上下弦杆均有弯矩产生。两个竖向分叉摇摆柱之间因上下弦杆交汇于一点，桁架作用减弱，表现为弦杆弯矩大幅增加，其下弦杆弯矩为 1960kN·m，而边跨处下弦杆弯矩仅为 600kN·m，见图 12.3-6。桁架作用的减弱也表现在位移变化上，其中间跨竖向位移值为 27mm，边跨竖向位移值为 19mm。

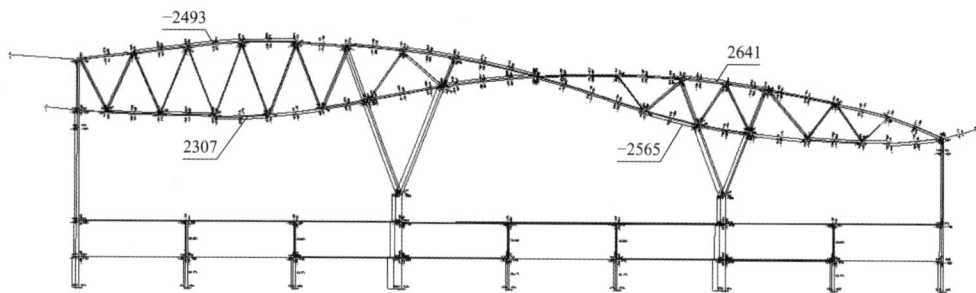

图 12.3-6 主桁架构件最大轴力图（单位：kN）

（5）抗风设计时，此 8 字形主桁架的侧向迎风面长度为 96m，因摇摆柱不承受弯矩作用，风荷载必须传递至两端的边柱，为此在屋顶设置了水平向曲面桁架，桁架高度为 6m，跨度 96m，最大杆件截面为 $\phi180 \times 8$，其自重由屋面次桁架来承担，每一个波浪屋面区的两侧各布置一个，见图 12.3-7。计算结果显示：在侧面风荷载作用下，主桁架上下弦杆最大轴力为 660kN，最大侧向弯矩为 140kN·m，侧向最大水平位移为 40mm，能满足规范和幕墙的使用要求。水平曲面桁架在地震作用时为主桁架的侧向稳定提供了支撑，增强了屋面结构刚度，在侧向地震作用下，主桁架上下弦杆的侧向最大水平位移为 17mm。

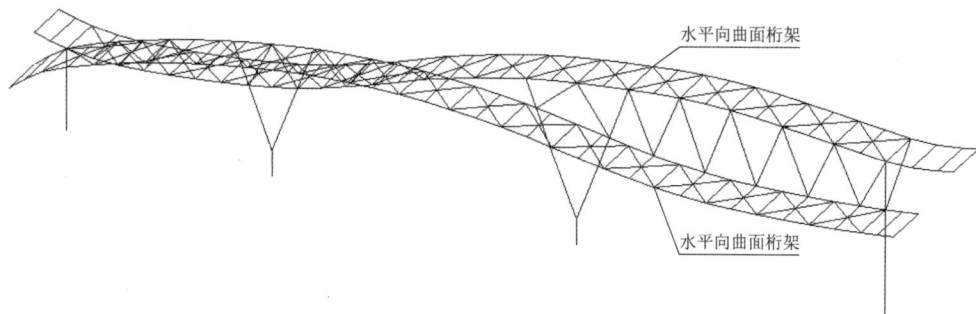

图 12.3-7 水平向曲面桁架计算模型示意图

在恒荷载、活荷载及侧面风荷载同时作用下，主桁架的上下弦杆为双向压（拉）弯构件，最大轴力为 2640kN，最大弯矩为 2880kN·m，其最大强度应力比为 0.67，最大稳定应力比为 0.83。

（6）由于相邻柱跨的跨度及桁架刚度的变化，分叉摇摆柱左右两根柱肢的轴力并不相等，导致分叉柱直立段产生了较大的柱脚弯矩。因此有必要考虑活荷载的最不利分布，计算表明活荷载沿三跨全长分布时柱脚总组合弯矩为 2500kN·m，而活荷载仅作用在中间跨时将产生最不利柱脚组合弯矩，其值为 2973kN·m，增大近 19%，见图 12.3-8。由此可见，对复杂结构而言考虑活荷载的最不利分布是必要的。实际设计中进一步考虑了永久荷载（如吊顶及管线）在各跨分布的不均匀性，作为活荷载最不利分布效应的延伸和补充，以求得最大柱脚组合弯矩。

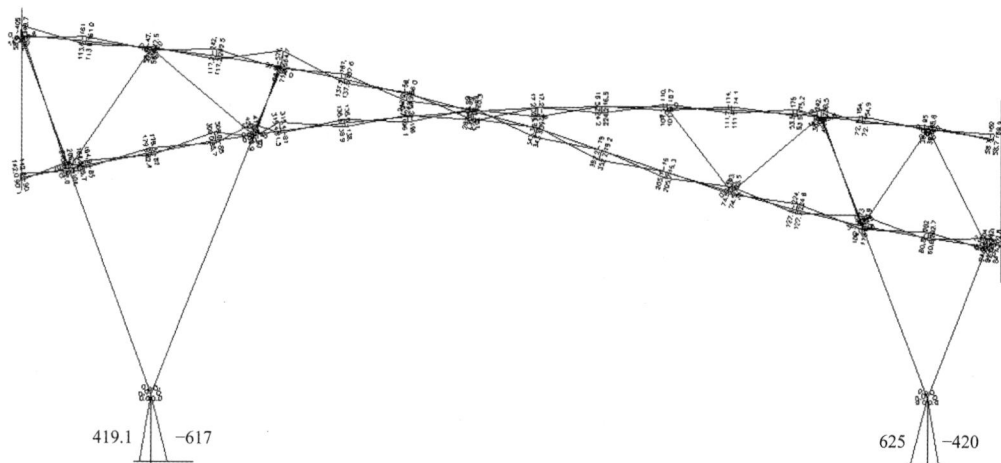

419.1   −617   625   −420

图 12.3-8 分叉柱直立落地段活荷载弯矩包络图（单位：kN·m）

经典解构 浙江省建筑设计研究院有限公司篇

12.3.3　节点构造及局部验算

（1）分叉摇摆柱与下部的钢管混凝土柱之间采用销轴及竖板连接，以销轴的转动达到铰接的效果。销轴直径为200mm，竖板厚度为60～70mm不等，另设一定数量的短加劲板，如图12.3-9所示。为保证分叉柱直立段的抗弯性能，沿钢管柱内壁全长加焊了一定间隔的环向钢筋，使钢管与混凝土能够协同受力。

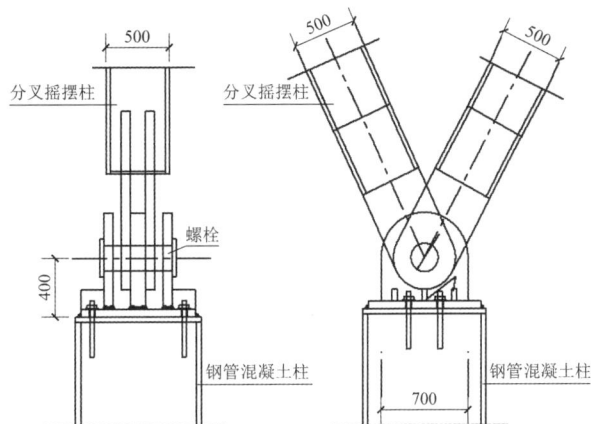

图12.3-9　分叉摇摆柱柱脚构造图

（2）因主桁架分叉摇摆柱下部的钢管柱伸出出发层楼面，而出发层混凝土框架梁主筋数量较多，如果钢筋直接穿越钢管柱，会造成柱身截面面积严重削弱。为此设计采用了钢管柱外伸节点板（Q345B）的做法，将框架梁上下主筋焊接在节点板上，节点板厚30mm，伸出钢管柱外尺寸为350mm，梁顶筋及梁底筋位置处各设一块，钢管柱内节点板上留设混凝土浇捣孔，直径 300mm，四角设导气孔，直径2.50mm。为加强梁端剪力传递，另设竖向加劲板，见图12.3-10及图12.3-11。为保证钢与混凝土之间连接的可靠性，要求施工方加强对节点区混凝土浇捣质量的控制，并对节点核心区域的混凝土密实度进行逐柱检测。后期现场实测结果表明，梁柱节点核心区混凝土的密实度均达到设计要求。

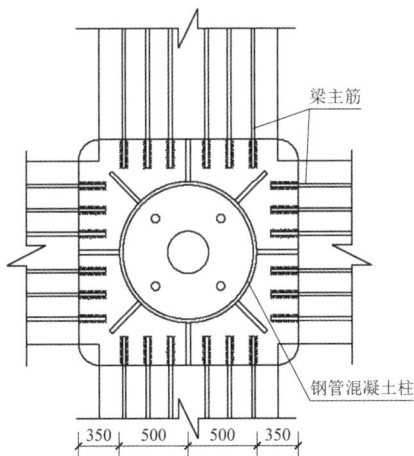

图12.3-10　中柱节点板大样图　　　　图12.3-11　边柱节点板大样图

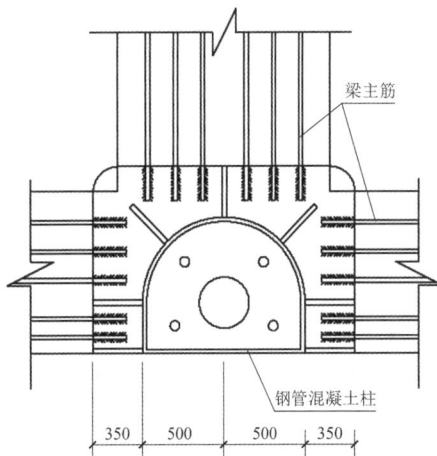

（3）节点板是梁柱传力的关键部件，为双向受力单元，尤其在开洞处，容易产生应力集中。为摸清其应力分布并控制应力峰值，采用通用有限元软件对节点进行有限元分析。计算结果显示：在混凝土框架梁的双向弯矩作用下，中柱及边柱节点板的大部分区域应力未超过 100MPa，浇捣孔处有应力集中现象，周圈应力为280MPa，见图12.3-12。个别边柱节点板因位于防震缝双柱处，沿环向半圆板不能外伸，造成形状突变，其截断处应力集中现象明显，角部个别节点应力达到380MPa，但牵涉范围较小，仅局部进入弹塑性阶段。对上述应力值超过295MPa 的区域做进一步弹塑性非线性分析，计算结果表明：应力值达到295MPa的端角部区域长度未超过节点板边长的5%，且其余绝大部分区域应力未超过100MPa，整体承载能力足够，传力不受影响，见图12.3-13。

图 12.3-12　中柱节点板弹性分析应力云图（单位：MPa）

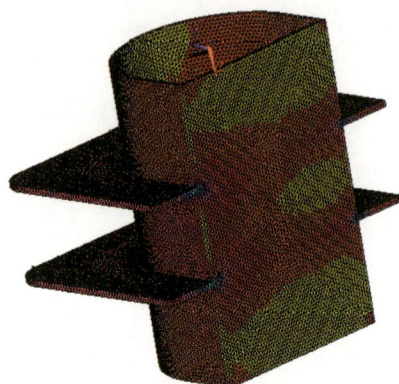

图 12.3-13　防震缝处边柱节点板非线性
分析应力云图（单位：MPa）

12.3.4　T2 航站楼工程设计总结

（1）宽扁梁能满足建筑上大净空的使用要求，采取预起拱措施后可有效控制挠度变形且降低用钢量。和预应力结构比较，可降低施工费，缩短施工周期及便于后期的植筋、开洞等装修改造。

（2）屋面布置时将竖向桁架及水平桁架相结合，使其互为支撑，能有效增强结构整体刚度，提高风荷载及地震作用下结构的承载能力和变形能力。

（3）对复杂结构要考虑活荷载最不利分布的影响。对不同的构件有不同的最不利分布形式，即使是对同一构件，针对不同的内力类型，最不利分布作用的形式也不一样，需要用多种加载模式计算后，做综合分析、判断和比较。

（4）混凝土梁与钢管柱连接处应注意加强连接，要重视因连接板形状突变而产生的应力集中现象，调整板件厚度，控制好峰值应力及其作用范围。

（5）T2 航站楼工程已于 2010 年 6 月交付投入使用。回访情况表明，工程沉降稳定，楼面及墙体均无裂缝，整体结构工作正常，使用情况良好。

12.4　T3 航站楼结构布置及分析

12.4.1　结构布置及选型

T3 航站楼主楼分为 A1 与 A2 两个区，指廊分为 B1～B7 七个区，每个区之间设防震缝，见图 12.4-1。

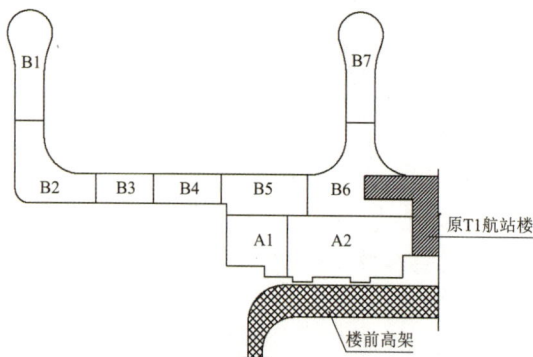

图 12.4-1　T3 航站楼总体平面示意图

1）基础和地下室

工程采用钻孔灌注桩，基础形式为桩承台 + 防水底板。钻孔灌注桩直径取 600mm、700mm 两种；桩端持力层为卵石层，有效桩长为 50～52m，地下室底板厚度 0.7m，桩承台厚度 1.2～1.4m。

2）上部结构

根据建筑物的平面和高度，结合各层的使用功能和分隔，地下室至出发层结构采用纵横柱网较为规则的混凝土框架结构，柱网间距为 12m，柱子截面为圆形，直径 1m。到达层梁截面为 700m×900mm，次梁按井字分布，截面为 300mm×800mm；到达夹层、出发层及出发夹层因层高的限制，梁做成宽扁梁，主梁截面为（900～1300）mm×600mm，次梁截面为 300mm×550mm，以满足净空要求。楼面采用现浇混凝土板，混凝土强度等级为 C35。

3）屋面结构选型

（1）主楼 A2 屋面为波浪造型，有三个波峰区及三个波谷区，檐口投影亦为波浪形，外凸部分与屋面波峰对应，内凹部分与屋面波谷对应，见图 12.4-2。沿平面轴线横向布置了 13 榀主桁架，形式为两跨空间三角管桁架，前跨跨度 24m，后跨跨度 48m，前跨外挑檐出轴线尺寸为 6～13m 不等。主桁架高度 2m，顶面宽度 1.8m，上弦杆为 φ219×（16～20），下弦杆为 φ219×（16～25）及 φ299×25，变直径处采用锥头连接；腹杆为 φ102×7，见图 12.4-3。主桁架之间用波浪形檩条相连，檩条为圆形钢管，直径 299mm。外墙为玻璃幕墙，其顶部设有幕墙桁架。因建筑立面效果要求，前跨边柱要尽可能缩小截面，为降低作为主控因素的弯矩作用，前跨边柱采用钢管摇摆柱，钢管直径 650mm，后跨两排柱均为钢筋混凝土柱，直径 1200mm，混凝土强度等级为 C35，柱钢筋选用 HRB400。钢结构材料均采用 Q345B。

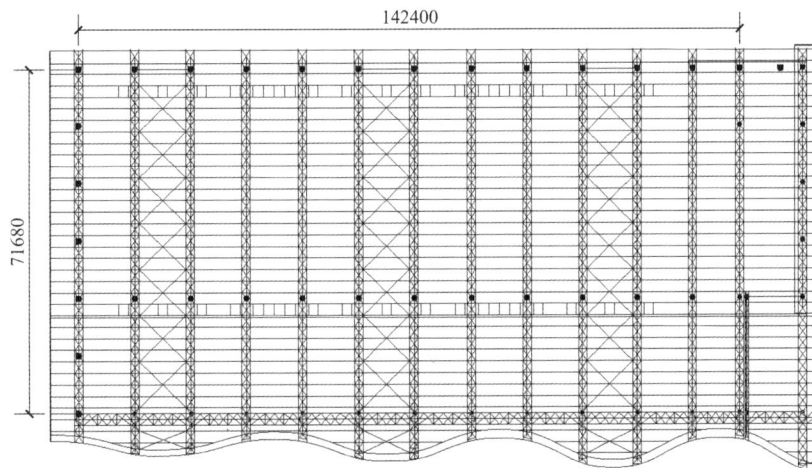

图 12.4-2 主楼 A2 屋面钢结构平面图

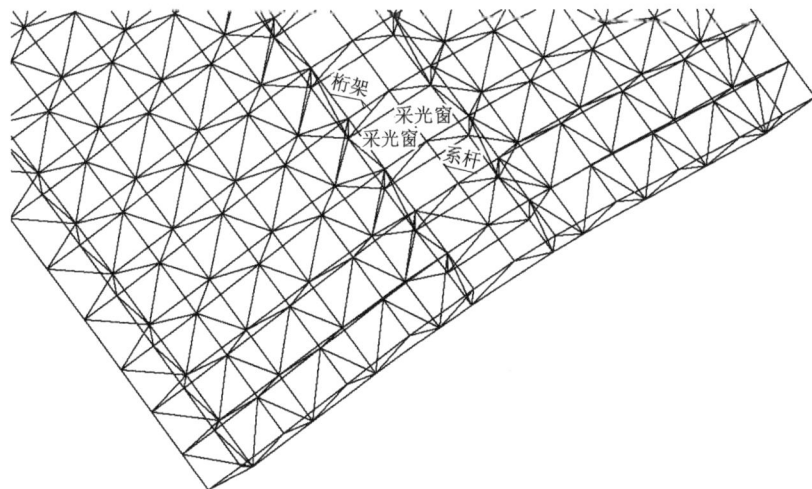

图 12.4-3 网架采光窗计算模型图

（2）主楼 A1 区为钢筋混凝土梁板平屋面。

（3）指廊 B1～B7 区为浅圆拱形屋面，其中直线段指廊部分为单曲形，弯折段及 B1、B7 端头部分为双曲形屋面。指廊屋顶均采用网架结构。网架跨度为 28.8～44m，采用下弦支撑，为正放四角锥网架。为增加建筑净空，网架厚度设计成变截面，边缘区域厚 1.5m，跨中区域厚 2.3m，中间区域随圆拱形屋面自然过渡。网架杆件采用 Q345B 圆形无缝钢管，直径为 76~245mm，节点采用螺栓球及焊接球混合连接，螺栓球最大直径 400mm，焊接球最大直径为 800mm。为增强建筑师在屋脊区域设计的采光窗效果，网架在采光窗部位取消了部分斜腹杆，改用桁架连接，增强了屋面的通透感，见图 12.4-4。

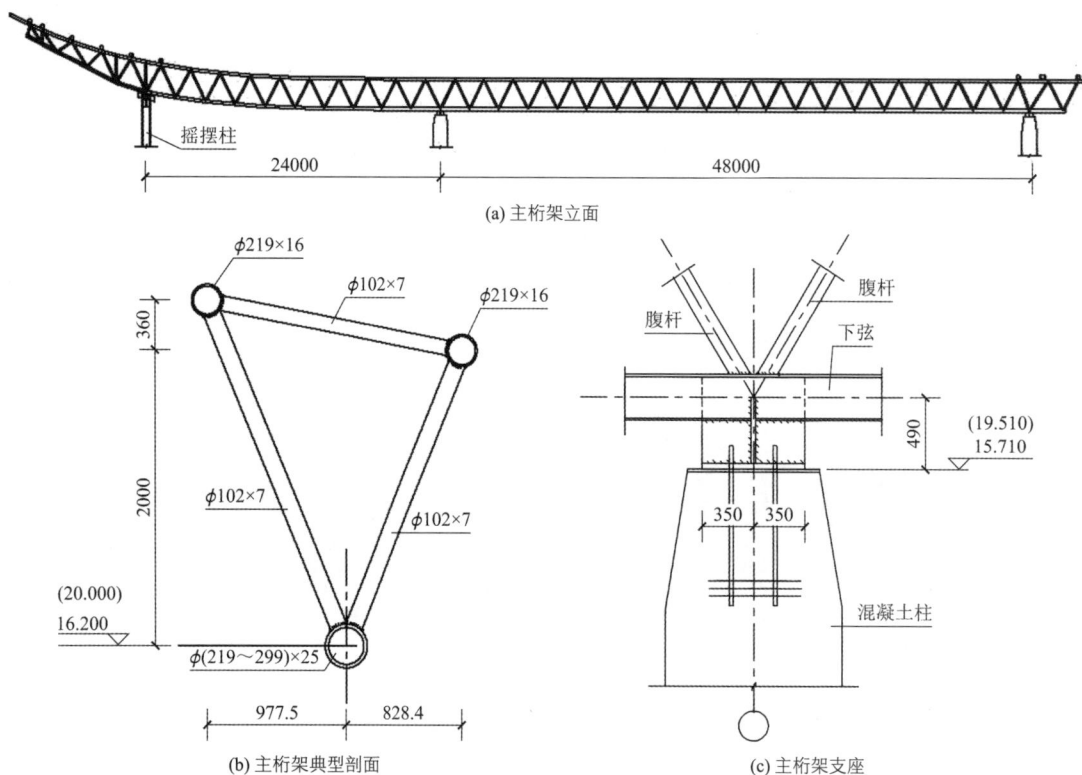

(a) 主桁架立面

(b) 主桁架典型剖面

(c) 主桁架支座

图 12.4-4　主桁架结构图

12.4.2　结构分析及结果

（1）杭州市基本风压为 0.5kN/m²（按 100 年重现期），地面粗糙度取 B 类。因屋面曲线造型复杂，立面高差起伏很大，在风荷载设计过程中，按《建筑结构荷载规范》GB 50009—2001 提供的建筑体型表无法准确确定结构的体型系数，而对于大跨度钢结构屋面而言，风荷载是一种主要工况，对确定本工程钢结构构件的截面至关重要，根据《建筑结构荷载规范》GB 50009—2001 第 7.3.1.4 条要求，对于重要且体型复杂的房屋，应由风洞试验确定其风荷载体型系数。经协商，由建设单位委托汕头大学风洞实验室做了风洞试验，测压模型外形与结构原型严格相似，见图 12.4-5。屋面和立面幕墙共布置了 1498 个测压点，试验在湍流边界层来流条件中进行，共 36 个风向角。上游地貌按 B 类地貌模拟，指数律平均风速廓线的指数 α 为 0.16，并保证流场在不同高度有足够的湍流度。试验中以原型 350m 标高处作为参考高度，风洞中对应的参考高度为 0.875m。试验段内以二元尖塔、挡板及粗糙元在转盘模型区模拟出 B 类地貌的平均风速轮廓线和湍流强度分布。鉴于目前规范没有给出台风作用下建筑物风荷载的相关规定，本次试验未作台风风场作用下的测压对比。

试验结果显示在风荷载作用下：室内部分对应的屋面正压均较小，基本以负压为主。室外挑檐部分的屋面在 B1 及 B7 区正压最大，最大正压达到最大负压的 50%；A2 区其次，最大正压为最大负压的 19%；其余区块挑檐的正压均较小，以负压为主。

试验报告显示，主楼及指廊屋面的体型系数 μ_s 均大于《建筑结构荷载规范》GB 50009—2001 中较类似结构的体型系数，尤其在指廊挑檐区 μ_s 要高出近 50%，见表 12.4-1。设计中采用了风洞试验的结果。

图 12.4-5　风洞试验模型鸟瞰图

体型系数比较　　　　　　　　　　　　表 12.4-1

部位	由风洞试验换算的 μ_{s1}	规范中较类似结构的 μ_{s2}	μ_{s1}/μ_{s2}
主楼挑檐	−2.8	−2.2	1.27
主楼屋脊	−0.98	−0.8	1.22
指廊挑檐	−3.28	−2.2	1.49
指廊屋脊	−0.93	−0.8	1.16

（2）主楼 A2 区屋面采用 PKPM 系列中的特殊多、高层建筑结构分析与设计程序 PMSAP 进行结构总体分析。模型中的桁架上下弦杆按柱构件建模（考虑轴力和弯矩），腹杆按斜杆构件输入；摇摆柱柱脚定义为铰接支座，不考虑屋面板的作用，以檩条传递屋盖处的水平力。主要计算结果见表 12.4-2 及表 12.4-3，竖向振型出现在第 8 振型之后。

周期及振型　　　　　　　　　　　　表 12.4-2

振型	1	2	3	4	5	6
周期/s	1.191	0.934	0.886	0.834	0.827	0.588
振型描述	X 向平动	Y 向平动	扭转	X 向平动	扭转	Y 向平动

最大层间位移及顶点位移　　　　　　　　　　　　表 12.4-3

荷载工况	最大层间位移角	最大顶点位移/mm
风荷载	1/410（钢屋面）	48
地震作用	1/1920（钢屋面）	10

主桁架最大弯矩出现在 48m 跨，支座处为负弯矩，上弦杆受拉下弦杆受压；跨中部位为正弯矩，上弦杆受压下弦杆受拉。悬挑段受正面风荷载的吸力作用时，表现为正弯矩，同样是上弦杆受压下弦杆受拉；恒荷载及活荷载作用时则表现为负弯矩。主桁架杆件最大强度应力比为 0.9，最大稳定应力比为 0.84。檩条在支座处最大弯矩为 79kN·m，跨中处最大弯矩为 40kN·m，因外形呈圆拱波浪形，檩条在波峰处存在轴压力；且波峰处两榀主桁架相对内倾，檩条起对撑作用，存在附加轴压力，为增强抗平面外失稳的能力，檩条采用圆形钢管，其最大强度应力比为 0.81，最大稳定应力比为 0.75，见图 12.4-6。

在永久荷载及活荷载作用下，48m 跨的竖向位移为 110mm，满足规范的变形要求（≤ L/400），悬挑段竖向位移为 52mm，挠度为（1/250）L。风荷载作用下，悬挑段尽端的竖向位移为 56mm，也满足规范要求。从表 12.4-3 可以看出，风荷载对结构水平位移值起控制作用。

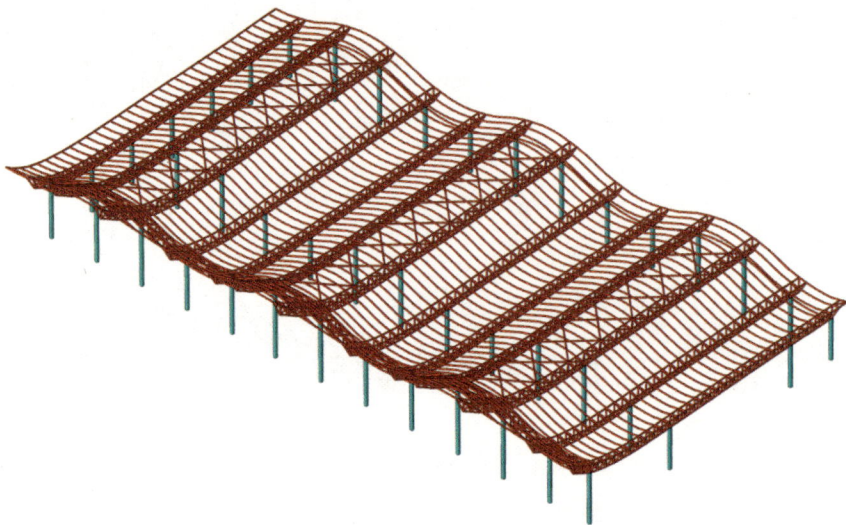

图 12.4-6　A2 钢屋面计算模型轴测图

（3）指廊网架屋面采用浙江大学空间结构研究中心的 MST2008 程序进行计算。先进行网架结构动力特性（模态）分析，然后基于振型分解和频域法分析结构的风振响应。用程序计算结构响应的自功率谱，并在频域上积分得到响应的统计均方根值，乘以一定的峰值因子后，和平均风作用下的静力响应相比，得到风振系数（计算取前 10 个振型），见表 12.4-4。结合风洞试验报告中的体型系数和规范给出的高度系数得到风荷载设计标准值，按风荷载工况输入后再与其他各项工况进行组合。

指廊各分区主要计算结果　　　　　　　　　　　　　　　　表 12.4-4

区号	前三阶周期/s（$T_1/T_2/T_3$）	风振系数β_z	杆件最大应力比	恒荷载 + 活荷载作用下最大竖向位移/mm
B1	2.18/2.11/2.08	1.51	0.84	52
B2	2.40/2.37/1.60	1.83	0.85	112
B3	4.31/4.27/4.20	1.92	0.82	37
B4	3.95/3.86/3.82	1.89	0.85	41
B5	3.97/3.89/3.07	1.87	0.85	44
B6	2.54/2.45/1.66	1.93	0.85	80
B7	2.12/1.95/1.87	1.60	0.83	82

12.4.3　结构设计要点

（1）A2 区屋面挑檐外挑长度较大，波峰处外挑接近 14m，风吸力超过屋面自重，摇摆柱出现拔力，在永久荷载及风荷载组合下最大拔力为 720kN，相关节点及柱脚埋件均按抗拉进行设计。

由于波浪形屋面侧向有高低差，存在侧向风压，为抵抗挑檐出挑长度及前跨之一半区域内的侧向风力作用，须形成该方向的抗侧力结构体系。建筑师认为设置斜向支撑或拉杆会影响立面效果，因而考虑在各榀主桁架的摇摆柱顶部（幕墙桁架之下）设置矩形钢管梁，与摇摆柱刚接后形成一道 12 跨的侧向门式刚架，见图12.4-7。在侧向风荷载作用下刚架层间位移为（1/590）L，顶点位移29mm，柱底剪力不大，该工况下标准值为19kN。此门式刚架同时也成为纵向地震作用下的抗侧力体系，从振型形态来看，第一振型即为此门式刚架的抗侧振型，相应该方向的层间位移为（1/1920）L，顶点位移10mm，该工况下柱底剪力标准值为7kN，小于风荷载作用下的剪力值。

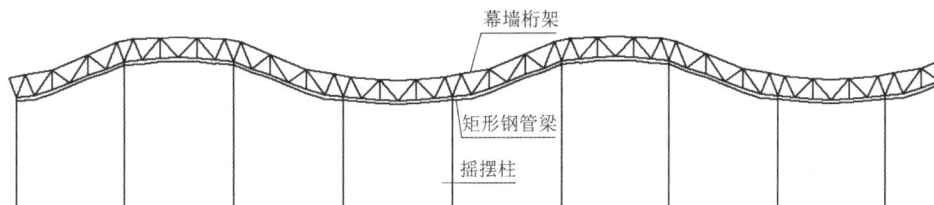

图12.4-7 侧向门式刚架立面图

因三角形主桁架的顶面宽度较小，抗侧力刚度较弱，在上述侧向风压作用时48m跨中处产生了较大的横向位移，设计师在波峰处的两榀主桁架之间加设了双向交叉斜拉杆，网格间距9.6m，沿主桁架顶面通长设置，使该处顶点侧向位移减小到12mm。

（2）指廊区由于B1及B7区前端的屋面悬挑长度较大，框架边柱到挑檐边达25.6m，为保证挑檐造型，须控制悬挑根部的网架厚度不至于过大，在幕墙与框架边柱之间靠近幕墙内侧增设了6根斜钢摇摆柱，使上述角点支撑处的悬挑长度减小到15m左右，有效降低了悬挑弯矩及杆件内力，控制了挠度，斜钢摇摆柱与水平面夹角最大约70°，见图12.4-8。与主楼A2区相类似，悬挑屋面受正面风荷载作用时，斜钢摇摆柱出现拔力，相应永久荷载及风荷载组合下的最大拔力为1800kN，相关节点及柱脚埋件均按抗拉设计。

图12.4-8 B1、B7区网架前端斜钢摇摆柱布置图

12.4.4 节点构造及局部验算

（1）网架前端的斜钢摇摆柱长度为22m，采用矩形钢管，其截面尺寸为700mm×500mm×25mm×25mm，柱脚用销轴与基础埋件上的钢套管相接，销轴直径为150mm，钢套管截面尺寸为450mm×400mm×50mm×35mm，斜钢柱柱顶用销轴和支座板连接，支座板焊在网架的下弦球节点上。斜钢柱顶部的球节点均采用焊接球，见图12.4-9及图12.4-10。

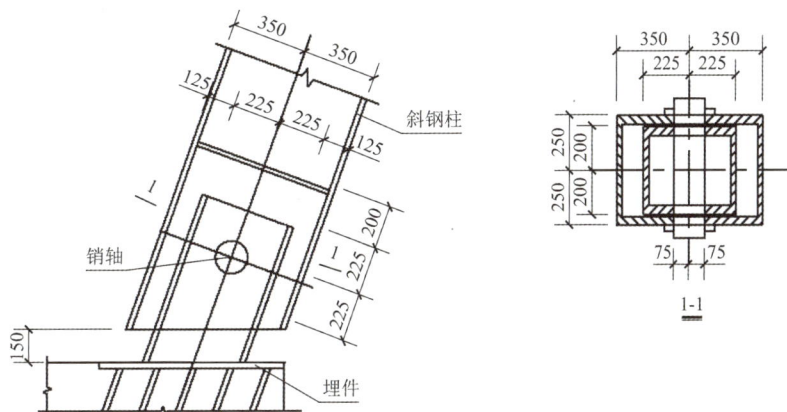

图12.4-9 斜钢摇摆柱柱脚构造图

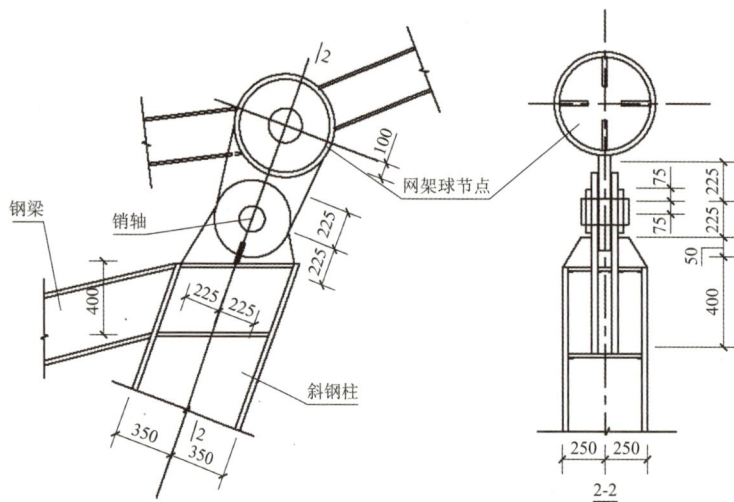

图 12.4-10　斜钢摇摆柱柱顶构造图

（2）主楼 A2 侧面檩条外挑 7.5m，风荷载下位移较大，因风压及风吸反复作用，此处不能采用起拱的方法，因而根据建筑曲线造型在檩条根部布置了一对斜撑杆，见图 12.4-11，使其在风荷载作用下的位移值降低为 15mm，满足了规范的要求（≤ $L/200$）。因檩条布置在三角形主桁架的顶节点，故斜撑杆落在了主桁架下弦杆的跨中，产生了节间弯矩，下弦杆在成为压弯构件的同时，还受到斜撑杆侧向拉压的局部作用。《钢结构设计规范》GB 50017—2003 中只给出了主管受轴向力时的钢管节点承载力公式，没有考虑弯矩作用时的情况，因此有必要对斜撑杆支撑处的钢管节点受力做大样分析。

主桁架下弦杆的规格为 $\phi219 \times 25$，斜撑杆的规格为 $\phi102 \times 8$，均为 Q345B 钢。采用通用有限元分析软件，选用三维实体单元进行节点有限元计算。计算结果表明：在风压力作用下，斜撑杆受压，钢管节点最大应力为 208MPa，最大位移 1.6mm，见图 12.4-12；在风吸力作用下，斜撑杆受拉，钢管节点最大应力为 108MPa，最大位移 1.1mm。满足承载力及变形要求。

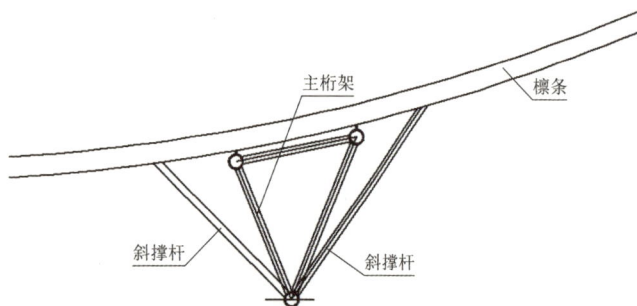

图 12.4-11　檩条与斜撑杆立面图

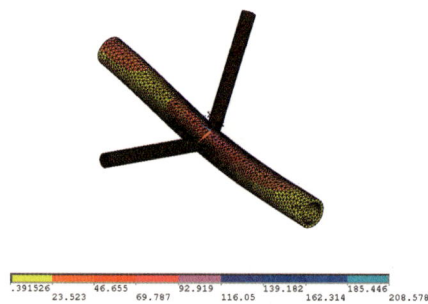

图 12.4-12　风压力作用下钢管节点应力云图
（单位：MPa）

12.4.5　T3 航站楼工程设计总结

（1）T3 航站楼屋盖悬挑长度较大，且风荷载作用下的体型较为不利。从用钢量指标来看，A2 区桁架屋面平均用钢量为 82kg/m²，指廊区网架屋面平均用钢量为 54kg/m²，均较经济。因此本工程采用网架、桁架结构结合摇摆柱和刚架形成综合体系是较为经济的结构方案，不仅能节省造价而且方便施工，进而缩短工期提高综合效益。

（2）工程参数对比表明，风洞试验报告对体型复杂的不规则屋面体系而言是不可缺少的，是规范的必要补充和设计的重要依据。尤其对大悬挑屋面，首排支撑柱所受到的轴力有可能因屋面体型系数取值的不同而从压力转变为拔力，对相应的连接件、埋件乃至基础都会产生一系列的影响，对此设计予以充分重视，保证了结构受力的安全性。

（3）节点构造中的受力分析同样不能忽视。本结构对于支管与主管的直接焊接，首先分析了其受力特征，对压弯构件节点做了大样分析，并调整构件厚度使节点的承载能力得到保证。

参考资料

[1] 住房和城乡建设部. 建筑抗震设计规范：GB 50011—2001[S]. 北京: 中国建筑工业出版社, 2002.

[2] 住房和城乡建设部. 钢结构设计规范：GB 50017—2003[S]. 北京: 中国建筑工业出版社, 2003.

[3] 住房和城乡建设部. 混凝土结构设计规范：GB 50010—2002[S]. 北京: 中国建筑工业出版社, 2002.

[4] 石碧青, 许平生, 王钦华, 等. 杭州萧山国际机场二期工程国内航站楼风洞试验报告[M]. 广东: 汕头大学风洞实验室, 2010.

[5] 丁浩, 沈建平, 唐立华. 杭州萧山国际机场国际航站楼结构设计[J]. 建筑结构, 2012, 42(8): 19-22.

[6] 丁浩, 沈建平. 杭州萧山国际机场 T3 航站楼钢结构屋盖设计[J]. 建筑结构, 2012, 42(8): 23-26.

设计团队

结构设计单位：浙江省建筑设计研究院有限公司（初步设计＋施工图设计）
　　　　　　　B＋H建筑设计事务所（T1建筑方案）
　　　　　　　ATKIS建筑设计事务所（T2建筑方案）
　　　　　　　华东建筑设计院有限公司（T3建筑方案＋初步设计）

结构设计团队：林　政、丁　浩、唐立华、沈建平、任铭宇、杨学林

执　笔　人：林　政

获奖信息

T2航站楼获得2013年度全国优秀工程勘察设计奖建筑工程公建一等奖；

T3航站楼获得2015年度全国优秀工程勘察设计建筑工程一等奖。

第 13 章

杭州萧山国际机场三期工程

13.1　工程概况

　　杭州萧山国际机场位于浙江省杭州市东部，距市中心 27 公里，是中国重要的干线机场、国际定期航班机场、对外开放的一类航空口岸和国际航班备降机场，是浙江省第一空中门户、浙江省大通道建设十大标志性项目、十九届杭州亚运会重要基础设施配套项目。机场按照"一次规划、分期建设"的原则，分近、中、远三期实施建设。机场一期工程占地 7260 余亩，新建 T1 航站楼，1997 年 7 月正式动工，2000 年 12 月 28 日建成通航。二期工程于 2007 年 11 月开工建设，新建国际航站楼（T2）、第二国内航站楼（T3）和第二跑道，2012 年 12 月 30 日全部建成投运；三期工程于 2018 年启动，包括新建航站楼（T4）、陆侧交通中心、旅客过夜用房工程、能源中心工程等。2022 年 9 月 22 日，杭州机场三期项目一阶段正式投运，成为华东地区仅次于浦东机场的第二大航空枢纽。

　　萧山国际机场三期工程项目总平面图及实景图见图 13.1-1 和图 13.1-2。

图 13.1-1　杭州萧山国际机场三期工程总平面图

图 13.1-2　杭州萧山国际机场三期工程实景图

13.1.1　T4 航站楼工程概况

　　T4 航站楼平面布局采取了集中式构型设计，空间导向明确，分为一个主楼、两条水平长廊和七根指廊，主楼面宽约 440m，进深约 205m，五根指廊宽度 42m，两根水平廊宽度 28m，共设有 89 座固定登机桥，90 个近机位。航站楼东侧为交通中心。航站楼总建筑面积约 72 万 m²。

　　航站楼地下二层、地上四层（局部六层），自上而下分别是 38.0m 标高站坪塔台、22.4m 标高国际商业夹层、17.4m/15.6m 标高出发大厅及国际出发候机层、12.0m/10.8m 标高国际到达层、6.0m 标高国内混流及到达大厅层、0.0m 标高站坪层、−6.5m 标高地下行李机房及 −13.5m 标高地下设备层。航站楼主楼区下部有规划的地铁和高铁通道穿过；航站楼结构与高铁、地铁结构共建，部分航站楼结构的柱由高铁、地铁顶板层转换出。

T4航站楼包括航站楼主楼、7个指廊（北1～3指廊、南1～2指廊、远期南北指廊）和南、北长廊。航站楼采用"清荷映绿，莲下泛舟"的设计概念及室内外一体化、荷叶柱和吊顶一体化的设计手法。见图13.1-3～图13.1-5。

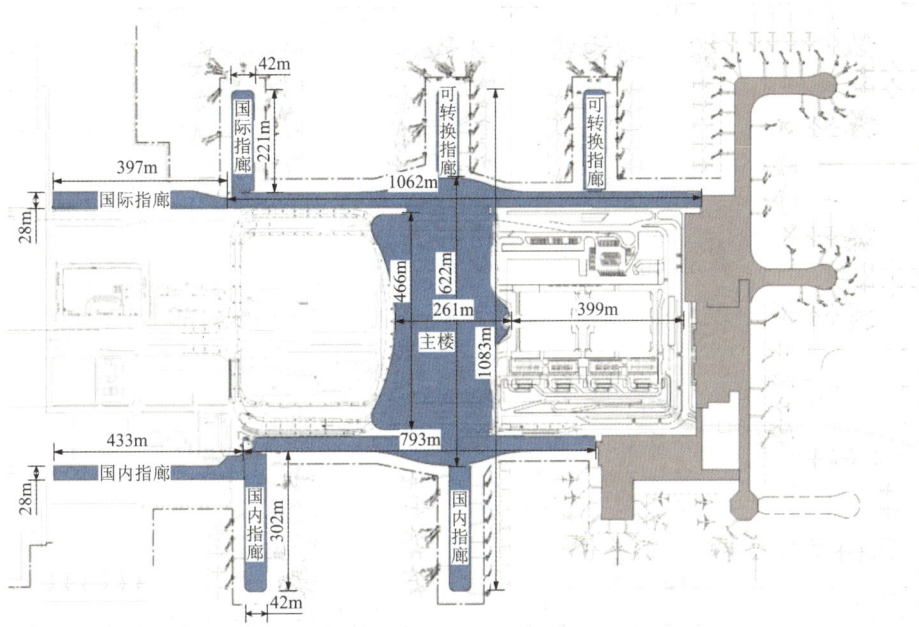

图 13.1-3　杭州萧山国际机场三期工程 T4 航站楼平面示意图

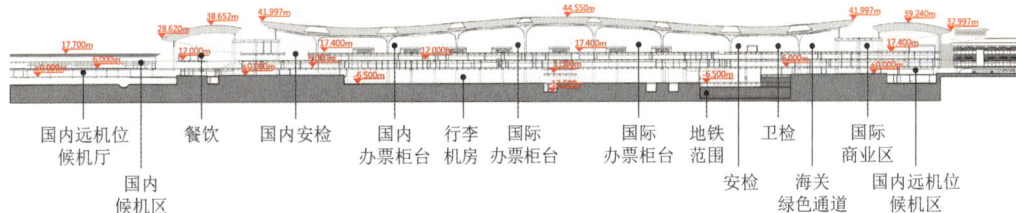

图 13.1-4　杭州萧山国际机场三期工程 T4 航站楼南北向中轴剖面图

图 13.1-5　杭州萧山国际机场三期工程 T4 航站楼实景图

13.1.2　陆侧交通中心及上盖工程概况

陆侧交通中心总建筑面积为 64 万 m²，其中地下面积为 39.24 万 m²，地上面积为 24.66 万 m²。陆侧交通中心及上盖工程包括交通换乘中心、旅客过夜用房及配套业务用房，共计 14 层，其中地上 10 层，地下

4 层。交通换乘通道位于交通中心地块中部，主要楼层标高为 −9.000m 及 6.000m。−9.000m 标高通道主要为 T4 航站楼出发通道及 T1、T2、T3 航站楼出发到达通道。通道北侧连接地铁站厅层，南侧连接高铁站厅层，通过该通道可上至 ±0.000m 地面层的大巴公交地铁上客区等区域。6.000m 标高通道主要为 T4 航站楼到达通道，通道内的垂直交通可到达 −9.000m 层地铁、高铁及 ±0.000m 层大巴公交出租上客区，通道内的平面接通可到达旅客过夜用房及配套业务用房，通道东侧的连廊可方便到达老航站楼出发高架连接，如图 13.1-6～图 13.1-8 所示。

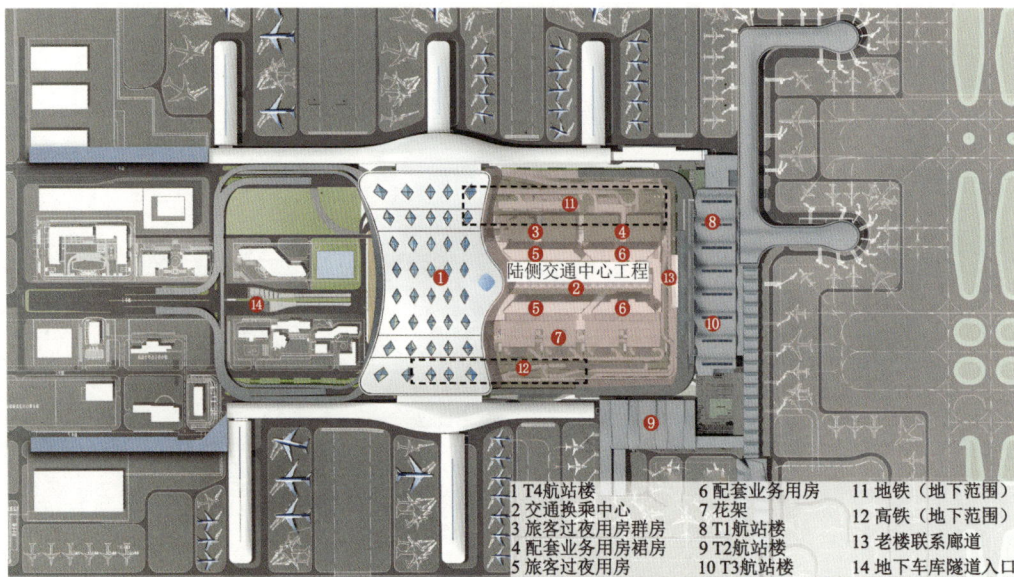

1 T4航站楼	6 配套业务用房
2 交通换乘中心	7 花架
3 旅客过夜用房群房	8 T1航站楼
4 配套业务用房裙房	9 T2航站楼
5 旅客过夜用房	10 T3航站楼

11 地铁（地下范围）
12 高铁（地下范围）
13 老楼联系廊道
14 地下车库隧道入口

图 13.1-6 交通中心总建筑平面示意图

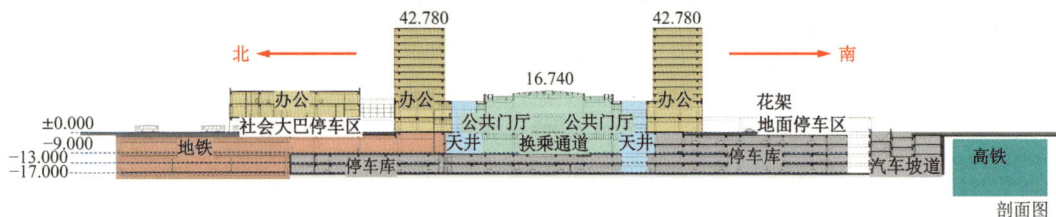

图 13.1-7 交通中心南北向中轴剖面图

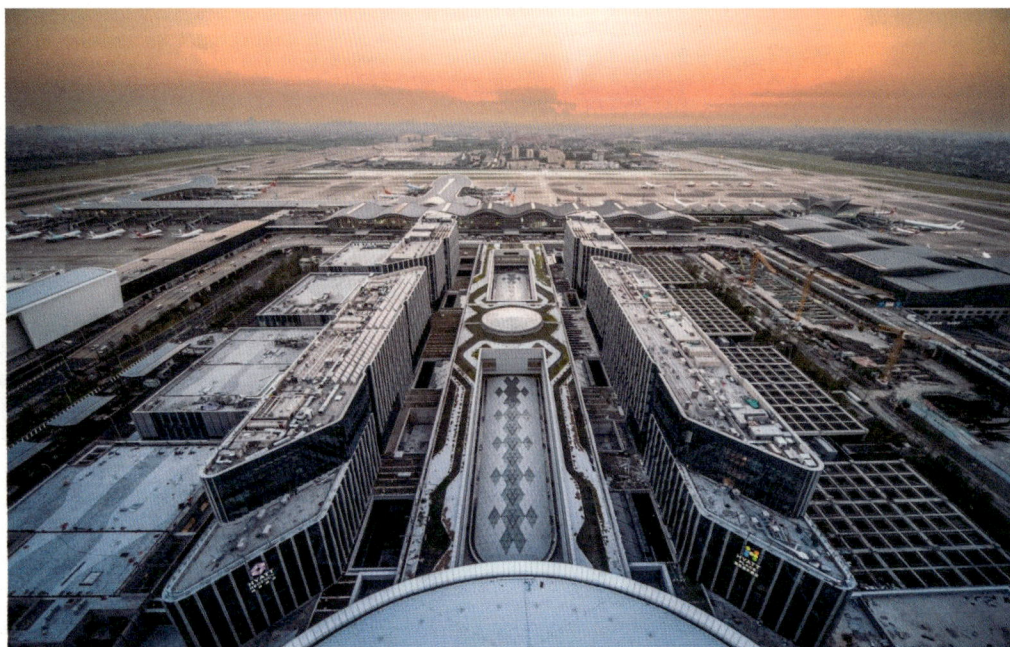

图 13.1-8 杭州萧山三期工程交通中心实景图

13.1.3　设计条件

（1）主体结构的设计使用年限为 50 年，抗震设防烈度为 6 度，设计基本地震加速度值为 0.05g，设计地震分组为第一组，场地类别为Ⅲ类，场地特征周期值 0.45s。根据《建筑工程抗震设防分类标准》GB 50223—2008，航站楼和交通中心 12.500m 及以下裙楼部分抗震类别为重点设防类（乙类），按地震烈度 7 度采取抗震构造措施，建筑结构安全等级为一级，结构重要性系数为 1.1；其余部分为标准设防类（丙类），建筑结构安全等级为二级，结构重要性系数为 1.0。基本风压取为 0.50kN/m²（按 100 年重现期），地面粗超度为 B 类，基本雪压为 0.45kN/m²。

（2）根据勘探孔揭露的地层结构、岩性特征、埋藏条件及物理力学性质，场地勘探深度以内可分为 8 个大层，细划为 20 个亚层。

13.2　T4 航站楼结构布置及分析

13.2.1　基础

（1）航站楼结构柱距较大，局部位置承担的荷载较大。项目采用钻孔灌注桩基础加独立承台的形式，承台双向设基础梁拉结，以提高基础的整体性。钻孔灌注桩桩端持力层为⑫₄圆砾层，地铁盾构相关区域桩端持力层为⑭₃₋₁圆砾层（图 13.2-1）。指廊区域主要采用φ700mm 桩基；主楼范围采用φ800mm 和φ1200mm 的桩基（用于盾构相关区域），其中抗压桩均采用后注浆技术来减小沉降，提高承载力。

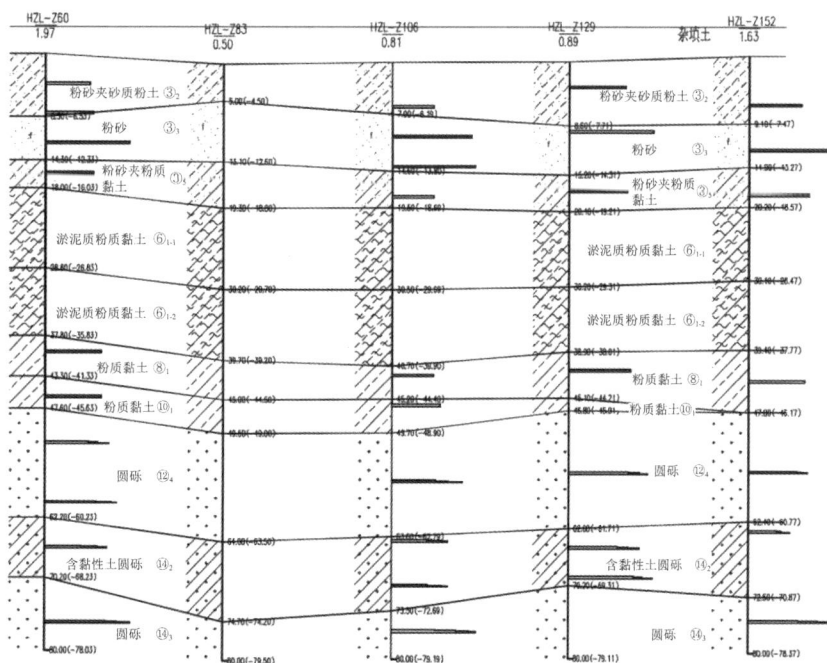

图 13.2-1　典型工程地质剖面

（2）航站楼主楼地下室一层（局部二层），主要功能为行李机房、共同沟（指廊段），地下一层底板结构标高 −6.800m，主要形式为筏板 + 基础梁，板厚 1000mm；右侧局部降低至 −9.300m，并与交通中心地下室相连，局部板降低处适当加厚底板。局部地下二层主要功能为设备机房及共同沟（主楼范围内），结构底板标高为 −13.500m，为筏板基础，底板厚度 1500mm。主楼及地下室区域基础沉降见图 13.2-2，最大沉降量约为 19mm。

航站楼地下一层平面约为 210m×280m，为超长地下室，为解决施工期间混凝土的收缩变形，设置施工后浇带，对于使用阶段，由于温度变化引起的混凝土伸缩裂缝，主要通过掺加混凝土外加剂、适当提高纵向钢筋配筋率、钢筋连续拉通等措施加以改善，并采用适当的建筑外防水材料提高其防水能力。

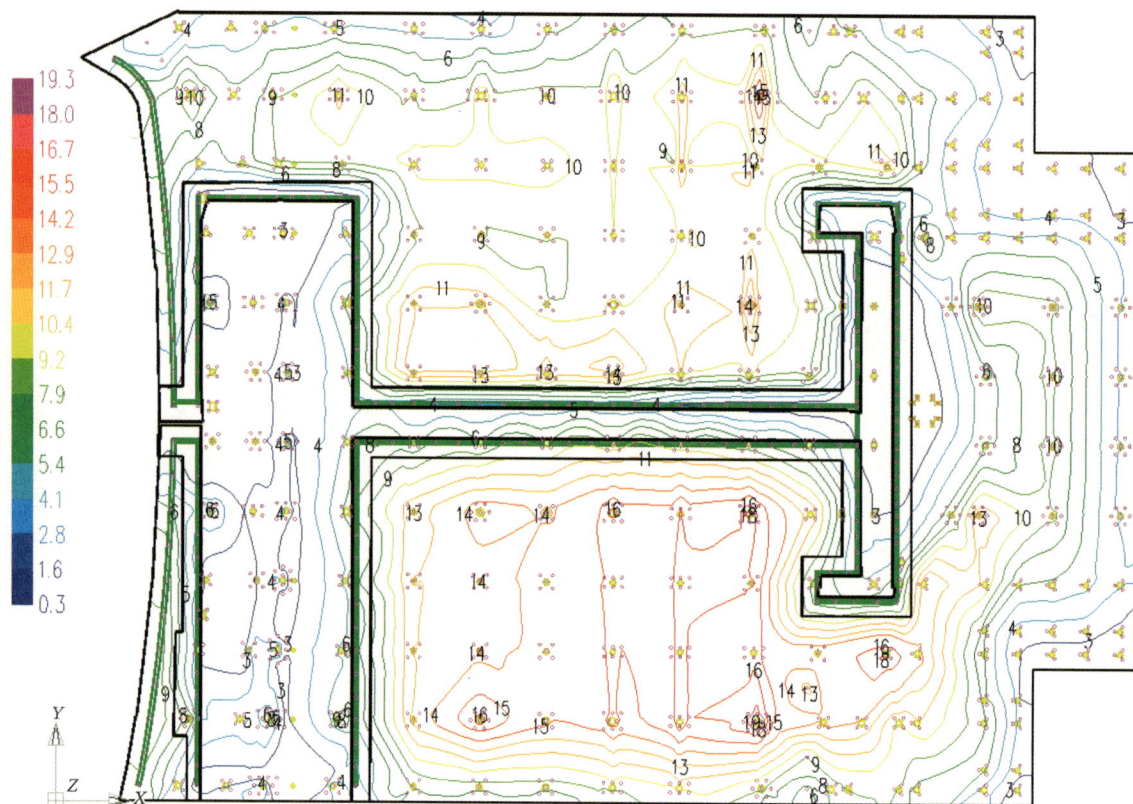

图 13.2-2　航站楼主楼基础沉降图

13.2.2　结构单元划分

T4 航站楼由主楼、七根指廊、两根连廊组成，东西长约 1500m，南北宽约 1100m。结构单元划分主要基于以下因素：

（1）满足建筑使用功能及效果要求；

（2）可承受温度应力的单元尺度；

（3）单元平面和竖向的规则性；

（4）混凝土结构的单元划分需同时考虑屋盖支承结构的分段。

航站楼主楼屋盖为完整的自由曲面，且为一个独立的整体，长度 465m，最大宽度 280m，中轴线宽度 260m；对应的下部混凝土结构的单元分为 B1~B3 三个混凝土结构单元。因此，航站楼主楼为三个混凝土结构单元支承一个钢结构屋盖的屋顶连体结构。

指廊、连廊混凝土结构单元划分原则为控制单元长宽比不超过 6，同时考虑结构单元的抗扭转能力，分段后的各指廊混凝土结构单元长度基本在 150m 以内，各连廊混凝土结构单元长度基本在 90m 以内；考虑到指廊屋盖天窗布置的完整性，同时将屋盖的单元尺寸控制在温度应力可接受范围内，将指廊屋盖单元的长度控制在 300m 以内，将连廊屋盖单元的长度控制在 180m 以内。

航站楼主体混凝土结构分为 39 个结构单元，如图 13.2-3 所示，屋盖结构单元划分情况如图 13.2-4 所示。分段方式为双柱或对挑，其余结构缝的宽度按抗震缝要求设置。

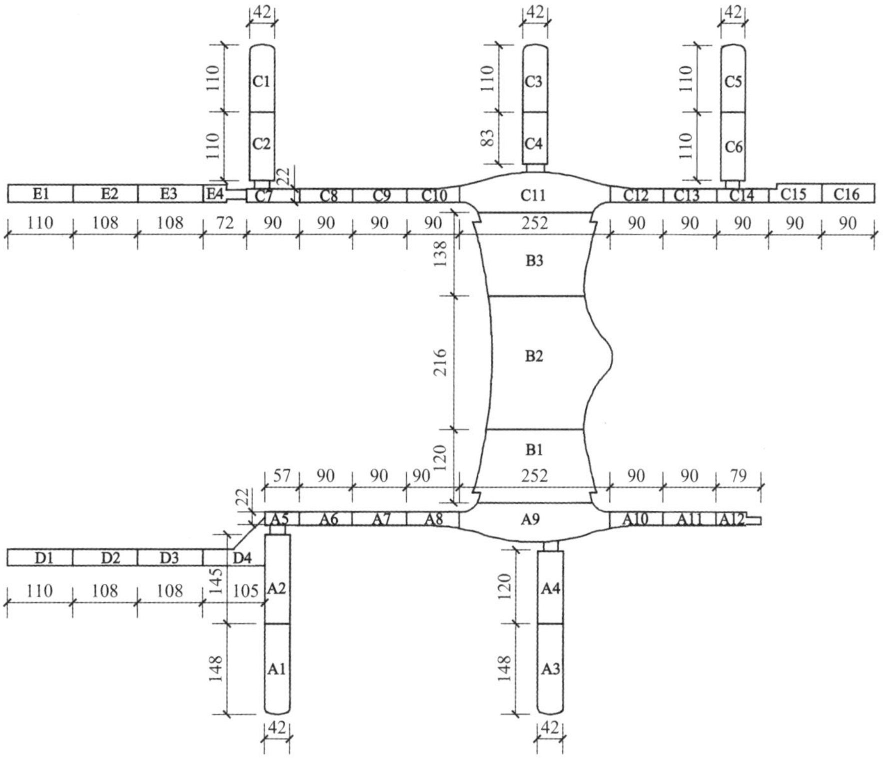

图 13.2-3　主体结构单元划分示意图

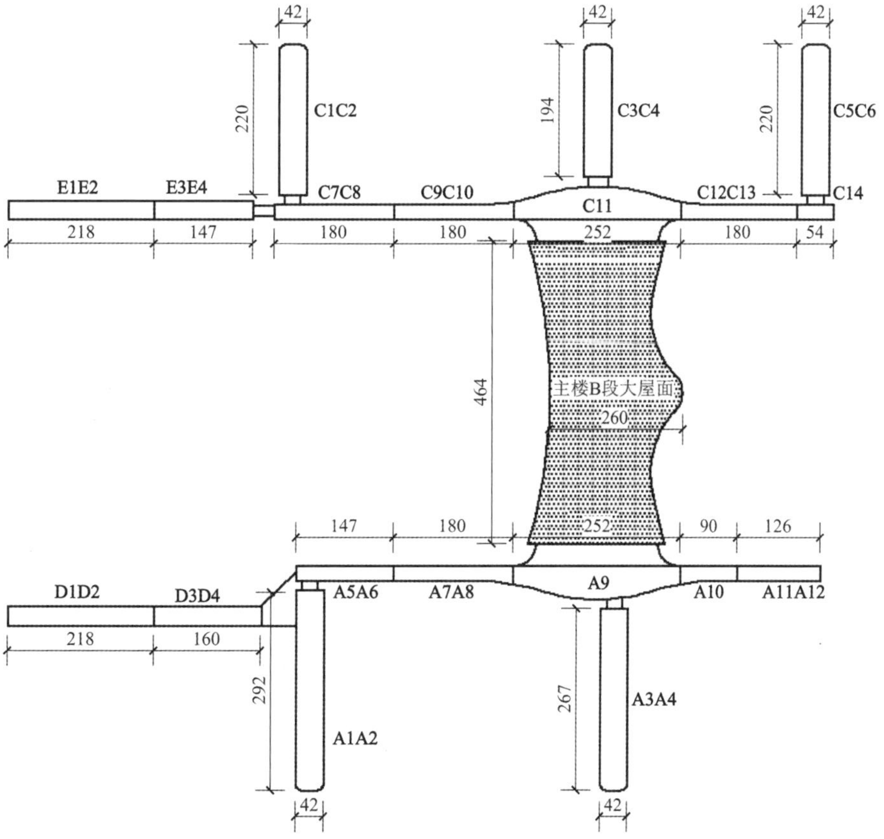

图 13.2-4　屋盖结构单元划分示意图

13.2.3　主楼主体结构设计

航站楼主楼（B 段，分为 B1、B2、B3 三个结构单元）的典型柱网为正方形或梯形（图 13.2-5），典型柱距为18m。主体结构采用现浇钢筋混凝土框架结构体系,楼盖结构为现浇钢筋混凝土主次梁楼盖体系。

主楼楼面使用活荷载较大且两个方向的平面尺寸均较大,采用预应力混凝土框架结构。对大跨度框架梁采用预应力技术,可增强其抗裂能力、减小梁高、利于布置设备管道及增加建筑净高。

由于建筑功能的需要,航站楼主楼存在不同程度的楼板缺失、局部错层、平面长宽比较大等情况,从而引起结构平面不规则和竖向刚度的不均匀变化。通过结构的布置调整刚度和从构造上采取措施以改善结构的抗震性能,使其满足《建筑抗震设计规范》GB 50011—2010(2016年版)的相应要求。

主楼地下室为地下一层(底板面标高 −6.500m),地下室局部有共同沟或车道通过,首层有楼板大开洞,因此相关结构单元 B1~B3 均嵌固于地下一层(−6.500m 标高),在主楼 −6.500m 底板与交通中心地下一层 −9.000m、地铁、高铁地下一层采取传力加强措施(板加腋)来保证嵌固端水平力的有效传递。对于 B1~B3 结构分段,首层位置上由于土、外墙的存在,首层的层间位移角及结构转角很小,因此整体结构按嵌固在地下一层和首层进行包络设计。

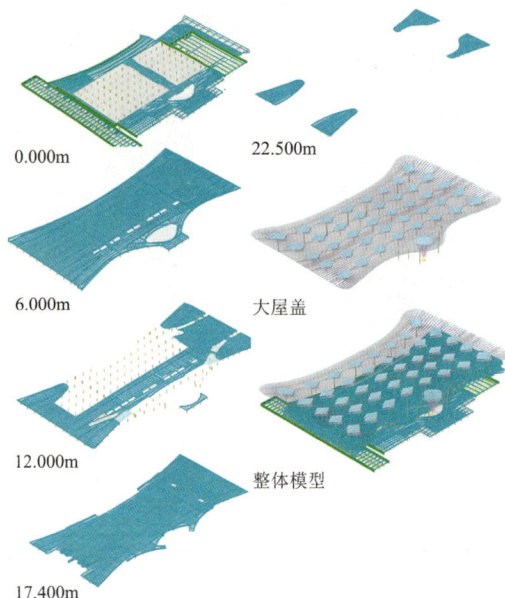

图 13.2-5 航站楼主楼(B 段下部主体为 B1 + B2 + B3 三个结构单元)平面布置

13.2.4 主楼钢屋盖结构设计

如图 13.2-6 所示,航站楼主楼屋盖造型为双向自由曲面,东西向和南北向,均为中间最高、两侧略低,在靠近挑檐位置屋盖略有上翘。结合建筑屋面造型和室内平面使用功能要求,航站楼主楼 B 段屋盖为一个整体结构单元,典型柱网尺寸为 36m × 54m,竖向支承在 B1、B2、B3 混凝土结构单元上。综合考虑结构经济性、安全性、可实施性以及建筑效果等多方面因素,主楼屋盖钢结构采用空间曲面网架 + 封边桁架 + 分叉钢柱结构体系,结构构件贴近起伏的建筑内外形状,充分利用建筑造型特点。支承屋盖的钢柱贴合建筑要求的荷叶柱形状,采用下小上大的变截面直柱与分叉柱结合的形式。直柱部分柱底截面最小,与混凝土结构采用铰接连接,随着高度的增大截面逐渐变大,分叉点处截面最大;直柱在分叉点以上分为 10 根分叉柱,分叉柱通过封边桁架与屋盖的主体网架下弦连接,最终形成了一个直柱-分叉柱-平面构件连续的一体化结构体系。

如图 13.2-7 所示,屋盖结构的抗侧力刚度主要由一体化的屋盖结构整体提供,框架柱(下铰上刚)+空间桁架/网架形成了一系列的刚架,提供了整体结构抗侧刚度。

如图 13.2-8 所示,航站楼主楼东侧的荷花谷区域,由 8 根造型柱与 8 根摇摆柱支承。造型柱贴合建筑的空间曲线,柱顶通过铰支座与网架相连,柱底与混凝土主体结构亦为铰接连接,构件纤细,整体刚度较弱。通过设置摇摆柱,改善了荷花谷区域的支承条件,提高了屋盖的整体刚度,解决了局部大空间

经典解构 浙江省建筑设计研究院有限公司篇

结构的变形问题。

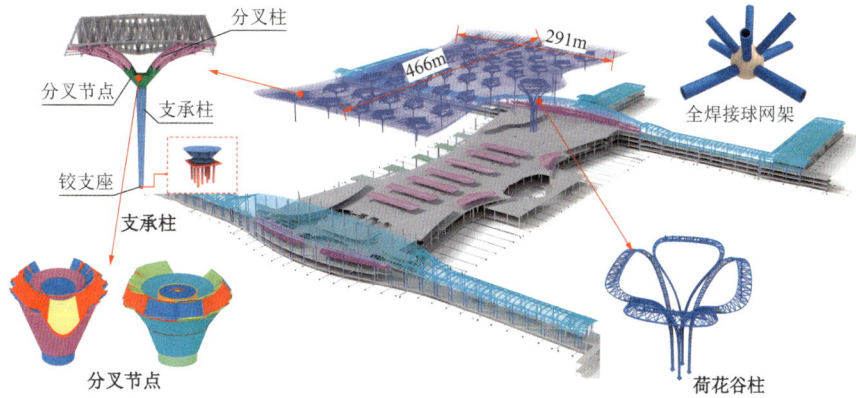

图 13.2-6　航站楼主楼钢屋面平面示意图

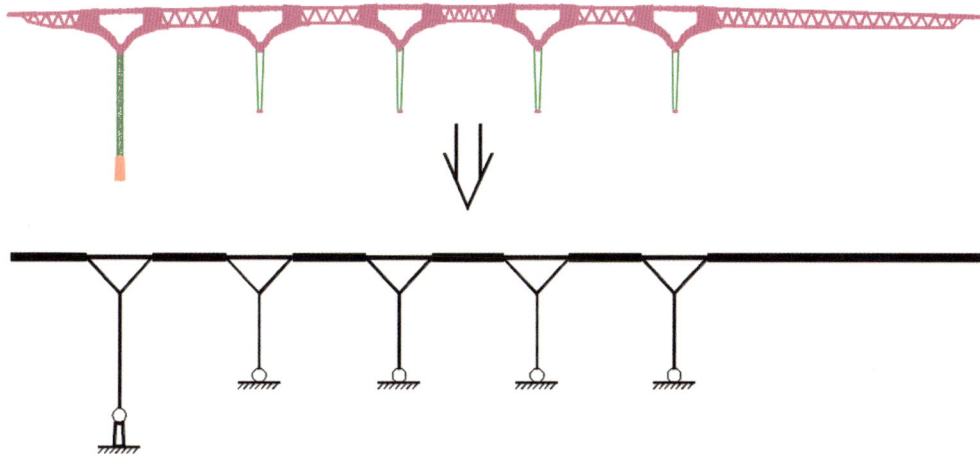

图 13.2-7　航站楼主楼屋面结构抗侧刚度形成示意图

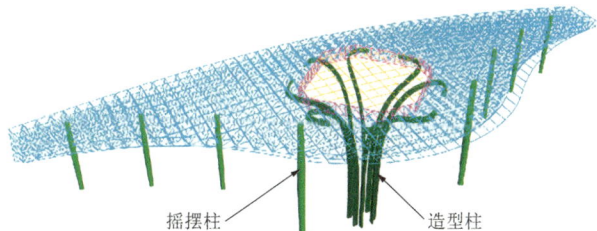

图 13.2-8　航站楼主楼屋盖荷花谷区域示意图

13.2.5　航站楼指廊结构设计

　　航站楼共有 7 个指廊，结合下部结构缝的设置情况，指廊共分为 A1～A4 段、C1～C6 段、D1～D4 段、E1～E4 段共 18 个区段。A 段、C 段指廊宽度 42m，单个指廊全长 194～292m 不等，下部主体结构为现浇钢筋混凝土框架，屋盖为由钢管混凝土柱支承的钢框架。其中 A1A2 段、A3A4 段下部主体混凝土结构为一层，典型柱网尺寸约 10.8m × (18/14.4)m × 18m；C1C2 段下部主体混凝土结构为二层，典型柱网尺寸约 10.0m × (18/16)m × 18m；C3C4 段、C5C6 段下部主体混凝土结构为三层，典型柱网尺寸约 10.0m × (18/16)m × 18m，如图 13.2-9、图 13.2-10 所示。指廊钢屋盖纵向柱距 18m，最大跨度约 36m，两侧向外悬挑约 5.75m，屋盖典型剖面为单跨带悬挑形式，采用单向实腹变截面钢梁的结构形式，支承结构为钢管混凝土柱。由于 A、C 段设置了通长的天窗，该范围内结构外露，建筑效果上也需要钢梁跨中位置的高度较小，因此，在钢梁两端的悬挑端利用幕墙柱作为下拉杆，以减小跨中弯矩。指廊屋面主钢梁跨度 36m，跨中梁高仅 700mm，跨高比达 51.4。施工应先安装屋面主钢梁，然后安装幕墙柱，最后安装屋面次钢梁和金属屋面。指廊在一跨范围有局部地下室，因此结构嵌固端均设置在首层，如图 13.2-11 所示。

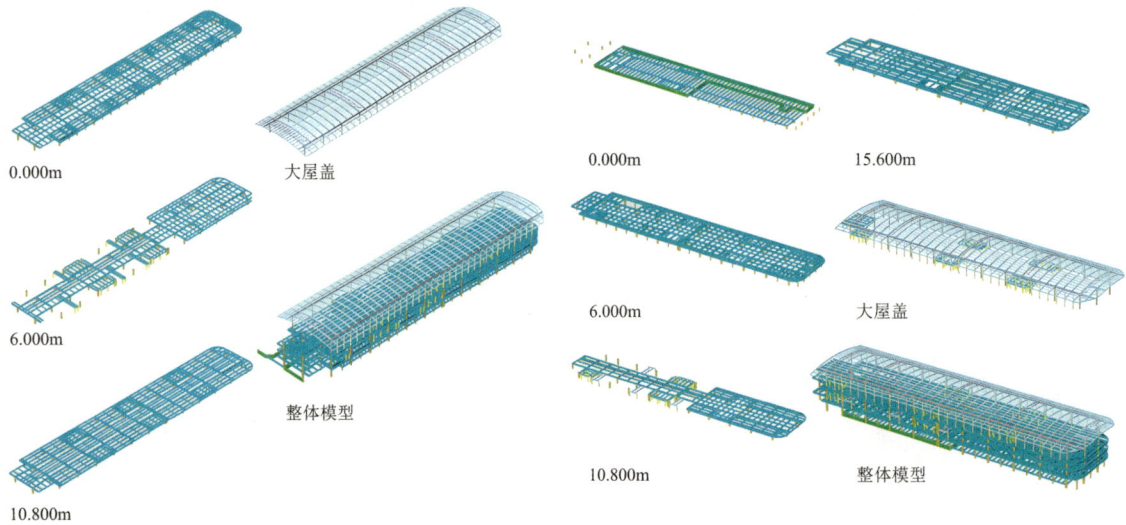

0.000m
大屋盖
0.000m
15.600m
6.000m
整体模型
6.000m
大屋盖
10.800m
整体模型
10.800m

图 13.2-9　航站楼指廊（C3C4 段）平面布置　　　　图 13.2-10　航站楼指廊（C5C6 段）平面布置

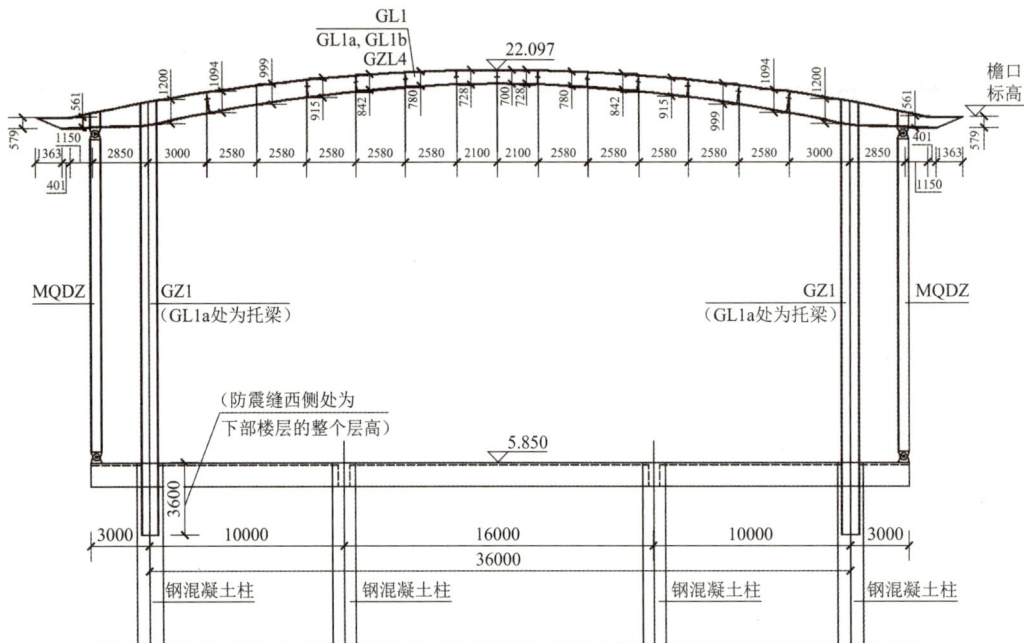

图 13.2-11　指廊屋盖框架柱处典型剖面

13.2.6　连廊结构设计

航站楼共有两条指廊，结合下部结构缝的设置情况，连廊共分为 A5~A12 段、C7~C16 段共 18 个区段，如图 13.2-12~图 13.2-14 所示。A 段、C 段连廊宽度 24m，全长南侧 795m、北侧 850m，下部主体结构为现浇钢筋混凝土框架，屋盖为由钢管混凝土柱支承的钢框架；其中 A9、C11 段下部主体结构为现浇钢筋混凝土框架，屋盖为由钢管混凝土柱支承的双层钢网架。A 段指廊下部主体混凝土结构为一层，典型柱网尺寸约 9.90m×(18/8.05)m×18m；C1 段下部主体混凝土结构为三层，典型柱网尺寸约 6m×(18/12)m×18m；A9、C11 段存在 18m×18m 双向大跨度的框架梁格。A9、C11 段东西向长度最大 252m，在该方向框架梁中设置预应力以增强其抗裂能力，尽可能减小梁高，利于布置设备管道及增加建筑净高。指廊典型钢屋盖纵向柱距 18m，最大跨度约 18m，两侧向外悬挑约 6.50m，屋盖典型剖面为单跨带悬挑形式，结构采用单向实腹变截面钢梁的结构形式，支承结构为钢管混凝土柱；A9、C11 段为由钢管混凝土支承的双向网架，网架厚度 2～3m。指廊在一跨范围有局部地下室，因此结构嵌固端均设置在首层。

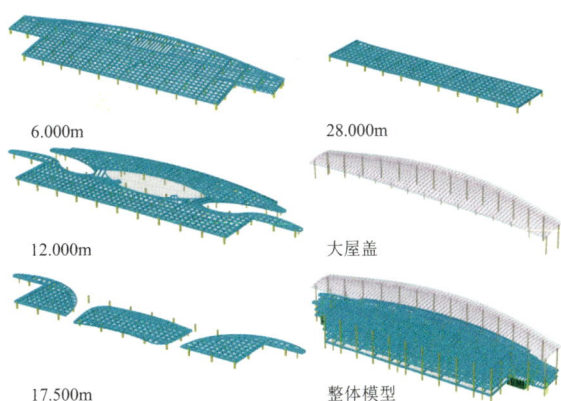

图 13.2-12　航站楼南侧连廊（A9 段）示意图

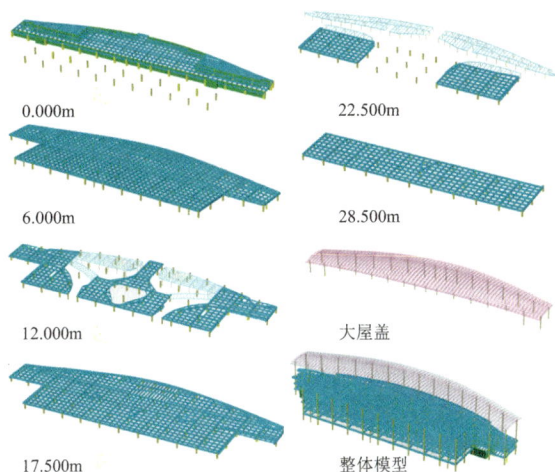

图 13.2-13　航站楼北侧连廊（C11 段）示意图

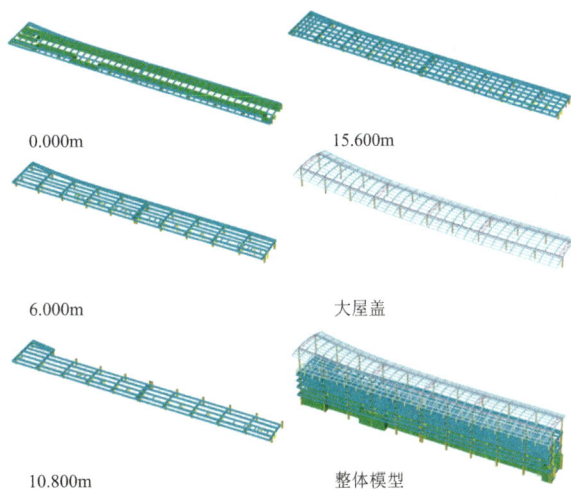

图 13.2-14　航站楼连廊（C12C13 段）示意图

13.2.7　超长结构温度分析

1）主体结构温度作用下楼板应力分析

航站楼主楼主体结构正常使用阶段的温度作用分析按表 13.2-1 取值。楼板温度应力如图 13.2-15 所示。

在温度作用下，首层楼板绝大部分区域的 X 向应力处于 3.3MPa 以内，Y 向的应力水平基本处于 4.3MPa 以内，仅个别应力集中部位温度应力为 3.3～6.0MPa。首层存在一定区域的温度应力超过 C35 混凝土的抗拉强度标准值 2.20MPa，施工图设计时对首层楼板 X 向、Y 向分别配置附加温度配筋，以防温度荷载作用下楼板开裂。个别温度应力大于 3.3MPa（X 向）或 4.3MPa（Y 向）的部位，采取局部加强配筋措施。二层、三层、四层楼板绝大部分区域拉应力在 2.4MPa 以内，仅个别应力集中的小范围应力约为 2.8MPa。各层绝大部分区域两个方向的温度应力均未超过 C40 混凝土的抗拉强度标准值 2.39MPa。施工图设计时对二层、三层、四层楼板 X 向、Y 向分别附加配置不少于 $A_s = 500\text{mm}^2/\text{m}$（相当于双层双向 $\phi8@200$）的配筋，以提高楼板的抗裂性能。个别温度应力大于 2.4MPa 的部位，采取局部加强配筋措施。

部位		温度作用取值
混凝土结构	地上室内区域	升温 6°C，降温 14.4°C
	地下室室内区域	升温 8°C，降温 18.4°C
	室外区域	升温 11.2°C，降温 18°C

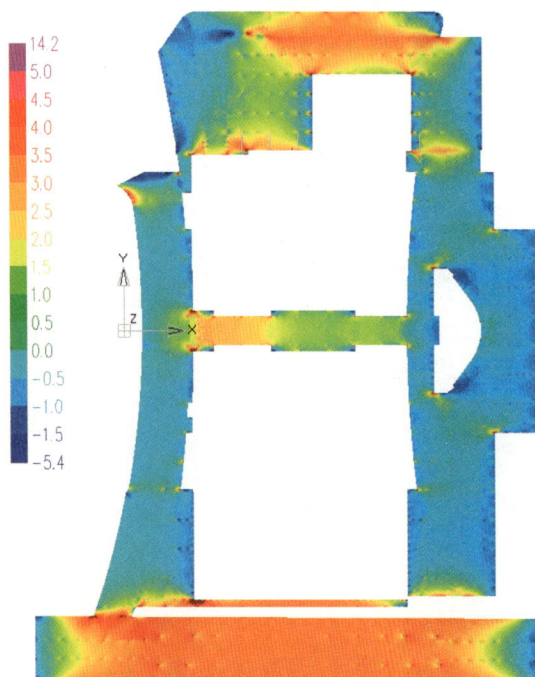

(a) 温度作用下首层楼板X向应力云图

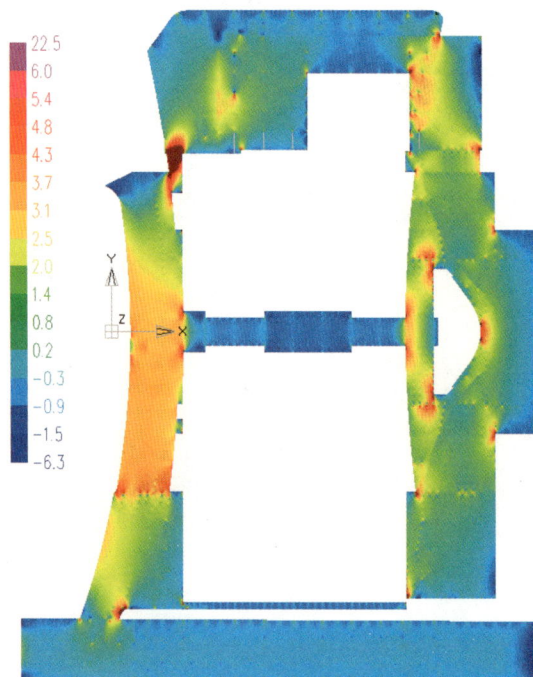

(b) 温度作用下首层楼板Y向应力云图

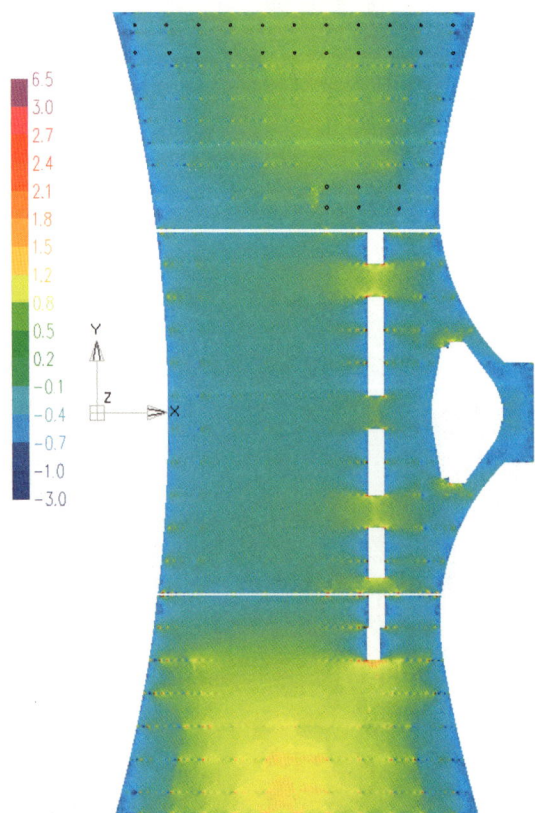

(c) 温度作用下二层楼板X向应力云图

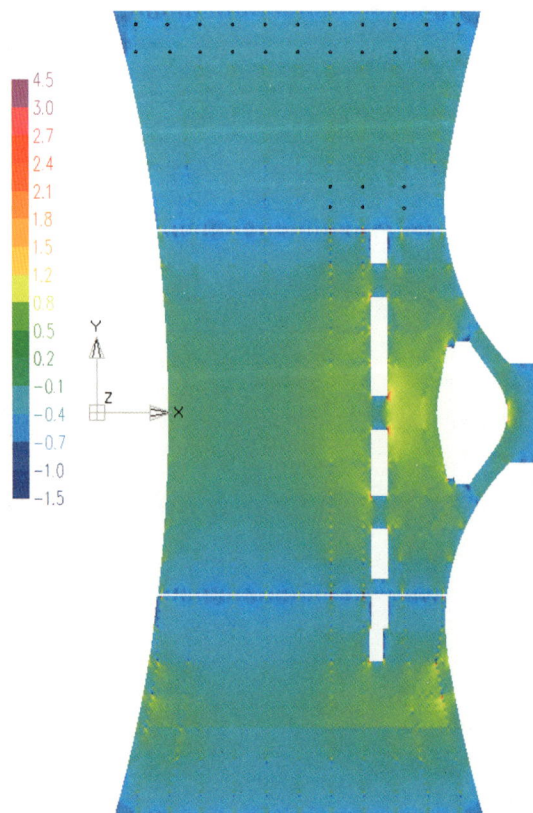

(d) 温度作用下二层楼板Y向应力云图

290

经典解构　浙江省建筑设计研究院有限公司篇

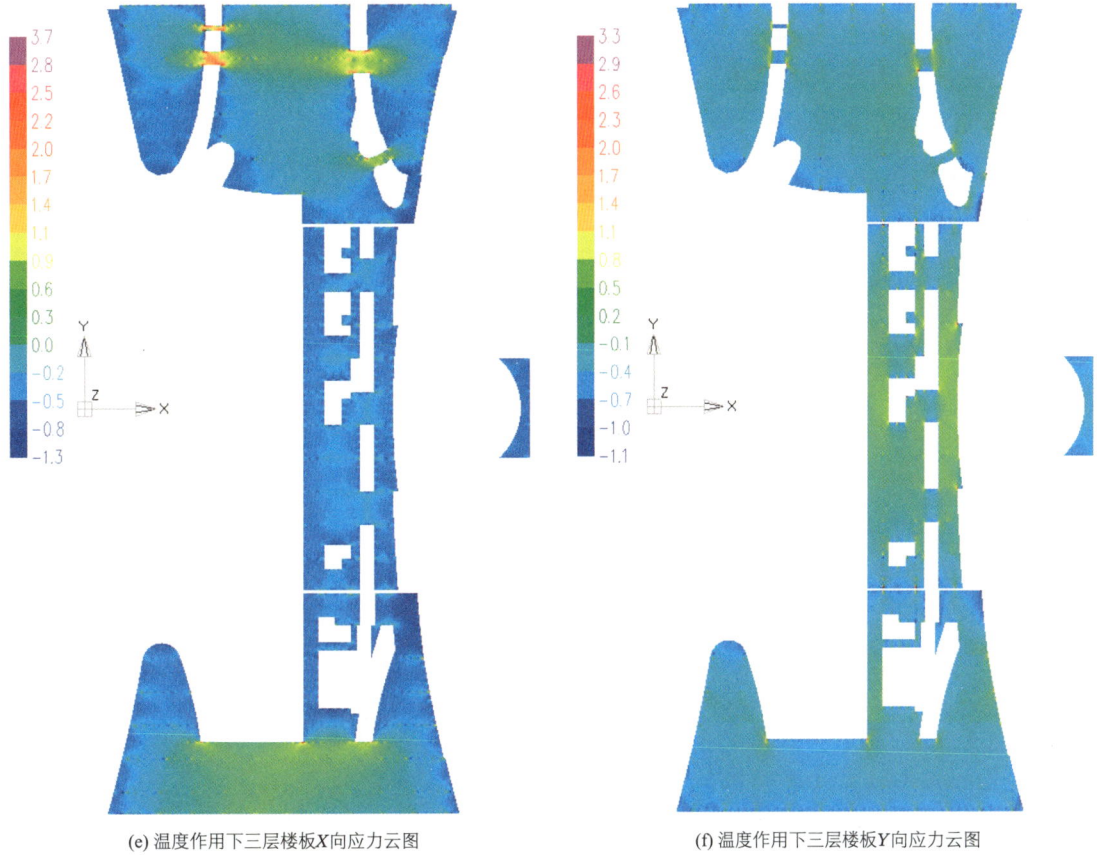

(e) 温度作用下三层楼板X向应力云图

(f) 温度作用下三层楼板Y向应力云图

(g) 温度作用下四层楼板X向应力云图

(h) 温度作用下四层楼板Y向应力云图

图 13.2-15　航站楼主楼主体结构正常使用阶段楼板温度应力云图（单位：MPa）

2）主体钢屋盖结构的温度作用分析

本工程中心区和指廊屋盖均采用钢结构形式，其中中心区主钢屋盖长度约 500m，对温度作用具有一定的敏感性。钢屋盖温度作用按室内区域按升温 20℃、降温 20℃ 考虑，室外区域按升温 23℃、降温 25℃ 考虑，荷载组合时温度作用的分项系数取 1.4。钢屋盖施工阶段考虑辐射作用，按升温 38℃，降温 30℃ 考虑，不与其他荷载组合。进行温度效应分析时，均采用整体模型计算。

正常使用阶段，在温度作用下屋盖结构变形最大为 69mm。最外侧柱变形最大，柱顶最大变形为 42.6mm（$H/238$）。构件的轴力绝大部分处于 $-100 \sim 30$kN 之间，沿屋盖短向布置的构件轴力很小，沿长向布置的上、下弦杆的轴力相对较大；个别杆件的轴力绝对值大于 700kN，主要出现在端部的分叉柱及周边杆件。图中红色杆件在考虑温度作用组合下，其应力比相较不考虑时增大在 0.1~0.4 间，其余杆件考虑温度作用组合的应力比相较不考虑时增大基本在 0.1 以内。

施工阶段，在温度作用下屋盖结构变形最大为 105mm。最外侧柱变形最大，柱顶最大变形为 64.8mm（$1/157H$）。升温作用下构件的轴力绝大部分处于 $-150 \sim 50$kN 之间，沿屋盖短向布置的构件轴力很小，沿长向布置的上、下弦杆的轴力相对较大；个别杆件的轴力绝对值大于 1000kN，主要出现在端部的分叉柱及周边杆件。

本工程钢屋盖长度约 500m，但由于支承屋盖柱的间距为 54m，柱抗侧刚度较小，温度荷载作用对绝大部分的杆件影响较小。结构分析中均考虑温度作用组合，对受力较大的杆件根据计算结果进行适当加强。

由于车道柱较长，线刚度相对较小，故在温度作用下，受力最大构件为在屋盖端部、柱底落于 17.400m 标高上的支承柱。考虑温度作用组合下，框架柱应力比相较不考虑时最多增大 0.15，大多数框架柱考虑温度作用组合的应力比不考虑时增大值基本在 0.1 以内。对于施工阶段，可不考虑屋面附加恒荷载、幕墙荷载，在温度作用下，钢屋盖构件和屋盖支承柱的内力均是正常使用阶段数值的 1.6 倍左右，但在自重和施工活荷载等工况的组合下，构件应力比基本未超过正常使用阶段荷载组合下的数值。

正常使用阶段和施工阶段温度作用下的位移图和轴力图如图 13.2-16～图 13.2-19 所示。

3）超长混凝土结构的设计措施

（1）设置施工后浇带（0.8~1.0m 宽），施工后浇带在混凝土浇筑后 2 个月再浇筑混凝土。大体积混凝土采用 60 天龄期的混凝土强度指标。

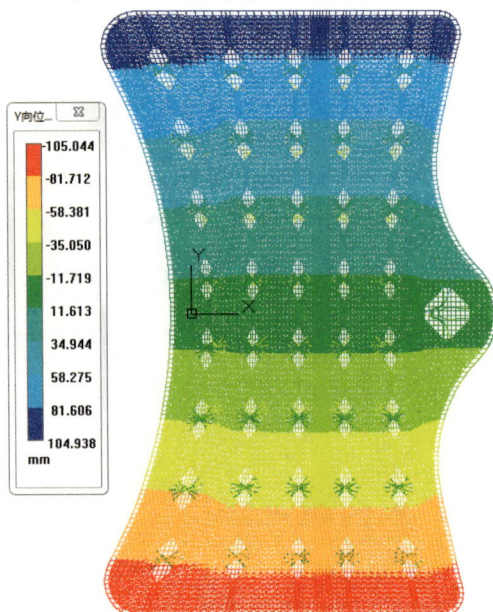

图 13.2-16　正常使用阶段温度作用（降温）下位移图（单位：mm）

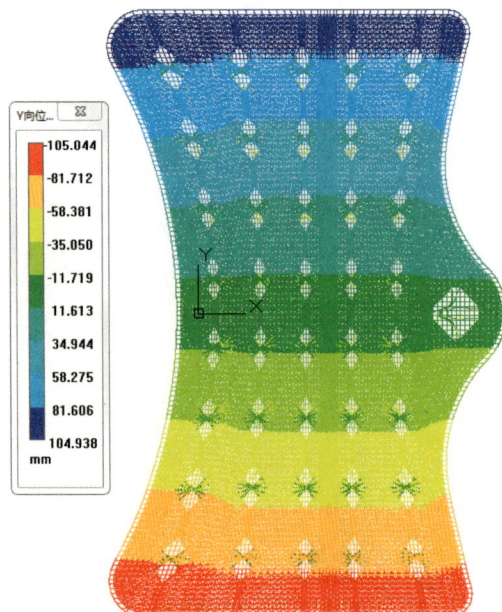

图 13.2-17　施工阶段温度作用（降温）下位移图（单位：mm）

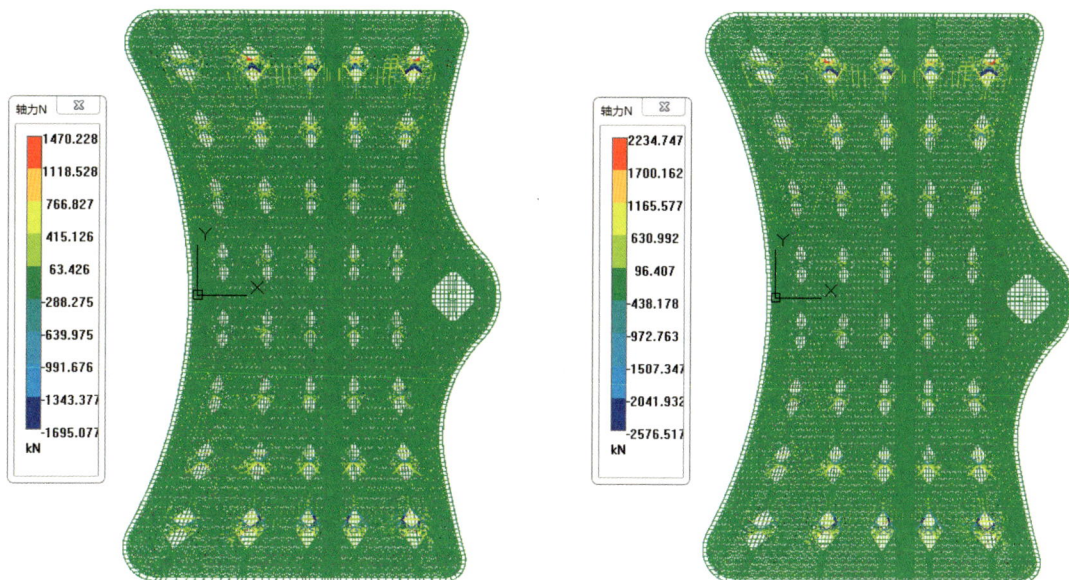

图 13.2-18　正常使用阶段温度作用（降温）下轴力图（单位：kN）　　图 13.2-19　施工阶段温度作用（降温）下轴力图（单位：kN）

（2）采用补偿收缩混凝土技术，即在普通混凝土中掺加一定比例的微膨胀剂，微膨胀混凝土在水化过程中产生适量膨胀，在钢筋和邻位限制下，在钢筋混凝土中建立起一定的预应力（0.2～0.7MPa 的预压应力），这一应力能大致抵消混凝土在收缩时产生的拉应力，从而防止或减少混凝土构件的裂缝。膨胀剂的品种和掺量应经试验最终确定，限制膨胀率的设计取值应满足相应规范及规程的技术要求。

（3）在混凝土中掺加以聚丙烯为原料的短纤维，以有效地控制混凝土塑性收缩，改善混凝土的抗渗性能，提高抗冲击及抗震能力。

（4）考虑到预应力筋在混凝土楼板中可以起到约束楼板和水平构件温度变形的作用，在部分楼层的梁内布置预应力筋。

（5）尽量避免广义的结构断面突变（构件断面、构件线刚度、结构层刚度等）产生的应力集中。严格控制应力集中裂缝，在孔洞和变截面的转角部位，由于温度收缩作用，会引起应力集中，导致裂缝产生，应采取有效的构造措施，如在转角、圆孔边作构造筋加强，转角处增配斜向钢筋或网片，在孔洞边界设护边角钢等。

（6）为保证结构具有合理的初始温度与使用期间的安全性，应严格控制混凝土结构后浇带的封闭温度以及钢结构的合拢温度。

13.2.8　考虑行波效应的多点激励地震分析

由于下部结构在长轴方向分为三个区段，单区段的最大长度小于 200m，因此重点研究多点激励对于钢结构屋盖的影响。

采用三向地震输入，主、次和竖向的加速度峰值比例为 1.0∶0.85∶0.65。最大峰值加速度为 125cm/s²。根据地勘报告，地震波的传播速度取平均值（250m/s）。通过编制程序对计算输入进行控制，根据支座所在的空间位置，自动计算确定每个支座处的激励，保证相邻支座的激励连续变化。

选择罕遇地震弹塑性分析中采用的两组波，一组天然波和一组人工波，分别计算 X 向主输入和 Y 向主输入共计 4 个工况。将计算结果与一致输入罕遇地震的结果进行对比。

表 13.2-2 是分析采用的 1 组人工地震波和 1 组天然波。

非一致激励的总剪力（表 13.2-3）比一致激励明显降低，因为下部结构不同区段振动不一致导致的地震力相互抵消，总地震力最低降为一致激励的 40%，发生在天然波的 Y 向，其他工况基本在 60%～80% 之间。人工波的 Y 向非一致激励响应略有增大，增大比例小于 5%。

由分析可得，非一致激励的基底剪力比一致激励的基底剪力小，为一致激励的 60%～80% 左右；非一致激励的层间位移角比一致激励的位移角小；非一致激励下，关键构件的剪力出现增大现象，最大比值在135%以内;非一致激励罕遇地震下屋盖总体基本保持在弹性范围,与一致激励的性能状态基本类似。

地震波分组   表 13.2-2

类型	地震波组	方向	对应地震波	峰值/(cm/s²)
人工波	GM50-3	主	GM50-3M	
		次	GM50-3S	
		竖	GM50-3V	125
天然波	GM50-1	主	GM50-1M	
		次	GM50-1S	
		竖	GM50-1V	

总剪力对比   表 13.2-3

地震波	输入工况	X向主输入		Y向主输入	
		V_X/kN	V_Y/kN	V_X/kN	V_Y/kN
天然波	一致	40808	19611	20829	31963
	非一致	20983	15788	13005	12763
	非一致/一致	0.514	0.805	0.624	0.399
人工波	一致	23262	15437	22182	18258
	非一致	15526	16121	18495	12367
	非一致/一致	0.667	1.044	0.834	0.677

13.2.9 指廊下部结构分块对上部钢屋盖的影响

反应谱为静力分析,CQC 法防震缝两侧的构件内力见图 13.2-20,跨缝梁水平弯矩为 64kN·m,跨缝柱的柱脚弯矩为 10kN·m,均较小,无法真实反映因地震的动力特性影响以及复杂扭转等因素使得下部混凝土分段错动后,对上部钢屋盖对应位置构件造成的不利影响。因为地震波资料收集的局限性和选取的随机性,即使选 7 条波取包络值,时程分析法也仅比 CQC 法的结果高了不到 10%,难以做到对实际可能出现的最不利震动情况的全覆盖。

项目利用简化方法,假定在设防地震作用下混凝土分缝处的钢屋盖屋面也存在分缝,计算得到混凝土段缝边柱顶的不利位移,再利用各主要振型判别此位移可能对上部钢屋盖产生的不利组合,在弹性情况下分析组合位移对钢屋盖钢梁的影响。

钢屋盖在假定分缝情况下混凝土分段的振型如图 13.2-21 所示,结构可能存在 C3C4 段间的横向错动和纵向错动,这些相互错离的趋势将作用于钢屋盖截面。在设防地震作用下,混凝土防震缝 C3 侧柱顶的X、Y向的最大位移分别是 14mm、16mm,混凝土防震缝 C4 侧柱顶的X、Y向的最大位移分别是 14mm 和 18mm,Y向 C3、C4 侧柱顶位移差之和为 34mm。

根据主要振型的形式和结构实际布置情况,结构抗横向错动主要依靠钢屋盖的面内剪弯刚度,其刚度值较小,故横向错动按照可能产生的最不利情况(即Y向 C3、C4 侧柱顶位移差之和 34mm)做强制位移验算,是设防地震作用下结构可能达到的位移差上限。结构纵向相向运动主要依靠纵向钢梁的轴向刚度抵抗,此刚度值较大,导致下部混凝土单元在钢屋盖的协同下无法发生大的相对变形,故偏保守地按照相对变形为 14mm 的强制位移进行验算。

验算结果(图 13.2-22)表明,叠加上述强制位移工况后,纵向钢梁的水平向弯矩标准值上升到 239kN·m,轴力标准值上升到 197kN,综合强度应力比由 0.54 提高到 0.70;钢柱的柱脚弯矩标准值上升到 792kN·m,综合强度应力比由 0.80 提高到 0.95,因均已按位移荷载的上限取值设计,故能满足设防烈度下构件的强度要求。综上所述,下部各段混凝土分缝而上部连为一体的钢屋盖,在设防地震作用下验算上述强制错动位移工况,能覆盖到最不利的受力状况,经构件截面尺寸调整和应力比控制,可满足《建筑抗震设计规范》GB 50011—2010(2016 年版)要求。

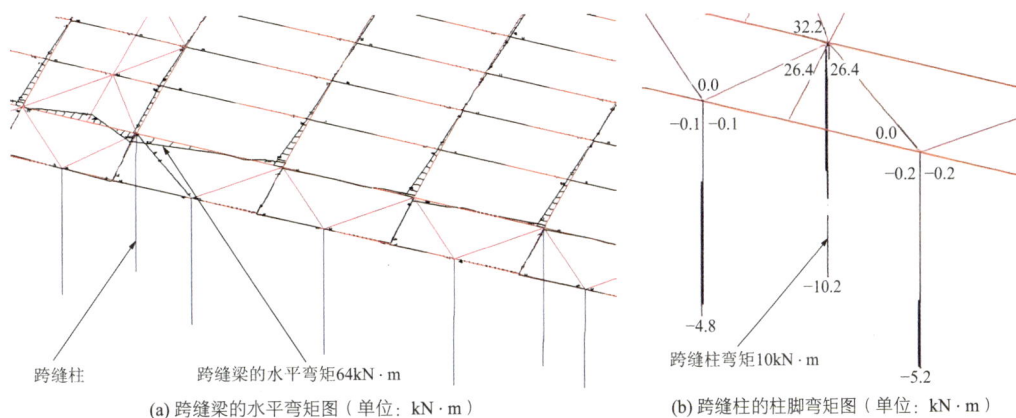

跨缝柱　　　　　　跨缝梁的水平弯矩64kN·m

(a) 跨缝梁的水平弯矩图（单位：kN·m）

32.2
0.0　　26.4 26.4
−0.1 −0.1
0.0
−0.2 −0.2
−10.2
−4.8
跨缝柱弯矩10kN·m
−5.2

(b) 跨缝柱的柱脚弯矩图（单位：kN·m）

图 13.2-20　CQC 法防震缝两侧的构件内力图

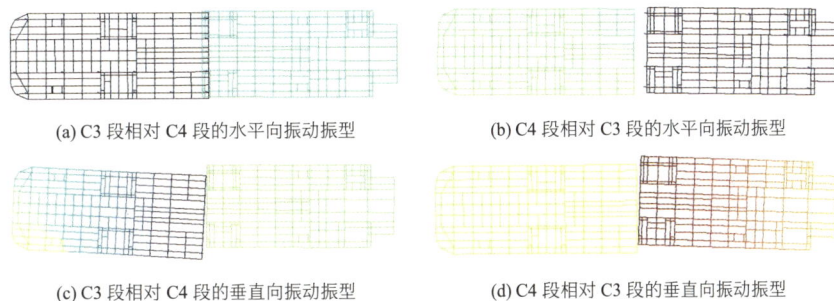

(a) C3 段相对 C4 段的水平向振动振型　　　(b) C4 段相对 C3 段的水平向振动振型

(c) C3 段相对 C4 段的垂直向振动振型　　　(d) C4 段相对 C3 段的垂直向振动振型

图 13.2-21　C3C4 段相对错动的振型图

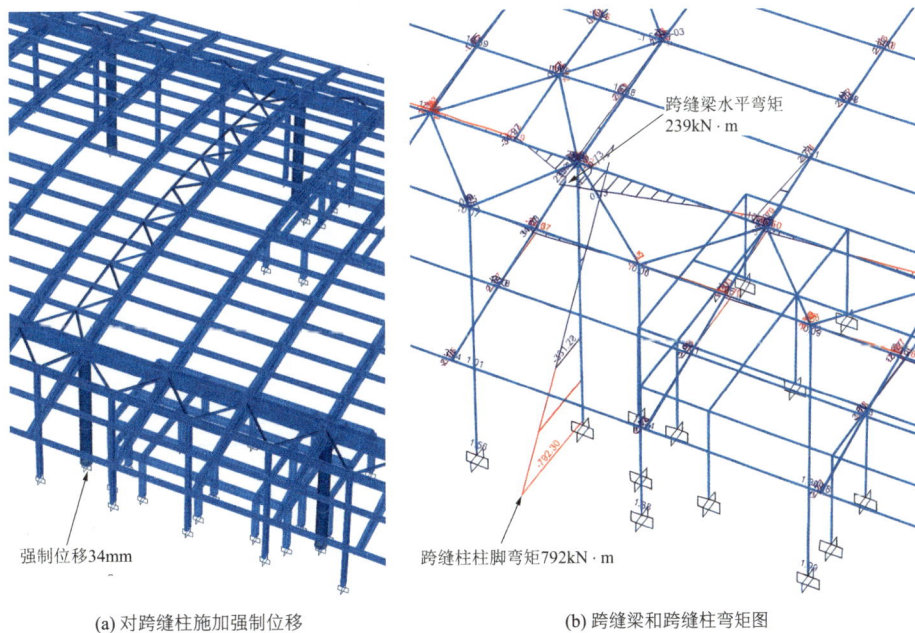

强制位移34mm

(a) 对跨缝柱施加强制位移

跨缝梁水平弯矩
239kN·m

跨缝柱柱脚弯矩792kN·m

(b) 跨缝梁和跨缝柱弯矩图

图 13.2-22　跨缝梁和跨缝柱的强制位移分析图

13.3　陆侧交通中心及上盖工程结构布置及分析

13.3.1　基础

　　陆侧交通中心地下共 4 层，根据地质勘察资料并结合当地实际工程经验进行基础设计，综合考虑上部建筑物荷重、工程地质条件及周围环境，采用钻孔灌注桩基础，桩尖持力层均为⑫₄圆砾层，桩端进入持力层 12m，有效桩长约 48m。其中地下室采用抗拔桩，直径为 700mm 或 800mm，对应的抗拔承载力特征值分别为 1100kN 或 2200kN；单体主楼下采用直径 800mm 的抗压桩，受压承载力特征值为 5100kN，通过后注浆技术来提高受压承载力。

交通中心结构底板标高为 −17.2m，地下室以抗浮为主，底板厚度为 1200mm，开挖深度约 18.0m，平面尺寸约为 280m×400m。由于地下室超大且开挖深度深，土体开挖卸荷后抗拔桩的桩周土侧压力无法恢复到原来的压力值，将降低抗拔桩的侧摩阻力，从而降低抗拔承载力。根据文献并综合考虑开挖卸荷影响因素后，单桩抗拔承载力从基坑边至基坑中部逐步降低，基坑中部承载力约为基坑边承载力的 75%～80%，以保证地下室抗浮安全，典型桩位如图 13.3-1 所示。

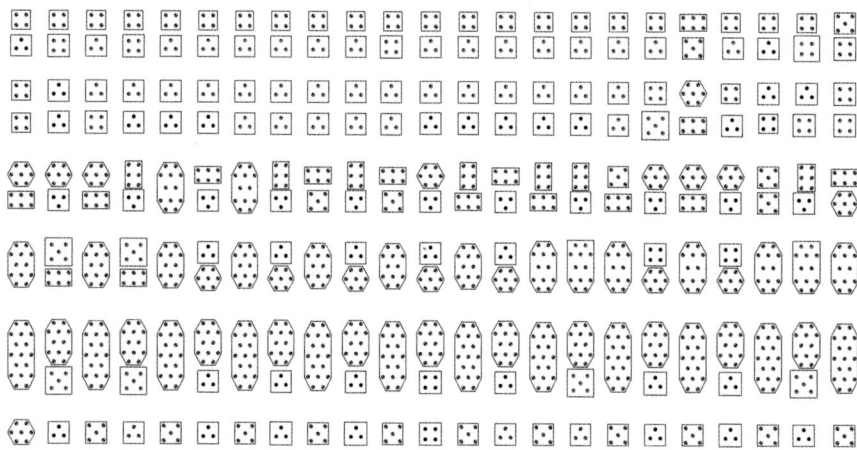

图 13.3-1　交通中心典型桩位布置图

13.3.2　结构体系及结构布置方案

陆侧交通中心及上盖主体结构采用钢筋混凝土框架结构，并设置少量剪力墙用于调整结构扭转刚度，共划分为 10 个单元，如图 13.3-2 所示，整体结构模型如图 13.3-3 所示。为满足建筑布局灵活多变的功能要求，陆侧交通中心、北侧裙房和南侧花架的主体结构均采用现浇钢筋混凝土结构。陆侧交通中心屋盖由混凝土结构和钢结构组成，其中混凝土结构为钢筋混凝土框架结构；钢结构为大跨度的单层菱形交叉网格结构，由钢管混凝土柱支撑，屋盖主要传力梁和交叉钢梁均为箱形截面。

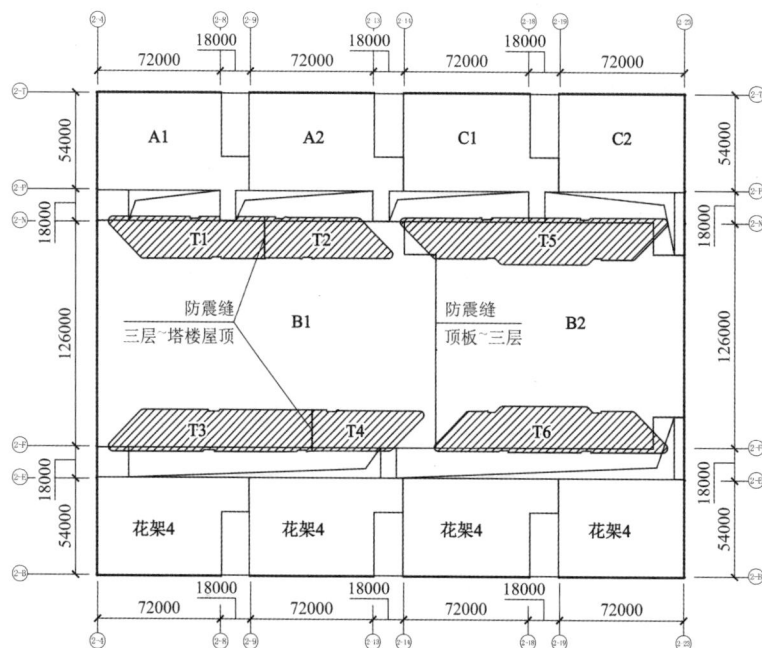

图 13.3-2　交通中心结构单元划分示意图

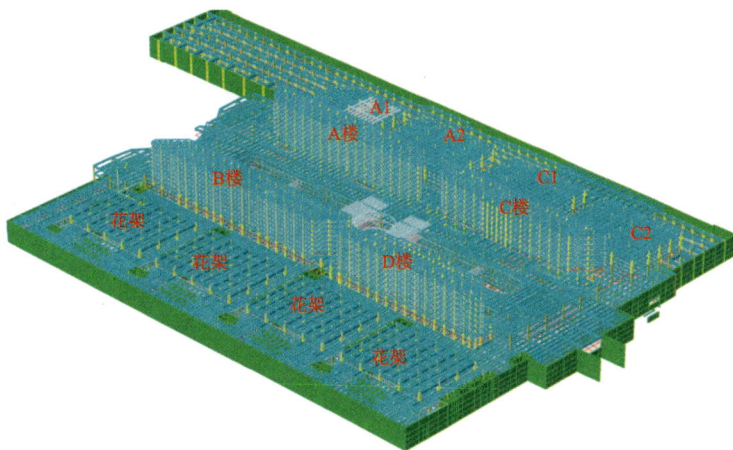

图 13.3-3　交通中心整体结构模型

陆侧交通中心主楼结构平面尺寸大，综合考虑温度应力、平面及竖向规则性和建筑使用功能，通过布置抗震缝分为两个独立单元，各独立单元均有多个独立上盖塔楼。陆侧交通中心和原 T1、T2、T3 航站楼之间布置连廊和连桥，连廊为独立的钢结构，采用整体钢框架结构形式。

B1、B2 区的典型柱网为 18m × 18m，主体结构主要采用钢筋混凝土框架梁结构体系，楼盖结构为现浇钢筋混凝土主次梁楼盖体系。中间通道为 30m 大跨度结构，该区域受下层行车道净高限制，采用钢结构框架体系，钢梁为 1200mm 高的箱形钢梁，间距为 2.25m，上覆 150mm 厚钢楼承板；钢梁搭接在柱钢梁上，并向外延伸各一跨，如图 13.3-4 所示。

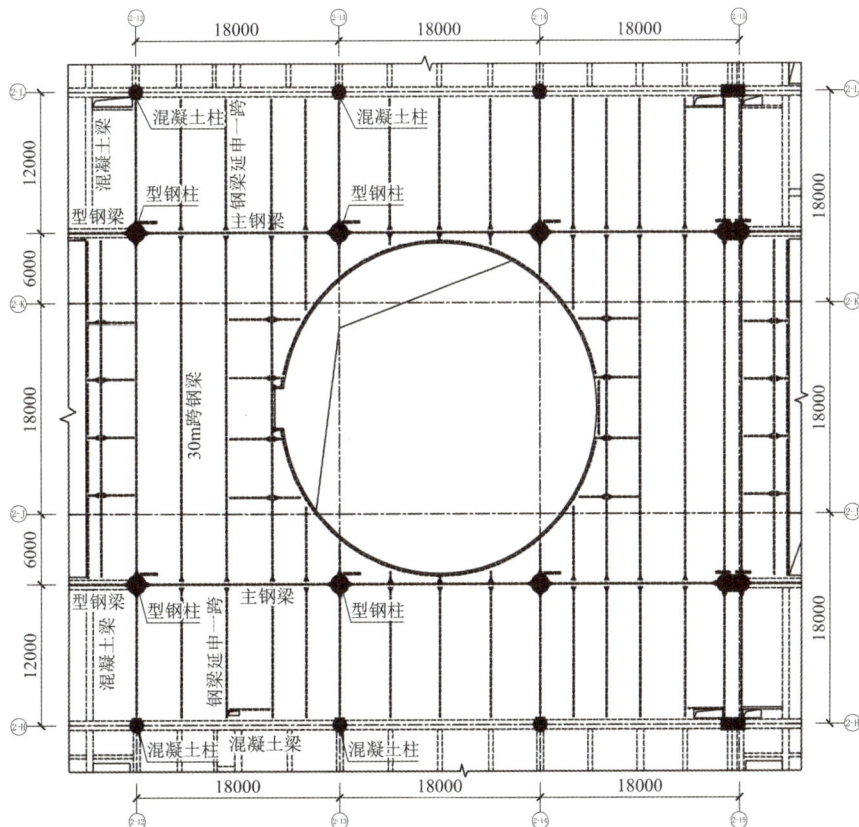

图 13.3-4　陆侧交通中心钢框架结构平面图

13.3.3　交通中心及上盖结构动力特性分析

表 13.3-1 为计算得到的结构主要振型基本信息。B1、B2 区各分塔中最大扭转位移比为 1.02～1.36；

多遇地震作用下的层间位移角约为 1/1800～1/1200；各塔楼层 X、Y 向抗侧刚度力比最小值分别为 1.24、1.28，均大于 1.0，楼层抗侧力体系的竖向刚度没有突变；X、Y 方向楼层受剪承载力比值最小值分别为 0.99、1.0，均大于 0.8，楼层抗侧力体系的承载能力变化平稳。分塔楼层剪力、倾覆弯矩沿竖向无明显突变。

B1、B2 区塔楼前 3 阶振型基本信息　　　　　　　　　　表 13.3-1

振型		周期/s	平动系数		扭转系数
			X 向	Y 向	
第 1 阶	B1 区	1.61	0.2	0.77	0.03
	B2 区	1.60	0.16	0.67	0.17
第 2 阶	B1 区	1.55	0.92	0.07	0.01
	B2 区	1.50	0.38	0.33	0.29
第 3 阶	B1 区	1.33	0.05	0.04	0.91
	B2 区	1.29	0.03	0.25	0.72

周期比为 0.83、0.81，满足要求

13.3.4 交通中心多遇地震作用下楼板应力分析

由于 B1、B2 结构二层（6.000m 标高）、三层（12.000m 标高）楼板缺失较多，上部为大底盘多塔结构，为确保水平地震作用在框架柱间能有效传递，对该层楼板进行小震作用下的应力分析，结果如图 13.3-5～图 13.3-8 所示。

在地震作用下：楼板的正应力水平均比较低，绝大部分区域的应力为 0.4～0.8MPa，局部梁柱节点处板内最大应力峰值约 1.0～1.5MPa，未超过 C40 混凝土的抗拉强度标准值 2.39MPa。施工图设计时将对应力较大区域适当提高楼面配筋率，以提高楼板的安全度。

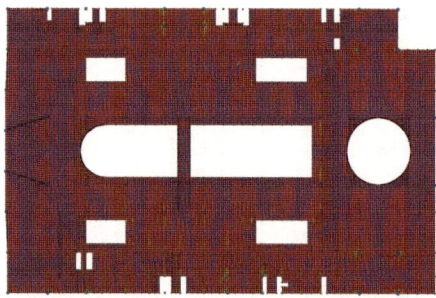

图 13.3-5　2 层双向地震作用下楼板 S_X 应力云图（单位：MPa）

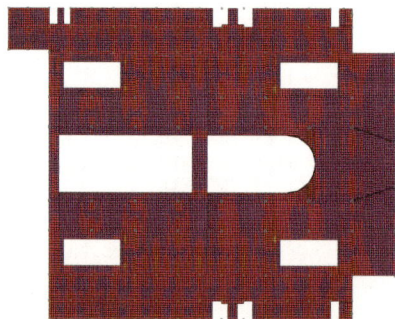

图 13.3-6　2 层双向地震作用下楼板 S_X 应力云图（单位：MPa）

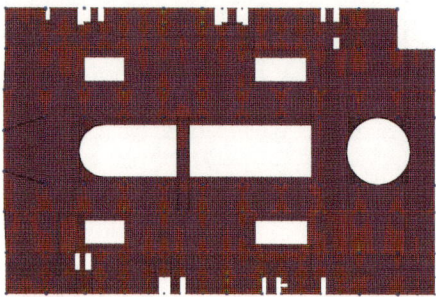

图 13.3-7　2 层双向地震作用下楼板 S_Y 应力云图（单位：MPa）

图 13.3-8　2 层双向地震作用下楼板 S_Y 应力云图（单位：MPa）

13.3.5 交通中心下沉屋面钢结构分析

（1）构件参数

下沉屋面位于陆侧交通中心地下室顶板处，根据建筑造型需求并经综合考虑，下沉屋盖钢结构采用菱形网格单层网壳结构，单片屋盖长108m、宽23m，矢高1.5m，支座间距18m，主杆件菱形边长9.8m，如图13.3-9所示。屋面主龙骨为□400×200×12×12，网壳钢构件均采用焊接异形截面□（932~900）×400×40×40，钢材均采用Q345B。网壳通过固定球铰支座与周边混凝土结构连接。结构具有低矢跨比（1/15）、大斜交网格受力性能较低、弯扭异形截面及主杆件连接节点（图13.3-10）为焊接异形弯扭刚性节点等特点。

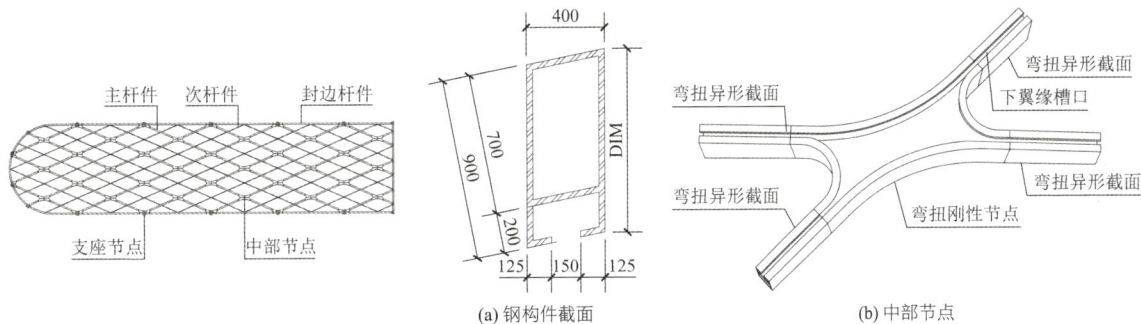

图13.3-9 屋面菱形网格结构体系平面示意图

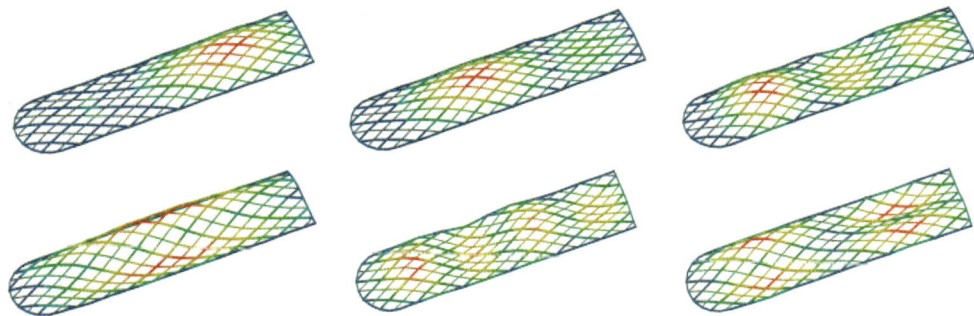

(a) 钢构件截面

(b) 中部节点

图13.3-10 下沉屋面弯扭异形截面及节点示意图

（2）屋盖模态分析

屋盖钢结构前6阶周期分别为0.40s、0.34s、0.26s、0.26s、0.20s及0.20s，结构整体刚度适宜，振型（图13.3-11）合理。

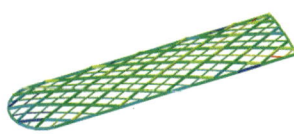

图13.3-11 前6阶振型图

（3）屋盖变形应力分析

由图13.3-12~图13.3-13可知：在1.0恒荷载＋1.0活荷载组合下，结构跨中的最大挠度约为120mm，结构跨中起拱65mm，结构跨度L约为23m，120mm－65mm＝55mm＜$L/400$＝57.5mm。单层网壳最大应力比为0.52，屋面主龙骨最大应力比为0.78。

（4）屋盖温度作用分析

屋盖钢结构长约108m，对温度作用较为敏感，温度作用下钢屋盖结构的变形、构件应力见图13.3-12~图13.3-17。在温度作用下屋盖钢结构最大水平变形约为18mm，位于屋盖端；最大竖向变形约为－33mm，位于屋盖跨中。在温度作用下屋盖钢结构最大应力约32.3MPa。考虑温度作用组合的应力比相较不考虑时增大基本在0.1以内。在考虑温度作用的各荷载组合下，构件应力比均小于0.85。

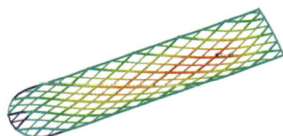

图13.3-12 屋盖竖向变形图　　图13.3-13 屋盖构件应力图

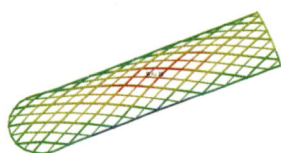

图 13.3-14　升温下屋盖变形　　　图 13.3-15　升温下屋盖应力

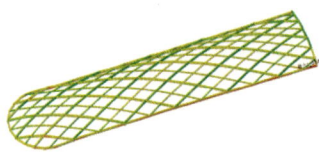

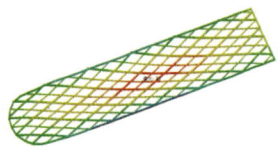

图 13.3-16　降温下屋盖变形　　　图 13.3-17　降温下屋盖应力

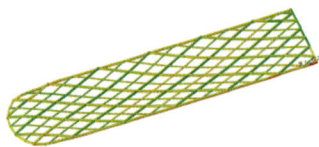

（5）屋盖屈曲分析

屋盖钢考虑初始几何缺陷的影响，初始几何缺陷分布采用了 1.0 恒荷载 + 1.0 活荷载组合作用下的第 1 阶屈曲模态，其缺陷最大计算值按结构跨度的 1/300 取。前 6 阶屈曲特征值分别为 10.83、11.12、11.60、15.65、16.00 及 17.81，前 3 阶屈曲模态如图 13.3-18 所示。

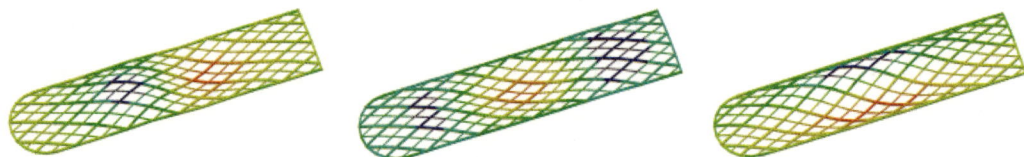

图 13.3-18　前 3 阶屈曲模态图

13.3.6　交通中心中庭采光顶钢结构分析

（1）构件参数

交通中心中庭圆形采光顶直径 30.0m，采用弦支穹顶结构体系（图 13.3-19），弦支穹顶结构模型及钢拉杆采用定制铸钢节点（图 13.3-20）。弦支穹顶上弦单层网格矢高 1.0m，下弦拉索垂度 1.7m，通过 16 个短立柱支承于下部环梁上。上弦单层网格由 8 道径向杆件、外环梁和 X 形次杆件组成，形成 32 个菱形网格，整体呈雪花造型。上弦单层网格距采用 Q345B 箱形截面(□400×200×16×16 或□400×150×16×16)，根据建筑造型需要，连接节点均采用铸钢节点。下弦设置 1 道环向钢拉杆和 8 道径向钢拉杆，呈肋环形布置。环向和径向拉杆规格均为 $\phi50$，强度级别为 Q460B 级。环向钢拉杆与径向钢拉杆采用定制铸钢节点螺纹连接。撑杆采用圆钢管，上下端均铰接，位于直径 12.0m 位置。

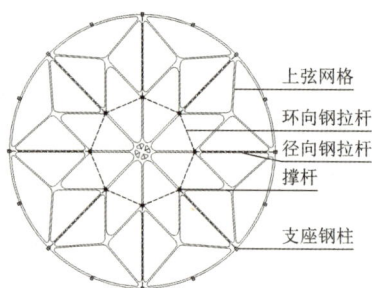

图 13.3-19　弦支穹顶结构模型示意图　　　图 13.3-20　钢拉杆采用定制铸钢节点示意图

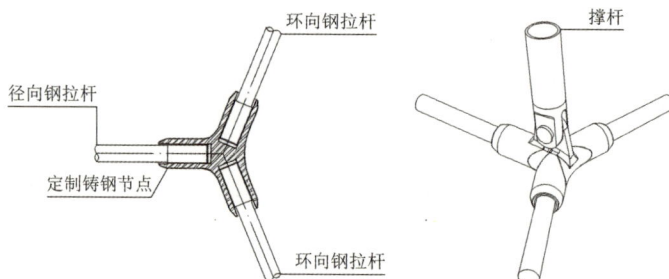

（2）采光顶模态及变形应力分析

采光顶钢结构前 6 阶周期分别为 0.42s、0.36s、0.36s、0.34s、0.23s 及 0.23s，结构整体刚度适宜，振型合理。在 1.0 恒荷载 + 1.0 活荷载组合下，结构跨中的最大挠度约为 41mm（预应力初设状态至工作状态），41mm < $L/250 = 120$mm，结构跨度 $D = 30$m。上弦杆最大应力比为 0.556，自初始状态至工作状态

$\phi50$ 钢拉杆最大内力为 577kN，最小索力为 183kN。

（3）采光顶屈曲分析

采光顶考虑初始几何缺陷的影响，初始几何缺陷分布采用了 1.0 恒荷载 + 1.0 活荷载组合下的第 1 阶屈曲模态，其缺陷最大计算值按结构跨度的 1/300 取。前 6 阶屈曲特征值分别为 26.50、27.05、35.00、35.44、41.47 及 42.26。

13.3.7 交通中心温度应力分析

温度应力对陆侧交通中心及上盖结构影响较大。整体模型计算温度作用时，模型包含结构底板，底板下采用三向弹簧模拟支座约束情况。底板下水平弹簧刚度主要由桩基、承台侧向土体约束、底板与地基土的摩擦等因素决定。

分析表明越靠近底部支座的楼层，楼板温度应力越大，结构温度应力受支座影响自首层起开始显著减小，如图 13.3-21、图 13.3-22 所示。南区设置较多混凝土筒体，筒体之间的楼板以及筒体、孔洞周边楼板应力明显偏大。结构平面尺寸影响效应明显，2 层及以上楼层楼板温度应力在使用阶段和施工阶段均很小。正常使用阶段，地下室楼板温度应力部分位置略超混凝土抗拉强度标准值，配置适当温度钢筋即可满足；混凝土筒体间楼板和周边楼板配筋按温度计算结果加强温度配筋。

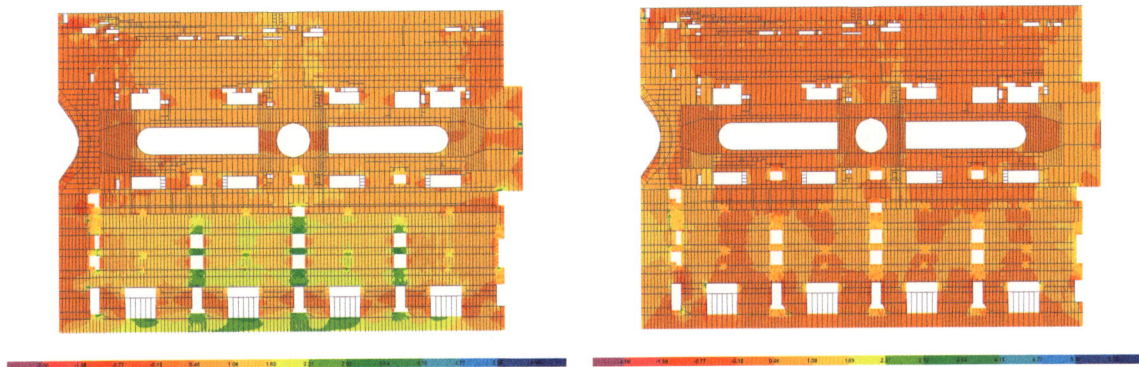

| 图 13.3-21 正常使用阶段 1 层温度X向温度应力 | 图 13.3-22 正常使用阶段 1 层温度Y向温度应力 |

13.3.8 交通中心罕遇地震弹塑性时程分析

项目选取 2 条天然波和 1 条人工波对 B1、B2 结构进行罕遇地震弹塑性时程分析。

B1 结构中产生最大层间位移角的 T1 塔在X向和Y向的平均层间位移角最大值分别为 1/203 和 1/147；B2 结构中产生最大层间位移角的 T5 塔在X向和Y向的层间位移角最大值分别为 1/229 和 1/173。

在罕遇地震作用下，B1 结构部分框架柱混凝土存在轻度受压损伤，转换梁上个别柱达到中度损伤；顶层部分柱纵筋进入塑性，最大塑性应变为 1.44×10^3，小于 1 倍屈服应变，其余楼层柱内纵筋处于弹性工作状态；B2 结构部分框架柱混凝土存在轻度受压损伤，三层柱损伤数量较多，约占 30%，其余层均仅少量柱损伤；少量柱纵筋进入塑性，最大塑性应变为 7.34×10^4，出现在顶层柱顶，但远小于 1 倍屈服应变，大部分柱内纵筋未进入塑性。

罕遇地震作用下，钢筋混凝土梁端混凝土发生轻度受压损伤，个别为中度受压损伤；部分梁内钢筋发生塑性变形，最大塑性应变为 1.71×10^3，小于 1 倍屈服应变，钢筋混凝土梁抗震性能良好。

罕遇地震作用下，楼板受拉损伤主要发生在梁柱节点区以及大洞口区域，均处于轻度受拉损伤（图 13.3-23、图 13.3-24）；所有楼层楼板基本处于受压弹性，楼板钢筋均未进入塑性，处于弹性工作状态，楼板受力性能良好。

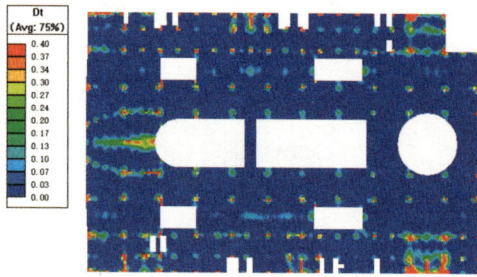

图 13.3-23　大震下 B1 二层楼板混凝土受拉损伤　　　　图 13.3-24　大震下 B2 二层楼板混凝土受拉损伤

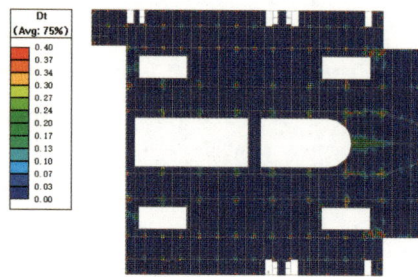

13.3.9　地下室采用顺作逆作有机结合

三期工程基坑面积巨大，开挖深度深，周边环境复杂，与地铁基坑存在交叉工况。若采用整坑开挖，可能有以下不利情况：①项目整体进度将受北侧地铁车站基坑工况及其已利用的场地限制；②基坑体量大，地下工期较长，影响航站楼上部进度；③基坑整体开挖，同步卸荷量大，不利于现航站楼及北侧在建地铁车站的保护。因此基坑采用分区开挖的方案，并分为 A1 区、A2 区、B1 区、B2 区和 C 区，如图 13.3-25 所示。

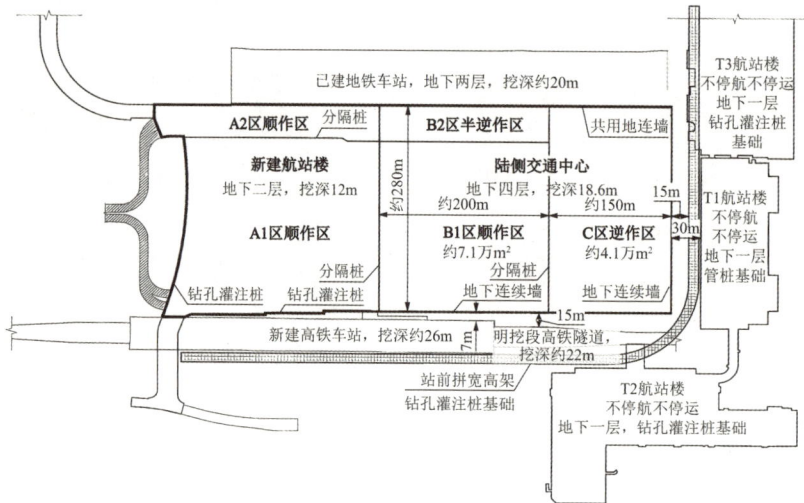

图 13.3-25　基坑分区实施示意图

交通中心 C1 区挖深约 18.6m，基坑面积约 41000m²，东侧邻近"不停航、不停运"的航站楼和楼前高架，北侧与地铁车站共墙且邻近车站~区间交接处，故采用逆作法施工（图 13.3-26），最大程度减小施工噪声及扬尘对航站楼的影响，以加强对周边环境的保护。首层结构梁板形成后，可根据实际需要划分出部分区域作为社会车辆行车通道。交通中心其余范围采用顺作法施工。

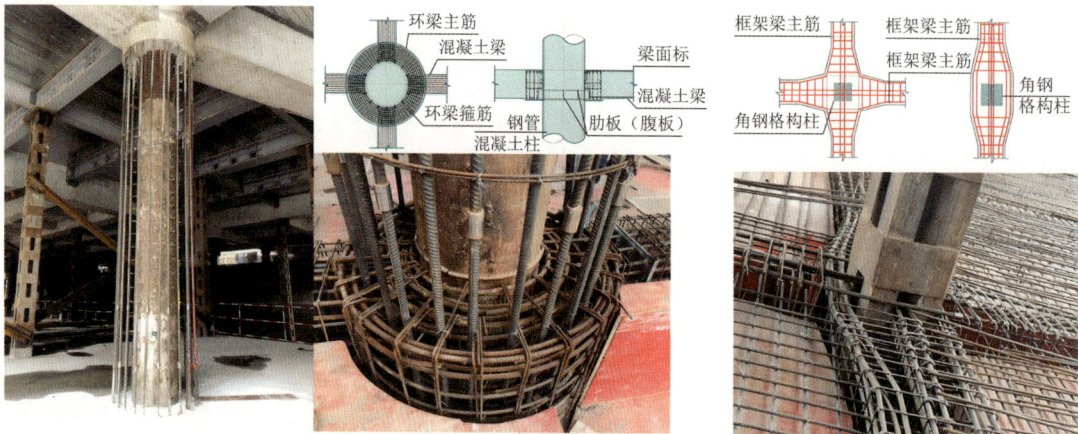

图 13.3-26　逆作法施工区域钢立柱及格构立柱梁柱节点

13.3.10　水冲法取土及泥浆泵送技术

交通中心总土方量约 180 万 m³，土方运输量大，需多坑同时施工，对土方车数量要求高，且项目与航站楼标段共用交通线路，土方运输受限，难以满足出土量需求，因此项目采用分散水冲法取土及泥浆分级增压泵送技术（图 13.3-27），解决交通中心地下室特别是逆作区的土方外运问题。

取土点按树状分散布置。相邻取土点之间间隔 50m 以上，取土点的位置可根据施工部署的要求进行移动。每个取土点设置临时泥浆池，池内泥浆由 22kW 泥浆泵抽吸入支管，再由支管汇入总管，有效防止堵管，提高取土效率。

确定粉砂土质泥浆配制最佳比例。粉砂质土，按照水土体积比 3∶2 的比例将粉砂土和水混合，混合均匀后的泥浆由泥浆泵抽吸入管道。过程中应每隔 2～3h 检测泥浆的相对密度是否符合要求。在提高泵送效率的同时防止了堵泵、堵管。

采用管道泵送系统。输送管采用一用一备双管布置，在最高层设置排气阀，最低处设置泄水阀，并设置管道伸缩器；针对管道暗埋、明敷、高差转角等情况，分别提出了泵送管道加固及安全保护和应急处理措施。

分散取土，泥浆配制　　　　汇流总管，增压泵出　　　　场外泵送，自然沉淀

图 13.3-27　水冲法取土及泥浆泵送技术示意图

参考资料

[1]　住房和城乡建设部. 建筑抗震设计规范: GB 50011—2010 (2016 年版) [S]. 北京: 中国建筑工业出版社, 2010.

[2]　住房和城乡建设部. 建筑结构荷载规范: GB 50009—2012[S]. 北京: 中国建筑工业出版社, 2012.

[3]　住房和城乡建设部. 混凝土结构设计规范: GB 50010—2010 (2015 年版) [S]. 北京: 中国建筑工业出版社, 2011.

[4]　住房和城乡建设部. 钢结构设计标准: GB 50017—2017[S]. 北京: 中国建筑工业出版社, 2017.

[5]　住房和城乡建设部. 高层建筑混凝土结构技术规程: JGJ 3—2010[S]. 北京: 中国建筑工业出版社, 2011.

[6]　全涌. 杭州萧山国际机场三期新建航站楼及陆侧交通中心风洞试验研究报告[R]. 上海: 同济大学土木工程防灾国家重点实验室, 2018.

[7]　林政, 杨学林, 陈劲, 等. 杭州萧山国际机场三期工程陆侧交通中心及上盖结构设计[J]. 建筑结构, 2022, 52(15): 115-122.

[8]　丁浩, 杨学林, 唐立华, 等. 杭州萧山国际机场三期工程 T4 航站楼指廊和长廊结构设计[J]. 建筑结构, 2022, 52(15): 123-129.

[9]　陈东, 杨学林, 刘晓燕, 等. 杭州萧山国际机场三期工程陆侧交通中心基坑逆作法设计[J]. 建筑结构, 2022, 52(15): 130-135.

设计团队

结构设计单位：浙江省建筑设计研究院有限公司＋华东建筑设计研究院有限公司

结构设计团队：杨学林、林　政、丁　浩、陈　劲、王国琴、唐立华、翟立祥、韩　俊、李　宏、
（浙江院）　　顾石磊、魏阳红

执　笔　人：林　政

获奖信息

2024 年度中国钢结构金奖年度杰出大奖

2025 年度杭州市勘察设计行业优秀成果（综合类）一等奖

第 14 章

杭州国家版本馆

14.1 工程概况

杭州国家版本馆位于杭州市余杭区良渚文化遗址保护区东侧，总建筑面积 10.31 万 m²，由南园、北馆、山体库三大区域组成，包括主馆一～五区、山体书库、南大门、水榭、明堂、水阁、大观阁、观景阁、绕山廊等 13 个单体，山体库地下 6 层，其余建筑单体地上 1～3 层，主要建筑功能为展示、保藏、洞藏、交流等。该项目是新中国成立以来浙江省规格最高的文化工程，也是文化浙江建设的"窗口"工程，是国家站在文化安全和文化复兴战略高度上谋划的用以存放保管文明"金种子"的"库房"，也称中华文明种子基因库。在场地选址方面，巧妙地利用了两处原有矿坑，构成南园北馆的格局，最大限度地保留了原有场地绿化和山体。原始场地图见图 14.1-1，建成后实景图见图 14.1-2。

图 14.1-1　原始场地图

图 14.1-2　实景图

主馆一～四区、山体书库设计使用年限为 100 年，结构安全等级为一级，抗震设防类别为重点设防类。其余建筑设计使用年限为 50 年，结构安全等级为二级，抗震设防类别为标准设防类。本工程抗震设防烈度为 6 度，基本地震加速度值为 0.05g，根据规范要求，水平地震影响系数最大值取 0.056。设计地震分组为第一组，场地类别为Ⅱ类。100 年一遇的基本风压为 0.50kN/m²，50 年一遇的基本风压为

$0.45kN/m^2$，地面粗糙度类别为 B 类。主馆一～五区及地下室、山体书库地基基础设计等级为甲级，其余单体为乙级。

14.2 结构体系及结构布置方案

主馆一～五区、南大门地上 2～3 层，根据建筑设计需求，设置了多种纹理的清水混凝土墙，采用钢筋混凝土框架-剪力墙结构。山体书库为利用场地东南侧山体修复建设的地下空间，共 6 层，其中 B6 层全埋于地下，B5 层至顶层在现状地面以上，山体修复后按地下空间考虑。水榭、明堂为单层建筑，采用钢木组合 + 纯木框架结构体系；水阁地上 3 层，采用钢筋混凝土剪力墙 + 悬挑钢木梁结构体系；大观阁地上 4 层，采用钢筋混凝土剪力墙结构体系；观景阁位于山体书库顶部，为 2 层钢木组合框架-核心筒结构。主馆区各单体典型平面图见图 14.2-1～图 14.2-4。

主馆区各单体计算模型见图 14.2-5～图 14.2-8。

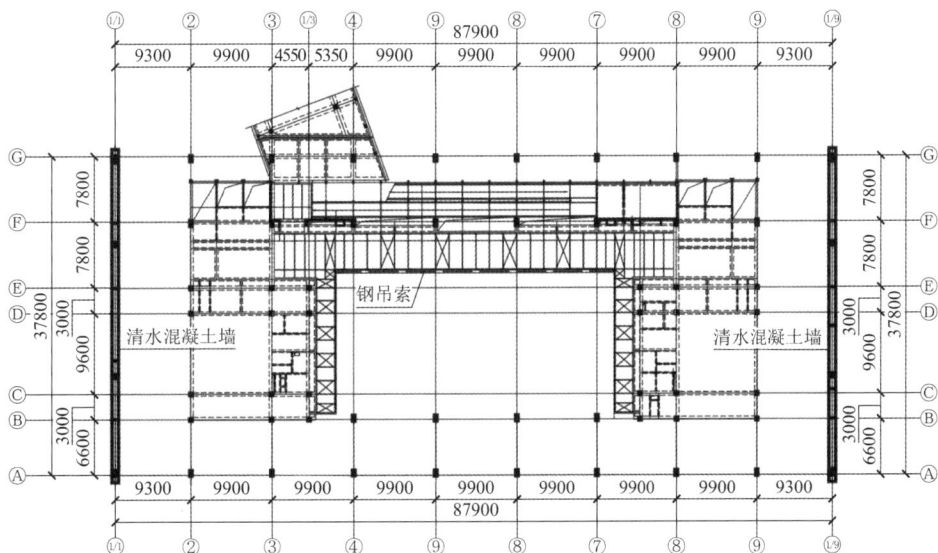

图 14.2-1 主馆一区二层平面图

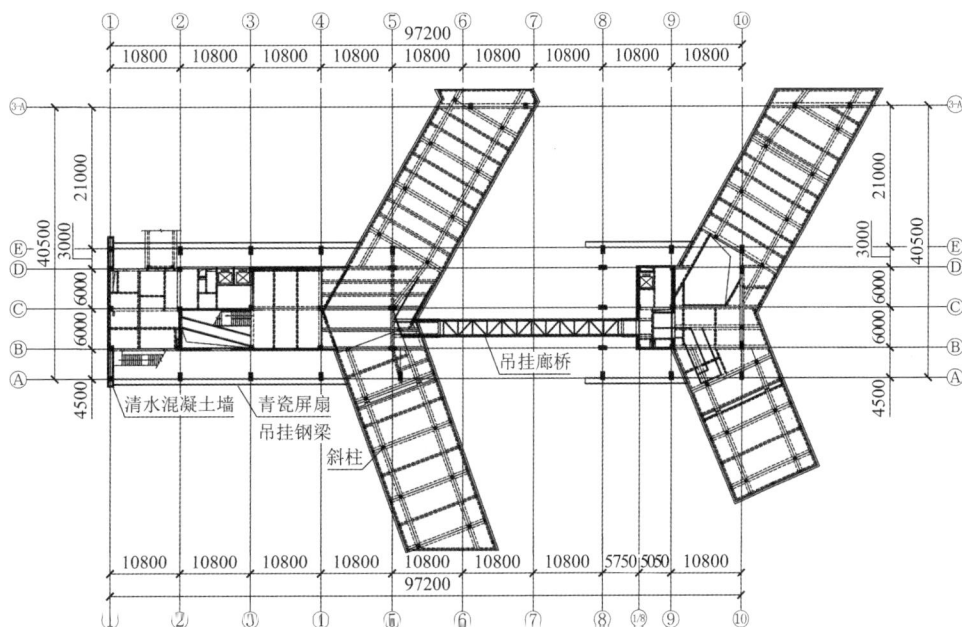

图 14.2-2 主馆二区二层平面图

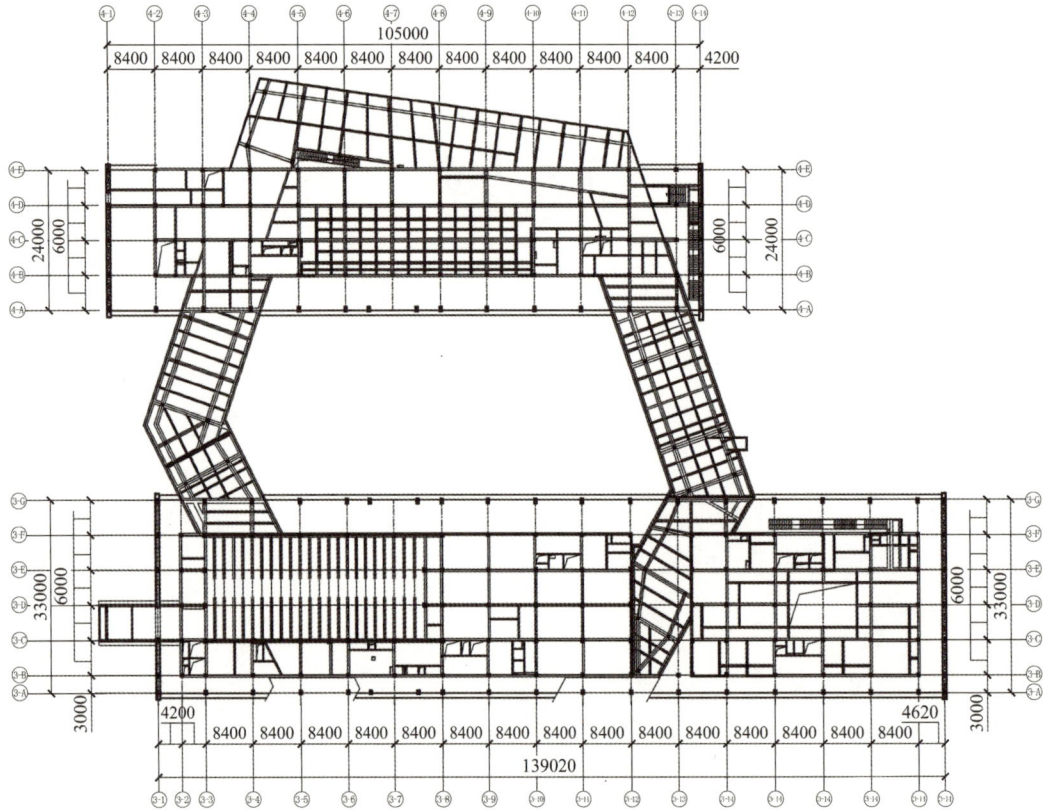

图 14.2-3　主馆三区、四区二层平面图

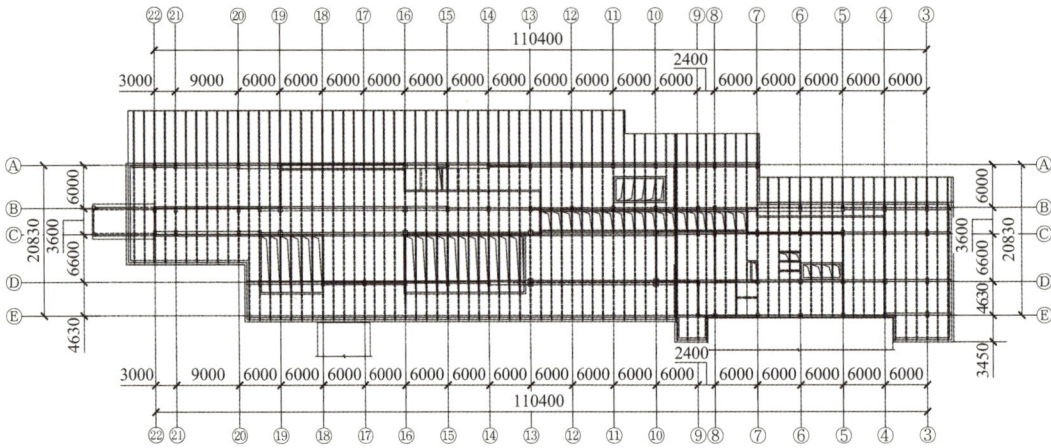

图 14.2-4　主馆五区屋顶结构平面图

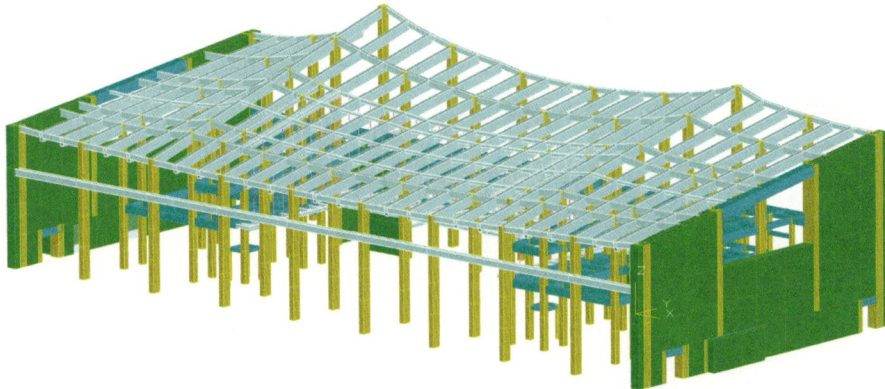

图 14.2-5　主馆一区结构模型

经典解构

浙江省建筑设计研究院有限公司篇

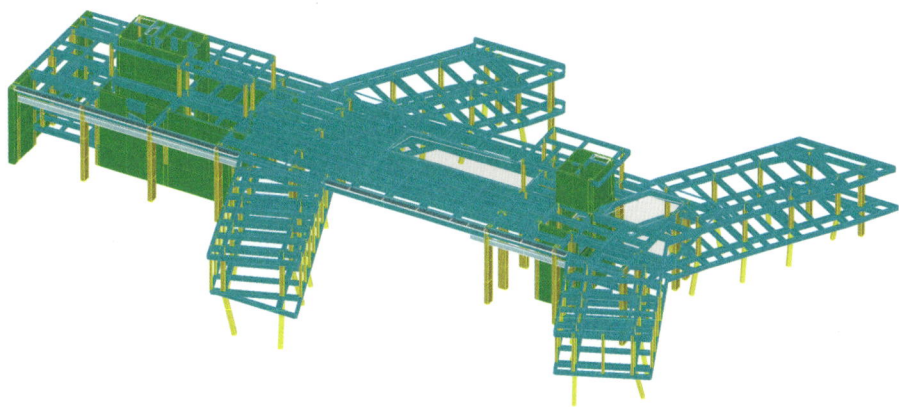

图 14.2-6 主馆二区结构模型

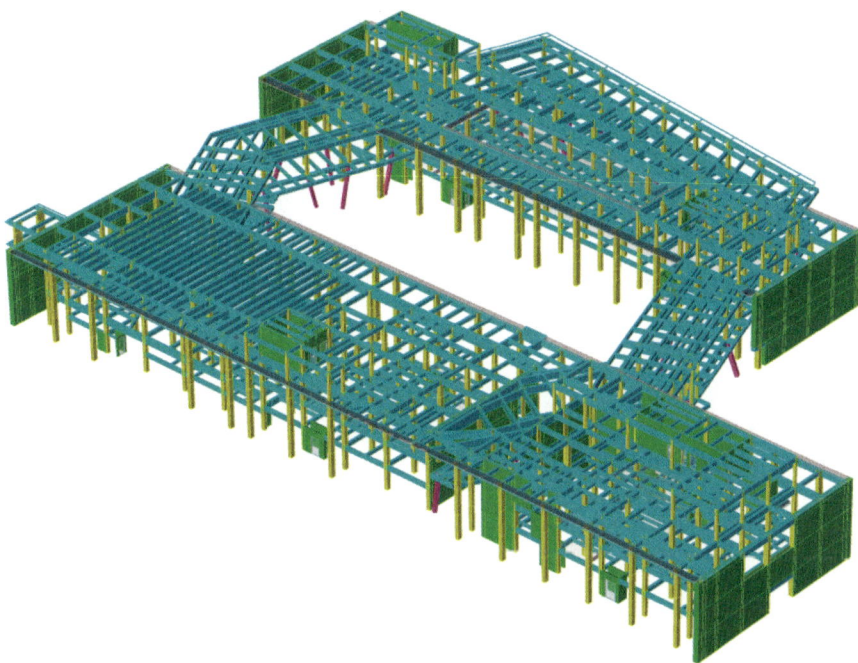

图 14.2-7 主馆三区、四区结构模型

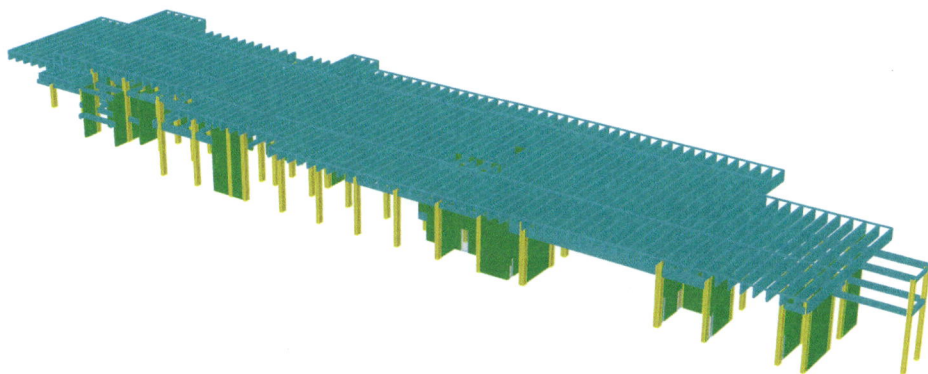

图 14.2-8 主馆五区结构模型

14.3 山体书库结构设计

山体书库的选址为场地东南侧原矿山开矿后形成的矿坑，如图 14.3-1 所示。根据建筑设计理念，山体书库整体轮廓与自然山体的走势协调一致，建成后与自然山体融为一体，形成完整的山形地貌，并在其下部赋予建筑功能。结构设计时充分考虑不同标高的区段排列得错落有致，把错层结构的设计分析用到极致，使建筑既能满足标高层层变化的要求，又符合性能化设计的理念，对薄弱部位进行有效加强。

图 14.3-1 山体库场址

为降低施工难度和建设成本，主体结构外墙与山体护坡挡墙采用"两墙合一"的设计方式，实现建筑与山体真正的一体化设计。这种设计方式是山地建筑和岩土结构设计的一个难点，需要经过全面的抗震性能分析和边坡稳定性分析。为了确保书库防水万无一失，整个书库的上下左右前后六面均设有空腔，完全与室外隔绝。山体书库与山体结合剖面图见图 14.3-2，山体书库与山体协同分析模型见图 14.3-3，结构整体计算模型见图 14.3-4。

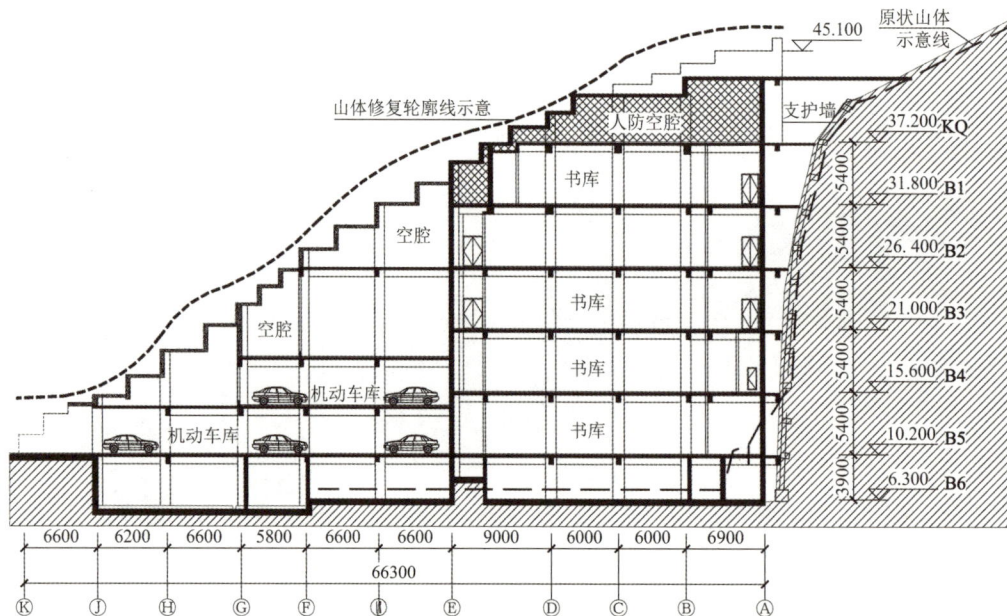

图 14.3-2 山体书库与山体结合剖面图

山体书库承载收藏重要文物、文献的功能，防护设计时充分考虑了防盗安全防护与战时人防防护的要求，将两者有机结合起来，既节约资源，又满足结构防护的需求。地下室设计时采用局部抗浮与整体抗浮相结合的方式，对局部抗浮存在风险处，增加抗拔锚杆以满足抗浮要求。

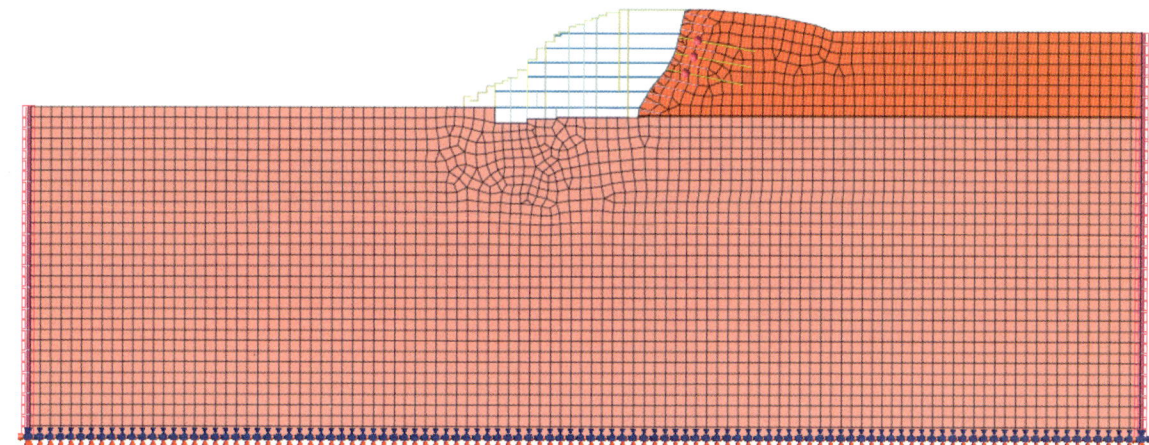

图 14.3-3　山体书库与山体协同分析模型

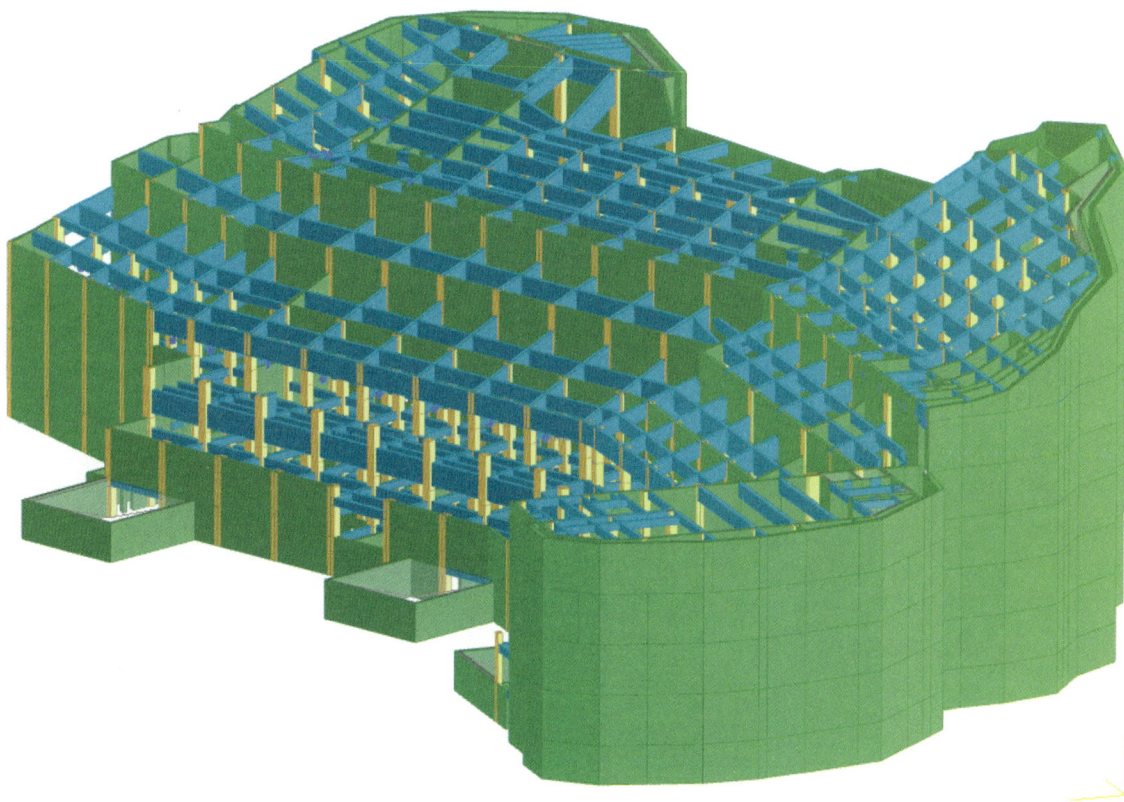

图 14.3-4　结构整体计算模型

山体书库总长 168m，由于书库防护和防水要求不宜设置永久性变形缝，结构采取抗的原则抵抗和承受温度效应的影响，具有代表性的山体书库 B3 层结构平面见图 14.3-5。采用 MIDAS Gen 建立有限元模型进行温度应力计算，同时采取以下构造措施：①楼板配筋沿纵向双层拉通且提高板配筋率；②纵向框架梁按偏心拉弯构件进行承载力计算并提高梁腹配筋率；③设置施工后浇带，混凝土采用低温入模，低温养护，减少混凝土水灰比和水泥用量；④做好屋面保温措施，及时回填屋面覆土。

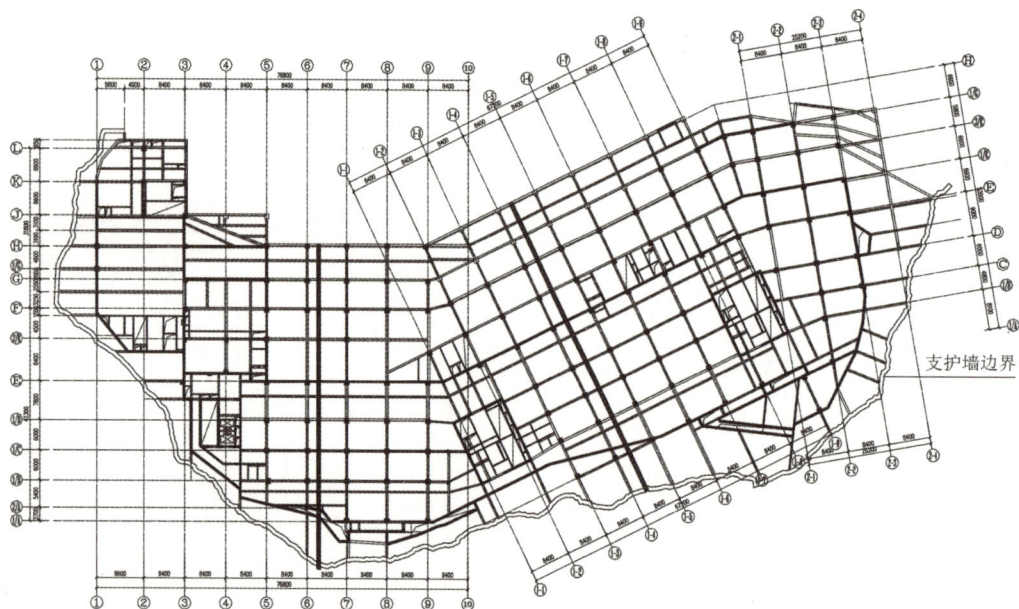

图 14.3-5　山体书库 B3 层结构平面

14.4　夯土墙设计

14.4.1　夯土墙概况

主馆一区和五区采用了大量的夯土墙作为建筑的外围护和分隔墙体，主馆一区夯土墙厚度为 600mm，无分段夯土墙的最高点为 15.5m，主馆五区夯土墙厚度为 600mm、750mm，最大高度为 7.98m。夯土墙底座及石敢当均为清水混凝土构件。主馆一区、五区夯土墙实景图见图 14.4-1、图 14.4-2。

图 14.4-1　主馆一区夯土墙

图 14.4-2　主馆五区夯土墙

14.4.2　材料及构造措施

本项目夯土墙采用生土夯筑，主要材料为黏土、砂、石三种，未掺水泥、石灰、矿渣、石膏等化学改性材料。夯土墙属于小众工艺，相关规范和标准较少，目前部分研究成果已被纳入技术法规中，以含水率为例，针对不同地区的不同土质，标准中对含水率的规定也无法统一，需要根据当地实际情况来确定最佳含水率。《青海省改性夯土墙房屋技术导则》DB 63/T 1687—2018 在材料、构造措施、施工要求、质量检验等方面作出了规定，《四川省农村现代夯土建筑技术标准》DB J51/T123—2019 对农村夯土建筑作出了规定，但均与项目匹配度较差，仅能参考。

本工程夯土墙最大高度达 15.5m，确保墙身稳定性的同时，还要保证夯土墙的立面效果，这是夯土墙的设计难点。经分析，夯土墙设计为内设钢骨架的自承重体系，钢骨架采用 20mm 厚钢板，主要分为三类：墙体分缝钢柱、内置构造柱、门窗洞口钢框。通过分缝钢板对高大夯土墙进行分隔，减少竖向裂缝的发生，分缝钢板通过增加侧向刚度，兼作竖向龙骨，对较长夯土墙，在内部设置钢构造柱。为了避免夯土自身沉降变形造成的水平裂缝，除门窗洞口顶外，一般不设置水平钢构件。设计时采用了以下构造措施保证夯土墙的安全及稳定：

（1）根据建筑效果要求，通过设置竖向"丰"或"廿"字形钢构件将夯土墙分为若干区段，对于长度大于 4.0m 的区段，在墙内增设工字钢构造柱，如图 14.4-3～图 14.4-5 所示；

（2）分缝及构造钢柱在楼层标高位置与主体结构的混凝土梁或柱进行有效拉结，保证夯土墙平面外稳定性。当层高较高时（层高≥5m），分缝钢柱在楼层半高处与主体结构框架柱增设一道拉结；

（3）夯土墙顶部设置压顶钢梁或钢板，并与构造柱及主体结构有效拉结；

（4）室内夯土墙顶部两侧设置混凝土梁，保证夯土墙的平面外稳定性；

（5）夯土墙内每 300mm 在墙内水平方向放置纵向间距 100mm、横向间距 300mm 的 15～20mm 宽竹筋，以提高夯土墙的整体性；

（6）夯土墙面涂刷或喷涂与夯土墙相容性较好的憎水材料。

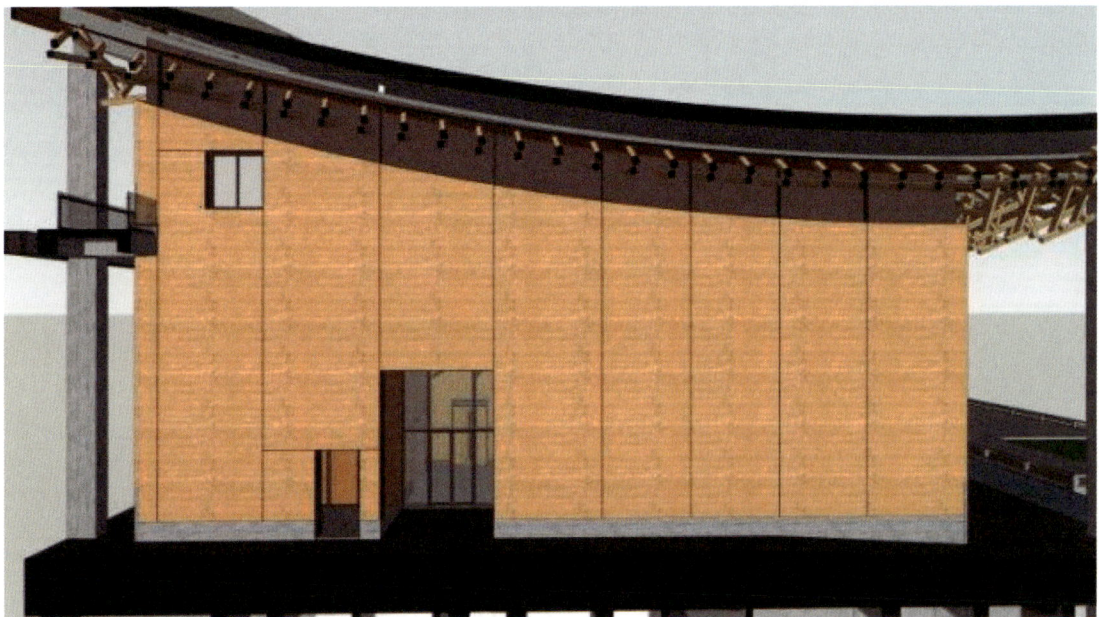

图 14.4-3 主馆一区局部夯土墙立面

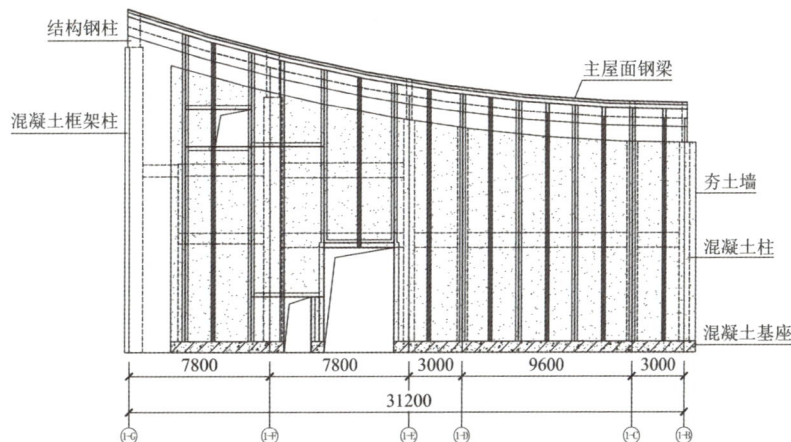

图 14.4-4 夯土墙内钢构件立面布置图

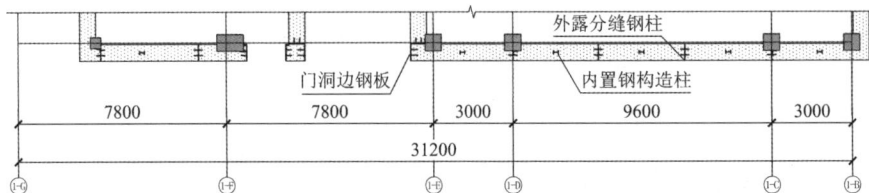

图 14.4-5　夯土墙内钢柱局部平面布置图

14.4.3　墙内型钢节点做法

夯土墙门洞钢框做法、夯土墙扶壁钢柱与框架柱连接做法、夯土墙构造钢柱与框架梁连接做法、夯土墙楼层位置拉结做法见图 14.4-6～图 14.4-7。

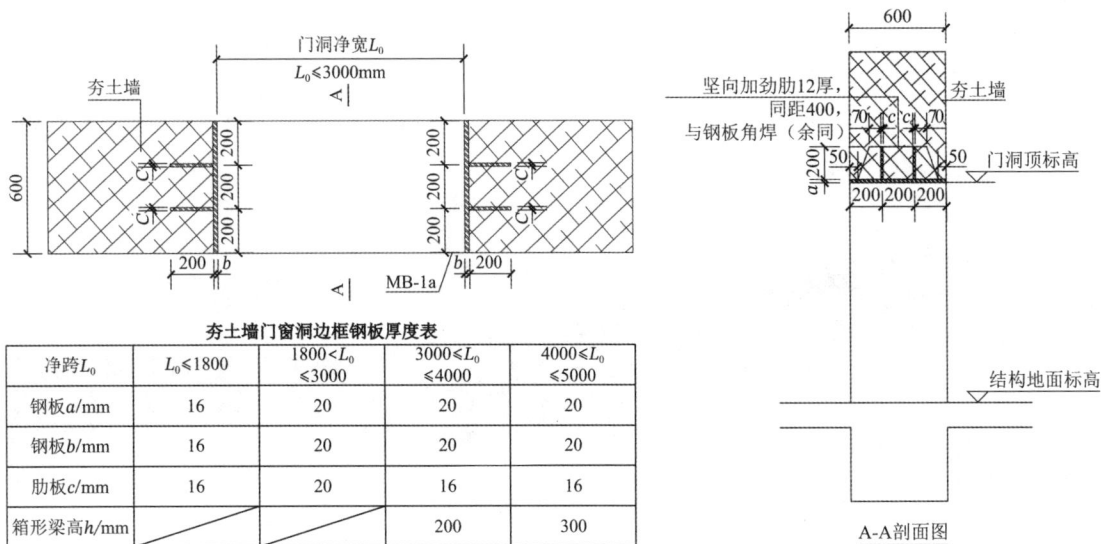

夯土墙门窗洞边框钢板厚度表

净跨L_0	$L_0 \leqslant 1800$	$1800 < L_0 \leqslant 3000$	$3000 \leqslant L_0 \leqslant 4000$	$4000 \leqslant L_0 \leqslant 5000$
钢板a/mm	16	20	20	20
钢板b/mm	16	20	20	20
肋板c/mm	16	20	16	16
箱形梁高h/mm			200	300

图 14.4-6　夯土墙门洞钢框做法

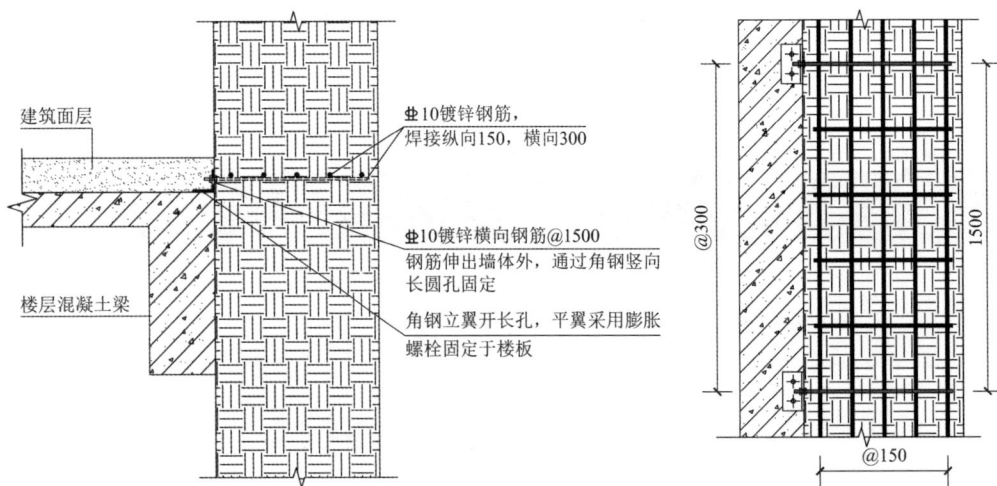

图 14.4-7　夯土墙楼层位置拉结做法

14.5　清水混凝土构件设计

建筑外立面采用了大量的清水混凝土元素，如何保证清水混凝土效果的完美呈现，对结构设计及施工都是很大挑战。为此，设计与施工团队从清水混凝土特性出发，在结构缝设置、清水模板制作、混凝土浇捣等多方面进行探讨，制定有针对性的设计施工措施，实现了清水混凝土效果的完美呈现。清水混凝土外表面建筑效果分为木纹、竹纹、光面 3 种，如图 14.5-1～图 14.5-4 所示。

主馆展廊和风雨廊区域，下部为架空空间，该区域底面均为木纹清水混凝土板，经方案比选，采用了双层板的做法，下层板采用清水工艺实现建筑效果，上层板采用钢筋桁架楼承板满足使用功能需求，减小结构重量的同时，最大限度地保证了板底的清水混凝土效果，双层板构造及浇筑顺序见图 14.5-5。

图 14.5-1　木纹清水混凝土双层板＋斜柱

图 14.5-2　木纹清水混凝土大跨梁

图 14.5-3　竹纹清水混凝土墙

图 14.5-4　光面清水混凝土"刀片梁"

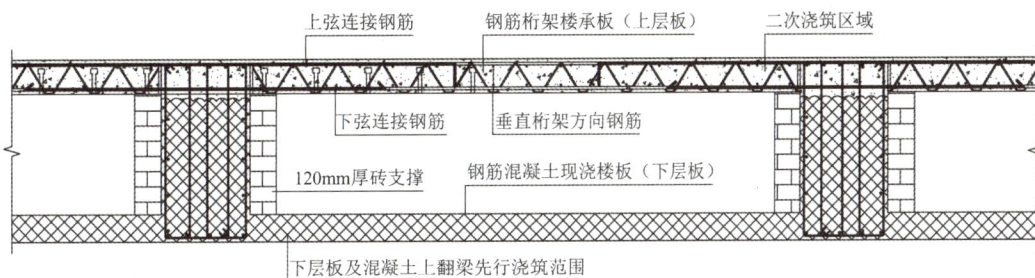

图 14.5-5　双层板构造图

主馆二～四区之间设置斜柱游廊，斜柱倾斜错落，同时与游廊的斜面楼板相接，空间关系复杂。斜柱采用了木纹清水混凝土效果，为了保证建筑效果的完美呈现，结构设计时针对每一根斜柱单独考虑其倾角和倾向，为模板加工及钢筋放样提供准确的依据，如图 14.5-6、图 14.5-7 所示。同时，通过合理选择其柱底落点的位置，使其形成稳定的空间结构体系，确保上部建筑的荷载能可靠地向基础传递。

图 14.5-6 展廊斜柱图

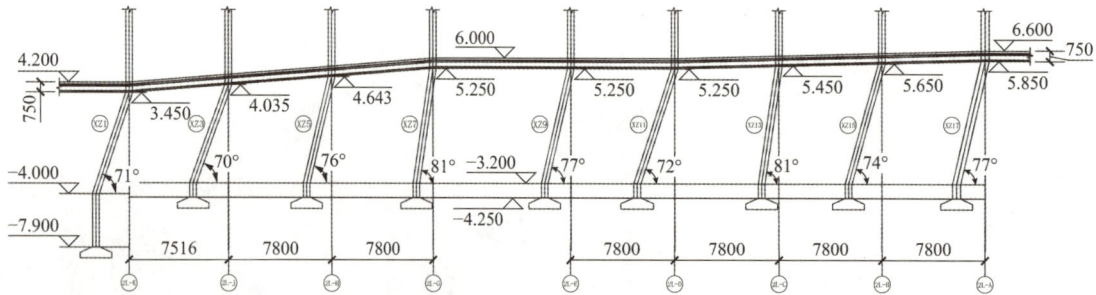

图 14.5-7 斜柱空间放样图

14.6 钢木组合结构设计

本项目在水榭、明堂、观景阁、桥廊、水阁及主馆一区、南大门等建筑单体中采用了大量创新木构形式，根据各单体跨度及受力情况，分别采用了纯木及钢木组合构件。水榭、观景阁实景图见图 14.6-1、图 14.6-2，下面以水榭为例进行相关结构设计介绍。

图 14.6-1 水榭实景图

图 14.6-2 观景阁实景图

水榭设一层地下室，采用钢筋混凝土框架-剪力墙结构，地上一层，建筑檐口高度 7.75m，屋脊高度 10.94m，采用钢木组合框架结构体系。木构件材料均为非洲柚木，参考 TB17 的木材弹性模量及强度，相对密度为 0.85，相对全干密度为 0.7。根据《木结构设计标准》GB 50005—2017，考虑露天环境、按恒荷载验算以及构件截面形状及尺寸的调整系数，木材顺纹抗拉强度设计值 f_t 取 8.71MPa，顺纹抗压强度设计值 f_c 取 12.67MPa，抗弯强度设计值 f_m 取 13.46MPa，弹性模量 E 取 7480N/mm²。钢材材质采用 Q355B。所有木构件做涂刷防护剂、防虫及防火处理，防护剂透入度和保持量按照《木结构工程施工质量验收规范》GB 50206—2012 中的相关规定执行。

采用 SAP2000 进行整体或独立结构单元的计算分析，并通过现场试验与试样确定截面尺寸、连接方式及安装工序等问题。钢木复合构件外包木与内部钢构件之间以及纯木构件之间的连接采用 10.9 级高强度螺栓对穿连接。木构件节点连接形式为铰接连接。水榭典型剖面及组合构件见图 14.6-3 和图 14.6-4，整体计算模型见图 14.6-5。

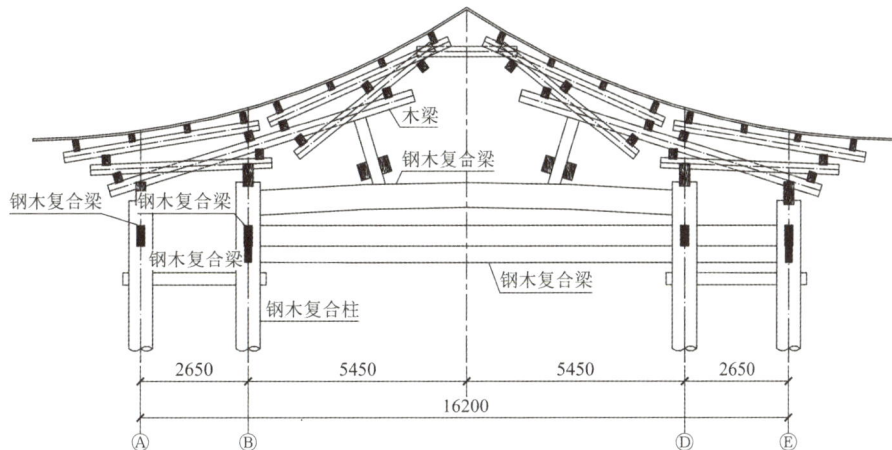

图 14.6-3 水榭钢木结构典型剖面

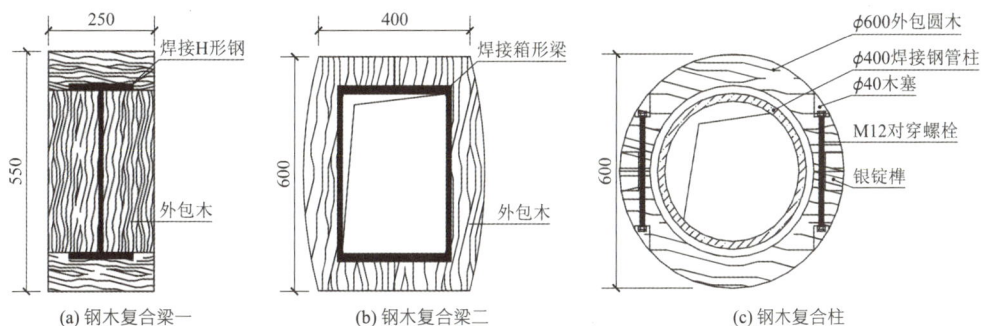

(a) 钢木复合梁一   (b) 钢木复合梁二   (c) 钢木复合柱

图 14.6-4 水榭典型钢木组合构件

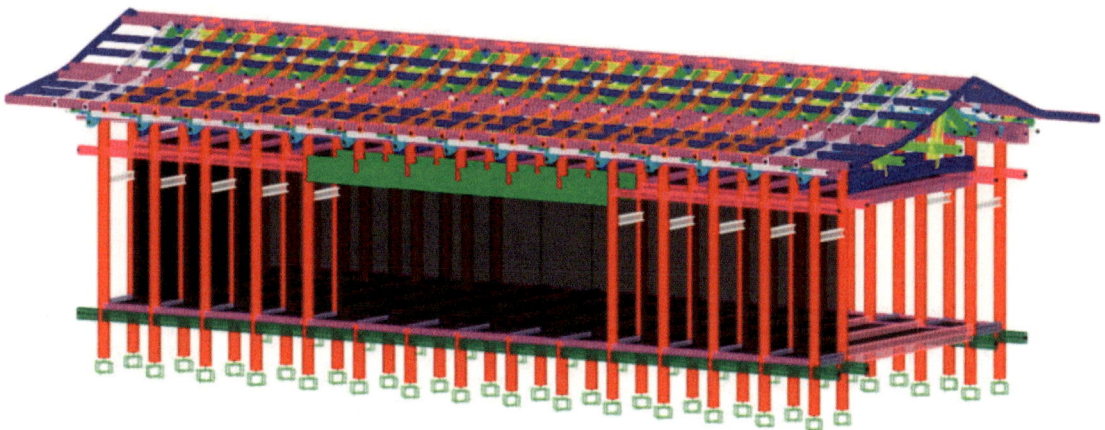

图 14.6-5 水榭计算模型

14.7 水阁结构设计

14.7.1 结构体系

　　小阁平面形状呈正方形，结构总高度 19.91m，总层数 3 层，底层层高 7.80m，2 层层高 7.35m，3 层层高 4.76m，建筑的主要功能为展厅、观景平台以及作为配套的工具间。水阁主体结构由位于中心的钢筋混凝土核心筒及四周纵横叠加的钢木梁组成的悬挑平台组成，底层筒体尺寸为 8m×7.75m，二层以上筒体东西向层层收进，二、三层筒体东西向外边缘尺寸分别为 7.4m 和 6.8m。四周悬挑平台最大悬挑长度为 5.55m，外围吊挂大尺寸玻璃幕墙。钢木悬挑梁内钢梁采用矩形截面，纵横向各 3 层，形成整体受力的空间悬挑桁架体系，钢木梁内钢梁为主要受力构件，外包木构件仅为装饰构件。水阁建筑实景图见图 14.7-1，建筑剖面图见图 14.7-2。

图 14.7-1 水阁实景图

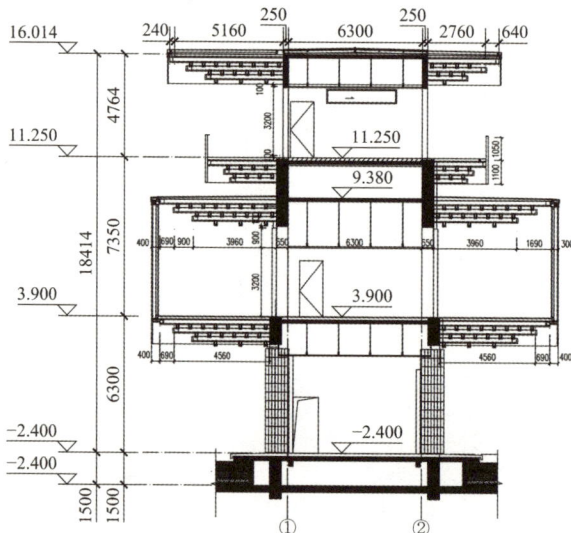

图 14.7-2 水阁建筑剖面图

　　为保证悬挑平台与混凝土核心筒的有效连接，在混凝土核心筒四个角部设置了矩形钢管混凝土柱用于连接混凝土墙内的型钢梁，纵横叠层的钢悬挑钢梁根部与核心筒剪力墙内置的型钢梁及型钢柱相连，均采用全熔透焊接节点。悬挑钢梁结构平面布置图、水阁结构剖面图及连接节点分别如图 14.7-3～图 14.7-5 所示。

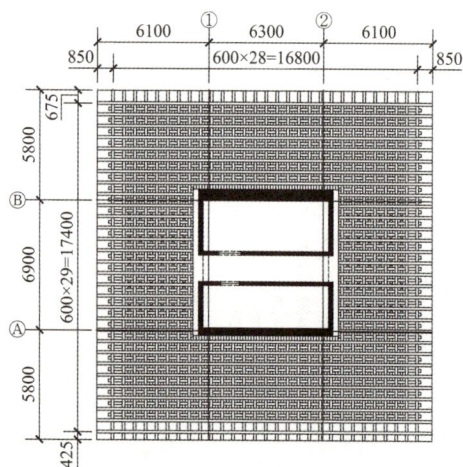

图 14.7-3 悬挑钢梁结构平面布置图

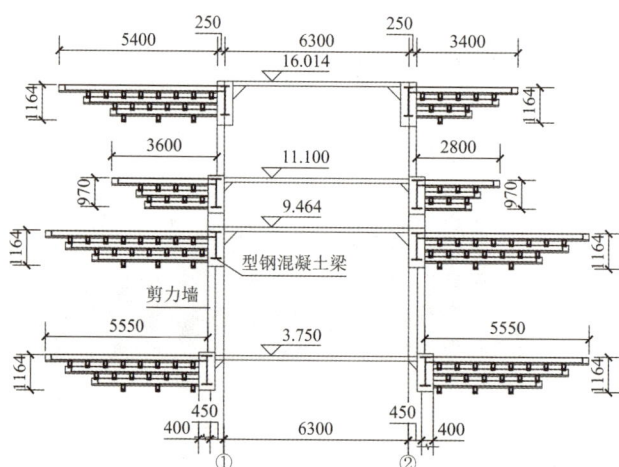

图 14.7-4 水阁结构剖面图

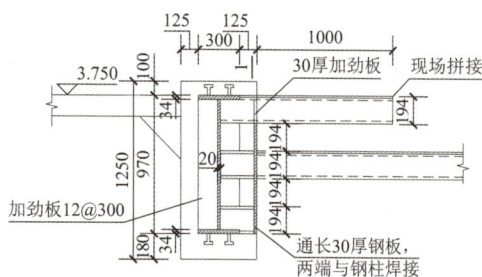

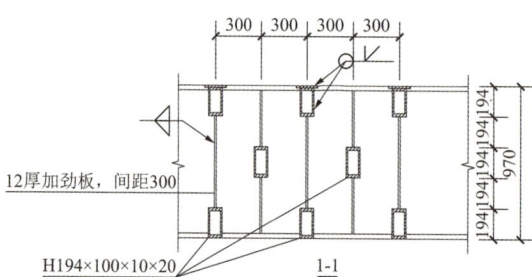

图 14.7-5 悬挑钢梁与型钢梁连接节点图

14.7.2 悬挑叠层钢架计算分析

计算分析时选取悬挑长度最大的二层楼面和二层屋面钢架，为简化计算模型，考虑到分析对象几何上镜像对称，则取平面的四分之一区域进行有限元分析，悬挑钢梁三维模型如图14.7-6所示。

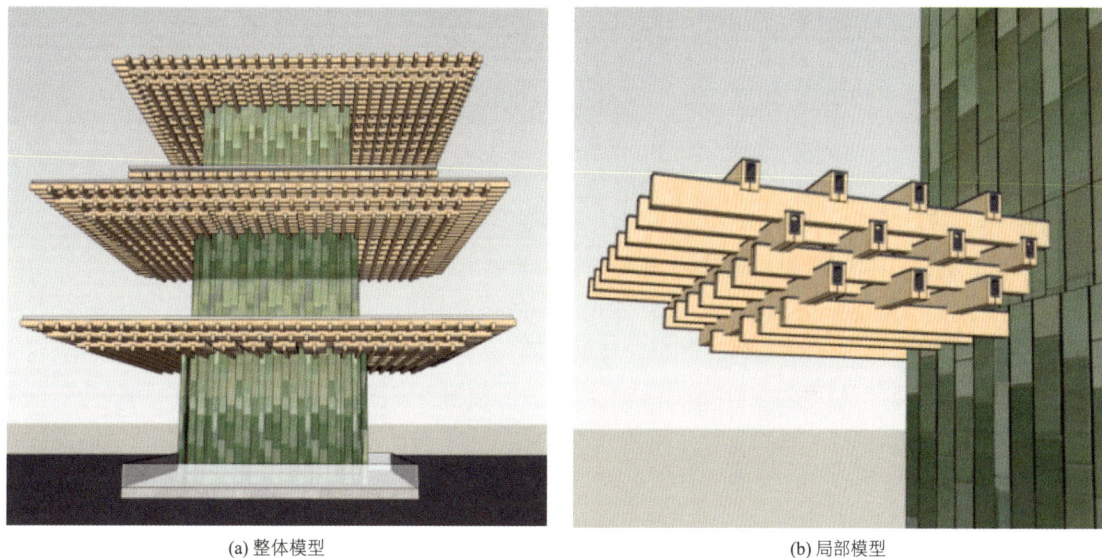

(a) 整体模型

(b) 局部模型

图 14.7-6　悬挑钢梁三维模型图

采用通用有限元软件对局部模型进行分析，钢梁采用材质为Q390。支承于核心筒剪力墙上的钢梁根部约束条件均定义为固定端，不同层之间钢梁采用焊接连接，模型里采用"绑定约束"进行模拟。二层楼面荷载取值为：恒荷载 2.0kN/m²，活荷载 4.0kN/m²；二层屋面荷载取值为：恒荷载 2.0kN/m²，活荷载 0.5kN/m²，楼面荷载按均布面荷载施加到第一层的钢梁上表面。幕墙悬挂于二层楼面周圈钢梁下方，将其折算为集中荷载施加于二层悬挑梁端部，集中荷载为 6.21kN。悬挑钢梁截面形状如图14.7-7所示，核心筒阳角部位悬挑钢梁采用 H180×100×16×30，其余部位悬挑钢梁采用 H180×100×10×20，非悬挑钢梁均采用 H194×100×8×14。

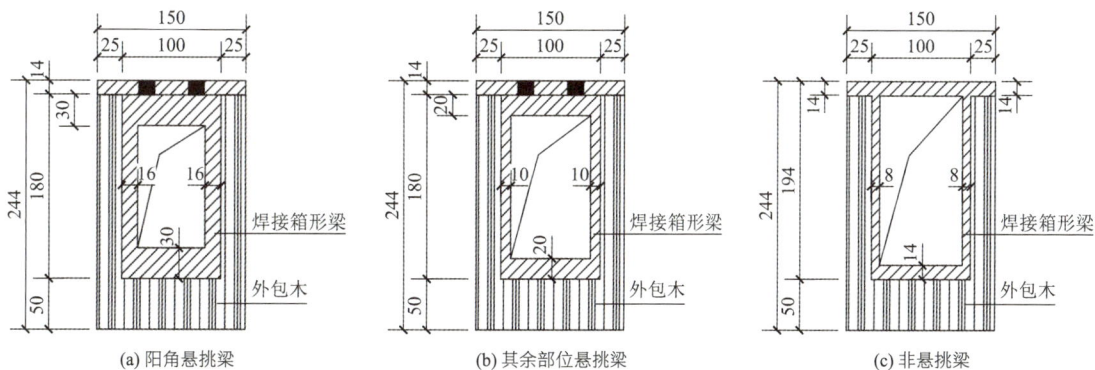

(a) 阳角悬挑梁

(b) 其余部位悬挑梁

(c) 非悬挑梁

图 14.7-7　悬挑钢梁截面

二层楼面和二层屋面悬挑钢梁计算结果如图14.7-8所示，图中可以看出核心筒阳角四根钢梁角部 Mises 应力值较大，其中1号和2号钢梁顶部尖角处应力值最大，由于其分布范围较小，考虑局部应力集中现象，排除该应力集中处，角部钢梁应力最大值分别为 295MPa 和 274MPa（应力比为 0.89 和 0.83），其余部位悬挑梁应力均小于 250MPa（应力比小于 0.76），非悬挑部位钢梁应力均小于 200MPa（应力比小于 0.61）；楼面和屋面悬挑梁端的最大竖向挠度分别为 47.7mm 和 48.4mm，不满足规范要求（≤L/400），要求施工安装阶段对钢架进行起拱。

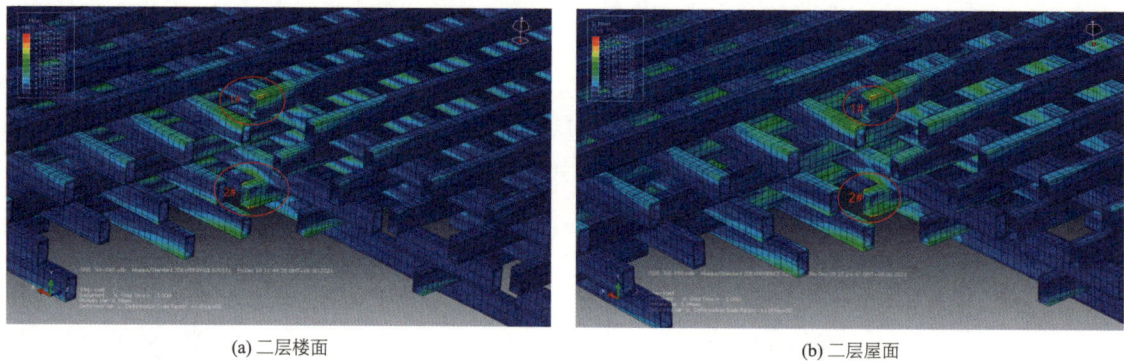

(a) 二层楼面   (b) 二层屋面

图 14.7-8   悬挑钢梁有限元分析结果

14.7.3 悬挑钢架模拟幕墙加载试验

水阁二层建筑外围护为高度近 7m 的整块玻璃幕墙,且吊挂于悬挑钢架端部。有限元分析表明,二层屋面钢梁端部最大竖向挠度为 48.4mm,该变形超过了幕墙容许的变形限值。为减小钢结构变形对幕墙的影响,保证幕墙安全性,现场进行了加载试验,模拟幕墙及楼面荷载施加后悬挑端的竖向变形,以指导幕墙下料加工。

采取的试验方案如下: 在二层屋面钢梁上施加端部的幕墙自重集中荷载 F 以及屋面自重和吊顶折算线荷载值 q,取西侧和北侧部分钢结构作为加载对象,加载示意图如图 14.7-9 所示。试验采用吊挂同等重量水箱的方式进行模拟分级加载,现场加载照片如图 14.7-10 所示,测得梁端最大竖向挠度值为 23.73mm。现场测得的加载后钢梁端部各点的竖向变形值可认为等同于实际安装中二层屋面钢梁端部在幕墙自重、屋面自重及吊顶荷载下的竖向变形值,该变形值可作为幕墙设计及施工下料的依据。

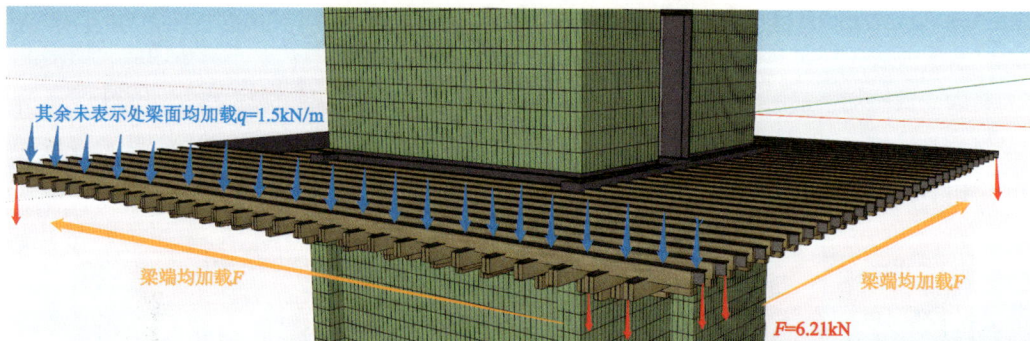

图 14.7-9   加载示意图

图 14.7-10   现场加载照片

14.8 其他新工艺

本项目除采用夯土墙、清水混凝土、钢木构外，还应用了青石花格砌、青瓷屏扇、双曲金属屋面、预制艺术肌理清水混凝土挂板等新材料、新工艺，如图 14.8-1～图 14.8-4 所示。

青石花格砌借鉴花格窗的做法，用青石叠砌这种富有节奏和韵律的手法去装饰整个展廊的外墙面。青石的构造设计经过了充分的研究比选，并在实体上砌筑试样，确定了采用 300mm × 150mm × 50mm 的青石叠砌的做法。叠六层为一组，组与组之间用水平青石分隔。为了保证青石花格砌结构的安全性，在墙面周边一圈以及每组横向的青石中间均设置钢板格构体系，与混凝土主体结构相连，在每块青石中间预留两个孔，中间穿螺纹杆将层叠的青石串起，固定在上下两端的钢板上。

图 14.8-1　青石花格砌

图 14.8-2　青瓷屏扇

图 14.8-3　双曲金属屋面

图 14.8-4　预制艺术肌理清水混凝土挂板

参考文献

[1]　住房和城乡建设部. 建筑工程抗震设防分类标准: GB 50223—2008[S]. 北京: 中国建筑工业出版社, 2008.

[2]　住房和城乡建设部. 高层建筑混凝土结构技术规程: JGJ 3—2010[S]. 北京: 中国建筑工业出版社, 2011.

[3] 住房和城乡建设部. 建筑抗震设计规范: GB 50011—2010(2016年版)[S]. 北京: 中国建筑工业出版社, 2016.

[4] 吴建平, 徐可冰, 周庆来, 等. 现代生土建筑夯土墙施工技术[C]//第二十六届华东六省一市土木建筑工程技术交流会论文集. 2020: 829-832.

[5] 四川省住房和城乡建设厅. 四川省农村现代夯土建筑构造图集: 川 2019J144-TY[S]. 成都: 西南交通大学出版社, 2019.

设计团队

结构设计单位：浙江省建筑设计研究院有限公司（施工图设计）

中国美术学院风景建筑设计研究总院有限公司（扩初设计）

结构设计团队：任　涛、徐伟斌、高　超、华　贝、严　巍、戚亚珍、汪　靖、姜珉明、潘龙钦、陈卓杰、贾坤豪、祝文畏、周永明、杨学林

执　笔　人：任　涛

经典解构

浙江省建筑设计研究院有限公司篇

第 15 章

浙江省之江文化中心
（四馆一中心）

15.1 工程概况

　　浙江省之江文化中心是浙江省"十三五"文化基础设施建设的重大项目。项目位于之江文化带核心区块，是一个新型的文化综合体，它集结了浙江省级"四大馆"——浙江省博物馆新馆、浙江图书馆新馆、浙江省非物质文化遗产馆、浙江省文学馆，并配置功能齐全的公共服务中心设施，亦是之江文化产业带上具有标志性、示范性、引领性的重要项目，更是未来浙江文化的新地标。之江文化中心的建设是浙江"文化强省"的重要举措，这不仅是一个地标性建筑，更是一个联系过去、现在以及未来，集自然、人文、艺术、生态于一体的现代化复合文化空间。

　　项目总用地面积约 270 亩，总建筑面积约 32 万 m^2，其中地上建筑面积约 16.8 万 m^2，地下建筑面积约 15.2 万 m^2。浙江省之江文化中心实景图见图 15.1-1～图 15.1-5。

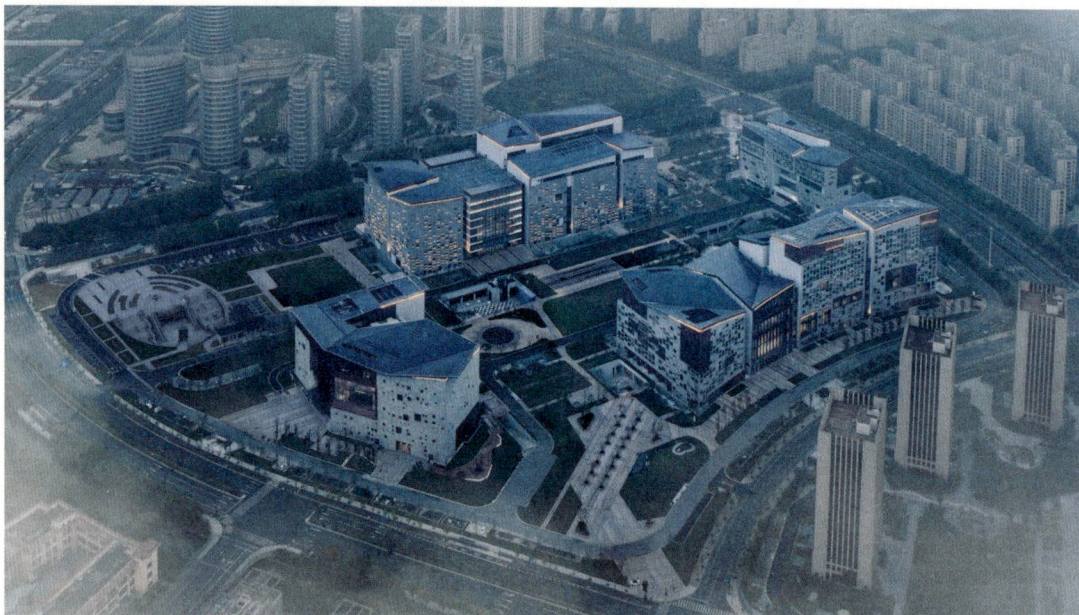

图 15.1-1　浙江省之江文化中心实景总图

图 15.1-2　浙江省博物馆新馆实景图

图 15.1-3　浙江省图书馆新馆实景图

图 15.1-4　浙江省非物质文化遗产馆实景图

图 15.1-5　浙江省文化馆实景图

15.2 设计条件

（1）根据所处地区、建筑功能及相关规范，结构抗震设计参数取值如下：公共服务中心结构设计工作年限为 50 年，其余各馆结构设计工作年限均为 100 年，竖向构件及水平转换构件结构安全等级为一级，其余为二级。抗震设防烈度为 7 度，设计地震分组为第一组，场地土类别为Ⅲ类，地震基本加速度为 0.10g，抗震设防类别为重点设防类（乙类），结构阻尼比取 0.05。根据《建筑结构荷载规范》GB 50009—2012，基本风压、雪压均取 0.45kN/m²。

（2）场地地貌单元为钱塘江冲-海积沉积平原，场地距区域深大断裂较远，地震强度弱、频度低，属于相对稳定区，未发现有影响工程稳定性的地质构造。经野外钻探、现场原位测试及室内土工试验等资料的综合分析，场地勘探孔控制深度范围内地层共分八大层，十四个地质层组（图 15.2-1）。

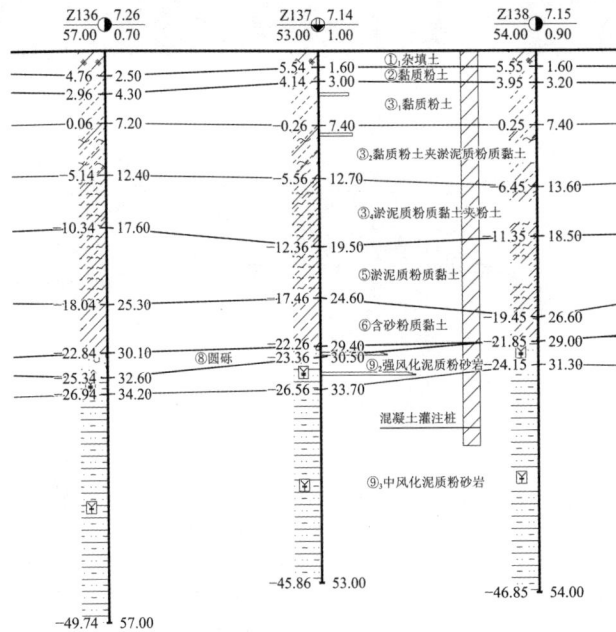

图 15.2-1　典型工程地质剖面

（3）温度作用

图书馆和博物馆属于超长结构，设计需考虑温度作用对结构的影响，结构温度作用取值情况如表 15.2-1 所示。

结构分析温度作用取值　　　　　　　　　　　　　　　　表 15.2-1

部位	温度作用取值
地上室内区域	升温 15°C，降温 15°C
室外区域	升温 28°C，降温 29°C
施工阶段（结构后浇带未封闭）	升温 28°C，降温 25°C
正常使用阶段	升温 23°C，降温 29°C

15.3 基础设计

浙江之江文化中心基础设计依据地勘资料并结合当地实际工程经验，综合考虑上部建筑物荷重、工程地质条件及周围环境，采用钻孔灌注桩基础，抗拔桩桩径 600～700mm，抗压桩桩径 800～900mm，桩端持力层均为中风化泥质粉砂岩，有效桩长约22～27m，典型桩型见图15.3-1。底板厚度900m，采用桩承台基础。

	KBZ1 抗拔桩	KBZ2 抗拔桩	KYZ3 抗压桩	KYZ4 抗压桩
图例	⏀	⊕	⊡	⬤
桩身混凝土设计强度等级	C30	C30	C45	C45
桩径d（mm）	$\phi600$	$\phi700$	$\phi800$	$\phi900$
主筋保护层厚度a_s（mm）	70	70	70	70
桩端伸入承台长度（mm）	100	100	100	100
有效桩长L（m）	20.0～27.7	20.0～27.7	21.0～28.7	27.0～34.7
A_{s1}	21Φ22	26Φ22	12Φ16	14Φ18
A_{s2}	10Φ22	13Φ22	6Φ16	7Φ18
A_{sv}	$\phi8@250$	$\phi8@250$	$\phi8@250$	$\phi8@250$
桩身主筋锚入底板长度L_a（mm）	880	880	640	720
L_1	13.0～20.7	13.0～20.7	13.0～20.7	17.0～24.7
L_2	7.0	7.0	8.0	10.0
持力层	9-3层 中风化泥质粉砂岩	9-3层 中风化泥质粉砂岩	9-3层 中风化泥质粉砂岩	9-3层 中风化泥质粉砂岩
桩端进入持力层深度h（m）	4.0	4.0	5.0	11.0
抗压承载力特征值R_a（kN）	2500	3200	4200	7500
抗拔承载力特征值R_a（kN）	1300	1600		

图15.3-1 典型桩型

15.3.1 抗拔承载力确定

浙江之江文化中心地下室底板标高 −13.450m，地下室平面尺寸达到 260m × 490m，属于超大超深地下室，地下室桩位布置图见图15.3-2。本工程抗拔桩主要布置在地下室中部，离基坑边缘较远，超大超深地下室土体开挖卸荷后，抗拔桩桩周土压力及侧摩阻力无法恢复到原水平，从而降低了抗拔桩的抗拔承载力。通过地面设计试桩，得到$\phi700$桩有效桩长范围内的抗拔承载力特征值为2050kN。根据文献[10]，综合考虑开挖卸荷影响因素计算得到的折减系数为0.78，按抗拔承载力特征值1600kN进行布桩，以保证地下室抗浮安全。

15.3.2 结构后浇带设计

地下室施工阶段混凝土的收缩对结构的影响很大，施工阶段混凝土收缩引起的附加应力容易导致地下室墙板开裂渗水，影响使用功能。本工程在地下室中间部位设置了宽 2m 的改进型结构后浇带，结构后浇带布置见图15.3-2。结构后浇带处楼板钢筋断开，采用搭接方式连接，可以有效释放后浇带钢筋对施工阶段混凝土的约束，降低混凝土收缩引起的附加应力，减少楼板的收缩裂缝，降低渗水的隐患，结构后浇带改进节点见图15.3-3。

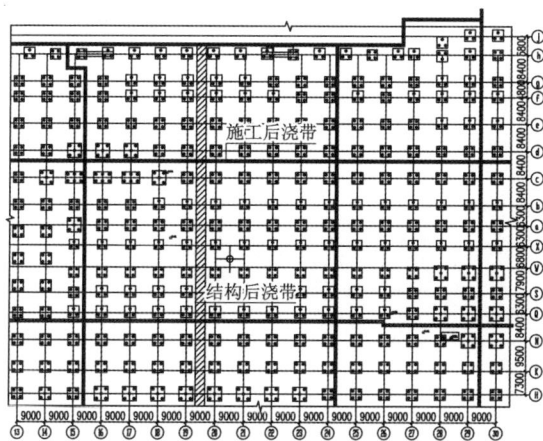

图15.3-2 地下室桩位及结构后浇带布置示意图

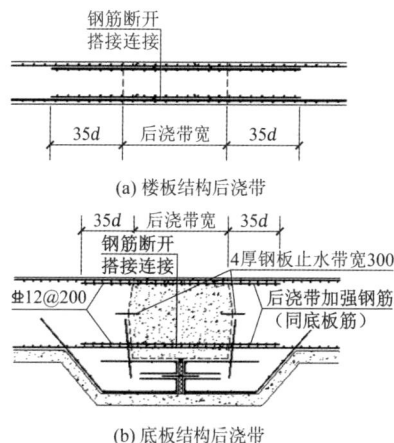

图15.3-3 结构后浇带改进节点图

15.3.3 基础沉降计算

以浙江省博物馆单体为例，主楼带地下室区域基础沉降详见图 15.3-4，桩基均进入中风化岩，最大沉降量 5mm。

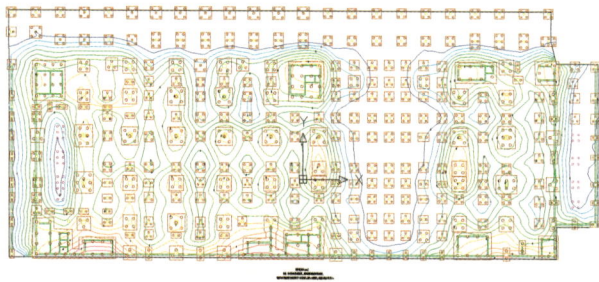

图 15.3-4 博物馆基础沉降图

15.4 结构布置方案

之江文化中心上部各馆均采用混凝土框架-剪力墙结构体系，屋顶均为折线形坡屋顶。公共服务中心采用混凝土框架结构。

15.4.1 博物馆结构布置

博物馆由东西两侧两个主体结构部分组成，两部分通过钢桁架连廊连接。西侧主体部分分别为 6 层和 8 层，屋面最高点 58.4m，东侧主体 5 层，屋面最高点 49.2m。博物馆主楼结合建筑功能布局完整性，同时考虑上部塔楼的布置，未设置永久结构缝。东西两侧主体结构之间设置钢结构桁架连廊，钢桁架上下弦杆为□600×1000，腹杆为□600×800，连廊钢结构桁架与东西两侧的型钢混凝土柱刚接，楼板采用为150mm 厚钢筋桁架楼承板。整体模型如图 15.4-1 所示，连廊结构如图 15.4-2 所示，各层如图 15.4-3 所示。

博物馆主楼屋盖分为混凝土结构部分和钢结构部分。混凝土结构部分为现浇钢筋混凝土主次梁屋盖体系，跨度 17.4m，框架梁高 1400mm，次梁间距 4.5m。钢结构屋盖由连接东西两侧的钢桁架和钢筋桁架楼承板组成，整个屋盖结构由两侧的钢骨混凝土柱支撑。屋盖结构的抗侧力刚度主要由东西两侧的框架柱提供，由于型钢混凝土柱具有强度高、刚度大等优点，钢屋盖支承柱采用钢骨混凝土柱，为结构提供较大的整体刚度。水平荷载下屋盖由钢骨混凝土柱提供抗侧刚度。

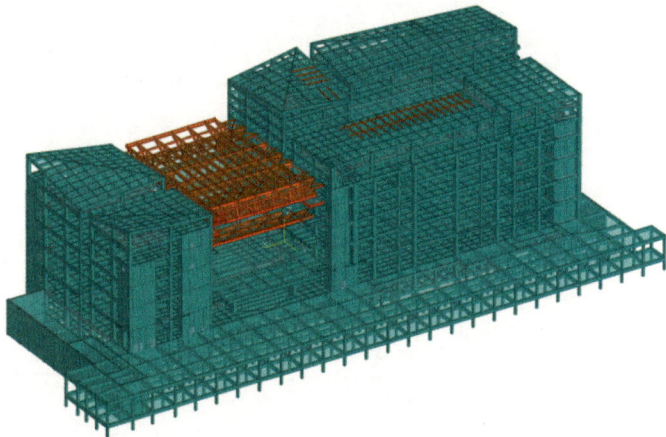

图 15.4-1 博物馆整体模型示意图

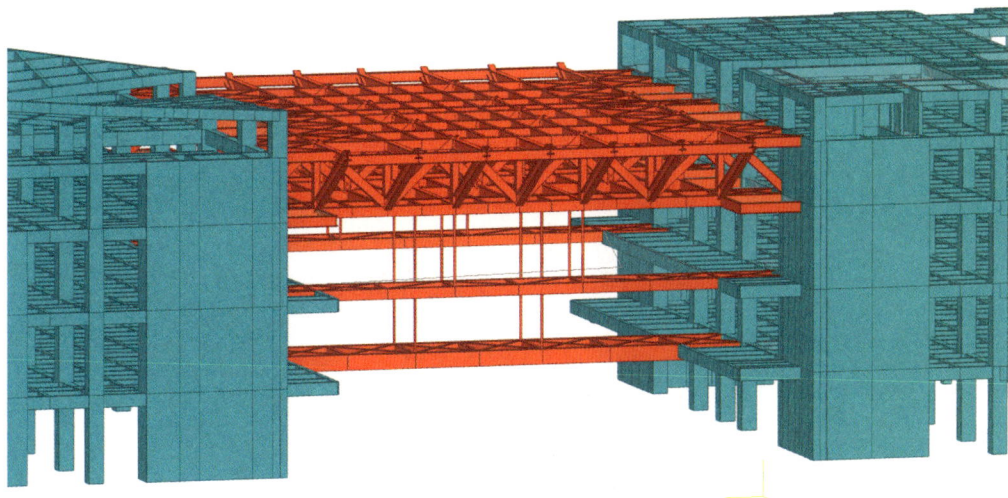

图 15.4-2 博物馆连廊结构示意图

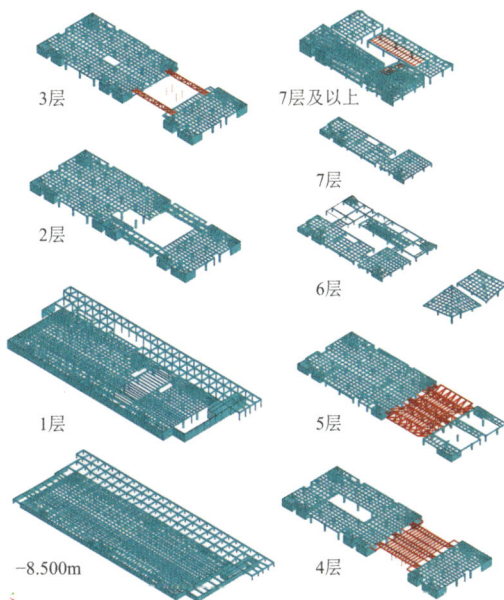

图 15.4-3 博物馆各层示意图

15.4.2 图书馆结构布置

图书馆结构上部整体为 5 层，局部 9 层，5 层屋盖标高约为 36～44.7m（坡屋面），9 层屋盖标高约为 54.1～58.9m（坡屋面）。结构平面整体呈长方形，1～5 层平面最大尺寸约 196m × 68.8m，6～9 层平面最大尺寸约 106.4m × 27m。受建筑功能限制，仅在楼梯间设置剪力墙，剪力墙厚度 400mm，在规定水平力下框架承受的地震倾覆力矩比例为 35%，形成框架-剪力墙结构并按框架-剪力墙进行设计。图书馆整体模型如图 15.4-4 所示，各层示意图如图 15.4-5 所示。

楼面采用钢筋混凝土梁板式结构，典型柱网为 8.4m × 9m。主题大厅上空为大跨度楼盖（4～5 层），平面尺寸约 28.8m × 27m，采用缓粘结预应力钢筋混凝土梁板结构体系，预应力钢筋混凝土梁与型钢混凝土柱相连，图 15.4-6 给出了预应力梁与型钢柱典型连接节点。屋盖为多折不规则坡屋面，局部为大跨度屋面，平面尺寸约 28.8m × 27m，梁高为 1800～2500mm。由于建筑功能限制，结构无法设置永久结构缝，针对超长结构平面，在结构计算时，考虑温度作用影响，楼板采用弹性板进行计算。在设计时，加强楼板配筋，加强框架梁的拉通钢筋和抗扭钢筋，每隔 30～40m 设置施工后浇带，同时设置一道 2m 宽的结构后浇带（图 15.3-2），结构后浇带内梁板钢筋均采用搭接连接。

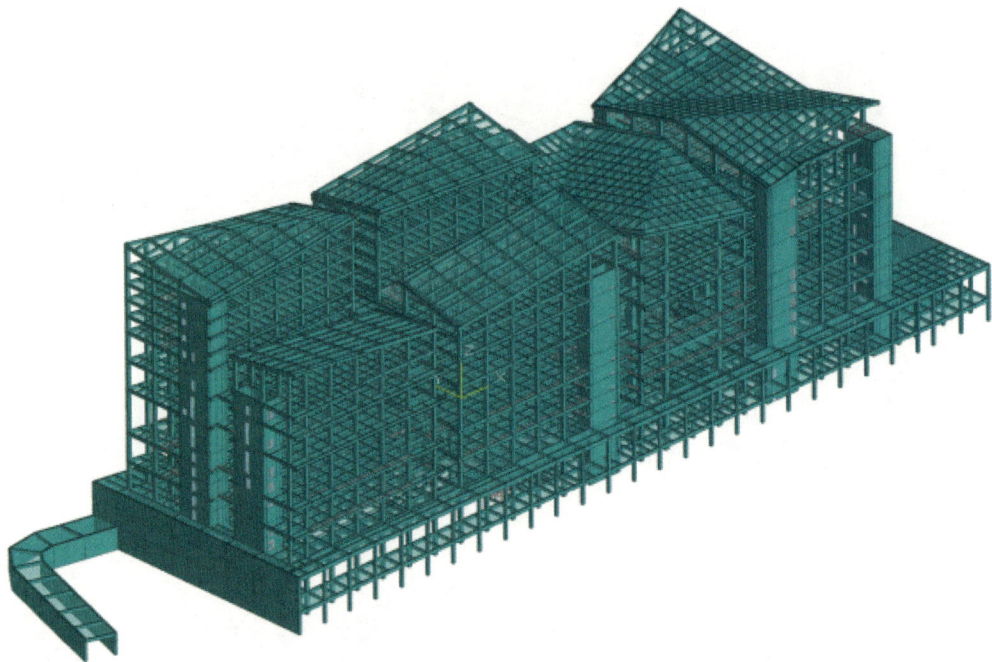

图 15.4-4 图书馆整体模型示意图

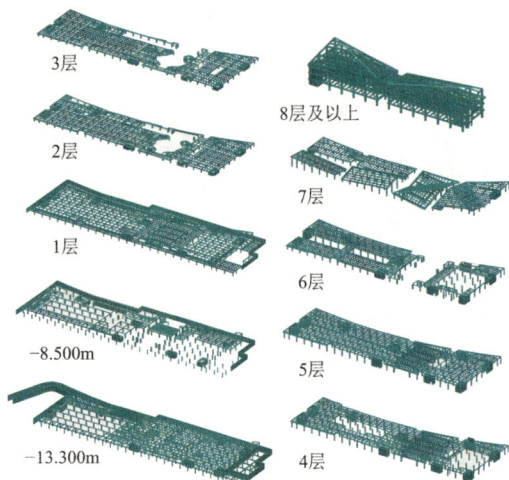

3层

8层及以上

2层

7层

1层

6层

−8.500m

5层

−13.300m

4层

图 15.4-5 图书馆各层示意图

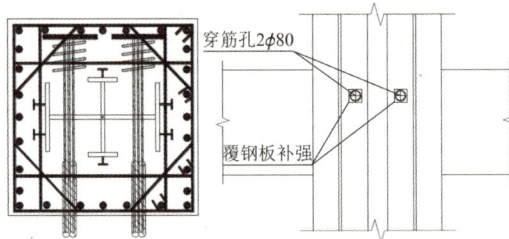

穿筋孔2φ80

覆钢板补强

图 15.4-6 预应力梁与型钢柱典型连接节点

15.4.3 非遗馆结构布置

非物质文化遗产馆由一个平面逐渐缩小的八层的主体结构组成，屋面最高点 44.0m，如图 15.4-7、图 15.4-8 所示。主楼结合建筑功能布局的完整性，同时考虑上部楼层的布置，未设置结构缝。非遗馆内有多个大跨空间。中央大厅两层通高，由 18m × 20m 的结构空间组成。根据中央大厅大跨建筑空间需求，上部结构采用竖向构件转换，为控制框架梁尺寸和结构竖向变形，大跨梁采用预应力混凝土梁，转换框架梁截面为 800mm × 1400mm，其余预应力混凝土梁截面为 600mm × 1200mm。

地上五层受建筑功能要求，存在两处拔柱大空间情况，两个次空间的平面尺寸为 36m × 22m 和 26m × 22m，大跨部分采用预应力混凝土梁。在传统表演项目展演厅上方的预应力梁尺寸为 800mm × 1200mm；传统戏剧馆上方的预应力梁尺寸为 800mm × 1200mm。在结构设备夹层，为了更好地支撑坡屋面，在非遗馆北面的大跨空间设置预应力梁用于支撑屋面的构造柱。预应力混凝土梁尺寸为 300mm × 1000mm，同时为了控制结构扭转，在设备夹层设置 300mm × 700mm 的混凝土支撑。

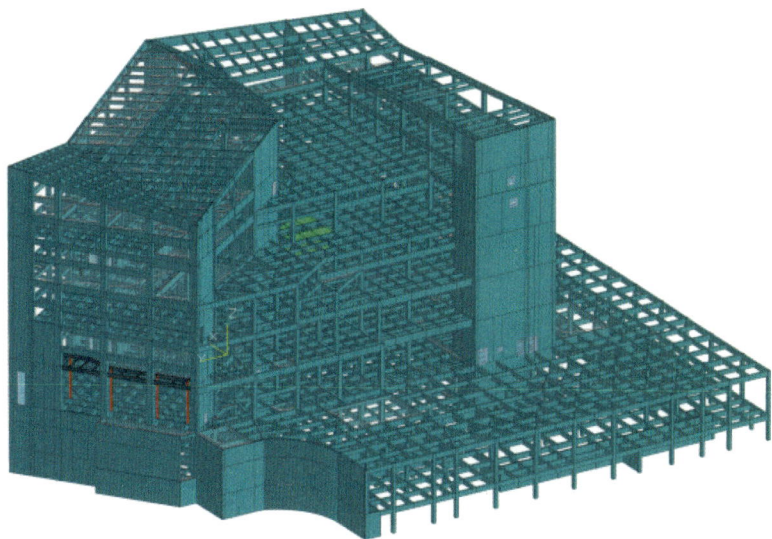

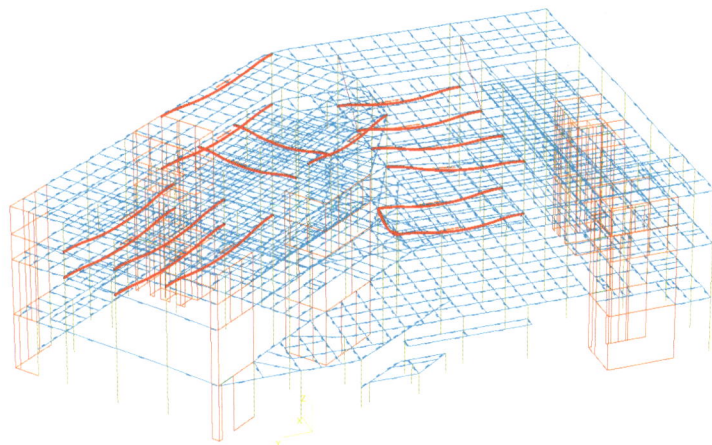

图 15.4-7　非遗馆整体模型示意图（红线为缓粘结预应力梁）

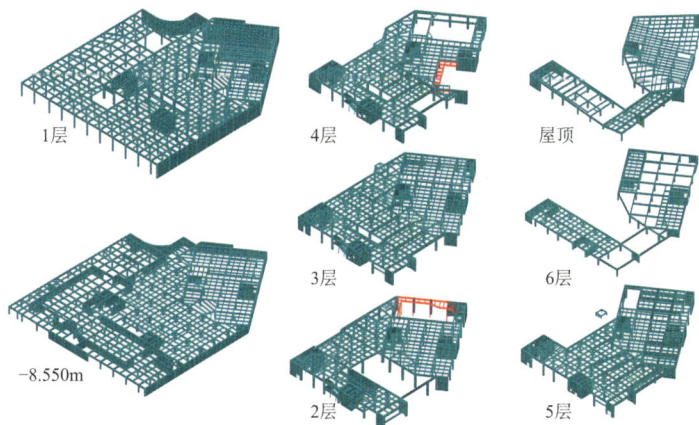

1层　4层　屋顶

3层　6层

-8.550m

2层　5层

图 15.4-8　非遗馆各层示意图

15.4.4　文学馆结构布置

文学馆采用钢筋混凝土框架-剪力墙结构，建筑尺寸为 39m×85m，中间不设缝，整体模型如图 15.4-9 所示，各层示意图见图 15.4-10。根据建筑布局的要求，在不影响使用功能的位置布置剪力墙。4 层开始建筑功能发生较大的改变，使得局部上下柱网不对齐，因此在这一层部分框架形成梁托柱转换框架。朝东次入口上部采用空腹钢桁架承担 5～7 层荷载，桁架跨度 25.2m，高 10.8m，桁架弦杆与两端型钢混凝土柱连接并伸入主楼内一跨。

文学馆2层、3层展览区和中庭上空开洞，造成平面楼板不连续；2~4层东边入口处平面层层缩进，导致四层平面形成细腰形；朝北主入口2层~顶层挑空，最大悬挑尺寸6.5m，采用梁内加预应力筋保证挠度；根据建筑立面效果，从设备机房层开始至屋面层原建筑平面分成3个互不相连的独立屋盖，其中东北角的屋面采用混凝土梁板楼盖加装饰屋面，其余屋面为空梁无板构架加装饰屋面，为保证三个屋面分开后仍能满足规范要求，通过计算，在西南方向的两个屋盖边跨各设置一道斜撑。

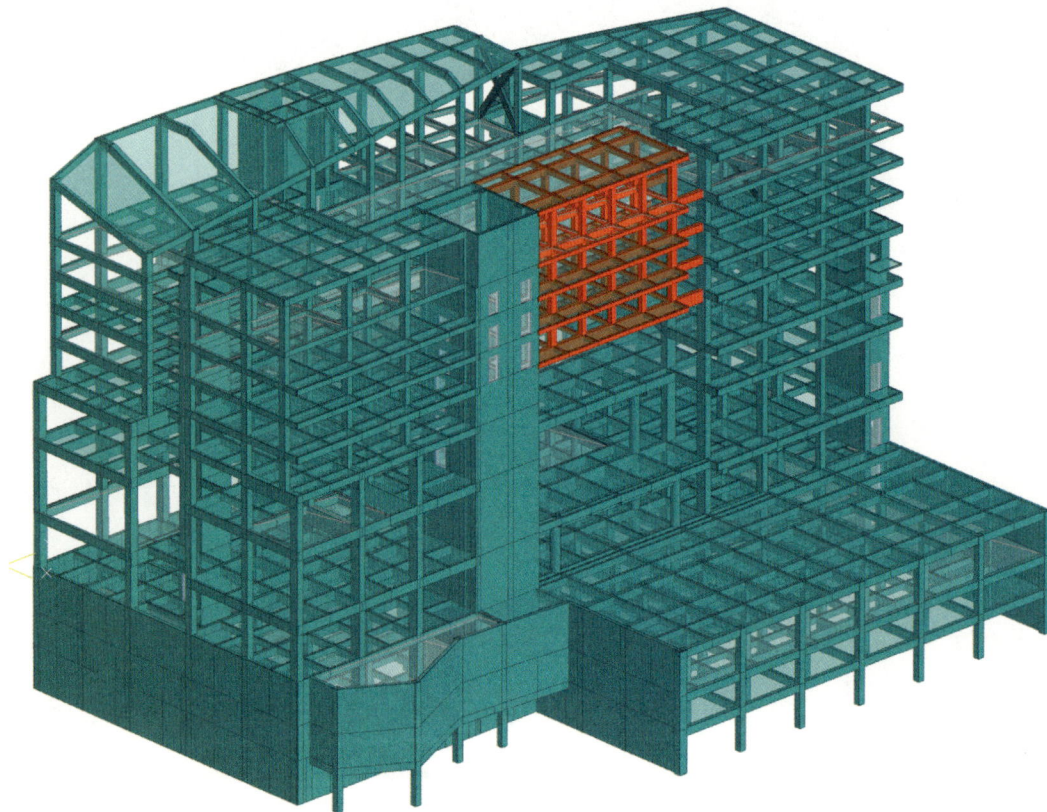

图 15.4-9　文学馆整体模型示意图

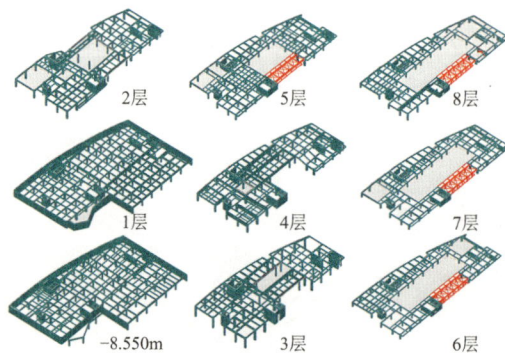

图 15.4-10　文学馆各层示意图

15.5　结构超限判定及抗震性能目标

15.5.1　结构抗震超限判定

经过计算分析，根据《超限高层建筑工程抗震设防管理规定》（建设部令第111号），各单体结构存在如下不规则超限情况，均属于超限高层结构。

（1）博物馆：考虑偶然偏心的扭转位移比为1.4，大于1.2，属于扭转不规则结构；2～4层楼板大开洞，有效宽度小于50%；5～6层连体，竖向构件不连续；5层受剪承载力比为0.65，受剪承载力突变；结构同时存在穿层柱、局部构件转换和局部夹层的其他不规则项。

（2）图书馆：考虑偶然偏心的扭转位移比为1.35，大于1.2，属于扭转不规则结构；门厅及主题大厅区域在2层、3层的楼板有效宽度为10.75%，小于50%，属于楼板不连续；大底盘高度36m，房屋高度52m，超过主楼高度20%，属于尺寸突变，竖向不规则；结构同时存在穿层柱、局部构件转换和局部夹层的其他不规则项。

（3）非遗馆：考虑偶然偏心的扭转位移比为1.34，大于1.2，属于扭转不规则结构；偏心率大于0.15；平面凹凸尺寸大于30%；屋面存在细腰；结构同时存在穿层柱、局部构件转换和局部夹层的其他不规则项。

（4）文学馆：考虑偶然偏心的扭转位移比为1.29，大于1.2，属于扭转不规则结构；偏心率大于0.15；2层、3层平面凹入超过30%；楼板大开洞，有效宽度小于50%；结构同时存在穿层柱、局部构件转换和局部夹层的其他不规则项。

15.5.2　抗震性能目标及措施

1）各单体结构抗震性能目标总体选用C级；关键构件底部加强区剪力墙、转换框架（桁架）、大跨度钢桁架、钢吊杆、连廊钢骨柱及大跨梁的抗震性能目标为中震弹性、大震不屈服；钢屋盖的抗震性能目标为中震不屈服。

2）主要抗震加强措施

（1）考虑到结构的复杂性，计算分析采用多种符合实际情况的不同力学模型的空间有限元分析程序进行分析比较，并采用考虑扭转耦联的振型分解反应谱法，保证分析的准确性和完整性。

（2）按现行规范要求，考虑结构的扭转效应，控制结构扭转周期与平动周期的比值、最大位移与平均位移的比值均在规范要求的范围内。

（3）主体结构转换构件对竖向地震作用比较敏感，因此计算中考虑竖向地震作用。

（4）对超长混凝土结构进行考虑混凝土收缩和徐变的施工阶段和使用阶段的温度分析，对温度应力较大的楼面结构采用加强措施，并研究有利于减小温度应力的后浇带布置。

（5）通过罕遇地震下的弹塑性时程分析，复核罕遇地震下主体结构、钢屋盖结构以及关键构件的承载能力，检验整体结构的抗震性能。根据罕遇地震下的结构表现，对相对薄弱的部位有针对性地采取措施，提高延性和抗震性能。

（6）对屋盖结构的整体承载能力进行详细的分析，找出薄弱部位，进行有针对性的加强。对关键节点进行非线性承载能力分析，确保节点不早于构件发生破坏。

3）注重结构抗震概念设计与构造

（1）针对平面扭转不规则

通过调整结构的布置，改善结构整体刚度，使刚度中心与质量中心尽量一致；在不影响建筑布置的前提下，采取适当加大外圈框架梁、柱的截面，以增加楼层的抗扭刚度；同时计算时考虑双向地震对结构的影响。

（2）针对楼板局部不连续

采用弹性楼板假定进行详细的有限元应力分析，根据楼板应力情况，对开洞薄弱部位的周边结构构件（如楼板和梁）均考虑加强，并采用双层双向配筋。

（3）针对构件间断超限

对转换柱、转换梁、框支柱和框支梁提出中震弹性的抗震性能目标要求。适当加强转换梁的纵向钢筋、箍筋及腰筋，以提高其抗剪能力；适当提高转换柱的纵筋配筋率，对其采用箍筋全高加密，并采取比规范更严格的要求来提高体积配箍率。

（4）针对竖向地震作用

大跨度屋盖对竖向地震作用比较敏感，故需重视并做竖向地震的验算，计算模型中考虑竖向地震作用，小震计算时竖向地震作用标准值不小于结构总重力荷载代表值的 5.2%。

（5）针对钢屋盖结构的措施

对钢屋盖关键构件，严格控制应力比，在竖向荷载和小震组合下以及竖向荷载和风荷载组合下，关键构件应力比控制在 0.85 以内。屋盖钢梁与其支承柱节点承载能力应满足大震下的安全性和可靠性。

15.6 结构分析

15.6.1 设计工作年限 100 年结构设计

根据《建筑工程抗震性态设计通则》CECS160：2004，设计使用年限为 100 年的结构的地震作用调整系数可取 1.3～1.4，本项目地震作用调整系数取 1.35，并对结构进行抗震计算分析。楼面使用活荷载需考虑使用年限放大系数 1.1，风荷载按重现期 100 年风荷载取值 $0.50kN/m^2$。根据博物馆计算结果（图 15.6-1 和图 15.6-2）可知，设计使用年限不同，各工况组合下楼层剪力及弯矩相差较大，主要是因为不同重现期的地震作用相差较大，楼面活荷载调整对结构影响小。

设计使用年限除了影响抗震计算外，还应根据《混凝土结构设计规范》GB 50010—2010（2015 年版）和《混凝土结构耐久性设计标准》GB/T 50476—2019，合理控制钢筋混凝土保护层厚度、混凝土氯离子含量限值、最大水胶比及最低强度等级，确保结构耐久性满足 100 年设计使用年限的要求。

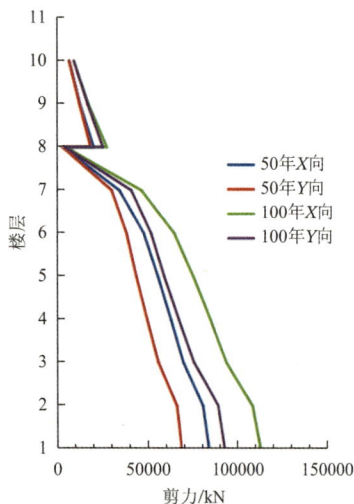

图 15.6-1 博物馆剪力图

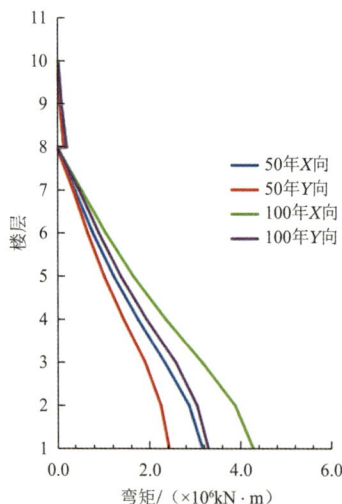

图 15.6-2 博物馆弯矩图

15.6.2 博物馆钢桁架连廊分析

博物馆中庭利用 5 层层高设置通层钢桁架连廊，钢桁架共 5 榀，跨度 51.6m，见图 15.6-3。5 层为博物馆库房，使用活荷载大。钢桁架高度为 8m，弦杆截面为 □1000×600×60×30，斜腹杆截面为 □800×600×60×30，直腹杆截面为 □600×600×30×30。两侧柱采用截面为 1400mm×1400mm 的型钢混凝土柱，内置型钢 H900×500×50×60，并通过刚接节点与钢桁架进行连接。

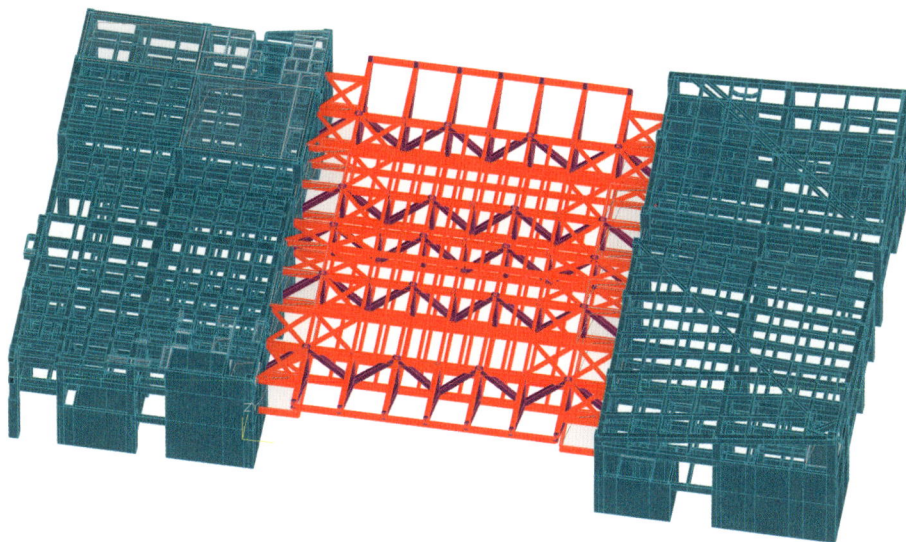

图 15.6-3 博物馆钢桁架连廊结构示意图

1）位移分析

在恒荷载 + 屋面活荷载的标准组合下，钢桁架连廊变形见图 15.6-4。由图可得，钢桁架跨中的最大挠度约为 54mm，挠跨比为 1/956。

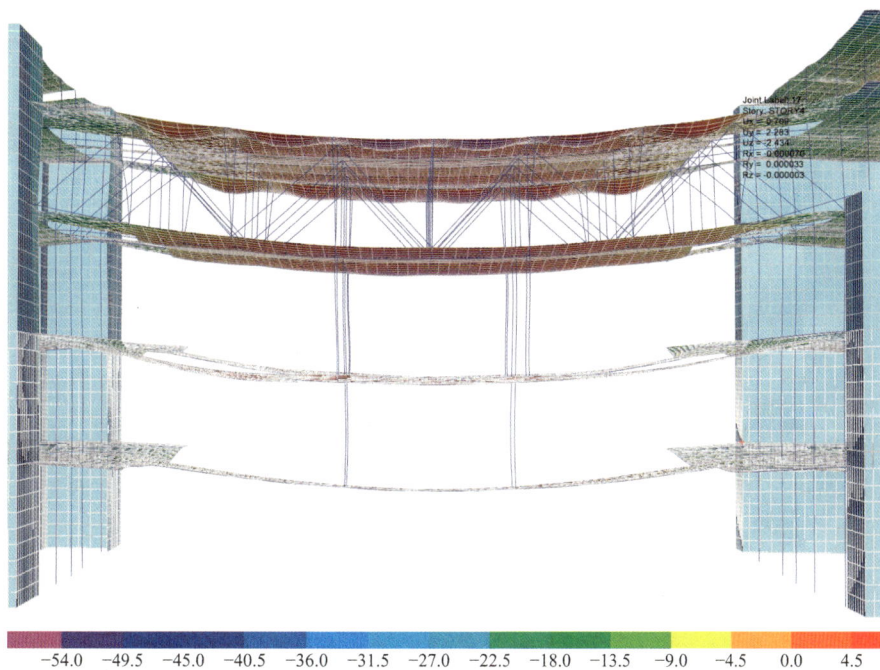

图 15.6-4 恒荷载 + 屋面活荷载的标准组合下桁架挠度图（单位：mm）

2）构件承载力分析

钢桁架构件同时承担较大的轴力和弯矩，需着重分析钢桁架构件在各工况下的轴力和弯矩分布情况，以便进行截面优化和设计。在各种工况作用下的钢桁架部分构件截面内力见表 15.6-1。从表 15.6-1 可知，恒荷载工况对结构产生主要影响，活荷载作用下和水平地震作用下的弦杆轴力和弯矩相差不大，构件最大应力比约为 0.79，构件有足够的安全储备。

3）防连续倒塌分析

由于大跨度连体桁架承担荷载较重，同时下弦杆所在楼层有库房，桁架一旦失效，将会造成重大的损失，结构分析时考虑桁架支座处轴力较大的斜腹杆失效，上下弦杆在弯矩作用下形成塑性铰，对整体桁架进行防倒塌分析，最不利工况作用下桁架杆件强度应力比结果如图 15.6-5 所示，从图中可以发现，最大应力出现在支座处的直腹杆，应力比为1.2，施工图设计时，桁架材质采用Q390B，以满足防倒塌设计要求。

钢桁架部分杆件截面内力 表15.6-1

杆件	轴力/kN				弯矩/（kN·m）			
	恒荷载作用	活荷载作用	地震作用		恒荷载作用	活荷载作用	地震作用	
			X向	Y向			X向	Y向
斜腹杆	8110	−1987	544	763	−626	−257	79	41
直腹杆	−768	530	72	162	−633	−183	40	57
上弦杆	−6428	−1437	1640	711	−2054	−527	163	188
下弦杆	6022	1437	1079	624	−2626	−866	253	201

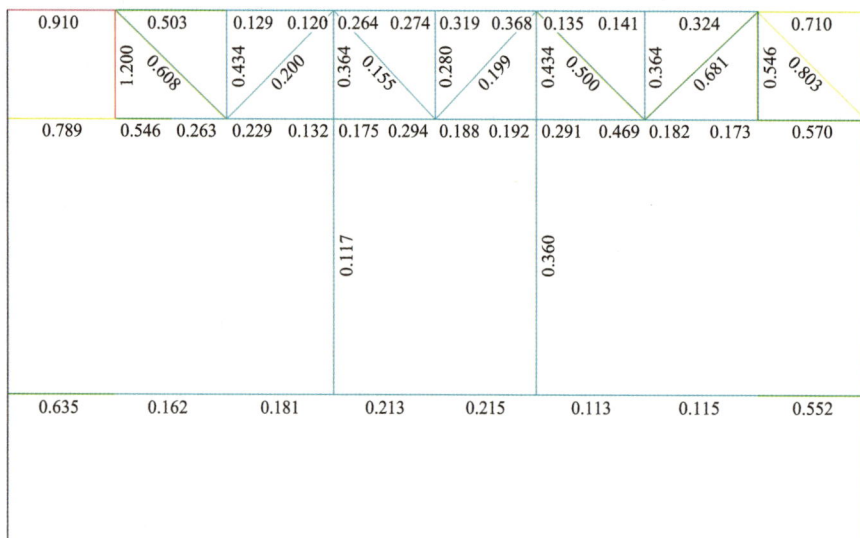

图15.6-5 端部斜腹杆失效后桁架强度应力比

4）屋盖钢结构极限承载能力分析

（1）特征值屈曲分析。将1.0恒+1.0活荷载组合施加于整体结构进行特征值屈曲分析，不考虑几何非线性和材料塑性。前6阶屈曲系数如表15.6-2所示，前三阶屈曲模态见图15.6-6～图15.6-8。

特征值屈曲分析特征值系数 表15.6-2

模态号	特征值系数	模态号	特征值系数
1	15.673	4	26.684
2	22.567	5	31.769
3	25.248	6	32.693

（2）非线性稳定极限承载能力分析。非线性稳定极限承载力分析采用通用有限元软件，模型中钢桁架采用壳单元，整体模型如图15.6-9所示。结构稳定极限承载力分析（即荷载-位移全过程）考虑几何非线性和材料的弹塑性。全过程分析的迭代方程采用下式：

$$K_t \Delta U^{(i)} = F_{t+\Delta t} - N_{t+\Delta t}^{(i-1)}$$

式中：K_t——t时刻结构的切线刚度矩阵；

$\Delta U^{(i)}$——当前位移的迭代增量；

$F_{t+\Delta t}$——$t+\Delta t$时刻外部所施加的节点荷载向量；

经典解构 浙江省建筑设计研究院有限公司篇

$N_{t+\Delta t}^{(i-1)}$——$t + \Delta t$ 时刻相应的杆件节点内力向量。

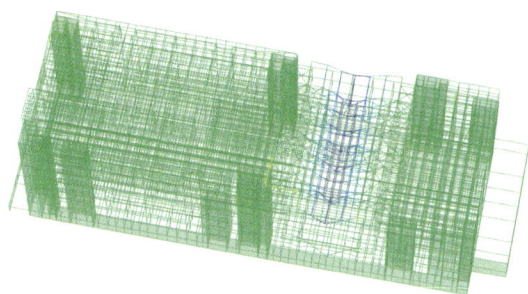

图 15.6-6　第一阶屈曲模态

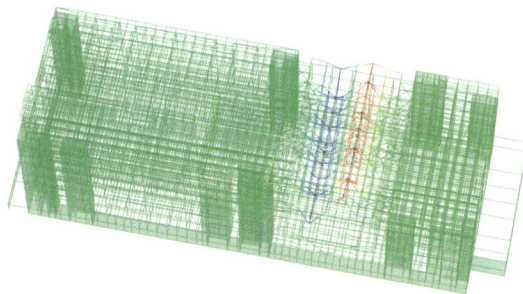

图 15.6-7　第二阶屈曲模态

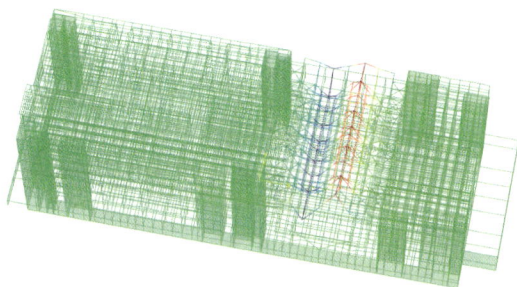

图 15.6-8　第三阶屈曲模态

图 15.6-9　钢桁架模型

分析时考虑初始几何缺陷（即初始曲面形状的安装偏差）的影响，初始几何缺陷分布采用了 1.0 恒荷载 + 1.0 活荷载组合作用下的第一阶屈曲模态，其缺陷最大计算值按结构跨度的 1/300 取值。结构全过程分析中，以第一个临界点处的荷载值作为结构的稳定极限承载力。结构稳定容许承载力（荷载取标准值）应等于结构稳定极限承载力除以安全系数 K。当按弹塑性全过程分析时，安全系数 K 取 2.0。在 1.0 恒荷载 + 1.0 活荷载组合作用下，考虑几何非线性、材料弹塑性、初始几何缺陷，计算得出的结构极限承载力系数为 5.2（图 15.6-10），大于规范要求的 2.0，本工程结构满足整体稳定性要求。桁架屈曲失稳形式如图 15.6-11 所示，实际结构中，由于桁架侧向有钢梁和楼板的约束，因此屈曲失稳也不会发生。

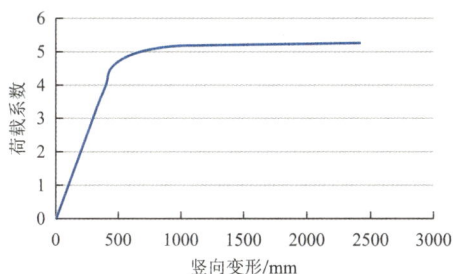

图 15.6-10　跨中节点荷载-位移曲线图

图 15.6-11　结构失稳形式图

5）节点分析

选取屋盖钢结构支座节点进行有限元分析，该节点位于结构主要部位，对整体安全性起重要的作用，并且为多杆连接节点，受力复杂，需对其进行有限元分析。选取位置和节点模型见图 15.6-12～图 15.6-14。由应力云图 15.6-15～图 15.6-18 可知，上弦杆节点处最大等效应力为 285.1MPa，为钢桁架上弦杆与型钢混凝土柱表面交界处产生的应力集中。除该应力集中点之外，其他部位钢构件等效应力大部分在 190MPa 以下，混凝土应力均在 11.8MPa 以下。下弦杆节点处最大等效应力为 184.9MPa，为钢桁架下弦杆与型钢混凝土柱表面交界处产生的应力集中，混凝土部分最大等效应力为 18.8MPa。以上节点均满足设计要求，具有一定的安全储备。

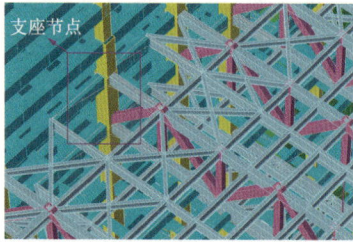

图 15.6-12　屋盖支座节点位置

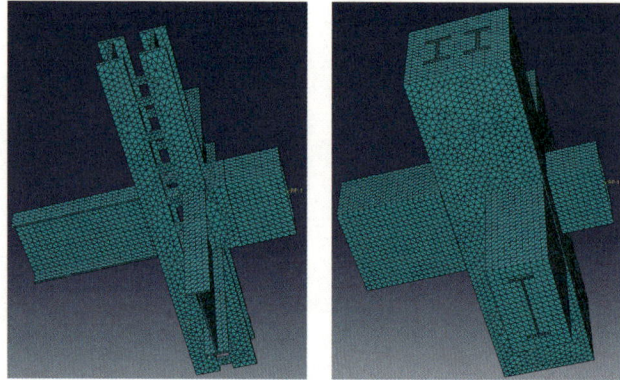

图 15.6-13　上弦杆节点有限元模型

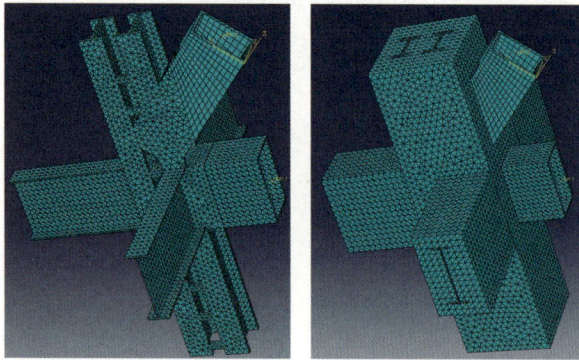

图 15.6-14　下弦杆节点有限元模型

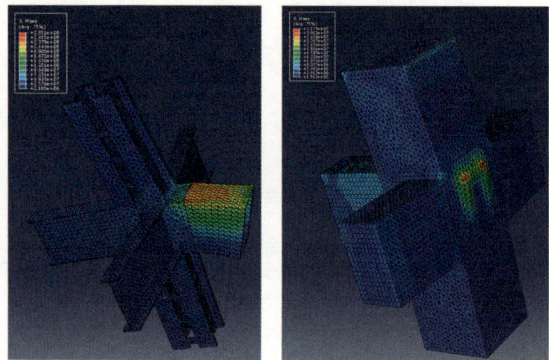

图 15.6-15　上弦杆节点 Mises 应力云图 1（单位：MPa）

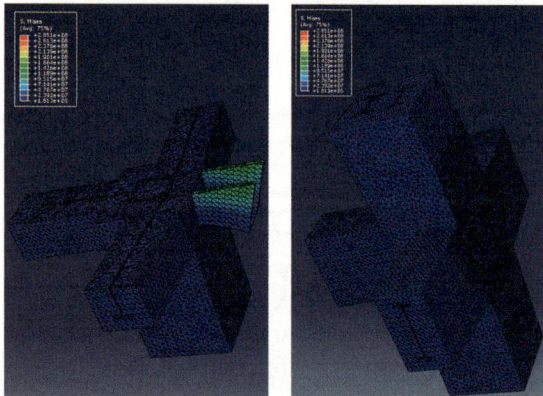

图 15.6-16　上弦杆节点 Mises 应力云图 2（单位：MPa）

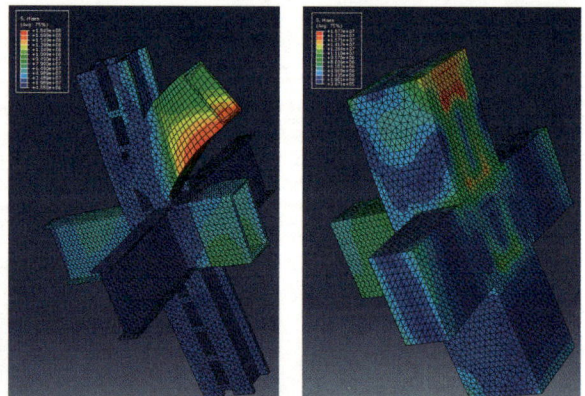

图 15.6-17　下弦杆节点 Mises 应力云图 1（单位：MPa）

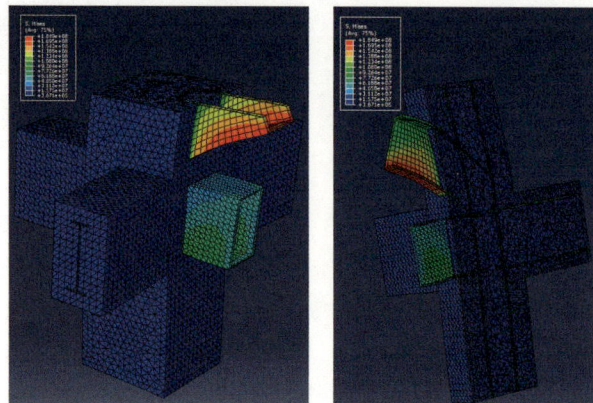

图 15.6-18　下弦杆节点 Mises 应力云图 2（单位：MPa）

6）弹塑性分析

罕遇地震作用下，钢桁架构件塑性应变见图 15.6-19。由图可得，连廊钢桁架处于弹性工作状态，构件性能保持良好。罕遇地震作用下，钢桁架连廊上、下弦楼板受拉损伤见图 15.6-20 和图 15.6-21。由图可知，钢桁架下弦跨中楼板处于中度受拉损伤状态，上弦楼板局部洞口边缘处于中度受拉损伤状态，其余基本处于受压弹性状态，楼板钢筋均未进入塑性，处于弹性工作状态。

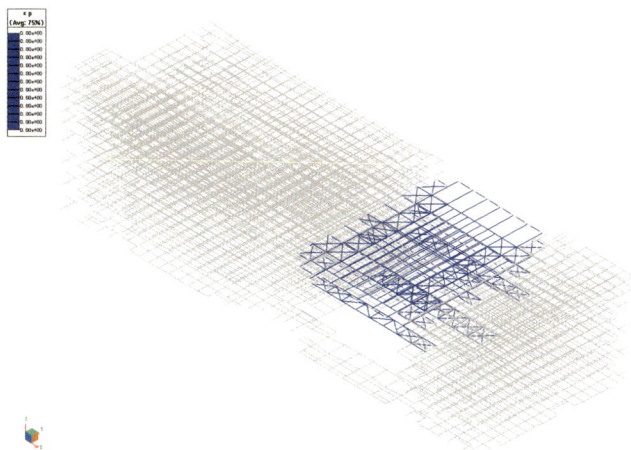

图 15.6-19　钢桁架构件塑性应变

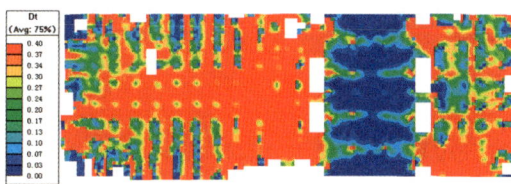

图 15.6-20　连廊钢结构上弦楼板受拉损伤情况

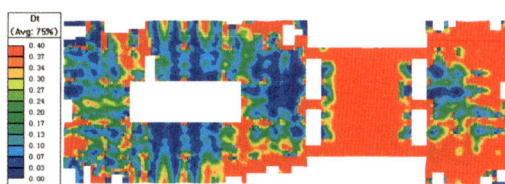

图 15.6-21　连廊钢结构下弦楼板受拉损伤情况

7）博物馆钢桁架连廊整体提升施工

为减少高空焊接作业及避免钢构件在高应力状态下进行焊接，综合考虑各方面条件，博物馆钢桁架连廊采用地面拼装、整体提升的施工方案，整体提升的重量达到 1800t，是国内钢结构整体提升重量较大的项目，吊点平面布置及提升示意图如图 15.6-22、图 15.6-23 所示。提升阶段竖向变形如图 15.6-24 所示，钢构件应力比如图 15.6-25 所示。整体提升的主要步骤为（图 15.6-26～图 15.6-29）：①在地面搭设胎架，拼装钢桁架；②在 6 层楼面采用 10 组液压提升装置，由电脑统一控制将拼装好的钢桁架整体提升至设计标高；③将钢桁架与支座构件焊接连接。

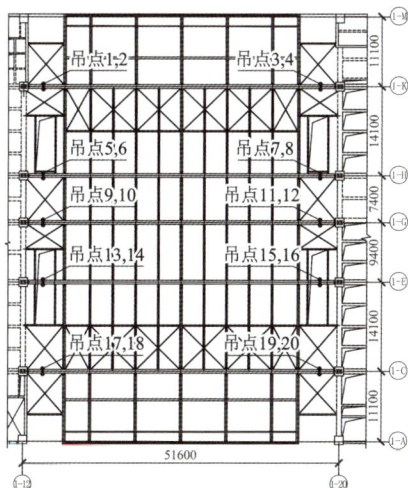

图 15.6-22　提升吊点平面布置图

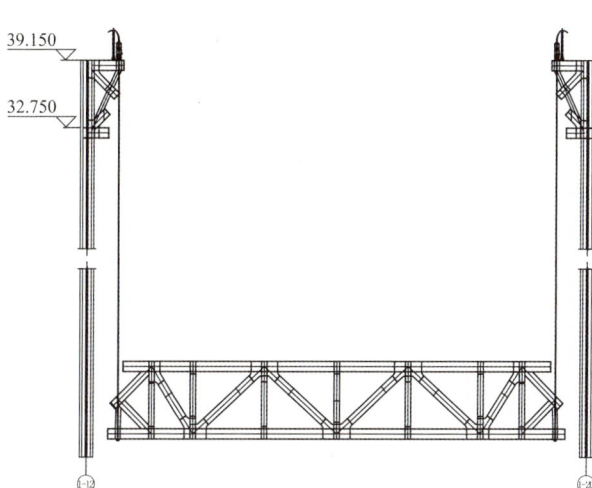

图 15.6-23　整体提升示意图

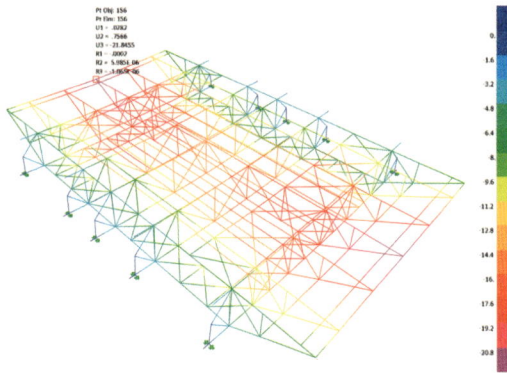

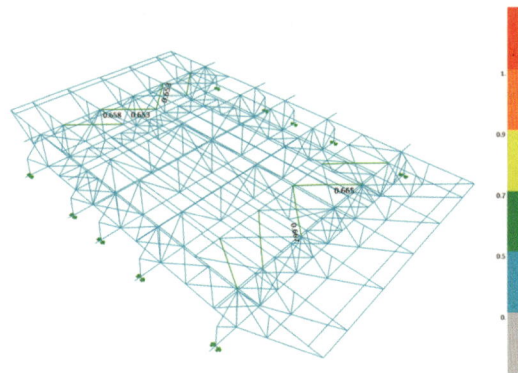

图 15.6-24 提升阶段结构竖向变形云图（单位：mm）　　　　图 15.6-25 提升阶段钢构件应力比

图 15.6-26 构件地面拼装　　　　　　　　　　　图 15.6-27 桁架预提升

图 15.6-28 提升支点　　　　　　　　　　　　图 15.6-29 桁架提升到位

15.6.3　图书馆超长结构温度应力分析

浙江图书馆新馆地上部分平面最大尺寸约 196m×68.8m，不设结构缝，为超长平面混凝土结构。在整体模型计算温度作用时，支座约束对计算结果影响极大，本工程温度计算模型考虑底板影响，底板下采用三向弹簧模拟支座约束情况。底板下水平弹簧刚度主要由桩基、承台侧向土体约束、底板与地基土的摩擦等因素决定，本工程采用直径 600～800mm 灌注桩承台基础，底板为 900mm 厚整片筏板。几种计算模型简图如图 15.6-30 所示。

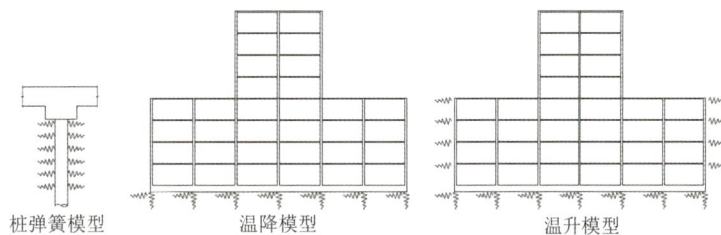

桩弹簧模型   温降模型   温升模型

图 15.6-30　温度计算简化模型

图书馆整体结构温度作用分析时按表 15.2-1 考虑。6 层以上楼层尺寸较小，温度应力很小，以下仅列出五层及以下楼板温度应力，如图 15.6-31～图 15.6-37 所示。计算结果表明：

（1）越靠近底部支座的楼层，楼板温度应力越大，结构温度应力受支座影响，自首层起开始显著减小。楼梯间处设置较多剪力墙，楼梯间周围的楼板以及楼梯间、孔洞周边楼板应力明显偏大。结构平面尺寸影响效应明显，二层及以上楼层楼板温度应力在使用阶段和施工阶段均很小。

（2）正常使用阶段，地下室楼板温度应力部分位置略超混凝土抗拉强度标准值，配置适当温度钢筋即可满足；楼梯间周围楼板配筋按温度计算结果加强温度配筋。

（3）施工阶段结构即使设置了纵横各一道结构后浇带后，计算得到的地下三层楼板温度应力也普遍超过混凝土抗拉强度值，需配置一定数量的温度钢筋，尤其是在楼梯间设置了较多剪力墙以及靠地下室外墙处拉应力较大，需特别加强温度配筋。

（4）正常使用阶段和施工阶段结果对比表明，施工阶段由于自然条件相对恶劣，结构温差较大，混凝土收缩当量亦大，导致施工阶段时结构楼板温度应力大于使用阶段，楼板内温度钢筋由施工阶段控制。

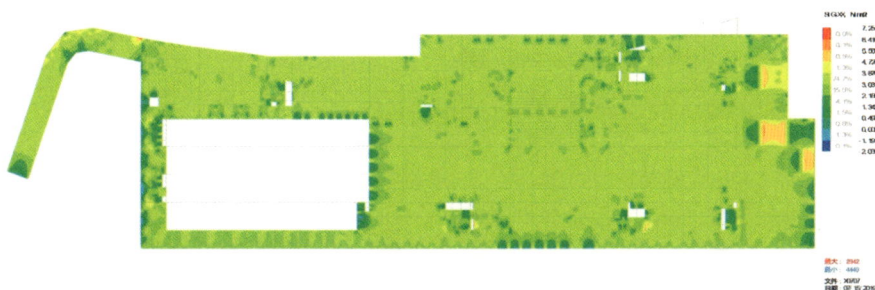

图 15.6-31　降温工况 −8.550m 楼板 X 向温度应力（−2～7MPa）（单位：MPa）

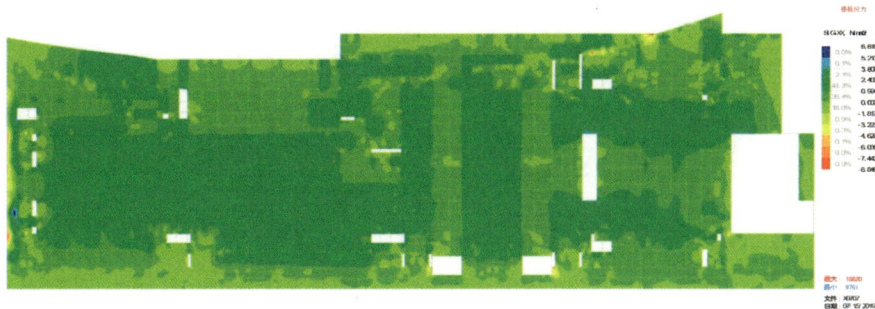

图 15.6-32　降温工况 1F 楼板 X 向温度应力（−6～5.5MPa）（单位：MPa）

图 15.6-33　降温工况 2F 楼板 X 向温度应力（−5～2MPa）（单位：MPa）

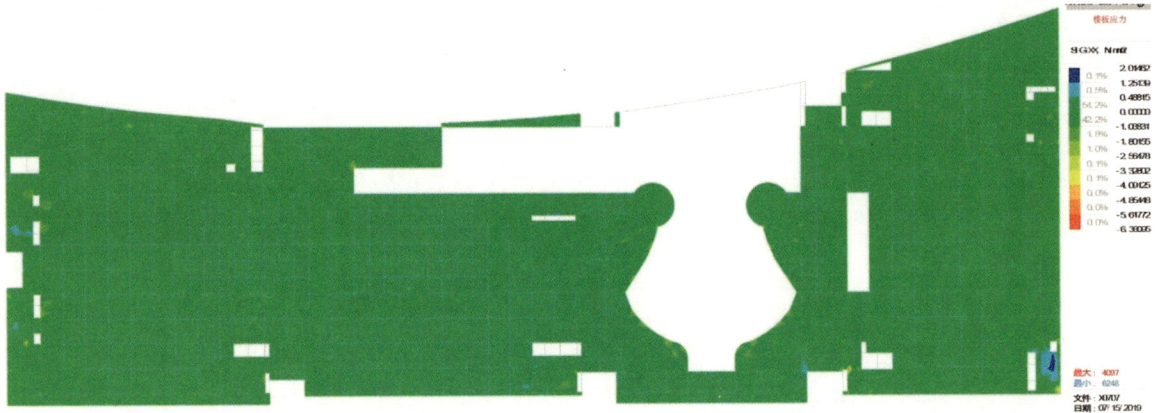

图 15.6-34　降温工况 3F 楼板 X 向温度应力（−6～2.0MPa）（单位：MPa）

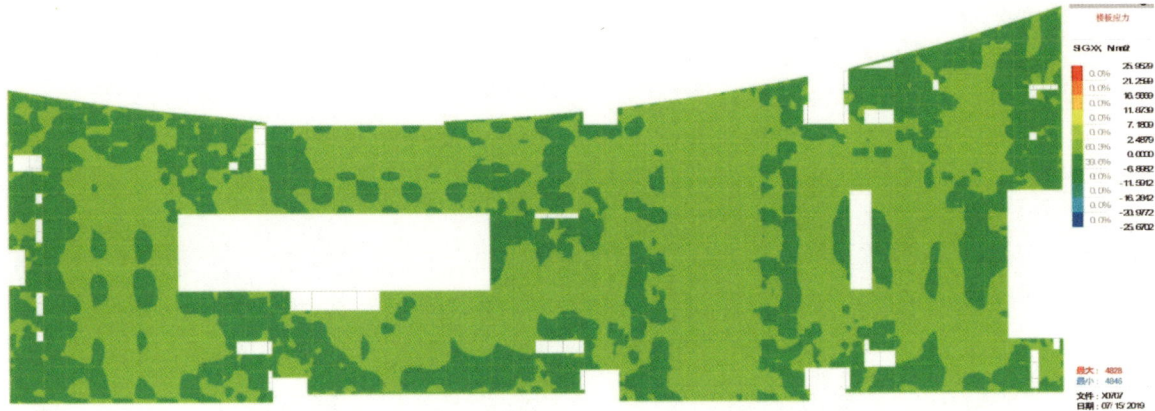

图 15.6-35　降温工况 4F 楼板 X 向温度应力（−7～2.5MPa）（单位：MPa）

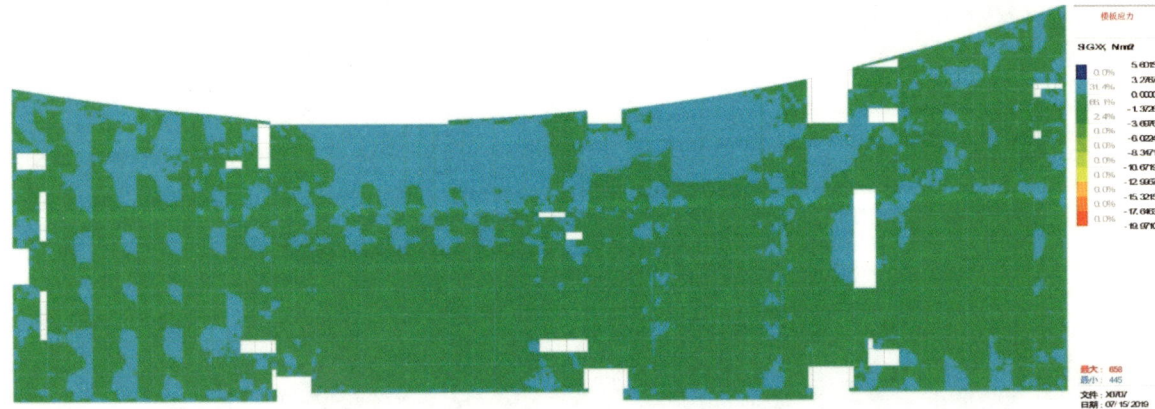

图 15.6-36　降温工况 5F 楼板 X 向温度应力（−6～5.5MPa）（单位：MPa）

图 15.6-37　降温工况 6F 楼板 X 向温度应力（−6～1.7MPa）（单位：MPa）

15.6.4　文学馆空腹桁架分析

1）空腹钢桁架概况

文学馆东侧入口门厅屋面上空，自5～8层通过跨度25.2m，宽度9.9m连廊将平面连接成整体，形成文学馆回字形平面。若连廊5层处采用转换梁，由于连廊上部层数多、荷载大，导致转换梁过高，不能满足建筑要求；若连5～6层间采用单层通高桁架转换，则房间内会出现斜杆，影响使用。综合建筑和结构条件，此处采用空腹桁架结构可以实现建筑要求，同时在桁架端跨设置一根斜杆以改善桁架受力和挠度。连廊布置两榀空腹桁架，间距5.5m，桁架两侧通过钢梁外挑各2.2m，结合建筑开间尺寸桁架直腹杆间距均布置为4.2m，整个空腹桁架为三层高度，每层层高均为3.6m，5～7层桁架上铺150mm钢筋桁架楼承板，8层桁架顶根据建筑要求，不设楼板，为加强桁架平面内刚度，在5层和8层标高处设置X形平面支撑。桁架构件截面规格见表15.6-3，其平面、立面及轴测图见图15.6-38、图15.6-39。

2）桁架施工次序模拟分析

施工阶段模拟是根据实际施工次序，对结构进行分阶段、变刚度分析的方法。对应于实际施工状态的每一个阶段，分别对各阶段结构施加相应阶段荷载，不同施工阶段之间状态叠加（即后一阶段的起始状态是前一阶段的结束状态），结构的变形及内力在各阶段中依次与前一阶段结束时的变形、内力相叠加；各阶段计算时，在前一阶段刚度矩阵的基础上叠加考虑本阶段刚度，作为本次计算的刚度矩阵，并施加本阶段荷载进行计算，依次迭代，从而模拟实际施工的动态过程。

空腹桁架截面规格　　　　　　　　　　　　　表15.6-3

构件名词	截面规格	构件名词	截面规格
XG1	□1000×400×28×40	XG2	□800×400×25×40
ZFG1	□800×400×25×40	ZFG2	□700×400×25×40
ZFG3	□400×400×25×25	XFG1	□800×400×25×40

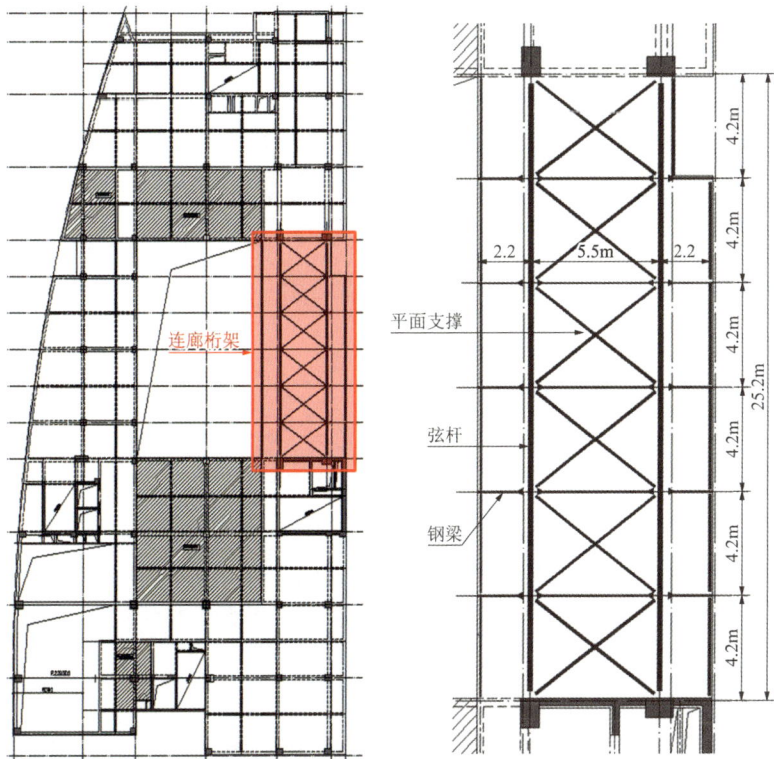

图15.6-38　连廊空腹桁架平面图

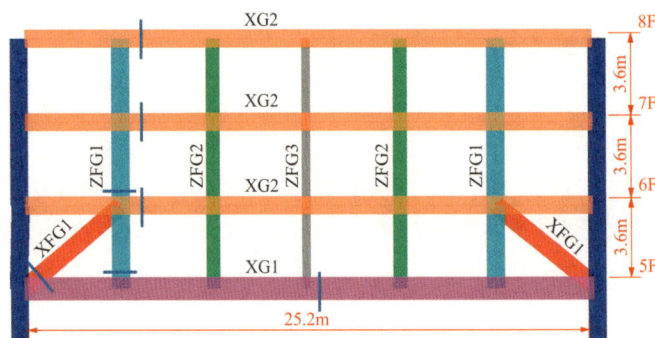

图 15.6-39 空腹钢桁架结构立面示意图

对于空腹桁架结构，在重力荷载作用下，需要考虑进行一定的施工模拟分析。若采用跟主楼一样的正常施工次序（即施工一层加载一层，加载方案一），由于竖向构件在结构自重及施工必要荷载下将会产生一定变形，变形将会导致桁架产生不必要的内力；因此，本工程考虑将钢桁架固定后不铺装楼板，不砌砖墙，待空腹桁架形成后再铺装楼板、砌筑墙体（加载方案二）。基于此，采用 YJK 软件进行施工模拟分析，比对不同施工次序下桁架杆件内力。在各荷载组合情况下，桁架关键杆件轴力最大设计值和挠度见表 15.6-4；两种加载方式轴力对比如图 15.6-40 所示。由此可见，合理调整桁架施工次序后，桁架杆件轴力确有明显降低，能够有效提高结构的安全性。

桁架轴力、挠度汇总　　　　　　　　　　　　　　　　　　　　　　　表 15.6-4

构件	XG1 轴力/kN	XFG1 轴力/kN	最大挠度值/mm
加载方案一	5037	−5402	19.23
加载方案二	4627	−5220	17.20

3）桁架变形分析

分析空腹桁架时：①不考虑楼板作用；②除水平地震作用外，同时计算竖向地震进行组合；③主体结构完成至 8 层楼面，桁架逐层安装，待桁架 5～8 层完成形成整体后，开始铺装楼板进行加载；④桁架构件宽厚比等级按 S3 级取；⑤桁架杆件计算长度偏保守地统一取 1.0L。在恒荷载 + 活荷载的标准组合下，空腹桁架跨中的计算最大挠度约为 21.2mm，结构挠跨比为 1/1167，远小于规范限值，满足要求。桁架上铺混凝土楼板，实际挠度值较上述计算值更小，变形图见图 15.6-41。

图 15.6-40　空腹钢桁架主要构件轴力对比图

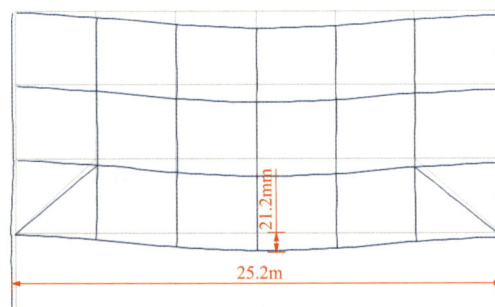

图 15.6-41　恒荷载 + 活荷载的标准组合下桁架挠度图

4）钢桁架构件承载力分析

空腹桁架构件需同时承担较大的轴力和弯矩，受力情况比常规桁架特殊，采用 ETABS 着重分析桁架构件在各工况作用下的轴力和弯矩分布情况以供截面优化和设计，两榀桁架受力结果相似，以其中一榀为例，计算结果罗列如图 15.6-42～图 15.6-49 所示。

从轴力图中可知，上部竖向力力流通过每层直腹杆（主要通过斜腹杆）直接传至支座，弦杆进行拉压力平衡，空腹桁架最底层的弦杆承受较大的拉力，其余楼层弦杆（6 层左右端跨弦杆外）外均承担压力，其中 6 层弦杆压力值较大，7 层最小，8 层弦杆压力值介于中间，直腹杆轴力值相对较小。从表 15.6-5

可得，轴力主要受恒荷载工况控制，水平地震作用下弦杆轴力和活荷载下轴力接近。地震作用下顶部弦杆轴力值更大，地震作用效应明显。

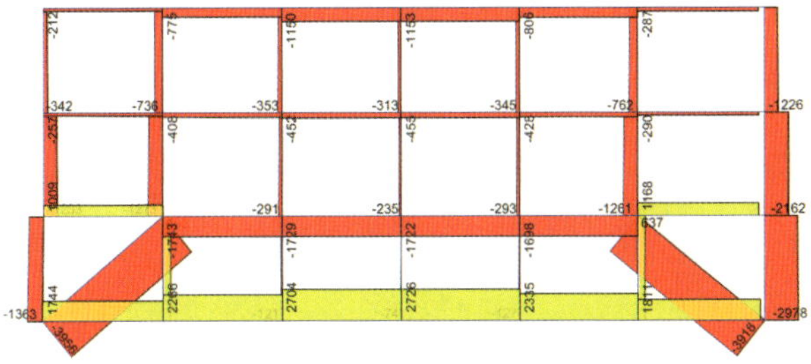

图 15.6-42 恒荷载作用下杆件轴力标准值（单位：kN）

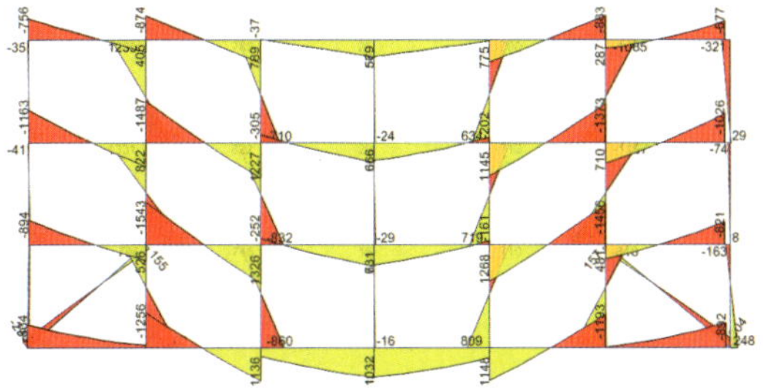

图 15.6-43 恒荷载作用下杆件弯矩标准值（单位：kN·m）

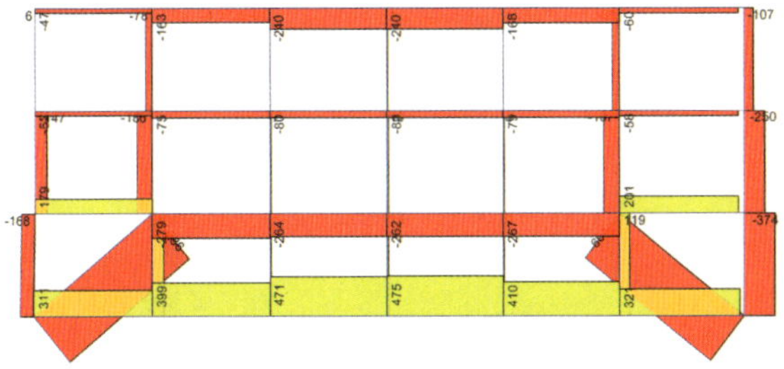

图 15.6-44 活荷载作用下杆件轴力标准值（单位：kN）

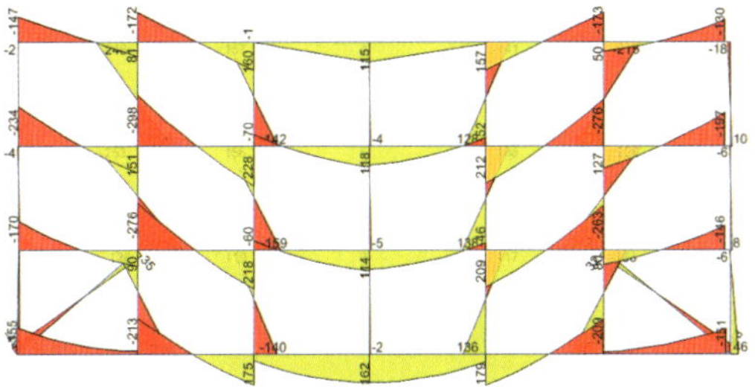

图 15.6-45 活荷载作用下杆件弯矩标准值（单位：kN·m）

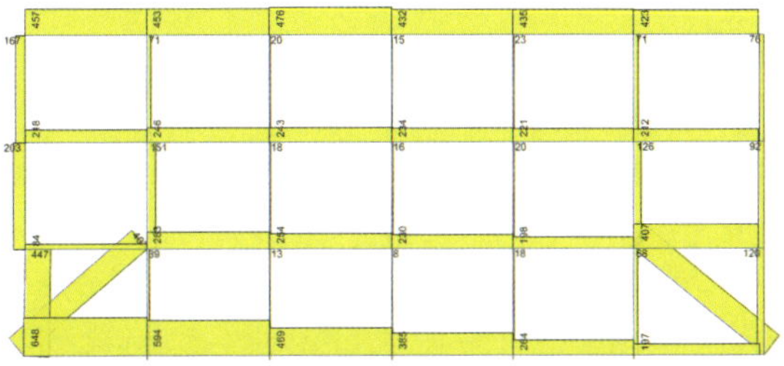

图 15.6-46 Y向水平地震下杆件轴力标准值（单位：kN）

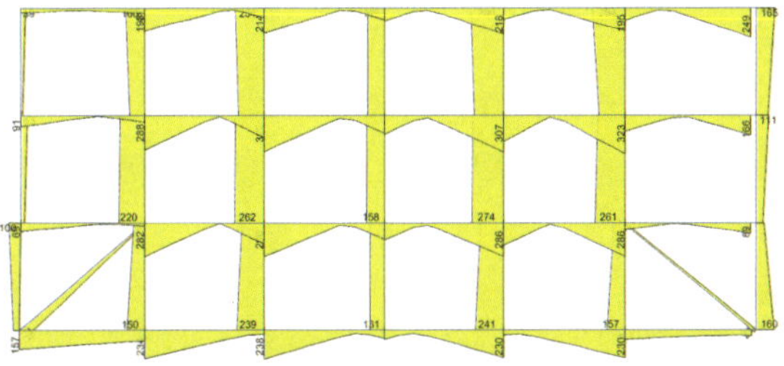

图 15.6-47 Y向水平地震下杆件弯矩标准值（单位：kN·m）

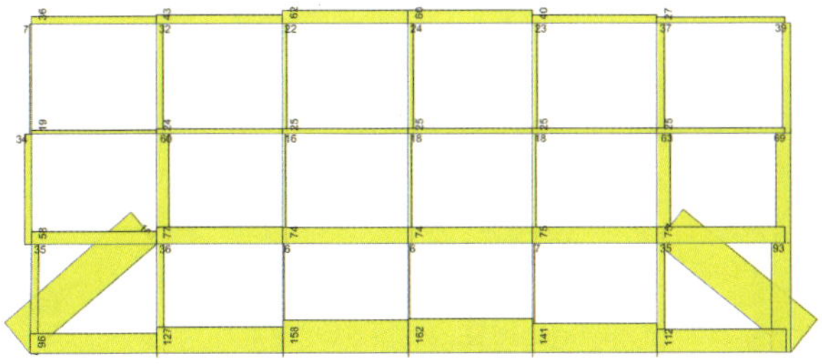

图 15.6-48 Z向竖向地震下杆件轴力标准值（单位：kN）

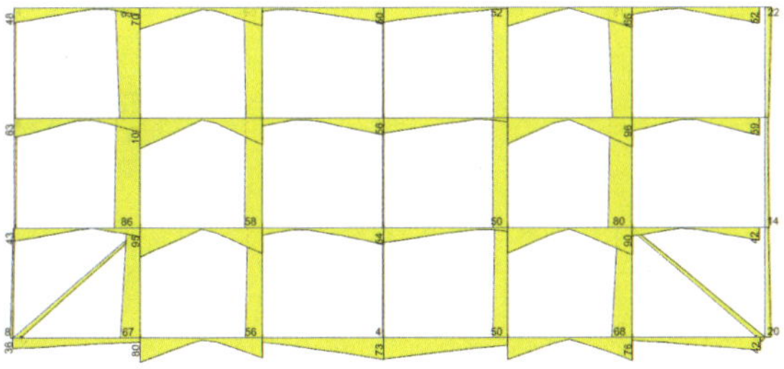

图 15.6-49 Z向竖向地震下杆件弯矩标准值（单位：kN·m）

部分桁架构件截面内力　　　　　　　　　　　　　　　　表 15.6-5

构件	轴力/kN				弯矩/（kN·m）			
	恒荷载	活荷载	E_Y	E_Z	恒荷载	活荷载	E_Y	E_Z
5 层 XG1	2726	475	469	162	1032	162	67	73
6 层 XG2	−1473	−279	283	77	−1543	−276	282	95
7 层 XG2	−408	−75	246	24	−1487	−298	288	102
8 层 XG2	−775	−163	453	43	−874	−172	193	70
左侧 XFG1	−3956	−686	403	193	−293	−49	75	14
5 层 ZFG1	695	135	39	36	−1162	−193	150	67

构件	轴力/kN				弯矩/（kN·m）			
	恒荷载	活荷载	E_Y	E_Z	恒荷载	活荷载	E_Y	E_Z
6层 ZFG1	−1273	−186	151	60	−1427	−275	220	86

注：1. 表中构件截面位置按图14.6-38 桁架立面图中标出位置。

2. 表中恒荷载、活荷载下轴力压力为负，拉力为正；弯矩以构件上部（右侧）受拉为负，下部（左侧）受拉为正。地震作用下轴力、弯矩双向反复。

从弯矩图可见，空腹桁架的弦杆和直腹杆弯矩作用明显，结合表 14.6-5 中弯矩具体数值，可知弯矩主要受恒荷载工况控制，水平地震作用下构件弯矩和活荷载下弯矩对应值相差不大，底部活荷载作用下弯矩值更大。

根据规范进行荷载工况组合后，进行截面设计，得到构件最大强度应力比为 0.71，满足要求，稳定应力比亦满足要求，应力比如图 15.6-50、图 15.6-51 所示。

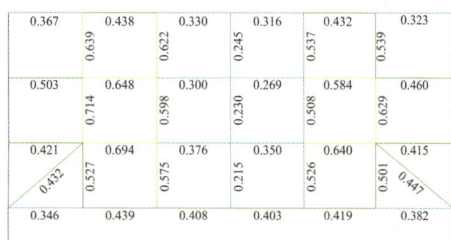

0.367	0.438	0.330	0.316	0.432	0.323
0.639	0.622	0.245	0.537	0.539	
0.503	0.648	0.300	0.269	0.584	0.460
0.714	0.598	0.230	0.508	0.629	
0.421	0.694	0.376	0.350	0.640	0.415
0.432	0.527	0.575	0.215	0.526	0.501	0.447
0.346	0.439	0.408	0.403	0.419	0.382

图 15.6-50　单榀空腹桁架非震组合下强度应力比图

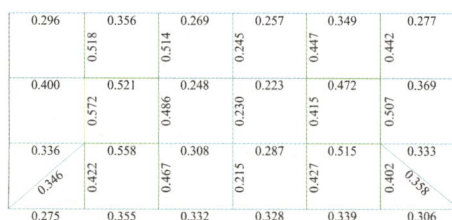

0.296	0.356	0.269	0.257	0.349	0.277
0.518	0.514	0.245	0.447	0.442	
0.400	0.521	0.248	0.223	0.472	0.369
0.572	0.486	0.230	0.415	0.507	
0.336	0.558	0.308	0.287	0.515	0.333
0.346	0.422	0.467	0.215	0.427	0.402	0.358
0.275	0.355	0.332	0.328	0.339	0.306

图 15.6-51　单榀空腹桁架地震组合下强度应力比图

由有限元分析应力云图（图 15.6-52）可知，弦杆与腹杆连接节点最大等效应力为 309MPa，为杆件相交区域的应力集中。除该应力集中点之外，其他部位等效应力大部分在 250MPa 以下，具有一定的安全储备。

由应力云图 15.6-53 可知，桁架下弦支座节点中型钢最大等效应力为 155MPa，为杆件相交区域的应力集中。除该应力集中点之外，其他部位等效应力大部分在 100MPa 以下，均满足设计要求，具有较大的安全储备。桁架下弦支座节点混凝土最大等效压应力为 17.8MPa，小于其抗压强度设计值，且有一定的安全储备。

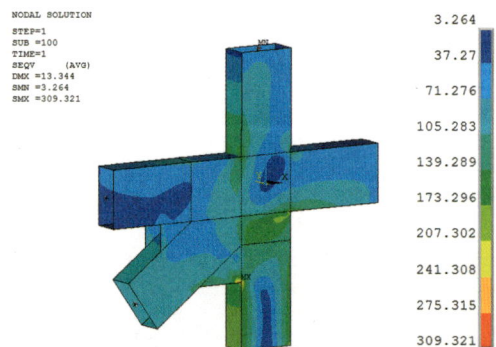

图 15.6-52　弦杆与腹杆连接节点 Mises 应力云图（单位：MPa）

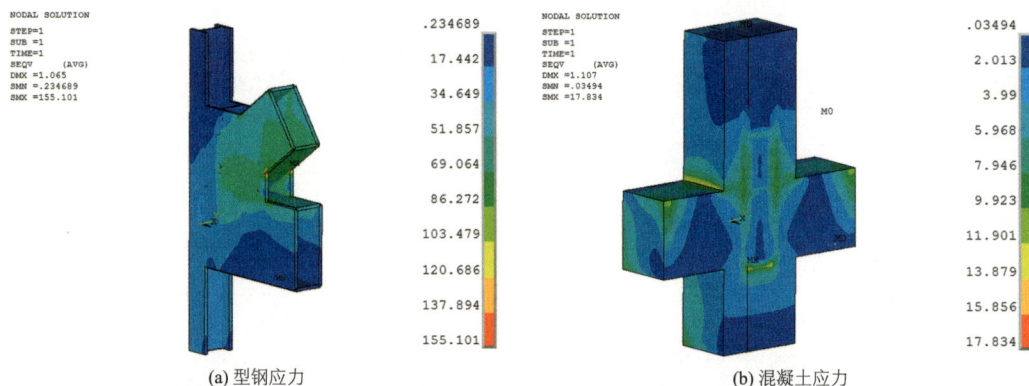

(a) 型钢应力　　　　　　(b) 混凝土应力

图 15.6-53　桁架下弦支座节点 Mises 应力云图（单位：MPa）

参考资料

[1] 住房和城乡建设部. 建筑抗震设计规范: GB 50011—2010(2016 年版)[S]. 北京: 中国建筑工业出版社, 2016.

[2] 住房和城乡建设部. 高层建筑混凝土结构技术规程: JGJ 3—2010[S]. 北京: 中国建筑工业出版社, 2011.

[3] 住房和城乡建设部. 建筑结构荷载规范: GB 50009—2012[S]. 北京: 中国建筑工业出版社, 2012.

[4] 住房和城乡建设部. 超限高层建筑工程抗震设防专项审查技术要点: 建质〔2015〕67 号[A]. 2015.

[5] 浙江省建筑设计研究院. 浙江省博物馆新馆超限建筑结构抗震设计可行性论证报告[R]. 2019.

[6] 中国工程建设标准化协会. 建筑工程抗震性态设计通则: CECS160: 2004[S]. 北京: 中国计划出版社, 2004.

[7] 住房和城乡建设部. 混凝土结构设计规范: GB 50010—2010(2015 年版)[S]. 北京: 中国建筑工业出版社, 2016.

[8] 住房和城乡建设部. 混凝土结构耐久性设计标准: GB/T 50476—2019[S]. 北京: 中国建筑工业出版社, 2019.

[9] 浙江中材工程勘测设计有限公司. 浙江省之江文化中心建设工程岩土工程详细勘察报告[R]. 2019.

[10] 周平槐, 杨学林. 考虑开挖卸荷影响的桩侧摩阻力等效计算方法[J]. 岩土力学, 2016, 37(10): 1-9.

[11] 林政, 杨学林, 李宏, 等. 浙江之江文化中心博物馆结构设计[J]. 建筑结构, 2022, 52(15): 34-39.

设计团队

结构设计单位: 浙江省建筑设计研究院有限公司（初步设计＋施工图设计）

建筑方案单位: 法国 AS

结构设计团队: 杨学林、林　政、陈　劲、王国琴、姜　峰、祝文畏、李　宏、韩　俊、魏阳红、胡士强、陆　峰

执　笔　人: 林　政

获奖信息

2023 年度第十五届中国钢结构金奖。

2025 年度杭州市勘察设计行业优秀成果（综合类）一等奖

第 16 章

中国京杭大运河博物院

16.1 工程概况

16.1.1 建筑概况

中国京杭大运河博物院地处浙江省杭州市，是大城北核心区大标杆项目中的首发项目，位于大城北核心示范区中部，东至丽水路、南至姚潭洋、西邻京杭大运河、北靠杭钢河（图 16.1-1）。本项目定位为世界级"文化地标"，采取"一院多馆"的形式，包括博物馆、运河国际文化交流中心用房，涵盖博物馆、会议中心、运河国际交流中心用房等多种功能，图 16.1-2 为建筑效果图。

项目用地面积 4.9 万 m²，总建筑面积为 17.5 万 m²，其中地上建筑面积 10.7 万 m²，地下建筑面积 67950m²。建筑共 15 层，其中裙楼部分为 7 层，裙楼屋面标高为 34.200m；裙楼以上塔楼部分 8 层，主屋面标高为 67.120m。裙楼和塔楼平面相对关系如图 16.1-3 所示，裙楼长约 260m，宽约 150m，主要建筑功能为博物馆展厅；塔楼长约 120m，宽约 43m，主要建筑功能为运河国际文化交流中心（图 16.1-4）。

经典解构 浙江省建筑设计研究院有限公司篇

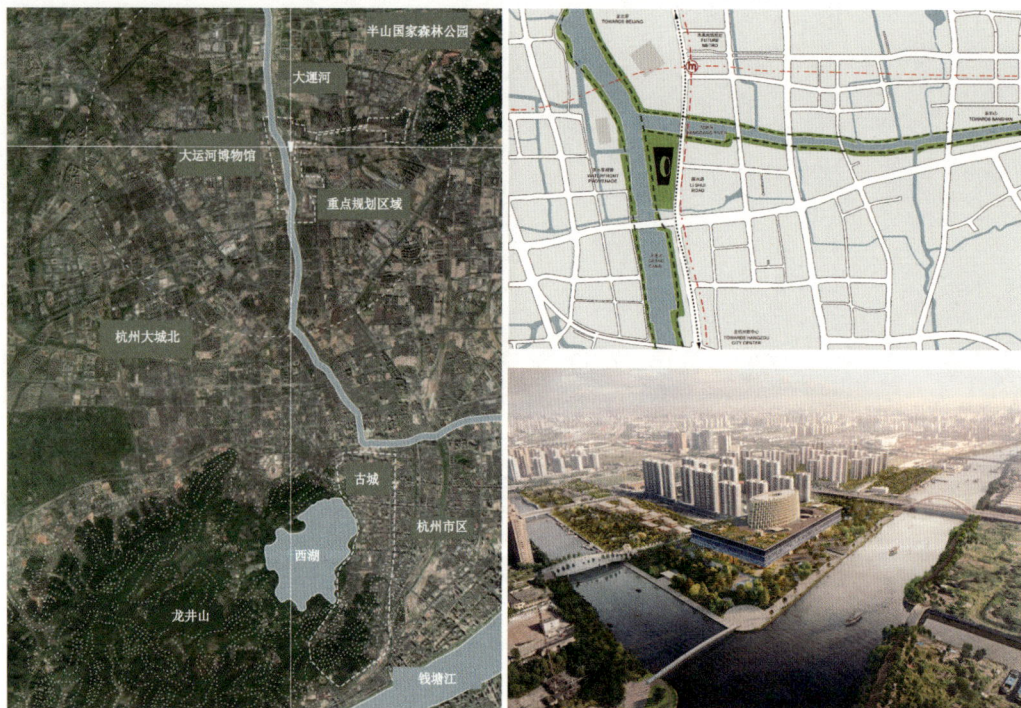

图 16.1-1 中国京杭大运河博物院地理位置

图 16.1-2 中国京杭大运河博物院效果图

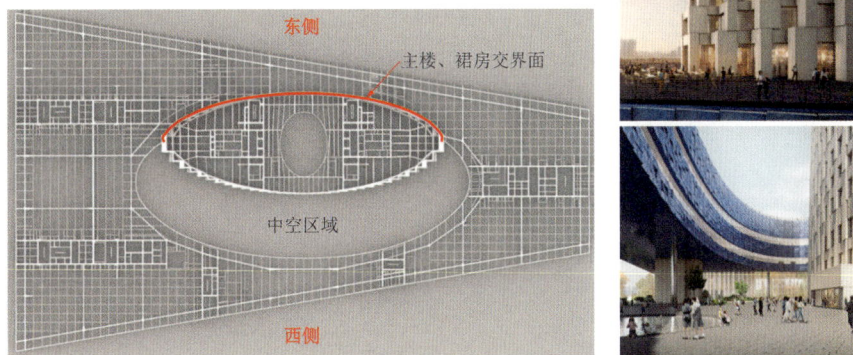

图 16.1-3　裙楼和塔楼平面相对关系示意图

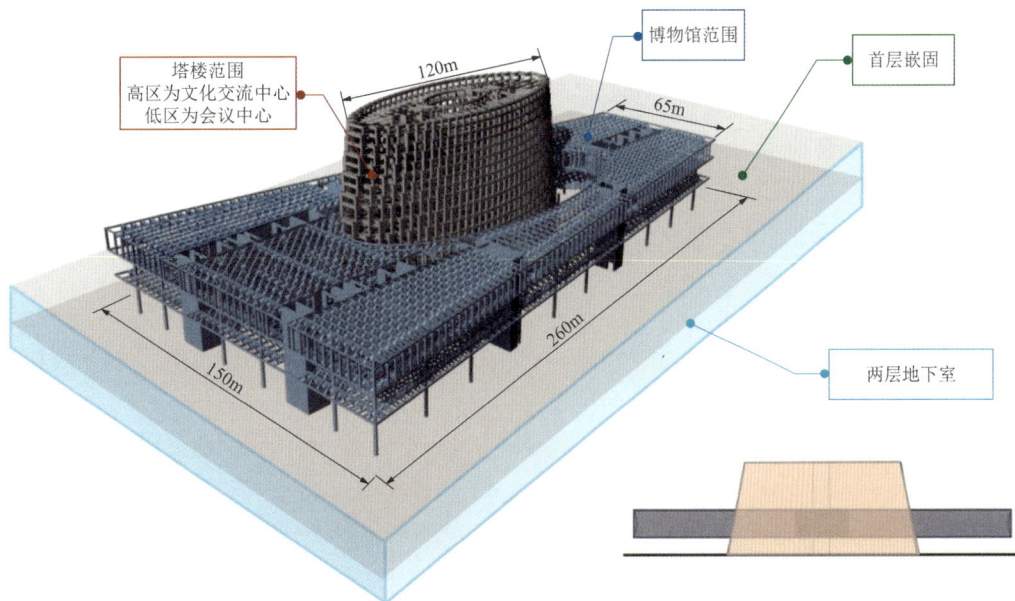

图 16.1-4　建筑功能分区示意图

图 16.1-5、图 16.1-6 分别为塔楼和裙楼的典型建筑平面图。地下室共两层，地下二层层高 4.5m，地下一层层高 8.4m（夹层层高 4.6m）。塔楼一至八层层高为 3.63～5.94m 不等，九至十五层层高为 3.795m，机电夹层层高 2.58m，机房层层高 3.7m；裙楼共计三层楼面，分别对应塔楼四层、六层和八层，层高分别为 16.005m、8.25m 和 10.725m。

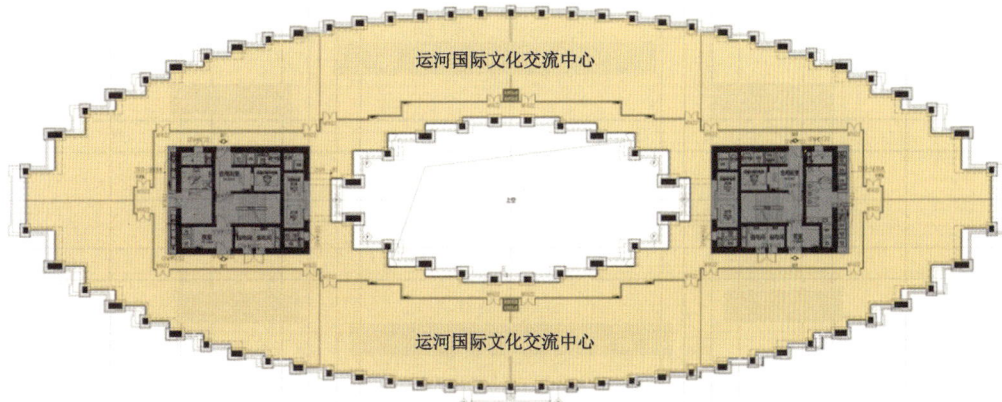

图 16.1-5　塔楼典型建筑平面

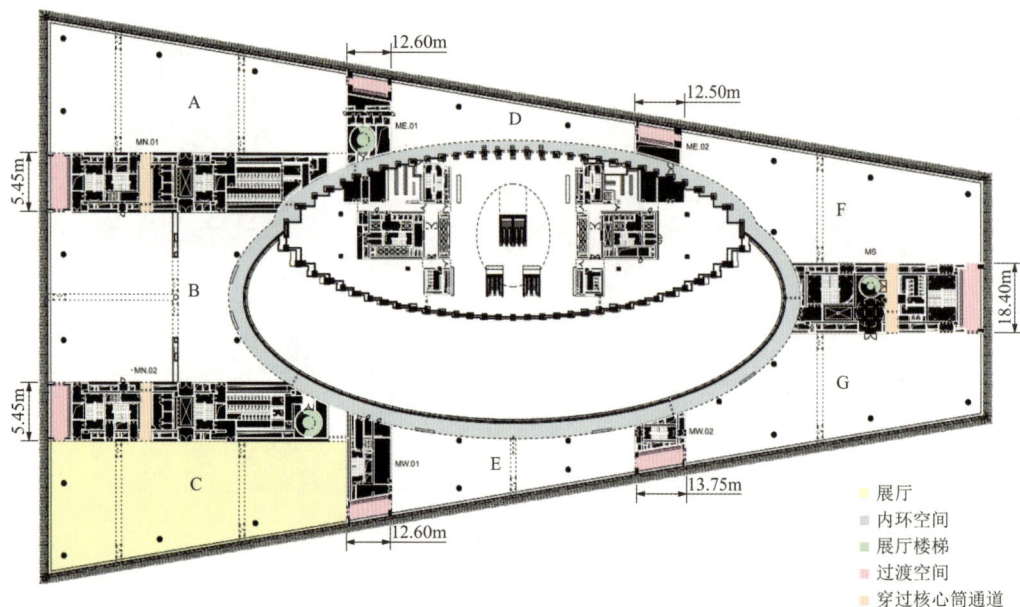

图 16.1-6 裙楼典型建筑平面

图例：
- 展厅
- 内环空间
- 展厅楼梯
- 过渡空间
- 穿过核心筒通道

项目特色：为贴合建筑理念，实现山形外立面，塔楼外围全高采用搭接柱构件，形成搭接柱筒，属国内外首例；为实现塔楼内部无柱大空间，设置了 4 片悬挑墙，用于支承上部 8 层搭接柱内筒；为实现裙房轻盈飘逸的效果，设置了 3 片悬挑墙，最大悬挑跨度约 21m。

16.1.2 设计标准

本工程结构采用两套设计标准和抗震设防参数，分别为八层及以下部分和九层及以上部分，详见表 16.1-1～表 16.1-2。

结构设计标准   表 16.1-1

项次	8 层及以下部分（标高 40.555m 以下）	9 层及以上部分（标高 40.555m 以上）
结构设计使用年限	100 年	50 年
结构设计耐久性	100 年	50 年
建筑结构安全等级	一级	二级
结构重要性系数	1.1	1.0
地基基础、桩基设计等级	甲级	
人防抗力等级	甲类核六常六级	
混凝土结构环境类别	一类（室内环境）：除二 a、二 b 类以外的常规混凝土构件；二 a 类（室内潮湿，露天环境，非严寒地区与无侵蚀性的水或土壤直接接触的环境）：底板、承台、桩；二 b 类（干湿交替、水位变动环境）：外墙，首层室外顶板	
建筑耐火等级	一级	
地下工程防水等级	一级	
地基土液化等级	无液化土	
本工程±0.000	相当于 1985 年国家高程基准 + 5.500m	

抗震设防参数   表 16.1-2

项次	8 层及以下部分（标高 40.555m 以下）	9 层及以上部分（标高 40.555m 以上）
结构类型	复杂高层结构	复杂高层结构
建筑抗震设防类别	乙类	丙类

项次	8 层及以下部分（标高 40.555m 以下）	9 层及以上部分（标高 40.555m 以上）
抗震设防烈度	7 度（多遇地震作用放大 1.43 倍）	7 度
设计基本地震加速度值	0.10g	0.10g
水平地震影响系数最大值	0.08（多遇地震）；0.23（设防地震）；0.50（罕遇地震）	
竖向地震影响系数最大值	取水平地震影响系数最大值的 65%	
设计地震分组	第一组	
建筑场地类别	Ⅲ类	
结构阻尼比	钢结构：0.02；混凝土结构：0.05	
建筑大屋面高度	裙楼屋面标高：34.200m；塔楼屋面标高：67.120m	
地上/地下层数	地下二层、地上十五层	

16.2　结构方案

16.2.1　竖向及抗侧力体系

塔楼为框架-剪力墙结构，竖向及抗侧力体系包括外山形柱筒（图 16.2-1）、内山形柱筒（图 16.2-2）和核心筒（包含大跨悬挑墙，图 16.2-3）。

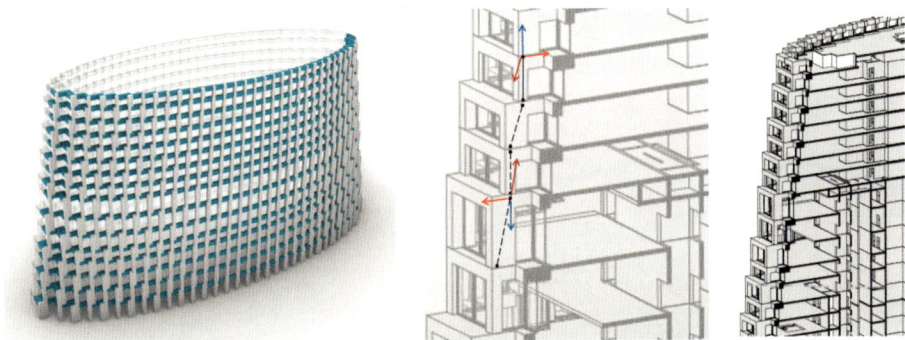

图 16.2-1　外山形柱筒示意图

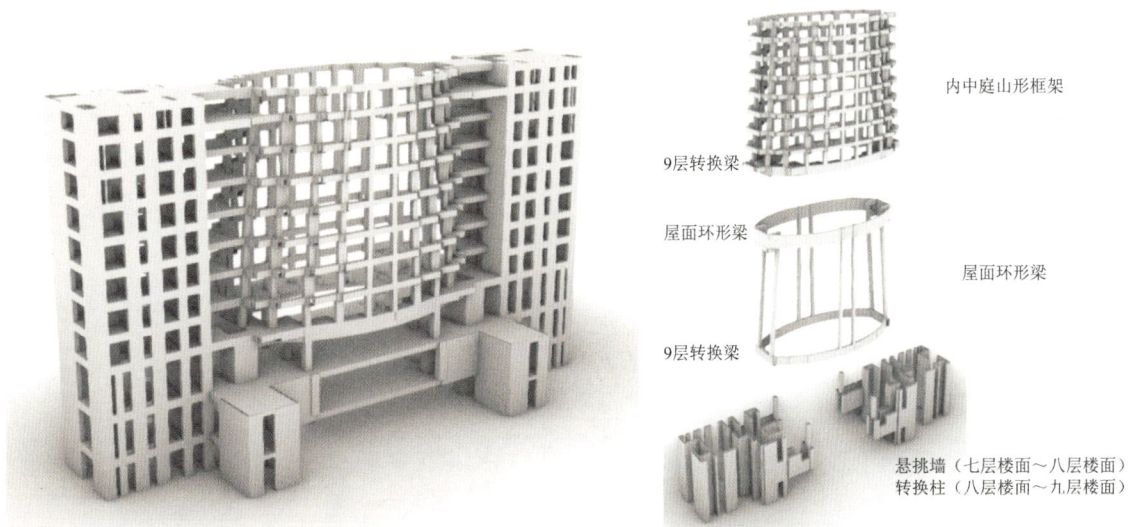

内中庭山形框架

9 层转换梁

屋面环形梁

屋面环形梁

9 层转换梁

悬挑墙（七层楼面～八层楼面）
转换柱（八层楼面～九层楼面）

图 16.2-2　内山形柱筒示意图

裙楼为大跨度钢结构体系，竖向及抗侧力体系包括核心筒（包含大跨悬挑墙，图 16.2-3）和钢管混凝土柱。

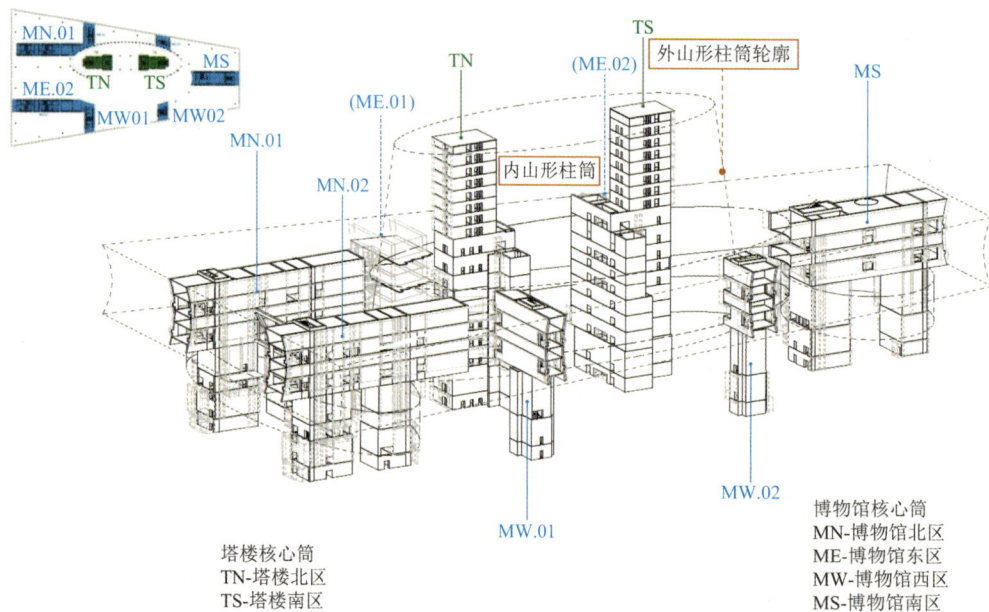

图 16.2-3　核心筒布置示意图

16.2.2　楼面结构体系

塔楼楼面原结构体系为厚板结构，通过厚板实现搭接柱筒与核心筒的协同受力，后因过多的楼面洞口切断厚板传力途径，最终修改为混凝土梁板体系，典型楼面结构布置图如图 16.2-4 所示。为实现塔楼首层大堂 42m 跨无柱空间效果，在 2～4 层楼面间设置大跨跃层桁架，如图 16.2-5 所示。

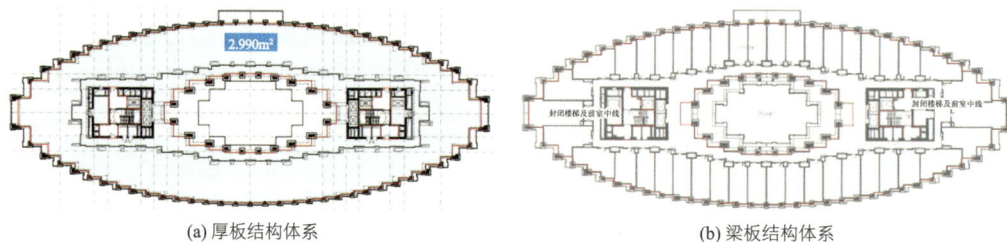

(a) 厚板结构体系　　　　　　　　(b) 梁板结构体系

图 16.2-4　塔楼楼面体系演化

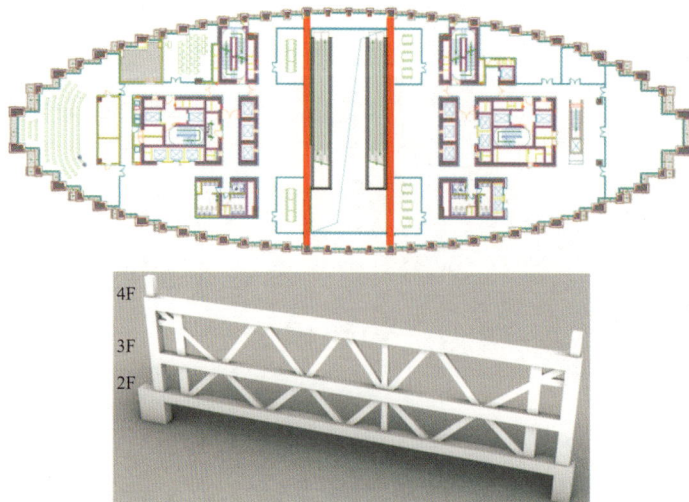

图 16.2-5　大跨跃层桁架示意图

裙楼楼面采用单双向桁架+组合楼板体系，典型桁架结构高度为 2.15m（其上支承 150mm 楼板，共 2.30m），间距为 3.75m，单双向桁架布置区域如图 16.2-6 所示。

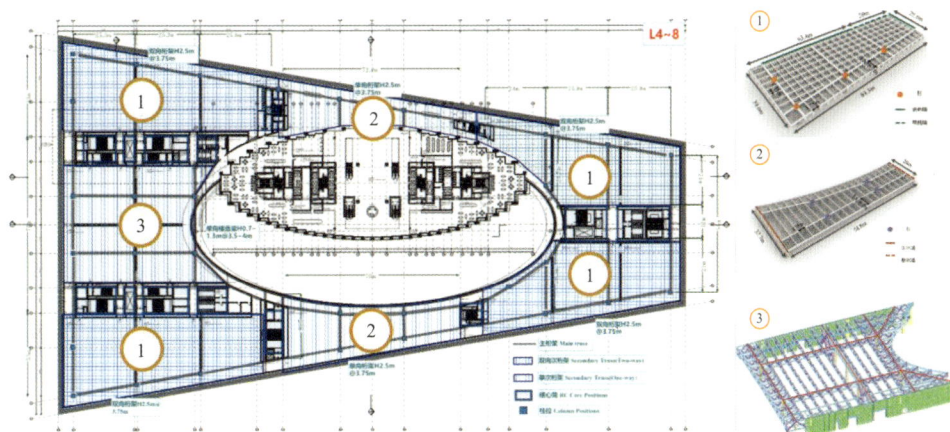

图 16.2-6　裙楼楼面体系示意图

16.3　结构抗震计算

16.3.1　多遇地震计算

1. 结构动力特性分析

采用 YJK 和 MIDAS Gen 两种软件对比计算多遇地震下结构的周期和振型等结构动力特性指标，结果基本一致，见表 16.3-1。模型计算振型数取 300，X 和 Y 向有效质量系数分别为 92.39% 和 90.54%；YJK 和 MIDAS 的结构模型质量比为 1.045，在误差范围内。图 16.3-1 为结构前 3 阶振型图。上述结果表明：两种软件计算得到的结构模型吻合良好，可用于进一步对比分析。

结构弹性分析计算结果　　　　　　　　　　　　　　　　表 16.3-1

不同软件	周期/s			最大扭转位移比	最大层间位移角		最小剪重比	最小抗倾覆安全系数	最小刚重比
	T_1	T_2	T_3		X 向	Y 向			
YJK	0.864	0.671	0.638	1.24	1/1721	1/1397	5.707%	22	27.6
MIDAS	0.868	0.672	0.637	1.31	1/1604	1/1226	5.527%	23	15.9

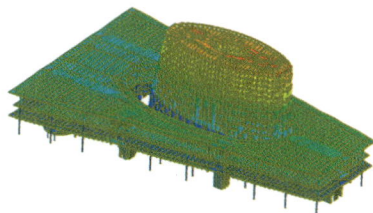
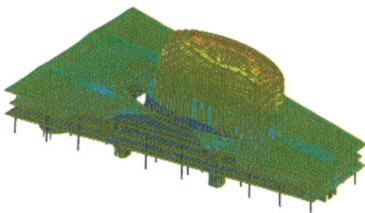
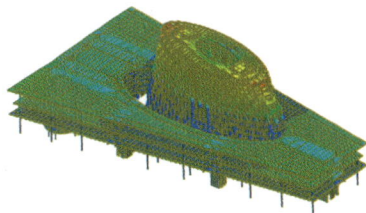

(a) 1 阶振型（Y 向平动）　　　　(b) 2 阶振型（X 向平动）　　　　(c) 3 阶振型（Z 向扭转）

图 16.3-1　结构主要振型

2. 楼层剪力

YJK 和 MIDAS 软件分析得到的结构多遇地震作用下的各层剪力如图 16.3-2 所示。两种软件计算得到的结构整体基底剪力值相差较小，楼层地震剪力值及其竖向分布规律基本一致，结构楼层剪力沿竖向无明显突变且均能满足规范要求。

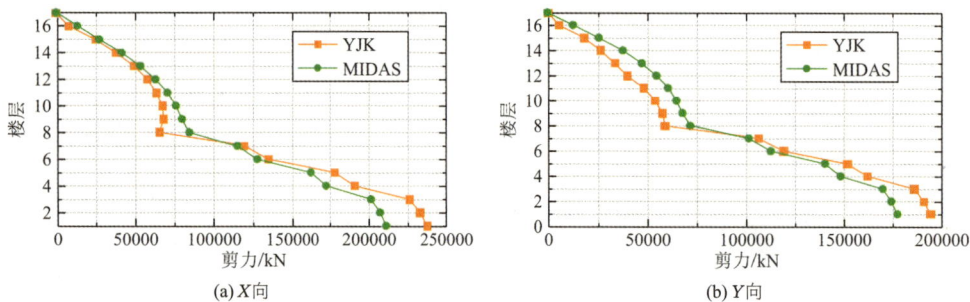

(a) X向   (b) Y向

图 16.3-2   多遇地震作用下楼层地震剪力

3．楼层抗侧刚度比

各层考虑层高修正的楼层侧向刚度比（屋面层除外）如图 16.3-3 所示。结果显示，在博物院裙房顶部位置，裙房竖向构件不再向上延伸，层抗侧力体系的竖向刚度存在突变；塔楼各楼层竖向刚度变化较小，能够满足规范要求。

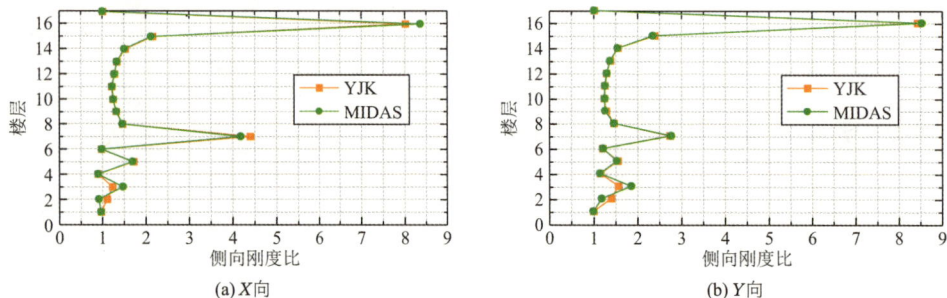

(a) X向   (b) Y向

图 16.3-3   楼层与相邻上层的侧向刚度比

4．楼层质量比

结构楼层质量比如图 16.3-4 所示，质量比突变楼层的下层为裙楼楼面，山形塔楼部分的质量沿高度均匀分布，楼层质量比均满足规范要求。

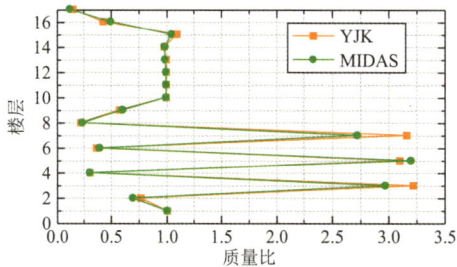

图 16.3-4   各层与下层质量比

5．多遇地震作用下的框架剪力

多遇地震作用下各楼层的框架剪力统计如图 16.3-5 所示。设计前对各层框架设置相应的调整系数，使其满足二道防线要求。

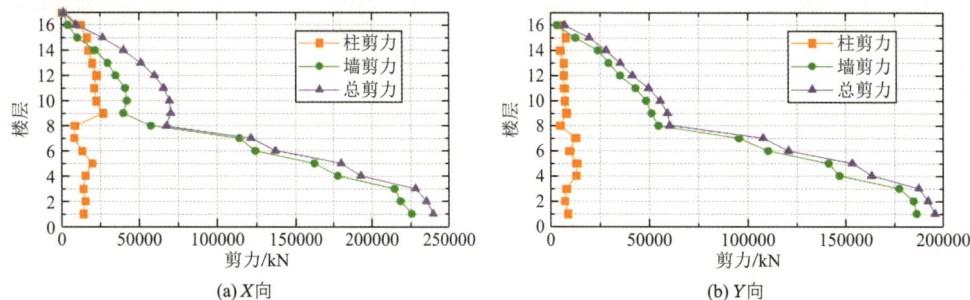

(a) X向   (b) Y向

图 16.3-5   各层竖向构件剪力统计

6. 小震弹性时程分析

采用 YJK 软件进行多遇地震作用下的弹性时程分析。弹性时程分析各楼层剪力计算结果如图 16.3-6 所示，每条时程曲线计算所得结构底部剪力均处于反应谱计算基底剪力的 65%～135% 之间，多条时程曲线计算所得结构底部剪力的平均值处于 80%～100% 之间，满足地震波选波要求。反应谱计算时应采取合适的系数放大相应楼层的地震作用。

图 16.3-7 为弹性时程分析各楼层位移角计算结果。各组地震波时程作用下，结构的最大层间位移角均小于 1/800，满足规范要求。

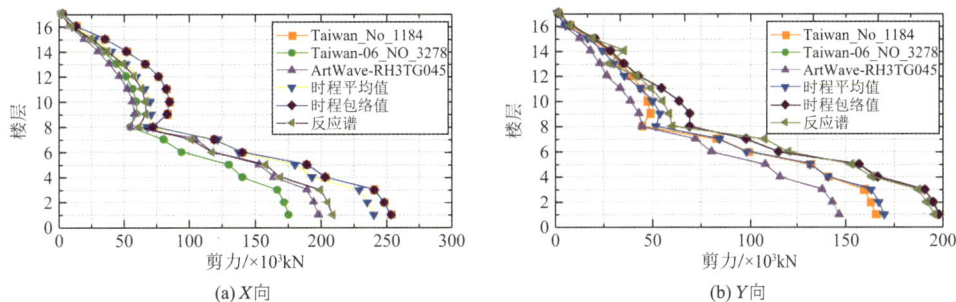

图 16.3-6　弹性时程分析各楼层剪力计算结果

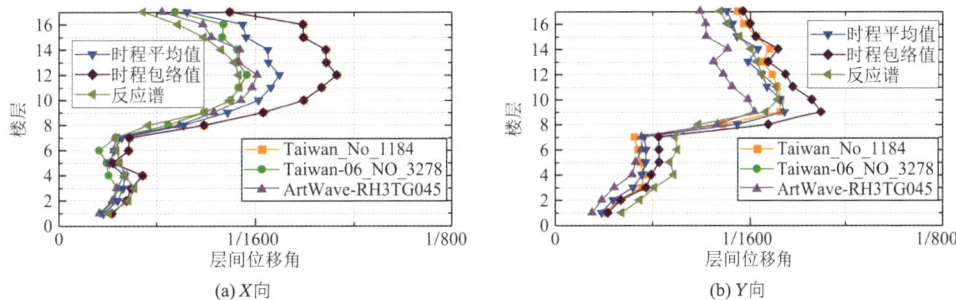

图 16.3-7　弹性时程分析各楼层位移角计算结果

16.3.2　性能目标

根据结构的特殊性和超限情况，按照《高层建筑混凝土结构技术规程》JGJ 3—2010 第 3.11.1 条结构抗震性能目标四等级和第 3.11.2 条抗震性能五水准的要求，制定本工程的抗震性能目标的细化，如表 16.3-2 所示。

抗震性能设计目标　　　　　　　　　　　　　　　　表 16.3-2

抗震烈度（参考级别）		多遇地震（小震）	设防烈度地震（中震）	罕遇地震（大震）
分析方法		弹性反应谱	按规范抗震措施保证（局部构件按等效弹性反应谱法校核）	非线性弹塑性时程
层间位移角限值		1/800	—	1/100
重要关键构件	悬挑墙与直接支撑悬挑墙的构件	弹性	中震弹性	大震不屈服
	塔楼首层门头转换柱、塔楼9层转换弧梁下方的转换柱	弹性	中震弹性	大震不屈服
一般关键构件	裙房面以下核心筒外围墙体	弹性	抗剪弹性 抗弯不屈服	允许抗弯、抗剪部分屈服
普通竖向构件	搭接柱	弹性	抗剪弹性 抗弯不屈服	允许抗弯、抗剪部分屈服
	除搭接柱以外的框架柱	弹性	抗弯不屈服 抗剪不屈服	抗弯：允许部分竖向构件屈服，但同一楼层的竖向构件不宜全部屈服 抗剪：满足截面控制条件

抗震烈度（参考级别）		多遇地震（小震）	设防烈度地震（中震）	罕遇地震（大震）
普通竖向构件	除关键构件外的剪力墙	弹性	抗弯不屈服 抗剪不屈服	抗弯：允许部分竖向构件屈服，但同一楼层的竖向构件不宜全部屈服 抗剪：满足截面控制条件
重要水平构件	塔楼二层门头转换梁、塔楼九层弧形转换梁	弹性	中震弹性	大震不屈服
	塔楼 2~4 层中庭跃层桁架	弹性	中震弹性	大震不屈服
	首层转换厚板	弹性	中震弹性	大震不屈服
	博物馆大跨主桁架	弹性	中震弹性	大震不屈服
	博物馆大跨次桁架	弹性	中震不屈服	允许出现压弯或拉弯塑性铰，控制塑性变形，$\theta_p < IO$
耗能构件	框架梁	弹性	允许大部分进入屈服阶段	允许部分发生比较严重的破坏
	连梁	弹性	允许大部分进入屈服阶段	允许部分发生比较严重的破坏

16.3.3 构件性能验算

1. 关键构件中震承载力验算

根据抗震性能目标要求，关键构件应满足正截面抗弯不屈服，斜截面抗剪弹性的要求。采用等效弹性计算方法，分别按中震弹性、中震不屈服要求进行计算分析，构件内力，制作 N-M 曲线进行补充验算，结果如图 16.3-8、图 16.3-9 所示。按照此种分析模式，逐一验算关键构件的中震承载力，结果表明，所有关键构件均能满足中震下的性能要求。

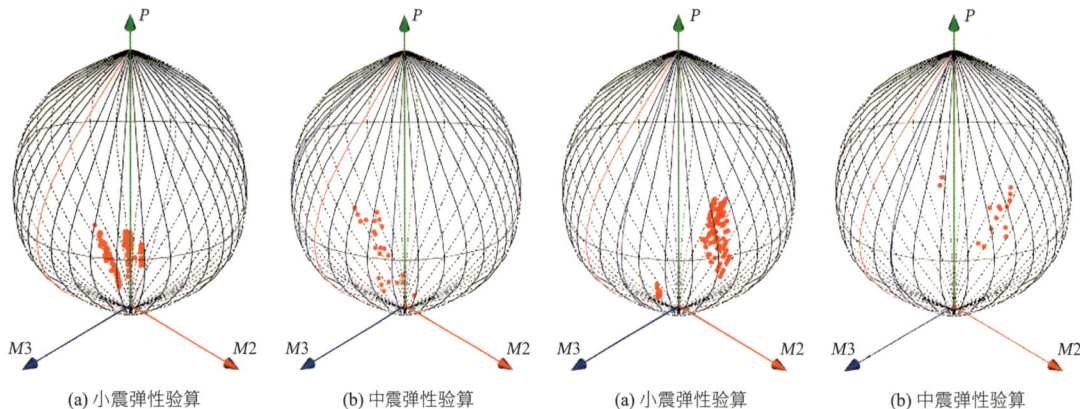

(a) 小震弹性验算	(b) 中震弹性验算	(a) 小震弹性验算	(b) 中震弹性验算

图 16.3-8 关键构件 N-M 曲线验算结果（底层转换柱）　　图 16.3-9 关键构件 N-M 曲线验算结果（剪力墙）

2. 关键构件大震不屈服验算

采用等效弹性设计方法，对塔楼首层门头转换柱、塔楼九层转换弧梁下方的转换柱、悬挑墙以及直接支撑悬挑墙的构件进行了大震不屈服验算，结果均满足性能要求。

3. 混凝土构件中震受拉验算

根据《超限高层建筑工程抗震设防专项审查技术要点》第十二条第四款要求，中震时出现小偏心受拉的混凝土构件应采用特一级构造，拉应力超过混凝土抗拉强度标准值时宜设置型钢。

本项目塔楼主核心筒墙体存在偏拉情况，根据上述规范要求，对该部分竖向构件进行加强，局部设置型钢构件（9 层及以下剪力墙的抗震构造等级已为特一级）。设置型钢构件后，各层剪力墙偏拉验算结果均能满足规范要求。

4. 一般竖向构件大震受剪截面验算

采用等效弹性计算方法，计算罕遇地震作用下的竖向构件剪压比，结果如图 16.3-10、图 16.3-11 所示。结果显示，罕遇地震作用下，一般竖向构件的受剪截面均能够满足规范要求。

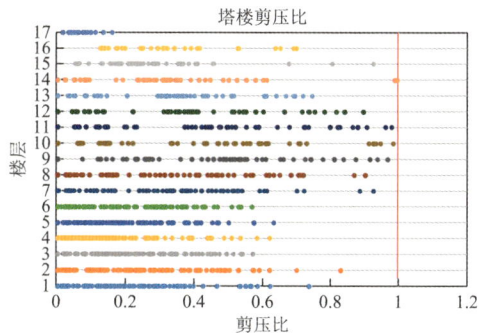

图 16.3-10　塔楼一般竖向构件大震剪压比计算结果　　图 16.3-11　裙楼一般竖向构件大震剪压比计算结果

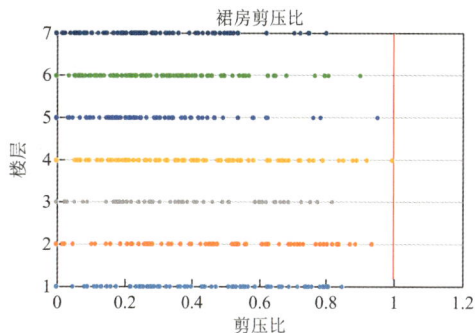

5．薄弱楼板应力分析

对裙楼楼板大开洞附近及塔楼裙楼连接处进行地震作用下的楼板应力分析。各层桁架楼板厚度 150mm，采用弹性板假定。由于小震作用下的楼板应力小于中震作用下的楼板应力，本节分析工况为中震作用。8 层楼板应力普遍大于 4 层和 6 层，主要原因是裙楼在此层中止，上部塔楼地震作用会传递给裙楼，篇幅所限，此处仅给出 4 层和 8 层楼面 σ_x 计算结果，如图 16.3-12、图 16.3-13 所示。

在 X 向地震作用下的最大拉应力位于 8 层塔楼与裙楼北侧交接处，该位置有一个单元（约 1m²）拉应力达到 23MPa，附近 10m² 范围内，拉应力平均约 17MPa，配筋需求量较大，故增加此处板厚至 250mm。其余区域需根据计算结果相应增加配筋。

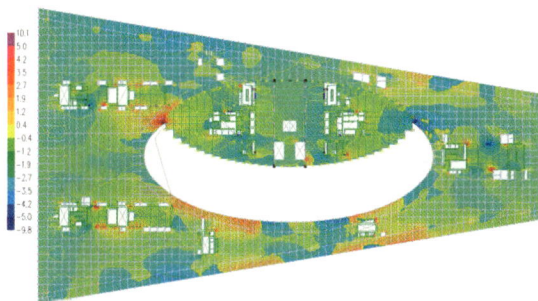

图 16.3-12　X 向地震作用下 4 层楼面 σ_x 计算结果　　　　图 16.3-13　X 向地震作用下 8 层楼面 σ_x 计算结果
（单位：MPa）　　　　　　　　　　　　　　　　　　（单位：MPa）

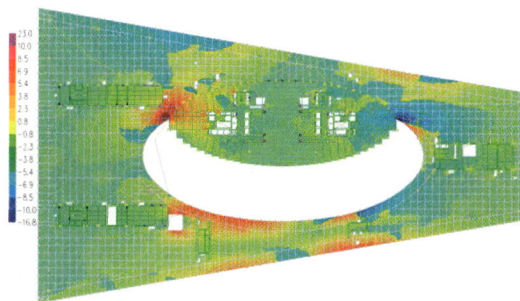

16.3.4　结构弹塑性分析

1．模型验证

表 16.3-3 为模态分析结果对比，前 3 阶振型图如图 16.3-14 所示；有限元软件模型的质量为 3.44×10^5t，与弹性计算模型的偏差为 1.47%。可以认为用于弹塑性分析的模型合理。

模态分析结果对比　　　　　　　　　　　　　　　　表 16.3-3

序号	周期		偏差
	通用有限元软件/s	YJK/s	
1	0.884（Y 向平动）	0.926（Y 向平动）	4.54%
2	0.813（扭转）	0.847（扭转）	4.01%
3	0.731（X 向平动）	0.764（X 向平动）	4.32%

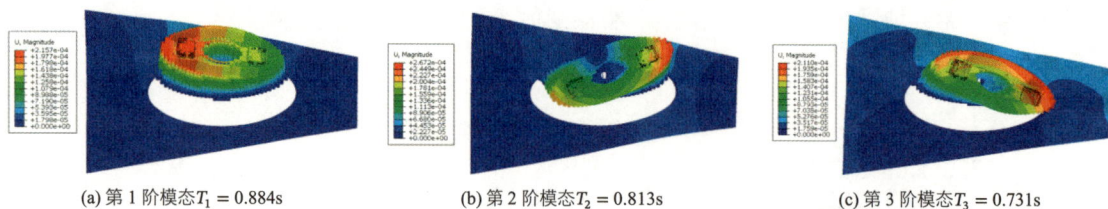

(a) 第 1 阶模态 $T_1 = 0.884s$ (b) 第 2 阶模态 $T_2 = 0.813s$ (c) 第 3 阶模态 $T_3 = 0.731s$

图 16.3-14　结构前 3 阶振型位移图

2．整体指标

（1）基底剪力响应

图 16.3-15、图 16.3-16 分别为结构在罕遇地震动力弹塑性分析下的结构层剪力曲线及框架部分承担剪力占比曲线。由图可知，X 向罕遇地震基底剪力包络值为 660794kN，多遇地震下基底剪力为 138766kN，二者之比为 4.81；Y 向罕遇地震基底剪力平均值为 686667kN，多遇地震下基底剪力为 130999kN，二者之比为 5.24。可见，罕遇地震弹塑性与多遇地震弹性基底剪力比值，两个方向均为 5 左右，说明整体结构存在一定的损伤但损伤程度不高。

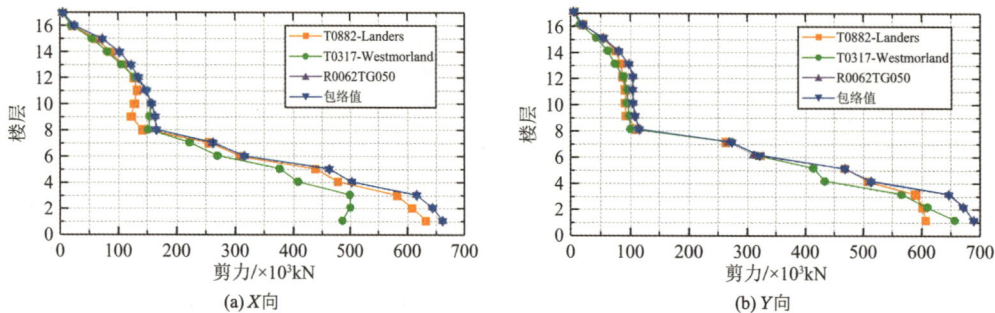

(a) X 向 (b) Y 向

图 16.3-15　楼层地震剪力

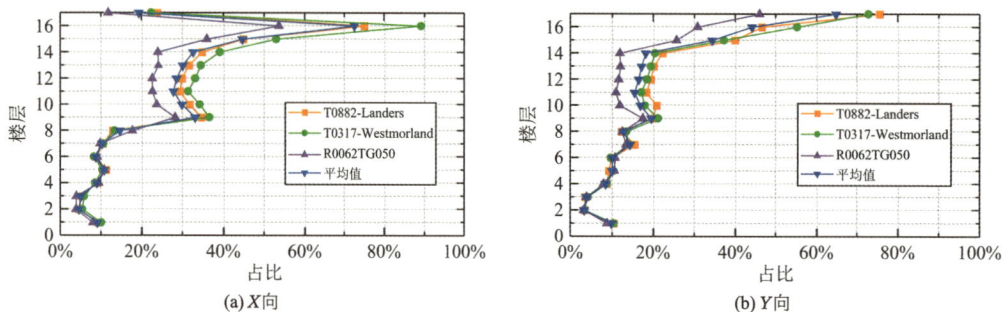

(a) X 向 (b) Y 向

图 16.3-16　框架楼层地震剪力占比

（2）楼层位移及层间位移角

图 16.3-17、图 16.3-18 为各工况下楼层最大位移及最大层间位移角计算结果，各工况中罕遇地震作用下的结构最大弹塑性层间位移角均小于 1/100，满足规范要求。

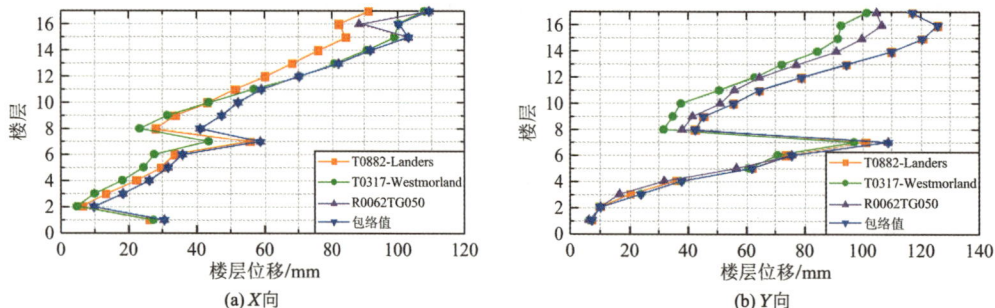

(a) X 向 (b) Y 向

图 16.3-17　楼层最大位移

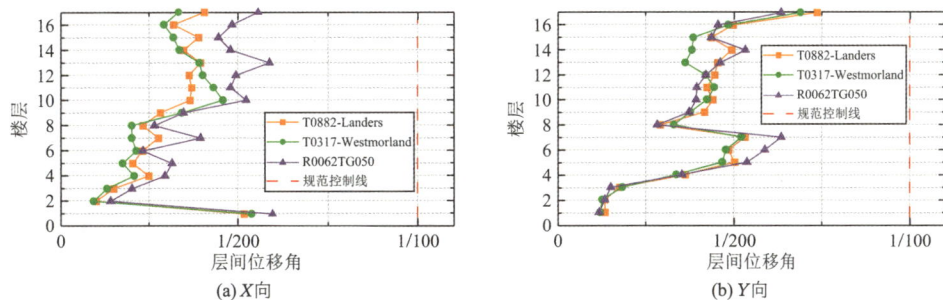

(a) X向　　　　　　　　　　　　　(b) Y向

图 16.3-18　楼层最大层间位移角

3．损伤分析

选取以 *X* 方向为主方向的人工波，给出该工况下结构主要构件的破坏损伤状态。

（1）剪力墙

以塔楼北侧核心筒为例，考察罕遇地震下剪力墙的损伤情况，如图 16.3-19～图 16.3-21 所示。

从剪力墙的损伤可以得到以下结论：塔楼核心筒剪力墙连梁损伤程度较高，起到了较好的耗能作用；塔楼核心筒剪力墙在出裙房的交界面范围混凝土损伤因子约为 0.4，属于轻度损伤；裙房核心筒剪力墙部分墙肢发生受压损伤，损伤因子约为 0.3，属于轻度损伤。

图 16.3-19　剪力墙混凝土受压损伤因子

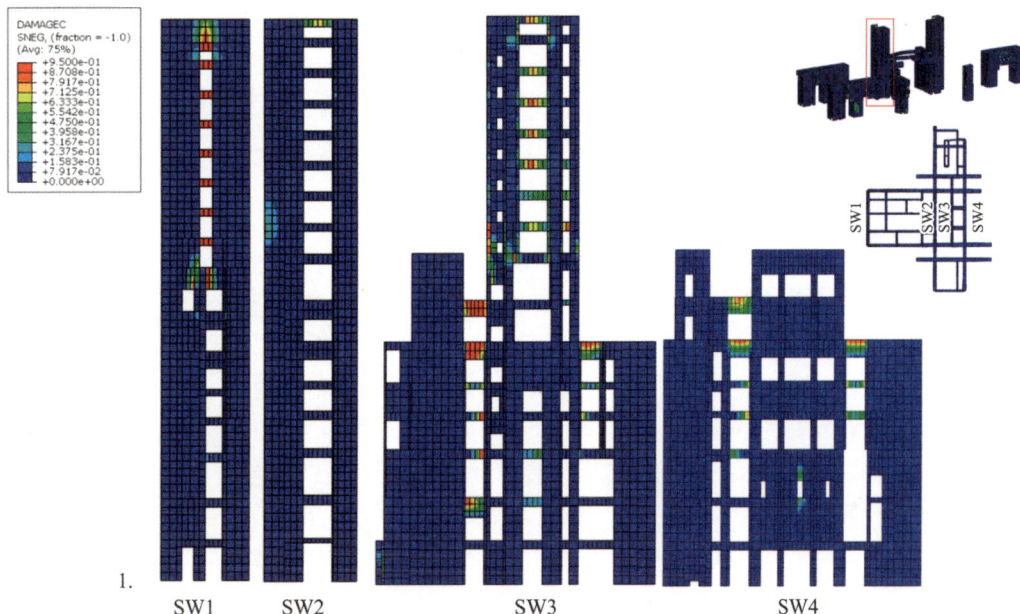

SW1　　　SW2　　　　SW3　　　　　SW4

图 16.3-20　塔楼核心筒 *Y* 向剪力墙混凝土受压损伤因子

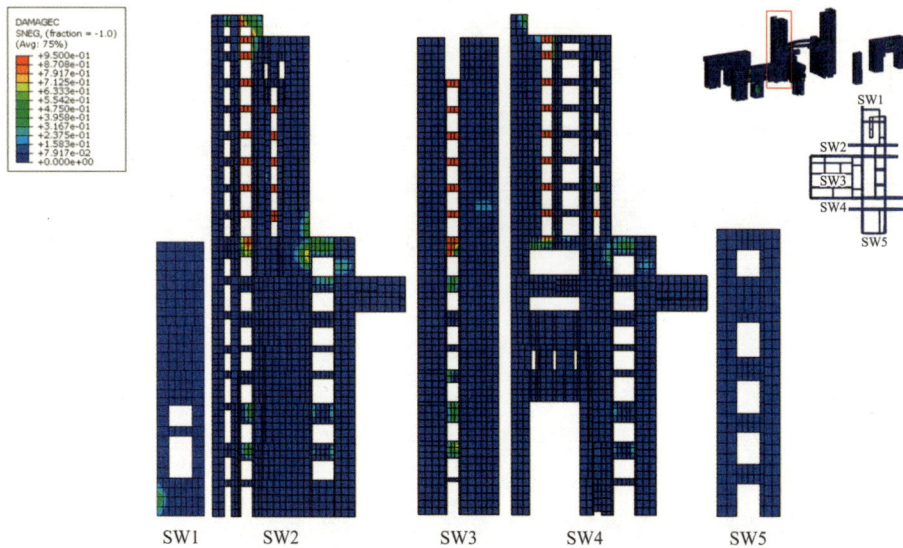

图 16.3-21　塔楼核心筒 X 向剪力墙混凝土受压损伤因子

（2）"山形"框架

外围"山形"框架与内侧"山形"框架在罕遇地震下的损伤情况如图 16.3-22、图 16.3-23 所示。外山框架主要在顶部楼层（构架层）和塔楼出裙房分界面出现损伤，且大部分梁柱构件损伤程度小于 0.5，属于轻度损伤；内山框架较多构件出现损伤，且发生损伤的构件损伤因子多大于 0.65，属于重度及严重损伤；且梁构件损伤程度大于柱构件损伤程度。

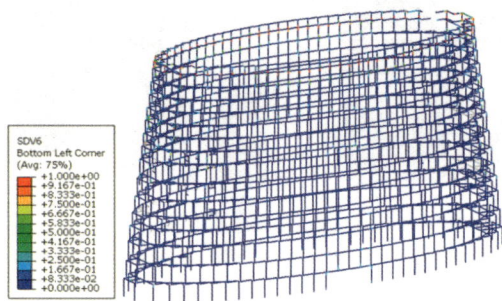

图 16.3-22　外山框架混凝土受压损伤因子

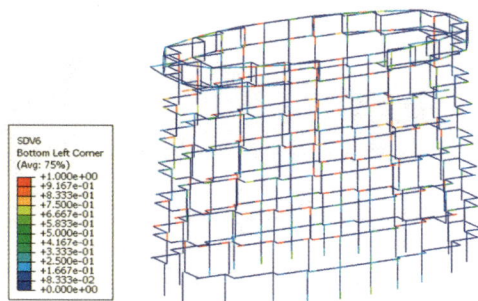

图 16.3-23　内山框架混凝土受压损伤因子

（3）大跨桁架及转换柱

对钢结构大跨桁架及转换柱中钢骨在罕遇地震作用下的塑性应变进行考察，如图 16.3-24 所示，可以得到以下结论：裙房 3～5 层大跨桁架仅在支座处存在微小的塑性应变；塔楼 5～6 层大跨桁架未产生塑性应变；转换柱中钢骨仅在连接处存在微小的塑性应变。可以认为前述大跨桁架及转换柱中钢骨均处于弹性状态。

(a) 裙房 3～5 层的大跨桁架　　　　(b) 塔楼 5～6 层的大跨桁架　　　　(c) 塔楼 7～8 层的转换柱

图 16.3-24　大跨桁架及转换柱塑性应变

（4）裙房大跨桁架梁

对裙房大跨桁架梁在罕遇地震作用下的塑性应变进行考察，如图 16.3-25 所示，可以得到以下结论：大部分裙房大跨桁架梁未出现塑性应变；出现塑性应变的杆件位于裙房西侧大跨处，且塑性程度相对较低，约为 0.008，属于轻度损坏。

经典解构　浙江省建筑设计研究院有限公司篇

（5）楼板

对楼板在罕遇地震作用下的塑性应变进行考察，如图 16.3-26 所示，由于楼板大开洞，在开洞周边存在较大程度的损伤，施工图设计时予以加强。

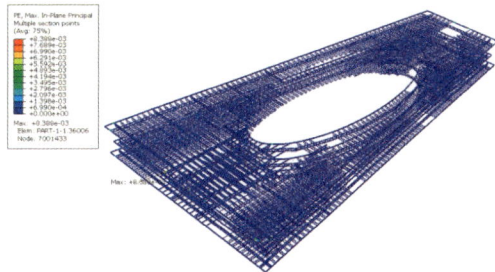

图 16.3-25　裙房大跨桁架梁塑性应变

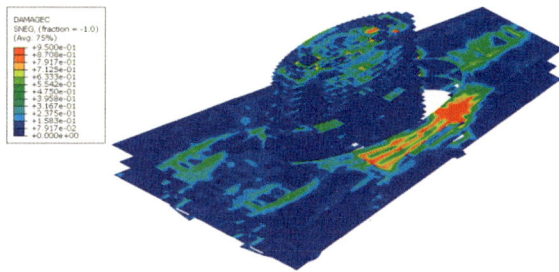

图 16.3-26　楼板混凝土受压损伤因子

16.4　结构抗风计算

16.4.1　风洞试验简介

本项目风洞试验模型缩尺比为 1:150，测点数为 716 个，进行了 24 个风向角的测压试验。风洞试验考虑了本项目周边已建建筑物的影响，试验采用刚性模型，通过动态风压试验得出风压系数。试验结果显示，90°风向为 24 个风向角中等效风荷载较大的不利方向。

16.4.2　试验结果复核

根据风洞试验报告，挑选最不利方向 90°（Y向）风向的等效风荷载进行计算，X方向由于构造复杂，按照规范进行设计。将计算结果与按规范取值算得的风荷载相比较，结果如图 16.4-1 所示。从楼层剪力分布图来看，Y向楼层剪力除底部个别楼层外规范计算值均大于风洞试验值，基底差值为 0.6%，可近似忽略。从楼层弯矩分布图来看，Y向楼层弯矩全楼规范计算值均大于风洞试验值，两者差值最大为 20%。

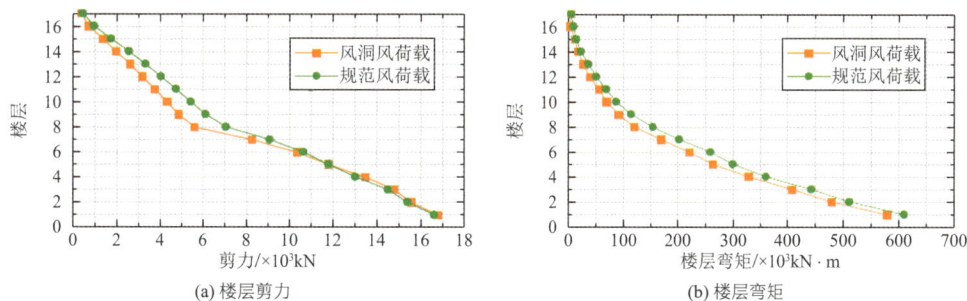

(a) 楼层剪力　　　　　　　　　　(b) 楼层弯矩

图 16.4-1　风洞试验最不利风向与规范风荷载对应的楼层比较

16.5　结构超限判断和主要加强措施

16.5.1　结构超限判断

按《建筑抗震设计规范》GB 50011—2010（2016 年版）、《高层建筑混凝土结构技术规程》JGJ 3—

2010 及《超限高层建筑工程抗震设防管理规定》建设部令第 111 号、《超限高层建筑工程抗震设防专项审查技术要点》建质〔2015〕67 号文件，本工程的不规则情况判断如表 16.5-1 所示。另外，本工程大规模采用搭接柱结构，暂未列入相关规范，属于特殊类型高层建筑。

本工程结构超限判断表

表 16.5-1

序号	不规则类型	简要涵义	本工程情况	判断
1	扭转不规则	考虑偶然偏心的扭转位移大于 1.2	X向：16 层位移比为 1.24 Y向：16 层位移比为 1.31 最大楼层位移比大于 1.2	超限
2	偏心布置	偏心率大于 0.15 或相邻层质心相差大于相应边长的 15%	八层、九层质心偏差与相应边长之比为 0.151，超过 0.15	
3	楼板不连续	有效宽度小于 50%，开洞面积大于 30%，错层大于梁高	6 层平面中部，Y向楼板有效宽度约为 41%，小于 50%	超限
4	刚度突变	相邻层刚度变化大于 70% 或连续 3 层变化大于 80%	3 层、4 层存在刚度突变	超限
5	尺寸突变	竖向构件收进位置高于结构高度 20% 且收进大于 25%，或外挑大于 10% 和 4m，多塔	博物馆屋面收进，收进位置高于结构高度 20%，X向收进约 50%，Y向收进约 60%，超限	
6	构件间断	上下墙、柱、支撑不连续，含加强层、连体类	见表下备注	超限
7	承载力突变	相邻层受剪承载力变化大于 80%	6 层X向受剪承载力小于相邻上层的 80%，约为 66%	超限
8	其他不规则	如局部的穿层柱、斜柱、夹层、个别构件错层或转换，或个别楼层扭转位移比超过 1.2（已计入 1~6 项者除外）	博物院区域存在个别夹层	超限

注：本工程涉及表 16.5-1 中第 6 项不规则的情况说明如下：①塔楼二层东西门厅入口处存在抬柱转换，上部山形柱不向下延伸；②塔楼、裙楼均存在悬挑墙体，构件不连续；③塔楼 9 层以上的内山形框架支承于 9 层转换弧梁，构件不连续；④地下室顶板存在抬柱转换和局部厚板转换。

16.5.2 主要抗震加强措施

针对本项目存在的扭转不规则、楼板不连续、穿层柱以及厚板转换等不规则项，结合本项目退台式搭接柱、中庭山形框架等特殊结构形式，从结构计算分析、结构抗震设计和构造角度出发，进行针对性的专项分析，对项目重、难点部位采取相应对策和措施，确保本项目结构的安全性。

1）结构计算分析

（1）考虑到结构的复杂性，计算分析时采用多种符合实际情况的不同力学模型进行对比分析，并验证了退台式搭接柱建模方式的可靠性，以确保分析的准确性。

（2）结构存在大跨转换构件，对竖向地震较为敏感，因此计算时考虑竖向地震作用。

（3）通过罕遇地震下的动力弹塑性时程分析，复核罕遇地震下结构整体承载能力。根据罕遇地震下的结构表现，对薄弱部位采取针对性加强措施，提高构件延性和抗震性能。

（4）对塔楼部分退台式搭接柱进行实体有限元分析，根据力流结果，对易损部位进行针对性加强，提高其在恒、活荷载以及地震工况下的承载能力。

（5）针对大开洞等连接薄弱处，采用符合实际情况的模型进行分析，确保楼板的安全。

（6）对转换构件、悬挑墙等构件进行实体有限元分析，根据分析结果，在必要位置有针对性地设置型钢，对易损部位进行加强，提高其抗震性能。

（7）裙楼楼面、屋面桁架构件计算时采用符合实际情况的楼板假定；裙楼结构超长，未设置结构缝，将对楼板和钢结构构件进行温度应力分析，并根据分析结果确定施工方案。

（8）针对地下室顶板处的厚板转换部位，采用有限元软件进行计算分析，并对楼板进行抗冲切验算，以确保此处楼板的承载能力。

2）结构抗震设计与构造

（1）平面扭转不规则。通过调整结构的布置，改善结构整体刚度，使刚度中心与质量中心尽量一致；

在不影响建筑使用功能的前提下，适当增大外围结构刚度，并在计算时考虑双向地震对整体结构的影响。

（2）楼板局部不连续、中庭存在大开洞：加强薄弱部位周边的结构梁、板构件，设计时采用双层双向拉通的配筋模式；针对性加强薄弱部位周边的竖向构件配筋率。

（3）塔楼退台式搭接柱：①对搭接柱提出"中震抗剪弹性、抗弯不屈服，大震允许抗弯、抗剪部分屈服"的性能目标要求；②提高 L 形折梁的配筋率，在必要处设置型钢提高其抗弯、抗拉能力；③充分考虑 L 形折梁面外受力情况，加强梁箍筋、腰筋的配置，提高其抗剪及面外抗弯能力；④根据搭接柱的传力特点，在各层南、北两端的 L 形折梁内侧增设直梁，形成"三角撑"结构，抵抗水平分力；⑤提高搭接柱的纵筋配筋率，在必要处设置型钢，采用箍筋全高加密的配筋模式，并复核大柱传递上方小柱轴力时的抗剪能力。

16.6 专项分析

16.6.1 搭接柱杆系模型可靠性分析

常规结构中，竖向构件一般上下贯通，采用杆单元模拟时，上下构件均共节点；本工程搭接柱筒在竖向存在大小柱交替变化的规律，上下构件存在偏心。为采用杆系模型模拟搭接柱筒的结构性能，截取部分搭接柱转化为实体单元，进行多尺度分析，然后将多尺度模型计算结果与杆系模型计算结果进行对比，以验证杆系模型的准确性。

（1）多尺度模型：多尺度模型示意图如图 16.6-1（a）所示。截取了两层三跨搭接柱结构转化为实体单元，其余构件均为杆单元。实体单元下部为一层搭接柱，从左至右依次编号为 A→D。

（2）双柱斜撑杆系模型：双柱斜撑杆系模型示意图如图 16.6-1（b）所示。图中红色虚线框为大柱范围，由下小柱和上小柱的延伸段、斜撑以及刚性杆组成，可形成有效传力路径。

（3）单柱转换梁杆系模型：单柱转换梁杆系模型如图 16.6-1（c）所示。由于中大柱和上小柱、下小柱的单元节点处于脱空状态，在下小柱节点和中大柱节点之间以及中大柱节点和上小柱节点之间均设置了一段转换梁，在形成有效传力路径的同时可模拟中大柱的刚度。

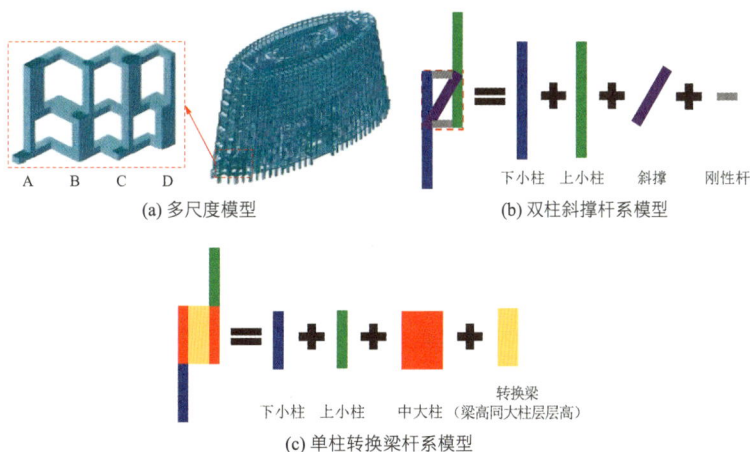

(a) 多尺度模型　　　　　　　(b) 双柱斜撑杆系模型

(c) 单柱转换梁杆系模型

图 16.6-1　各模型示意图

本节旨在验证模型合理性，后续计算结果的荷载工况均为 1.0 恒荷载。图 16.6-2 为各模型计算结果，图中，柱上数据为杆系模型与多尺度模型计算结果的误差百分比绝对值。由图可知，单柱转换梁杆系模型误差更小，可以认为其较好地模拟了搭接柱筒的结构性能。因此，本工程施工图阶段计算模型为单柱转换梁杆系模型。

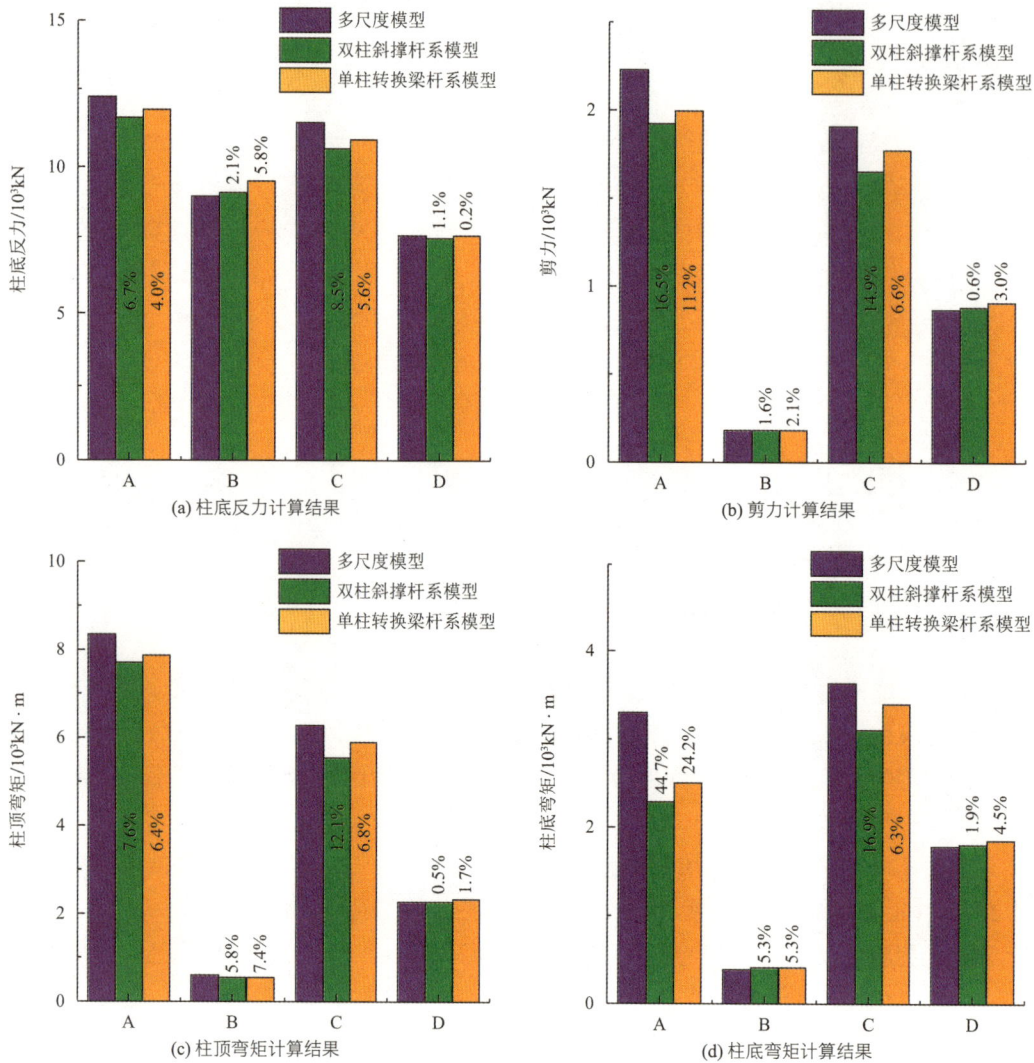

(a) 柱底反力计算结果

(b) 剪力计算结果

(c) 柱顶弯矩计算结果

(d) 柱底弯矩计算结果

图 16.6-2　各模型计算结果

16.6.2　搭接柱外筒受力性能分析

1. 搭接柱体系的传力机理

搭接柱筒传递竖向力时，X向梁存在"拉压交替变化"的现象，如图 16.6-3 所示。经计算，在弹性板假定下，X向梁内最大压力约为 2041kN，最大拉力约为 3573kN，轴力效应明显。施工图设计阶段，应复核各X向梁的轴力并设置相应的型钢。

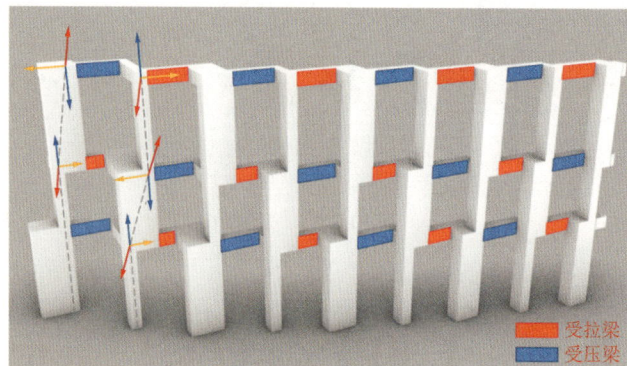

图 16.6-3　X向梁受力分析

由于X向梁轴力的"拉压交替变化"，Y向梁存在明显的弯矩效应，如图16.6-4（a）所示。区别于常规概念上的梁内弯矩，此弯矩效应需由Y向梁的腰筋承担，易在梁侧面产生裂缝，进而影响结构安全。即便在Y向梁侧面设置抗弯钢筋，配筋结果也极大，无法实现。

为应对此弯矩效应，设置了图16.6-4（b）所示的弧梁，双向梁与其形成三角撑结构，X向梁的轴力可通过该三角撑以轴向力为主的形式进行传递，减小了Y向梁的弯矩。梁内的轴力可通过加大梁全截面配筋、增设型钢等措施解决，比抗弯更容易实现。设置弧梁后，可平衡约50%的X向梁轴力，削弱了Y向梁的弯矩效应，有效提高了搭接柱筒的安全性。

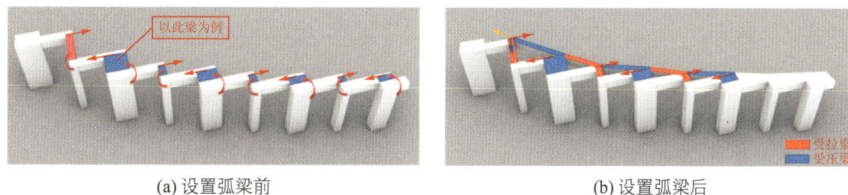

(a) 设置弧梁前   (b) 设置弧梁后

图 16.6-4　Y向梁受力分析

2．重力荷载作用下搭接柱外筒受力性能

图16.6-5为混凝土主应力矢量图。由图可知，小柱内混凝土沿竖向传力，大柱内混凝土沿斜向传力。搭接柱内钢骨均沿传力路径布置，材料性能利用率高，搭接柱筒性能好。

由图16.6-6可知：①部分混凝土梁上部出现拉应力，但应力水平不高，最大值为2.9MPa。施工图绘制阶段，这类梁上部配置相应的受力筋后，混凝土应力水平会大大降低；②部分混凝土梁全截面出现拉应力，对于此类梁，应设置相应的型钢；③大柱上部远离小柱处出现拉应力，应力水平同样不高，原因是小柱与大柱存在偏心。施工图绘制阶段，可通过加大配筋或配置斜向钢筋来解决。

由图16.6-7可知：①大柱受力性能优秀，90%以上受压部位应力在10MPa以内；②小柱受力性能良好，90%以上受压部位应力水平在20MPa以内；③底部支座处混凝土受压应力最大值约为24MPa。施工图绘制阶段可加大配筋以减小此处混凝土应力。

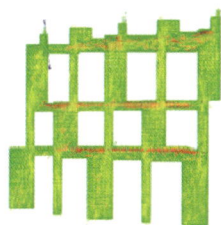

图 16.6-5　侧向位移云图   图 16.6-6　受拉应力云图（单位：MPa）   图 16.6-7　受压应力云图（单位：MPa）

3．往复荷载作用下搭接柱外筒抗震性能

图16.6-8为有限元模型的荷载-位移滞回曲线，各滞回环由"梭形"逐渐变为"弓形"，形状较饱满，表明结构具有较强的塑性变形和耗能能力。滞回曲线正负向不对称，且负向的抗震性能优于正向，这是因为：①模型为空间框架结构，并不完全对称；②各柱顶施加的荷载不同；③结构具有"向内倒"的趋势（正向），加载时所产生的荷载较负向小。

采用峰值位移法得到模型的骨架曲线，如图16.6-9所示。表16.6-1给出了正向曲线主要性能点的计算结果，其中屈服点采用等能量法确定。

模型正向曲线各性能点计算结果　　　　　　　　　　　　　　表 16.6-1

性能点	P/kN	Δ/mm	θ	延性系数
屈服点	7354.5	22.38	1/715	
峰值点	8443.8	60.75	1/263	12.3
极限点	7177.2	275.93	1/58	

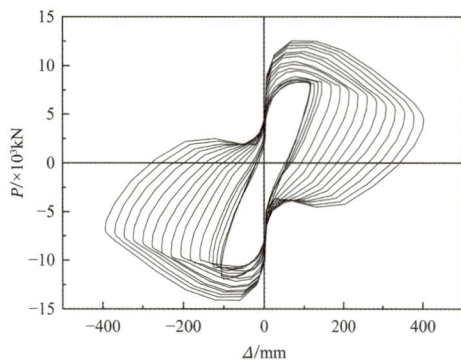

图 16.6-8 滞回曲线

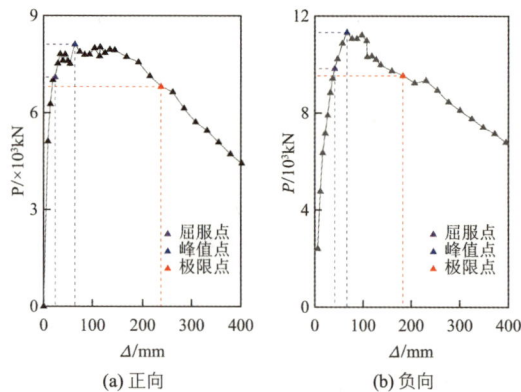

图 16.6-9 骨架曲线

由表 16.6-1 可知，模型的屈服位移角大于 1/800，极限位移角大于 1/100，延性系数大于 3，可以认为，搭接柱筒抗震性能满足规范要求。

16.6.3 塔楼高区内中庭山形框架分析

内中庭梁、柱构件均支承于 9 层转换大梁，最终传力至悬挑墙上，结构整体冗余度较小，各构件及连接的可靠性尤为重要。

本次分析主要针对下列两种受力工况。工况一：不考虑空腹桁架作用，即常规层层施工，满足相关规范、强度达到要求后拆模，非一次成型，如图 16.6-10 所示，图中不同颜色代表不同施工次序。工况二：考虑空腹桁架作用，即中庭梁、柱构件全部施工完成，混凝土强度达到要求后拆除模板和下方临时支撑，实现结构一次成型、共同受力。

是否考虑空腹桁架作用对内中庭山形框架结构及其相关构件的内力影响如表 16.6-2 所示，各构件名称见图 16.6-11。结果显示，考虑空腹桁架作用时，结构整体性较强，中间各层结构柱轴力变大，下方转换梁的弯矩明显减小，构件安全性得到有效提高。

是否考虑空腹桁架作用对内中庭山形框架结构及其相关构件的内力影响分析　　表 16.6-2

工况	9 层转换梁支座最大弯矩	9 层转换跨中最大弯矩	8 层转换柱最大轴力	11 层柱最大轴力	11 层柱 1最大弯矩	11 层柱 2最大弯矩
一	37427.0kN·m	34417.6kN·m	36514.5kN	11991.0kN	188.3kN·m	2464.7kN·m
二	33298.8kN·m	29402.9kN·m	35736.0kN	14186.8kN	664.8kN·m	2619.5kN·m
工况二/工况一	88.97%	85.43%	97.87%	118.3%	353.0%	106.3%

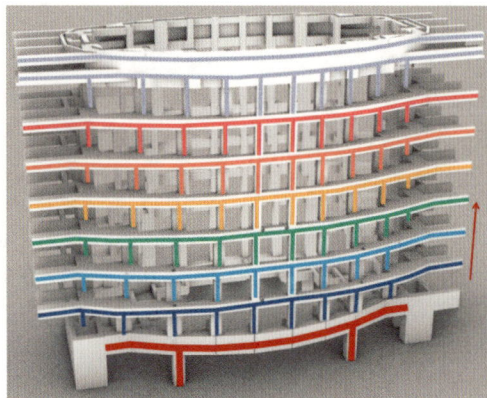

图 16.6-10 层层施工示意

图 16.6-11 各构件名称标识图

弧梁的竖向位移云图如图 16.6-12 所示。由竖向位移云图可知，弧梁在跨中位置处的竖向位移达到最大值，位移值为 −15.13mm，约为跨度的 1/1322，小于规范限值 1/400。

图 16.6-13 为弧梁主应力云图，图中黑色区域为受压区。混凝土最大拉应力出现在右转换柱右侧梁

顶，数值为2.84MPa，其余受拉区部位应力均在1.80MPa以下。综合判断，弧梁整体安全冗余度较高。

图16.6-14为钢骨应力云图，最大值为213MPa，位于转换梁柱型钢节点应力集中处，其余大部分区域应力值在120MPa以下，受力性能良好。

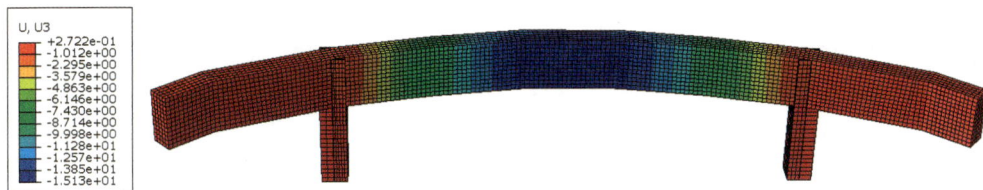

图16.6-12 弧梁竖向位移云图（单位：mm）

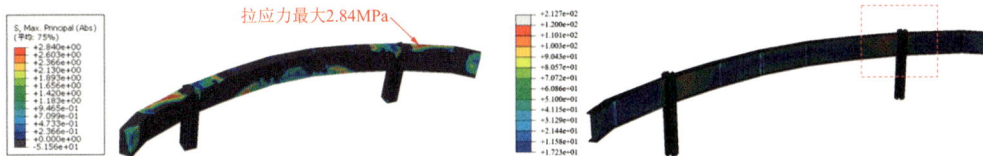

图16.6-13 弧梁混凝土受拉应力云图（单位：MPa）

图16.6-14 弧梁钢骨应力云图（单位：MPa）

16.6.4 裙楼悬挑墙有限元分析

对大跨悬挑墙进行有限元分析的步骤为：通过悬挑墙弹性实体模型有限元分析，制定墙内钢骨布置方案→通过悬挑墙弹塑性模型有限元分析，确定各构件的最佳截面→通过悬挑墙弹塑性模型有限元分析，制定合理的后浇方案，控制混凝土裂缝。

本节选取裙楼XQ1a悬挑墙，其三维示意图如图16.6-15所示。

1. 弹性分析——制定钢骨布置方案

XQ1a弹性模型主应力流详见图16.6-16。

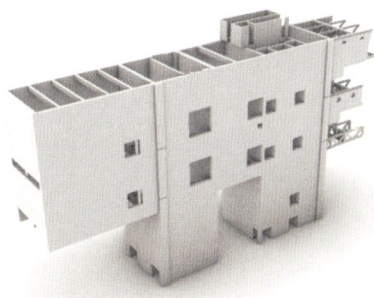

图16.6-15 裙楼XQ1a三维示意图

图16.6-16 XQ1a主应力流

2. 弹塑性分析——确定构件最佳截面

调整XQ1a钢骨布置方案，钢骨应力详图16.6-17，混凝土最大主应变详图16.6-18。最大主应变超过8×10^{-4}的区域裂缝计算不满足要求，需通过制定后浇方案控制裂缝宽度。

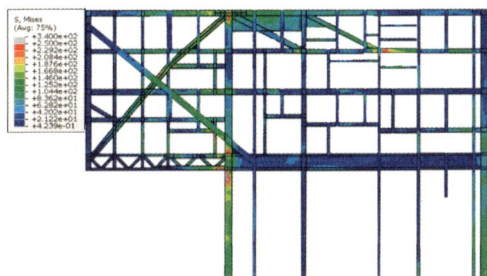

图16.6-17 XQ1a钢骨应力云图（单位：MPa）

图16.6-18 XQ1a混凝土最大主应变

3. 弹塑性分析——制定后浇方案，控制混凝土裂缝

混凝土后浇方案如图 16.6-19 所示，相应的混凝土最大主应变计算结果如图 16.6-20 所示。结果显示，后浇后，混凝土应变基本在 8×10^{-4} 以下，有效控制了混凝土裂缝。

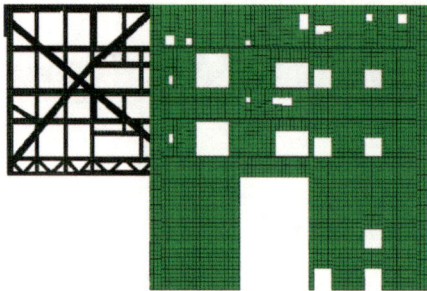

图 16.6-19　混凝土后浇方案

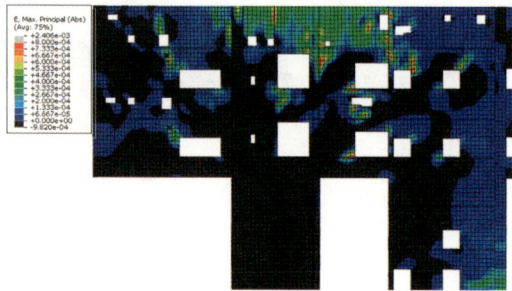

图 16.6-20　后浇后 XQ1a 混凝土最大主应变

16.6.5　温度应力分析

本项目最大温升 $\Delta T_k^+ = 38 - 15 = 23℃$，最大温降 $\Delta T_k^- = (-4) - 25 = -29℃$。降温时，混凝土楼板受拉，易产生开裂问题，因此本节重点分析结构最大负温差对结构的影响。裙房屋面板在降温工况下的温度应力结果如图 16.6-21 所示。

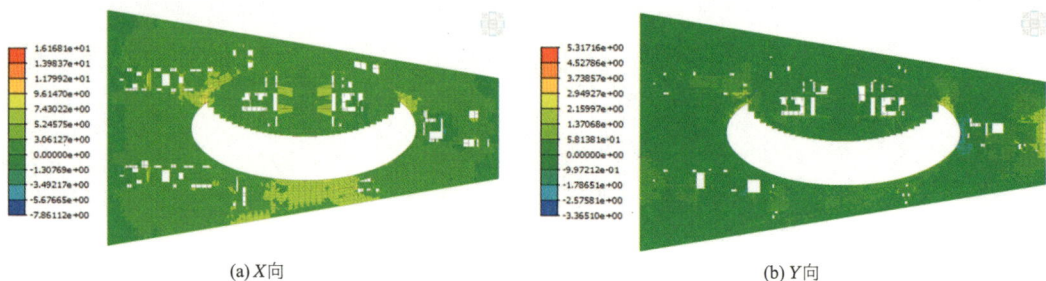

(a) X向

(b) Y向

图 16.6-21　降温工况裙房屋面板温度应力计算结果（单位：MPa）

由图 16.6-21 可见，裙楼屋面板在降温工况下，大部分区域的 X、Y 向应力均在 2MPa 以内，铺设双层双向温度钢筋 Φ10@200；裙楼和塔楼交接处 X 向温度应力比较大，此处区域后浇，其他区域最大值接近 5MPa，另行附加抗裂钢筋 Φ14@200。

16.6.6　抗连续倒塌分析

裙房多功能厅上部采用巨型转换桁架作为受力构件，该部分构件安全等级为一级，需进行抗连续倒塌分析。模型和示意图如图 16.6-22、图 16.6-23 所示，采用拆除构件法的计算结果如表 16.6-3 所示。根据以上结果，各杆最大应力比为 0.70，满足规范要求。

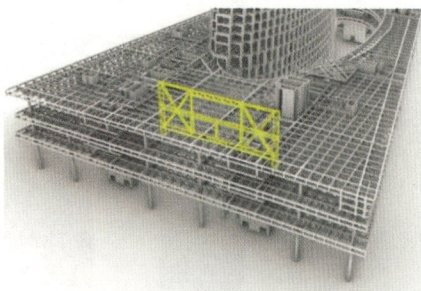

图 16.6-22　转换桁架位置示意图

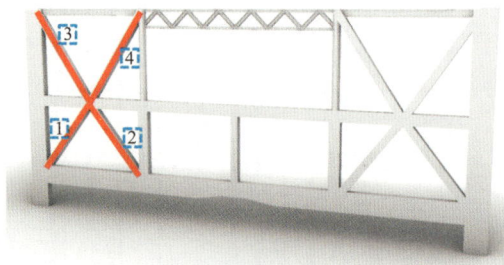

图 16.6-23　转换桁架拆除杆件编号图

工况 杆件名称	拆除腹杆 1	拆除腹杆 2	拆除腹杆 3	拆除腹杆 4
上弦杆	0.29	0.46	0.37	0.31
中间弦杆	0.60	0.36	0.58	0.32
下弦杆	0.29	0.35	0.28	0.27
腹杆 1	—	0.51	0.64	0.37
腹杆 2	0.55	—	0.43	0.63
腹杆 3	0.62	0.35	—	0.48
腹杆 4	0.49	0.70	0.58	—

16.7 地基基础计算

表 16.7-1 为基础设计相关参数。

工程桩桩型列表 表 16.7-1

桩型 桩参数	直径 1000mm 抗压桩	直径 700mm 抗拔桩	直径 900mm 抗压桩
桩端持力层	⑭₃ 中等风化凝灰岩、⑮₃ 中等风化凝灰岩		
受力状态	承压	承压兼抗拔	承压
进入持力层最小深度/m	1.0	0.9	3.0
工程桩水下混凝土强度等级	C40	C35 C40（采用缓粘结预应力时）	C40
单桩竖向承载力特征值/kN	7600	3350（承压） 1600（抗拔）	6500
试桩最大加载量/kN	16600	7700（承压） 3800（抗拔）	14200
试桩混凝土强度	C45	C40	C45
试桩理论桩长/m	$L + (41.5 \sim 48)$m		
备注	不注浆		

注：L 为桩顶设计标高至地面距离。

16.8 结构试验

搭接柱外筒、内中庭山形框架以及悬挑墙结构为本工程的关键构件，其安全性能决定了本项目能否顺利实施。为了厘清上述结构构件的传力机理，确保设计及施工的合理性，在浙江大学工程学院进行了相关结构试验，分别为：搭接柱外筒静力与拟静力试验、内中庭山形框架静力试验和悬挑墙静力试验。

16.8.1 搭接柱外筒静力试验与拟静力试验

根据试验现场条件，试件为三层两跨子结构，缩尺比为 1 : 5，缩尺之后保持截面纵筋配筋率和含钢率不变。混凝土采用自密实混凝土，强度等级为 C60，型钢强度等级为 Q390，钢筋强度等级为 HRB400。

图 16.8-1 为搭接柱筒静力试验和拟静力试验试件。

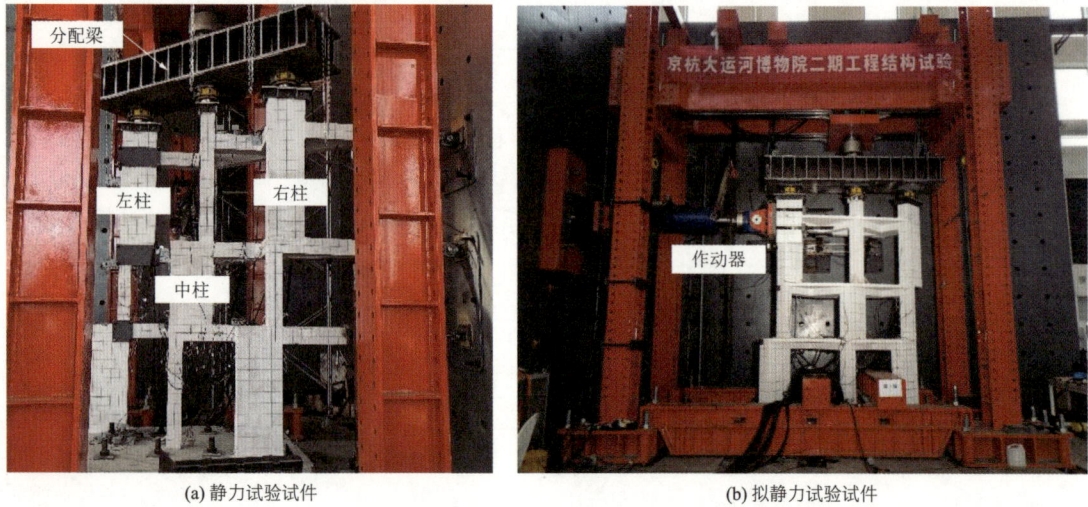

(a) 静力试验试件

(b) 拟静力试验试件

图 16.8-1　搭接柱筒试验试件

1. 静力试验

表 16.8-1 为静力试验的加载制度。试验第一次加载的目的是验证搭接柱筒在正常使用状态下的可靠性。受限于竖向作动器最大推力（3000kN），后续三次加载通过改变三柱的荷载比例，以中柱及与其相连的框架梁为主要研究对象，厘清搭接柱筒的破坏机理。

加载制度		表 16.8-1
加载序号	三柱荷载比例	最大加载力/kN
第一次加载	1：1：1	2600
第二次加载	1：2：1	2000
第三次加载	1：3：1	2600
第四次加载	1：4：1	2600

图 16.8-2 为试验过程中的试件形态。

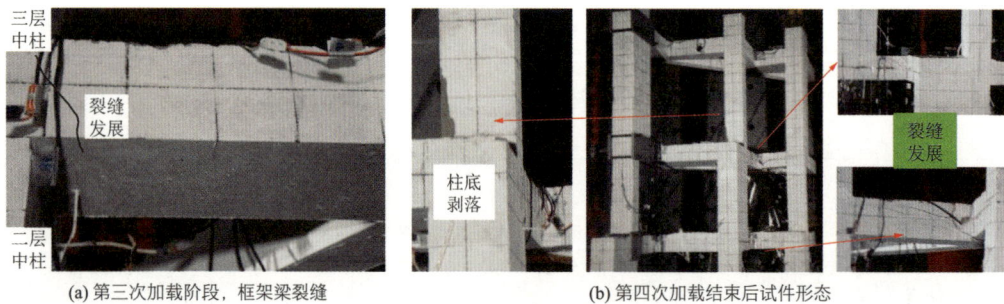

(a) 第三次加载阶段，框架梁裂缝

(b) 第四次加载结束后试件形态

图 16.8-2　静力加载试件试验现象

前两次加载均未观察到混凝土裂缝；第三次加载阶段，加载至1800kN 时（中柱 1.64 倍设计值），首次观察到混凝土裂缝；第四次加载阶段，在加载至 2400kN 时（中柱 2.43 倍设计值），三层中柱柱底部分混凝土剥落；中柱最终加载至 2.53 倍设计值，三层中柱柱底严重破坏，二层与三层梁的混凝土裂缝发展成通长的斜裂缝。结果表明，搭接柱筒结构竖向承载能力满足规范要求且符合先梁后柱的损伤发展预期。

2. 拟静力试验

图 16.8-3 为试验过程中的试件形态。在水平加载至 −8mm 时，首次观察到混凝土裂缝，出现在与第一层中柱顶相连的梁侧。随着水平位移逐级增大，混凝土裂缝不断发展，多处混凝土剥落。加载至 +70mm 时，第三层中柱处梁柱节点混凝土破坏严重，钢筋外露。试件最终破坏形态如图 16.8-3（c）和（d）所示。

(c) 最终破坏形态（正面）

(a) -8mm开始出现裂缝　　　(b) +70mm混凝土剥落　　　(d) 最终破坏形态（背面）

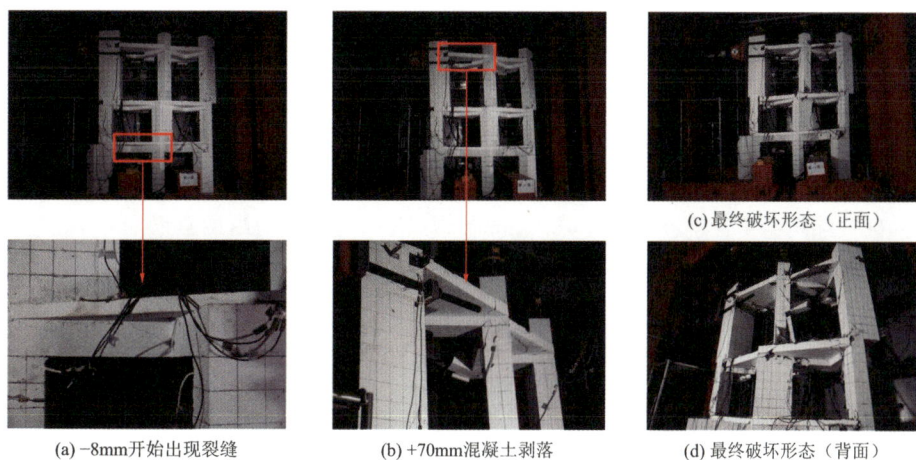

图 16.8-3　拟静力加载试件试验现象

骨架曲线主要性能点的计算结果如表 16.8-2 所示。模型的屈服位移角大于 1/800，极限位移角大于 1/100，延性系数大于 3，可以认为，搭接柱筒抗震性能满足规范要求。

试件正向曲线各主要性能点计算结果　　　　表 16.8-2

性能点	P/kN	Δ/mm	θ	延性系数
屈服点	108.16	9.21	1/347	
峰值点	214.83	49.82	1/64	7.64
极限点	182.61	70.34	1/45	

16.8.2　内中庭山形框架静力试验

根据试验现场条件，试件缩尺比为 1∶8，缩尺之后保持截面纵筋配筋率和含钢率不变。墙柱混凝土强度等级为 C60，梁混凝土强度等级为 C35，型钢强度等级为 Q390，钢筋强度等级为 HRB400。

图 16.8-4 为内中庭山形框架静力试验试件，图 16.8-5 为试验现象。最终加载至第 22 级荷载（1.8 倍设计荷载）时，正立面空腹结构模型第 8 层柱子发生断裂。加载过程中观察到环梁处有细小集中的混凝土裂缝，其余梁柱转换位置处的混凝土裂缝明显。试验结果表明，在达到设计荷载时，结构转换梁处出现细小裂缝，柱子未出现裂缝，认为是因缩尺比问题造成的混凝土保护层厚度过小而造成的构造裂缝，同时施工过程中也存在质量不高以及养护时间不足的问题。在试验模型加载到 1.35 倍设计荷载的过程中，钢筋和型钢均未达到屈服应变，环梁跨中底部挠度平均值为 5.825mm，最大挠度平均值为 8.55mm，与有限元模拟结果较符合，小于环梁跨中长度的 1/200（12mm）。

综上所述，该内空腹结构在竖向荷载作用下的静力承载性能满足要求。

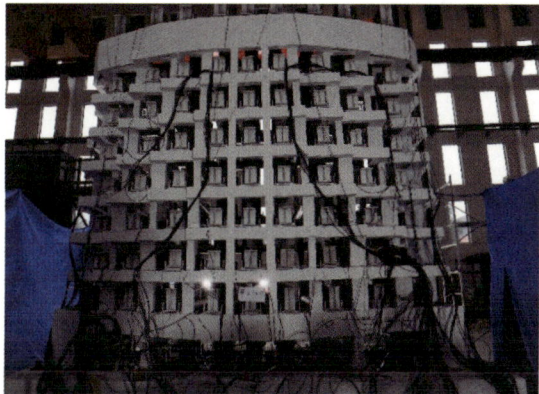

图 16.8-4　内中庭山形框架静力试验试件

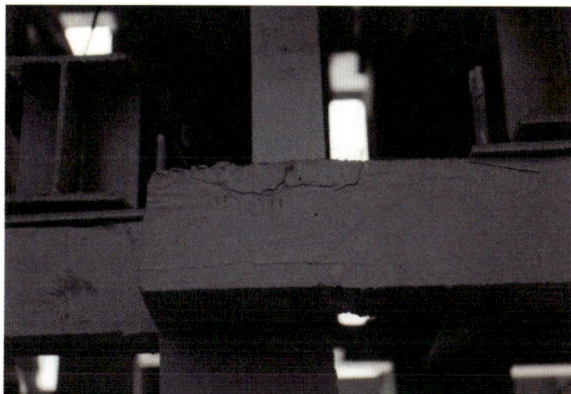

图 16.8-5　加载过程中裂缝以及模型破坏位置示意图

16.8.3　悬挑墙静力试验

为了研究悬挑墙结构在弹性和弹塑性阶段的受力性能，进行了悬挑墙静力试验。根据试验现场条件，试件缩尺比为 1：15，缩尺后保持纵筋配筋率和含钢率不变。混凝土、型钢和钢筋的强度等级分别为 C60、Q390 和 HRB400。缩尺后，悬挑墙墙厚只有 40mm，难以制作模型，故将墙厚增加至 160mm，荷载、型钢截面积和钢筋截面积均在缩尺后的基础上放大为 4 倍。图 16.8-6 为裙房悬挑墙静力试验试件。

加载至 1.1 倍荷载时，首次观察到混凝土裂缝。最终加载至 2 倍设计荷载，结构尚未破坏，加载结束时试件形态如图 16.8-7 所示。测点一的荷载-位移曲线如图 16.8-8（a）所示。悬挑端位移平均值在 1.0 倍设计荷载时，达到 5.72mm；在 2.0 倍设计荷载时，达到 9.28mm。钢筋测点 J1 的荷载-应变曲线如图 16.8-8（b）所示，型钢测点 X2 的荷载应变曲线如图 16.8-8（b）所示，图中横轴应变单位为 $\mu\varepsilon$。设计荷载钢筋最大应变为 $-1720.98\mu\varepsilon$，弹性模量为 2×10^5MPa，计算得到应力为 -344.2MPa，未达到钢筋的屈服强度。型钢最大应变为 $-1091.47\mu\varepsilon$，弹性模量为 2×10^5MPa，计算得到应力为 -218.3MPa，未达到型钢的屈服强度。

图 16.8-6　裙房悬挑墙试件

图 16.8-7　加载结束时试件形态

综上所述，悬挑墙在设计荷载作用下，有足够的安全性能。

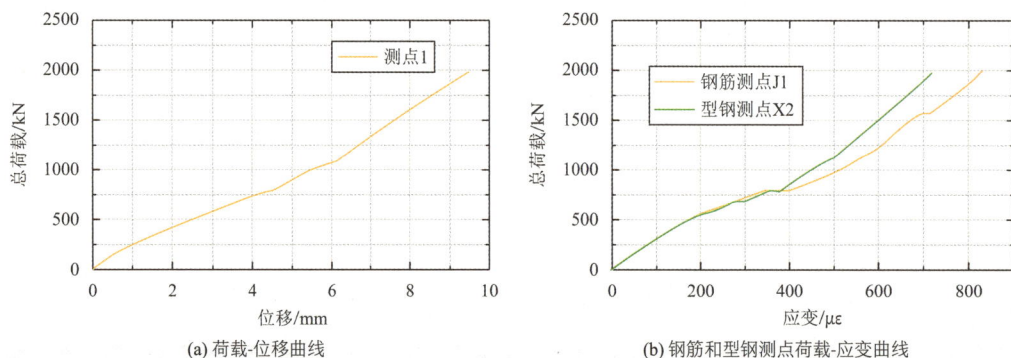

(a) 荷载-位移曲线

(b) 钢筋和型钢测点荷载-应变曲线

图 16.8-8　试验结果

参考文献

[1]　傅学怡, 雷康儿, 杨想兵, 等. 福建兴业银行大厦搭接柱转换结构研究应用[J]. 建筑结构, 2003, 33(12): 8-12.

[2] 徐培福, 傅学怡, 耿娜娜, 等. 搭接柱转换结构的试验研究与设计要点[J]. 建筑结构, 2003, 33(12): 3-7.

[3] 浙江大学建筑工程学院. 中国京杭大运河博物院风洞试验报告[R]. 2022.

[4] 住房和城乡建设部. 建筑抗震设计规范: GB 50011—2010(2016 年版)[S]. 北京: 中国建筑工业出版社, 2016.

[5] 住房和城乡建设部. 高层建筑混凝土结构技术规程: JGJ 3—2010[S]. 北京: 中国建筑工业出版社, 2011.

[6] 张望喜, 王冠杰, 庞博, 等. 基于多尺度模型的装配整体式混凝土框架结构抗震性能分析[J]. 重庆大学学报, 2023, 46(10): 61-70.

[7] 林旭川, 陆新征, 叶列平. 钢-混凝土混合框架结构多尺度分析及其建模方法[J]. 计算力学学报, 2010, 27(3): 469-475+495.

[8] 住房和城乡建设部. 建筑抗震试验规程: JGJ/T 101—2015[S]. 北京: 中国建筑工业出版社, 2015.

[9] 浙江大学建筑工程学院. 中国京杭大运河博物院搭接柱试验报告[R]. 2022.

[10] 浙江大学建筑工程学院. 中国京杭大运河博物院内中庭山形框架试验报告[R]. 2022.

[11] 浙江大学建筑工程学院. 中国京杭大运河博物院悬挑墙试验报告[R]. 2022.

[12] 滕明睿, 冯鹏, 林红威, 等. 基于滞回曲线数据的抗震性能分析: 指标定义、算法优化与程序实现[J/OL]. 工程力学. （2023-10-08）[2024-12-11]. http://kns.cnki.net/kcms/detail/11.2595.O3.20231007.1516.007.html.

设计团队

结构设计单位：浙江省建筑设计研究院有限公司

建筑方案单位：赫尔佐格和德默隆

方案咨询单位：ARUP

结构设计团队：杨学林、祝文畏、贾珅豪、杜尚成、郭继鑫、曹　磊、郑蕾董、周豪毅、方成杰、陆　峰、门子蔚、陈卓杰、姜厉阳、林雍凯、戚庆阳、叶甲淳

执　笔　人：祝文畏

第 17 章

瑞丰银行大楼

17.1　工程概况

瑞丰银行大楼位于浙江省绍兴市镜湖新区，北邻洋江西路及镜湖湿地公园，东侧为九流渡滨水景观带。项目主要功能为银行总部办公，总建筑面积约 79810m²，地上由南、北两幢塔楼及塔楼间的玻璃中庭组成。南塔 15 层，建筑高度 71m，北塔 21 层，建筑高度 98m，主楼结构平面均为 36m×48m。塔楼间的玻璃中庭由单层索网幕墙、钢桁架及轻钢玻璃顶形成，平面尺寸 36m×22.5m，高度 71m，其中中庭东侧的单层索网尺寸为 59.5m（高）×18m（宽）。建筑外部实景图见图 17.1-1，索网幕墙室内实景见图 17.1-2。典型楼层平面图及剖面图见图 17.1-3、图 17.1-4。地下两层，主要功能为车库及银行辅助用房，底板面标高为 −10.9m。

图 17.1-1　建筑实景

图 17.1-2　玻璃中庭室内实景

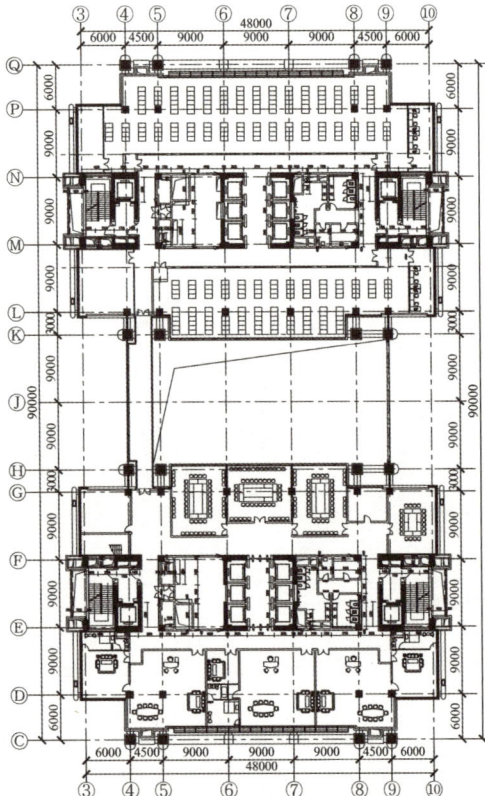

图 17.1-3　典型楼层建筑平面

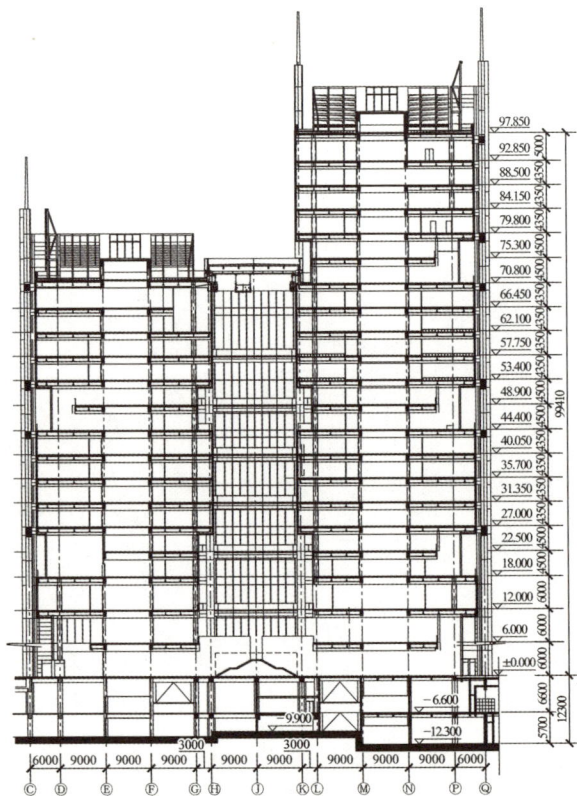

图 17.1-4　剖面图

结构设计基本参数：设计使用年限 50 年，结构安全等级二级。抗震设防类别标准设防类，抗震设防烈度 6 度，设计基本地震加速度 0.05g，地震分组第一组，场地类别Ⅲ类，设计特征周期 0.45s。基本风压 0.45kN/m²，地面粗糙度 B 类，承载力设计时按基本风压的 1.1 倍采用。结构阻尼比分别取 0.04（小震）、0.035（风荷载）。

17.2 主体结构体系与选型

根据建筑效果，本工程主体结构整体受力复杂，且梁跨较大，因此地上结构采用钢筋混凝土核心筒-矩形钢管混凝土柱-钢框架结构体系。每个塔楼在中部及东、西侧布置共三个混凝土核心筒，中部核心筒尺寸为 10m×10m，两侧核心筒尺寸为 3.6m×10m，底层中部核心筒墙厚 800mm，底层两侧核心筒墙厚 450mm；核心筒外采用钢管混凝土柱钢框架结构，钢梁跨度为 15m、9m，钢框梁与钢管混凝土柱刚接，钢梁与混凝土核心筒铰接，在混凝土核心筒与主要钢梁连接处设置钢骨；在南楼ⓒ轴与⑥、⑦轴相交处、北楼ⓠ轴与⑥、⑦轴相交处的钢框柱每隔 4 层通过跨两层的斜柱转换，在④～⑤轴及⑧～⑨轴间设置斜撑，抵抗斜柱水平推力；混凝土核心筒内采用混凝土现浇板，钢梁上采用钢筋桁架楼承板。塔楼典型结构平面布置见图 17.2-1，核心筒布置见图 17.2-2，整体结构模型见图 17.2-3，南北楼转换斜柱布置见图 17.2-4、图 17.2-5。

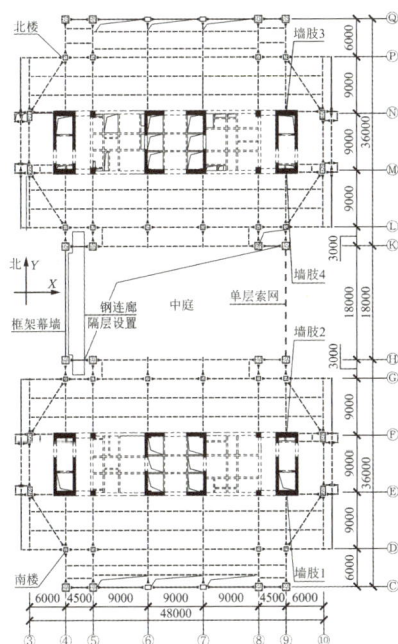

图 17.2-1 典型结构平面布置

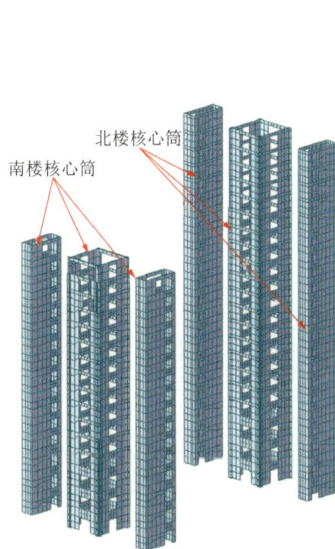

图 17.2-2 地上结构核心筒

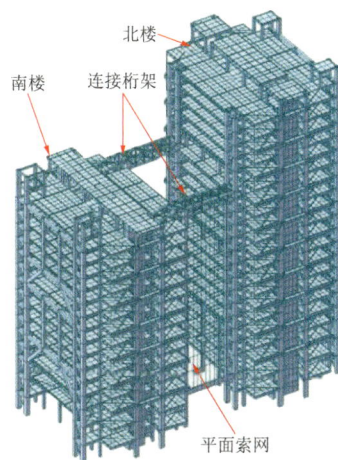

图 17.2-3 地上结构整体模型

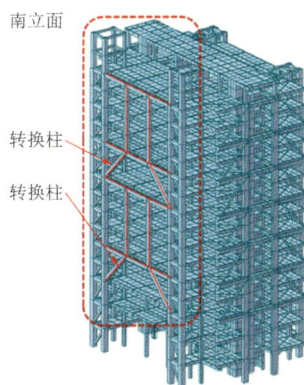

图 17.2-4 南塔转换柱布置

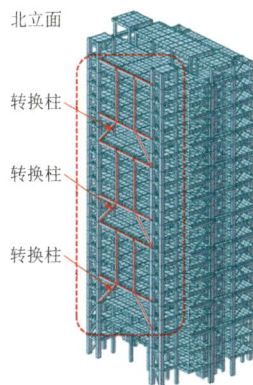

图 17.2-5 北塔转换柱布置

单层索网布置于南北塔之间，水平跨度为 18m，竖向高度为 59.5m，竖向高度远超水平跨度，采用水平索承受风、地震等水平荷载，竖向索承受幕墙自重等竖向荷载。水平索采用 $\phi48$ 不锈钢钢绞线，在楼层 4～15 层每层设置一道；竖向索采用 $\phi26$ 不锈钢钢绞线，竖向索间距 1.5m，不锈钢钢绞线强度等级 f_{ptk} 为 1520MPa。根据初步计算，拉索幕墙受正面风压时，最大横索内力约 800kN。单层索网平面外刚度依赖于水平索拉力，塔楼间相对位移对索网有重大影响；同时由于幕墙索拉力较大，且作用点较高（位于高度 18～66.45m 处），因此对主体结构的承载力及刚度均有较高要求。在方案比选时，上部塔楼采用独立和连体两种方案分别进行分析，采用独立方案时拉索幕墙顶桁架与主体结构滑动连接，采用连体方案时拉索幕墙顶桁架与主体结构刚性连接。在拉索幕墙正面风压产生的水平拉索荷载和自重荷载组合作用下，两种连接方案的墙肢 1～墙肢 4 的轴力见图 17.2-6（墙肢编号见图 17.2-1）。

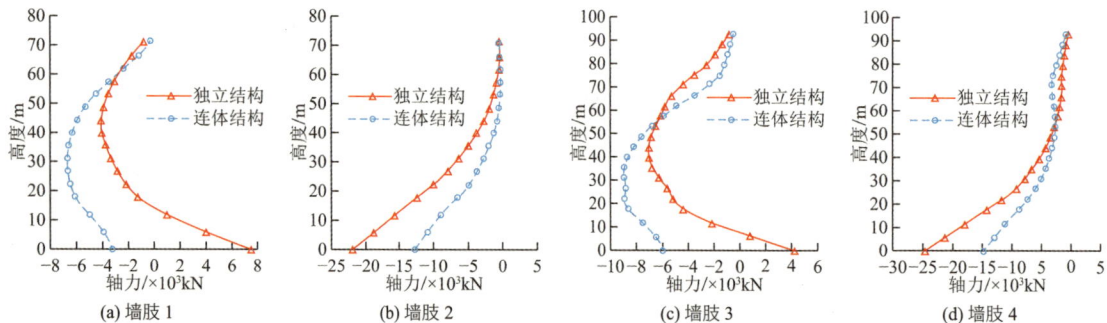

图 17.2-6　两种方案墙肢轴力对比

由图 17.2-6 可见，上部结构采用独立方案时，南楼Ⓔ轴及北楼Ⓝ轴底层墙肢（墙肢 1、墙肢 3）均处于受拉状态，最大拉力分别为 7500kN 及 4200kN；南楼Ⓕ轴及北楼Ⓜ轴底层墙肢（墙肢 2、墙肢 4）压力较大，分别为 22000kN 及 24800kN。上部结构采用连体方案时，南楼Ⓔ轴及北楼Ⓝ轴底层墙肢（墙肢 1、墙肢 3）均处于受压状态，压力分别为 3600kN 及 6000kN；南楼Ⓕ轴及北楼Ⓜ轴底层墙肢（墙肢 2、墙肢 4）压力分别为 12700kN 及 14900kN，与独立方案相比墙肢轴压力减小约 40%。采用独立方案时，计算表明在风荷载下南北楼顶层最大相对位移为 22mm，估算拉索预应力损失 160kN，会影响索网幕墙正常工作；在中震下南楼顶层最大相对位移为 75mm，顶部拉索将退出受拉工作状态，会影响索网安全性。而采用连体方案时，在中震下南、北楼最大相对水平位移约为 5mm，大幅减小，幕墙拉索工作更稳定。

综上分析，采用连体方案，将改善主体结构墙肢的受力状态，有利于提高主体结构整体安全性，并降低主体结构造价；同时可大幅减小主楼间相对位移，使水平拉索的拉力变化幅度减小，可确保拉索幕墙正常工作。

由于南、北塔楼建筑高度不一致，导致其动力特性不一致，同时因施加水平索拉力，连接结构会承受较大压力，故设计连接体结构时需采取加强措施。根据建筑布置，中庭顶部采用轻钢玻璃顶，无楼板支撑，因此南楼顶部的连接结构采用四道桁架，每两道桁架间设置水平支撑，形成空间桁架体系。桁架弦杆与楼面标高不一致时采用斜杆过渡，确保水平力传递的连续性。桁架计算模型见图 17.2-7。拉索幕墙下端受建筑条件限制，在三层楼面标高设置一道箱形钢梁，截面为 400mm × 1400mm × 25mm × 25mm，竖向拉索锚具设置于箱形钢梁内部。

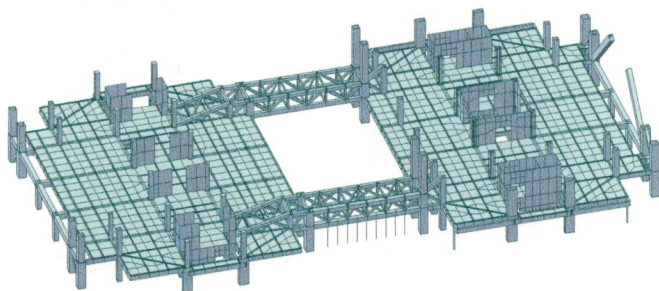

图 17.2-7　桁架模型

经典解构　浙江省建筑设计研究院有限公司篇

17.3 基础设计

17.3.1 地质条件

场地地貌属浙北平原区，地貌类型为冲湖积平原，地形平坦，场地地层分布均匀稳定，不存在断裂、滑坡、崩塌、泥石流、地裂缝、岩溶等影响场地稳定性的不良地质作用及地质体，场地有软弱土分布。根据地层成因及物理力学性质差异，场地地基土可划分为 8 个工程地质层组，14 个土层。典型工程地质剖面图如图 17.3-1 所示。

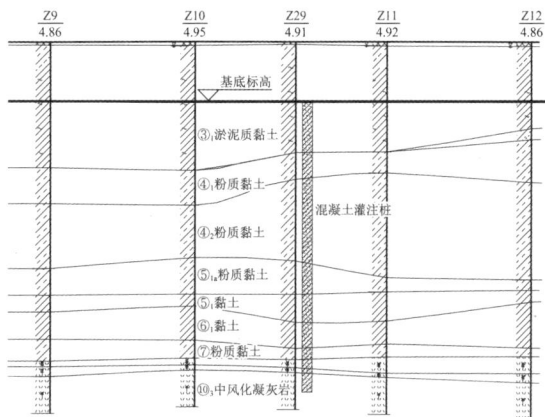

图 17.3-1 典型工程地质剖面

17.3.2 基础设计

塔楼核心筒下采用桩径 1000mm 的钻孔灌注桩，桩身混凝土强度等级为 C35，桩端持力层为⑩₃中风化凝灰岩，入岩深度 1.0m，有效桩长约 45m；塔楼外围框架柱下采用桩径 800mm 的钻孔灌注桩，桩身混凝土强度等级为 C40，桩端持力层为⑩₃中风化凝灰岩，入岩深度 1.0m，有效桩长约 45m。由于上部结构体系复杂，为减小孔底沉渣厚度不均引起的不均匀沉降，采用桩端后注浆工艺，桩径 1000mm 的单桩受压承载力特征值 5900kN，桩径 800mm 的单桩受压承载力特征值 4300kN。地下室抗拔桩则采用直径 800mm 的钻孔灌注桩，桩身混凝土强度等级为 C30，桩端持力层为⑩₃中风化凝灰岩，入岩深度 0.8m，单桩抗拔承载力特征值 1500kN。

北塔楼范围内筏板厚度为 2.2m，南塔楼范围内筏板厚度为 2.0m，其余范围抗浮底板厚度为 0.8m。

北塔楼桩位布置及基础平面见图 17.3-2。

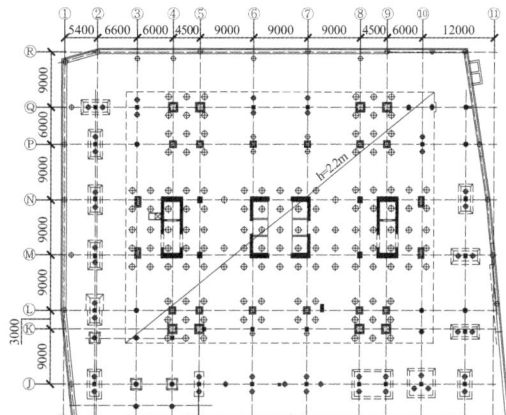

图 17.3-2 北塔桩基及基础图

17.3.3　地基基础计算

考虑低水位有利影响后的北塔桩顶反力如图 17.3-3 所示，核心筒范围及框架柱下的桩反力较为均匀，核心筒内的桩反力略大于外围框架柱的桩反力，桩反力未超出桩承载力要求。图 17.3-4 为沉降计算结果，其中北塔核心筒计算沉降量约为 19mm，项目封顶时实测沉降量约为 9mm，小于计算值。塔楼底板在核心筒外墙处底板配筋较大，底板配筋时采用局部附加钢筋，减小通长钢筋配置，降低工程造价。

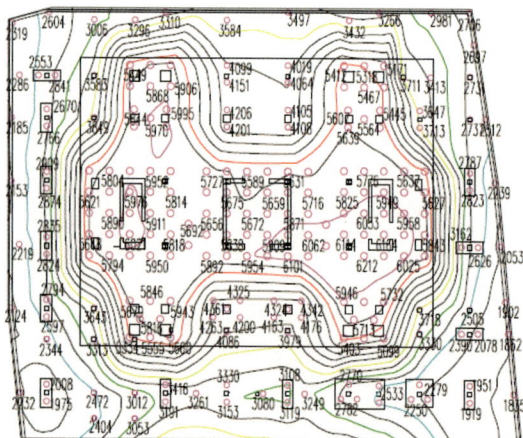

图 17.3-3　北塔受压桩顶反力（单位：kN）

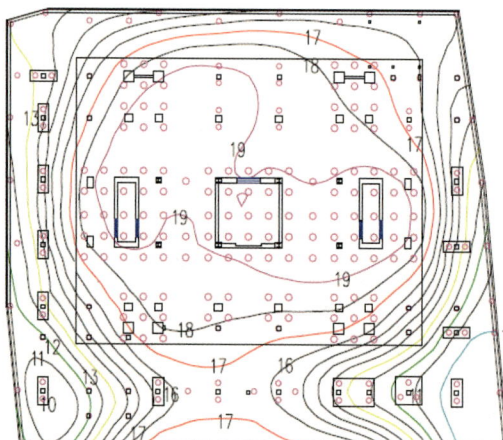

图 17.3-4　北塔基础沉降（单位：mm）

17.4　结构超限判断和主要抗震措施

17.4.1　结构超限判断

根据《超限高层建筑工程抗震设防专项审查技术要点》建质〔2010〕109 号对结构规则性及高度进行检查，项目主要存在 4 项超限内容，详见表 17.4-1，属于超限高层建筑结构。

塔楼结构超限内容　　　　　　　　　　　　　　　　　表 17.4-1

项目	判别类型
扭转位移比大于 1.2，小于 1.4	扭转不规则
2 层、11 层楼板开洞率约为 27%，5 层楼板开洞率约为 32%，局部有效楼板宽度小于该层楼板典型宽度的 50%	楼板局部不连续
南塔在屋顶标高与北塔间设有钢桁架连体，下部楼层与北塔在东侧面设有单索幕墙，西侧面设有连廊连接	复杂连接
7~10 层、13 层~屋顶层在Ⓒ轴交⑥、⑦轴钢柱通过穿越 2 层的斜钢柱转换	局部的斜柱、个别构件转换

17.4.2　抗震性能目标

本工程抗震设计在满足国家、地方规范的同时，根据性能化抗震设计的概念进行设计，结构抗震性能目标整体达到《高层建筑混凝土结构技术规程》JGJ 3—2010 性能 C 的要求。南、北塔楼间的连接钢桁架、与连接钢桁架相关的框架柱、拉索侧的核心筒墙体、南塔南立面、北塔北立面相关的构件为关键构件。不同地震性能水准下的构件性能指标见表 17.4-2。

地震烈度水准			多遇地震	设防地震	罕遇地震
层间位移角限值			h/800	—	h/100
构件性能	核心筒		弹性	底部加强区弹性；其他部位正截面不屈服，斜截面弹性	允许局部进入塑性，控制塑性变形；墙肢满足受剪截面控制条件
	连接钢桁架的框架柱		弹性	弹性	满足不屈服
	南塔南立面、北塔北立面相关的构件		弹性	弹性	满足不屈服
	连接钢桁架	上下弦杆	弹性	弹性	正截面不屈服斜截面弹性
		腹杆	弹性	弹性	正截面不屈服斜截面弹性
	其余框架部分	框架柱	弹性	正截面不屈服斜截面弹性	斜截面不屈服
		框架梁	弹性	允许进入塑性	允许进入塑性控制塑性变形

17.4.3　主要抗震措施

（1）在结构布置上，由于本工程在南、北塔楼东侧设单索幕墙，西侧隔层设连廊，为了消除地震时连接体对主体结构的影响，对水平拉索支座采用带限力保护装置的支座，确保拉索内力限制在 800kN 以下，对于连廊一端采用固定铰支座，一端采用可滑动支座连接。同时在南楼屋顶标高设置刚性连接的钢桁架，确保在地震作用及风荷载作用下，单索幕墙及主体结构的安全。结构分析时，将幕墙索拉力及连廊荷载施加到两个塔楼相应的部位，以反映其对主体结构的影响。

（2）本工程南、北塔均有斜柱转换，南塔顶层由空间桁架与北塔刚性连接，结构体系复杂，故采用多个符合结构实际受力状态的空间力学模型进行分析和比较。本项目采用结构软件（YJK、MIDAS Gen）对计算结果进行分析比较；对关键部位和关键构件进行有针对性的加强，确保大震下结构安全，对复杂节点进行有限元应力分析。

（3）由于南塔在 2、5、11 层楼板开大洞，北塔在 2、5、11、17 层楼板开大洞，属于楼板局部不连续；在结构构件分析设计时，将相应楼层及其相邻楼层楼板定义为弹性膜，以准确体现结构受力状况。对于通高框架柱的计算长度则按实际情况取值。

（4）在小震作用下，混凝土核心筒作为侧向支撑体系，按有支撑结构设计。根据计算结果，框架X、Y方向按刚度计算分配的最大楼层地震剪力大于基底剪力的 10%，为了保证大震不倒，结构设计时混凝土核心筒抗震等级按一级设计（提高一级），同时核心筒承担所有水平地震作用；框架部分按三级抗震等级设计，框架柱计算长度按无侧移取值。周边框架作为框架-核心筒结构的第二道抗震防线，须承担不小于规范规定的地震剪力，截面设计时若地震剪力不满足要求则应进行调整。在中震作用下，关键构件（如连接双塔的空间桁架、承受水平拉索倾覆力矩的底部加强区范围的剪力墙、北楼北立面和南楼南立面构件等）的正截面受弯承载力和斜截面受剪承载力均满足中震弹性要求；其余核心筒墙体、框架柱等重要构件的正截面满足不屈服要求，受剪承载力满足弹性要求；普通框架梁、部分连梁、次梁抗弯进入屈服阶段，受剪承载力满足不屈服要求。根据计算结果及以上具体要求，提高端部剪力墙的竖向及水平分布筋的配筋率；加强与桁架连接的框架柱、梁以及连接节点构造；加强与预应力拉索连接的框架柱、梁及其节点构造；加强与转换斜柱连接的框架柱、梁及其节点构造；两塔西侧的连廊采用与实际受力相符合的支座形式，并满足大震作用下位移要求。

（5）由于部分楼层楼板开洞较多，结构设计时加强楼层楼板结构刚度，核心筒内采用 150mm 厚的混凝土板，核心筒外采用钢梁上浇 150mm 厚的钢筋桁架楼承板，配筋采用双层双向；加强核心筒外楼板与核心筒墙体的连接以确保楼层结构的整体性；特别加强预应力拉索水平拉力传递范围的楼板配筋。

（6）加强钢梁与混凝土结构的连接设置，局部在混凝土柱及剪力墙内设钢骨，以便实现不同材料间的可靠连接。

（7）分别建立单塔和多塔计算模型进行对比分析，并按最不利情况进行包络设计。

17.5　单层平面索网拉索初拉力计算

单层平面索网挠度与索网拉力密切相关。根据《索结构技术规程》JGJ 257—2012，单层索网最大挠度可控制在 1/45 以内，参考其他工程实例，本工程挠度控制在 1/50 以内。

本工程竖索主要承受幕墙自重，按在幕墙自重及升温工况下最底部竖向索拉力不小于零来确定竖向索初拉力。升温值应考虑实际张拉温度及工作时的极端最高温度。根据竖索间距，边索初始拉力控制在 110kN，中间索初始拉力控制在 95kN 以内。计算结果表明在自重及升温组合的最不利工况下，最底部竖索拉力为 15～20kN，满足要求。

本工程水平索主要承受风荷载等水平荷载作用。考虑到主楼位移对索网的影响，采用整体模型计算不同水平索初拉力及四种主要风工况下的索网挠度及索拉力。其中工况 1 为风荷载从 X 向吹向幕墙，同时两个主楼受侧风吸作用相互远离；工况 2 为风荷载从 X 向吹向幕墙，同时两个主楼相互靠近；工况 3 为南风，幕墙受侧面风吸作用；工况 4 为北风，幕墙受侧面风吸作用。横索水平初拉力与索网挠度关系见图 17.5-1，横索水平初拉力与横索最大拉力关系见图 17.5-2。计算表明，水平初拉力越大，索网挠度越小，荷载态下的索拉力也越大。在相同的初拉力下，固定支座挠度最小，X 向风荷载工况 1 挠度次之，X 向风荷载工况 2 挠度最大。采取 1/50 挠度控制时，初始张拉力应不小于 450kN，本工程张拉时气温约 10℃，最终确定施工时水平索初拉力为 500kN，荷载态最大索拉力为 785kN。

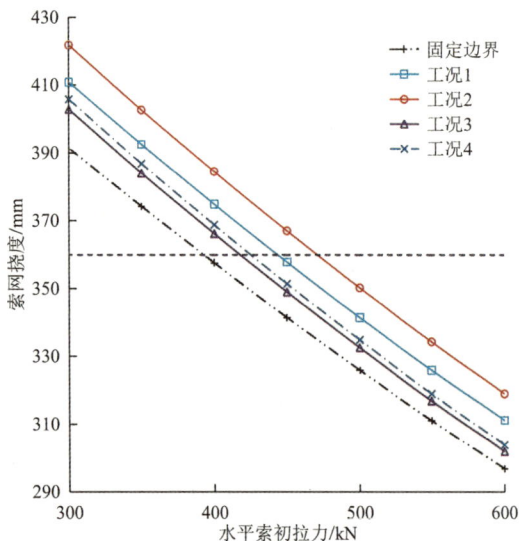

图 17.5-1　水平索初拉力与挠度关系　　　　图 17.5-2　水平初拉力与索拉力关系

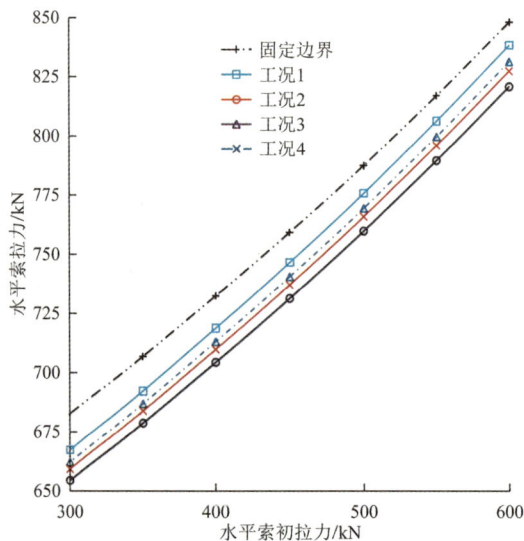

17.6　索网分析

采用静力非线性分析方法对索网进行抗风受力分析。在风荷载标准值作用下，索网跨中最大挠度为 351mm；在风荷载设计值作用下，横索最大拉力为 785kN。采用反应谱法分析法进行抗震验算，分析结果表明在大震作用下，横索拉力在 425~575kN 之间。补充整体模型的时程分析，结果表明X向地震作用的索网挠度小于Y向地震作用下的索网挠度。在X向大震作用下索网跨中最大位移为 73mm（相对于索网支座位移），最大位移点的位移时程曲线见图 17.6-1。Y向地震作用的横索拉力大于X向地震。Y向大震作用下的最大横索拉力在 446~562kN 之间，第 8 层横索的内力变化时程见图 17.6-2。

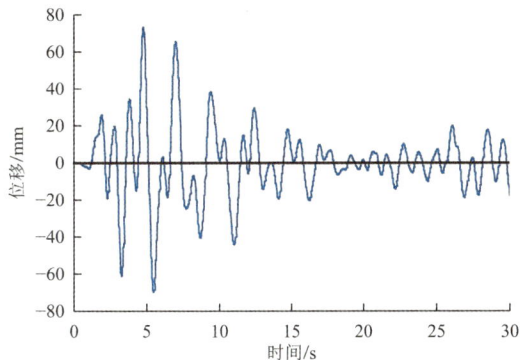

图 17.6-1　索网跨中位移时程曲线

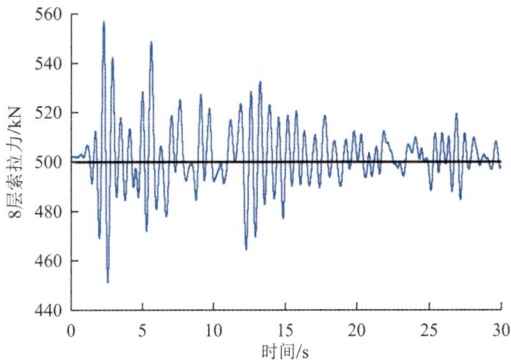

图 17.6-2　第 8 层索内力时程曲线

上述分析表明，风荷载是本工程索网设计的控制工况。在风荷载作用下索网挠度满足跨度 1/50，拉索截面满足抗拉要求。

17.7　横索限力保护装置作用分析

本工程抗震、抗风分析结果表明，在地震及风荷载作用下，横索拉力未超过设计拉力限值，但在风荷载作用下，横索拉力已接近限值。考虑到主体结构受力复杂，且单层索网是风敏感结构，为提高主体结构抵御极端风灾的能力，结构设计时，在横索一端支座处设置限力保护装置，限力保护装置见图 17.7-1。

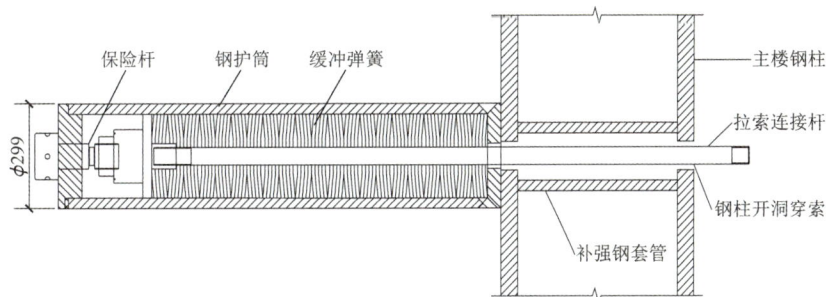

图 17.7-1　限力保护装置

限力保护装置内设有弹簧和与之并联的保险杆。弹簧轴向刚度约为横索轴向刚度的 1.1 倍；保险杆长度较短，其轴向刚度远大于弹簧刚度。当索拉力在保险杆的受力限值范围内时，整个装置的刚度主要由保险杆刚度确定；当索拉力达到保险杆限值时，保险杆断裂，此时整个装置的刚度由弹簧刚度确定。

当风压为 0.65kN/m² 时（考虑极端风灾），不设保护装置的横索最大拉力为 1035kN，超过设计限值。设保护装置时，在计算模型的横索端部串联弹簧，横索最大拉力为 782kN，竖索上端最大拉力约 200kN，未超过主体结构设计限值，保护装置起到保护主体结构的作用。同时横索未完全失效，不会造成严重损失。设保护装置与不设保护装置的横索内力对比见图 17.7-2。

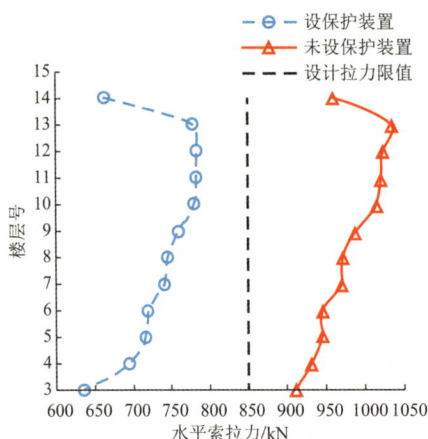

图 17.7-2　有无限力保护装置的横索拉力对比

　　因横索拉力较大，在主体结构设计时，拉索作用点至核心筒的拉力传递路径上的构件及连接节点均需考虑拉力作用，并采取加强措施。

17.8　不同张拉方案对索网及主体结构影响

　　在张拉过程中，存在索力与周边支撑结构变形的相互影响。在理论上对所有拉索采用同步张拉，可以精确建立索网初始态，但设备及人力投入太大，缺乏可操作性。实际施工中往往采取分级分批张拉。施工时每阶段、每批索的张拉力均相同。但因索力相互影响，张拉完毕后仅最后一批索力达到设计值，此后需对前期张拉的索反复张拉才能达到预定值。因此具体张拉方案需根据实际索网布置、周边结构刚度及施工条件确定。

　　经计算本工程横索张拉时对竖索基本无影响，施工时可先张拉竖索，再张拉横索，张拉完毕后再固定横索与竖索扣接节点。竖、横索均采用分级分批张拉。各级张拉力分别为设计张拉力的 50%、75%、100%。根据索网对称性，竖向索 S1、S9 为一批，S2、S3、S7、S8 为一批，S4、S5、S6 为一批。横向索以 H1、H2、H11、H12 为一批，H3、H4、H9、H10 为一批，H5、H6、H7、H8 为一批。各拉索编号见图 17.8-3。

　　用施工模拟分析两种张拉方案，方案一张拉顺序为从两侧依次向中间张拉，方案二张拉顺序为从中间往两侧依次张拉。两种方案计算结果见图 17.8-1～图 17.8-2。从预应力损失值来看，方案一各索的预应力损失值更小，竖索预应力最大损失率为 0.75%，横索预应力最大损失率为 1.8%。预应力损失规律：①结构刚度大的部位的预应力损失小，②后张索的预应力损失小于先张索。由于主体结构中部变形大，且索网中部挠度大，因此控制中间索的初拉力对索网更为重要。方案一中间索最后张拉，其索力可精确地张拉到设计值，因此本工程可采用张拉方案一。

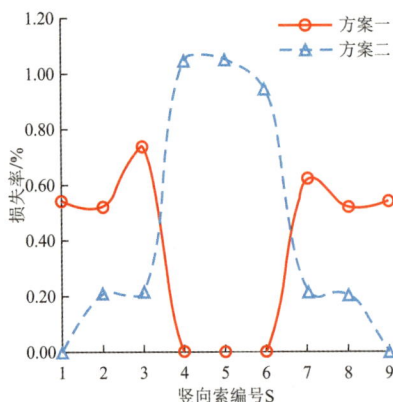

图 17.8-1　竖向索预应力损失

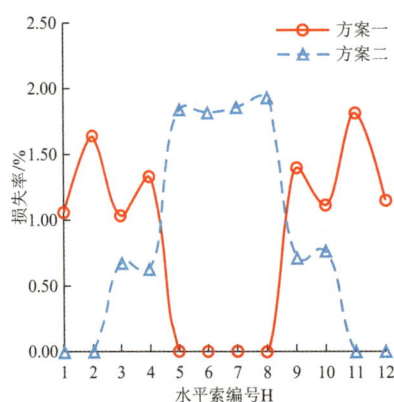

图 17.8-2　横索预应力损失率

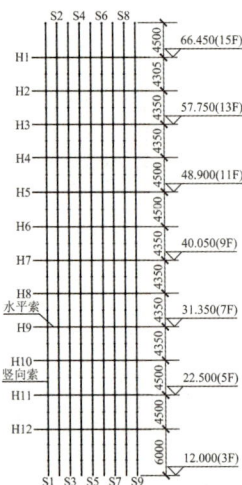

图 17.8-3　拉索编号

张拉过程中，前两级张拉的预应力损失将在下一级张拉时得到补偿，最后一级张拉的预应力损失需采取措施补偿。补偿方法一般采取多次张拉。为减少后期张拉调整的工作量，实际张拉过程中最后一级前几批拉索采取超张拉。确定超张拉值是这种张拉法的关键。通过记录前几次的张拉变形及索力数据，结合模型计算分析，可估算最后一级的超张值。本工程最后一级横索 H1、H12、H3、H10 需超张 6kN，H2、H11 需超张 9kN，H4、H9 需超张 7kN。采取超张后，索力基本可达到设计要求。

17.9 结构整体计算

17.9.1 结构动力特性分析

用 MIDAS 对带索网的主体结构进行模态分析，幕墙自重按节点恒荷载输到索网节点上，考虑拉索初始刚度。由于存在索网等局部结构振动，因此需要计算较多模态阶数，结构前 6 阶周期与质量系数见表 17.9-1，典型振型见图 17.9-1。第 1、2 阶模态分别为整体X、Y向平动，第 3 阶模态为整体扭转，第 4 阶模态为索网平面外振动，周期比为 0.72。

主体结构周期与质量参与系数　　　　　　　　　　　　　　　表 17.9-1

振型	周期/s	X向质量系数/%	Y向质量系数/%	扭转质量系数/%
1	2.5038	53.18	0.00	16.29
2	2.0807	0.00	65.93	0.00
3	1.7976	16.76	0.00	54.31
4	1.1219	0.21	0.00	0.03
5	1.1060	1.47	0.00	0.03
6	1.0112	0.02	0.00	0.00

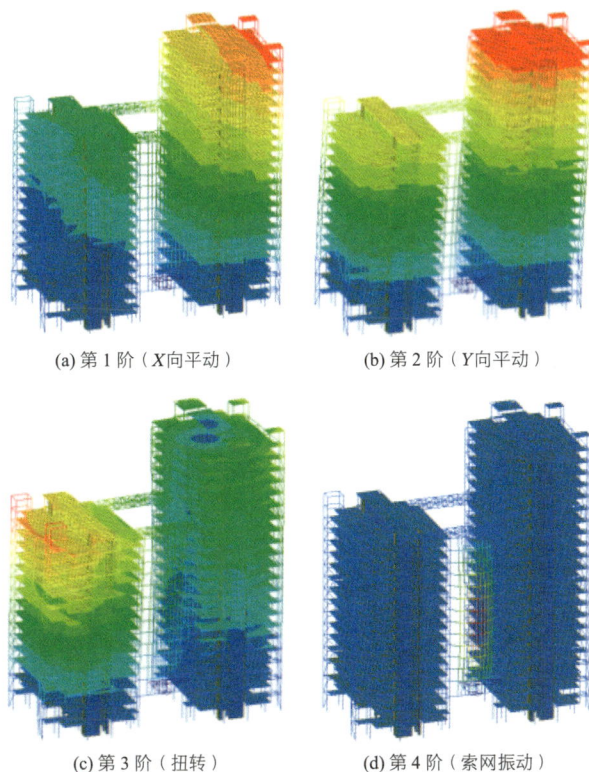

(a) 第 1 阶（X向平动）　　　　　　(b) 第 2 阶（Y向平动）

(c) 第 3 阶（扭转）　　　　　　(d) 第 4 阶（索网振动）

图 17.9-1　整体结构前 4 阶振型图

17.9.2 剪重比分析

整体模型各楼层剪重比见图 17.9-2。YJK：首层 X 方向为 0.724%，Y 方向为 0.936%；MIDAS Gen：首层 X 方向为 0.7664%，Y 方向为 0.979%。X 方向小于规范限值 0.8%，抗震计算时楼层剪力需进行调整；Y 方向大于规范限值 0.8%，满足要求。

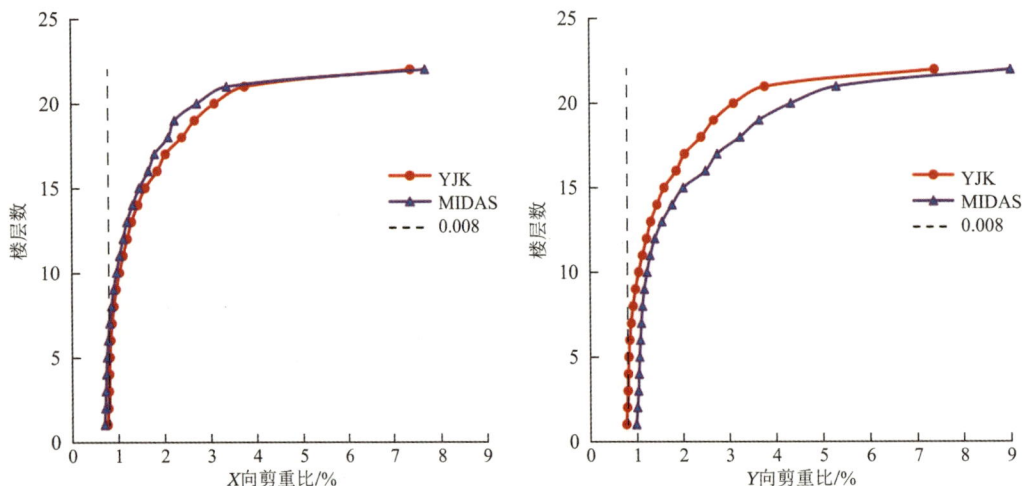

图 17.9-2　整体模型楼层剪重比

17.9.3 层间位移角

塔楼层间位移角见表 17.9-2，本工程按规范取值验算小震变形，层间位移角均小于规范限值 1/800，满足要求。

塔楼层间位移角 表 17.9-2

计算软件		YJK		MIDAS	
方向		X向	Y向	X向	Y向
地震作用	北塔层间位移角	1/2554（9层）	1/1989（22）	1/2469（10）	1/1987（22）
	南塔层间位移角	1/3327（10层）	1/2688（16层）	1/4021（10层）	1/3048（16层）
风荷载	北塔层间位移角	1/3162（8）	1/1449（22）	1/3167（8）	1/1969（22）
	南塔层间位移角	1/5762（7）	1/2296（16）	1/5841（7）	1/3108（16）

17.9.4 位移比

考虑偶然偏心地震作用下的塔楼最大位移比见图 17.9-3、图 17.9-4，北塔 X、Y 向最大位移比分别为 1.29（2层）、1.36（2层），南塔 X、Y 向最大位移比分别为 1.24（2层）、1.36（2层），两塔楼 X、Y 向位移比均小于 1.4。

17.9.5 楼层侧向刚度比

考虑层高修正计算刚度比，框架-核心筒结构的刚度比为"各楼层侧向刚度与相邻上一层侧向刚度 90%、110% 或者 150% 的比值"，整体结构的刚度比见图 17.9-5。北塔本层侧移刚度与上一层相应侧移刚度 70%的比值和本层侧移刚度与上三层平均侧移刚度 80%的比值的较小者见图 17.9-6。计算结果表明整体模型中在 15 层由于连体桁架的影响，刚度比变化较大；北塔模型中由于 3 层以下层高比上部楼层层高高 1.4 倍，且二层梁、板缺失较多，其刚度比也有较大变化，但刚度比均满足规范要求。

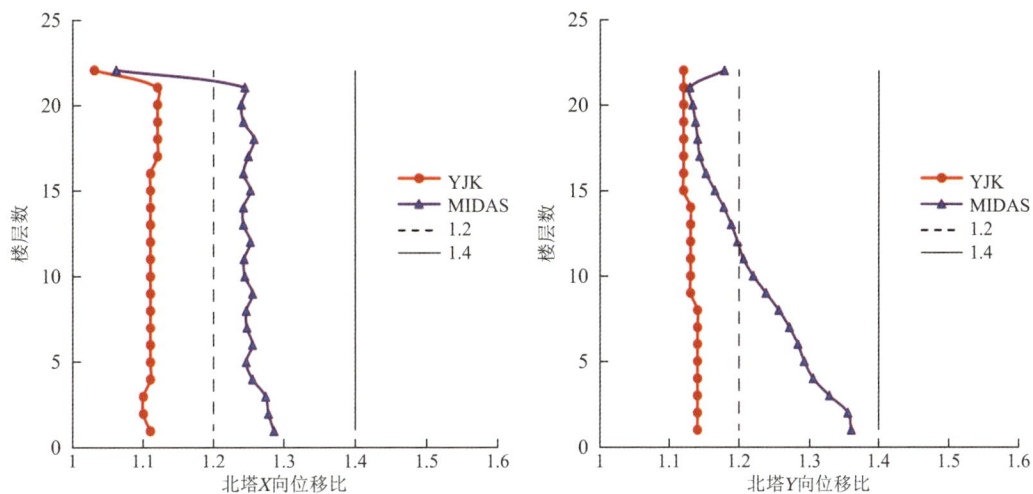

图 17.9-3　北塔位移比

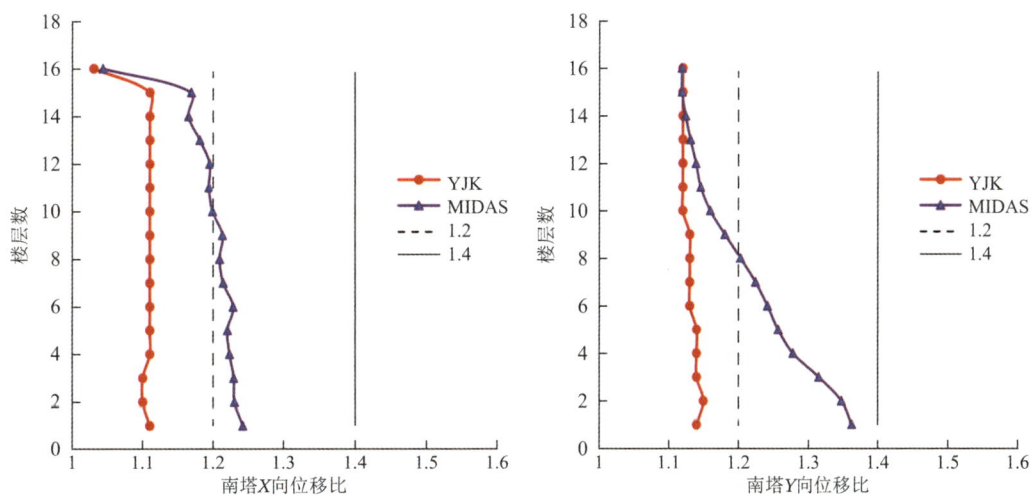

图 17.9-4　南塔位移比

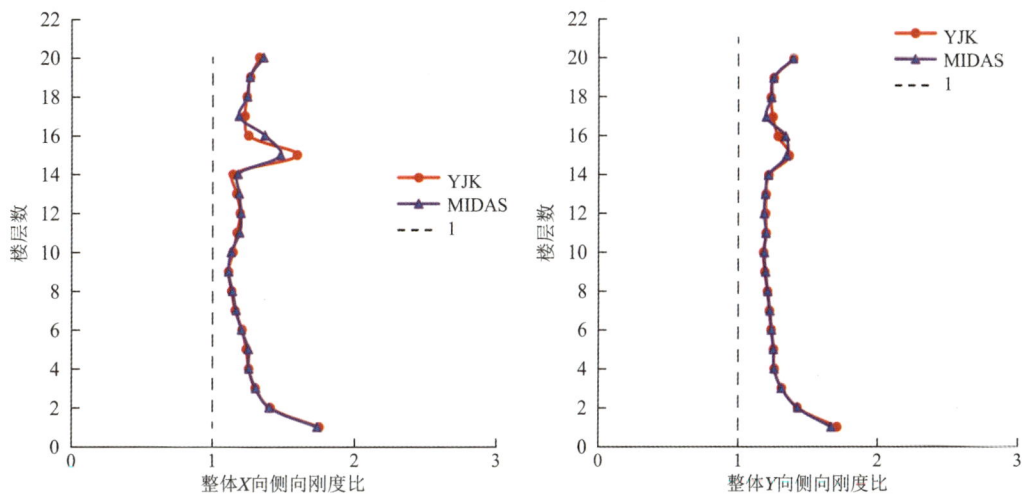

图 17.9-5　整体模型侧向刚度比

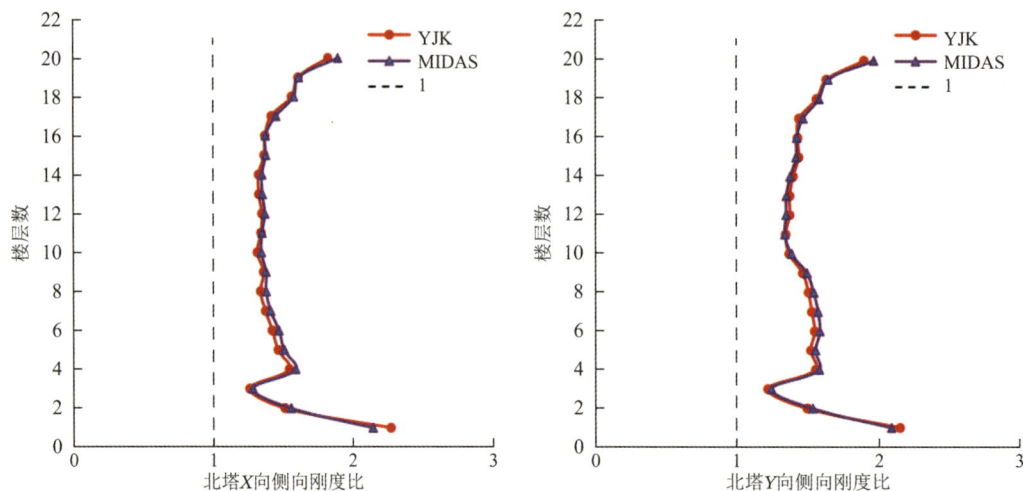

图 17.9-6 北塔模型侧向刚度比

17.9.6 楼层受剪承载力比值

YJK 计算的整体楼层受剪承载力比值结果见图 17.9-7，北塔楼层受剪承载力比值结果见图 17.9-8，均大于 0.8，无薄弱层，满足规范要求。

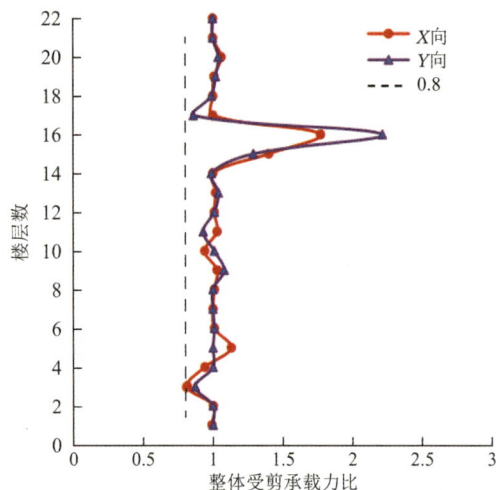

图 17.9-7 整体模型楼层受剪承载力比值

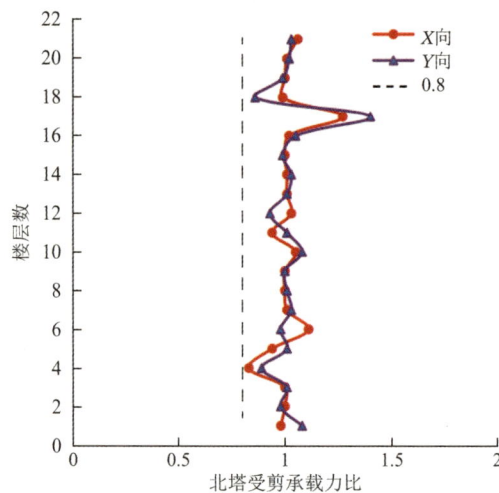

图 17.9-8 北楼层受剪承载力比值

17.9.7 外框架柱承担的剪力和倾覆力矩

周边框架为确保作为混合结构的第二道抗震防线，须承担不小于规范规定的地震剪力。本工程整体模型各楼层框架柱和剪力墙所承担剪力百分比见图 17.9-9，北塔模型各楼层框架柱和剪力墙所承担剪力百分比见图 17.9-10。结果表明，本工程框架部分 X、Y 方向按刚度计算分配的最大楼层地震剪力大于基底剪力的 10%，满足规范要求。部分楼层剪力未满足 20% 的限值要求，因此在程序中进行相应的调整。

本工程整体模型各楼层框架柱和剪力墙所承担倾覆力矩百分比见图 17.9-11，北塔模型各楼层框架柱和剪力墙所承担倾覆力矩百分比见图 17.9-12。底部框架承担倾覆弯矩大于 10%，小于 50%，满足框架核心筒要求。

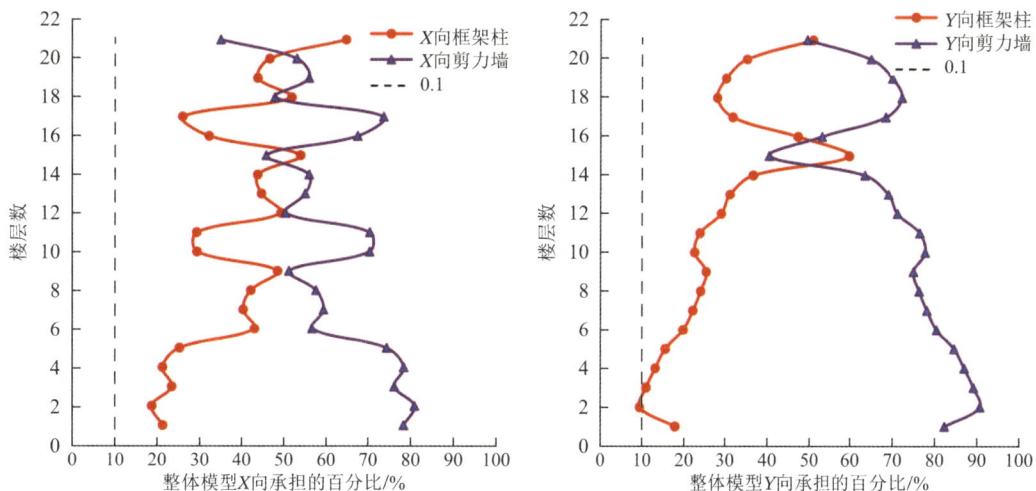

图 17.9-9　整体模型地震作用下各楼层框架和核心筒各自承担剪力的比例

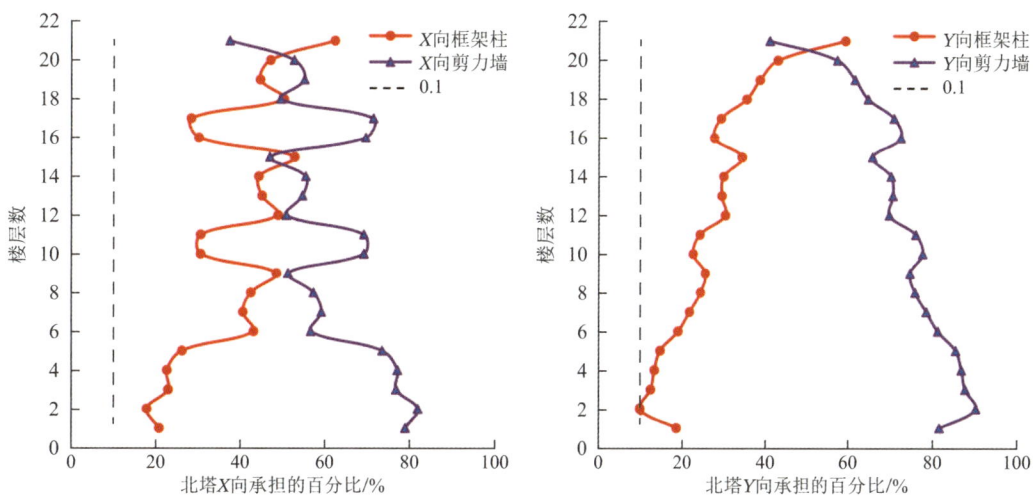

图 17.9-10　北塔模型地震作用下各楼层框架和核心筒各自承担剪力的比例

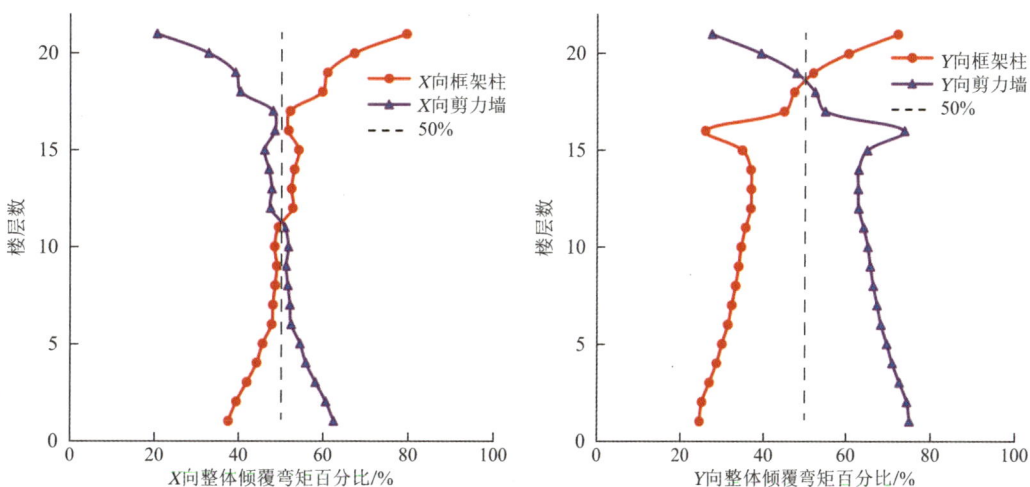

图 17.9-11　整体模型地震作用下各楼层框架和核心筒各自承担倾覆力矩的比例

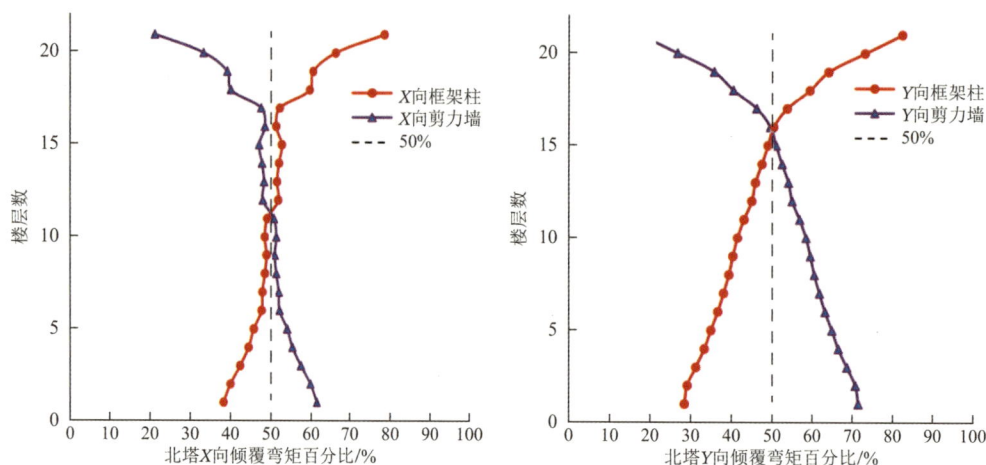

图 17.9-12　北塔模型地震作用下各楼层框架和核心筒各自承担倾覆力矩的比例

17.10　关键墙肢分析

由于拉索布置于⑨轴处，⑨轴处核心筒承担较多的水平索拉力，故该处剪力墙对主体结构及拉索均有较大影响，是本工程设计的关键部位。主要墙肢轴力见表 17.10-1，轴力为负代表压力，轴力为正代表拉力（墙肢编号见图 17.2-1）。在小震及风荷载作用下，南塔（墙肢 1）和北塔（墙肢 3）在底部均未出现受拉情况。在中震、大震作用下，两塔楼底部墙肢均出现受拉，其中南塔的拉力大于北塔。设计时需加强受拉墙肢纵筋配筋，由纵筋抵抗墙肢拉力，同时在核心筒角部及钢梁连接位置设置型钢，由型钢抵抗剪力。在中震作用下，墙肢抗剪、抗弯均满足弹性要求；大震作用下，受拉墙肢的纵筋满足不屈服要求，承担抗剪的型钢满足《高层建筑混凝土结构技术规程》JGJ 3—2010 的式(3.11.3-5)的要求。

关键墙肢轴力　　　　　　　　　　　　　　　　　表 17.10-1

荷载工况	墙肢 1（南楼）/kN	墙肢 3（北楼）/kN
1.0 恒 + 1.3 小震 + 0.28 风	−1328（压）	−4710（压）
1.0 恒 + 1.3 小震	−2329（压）	−5705（压）
1.0 恒 + 1.4 风	−1468（压）	−5245（压）
1.0 恒 + 1.3 中震	8126（拉）	5106（拉）
1.0 恒 + 1.0 大震	20150（拉）	16796（拉）

17.11　连接体分析

在索网拉力作用下，塔楼间的连体桁架及索网下端钢梁受压力作用，抵抗水平索拉力荷载。中震作用下连接桁架杆件应力比见图 17.11-1。由图可知，中震作用下连体桁架弦杆最大应力比 0.75，腹杆最大应力比 0.86，满足弹性要求。

以最大水平索拉力为加载量，对整体结构中的连接体及索网下部连接钢梁进行稳定分析，稳定分析时对连接结构各杆件及连接钢梁进行单元细分。分析结果表明：第 1 阶为索网下部钢梁侧向屈曲，屈曲系数为 29；第 2～5 阶为桁架水平支撑局部侧向屈曲，屈曲系数为 37～39；第 6 阶为桁架局部下弦及部分腹杆一起侧向屈曲，屈曲系数为 41。主要屈曲部位见图 17.11-2。

经典解构　浙江省建筑设计研究院有限公司篇

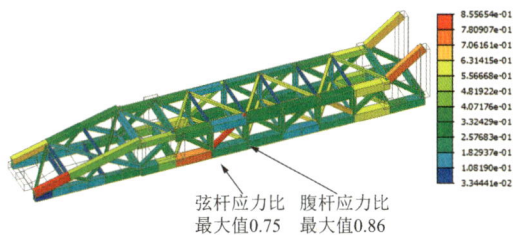

弦杆应力比　腹杆应力比
最大值0.75　最大值0.86

图 17.11-1　中震作用下桁架应力比

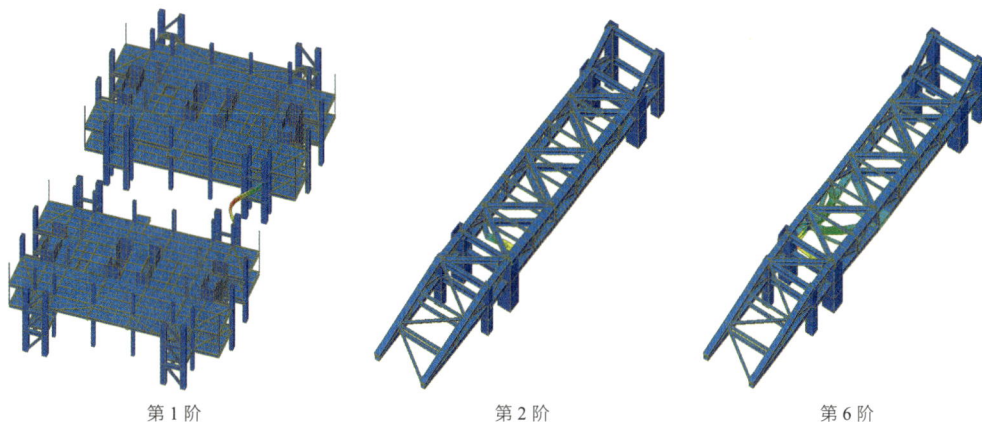

第1阶　　　　　　　第2阶　　　　　　　第6阶

图 17.11-2　水平拉索作用下连接体构件主要屈曲模态

以水平索初始力及大震作用下的桁架压力为加载量,对桁架局部结构进行屈曲分析,分析结果表明,最小屈曲系数为 20,屈曲模态为腹杆局部屈曲。

上述分析表明,连接桁架及钢梁稳定系数均较大,连接体具有足够的稳定性。

17.12　南、北楼斜柱结构设计

在恒、活荷载作用下,北楼整体最低屈曲系数为 25,南楼整体最低屈曲系数为 39,根据欧拉公式反算北楼Ⓐ轴、南楼Ⓒ轴立面各构件的计算长度,再进行构件设计。北楼Ⓐ轴结构布置见图 17.12-1,北塔的设计结果见表 17.12-1。从表中可见北楼北立面构件均能满足多遇地震及风荷载作用下的承载力要求,同时各构件也能满足中震弹性设计要求。通过对比构件应力变化,构件 A1~A3、C1~C3,应力变化不大,说明其不是主要承受水平荷载构件,而 B1~B3、E1 等构件应力比增幅比较大。通过结构在大震下的内力分析,北楼 B2 处于抗弯屈服界限,其余构件均满足抗弯不屈服设计要求。上述分析表明结构能满足预期的抗震性能目标。

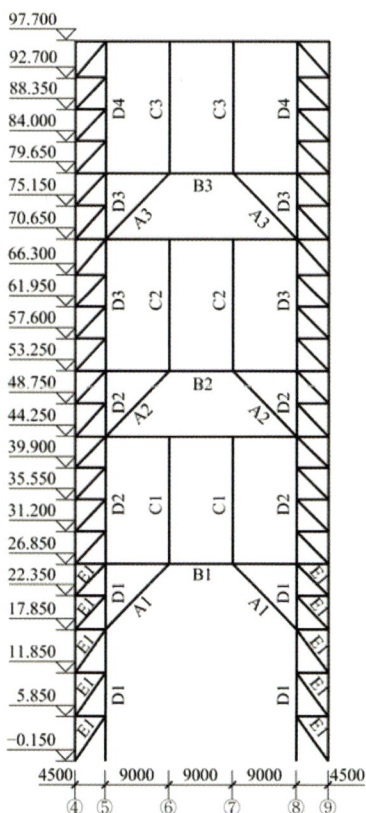

图 17.12-1　北楼Ⓐ轴立面结构布置

北楼北立面结构构件计算表　　　　　　　　　　表 17.12-1

构件编号	截面/mm	面内计算长度系数	面外计算长度系数	长细比	应力比	中震弹性应力比
A1	□1000×700×40×40	1.2	1.0	45	0.49	0.49
B1	□900×700×25×40	2.0	1.4	49	0.47	0.64

构件编号	截面/mm	面内计算长度系数	面外计算长度系数	长细比	应力比	中震弹性应力比
C1	□1000×700×40×40	4.4	3.3	51	0.71	0.71
A2	□1000×700×45×40	1.2	1.0	45	0.48	0.48
B2	□900×700×25×40	1.9	1.4	47	0.49	0.74
C2	□1000×700×45×40	4.5	3.4	53	0.74	0.74
A3	□1000×700×40×40	1.25	1.0	45	0.41	0.41
B3	□900×700×25×40	2.0	1.4	50	0.42	0.66
C3	□1000×700×40×40	4.9	3.7	57	0.61	0.62
D1	□1200×1200×40×40	3.5	1.0	46	0.61	0.61
D2	□1200×1200×30×30	3.8	1.0	36	0.50	0.50
D3	□1200×1200×30×30	5.1	1.0	46	0.32	0.32
D4	□1000×1000×30×30	6.1	1.0	66	0.21	0.21
E1	H500×480×20×30	1.0	1.27	79	0.75	0.79

17.13 索网对主体结构影响分析

采用拉索荷载模型和整体模型分别进行主体结构抗震分析，拉索荷载模型中的水平索荷载按整体模型分析得到的水平索拉力输入。分析得到墙肢 Q1～Q4 底部应力，见表 17.13-1。从表中可知小震及中震时，墙肢抗压应力均小于混凝土抗压强度设计值，大震时墙肢抗压应力均小于混凝土抗压强度标准值。小震时，墙肢底部未出现拉应力，中震及大震时部分墙肢抗拉应力大于混凝土抗拉强度标准值，应采取抗拉、抗剪加强措施。两种模型墙肢应力差异不大，X 向地震工况组合时，墙肢应力相差最大为 9.3%，Y 向地震工况组合时，墙肢应力相差最大为 11.1%，分析结果表明对于本工程结构抗震计算时，索网不会对主体结构产生重大影响。因此对于索网布置在连体结构内的情况，设计时可采用拉索荷载最大值及初张拉值分别按荷载工况输入到拉索荷载模型进行包络设计，并采用最终的整体模型进行复核。

采用拉索荷载模型和整体模型分别进行主体结构抗风分析，拉索荷载模型中的水平索荷载按最大索拉力 800kN 输入。分析得到墙肢 Q1～Q4 底部应力，见表 17.13-2。从表中可得两个分析模型墙肢 Q1～Q4 在底部均未出现拉应力。由于按荷载考虑时，所有拉索点荷载均按最大索拉力输入，而实际索网中不是所有水平索均达到最大索拉力。因此按荷载考虑的模型得到的 Q1、Q3 的压应力小于按整体模型分析的结果；按荷载考虑的模型得到的 Q2、Q4 的压应力大于按整体模型分析的结果。实际设计时，对主体结构可采用拉索荷载模型，按考虑拉索荷载最大值与不考虑拉索荷载进行包络设计即可满足主体结构安全性要求。

不同模型主体结构抗震分析墙肢 Q1～Q4 底部应力（单位：MPa）　　　　　　　表 17.13-1

地震作用	荷载组合	按荷载考虑拉索作用				整体模型			
		Q1	Q2	Q3	Q4	Q1	Q2	Q3	Q4
小震	1.0SGE + 1.3SEx	−2.5	−5.9	−4.3	−7	−2.6	−5.8	−4.4	−6.9
	1.0SGE − 1.3SEx	−6.8	−11	−9.7	−13.7	−7	−10.9	−9.8	−13.6
	1.0SGE + 1.3SEy	−1.6	−4.5	−3.4	−5.3	−1.7	−4.1	−3.4	−5.2
	1.0SGE − 1.3SEy	−8.6	−12.4	−11.2	−14.4	−8.7	−12.3	−11.3	−14.3

地震作用	荷载组合	按荷载考虑拉索作用				整体模型			
		Q1	Q2	Q3	Q4	Q1	Q2	Q3	Q4
小震	1.2SGE + 1.3SEx	−3.7	−7.1	−5.9	−8.7	−3.8	−7	−6	−8.6
	1.2SGE − 1.3SEx	−8.1	−12.3	−11.5	−15.3	−8.3	−12.2	−11.6	−15.3
	1.2SGE + 1.3SEy	−2.6	−4.8	−4.6	−6.7	−2.7	−4.7	−4.7	−6.7
	1.2SGE − 1.3SEy	−10	−13.7	−13.1	−16.1	−10.1	−13.6	−13.1	−16
中震	1.0SGE + 1.3SEx	2.8	−3.9	2.6	−5.4	2.9	−3.6	2.8	−5.1
	1.0SGE − 1.3SEx	−11.2	−15.8	−15.1	−19.9	−11.7	−15.9	−15.7	−20.2
	1.0SGE + 1.3SEy	7.1	3.3	4.9	−2	7.5	3.6	5.3	−2.2
	1.0SGE − 1.3SEy	−16	−19.9	−18.6	−22	−16.7	−20.3	−19.4	−22.4
	1.2SGE + 1.3SEx	2.3	−4.8	−2.4	−4.7	2.3	−4.6	−2.2	−4.3
	1.2SGE − 1.3SEx	−12.5	−17.1	−16.9	−21.6	−12.9	−17.2	−17.5	−21.9
	1.2SGE + 1.3SEy	5.8	2.3	3.2	−3	6.2	2.1	3.6	−2.9
	1.2SGE − 1.3SEy	−17.3	−21.2	−20.5	−23.7	−17.7	−21.6	−21.2	−24.1
大震	1.0SGE + 1.0SEx	8.5	4.7	9.3	7.3	8.3	5	9	7.5
	1.0SGE − 1.0SEx	−16.9	−21.9	−22.5	−28.3	−18.1	−21.7	−22.7	−28
	1.0SGE + 1.0SEy	17.2	13.4	15.2	12	17	13.7	15	12.3
	1.0SGE − 1.0SEy	−26	−30	−28.8	−32	−26.3	−29.9	−29.1	−32.2

不同模型主体抗风分析墙肢 Q1～Q4 底部应力（单位：MPa）　　　　表 17.13-2

荷载组合	按荷载考虑拉索作用				整体模型			
	Q1	Q2	Q3	Q4	Q1	Q2	Q3	Q4
1.0D + 1.4Wx	−2.5	−10.0	−3.1	−13.4	−3.6	−7.3	−5.9	−10.0
1.0D − 1.4Wx	−1.6	−12.1	−3.0	−13.1	−2.5	−8.5	−5.3	−9.9
1.0D + 1.4Wy	−1.4	−12.9	−6.2	−8.5	−2.7	−8.4	−8.6	−6.7
1.0D − 1.4Wy	−4.6	−7.0	−2.5	−14.3	−6.0	−4.9	−5.4	−10.1
1.2D + 1.4Wx + 0.98L	−3.8	−11.3	−5.3	−15.5	−5.4	−9.4	−8.9	−13.2
1.2D + 1.4Wx − 0.98L	−2.3	−13.6	−4.5	−15.3	−4.3	−10.6	−8.3	−13.1
1.2D + 1.4Wy + 0.98L	−2.1	−14.4	−8.0	−10.8	−4.5	−10.5	−11.6	−9.9
1.2D − 1.4Wy + 0.98L	−5.7	−8.5	−4.3	−16.5	−8.2	−6.5	−7.5	−14.3

17.14　罕遇地震弹塑性时程分析

　　为考察整体结构在大震下的性能，采用 SAUSAGE 软件对主体结构进行罕遇地震作用下弹塑性时程分析。选取 1 组人工波与 2 组天然波，输入的有效峰值加速度为 125cm/s^2，场地特征周期 0.5s。罕遇地震下结构关键部位性能水准见图 17.14-1。

分析结果表明：

（1）整体结构在罕遇地震作用下最大层间位移角*X*向为 1/257、*Y*向为 1/287，均小于规范限值；

（2）通过加强配筋后，底部受拉剪力墙处于轻微损坏或轻度损坏，北楼连体标高相邻楼层的核心筒墙体处于轻微或轻度损坏；

（3）连梁大多数处于轻度损坏到重度损坏阶段，极少部分为严重损坏，连梁损伤起到耗能作用；

（4）钢框柱多数无损伤，局部为轻微或轻度损坏，与连接体相连的框柱处于轻度损坏阶段；

（5）转换斜柱无损伤，与转换斜柱相连的框架柱出现轻微或轻度损坏；

（6）连体结构及拉索幕墙下端梁无损坏，索拉力未超过设计值；

（7）15 层与连体桁架相连的楼板多处出现轻度损坏，设计时采取相应的加强措施。

以上分析结果表明，罕遇地震作用下结构整体性能良好，索网满足设计要求。

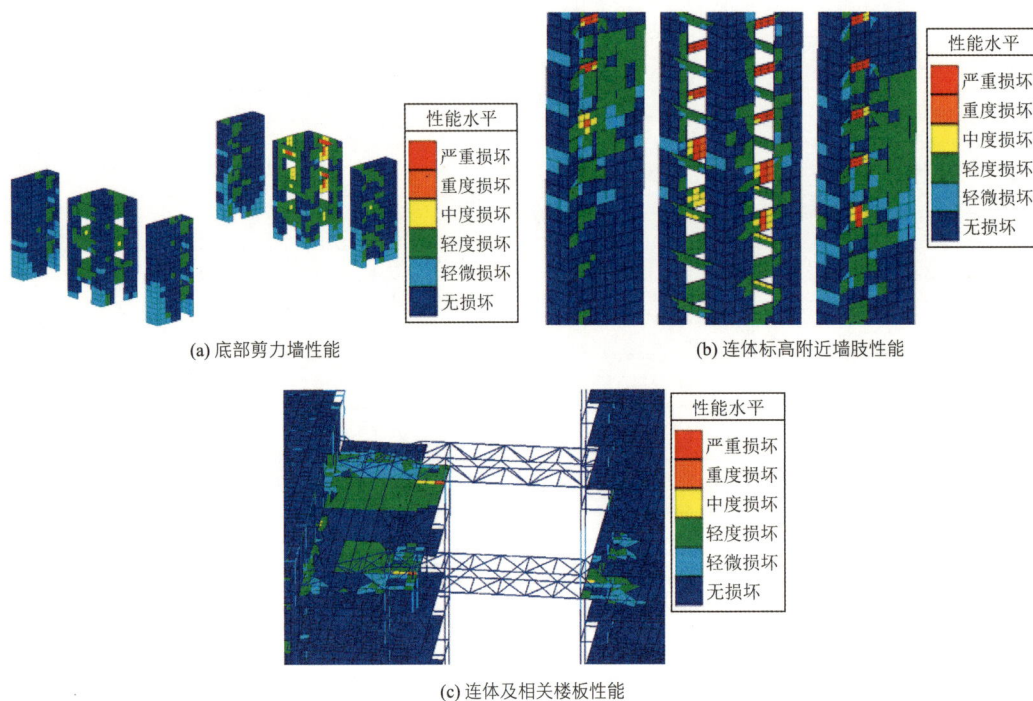

(a) 底部剪力墙性能

(b) 连体标高附近墙肢性能

(c) 连体及相关楼板性能

图 17.14-1　罕遇地震下结构关键部位性能水准

参考资料

[1]　住房和城乡建设部. 索结构技术规程: JGJ 257—2012[S]. 北京: 中国建筑工业出版社, 2012.

[2]　住房和城乡建设部. 建筑结构荷载规范: GB 50009—2012[S]. 北京: 中国建筑工业出版社, 2012.

[3]　住房和城乡建设部. 高层建筑混凝土结构技术规程: JGJ 3—2010[S]. 北京: 中国建筑工业出版社, 2011.

[4]　住房和城乡建设部. 钢结构设计规范: GB 50017—2003[S]. 北京: 中国计划出版社, 2003.

[5]　盛平, 甄平. 财富中心大堂单层索网的设计及预应力控制技术[J]. 建筑结构, 2006, 38(1): 124-126.

[6]　曾志攀. 福州东部新城大跨度索网幕墙结构设计[J]. 建筑结构, 2014, 44(21): 67-71.

设计团队

结构设计单位：浙江省建筑设计研究院有限公司（初步设计＋施工图设计）

结构设计团队：周永明、蔡凤生、韩舟轮、刘金荣、朱　妮、杨学林

执　笔　人：韩舟轮

获奖信息

2023 年度浙江省勘察设计行业优秀勘察设计成果建筑结构设计专业类二等奖

2022—2023 年中国建设工程鲁班奖（国家优质工程）

第 18 章

杭州蜻蜓公园

18.1 工程概况

杭州蜻蜓公园位于浙江省杭州市上城区。总建筑面积约 24500m²，其中地上建筑面积约 2500m²，分为 10 个塔楼，各塔楼层数不相同，并在屋面层连为一体，屋面高度约 22m。地下室建筑面积约 22000m²，共 4 层，埋深约 20m，地下 3、4 层为兼顾式人防地下室。本项目的使用功能为公共停车库，其中地上为机械塔库式停车（图 18.1-1），地下为 AGV 机器人停车（图 18.1-2），机动车停车位共计 500 个。

建筑竣工实景图和施工现场图见图 18.1-3、图 18.1-4。

图 18.1-1　地上塔库式停车

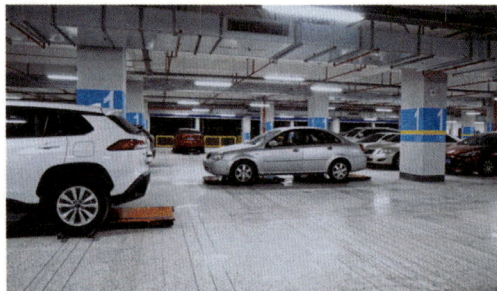

图 18.1-2　地下 AGV 式停车

图 18.1-3　杭州蜻蜓公园项目竣工实景图

图 18.1-4　杭州蜻蜓公园施工实景图

本项目地上为钢结构，地下为混凝土结构（局部型钢混凝土组合结构）。结构安全等级为二级，结构设计使用年限为 50 年，抗震设防类别为标准设防类，建筑耐火等级为一级，50 年一遇的基本风压值为 0.45kN/m²，地面粗糙度类别为 C 类，考虑 ±25℃温度作用。抗震设防烈度为 7 度（0.10g），设计地震分组为第一组，场地类别为Ⅲ类，地上钢框架抗震等级为四级。地下室顶板为上部结构的嵌固端，且为竖向构件转换层，框架转换梁及型钢混凝土转换柱抗震等级为三级，地下室其余混凝土结构抗震等级为四级。

18.2 结构方案

18.2.1 结构布置方案

蜻蜓公园地上由 10 个塔楼组成，各塔楼编号如图 18.2-1 所示。4 个角塔（7~10 号塔楼）均采用钢框架-中心支撑体系，中间 6 个塔（1~6 号塔楼）则采用钢框架体系，在 17m 标高有 4 个塔楼（1 号、4~6 号塔）通过连廊连为一体，连廊采用 H 型钢梁铰接于两端塔楼框架梁上。在 22m 标高处，10 个塔楼通过 150mm 厚的屋面板连为一体，屋面梁采用 H 型钢梁和箱形钢梁，屋面板采用钢筋桁架楼承板组合楼板，在各塔楼顶部设置斜撑以支承塔楼间的屋面。建筑剖面图见图 18.2-2，典型结构布置图见图 18.2-3。

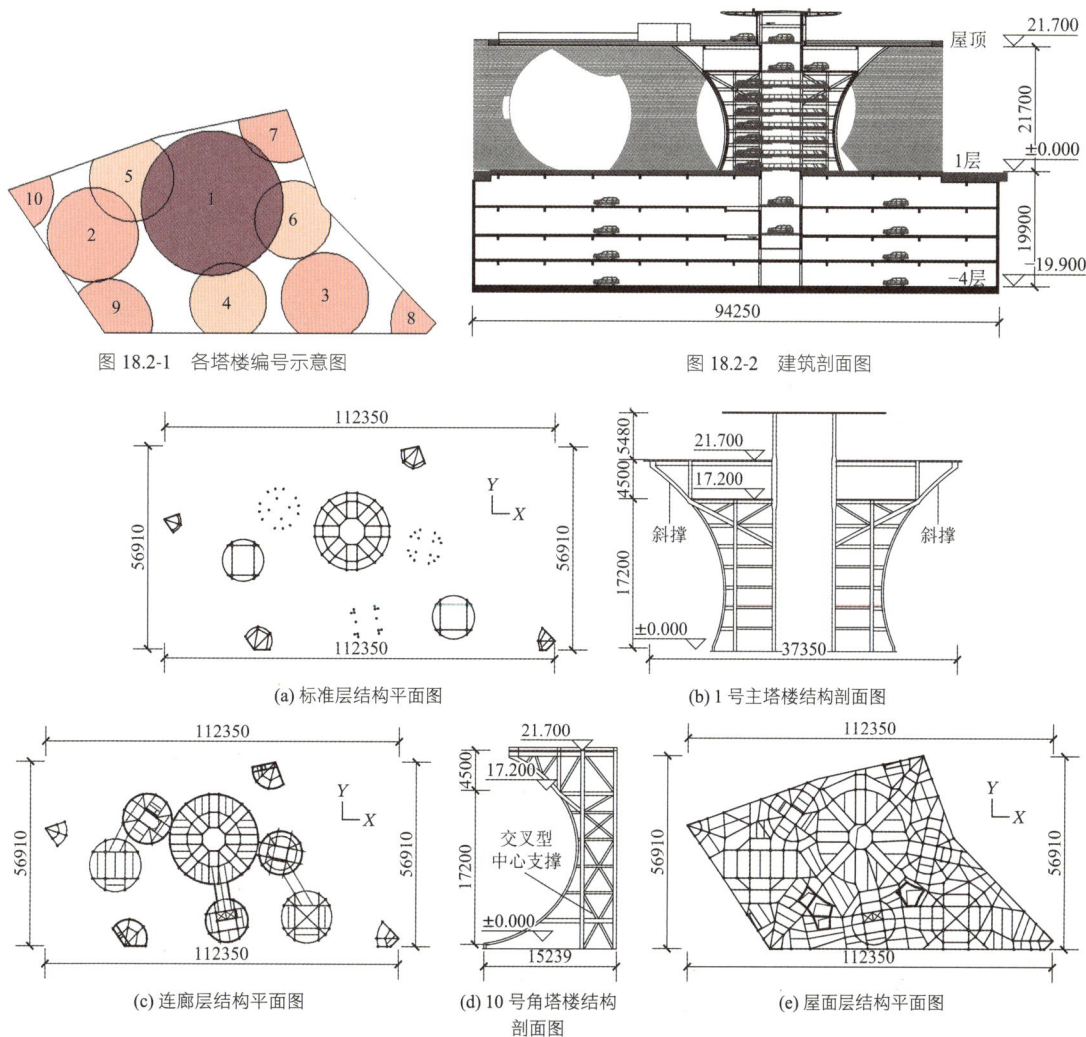

图 18.2-1 各塔楼编号示意图

图 18.2-2 建筑剖面图

(a) 标准层结构平面图

(b) 1 号主塔楼结构剖面图

(c) 连廊层结构平面图

(d) 10 号角塔楼结构剖面图

(e) 屋面层结构平面图

图 18.2-3 典型结构布置图

上部塔楼大部分柱落至基础，个别塔楼柱由于地下室车道使用功能要求，在地下室顶板或地下一层通过型钢混凝土梁进行转换。

主体结构主要构件截面尺寸为：钢柱直径 400～600mm，钢柱壁厚 20～30mm，应力比控制在 0.8 以内；钢梁主要为 H 型钢梁，部分为箱形梁，梁高 250～500mm，屋面边梁兼作女儿墙，梁高 1000mm，应力比控制在 0.9 以内。混凝土强度等级为 C35，钢材采用 Q355B。

18.2.2　地基基础设计方案

地下室共 4 层，底板面标高为 −20.000m，邻近地铁线路，采用地下连续墙兼作地下室的永久外墙。地下连续墙厚度 800～1000mm。桩基础采用桩径为 700mm 的抗压兼抗拔钻孔灌注桩，旋挖成孔。桩端持力层为圆砾层，有效桩长约 35m，单桩抗拔承载力特征值为 1550kN，受压承载力特征值为 3400kN。桩基平面图见图 18.2-4。地下室底板厚 1000mm，局部加厚为 1500mm。承台厚度为 1200～2400mm 不等。

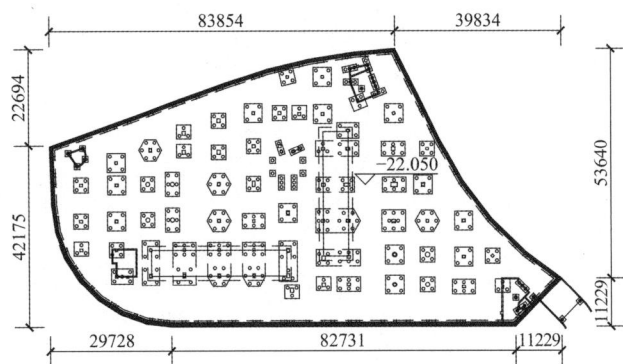

图 18.2-4　桩基础平面布置图

18.3　结构参数化设计

18.3.1　结构参数化建模

在项目方案阶段，由于诸多外部、内部因素导致的不确定性，如各塔的位置、角度、形式、尺寸、层高等均不确定，为了快速灵活地配合建筑方案的调整，提高效率，本项目采用了基于 MGT 文件的参数化设计。

MIDAS Gen 是空间有限元结构分析与设计软件。其数据文件为 MIDAS Gen Text，文件名后缀为.mgt，该文件也包含了在 MIDAS Gen 中所建结构模型的所有信息。设计人员可以通过任意一个拥有输入输出功能的开发语言，批量生成建模所需的 MGT 文件内容，实现参数化建模。

如图 18.2-1 所示，根据塔的功能、形式、层高等把 10 个塔分为 Ⅰ、Ⅱ、Ⅲ 三种类型。颜色最深的 1 号塔功能为立体机械停车塔库，其标准层层高为 2400mm，为 Ⅰ 型塔；颜色稍浅的 2、3、7～10 号塔功能为设备管井或预留管井，其标准层层高为 3000mm，为 Ⅱ 型塔；颜色最浅的 4～6 号塔功能为竖向交通核（楼梯、电梯），其标准层层高为 3200mm，为 Ⅲ 型塔。

根据塔的 3 种不同类型，定义 3 个参数化函数模块。由于各塔在功能确定的情况下，模型中各节点的拓扑关系即已确定，只需要修改对应参数（如塔直径、塔角度等）即可方便地进行参数化调整。对于个别塔的功能细节还未完全确定的情况，如停车塔每层停车数量（即落地柱数量）等，即对于各节点的拓扑关系仍存在不确定性，则需要继续抽象提取出更高层次的参数（如停车数），对模型进行调整。

由于各塔均通过围绕各自中心线，旋转 NURBS 平面曲线（样条曲线），形成各塔的建筑表皮。最终，根据 NURBS 曲线的数学表达式，通过基于 MGT 文件的参数化设计，实现了与建筑表皮相符的结构整体模型的全自动建模。

图 18.3-1 为不同参数（塔直径、塔角度、塔形式）在不同取值组合下对于模型的影响。

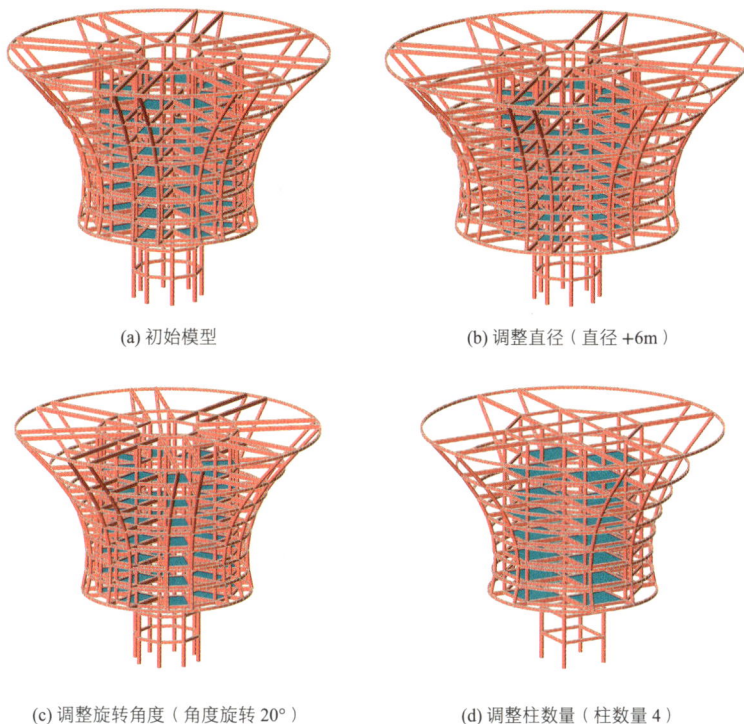

(a) 初始模型　　　　　　　　　　　　(b) 调整直径（直径 +6m）

(c) 调整旋转角度（角度旋转 20°）　　　　(d) 调整柱数量（柱数量 4）

图 18.3-1　蜻蜓公园参数化调整模型对比图

图 18.3-2 为参数化设计自动生成的计算模型。在设计过程中，跟随建筑调整，不断优化参数，最终实现了建筑与结构的动态统一。

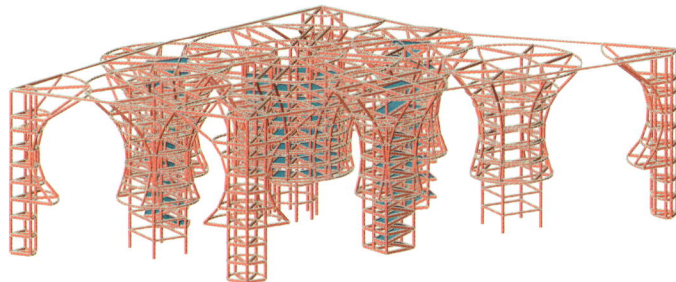

图 18.3-2　蜻蜓公园计算模型

18.3.2　结构参数化设计对于风洞试验结果的应用

在已有参数化模型的基础上，通过指定风洞试验结果的格式等，使得风洞试验在不同风向角工况的结果可在模型中方便地施加，最大化地利用了风洞试验的成果，并可以得到可靠且经济的计算结果。

具体过程详见第 18.6 节。

18.4　主体结构建模及计算

由于本项目造型复杂，含多个塔楼，各塔楼的层高各不相同，存在塔楼高位连体的情况。连体屋面处建筑面层较厚，下部塔楼处楼板较少，存在竖向质量分布不均匀等情况。

在设计阶段进行了多软件多模型的比较分析，并采用了广义层的概念进行建模与计算，对计算模型合理定义了多塔设计参数信息，程序根据该信息自动生成多塔子模型进行包络设计。设计中还针对本项目的特点，定义了楼层的施工顺序与构件级的施工顺序。本项目进行了抗震性能化设计，对支撑屋面的斜撑和与斜撑相连的柱等关键构件重点加强，并增设拉杆用以平衡节点处受力。

18.4.1 不同设计阶段的计算模型

（1）方案设计阶段计算模型

在方案阶段，采用了 MIDAS Gen 软件基于 MGT 文件的参数化设计方法，快速建立主体钢结构的计算模型，对分析结构方案的可行性进行建模分析。

（2）初步设计阶段及施工图设计阶段计算模型

采用 PKPM、YJK 建立了带地下室的整体结构模型，对其进行了多遇地震下的弹性分析，根据《钢结构设计标准》GB 50017—2017 要求进行抗震性能化设计、钢结构防火分析。分析结果表明结构各构件应力和变形均满足设计要求。

18.4.2 广义层建模及多塔定义

广义层是通过在楼层组装时为每一个楼层增加一个层底标高的参数来实现的，这个标高一般可设为楼层相对于±0.000 的绝对值。基于这个底标高，各楼层在空间上的位置已经完全确定，程序将通过楼层的绝对位置进行模型的整体组装。广义层建模适合对多塔结构、连体结构、体育场馆、工业厂房等建筑进行计算。

由于按广义层方式建立的模型，按默认的施工顺序与实际的施工顺序相差较大，无法反映真实的刚度形成、荷载施加顺序，需要自定义施工顺序，使模型与实际情况接近。施工模拟详见第 18.7.1 小节。

由于不同塔楼的层高分布不一致，在使用 PKPM 与 YJK 建模计算时，采用广义层概念进行建模分析，避免了分析过程与假定出现冲突、标准层层高过小、过碎等模型计算的不利因素。

图 18.4-1 为设计模型的广义层组装示意图，图上数字是广义层的层号。由图 18.4-1 可以看到 10、45、50、55 广义层所在的位置在 56 广义层处相连形成连体，而 56～62 广义层在 63 广义层处相连形成连体。图 18.4-2 为模型的多塔定义示意图，其中以不同颜色区分各个定义的单塔。

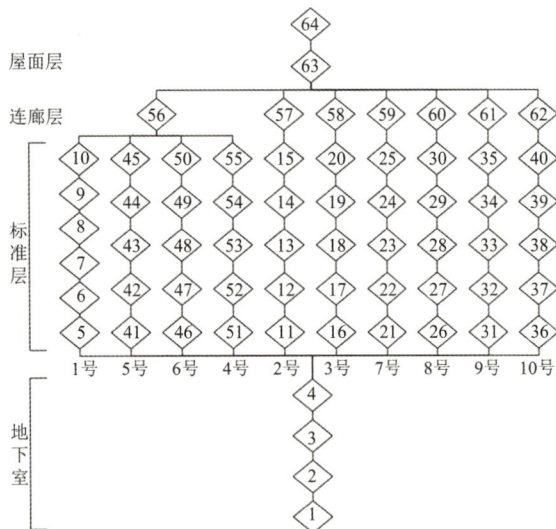

图 18.4-1 模型广义层组装树状图

图 18.4-2 多塔定义示意图

经典解构 浙江省建筑设计研究院有限公司篇

18.5 结构抗震计算

由于主体结构造型复杂，属于多塔连体结构，含有多项不规则。设计中根据《钢结构设计标准》GB 50017—2017 的规定进行了抗震性能化设计，先梳理了标准中的抗震性能化设计的思路，再根据分析结果确定合适的抗震性能化目标及概念设计原则，最后详细介绍了标准中的抗震性能化设计在本项目的应用。

18.5.1 抗震性能化设计思路

《钢结构设计标准》GB 50017—2017 的抗震性能化设计以承载性能等级和目标为基准，包括以塑性耗能区性能系数为基础的承载力计算，及板件宽厚比等组成的抗震措施。同时，提出了两种抗震设计思路："高延性-低承载力"和"低延性-高承载力"。具体采用哪种抗震设计思路取决于结构在多遇地震、设防地震下承载能力的对比，以及与最低延性要求下构造的经济性比较。

不考虑竖向地震时，根据《建筑抗震设计规范》GB 50011—2010（2016 年版）第 5.4.1、5.4.2 条，结构构件的截面抗震验算见式(18.5-1)。

$$\gamma_G S_{GE} + \gamma_{Eh} S_{Ehk} \leqslant \frac{R}{\gamma_{RE}} \tag{18.5-1}$$

不考虑竖向地震时，根据《钢结构设计标准》GB 50017—2017 第 17.2.3 条，设防地震下结构构件的截面抗震验算为：

$$S_{GE} + \Omega_i S_{Ehk2} \leqslant R_k \tag{18.5-2}$$

式中：$\gamma_G = 1.2$，$\gamma_{Eh} = 1.3$，$R = R_k/\gamma_M$，$S_{Ehk2} = 2.85 S_{Ehk}$；对于钢结构，取 $\gamma_{RE} = 0.75$，$\gamma_M = 1.1$。

根据《钢结构设计标准》GB 50017—2017 第 17.2.2 条，对于塑性耗能区，性能系数 Ω_i 的取值如式(18.5-3)所示，其最小值如表 18.5-1 所示。

$$\Omega_i \geqslant \beta_e \Omega_{i,min}^a \tag{18.5-3}$$

对于塑性耗能区，β_e 取 1.0，对于非塑性耗能区取 1.21。

塑性耗能区性能系数最小值 $\Omega_{i,min}^a$　　　　　　表 18.5-1

承载性能等级	1	2	3	4	5	6	7
$\Omega_{i,min}^a$	1.10	0.90	0.70	0.55	0.45	0.35	0.28

$\beta_e = 1.21$ 时，对应非塑性耗能区，性能系数的最小值 $\Omega_{i,min}$ 见表 18.5-2。

非塑性耗能区性能系数最小值 $\Omega_{i,min}$　　　　　　表 18.5-2

承载性能等级	1	2	3	4	5	6	7
$\Omega_{i,min}$	1.331	1.089	0.847	0.666	0.545	0.424	0.339

代入以上参数的具体数值，为方便对比，将式(18.5-1)与式(18.5-2)都转化为式(18.5-4)的形式，各情况下 α、β 的值见表 18.5-3。

$$\alpha S_{GE} + \beta S_{Ehk} \leqslant R_k \tag{18.5-4}$$

式中：α 为重力荷载代换系数；β 为水平地震作用代换系数。

α 和 β 的计算值　　　　　　表 18.5-3

系数		α	β		
式(18.5-1)	抗规多遇地震	0.99	1.0725		
式(18.5-2)	《钢结构设计标准》GB 50017—2017 设防地震		性能 5	性能 6	性能 7

系数		α	β		
式(18.5-2)	塑性区	1	1.2825	0.9975	0.7980
	非塑性区		1.5518	1.2070	0.9656

由表 18.5-3 可知，抗规多遇地震下的弹性承载力要求大于《钢结构设计标准》GB 50017—2017 设防地震下的性能 7 塑性区及非塑性区的最低要求，也大于标准设防地震下的性能 6 塑性区的最低要求。

根据《钢结构设计标准》GB 50017—2017 第 17.3 节，不同性能等级对应塑性耗能区、非塑性耗能区的不同抗震措施。如第 17.3.4 条，结构构件延性等级 I ～ V 级分别对应宽厚比等级为 S1～S5 的框架梁。其中 S3 等级对应考虑框架梁翼缘部分能进入塑性的弹塑性截面，S1、S2 等级对应全截面均能进入塑性。

由于采用了《钢结构设计标准》GB 50017—2017 第 17 章的性能化设计方法（设防地震），构造要求只需满足《钢结构设计标准》GB 50017—2017 第 17.3 节的要求，而无需满足《建筑抗震设计规范》GB 50011—2011（2016 年版）等的构造要求 [其中多遇地震和罕遇地震的承载力验算仍需满足《建筑抗震设计规范》GB 50011—2011（2016 年版）]。对于"高延性-低承载力"的设计思路，构件的延性等级较高，即宽厚比要求较高，则对于腹板等位置的材料用量会增加；而对于"低延性-高承载力"的设计思路，构件的承载性能等级较高，则构件的设防地震内力组合值更大，翼缘等位置的材料用量会增加。故性能等级的选择，需要综合考虑承载能力与抗震构造因素，根据经济性（如总用钢量）或设计思路确定。

18.5.2 抗震性能化设计

由于主体结构总高不大于 24m，地震作用较小，非地震作用对结构的影响更显著，根据第 18.5.1 节的分析，采用"低延性-高承载力"的抗震性能化设计思路。

（1）结构不规则情况及概念设计

主体结构存在平面不规则和竖向不规则情况：平面不规则包括扭转不规则、楼板局部不连续；竖向不规则包括侧向刚度不规则、竖向抗侧力构件不连续、楼层承载力突变。

采用概念设计，定义中心支撑为塑性耗能构件，定义直柱和支撑屋面的斜撑为关键构件重点加强，定义其余构件为一般构件，根据《钢结构设计标准》GB 50017—2017 分别采用不同的构件性能系数 Ω_i，即对应不同的构件设防地震内力组合值，以此来建立多道防线。

（2）多遇地震下的承载力抗震验算

对主体结构采用刚性楼板假定，采用不同软件进行多遇地震下的弹性分析，得到的主要计算结果见表 18.5-4。其中 PKPM、YJK 软件采用广义层建模，MIDAS Gen 软件采用空间建模。需要注意的是，对采用广义层方法建模的计算模型，在查看层间楼层指标时需要在程序中自定义楼层组装表，或提取相应结果自行计算。对于多塔连体结构，需要注意连体层的最大位移/平均位移，是否为连体层两端的抗侧力构件的弹性水平位移的结果，必要时需要提取两端的水平位移结果，自行计算最大位移/平均位移。

结构主要计算指标 表 18.5-4

软件		PKPM	MIDAS Gen	YJK
总质量/t		76342	76960	74822
周期/s	T_1（X向平动）	1.2158	1.3805	1.4044
	T_2（Y向平动）	1.2973	1.4739	1.5215
	T_3（转动）	1.0791	1.2193	1.2188
最大位移比	X向	1.25	—	1.27
	Y向	1.22	—	1.24

软件		PKPM	MIDAS Gen	YJK
最大层间位移角	X向	1/575	—	1/500
	Y向	1/579	—	1/584

注：YJK 软件计算结果为初步设计阶段的计算模型。

（3）设防地震下的承载力抗震验算

根据《钢结构设计标准》GB 50017—2017 第 17.1.4 条塑性耗能区承载性能等级的参考选用条件，初步选择性能等级为 5～7。

主体结构抗震等级为四级，钢材强度等级为 Q355B，根据《建筑抗震设计规范》GB 50011—2010（2016 年版）第 8.3.2 条、《高层民用建筑钢结构技术规程》JGJ 99—2015 第 7.4.1 条和《钢结构设计标准》GB 50017—2017 第 3.5.1 条，在不进行性能化计算时，构件最小宽厚比及其对应于《钢结构设计标准》GB 50017—2017 的宽厚比等级见表 18.5-5。

宽厚比限值及其对应等级 表 18.5-5

构件		宽厚比限值	近似对应《钢标》宽厚比等级
柱	圆管	$70\varepsilon_k^2$	S2
梁	工字形翼缘	$11\varepsilon_k$	S2
	箱形翼缘	$36\varepsilon_k$	S3
	腹板	$\leqslant 75\varepsilon_k$	S2

注：ε_k 为钢材强度等级修正系数，$\varepsilon_k = \sqrt{235/f_y}$，$f_y$ 为钢材屈服强度。

根据第 18.5.1 节的分析，当选择性能 7 时，承载力要求小于多遇地震作用组合的工况，但耗能梁的宽厚比要求为 S1，大于《建筑抗震设计规范》GB 50011—2010（2016 年版）中宽厚比限值。当选择性能 6 时，塑性耗能区承载力要求小于多遇地震，非塑性耗能区稍大于多遇地震，耗能梁的宽厚比要求为 S2，大于《建筑抗震设计规范》GB 50011—2010（2016 年版）箱形翼缘的宽厚比限值。当选择性能 5 时，承载力要求大于多遇地震，耗能梁的宽厚比要求为 S3，小于《建筑抗震设计规范》GB 50011—2010（2016 年版）的宽厚比限值。

综上，性能 5、性能 6 是对于本项目合适的选择。由于采用"低延性-高承载力"的思路进行设计，最终选择性能 5 作为承载性能等级。对不规则结构，考虑塑性耗能区性能系数最小值增大 20%，取 0.54。结构构件延性等级为Ⅲ级，非塑性耗能区一般构件的内力调整系数为 1.21，非塑性耗能区关键构件的内力调整系数为 1.33。

经试算并迭代调整各构件的性能系数，使其尽量接近并略大于最小性能系数，完成设防地震下的承载力抗震验算。分析结果表明：整体结构各构件均满足《钢结构设计标准》GB 50017—2017 的抗震性能化设计的要求，结构的承载力和延性均满足设计要求。

（4）罕遇地震下的弹塑性层间位移角验算

根据《建筑抗震设计规范》GB 50011—2010（2016 年版）第 5.5.3 条的要求，采用 PKPM 和 MIDAS Gen 软件对主体结构进行罕遇地震下的静力弹塑性分析，分析结果表明，弹塑性最大层间位移角为 1/89，小于规范限值 1/50，满足规范要求。

18.6 结构抗风计算

根据现行国家规范《建筑结构荷载规范》GB 50009—2012 第 8.3.1 条第 2、3 款：蜻蜓公园项目的风荷载体型系数宜由风洞试验确定。

通常风洞试验报告会给出结构的换算体型系数、换算风荷载节点力等供工程师选择取用。由于风洞试验报告的数据量较庞大，工程师一般采用最不利风向角的结果或包络的换算体型系数值进行计算设计。而在参数化模型中，由于结构的各个节点是参数化生成的，是有规律的，使得风洞试验结果根据对应节点施加风荷载的工作量大大减少，即具备自动化施加风荷载的可能。

于 2018 年 9 月在浙江大学的 ZD-1 边界层风洞中对杭州蜻蜓公园项目进行了风洞试验，见图 18.6-1。

图 18.6-1 蜻蜓公园风洞试验模型

试验的风向角根据建筑物的地貌特征，在 0°～360° 范围内每隔 15° 取一个风向角，共 24 个风向角工况。风洞试验报告提供了 24 个风向角下 10 个单塔的换算体型系数，且根据风洞试验测试节点与结构计算模型节点的空间位置关系进行换算，提供了图 18.3-2 所示的结构计算模型在 24 个风向角下各个节点受到的合力及该合力对应的节点编号。

基于参数化模型和含节点编号的风洞试验源数据，本项目的风荷载可方便地按 24 个风向角下的节点力，分 24 个风荷载工况导入结构计算模型进行计算。这样可最大程度利用风洞试验的结果，与只取最不利风向角结果相比提高了计算结果的可靠性，与取最大值包络设计相比提高了经济性。

18.7 专项分析

18.7.1 施工模拟分析

图 18.7-1 为自定义的施工顺序示意图，相同的颜色代表相同的施工顺序，自下而上逐层施工。为了确保支撑主要承担水平荷载作用，提高支撑的延性，在施工过程中采取中心支撑延迟安装的措施（中心支撑两端在钢结构施工阶段仅腹板采用螺栓连接，待所有混凝土楼板浇筑完成之后再完成翼缘的焊接），并在计算软件中通过自定义构件级的施工顺序，把中心支撑的施工顺序定义为最后施工来进行计算，使计算分析与实际情况一致。图 18.7-2 中红色构件为中心支撑。

图 18.7-1 施工顺序定义示意图

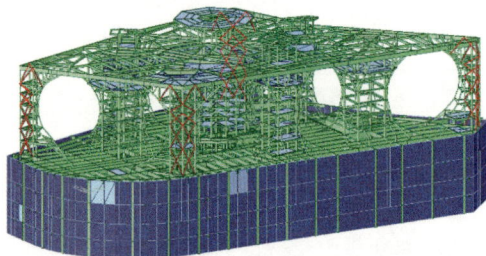

图 18.7-2 中心支撑位置示意图

经典解构 浙江省建筑设计研究院有限公司篇

18.7.2　典型节点构造设计和应力分析

由于斜撑与梁柱连接处、斜撑与屋盖连接处、塔楼入口开洞边界处等节点的受力复杂，对于这些连接处的钢结构节点进行了有限元分析。整体计算模型在节点处最不利的荷载组合为恒荷载＋活荷载＋Y向风荷载＋降温荷载，取该组合结果作为外力输入节点有限元模型，将柱底或斜撑底的约束定义为固接进行分析，并根据计算结果增加或调整加劲板，迭代计算至满足设计要求。典型节点分析结果见图18.7-3，典型节点最大应力为251MPa（位于斜撑与柱相交处），小于节点的强度设计值290MPa，满足设计要求。

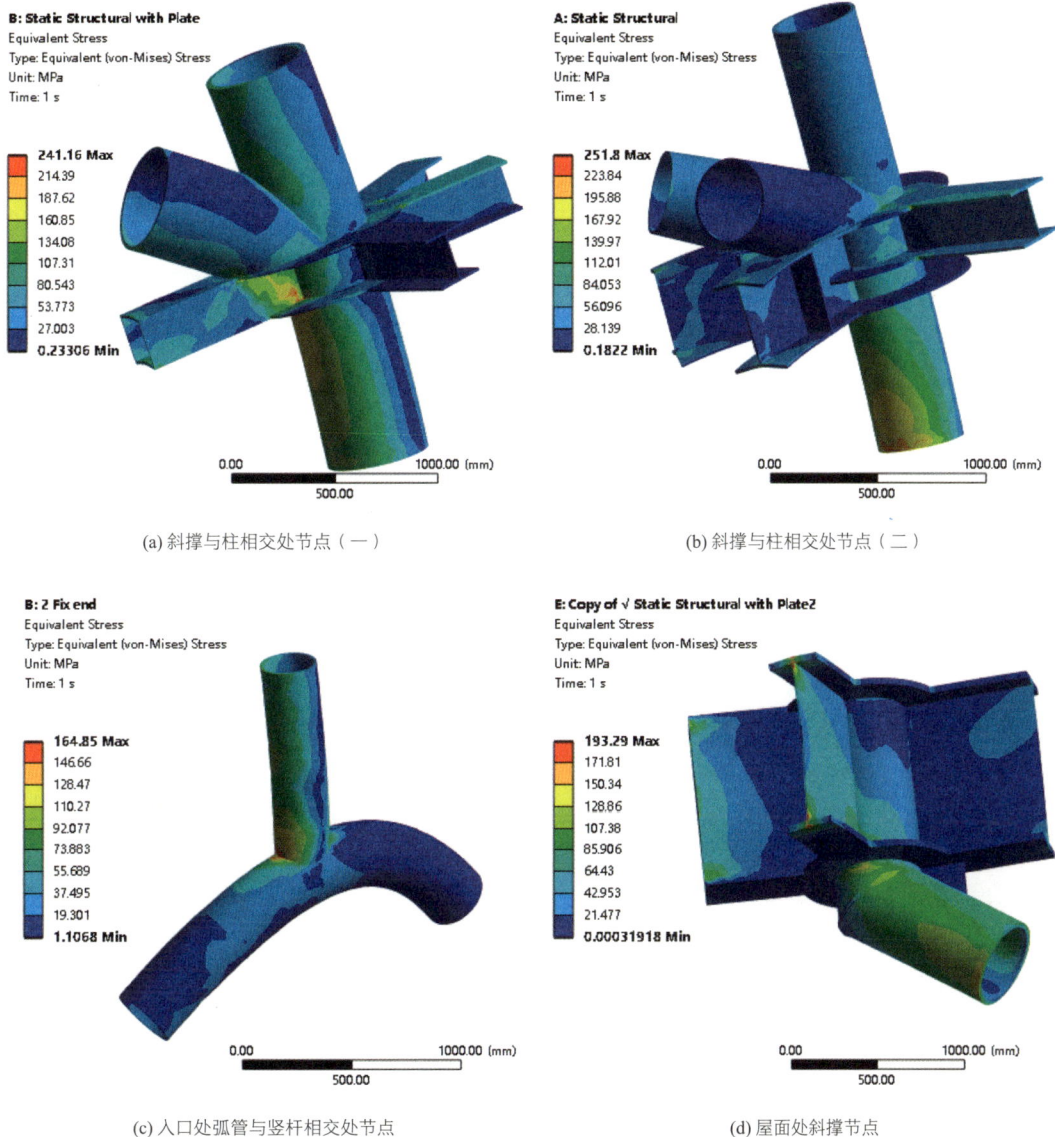

(a) 斜撑与柱相交处节点（一）

(b) 斜撑与柱相交处节点（二）

(c) 入口处弧管与竖杆相交处节点

(d) 屋面处斜撑节点

图 18.7-3　节点应力云图（单位：MPa）

18.8　地基基础计算

18.8.1　桩基抗浮设计

本项目为四层地下室，根据地勘报告的建议，抗浮设计水位按室外地面下 0.5m 取值，按典型底板厚度 1m 计算，底板下抗浮水头差为 20.55m。考虑低水位有利影响后的整体结构受压工况下桩顶反力如图 18.8-1 所示，约有 30%的桩顶反力为拔力（负值）。高水位抗浮工况下，除地下连续墙下局部受压外，所有承台下基桩的桩顶反力均为拔力（负值）。永久地下连续墙作为板桩在整体结构抗浮中发挥了有利作用。

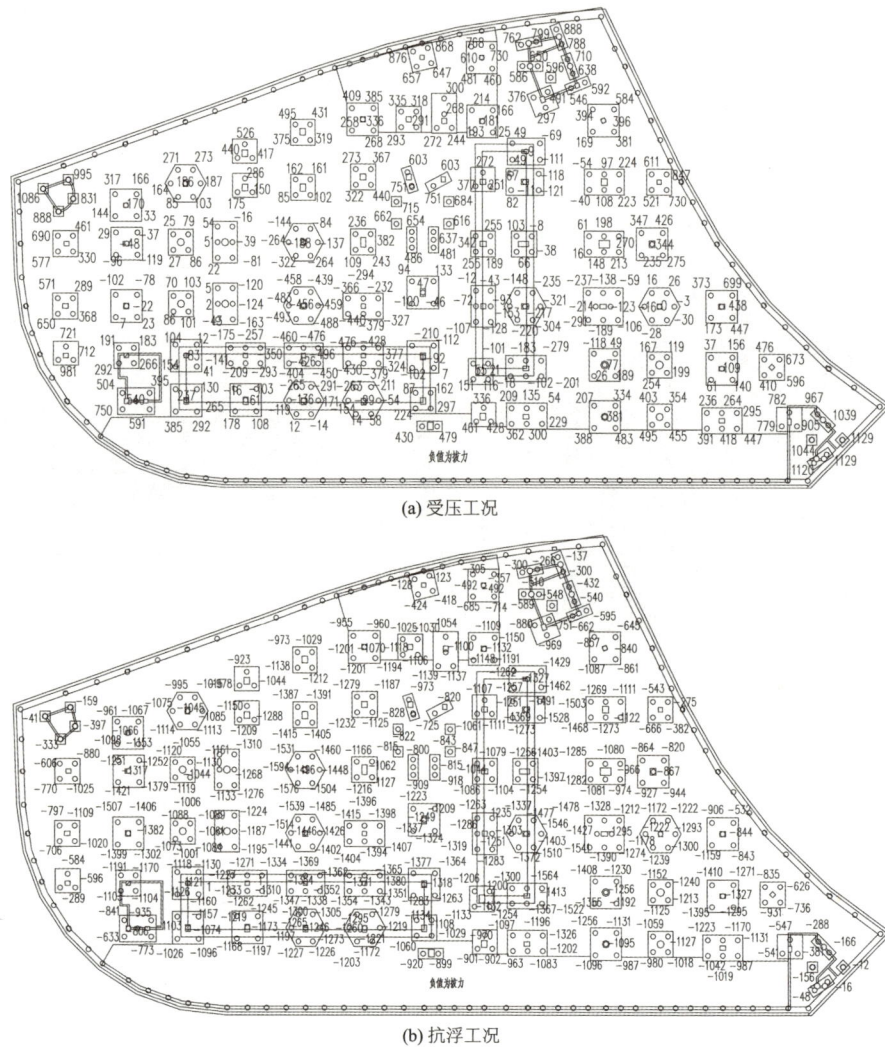

(a) 受压工况

(b) 抗浮工况

图 18.8-1　整体结构桩顶反力（单位：kN）

18.8.2　底板内力分析及设计

地下室底板埋深 21m，电梯基坑区域埋深达 23m。底板在水浮力作用下，X 及 Y 方向单位长度的底板弯矩如图 18.8-2 所示。从应力云图可知，边跨及坑中坑区域的底板弯矩最大，对于边跨，通过底板加厚为 1.5m、板面第二排增设附加筋以满足底板计算配筋要求。

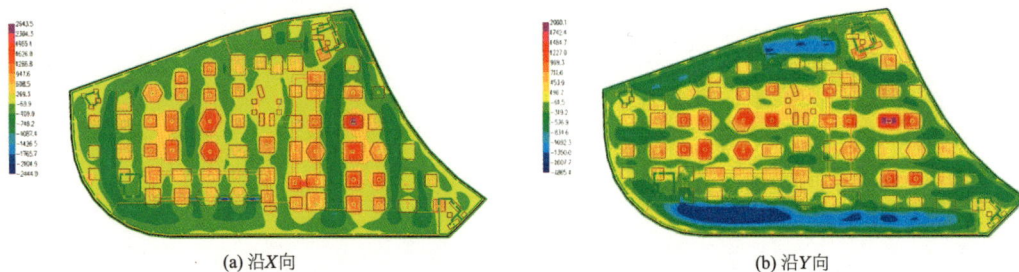

(a) 沿X向

(b) 沿Y向

图 18.8-2　抗浮工况下的底板弯矩（单位：kN·m/m）

参考资料

[1] 徐羿, 王晓舟, 周红梅, 等. 杭州蜻蜓公园多塔高位连体结构设计[J]. 建筑结构, 2022, 52(15): 64-69.

[2] 徐羿, 裘云丹, 叶甲淳, 等. 基于 MGT 文件的结构参数化设计方法[J]. 建筑结构, 2022, 52(S1): 436-440.

[3] 王中毅, 徐羿, 张笛, 等. 单叶双曲面建筑的几何建构及参数化设计[J]. 土木建筑工程信息技术, 2022, 14(2): 71-76.

[4] 王立军. GB 50017—2017《钢结构设计标准》疑难浅析（3）[J]. 钢结构, 2019, 34(3): 116-118.

[5] 浙江大学建筑工程学院. 杭政储出〔2016〕39 号地块社会停车楼项目风洞试验报告[R]. 2018.

[6] 徐羿. 未来停车楼与参数化设计的相遇——杭州蜻蜓公园多塔高位连体结构设计[EB/OL]. [2022-12-08]. https://mp.weixin.qq.com/s/-TFglL8weRnmT8H24XPXfQ.

设计团队

结构设计单位：浙江省建筑设计研究院有限公司（初步设计 + 施工图设计）

结构设计团队：周红梅、谢忠良、徐　羿、王晓舟、吴婉贞、李　瑛、叶甲淳、杨学林

执　笔　人：徐　羿

获奖信息

2023 年浙江省勘察设计行业优秀勘察设计成果建筑工程设计类一等奖

2023 年杭州市勘察设计行业优秀成果一等奖

2023 年 LOOP 设计大奖之公共建筑及机构类优胜奖

第 19 章

富力杭州中心高层塔楼逆作工程

19.1 工程概况

富力杭州中心由 3 幢超高层塔楼和商业综合体组成（图 19.1-1），其中 T1 塔楼地上 59 层，建筑高度 280m；T2 塔楼地上 27 层，建筑高度 120m；T3 塔楼地上 38 层，建筑高度 160m。项目位于杭州市文一西路与创景路交叉口西南角，地铁五号线葛巷站—创景路站区间隧道的西侧。工程下设整体四层地下室（局部一层），四层地下室范围划分为 A1 区、A2 区和 A3 区三个区块，一层地下室范围划分为 B1 区与 B2 区，共 5 个区块，基坑分区平面如图 19.1-2 所示。四层地下室范围开挖深度为 18.55m，塔楼电梯井开挖深度为 26.70m；东侧局部一层地下室范围开挖深度 6.25m。

图 19.1-1　富力杭州中心效果图

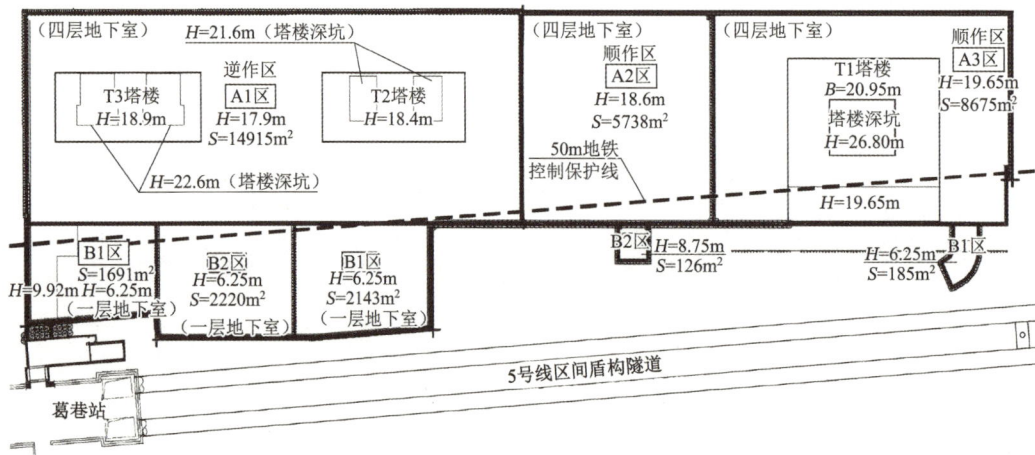

图 19.1-2　富力杭州中心基坑平面分区示意图

A1 区地下室采用逆作施工，其余均为顺作施工。A1 区范围包含了 T2 和 T3 塔楼及周边地下室，图 19.1-3 为 T2/T3 塔楼及周边地下室的建筑整体剖面图。为满足 T2 塔楼的施工进度节点要求，同时加强对东侧地铁车站和隧道的保护，A1 区 T2 塔楼采用地上和地下结构同步施工，T3 塔楼待完成基础底板顺作施工。本章主要介绍 A1 区地下室逆作和上下结构同步建造施工的设计情况。

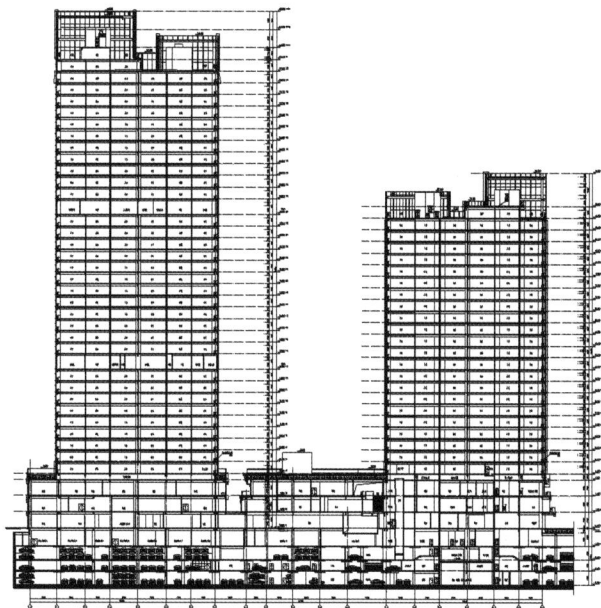

图 19.1-3　T2/T3 塔楼及地下室建筑剖面图（左侧为 T3 楼、右侧为 T2 楼）

周边环境条件：东侧为已建创景路，创景路下方为地铁 5 号线葛巷站—创景路站区间隧道及葛巷站（已运营），并铺设燃气管、给水管、污水管等市政管线设施，基坑边线距离该侧用地红线约 9.3m；南侧为爱橙街，道路下设有电力管、燃气管、给水管及污水管等，基坑边线距离用地红线约 3.3m；西侧为现有河道，基坑边线局部位于河道内，需对河道进行清淤回填，河道宽度约 16～30m，河道水位在地下约 1.5m，河道深度约 3.5m；北侧为文一西路及其绿化带，绿化带下埋设有通信管、电力管等，基坑边线距离该侧用地红线最近约 1.8m。图 19.1-4 为 A1 区逆作基坑周边环境示意图。

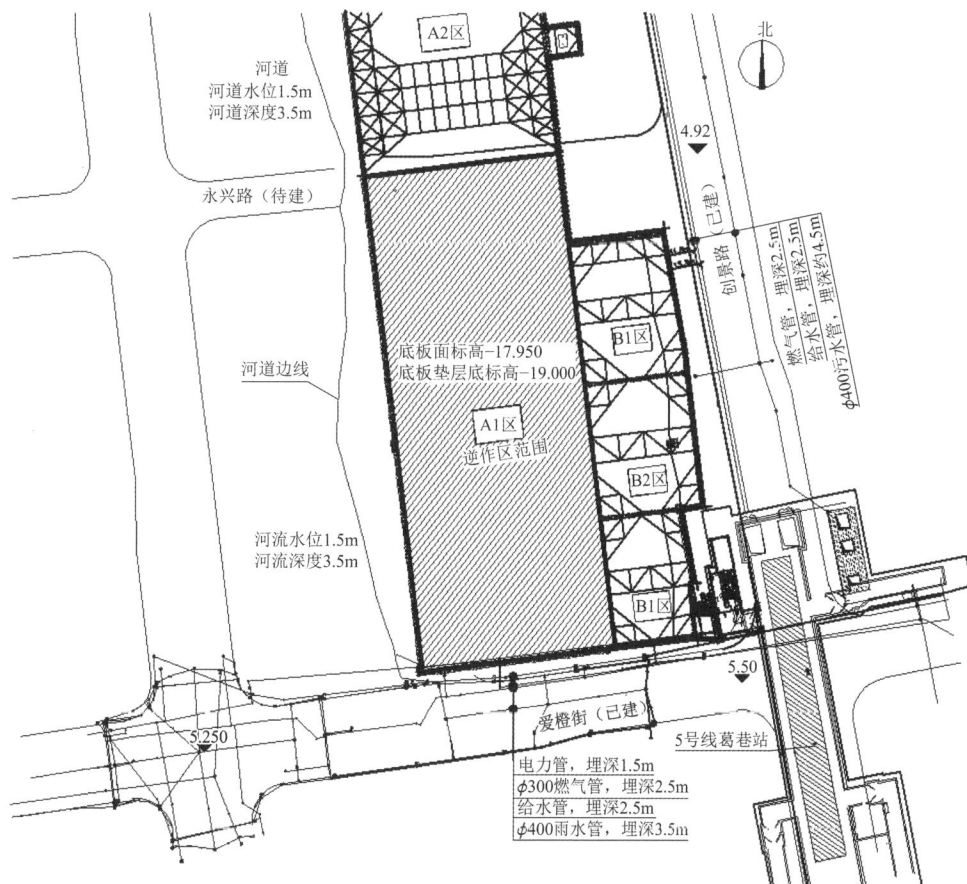

图 19.1-4　A1 区逆作基坑周边环境示意图

19.2 地质条件

根据本工程勘察资料，基坑开挖影响范围内主要地层情况如下：

①层：杂填土，以黄灰色为主，松散，稍湿，为新近堆填，土质不均匀，层厚 0.7～8.60m。

②₁层：粉质黏土夹粉土，软可塑，含少量植物腐殖质，其粉土薄层的厚度在 1～3mm 之间，粉质黏土薄层的厚度在 4～9mm 之间，层厚 0.50～4.30m。

②₂层：淤泥质黏土，灰色，流塑，含少量植物腐殖质，有臭味，该层工程力学性质差，具高压缩性，高灵敏度，高触变性，层厚 0.60～11.60m。

③₁层：粉质黏土，黄褐色、灰黄色，软可塑，层厚 0.7～11.40m。

③₂层：淤泥质黏土，灰色，流塑，含少量植物腐殖质，有臭味，该层工程力学性质差，具高压缩性，高灵敏度，高触变性，层厚 0.60～6.60m。

④₁层：粉质黏土，蓝灰色、青灰色，硬可塑，局部呈软可塑状，层厚 0.60～10.30m。

④₂层：含砂粉质黏土，黄灰色、蓝灰色，硬可塑，局部呈软可塑状，层厚 0.50～8.30m。

⑤₁层：粉质黏土，黄灰色、蓝灰色，硬可塑，局部呈硬塑状，层厚 1.10～11.30m。

⑤₂层：含砂粉质黏土，黄灰色、蓝灰色，硬可塑，局部呈软可塑状，层厚 0.60～7.50m。

⑥₁层：粉质黏土，蓝灰色、青灰色，硬可塑，局部呈软可塑状，层厚 0.80～5.80m。

⑨₁层：圆砾，灰黄色、灰色，密实状，饱和，卵石含量约占 23%，圆砾含量约占 20%，砂含量约占 20%，余为黏性土。颗粒粒径一般在 0.5～20mm 之间，个别粒径大于 30mm，层厚 0.50～7.60m。

⑩₁层：全风化泥质粉砂岩，褐红色，原岩组织结构已完全破坏，岩芯呈硬塑的黏性土状，手折易断，岩体较破碎，干钻可钻进，层厚 0.80～8.20m。

⑩₂层：强风化泥质粉砂岩，紫红色，原岩组织结构已强烈破坏，岩芯多呈碎块状，该层工程力学性质较好，具中低压缩性，层厚 0.50～11.60m。

⑩₃层：中等风化泥质粉砂岩，紫红色，具砂泥质结构，厚层状构造，属极软岩本次勘探最大揭露厚度为 19.5m。

⑪₁层：全风化砂砾岩，紫红色，层厚 1.20～9.00m。

⑪₂层：强风化砂砾岩，褐红色，层厚 0.50～9.90m。

⑪₃层：中等风化砂砾岩，褐红色，具砂砾质结构，厚层状构造，属软岩。

图 19.2-1 为场地各土层分布典型地质剖面，表 19.2-1 为各土层主要物理力学参数表。

场地地层物理力学参数表 表 19.2-1

土层编号	岩土名称	湿重度γ/（kN/m³）	抗剪强度指标		渗透系数/（×10⁻⁶cm/s）	
			黏聚力/kPa	内摩擦角/°	水平渗透系数	竖向渗透系数
①	杂填土	（19）	（4）	（15）	（300）	（200）
②₁	粉质黏土夹粉土	19.1	24.8	13.6	3.09	2.55
②₂	淤泥质黏土	17.6	11.4	8.8	0.08	0.07
③₁	粉质黏土	19.3	31.7	14.3	4.31	3.40
③₂	淤泥质黏土	18.3	17.3	10.8	0.35	0.29
④₁	粉质黏土	19.8	29.1	15.9	6.02	4.97
④₂	含砂粉质黏土	20.2	25.1	16.1	20.00	14.80
⑤₁	粉质黏土	20.1	33.7	16.5	6.87	6.30
⑤₂	含砂粉质黏土	20.4	24.6	18.4	9.75	7.30
⑥₁	粉质黏土	19.8	23.8	14.9	—	—

土层编号	岩土名称	湿重度γ/(kN/m³)	抗剪强度指标		渗透系数/(×10⁻⁶cm/s)	
			黏聚力/kPa	内摩擦角/°	水平渗透系数	竖向渗透系数
⑨₁	圆砾	（20）	（1）	（35）	—	—
⑩₁	全风化泥质粉砂岩	20.4	15	16.9	—	—
⑩₂	强风化泥质粉砂岩	（20.5）	（30）	（25）	—	—
⑩₃	中等风化泥质粉砂岩	（20.5）	（80）	（35）	—	—
⑪₁	全风化砂砾岩	（20.5）	（15）	（18）	—	—
⑪₂	强风化砂砾岩	（20.5）	（40）	（30）	—	—
⑪₃	中等风化砂砾岩	（20.5）	（100）	（35）	—	—

注：本表中（ ）内数值为经验值。

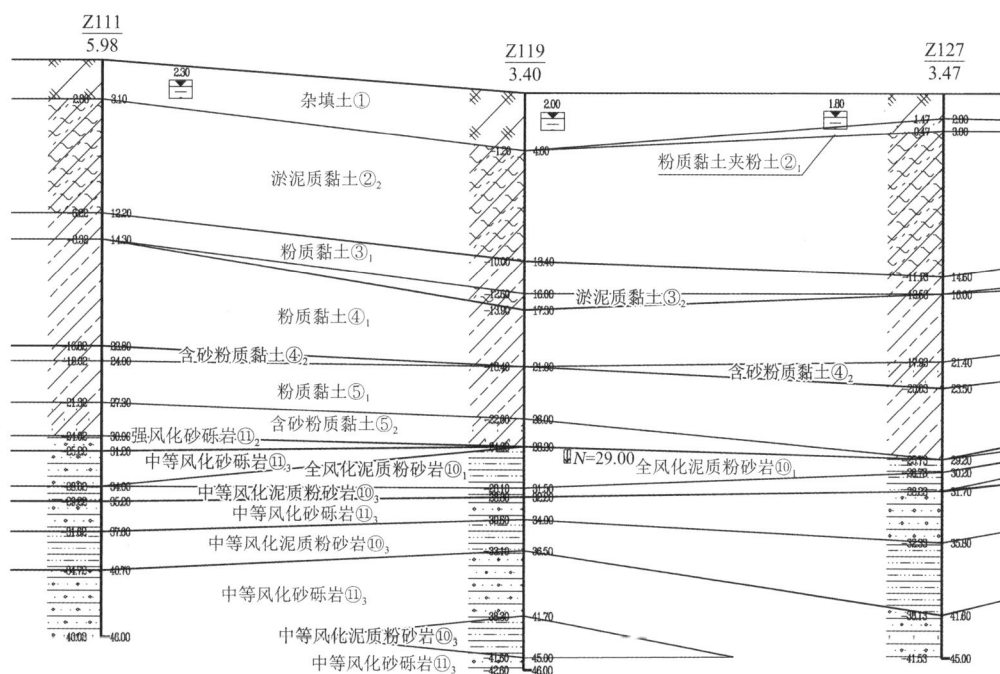

图 19.2-1　场地各土层分布及典型地质剖面

19.3　支护结构设计

本工程基坑南北向长约 385m，东西向宽约 120m，基坑开挖面积约 37000m²，支护结构约 1020 延米，共划分为 5 个分坑（图 19.1-2）。A1 区采用逆作法施工，利用地下室结构梁板作为水平支撑，采用支承立柱和立柱桩作为竖向承重构件，其中 T2 塔楼地上和地下结构同步施工，逆作阶段地上控制层数 15 层；T3 塔楼待地下室底板完成后向上施工。各层结构梁板留设的结构洞口作为下坑挖土和材料运输通道，并在各层结构梁板上均匀布设取土口。结合结构洞口和取土口布置，在地下室顶板（B0 层）留设施工行车通道和施工平台。为方便地下开挖和提高出土效率，B0 层和地下 B1 层、B2 层的水平结构采用逆作，B3 层水平结构采用顺作（即跳板施工）。

A1 区逆作基坑南北向长约 195m，东西向宽约 78m，东侧围护墙采用 1200mm 厚地下连续墙（二墙合一），墙底进入⑩₃中等风化泥质粉砂岩；其余三侧采用钻孔灌注桩排桩墙支护，排桩直径均为 1200mm，桩中心距 1400mm，其中南侧和西侧坑后设置直径 850mm 三轴水泥搅拌桩作止水帷幕，搅拌桩桩底位于

⑤₁粉质黏土层中，北侧在圆砾分布范围设置600mm厚TRD（渠式切割水泥土连续墙）作止水帷幕，桩底进入⑩₂强风化泥质粉砂岩。图19.3-1为东侧支护剖面，图19.3-2为西侧支护剖面。

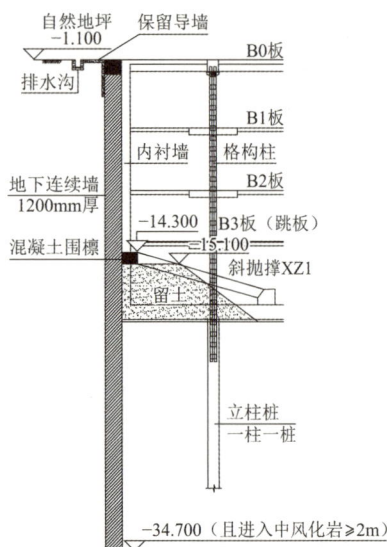

图19.3-1 东侧支护剖面（地下连续墙）

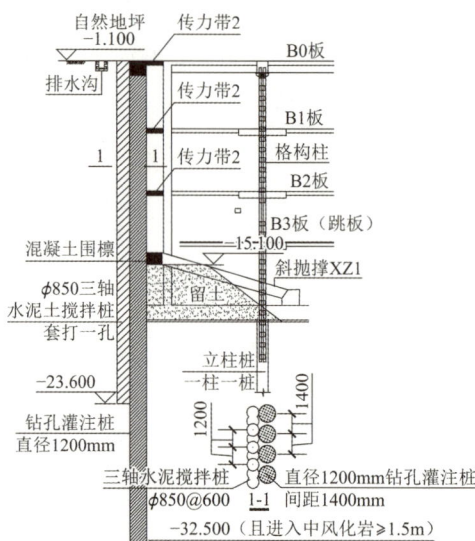

图19.3-2 西侧支护剖面（排桩墙）

基坑支护结构计算采用空间弹性地基梁法，地下水平结构、竖向立柱和上部结构均参与整体模型计算，图19.3-3为A1区基坑和T2塔楼结构三维分析模型。地下连续墙和排桩墙采用板单元模拟，水平结构梁和临时支撑构件采用空间梁单元模拟，结构板采用平面应力单元，立柱采用梁单元模拟，立柱底部设置铰支座，周边挡墙底部仅设置竖向约束，挡墙内侧开挖面以下采用土弹簧模拟土体作用。作用于支护结构上的荷载包括周边水平荷载和竖向荷载，水平荷载为作用在挡墙外侧的水土压力，竖向荷载包括地下和地上结构的自重及施工荷载。

根据逆作流程和工况设计（见第19.4节），采用增量法计算，模拟分步开挖、水平支撑结构分层设置的实际情况，实现对基坑开挖和上部结构同步施工的全过程力学模拟。计算时，考虑逆作水平结构采用短排架模板施工，短排架模板高度按1.8m计算。图19.3-4为A1基坑开挖至坑底时周边挡墙的三维变形图，图19.3-5为不同剖面位置挡墙的侧向变形图。

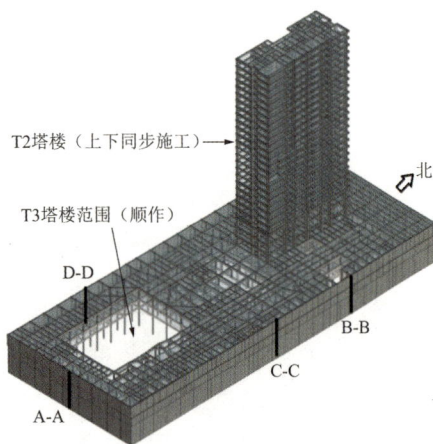

图19.3-3 A1区基坑和T2塔楼结构三维模型

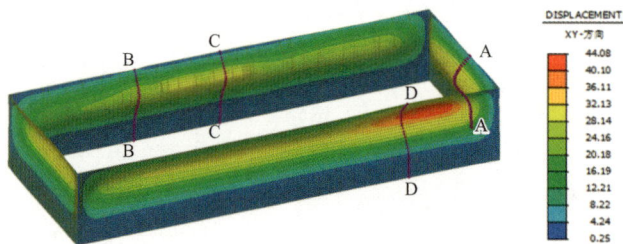

图19.3-4 开挖至坑底时的挡墙三维变形图

计算结果表明，基坑东侧由于采用地下连续墙支护，挡墙刚度较大，侧向变形较小，其中B-B剖面最大侧向变形为21mm，C-C剖面最大侧向变形为23.5mm；南侧和北侧边长较小，由于空间效应，短边侧向变形也较小，如南侧的A-A剖面的最大侧向变形为29mm；西侧由于边长达到195m，排桩墙的侧向变形相对较大，特别是西侧靠南的位置（D-D剖面）的挡墙最大侧向变形达到44mm。

另外，挡墙最大侧向变形位置基本处在B2层和坑底标高的中间部位，即地表下约15m深度处，与

经典解构 浙江省建筑设计研究院有限公司篇

基坑支护挡墙最大侧向变形大多出现在坑底附近的规律有显著不同，究其原因，是由于 B3 层水平结构采用"跳层"施工，尽管增设了斜抛撑，但其水平向刚度与水平结构相比存在显著差异。

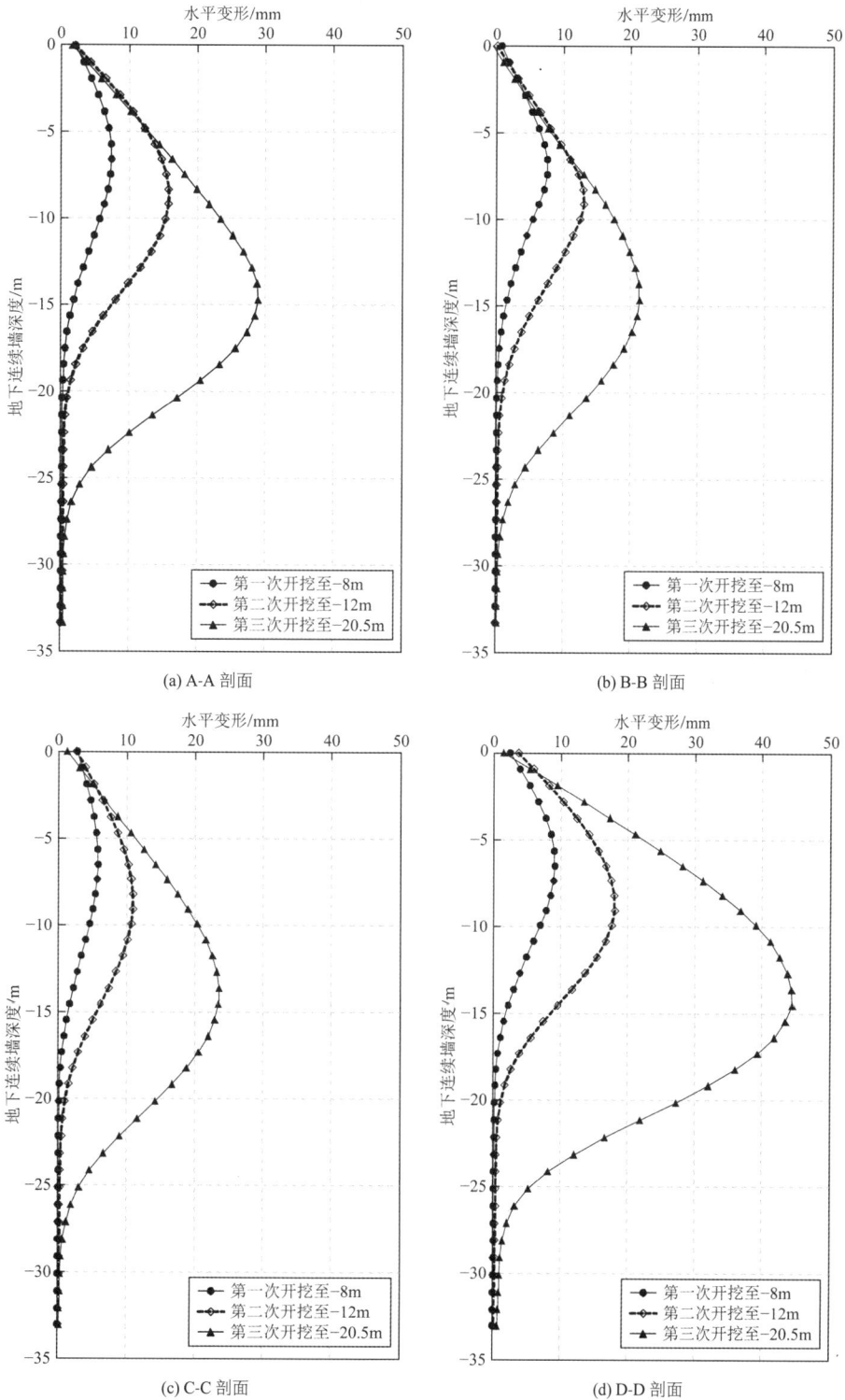

(a) A-A 剖面

(b) B-B 剖面

(c) C-C 剖面

(d) D-D 剖面

图 19.3-5 不同剖面位置挡墙的侧向变形图

19.4 逆作流程及工况设计

图 19.4-1 为 A1 基坑地下结构逆作和上部结构同步施工过程的典型工况示意图，逆作过程主要工况

设计如下：

工况 1：施工地下连续墙、立柱和立柱桩；施工 B0 层周边水平梁板结构。B0 层周边水平结构既是第 1 道水平支撑，同时也是逆作的界面层。

工况 2：开挖 T2 塔楼范围的土方；施工 T2 塔楼 B1 层水平结构。T2 塔楼 B1 层水平结构既是塔楼地下和地上结构同步施工的界面层，也是上部核心筒结构的转换层。

工况 3：顺作施工 T2 塔楼地下一层竖向构件，施工 T2 塔楼 B0 层水平结构，并与 B0 层周边水平结构形成整体；同步开挖地下一层土方（T2 塔楼范围以外）。

工况 4：逆作施工 B1 层水平结构（T2 塔楼范围以外），形成完整的 B1 层水平结构；回筑地下一层核心筒、柱、外墙等竖向构件；同步施工 T2 塔楼地上结构。

工况 5：向下盆式开挖，逆作施工 B2 层水平结构；继续同步施工 T2 塔楼地上结构。

工况 6：分小块并以"跳挖"方式，开挖地下二层的周边土方，分块逆作施工 B2 层周边水平结构，形成完整的 B2 层水平结构；B2 层水平结构达到设计强度后，开挖至坑底（坑边留土）；继续同步施工 T2 塔楼地上结构。

工况 7：施工基础底板，设置坑边斜抛撑；继续同步施工 T2 塔楼地上结构。

工况 8：分小块并以"跳挖"方式开挖坑边留土，分块施工周边基础底板；继续施工 T2 塔楼地上结构。基础底板施工完成前，T2 塔楼上部施工层数控制在 15 层内。

工况 8：回筑地下四层竖向构件，包括结构柱、核心筒剪力墙、地下室外墙。

工况 9：顺作施工 B3 层水平结构。

工况 10：回筑地下三层、二层的竖向构件，包括结构柱、核心筒剪力墙、地下室外墙。

工况 11：继续施工 T2 塔楼 16 层及以上结构至结构封顶。

图 19.4-2 为 T2 塔楼施工至地上 15 层、地下逆作施工至 B3 层的照片。

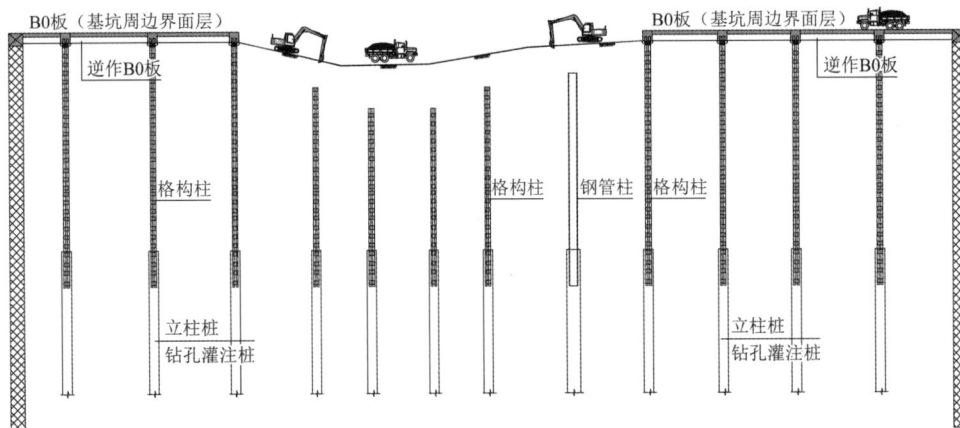

(a) 工况 1：施工地下连续墙、立柱和立柱桩；施工 B0 层周边水平梁板结构

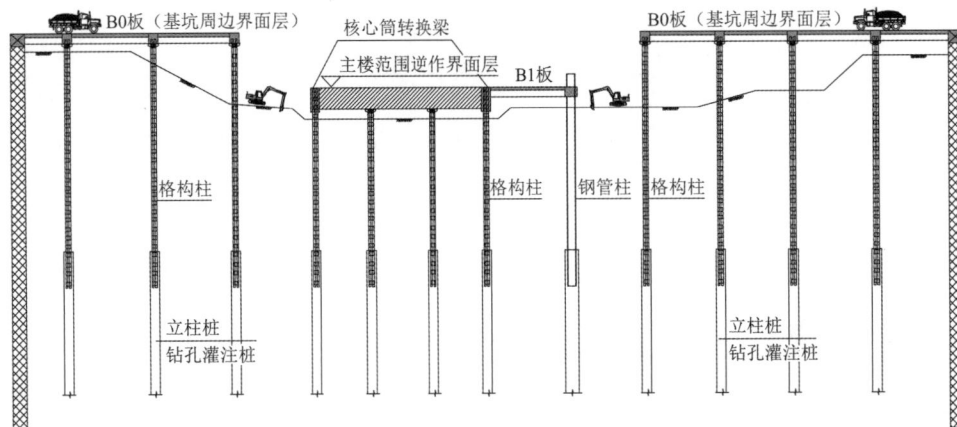

(b) 工况 2：开挖 T2 塔楼范围土方；施工 T2 塔楼 B1 层水平结构

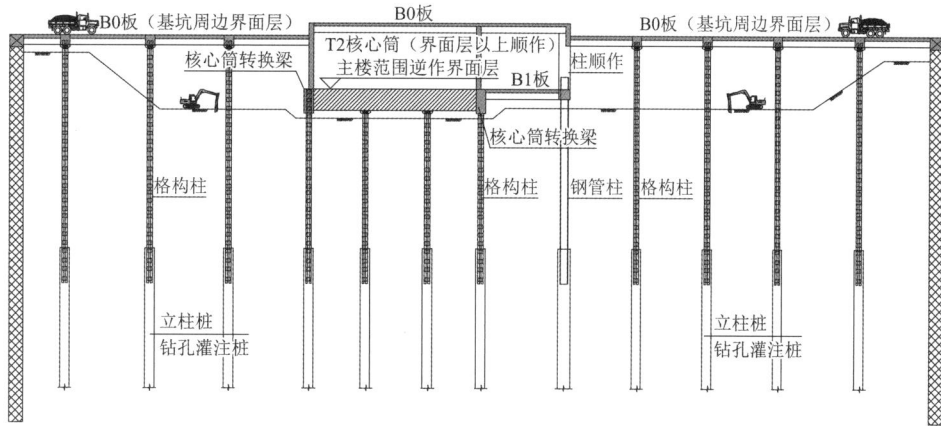

(c) 工况 3：顺作施工 T2 塔楼地下一层的竖向构件和 B0 层水平结构；B1 层周边土方开挖

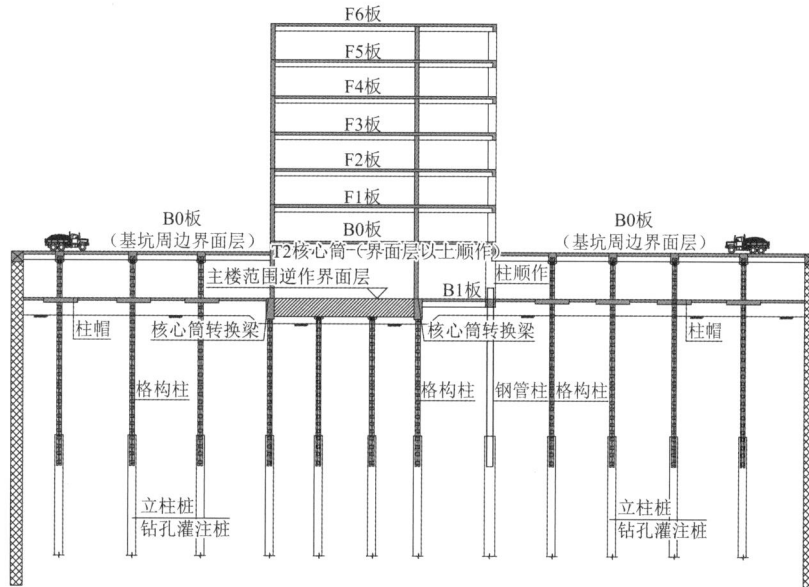

(d) 工况 4：逆作施工 B1 层塔楼以外范围的水平结构；施工 T2 塔楼地上结构

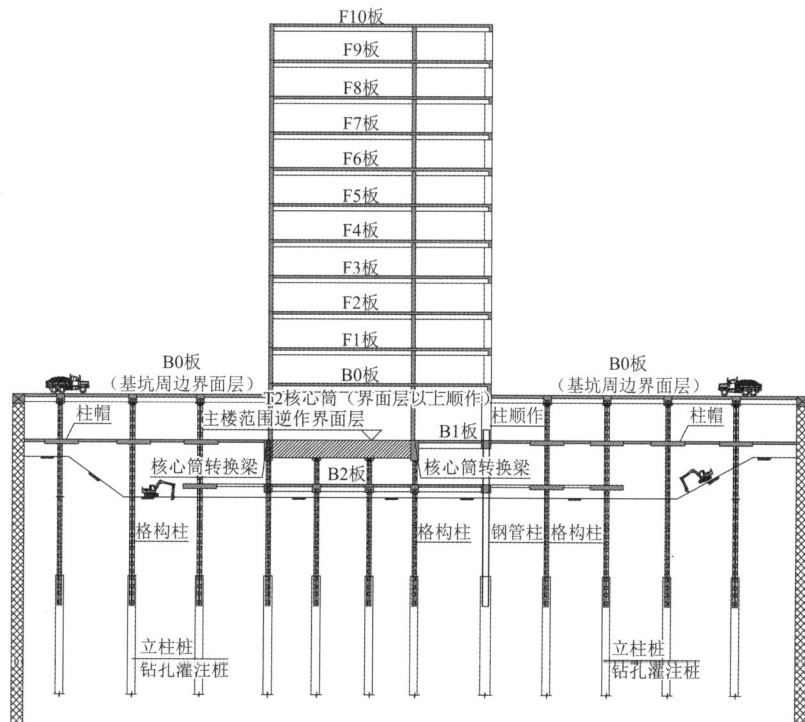

(e) 工况 5：向下盆式开挖，逆作施工 B2 层水平结构；继续施工 T2 塔楼地上结构

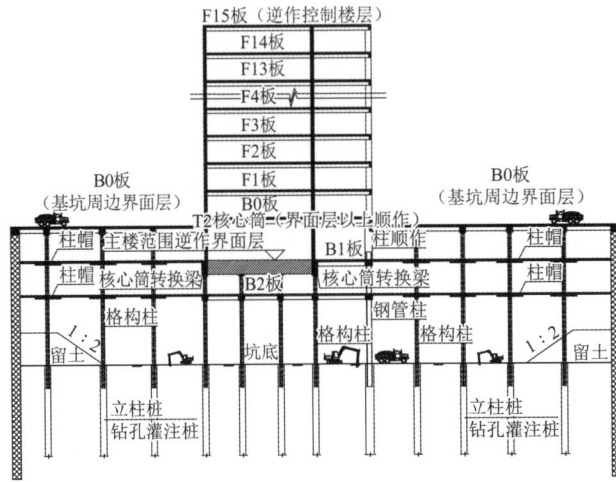

(f) 工况 6：逆作施工 B2 层周边水平结构；开挖至坑底（坑边留土）；继续施工 T2 塔楼地上结构

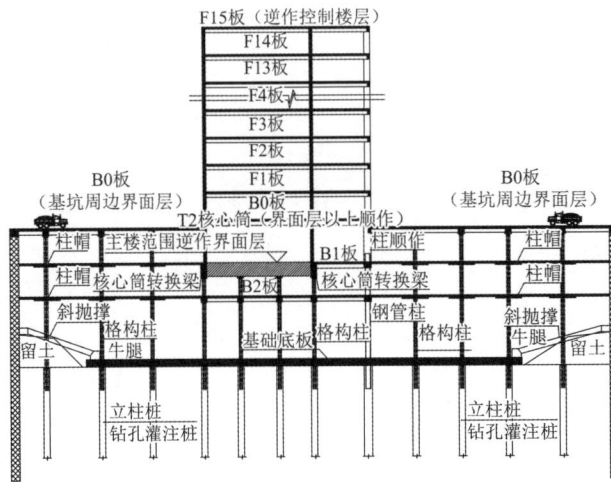

(g) 工况 7：施工基础底板（坑边保留三角土范围除外）；设置斜抛撑；继续施工 T2 塔楼地上结构

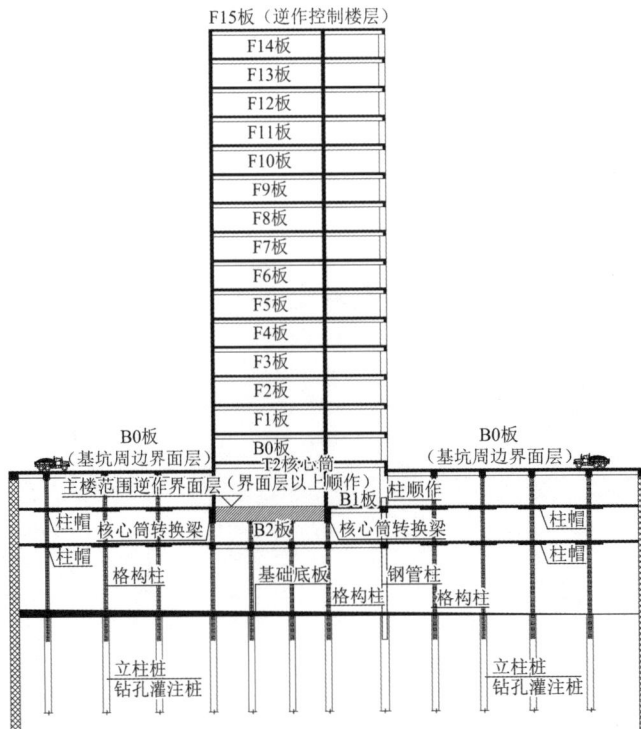

(h) 工况 8：分小块开挖坑边留土，施工周边基础底板；继续施工 T2 塔楼地上结构

图 19.4-1　地下结构逆作和上部结构同步施工过程典型工况示意图

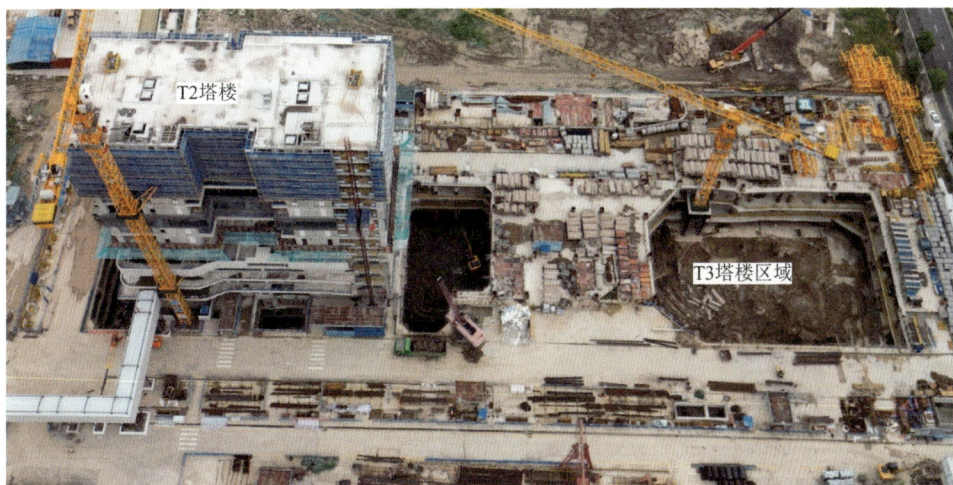

图 19.4-2　T2 塔楼施工至地上 15 层、地下逆作施工至 B3 层的照片

19.5　竖向支承结构设计

竖向支承结构设计是地下空间逆作和高层建筑上下结构同步施工的关键设计环节之一。在地下室逆作期间，由于基础底板尚未封底，地下室墙、柱等竖向构件尚未形成，地下各楼层和地上计划施工楼层的结构自重及施工荷载，均需由竖向支承结构承担，因此，竖向支承结构设计是逆作基坑设计的关键环节之一。

侧向约束是决定竖向立柱稳定承载力的主要因素。逆作法施工期间，竖向立柱上部受已施工完成楼盖结构的侧向约束，下部受未开挖土体的侧向约束。由于不同土方开挖阶段、不同施工工况条件下立柱的侧向约束是变化的，立柱的稳定承载力也不断变化，因此竖向立柱的计算长度确定和稳定承载力计算必须按照不同工况条件、不同侧向约束条件分别进行分析，并按最不利工况进行截面设计。另外，基坑大面积开挖卸荷后，坑底土体有效应力减小，桩土界面的法向应力和桩端土层上覆压力也随之降低，将导致桩的侧阻力和端阻力减小，使坑底工程桩（立柱桩）的竖向极限承载力及轴向刚度显著下降。

T2 塔楼上部结构采用框架-剪力墙体系，剪力墙由左右两个核心筒组成，标准层结构平面如图 19.5-1 所示。T2 塔楼的竖向支承结构由立柱和立柱桩组成，立柱采用格构式钢立柱和钢管混凝土立柱两种，其中结构柱下方均采用钢管混凝土立柱支承，核心筒由于剪力墙厚度不大，为方便钢筋施工，采用角钢格构式立柱支承。T2 塔楼范围的逆作界面层为 B1 层水平结构，上部结构同步施工的核心筒在 B1 层设置转换层，图 19.5-2 为转换层结构平面图，图 19.5-3 为核心筒转换层结构剖面 1-1 图。为满足核心筒建筑平面布置，下部格构式立柱与上部核心筒剪力墙偏心布置，为平衡偏心荷载，核心筒内部也设置了与转换梁垂直的临时混凝土梁，待地下室核心筒剪力墙回筑完成后再拆除。

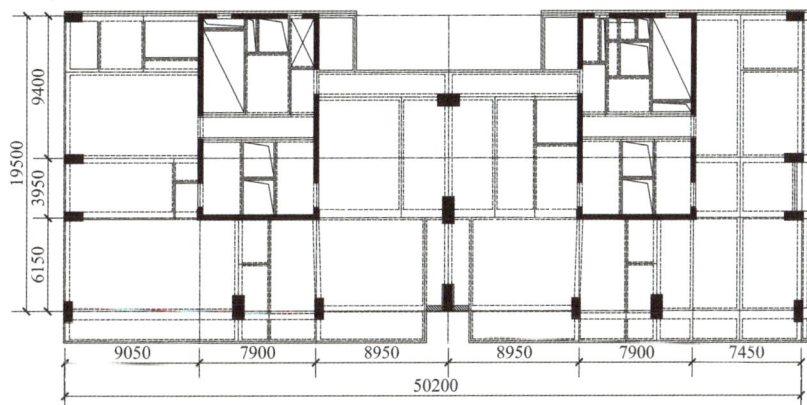

图 19.5-1　T2 塔楼标准层结构平面图

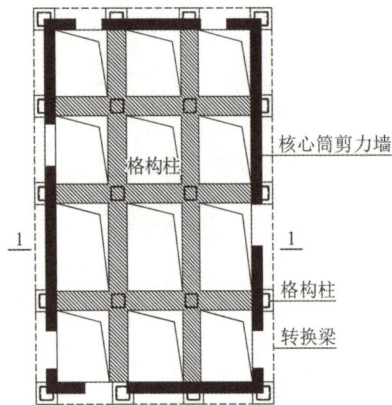

图 19.5-2 核心筒转换层结构平面图

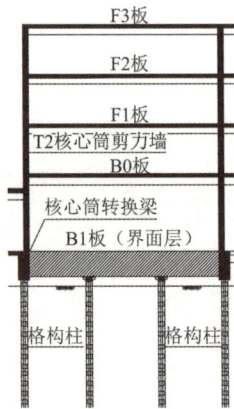

图 19.5-3 核心筒转换层结构剖面 1-1 图

图 19.5-4 为逆作阶段支承核心筒的钢格构柱，图 19.5-5 为逆作阶段支承外框结构的 CFT 柱（钢管混凝土柱），此时，核心筒墙肢和外框结构柱的混凝土尚未回筑。

图 19.5-4 逆作阶段支承核心筒的钢格构柱

图 19.5-5 逆作阶段支承外框结构的 CFT 柱

竖向立柱与 B0 层水平结构梁连接时，为方便施工，格构式立柱不伸入梁内，采用锚筋方式进行可靠锚固，锚筋与立柱顶部的封头钢板进行穿孔塞焊，封头板下部设置加劲板，节点构造如图 19.5-6 所示。

竖向立柱与水平结构梁连接时，立柱在梁高范围内设置栓钉，提高立柱与混凝土梁界面的受剪承载力。竖向立柱与无梁楼盖柱帽连接时，除柱帽高度范围内设置栓钉外，柱帽采用平板柱帽，柱帽底部设置承托板，承托板下方加设加劲板加强，节点构造如图 19.5-7 所示。

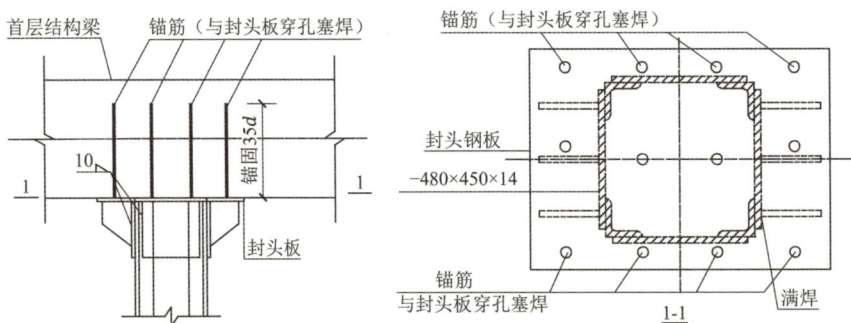

图 19.5-6 框架梁跨中位置角钢格构柱与首层结构梁连接详图

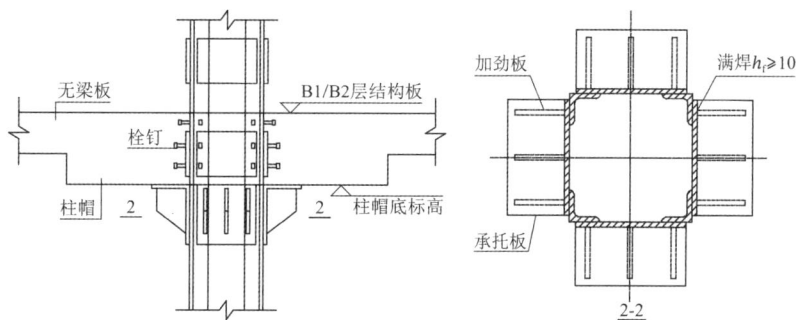

图 19.5-7　核心筒转换层结构平面

19.6　水平支撑结构及节点构造

逆作基坑的水平支撑结构包括 B0 板、B1 板、B2 板，还包括支撑于结构底板上的坑边斜抛撑。B0 层水平结构为梁板结构，B1 层、B2 层 T2 塔楼范围内为梁板结构，其余均为带柱帽的无梁楼盖结构。

本工程的逆作界面层为 B0 层的周边水平结构和 B1 层的 T2 塔楼水平结构。为控制第一层土方开挖时，周边挡墙在悬臂工况下的变形，先施工 B0 层的周边结构，作为基坑支护结构的第一道水平支撑，再开挖土方，施工中间 T2 塔楼区域的 B1 层板，即利用 B0 层板的周边结构、B1 层板的中间区域结构，联合作为上下结构同步施工的界面层。

水平混凝土结构梁与格构式钢立柱连接时，根据梁的宽度和格构柱尺寸等实际情况，分别采用梁端水平加腋法和钻孔钢筋连接法进行连接。梁端水平加腋是通过梁侧面水平加腋的方式扩大梁柱节点位置梁的宽度，使梁主筋从角钢之间和角钢格构柱侧面绕行贯通的方法，绕筋的斜度不应大于 1/6，并应在梁变宽度处设置附加箍筋；钻孔钢筋连接法是在角钢格构柱的缀板或角钢上钻孔穿钢筋，适用于梁宽度小、主筋直径较小且数量不多的情况，其钻孔的位置、数量应通过计算确定，考虑钻孔损失后的截面应满足承载力要求。

水平混凝土结构梁与钢管混凝土立柱连接时，主要采用混凝土环梁节点，即在钢管立柱的周边设置一圈刚度较大的钢筋混凝土环梁，形成一个刚性节点区，利用这个刚性区域的整体工作来承受和传递梁端的弯矩和剪力。环梁和钢管柱通过钢筋及栓钉形成整体连接，结构梁主筋锚入环梁。另一种连接方式是设置钢牛腿，梁纵向钢筋与钢牛腿直接进行焊接连接，如图 19.6-1 所示。由于钢管混凝土立柱处于受力状态，钢牛腿不应直接与立柱的柱壁进行焊接，设计时采用外贴钢环板进行加强，外贴钢板加强带需在工厂加工制作，如图 19.6-2 所示。

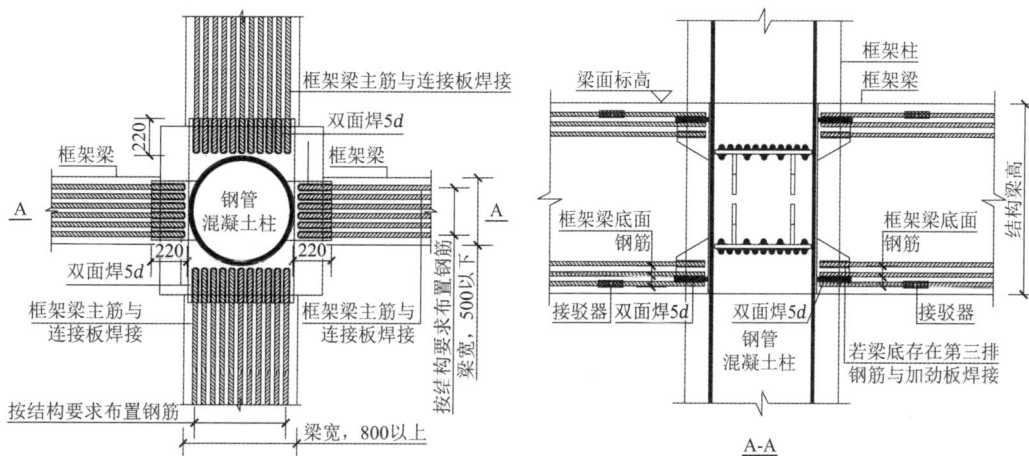

图 19.6-1　水平结构梁与钢管混凝土立柱连接节点

本工程东侧支护挡墙为地下连续墙二墙合一，地下连续墙内侧设置混凝土内衬墙，内衬墙与地下连续墙之间事先预埋抗剪钢筋（开挖后扳直锚入后浇墙内），保证叠合面受剪承载力。水平结构板钢筋直接锚入叠合墙内即可，各楼层框架主梁受力纵筋与地下连续墙通过预埋接驳器进行连接，水平结构逆作施工时，与地下连续墙连接节点处应预留内衬墙竖向钢筋的插筋。

其余三侧的支护挡墙均为钻孔灌注桩排桩墙，外墙采用逆作，结构外墙先期施工段与水平梁板结构一起浇筑，并预留好外墙的上下插筋和止水钢板，如图 19.6-3 所示。先期施工外墙段的外侧与排桩墙之间同步施工水平传力板带，确保水土压力可靠传递。图 19.6-4 为地下水平结构与排桩之间的连接节点照片，图 19.6-5 为外墙逆作时预留的连接钢筋照片。

经典解构
浙江省建筑设计研究院有限公司篇

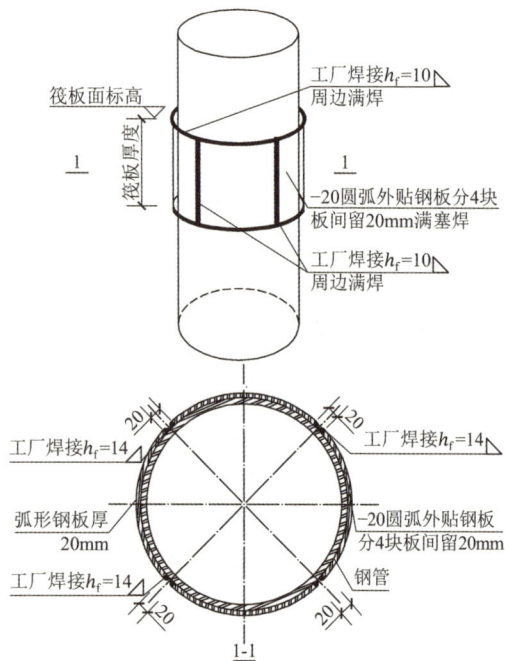

图 19.6-2　钢管立柱外贴弧形钢板

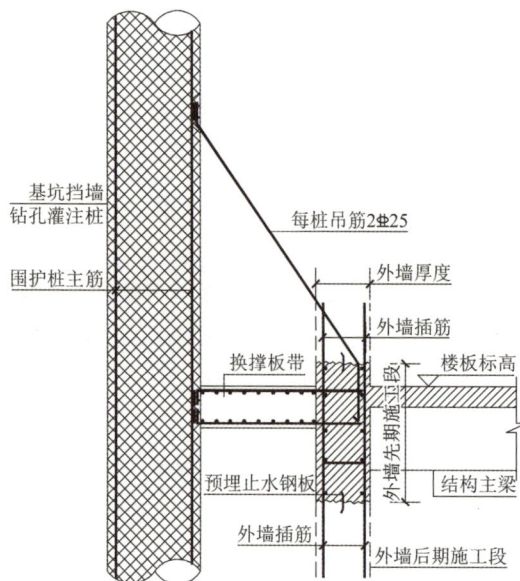

图 19.6-3　水平结构与排桩连接节点

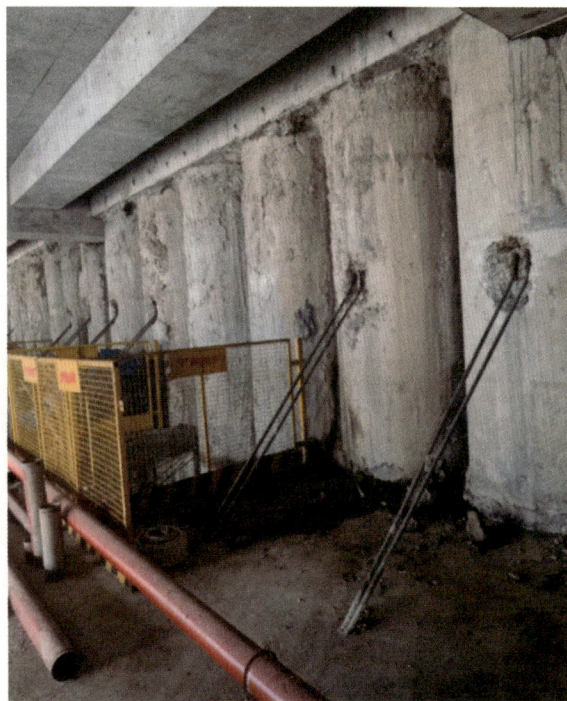

图 19.6-4　水平结构与排桩连接节点

图 19.6-5　结构外墙逆作时预留连接钢筋

19.7 上下结构同步逆作施工的全过程模拟分析

19.7.1 逆作条件下竖向构件的受力特点

高层建筑上下结构同步逆作施工时，结构施工次序与顺作施工方式具有较大差异，从而影响结构内力和变形。与常规顺作方式相比，高层建筑逆作条件下，其竖向构件受力具有以下特点：

（1）结构楼层施工次序上的不同。正常顺作时，先施工基础底板，再从基础开始由下向上逐层施工，结构分析模型逐层施工、逐层加载（结构自重）和逐层找平；逆作施工时，先施工逆作界面层，界面层以上同顺作，界面层以下由上向下逐层施工，最后施工基础底板。这种结构楼层施工次序上的变化，会影响墙柱等竖向抗侧力构件的受力和变形，进而影响水平结构的受力。

（2）逆作时地下竖向构件组合截面分两次施工。逆作阶段地下和地上结构由钢立柱支承，逆作结束、基础底板施工完成后，再对钢立柱外包混凝土进行回筑，形成最终的框架柱和剪力墙。如图 19.7-1 所示，逆作阶段混凝土核心筒由钢格构柱支承，基础底板完成后，再由下向上逐层浇筑地下核心筒结构的混凝土，形成内埋格构柱的剪力墙；对于外框柱也一样，逆作阶段为钢管混凝土立柱，逆作结束基础底板完成后，再逐层回筑钢管立柱的外包混凝土，形成永久结构外框柱，如图 19.7-2 所示。这种竖向抗侧力构件组合截面分阶段施工，会显著影响竖向构件的受力和变形。

（3）逆作阶段增设的临时立柱，重力荷载传力路径局部改变，可能影响结构的最终受力状态。由于地下室逆作阶段上部结构需同步施工至 15 层，逆作阶段核心筒由永久钢格构柱和部分临时格构柱联合支承；另外，T2 塔楼周边地下室顶板作为施工栈桥，需要行驶土方车辆和混凝土泵车，施工荷载大，栈桥部位地下室结构柱采用"一柱一桩"支承难以满足施工荷载作用下的受力要求，因此设计采用永久钢管立柱与临时格构式钢立柱共同支承。临时钢格构柱在逆作结束、基础底板完成后需要拆除，拆除后其轴力又会转移至永久结构的竖向构件上，这种轴力转换会引起荷载的重新分配，最终引起与顺作方式施工不同的受力状态。

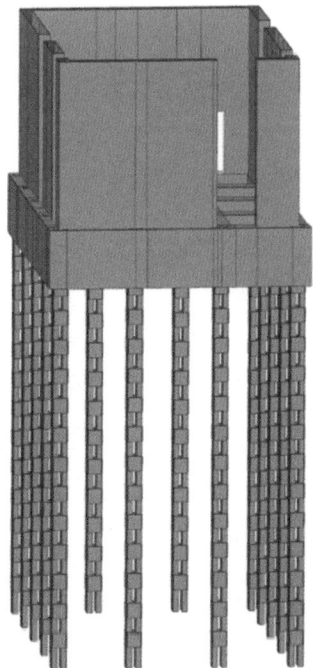

图 19.7-1 逆作阶段格构柱支承核心筒   图 19.7-2 逆作钢管立柱外包混凝土形成外框柱

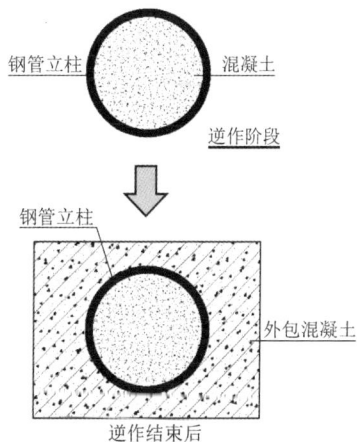

19.7.2　高层建筑上下同步施工全过程模拟分析方法

（1）上下同步施工全过程模拟分析模型

高层建筑逆作并采用上下同步施工时，宜采用空间弹性地基梁法，并考虑施工次序进行全过程模拟分析。分析模型应包括逆作界面层、界面层以上结构、界面层以下水平结构和竖向立柱及基坑挡墙。水平结构梁、柱和竖向立柱可采用空间梁单元模拟；结构楼板可采用板单元或平面应力单元模拟；基坑挡墙可采用板单元模拟，当挡墙为排桩墙时，也可采用空间梁单元模拟。边界条件的设置同空间弹性地基梁法。结构计算模型应考虑各种施工洞口、楼板高差或错层等实际情况。

作用于上部结构的荷载包括竖向荷载和水平荷载，水平荷载主要为风荷载，逆作施工阶段一般不考虑地震作用，正常使用阶段需同时考虑风和地震作用。上部结构竖向荷载包括结构自重、填充墙和粉刷层等内装修荷载、外立面幕墙荷载、楼面活载等。作用于地下结构的荷载包括作用在挡墙上的水土压力、水平结构和竖向立柱自重、施工荷载等。施工过程模拟仅针对上述荷载中的永久荷载。

对于界面层以上的上部结构，属于顺作施工，与常规高层结构的模拟方法一样，考虑分层施工、分层加载、分层找平的特点进行模拟分析。

对于界面层以下的水平结构和支护挡墙，应考虑分步开挖、水平结构分层设置的实际情况，施工过程模拟基本同空间弹性地基梁法。逆作结束、基础底板施工完成后，进行后期结构的二次施工，自基础从下到上依次回筑地下结构中的预留洞口、竖向立柱的外包混凝土等，待回筑完成后，继续施工上部结构的剩余楼层，直至结构封顶，同时可拆除地下结构中的临时构件。

进行考虑上述施工过程影响的全过程模拟分析时，宜采用增量法。对于专业分析软件，可通过"生死单元"或"激活和钝化"等功能，实现对基坑土方分步开挖、水平支撑结构分层设置、上部结构分层施工、地下临时支护拆除的全过程模拟。

立柱桩通常不参与结构计算，如需考虑立柱桩不均匀沉降的影响，可先计算立柱桩沉降，然后将各立柱桩之间的差异沉降作为立柱底部的强制竖向位移，进一步计算强制位移作用下的结构附加内力和变形。

（2）竖向构件回筑模拟

逆作结束、基础底板施工完成后，自基础从下到上逐层回筑地下结构中的竖向构件，如图19.7-1、图19.7-2所示，逐层回筑竖向立柱的外包混凝土，形成型钢混凝土永久结构柱，自下而上逐层浇筑墙体混凝土，形成内置钢管或钢格构柱的混凝土剪力墙。

竖向构件回筑模拟可采用联合截面法，将结构柱截面或剪力墙横截面定义为若干分截面。如对图19.7-2所示的钢管混凝土叠合柱，定义为由子截面1（钢管）、子截面2（钢管内的混凝土）和子截面3（钢管外的混凝土）组成的联合截面，3个子截面一旦组成联合截面，子截面之间满足变形协调条件。在基础底板完成前，该结构柱由子截面1和子截面2组成联合截面，子截面3不参与工作；当基础底板施工结束、竖向构件回筑完毕后，该结构柱中的3个子截面全部参与工作。

对于如图19.7-1所示的核心筒剪力墙也一样，可将核心筒各墙肢定义为由子截面1（钢格构柱）和子截面2（混凝土部分）组成的联合截面，逆作施工阶段，由子截面1支承界面层以上的核心筒荷载，逆作结束、剪力墙混凝土浇筑完成后，核心筒各墙肢中的子截面1和子截面2全部参与工作。

（3）临时构件拆除模拟

等地下逆作结构中的竖向构件二次回筑完成后，可逐步拆除临时立柱和临时水平支撑构件。在逆作阶段的施工模拟时，临时立柱和临时水平支撑构件均应参与结构分析，逆作结束这些临时构件被拆除后，就不再参与结构的后续模拟分析。结构分析时可采用"杀死"单元或"钝化"单元功能，去除上述临时构件后再进行结构的后续分析。

上述考虑施工过程影响的模拟分析，应仅针对作用在结构上的永久荷载，包括结构自重、施工阶段

经典解构　浙江省建筑设计研究院有限公司篇

同步施加的装修荷载，其中作用在挡墙上的水土压力也应视作永久荷载参与分析。逆作结束、基础底板施工完成后，开挖卸荷效应产生的土体变形逐渐趋于稳定状态，土压力渐渐转变为静止土压力，地下水位也逐渐恢复到常年静止水位，应将此时的水土压力与逆作阶段的水土压力差值，作为后续结构模拟分析的增量荷载。

对于作用在结构上的各楼层活荷载、水平风荷载和地震作用，应视为结构建成后一次性施加的，不参与施工过程的模拟分析，但在结构设计时应考虑上述荷载效应的组合，按不利效应组合进行结构构件的截面设计。

19.7.3 模拟分析结果

1）全过程模拟的分析工况

T2 塔楼为框架-双核心筒结构体系，标准层结构平面如图 19.5-1 所示。逆作界面层为地下一层楼板（B1层楼板），逆作施工阶段，核心筒在界面层以下采用角钢格构柱支承，结构柱采用钢管混凝土立柱支承，如图 19.7-3 所示。图 19.3-3 为 A1 区基坑及 T2 塔楼结构模型图，T2 塔楼由于采用顺作，单独进行结构分析。

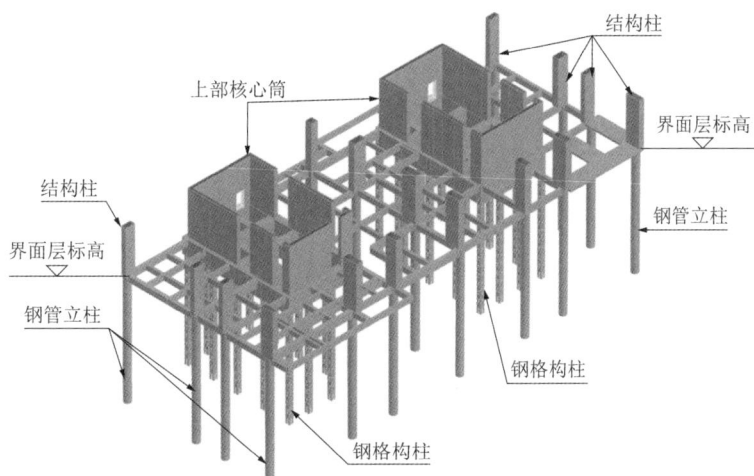

图 19.7-3　T2 塔楼界面层以下竖向立柱布置示意图

为了研究逆作界面层上下结构同步施工、竖向立柱二次回筑等施工过程对整体结构内力变形分布的影响，采用 MIDAS Gen 软件对施工阶段全过程进行模拟分析，建立三个分析对比模型，如表 19.7-1 所示，各模型对应的施工步骤如表 19.7-2 所示。

三个分析对比模型　　　　　　　　　　　　表 19.7-1

模型	施工顺序	截面时序
模型一	逆作	分步形成
模型二	逆作	一次形成
模型三	顺作	一次形成

三种对比模型施工步骤表　　　　　　　　　　　表 19.7-2

施工阶段	模型一	模型二	模型三
1	B4～B2 层圆钢管与内混凝土，B4～B2 层格构柱	B4～B2 层钢骨柱与剪力墙	基础底板～屋面层依次顺作施工
2	B1 层楼板	B1 层楼板	
3	B0 层楼板，B1～B0 层结构柱外包混凝土，核心筒剪力墙混凝土	B0 层楼板	
…	…	…	
8	第 5 层楼板	第 15 层楼板	

施工阶段	模型一	模型二	模型三
9	B2 层楼板，第 6 层楼板	B2 层楼板，第 6 层楼板	
…	…	…	
17	第 14 层楼板	第 14 层楼板	
18	基础底板，第 15 层楼板	基础底板，第 15 层楼板	
19	B4～B3 层结构柱回筑，核心筒剪力墙混凝土	—	
20	B3 层楼板	B3 层楼板	基础底板～屋面层依次顺作施工
21	B3～B2 层结构柱回筑，核心筒剪力墙混凝土	—	
22	B2～B1 层结构柱回筑，核心筒剪力墙混凝土	—	
23	第 16 层楼板	第 16 层楼板	
…	…	…	
35	屋面结构	屋面结构	
36	拆除临时格构柱	—	

2）结构柱各子截面应力分布

圆钢管混凝土柱平面布置图如图 19.7-4 所示，以 B4～B3 层结构柱 KZ1（截面如图 19.7-5 所示）为例，定义 KZ1 为由子截面 1（钢管）、子截面 2（钢管内的混凝土）和子截面 3（钢管外的混凝土）组成的联合截面。其 3 个子截面各施工阶段的轴力与应力发展曲线如图 19.7-6、图 19.7-7 所示。从模拟计算结果可以看出：

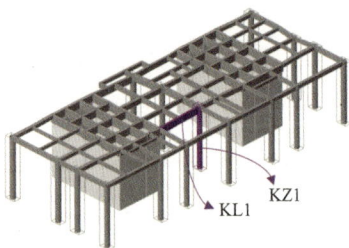

图 19.7-4　圆钢管混凝土立柱布置图

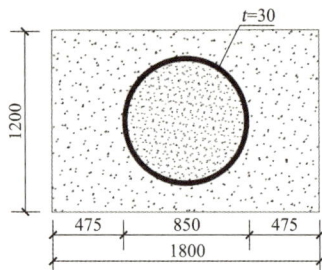

图 19.7-5　KZ1 截面

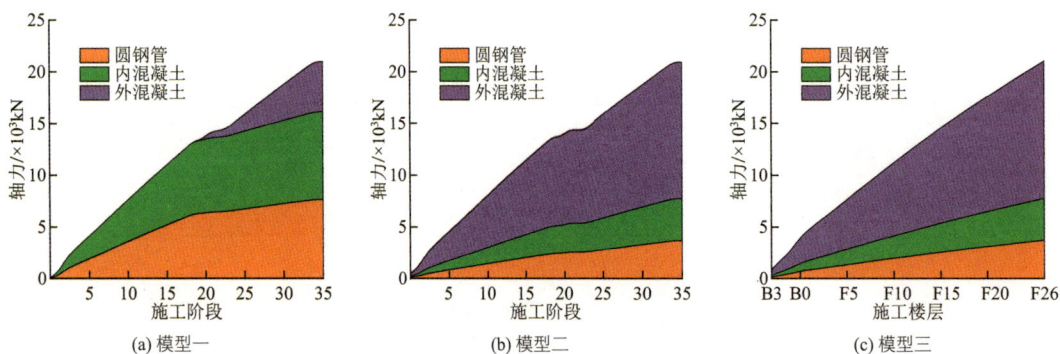

图 19.7-6　结构柱 KZ1 各子截面轴力发展趋势

（1）对于模型一，KZ1 在基础底板施工完成前（对应施工阶段 1～施工阶段 18），子截面 1 和子截面 2 的轴力平稳上升，二者内力分配比例为 1:1.1；KZ1 外包混凝土二次回筑后（对应施工阶段 19～施工阶段 22），3 个子截面开始协同受力；施工后期（施工阶段 23～施工阶段 36），逆作区竖向构件已浇筑完成，圆钢管和内外混凝土轴力以 1:1.1:3.6 的比例平稳上升。最终阶段，圆钢管的应力为 99N/mm²，内混凝土和外混凝土的应力分别为 17.3N/mm² 和 3.05N/mm²。

（2）对于模型二与模型三，KZ1 截面和核心筒剪力墙均为一次成型，这与常规顺作工程相同。因此，在整个施工阶段，圆钢管和内外混凝土分担轴力始终以 1∶1.1∶3.6 的比例平稳上升。最终阶段，圆钢管的应力分别为 47.5N/mm² 和 48.7N/mm²，内外混凝土的应力分别为 8.29N/mm² 和 8.51N/mm²。

施工完成后，3 个不同模型对应的 KZ1 总轴力分别为 20994kN、20939kN 和 21027kN，基本一致，但模型一与模型二、三相比，柱轴力在子截面间的分布差异较显著。

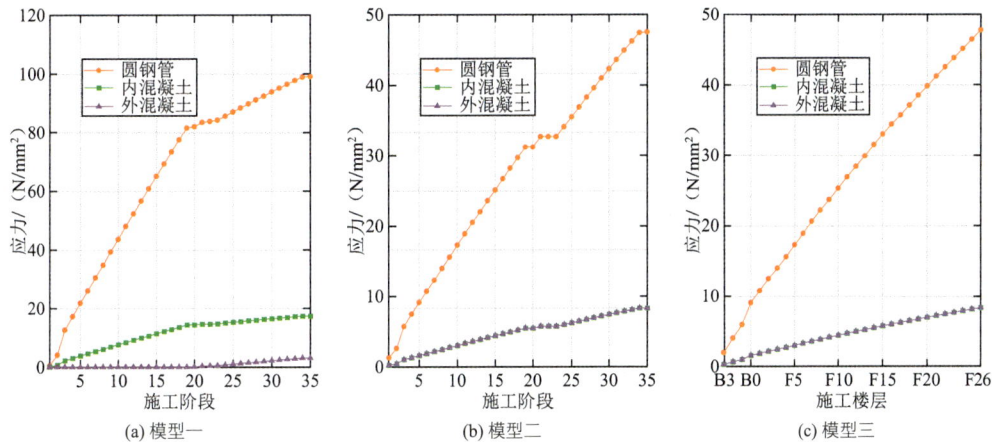

图 19.7-7　结构柱 KZ1 各子截面应力发展趋势

3）柱端与墙端差异变形

本节以 KL1（图 19.7-4）两端竖向构件为研究对象，分析构件截面浇筑时序以及逆作工序对墙柱竖向位移的影响，三个模型各层 KL1 两端竖向位移如图 19.7-8 所示。计算结果显示，各模型无论是墙端还是柱端，其竖向位移均呈"鱼腹形"。模型二与模型三计算结果显示，柱端竖向位移始终大于墙端竖向位移；模型一柱端与墙端的竖向位移大小在二层出现了逆转。

为了更清晰地显示各模型计算结果的规律，将三个模型 KL1 墙端与柱端的竖向位移分别绘制于同一图表中，结果如图 19.7-9 所示。计算结果显示，在高楼层区域，三个模型的计算结果基本一致。但在低楼层区域，对于墙端竖向位移，模型二与模型三的计算结果基本一致，但模型一的计算结果显著大于模型二和模型三；对于柱端竖向位移，模型二与模型三的计算结果基本一致，但模型一的计算结果同样大于模型二和模型三。

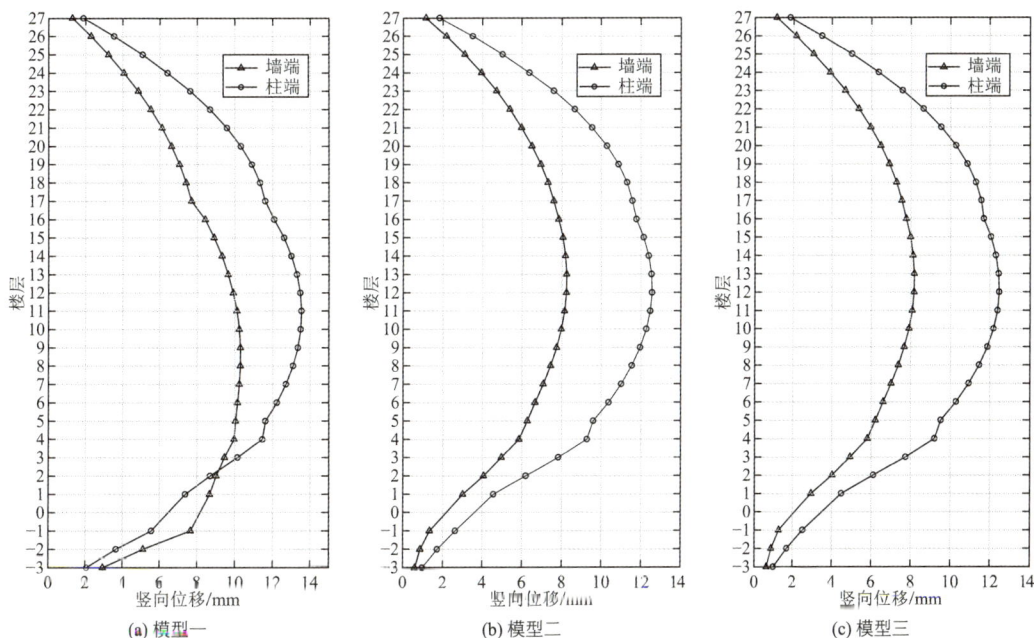

图 19.7-8　结构梁 KL1 两端的竖向位移分布

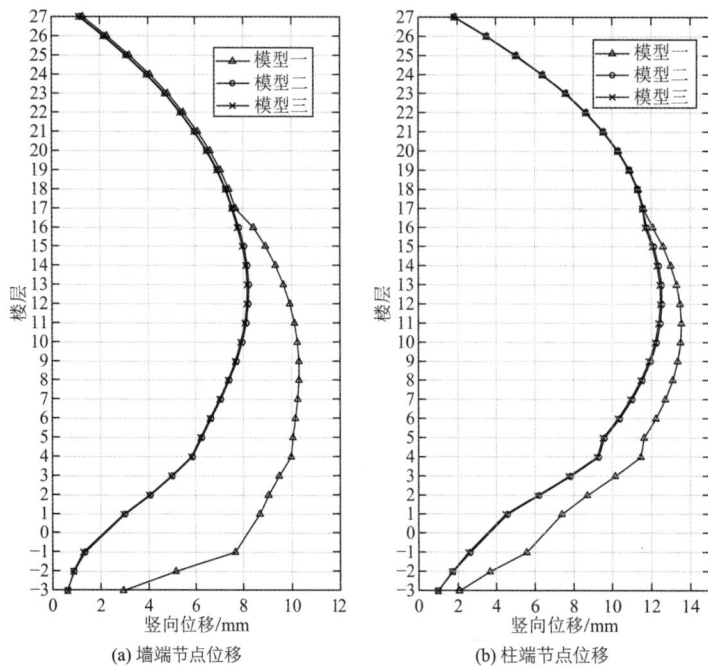

(a) 墙端节点位移　　　(b) 柱端节点位移

图 19.7-9　KL1 梁两端在各层的竖向位移分布

4）水平构件内力分布

前面分析结果显示，三个模型之间柱端与墙端竖向变形存在较大差异，这种差异会进一步引起水平构件的附加内力。以 KL1 梁为研究对象，KL1 梁在各层的梁端弯矩分布如图 19.7-10 所示。计算结果显示：

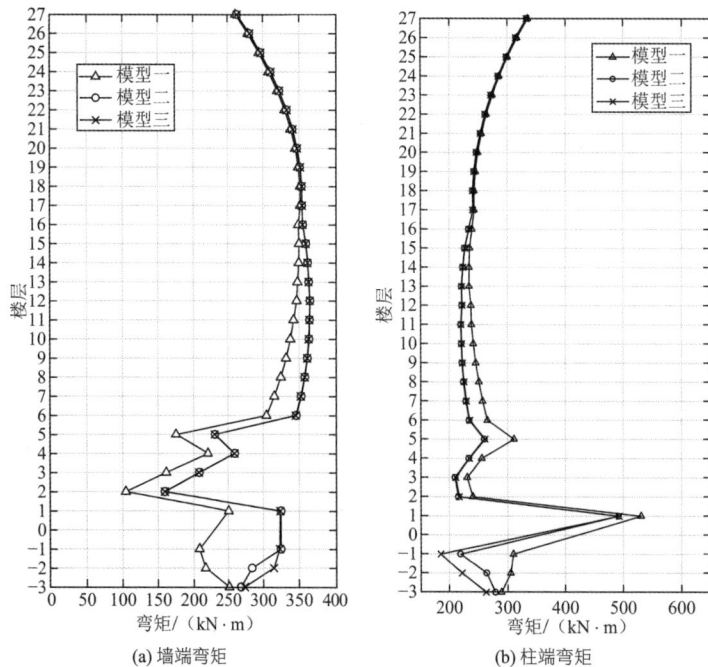

(a) 墙端弯矩　　　(b) 柱端弯矩

图 19.7-10　KL1 梁在各层的梁端弯矩分布

（1）在高楼层区域，三个模型的计算结果基本一致。这是因为施工至 15 层后，逆作区竖向构件外包混凝土均已施工完毕，由于施工找平，逆作阶段竖向构件产生的变形不影响上部结构，因而从第 16 层开始，上部楼层施工条件对三个模型来说是一致的，故上部楼层梁端弯矩也是一致的。

（2）在低楼层区域，模型二与模型三的计算结果基本一致，但模型一的计算结果与模型二和模型三之间存在差异，KL1 梁在墙边的梁端弯矩小于模型二和模型三，在柱边的梁端弯矩大于模型二和模型三。

（3）对于底部三层，模型二与模型三的计算结果也存在差异，这是因为模型二采用了逆作施工顺序，底部三层楼板浇筑时没有找平这一工序。

（4）分析结果表明，对于上下同步逆作施工的高层建筑结构，常规的施工模拟分析方法存在误差，应采用模型一的方法，考虑实际逆作工序和竖向构件二次回筑的特点，对地下结构进行施工全过程的模拟分析。

参考文献

[1] 杨学林, 周平槐. 逆作地下室设计中的若干关键问题[J]. 岩土工程学报, 2010, 32(S1): 238-244.

[2] 浙江省住房和城乡建设厅. 建筑基坑工程逆作法技术规程: DB33/T 1112—2015[S]. 北京: 中国计划出版社, 2015.

[3] 杨学林, 周平槐. "逆作法" 基坑竖向支承系统设计研究[J]. 建筑结构, 2012, 42(8): 99-103.

[4] 杨学林, 王震. 动态施工条件下竖向立柱的承载力和稳定性研究[J]. 岩土力学, 2016, 37(S2): 53-59.

[5] 周平槐, 杨学林. 考虑开挖卸荷影响的桩侧摩阻力等效计算方法[J]. 岩土力学, 2016, 37(10): 2953-2960.

[6] 杨学林. 地下空间逆作法关键技术及应用[M]. 北京: 中国建筑工业出版社, 2023.

设计团队

设计单位：浙江省建筑设计研究院有限公司

设计团队：杨学林、曹国强、陈　劲、何勇兴、陈　萍、祝文畏

执　笔　人：杨学林

第 20 章

浙江交投金融中心

20.1　工程概况

浙江交投金融中心位于杭州市钱江世纪城核心区块，该区域位于萧山城北江滨地区，与杭州钱江新城隔江相望，项目位于钱江世纪城一线江景区域，是世纪城城市中轴线的重要组成部分。本项目集办公、商业、商务和交流等多重商务功能于一体，是浙江交通集团金融板块的总部大楼。项目总占地面积2.75万 m²，总建筑面积 16.46 万 m²，地下建筑面积 5.47 万 m²，地上建筑面积 10.99 万 m²。整个项目地上包括塔楼和裙房，其中塔楼结构屋面高度为 187.35m（42 层），塔冠钢构件最高处标高为 209.80m，塔楼造型似"玉贝"，建筑效果图见图 20.1-1。工程于 2022 年开工建设，结构施工现状实景如图 20.1-2所示。

图 20.1-1　塔楼建筑效果图

图 20.1-2　结构实景

塔楼结构设计基本参数：结构设计使用年限为 50 年，结构安全等级为二级，抗震设防烈度为 6 度，设计地震分组为第一组，场地土类别为Ⅲ类，地震基本加速度为 0.05g，抗震设防类别为标准设防类。基本风压为 0.45kN/m²，地面粗糙度为 B 类，结构阻尼比取 0.04（小震）/0.03（风荷载）。

20.2　结构方案

20.2.1　结构体系

为呈现塔楼立面弧线形的建筑效果，塔楼每层钢管混凝土柱均与楼板形成不同的倾斜角度，塔楼平面为随标高变化的弧形平面，塔楼标准层、空中大堂层、建筑剖面图、典型结构平面图及塔楼结构模型如图 20.2-1～图 20.2-6 所示。

（1）塔楼抗侧力体系

本项目塔楼采用钢筋混凝土核心筒-钢管混凝土框架组合结构体系，钢框架和核心筒抗震墙均为延性较好的结构抗侧力体系，可以通过二道防线共同抵抗水平荷载。

（2）塔楼重力体系

核心筒内重力体系为传统钢筋混凝土剪力墙。塔楼范围的典型楼面中，楼面主梁一端与钢管混凝土柱刚接、另一端与核心筒铰接，所有楼面钢次梁采用两端铰接，典型楼面体系采用120mm厚钢筋桁架混凝土楼承板、钢梁及栓钉组成楼板体系。核心筒内采用120mm厚现浇钢筋混凝土板的楼板体系。

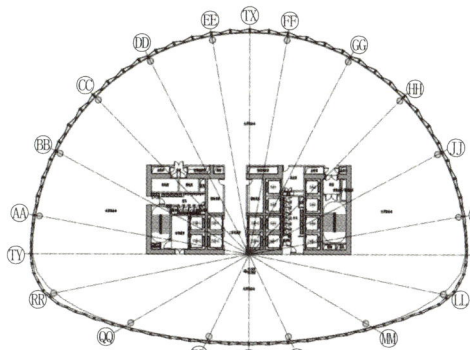

十四至二十层平面图 1:100

图 20.2-1　塔楼建筑标准层平面图

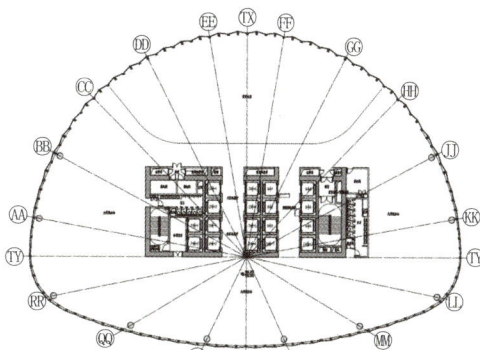

二十二层平面图 1:100

图 20.2-2　塔楼建筑空中大堂层平面图

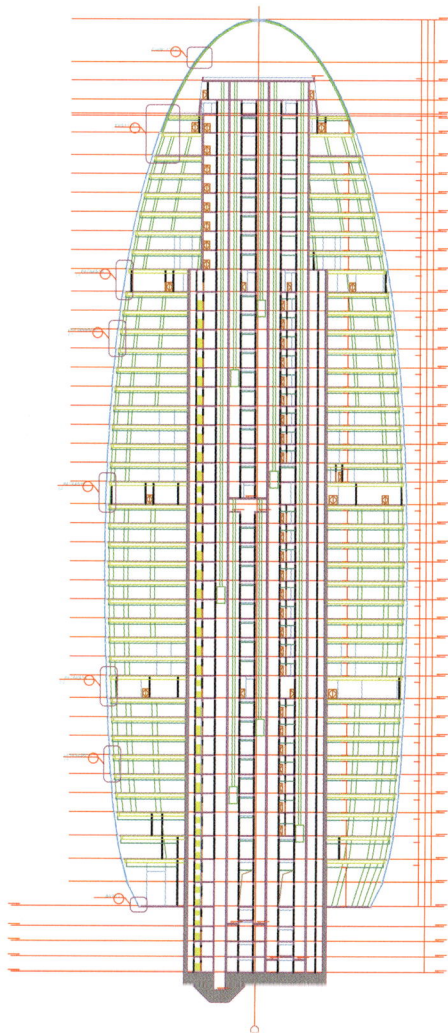

图 20.2-3　塔楼东西剖面图

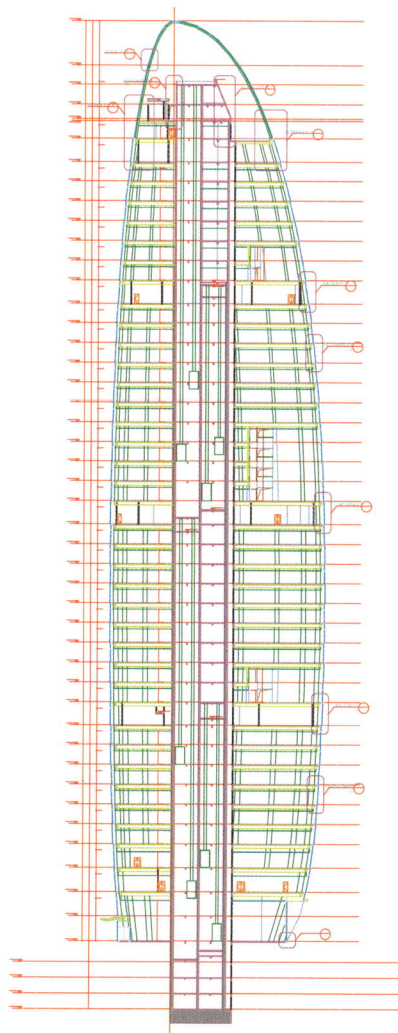

图 20.2-4　塔楼南北剖面图

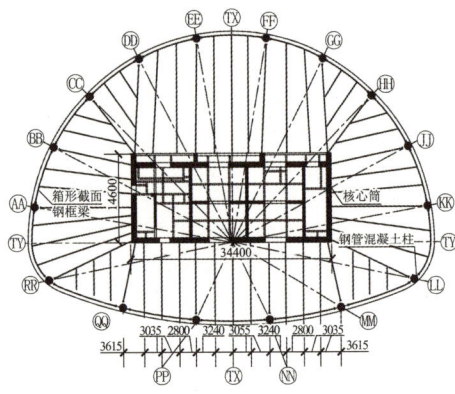

图 20.2-5 典型结构平面图

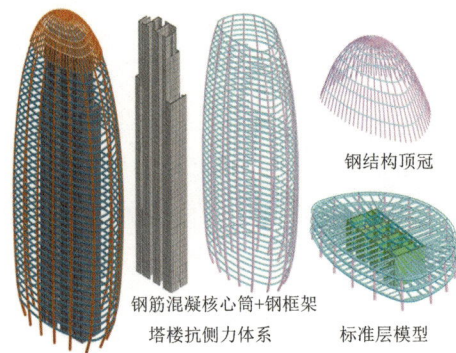

钢结构顶冠

钢筋混凝土核心筒+钢框架
塔楼抗侧力体系

标准层模型

图 20.2-6 塔楼结构模型

20.2.2 结构布置方案

塔楼剪力墙厚度由底部 0.9m 逐步收缩至高区 0.4m,钢管混凝土柱直径由底部 1.2m 逐步收缩至高区 0.6m,外框梁为箱形截面钢梁 800mm 高、400mm 宽,典型办公楼面采用 120mm 厚钢筋桁架楼承板,局部加强至 150mm,避难层楼板厚度 200mm。钢梁及钢管混凝土柱均采用 Q355 钢材,钢管混凝土柱及核心筒内混凝土强度等级为 C35~C60。

塔楼各部分构件的抗震等级为:钢管混凝土框架二级,核心筒剪力墙二级,钢结构构件四级。

20.3 地基基础设计方案

20.3.1 地质条件

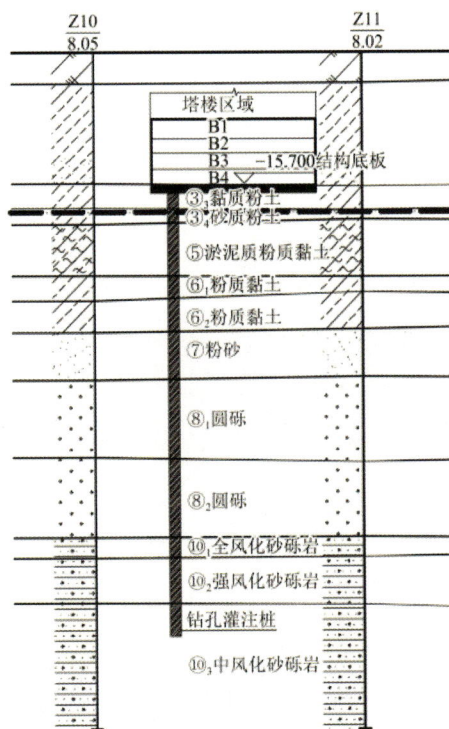

图 20.3-1 典型工程地质剖面

场地地貌单元为钱塘江冲-海积平原,地势平坦,拟建场地范围及深度内各岩土层分布相对稳定,部分土层厚度及层面坡度局部变化较大,属于不均匀地基。场地除分布有软弱土外,未发现其他对工程有明显不良影响的地质作用,经过地基与基础设计,采取合理的施工工艺、精心施工,场地适宜建造拟建建筑物。

根据地层成因及物理力学性质差异,勘探深度内地层自上而下可分为 8 个大层,15 个亚层,典型工程地质剖面图如图 20.3-1 所示。

20.3.2 基础设计方案

本塔楼地下四层基础设计依据地勘资料并结合当地实际工程经验,综合考虑上部建筑物荷重、工程地质条件及周围环境,主楼采用桩筏基础,工程桩采用桩径 800~1000mm 钻孔灌注桩,桩端持力层为⑩₃层中风化含砾砂岩,并采用桩端后注浆工艺;地库采用桩径 800mm 钻孔灌注桩,桩端持力层为⑧₁圆砾层。塔楼主要采用桩型如表 20.3-1 所示,塔楼范围内基础沉降图、塔楼范围桩基平面图如图 20.3-2 和图 20.3-3 所示。

塔楼主要桩基表   表 20.3-1

	KBZ1 抗拔桩	KYZ2 抗压桩	KBSZ1 抗拔试桩	KYSZ1 抗压试桩	KYSZ2 抗压试桩
桩身混凝土设计强度等级	C30	C40	C30	C45	C30
工程桩顶绝对标高	详见单体说明		自然地面		
桩径 d/mm	800	1000	800	1000	800
主筋保护层厚度 a_s/mm	50	50	50	50	50
桩端伸入承台长度	100	100	100	100	100
有效桩长 L/m	≥31.5/39.0	≥49.0	≥31.5/39.0	≥49.0	≥31.5/39.0
A_{s1}	22Φ22	20Φ18	24Φ25	20Φ18	22Φ22
A_{s2}	11Φ22	10Φ18	12Φ25	10Φ18	11Φ22
A_{sv}	Φ8@250	Φ8@250	Φ8@250	Φ8@250	Φ8@250
桩身主筋锚入底板长度 L_a/mm	880	720	1000	720	880
L_1/m	20.0	30.0	20.0	30.0	30.0
L_2/m	≥11.5	≥19.0	≥11.5	≥19.0	≥11.5
持力层	8-1 圆砾层	10-c 中风含砾砂岩	8-1 圆砾层	10-c 中风含砾砂岩	8-1 圆砾层
桩端进入持力层深度 h/m	≥9.00	≥2.00	≥9.00	≥2.00	≥9.00
受压承载力特征值 R_a/kN	3500	9000	3500	9000	3500
抗拔承载力特征值 R_a/kN	1300		1300		1300
桩承载力检测最大加载值/kN			3500	19000	8000
是否桩底注浆	否	是	否	是	是
桩数	786	210	8	3	8

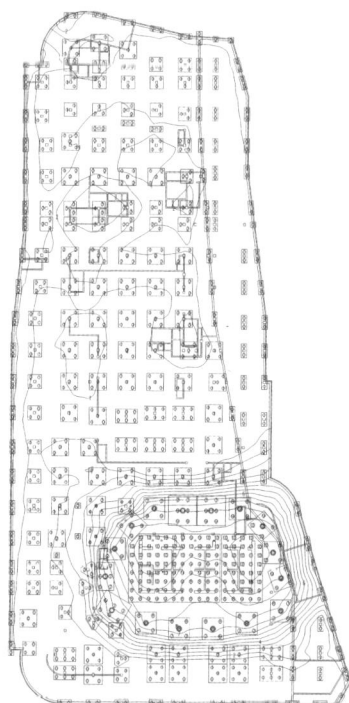

图 20.3-2 塔楼范围基础沉降图（沉降量单位：mm）

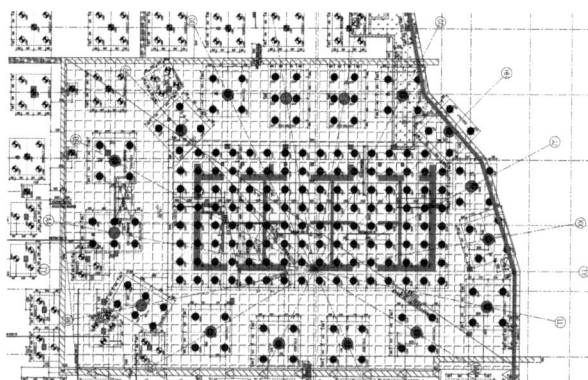

图 20.3-3 塔楼范围桩基平面图

20.4 结构抗震计算

20.4.1 多遇地震计算

塔楼结构采用 SATWE 和 ETABS 两种软件进行计算分析对比。计算中，定义了竖向和水平荷载工况，其中竖向工况包括结构自重、附加恒荷载以及活荷载，水平工况包括地震作用和风荷载；对于小震的水平地震作用考虑了双向地震以及偶然偏心的影响，结构按X、Y向及最不利地震作用方向进行受力分析；计算模型中按满足规范风 80%基底弯矩的风洞风数据输入风荷载计算；结构整体分析时，考虑楼板对结构刚度的影响。

（1）结构动力特性分析

两种软件计算的多遇地震下模型的恒荷载、活荷载和总质量均很接近，可用于对比分析。计算得到结构的周期和振型等结构动力特性指标，结果基本一致，见表 20.4-1。第一、二振型为平动振型，第三振型为扭转振型，各指标均满足《建筑抗震设计规范》GB 50011—2010（2016 年版）要求，结构楼层抗侧承载力变化平稳，风荷载作用下的底部剪力、倾覆力矩及层间位移角均大于地震作用，塔楼结构受力由风荷载控制。

塔楼弹性分析计算结果 表 20.4-1

项目		ETABS		SATWE	
周期/s	T_1	4.879		4.655	
	T_2	2.856		3.237	
	T_3	2.188		2.298	
周期比	T_3/T_1	0.45		0.49	
最大扭转位移比		X	Y	X	Y
		1.16	1.29	1.13	1.37
最大层间位移角	风荷载	1/1603	1/1361	1/1953	1/1191
	地震作用	1/2787	1/1550	1/2900	1/1728
最小剪重比		0.81%	0.76%	0.81%	0.76%
最小刚度比		1.16	1.17	1.11	1.16
最小刚重比		4.30	1.80	4.27	1.84

（2）地震剪力和剪重比分析

塔楼地震作用计算采用考虑扭转耦联的振型分解法。SATWE 和 ETABS 分析得到的结构多遇地震作用下的首层底部剪力如表 20.4-2 所示，多遇地震作用下楼层剪力分布图如图 20.4-1 所示。

反应谱分析结构剪重比（整体模型） 表 20.4-2

分析软件	SATWE		ETABS	
重力荷载代表值/kN	146770		147012	
地震作用方向	X向	Y向	X向	Y向
地震剪力/kN	11817	11119	11976	11190
剪重比	0.81%	0.76%	0.81%	0.76%
剪重比限值要求	规范要求：≥0.80%（X向）/0.64%（Y向），满足			

由表 20.4-2 可知，两种程序计算得到的结构整体基底剪力值相差较小，剪重比相近。结构X向和Y向

剪重比均满足规范要求。

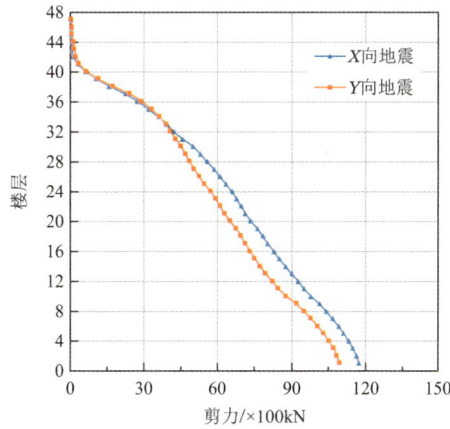

图 20.4-1 塔楼楼层剪力分布图

（3）结构位移与扭转效应分析

采用多遇地震下规范反应谱得到的荷载作为水平侧向力施加于整体结构，得到结构层间位移角、结构位移、结构位移比、钢结构顶冠层间位移角如表 20.4-3～表 20.4-5、图 20.4-2 和图 20.4-3 所示。结构在多遇地震下层间位移角均小于 1/653，满足相关规范的要求；结构沿竖向高度水平位移的变化曲线反应结构刚度和承载力均匀、无明显突变，考虑 5%偶然偏心作用下的扭转位移比最大值大于 1.2、但不大于 1.4。

最大层间位移角   表 20.4-3

地震方向	参数	ETABS	SATWE	规范要求	规范符合度
X向	位移/层高	1/2900	1/2787	≤ 1/653	满足
	发生位置	24 层	24 层		
Y向	位移/层高	1/1728	1/1550		满足
	发生位置	34 层	32 层		

最大扭转位移比   表 20.4-4

地震作用	参数	ETABS	SATWE	规范要求	规范符合度
X向	位移比	1.13	1.16	不宜 > 1.2 不应 > 1.4	满足
	发生位置	2 层	35 层		
Y向	位移比	1.37	1.29		满足
	发生位置	2 层	40 层		

钢结构塔冠层最大层间位移角   表 20.4-5

方向	参数	ETABS	规范要求	规范符合度
地震X向	位移/层高	1/1238	≤ 1/250	满足
	发生位置	47 层		
地震Y向	位移/层高	1/1260		满足
	发生位置	39 层		
风荷载X向	位移/层高	1/443		满足
	发生位置	47 层		
风荷载Y向	位移/层高	1/500		满足
	发生位置	40 层		

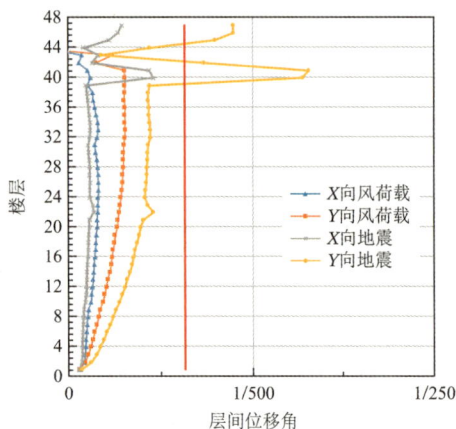

图 20.4-2 最大层间位移角曲线图

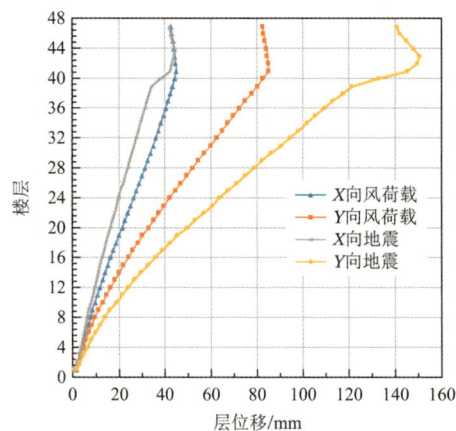

图 20.4-3 塔楼最大楼层位移曲线图

（4）楼层刚度比分析

根据《建筑抗震设计规范》GB 50011—2010（2016 年版）和《高层建筑混凝土结构技术规程》JGJ 3—2010，楼层刚度为楼层剪力与层间位移的比值。根据《高层建筑混凝土结构技术规程》JGJ 3—2010式(3.5.2-1)和式(3.5.2-2)计算得到楼层 X、Y 向抗侧刚度比最小值均大于 1.0，满足规范要求，说明楼层抗侧力体系的竖向刚度变化平稳，没有突变。两个计算软件得到的最不利处楼层抗侧刚度比结果如表 20.4-6 所示。

最不利处抗侧刚度比（按层剪力与层间位移之比值计算） 表 20.4-6

程序	与上层侧移刚度 70%比值或与上三层平均侧移刚度 80%比值中较小值		与上层刚度 90%、110%比值（110%为层高大于相邻层高 1.5 倍时）		是否满足规范
	X 向（位置）	Y 向	X 向	Y 向	
SATWE	1.17（21 层）	1.16（21 层）	1.11（31 层）	1.16（31 层）	是
ETABS	1.05（12 层）	1.050（18 层）	1.16（30 层）	1.17（30 层）	是

（5）框架剪力分配及二道防线分析

本项目塔楼为钢框架-混凝土核心筒结构体系，钢框架和核心筒抗震墙均为延性较好的抗震体系，可以通过二道防线共同抵抗水平荷载。规定水平力下底层框架柱倾覆力矩在 X、Y 方向下分别占 21.2% 和 31.5%，根据《高层建筑混凝土结构技术规程》（JGJ 3—2010），本塔楼为典型框架-核心筒结构。规定水平力下框架柱所占底部倾覆力矩和剪力情况如图 20.4-4 和图 20.4-5 所示，除首层 X、Y 方向框架柱分配的地震剪力标准值小于地震总剪力标准值的 10%外，其余各层均能满足《高层建筑混凝土结构技术规程》JGJ 3—2010 第 9.1.11 条的框架与筒体剪力分配要求。二层为挑空大堂，存在穿层斜柱，塔楼各层剪力按《高层建筑混凝土结构技术规程》JGJ 3—2010 第 9.1.11 条进行调整，并对首层刚度薄弱处按关键构件进行抗震分析与设计。综合本塔楼各层剪力及倾覆力矩结果分析，框架部分刚度适宜，具有一定抗侧能力，能作为第二道防线为结构提供安全保证。

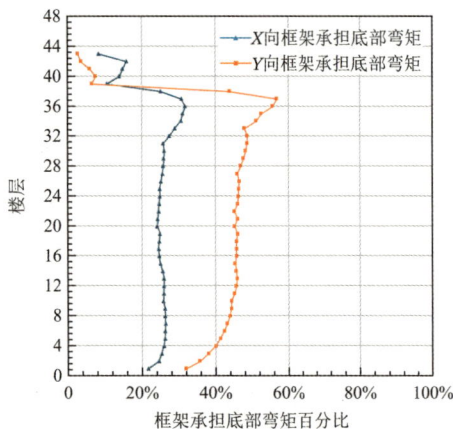

图 20.4-4 塔楼弯矩分配图

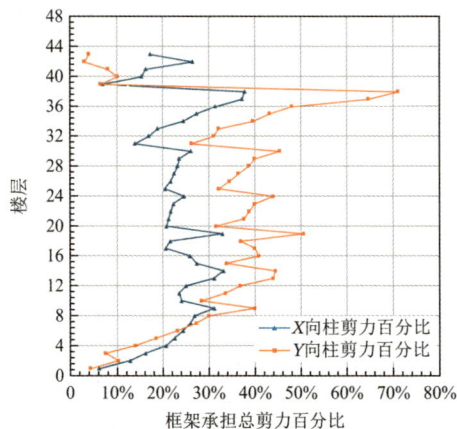

图 20.4-5 塔楼剪力分配图

20.4.2 性能目标和构件性能验算

（1）抗震性能目标

塔楼结构根据《高层建筑混凝土结构技术规程》JGJ 3—2010 要求进行抗震性能化设计，整体结构抗震性能目标选用 C 级，抗震设防性能目标细化如表 20.4-7 所示。

结构抗震性能目标细化表　　　　　　　　　　　　表 20.4-7

抗震烈度			多遇地震	设防烈度地震	罕遇地震
性能水平定性描述			不损坏	修理后即可使用	较大的修复或加固可使用
层间位移角限值			1/653	—	1/100
构件抗震设计性能目标	核心筒	底部加强区 抗弯	弹性	不屈服	可进入塑性，损坏程度θ≤LS
		底部加强区 抗剪	弹性	弹性	不屈服
		转换层及相邻层 抗弯	弹性	弹性	不屈服
		转换层及相邻层 抗剪	弹性	弹性	
		普通楼层 抗弯	弹性	不屈服	可进入塑性，损坏程度θ≤LS
		普通楼层 抗剪	弹性	不屈服	
	连梁		弹性	可进入塑性	可进入塑性，损坏程度θ≤CP
	首层穿层斜柱		弹性	弹性	不屈服
	其他结构构件		弹性	可进入塑性	可进入塑性，损坏程度θ≤CP
节点			不先于构件破坏		

（2）梁托墙转换楼层性能验算

根据建筑布置要求，33 层楼面标高处有一处 400mm×1200mm 框支梁，抬 400mm 厚剪力墙（33 层楼面至屋顶层）；34 层楼面标高处有一处 400mm×800mm 框支梁，抬 400mm 厚剪力墙（34 层楼面至屋顶层）。

小震弹性、中震弹性和大震不屈服设计时，各框支梁的配筋率如表 20.4-8 所示，各抬墙的配筋率如表 20.4-9 所示，各框支梁两端墙的配筋率如表 20.4-10 所示，33、34 层钢管混凝土柱最大应力情况如表 20.4-11 所示。由表中可知，各构件均能满足中震弹性、大震不屈服的性能目标要求，传力有效可靠。后续计算时按照下表情况包络设计（加粗数值为包络值）。

框支梁最大配筋率　　　　　　　　　　　　表 20.4-8

转换梁编号	小震弹性设计/%		中震弹性设计/%		大震不屈服设计/%	
	顶部支座	底部	顶部支座	底部	顶部支座	底部
KZL1	1.14	0.40	1.22	0.43	**1.84**	**0.52**
KZL2	0.63	0.35	**0.63**	**0.35**	0.63	0.35

框支梁上方抬墙水平钢筋配筋率　　　　　　　　　　　　表 20.4-9

墙编号	小震弹性设计/%	中震弹性设计/%	大震不屈服设计/%
Q1（KZL1 上方）	0.25	0.25	**0.25**
Q2（KZL2 上方）	0.25	0.28	**0.68**

墙编号		小震弹性设计/%	中震弹性设计/%	大震不屈服设计/%
KZL1 两端	Q3	0.68	0.92	**1.56**
	Q4	0.72	1.10	**2.11**
KZL2 两端	Q5	0.25	0.25	**0.52**
	Q6	0.25	0.25	**0.35**

转换层处最不利钢管混凝土柱应力和轴压比 表 20.4-11

层号	小震弹性设计		中震弹性设计		大震不屈服设计	
	应力比	轴压比	应力	轴压比	应力	轴压比
32～33 楼面	0.71	0.50	0.71	0.56	0.96	0.27
33～34 楼面	0.64	0.44	0.64	0.49	0.97	0.26

（3）核心筒性能验算

对底部加强区（1～5 层板面标高处核心筒剪力墙）进行中震下剪力墙正截面不屈服、斜截面弹性验算。设防地震影响系数最大值取 0.12，取与多遇地震时相同的荷载组合，材料强度均取设计值。在中震弹性下，墙肢平均剪应力应小于混凝土轴心抗拉强度设计值，不考虑型钢贡献时，部分墙肢及连梁出现较大剪应力；因此在设计中考虑部分墙肢及连梁内嵌型钢，控制设防地震下名义剪应力，使其满足规范限值。在中震弹性和大震不屈服荷载下，墙肢名义拉应力应小于 2 倍混凝土抗拉强度标准值，验算结果详见表 20.4-12 和表 20.4-13，由表可知，均能满足规范要求。

中震下底部加强区墙肢拉应力计算结果 表 20.4-12

楼层	最不利处名义拉应力/MPa	$2f_{tk}$（C60）/MPa	名义拉应力/（$2f_{tk}$）	是否满足规范要求
2	4.714	5.7	0.827	是
3	2.343	5.7	0.411	是
4	1.122	5.7	0.197	是
5	0	5.7	0	是

底部加强区墙肢大震荷载下拉应力计算结果 表 20.4-13

楼层	最不利处名义拉应力/MPa	$2f_{tk}$（C60）/MPa	名义拉应力/（$2f_{tk}$）	是否满足规范要求
2	4.714	5.7	0.827	是
3	2.343	5.7	0.411	是
4	1.122	5.7	0.197	是
5	0	5.7	0	是

20.4.3 结构弹塑性分析

为研究塔楼结构在罕遇地震作用下的性能情况，选取 2 条天然波及 1 条人工波对塔楼进行弹塑性时程分析。梁、柱采用截面纤维模型单元，铰接梁、剪力墙边缘构件采用等面积方钢管杆单元进行模拟计算，墙、板采用缩减积分弹塑性分层壳单元。一维混凝土材料本构采用《混凝土结构设计规范》GB 50010—2010 附录 C 中的单轴本构模型，二维混凝土材料采用 CDP 塑性损伤模型；钢筋及钢材采用双折线动力硬化模型。PACO 和 SATWE 模型重力荷载代表值分别为 1467700kN 和 1468250kN，偏差 0.04%。两个模型的模态分析对比结果如表 20.4-14 所示。两个模型的质量与模态分析结果相似，表明 PACO 模型可用于弹塑性分析。

振型号	周期		
	PACO	SATWE	偏差
T_1/s	4.867	4.655	4.6%
T_2/s	3.565	3.237	10.1%
T_3/s	2.378	2.298	3.5%

根据《建筑抗震设计规范》GB 50011—2010（2016 年版）选取地震动记录，其中三组地震记录采用主次方向输入法作为本结构的动力弹塑性分析的输入，其中三向输入峰值比依次为 1 : 0.85 : 0.65（主 : 次 : 竖方向），主方向波峰值取 125gal。本工程大震时程分析选取了 2 条天然波和 1 条人工波，特征周期均为 $T_g = 0.50s$。地震波与反应谱的基底剪力对比结果如表 20.4-15 所示，可得所选地震波能满足统计意义的计算保证率。

		反应谱	天然波 1	天然波 2	人工波 1
基底剪力/kN	X向	73842	59796	59866	63991
	Y向	73892	64437	69694	86185
偏差	X向	0%	−19.02%	−120.93%	−13.34%
	Y向	0%	−12.80%	−5.68%	16.64%

（1）整体指标分析

三条地震波在罕遇地震作用下，结构各楼层位移角结果如图 20.4-6 所示，计算数据统计如表 20.4-16 所示。由结果可见，X向和Y向弹塑性时程与弹性时程基底剪力比最小值分别为 55.8% 和 80.7%，各工况最大层间位移角均满足规范要求。

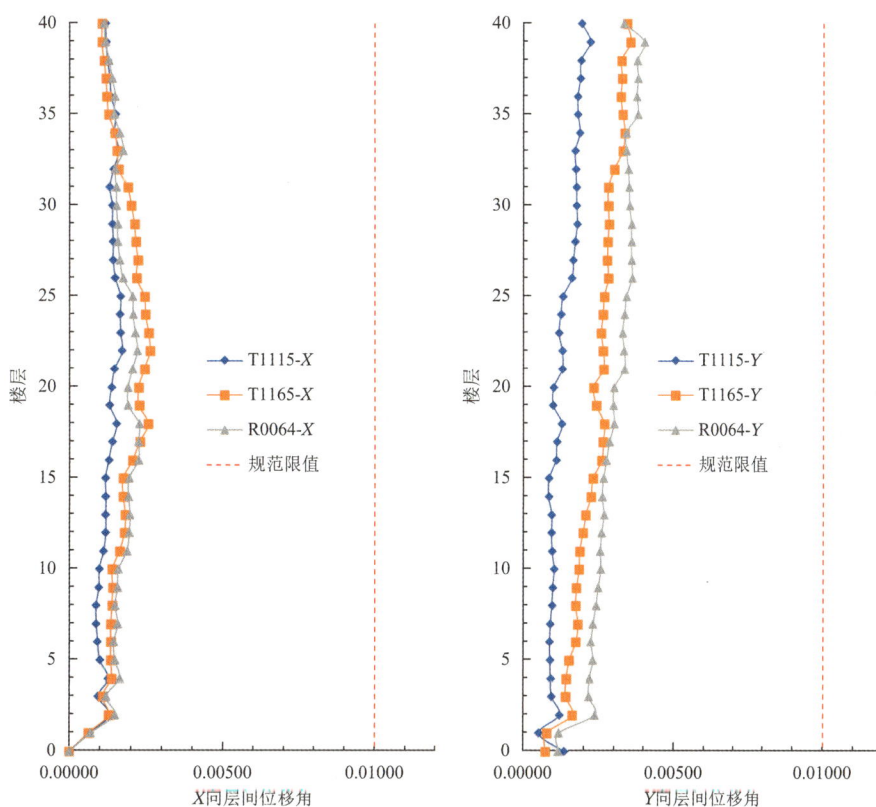

图 20.4-6   罕遇地震下各工况层间位移角结果图

各工况地震波最大层间位移角结果 表20.4-16

			天然波1	天然波2	人工波1	包络值
最大层间位移角	弹塑性	X向	1/381	1/584	1/442	1/381
		Y向	1/281	1/453	1/248	1/281
	弹性	X向	1/295	1/385	1/394	1/295
		Y向	1/251	1/377	1/199	1/199

以天然波1工况为例，结构弹性与弹塑性顶部节点X、Y方向位移时程曲线如图20.4-7所示，比较可得，初始时刻结构均处于弹性状态，两组曲线趋于一致；后期弹塑性模型出现塑性后，结构刚度退化导致结构周期变长，位移曲线震荡滞后。

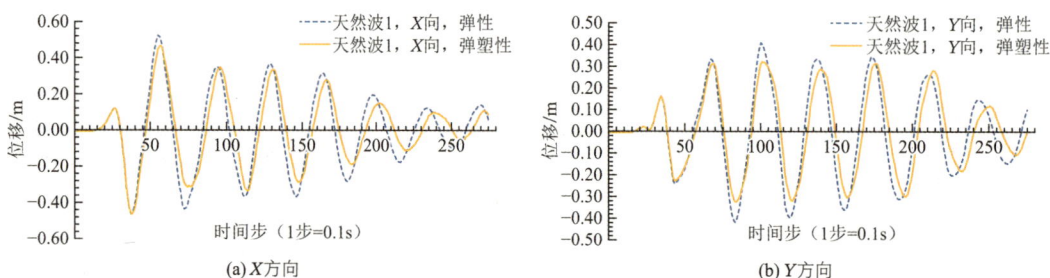

(a) X方向　　　　　　　　(b) Y方向

图20.4-7　罕遇地震下弹性与弹塑性顶点位移时程曲线对比

（2）构件性能水平

混凝土的受拉及受压损伤情况可以反映钢筋混凝土核心筒构件的性能。结合《高规》对构件性能水准的五个级别分类与PACO软件中的损伤因子的规定，构件性能水平与损伤的对应关系如表20.4-17所示。时程波包络工况下，剪力墙的最大受拉损伤因子为0.41，发生在底部加强区，达轻微损坏；剪力墙最大受压损伤因子为0.0099，处于轻度损坏；在33~34层托墙转换区，剪力墙最大受拉损伤因子为0.41，达轻微损坏。根据《建筑结构抗倒塌设计标准》T/CECS 392：2014中基于应变的地震损坏等级判别标准，钢材应变值（$\varepsilon_1/\varepsilon_y$）0、1、2、3.5、8、12分别对应于"无、轻微、轻度、中度、重度、严重损坏"的性能水平，计算得到时程波包络工况下，柱中56%的钢管无损坏，20.8%的钢管为轻微损坏，35.2%的钢管为轻度损坏，整体性能良好。

构件性能水平与损伤因子的对应关系 表20.4-17

序号	性能水平	梁柱dc	梁柱dt	墙板dc	墙板dt
1	无损坏	0	0	0	0
2	轻微损坏	0.001	0.2	0.001	0.2
3	轻度损坏	0.01	1	0.01	1
4	中度损坏	0.2	1	0.2	1
5	重度破坏	0.6	1	0.6	1
6	严重损坏	0.8	1	0.8	1

（3）7度罕遇地震下动力弹塑性分析

为进一步研究结构构件的屈服次序和破坏机制，对塔楼进行7度罕遇地震下的结构弹塑性分析。地震波的输入均按三向输入，三向峰值比依次为1：0.85：0.65，主方向波峰值取220gal。

在7度罕遇地震作用下，通过损伤结果能显著反映地震作用下各构件破坏机理，并帮助找出薄弱环节。6度大震下发生轻微损伤的钢框架梁，在7度大震下达到轻度及中度损伤；7度大震下，与首层穿层斜柱相连的钢框架梁发生严重损伤。设计时在三层核心筒及以下角部剪力墙位置增加钢骨柱，并在剪力墙内部设置钢梁，以保证水平力可靠传递。

经典解构 浙江省建筑设计研究院有限公司篇

7 度大震下，塔楼出现明显的损伤机制：耗能构件连梁几乎全部发生严重破坏；三层楼面以下剪力墙和 34 层框支剪力墙发生重度破坏；钢管混凝土柱发生轻度至中度破坏。整体呈现先剪力墙连梁，后剪力墙墙肢、钢管混凝土柱的屈服次序。

（4）结构整体性能评价

根据动力弹塑性分析，6 度大震下，结构塑性发展程度弱，进而通过 7 度大震下弹塑性时程分析可知，塔楼屈服次序能满足抗震结构多道防线的目标。在设防烈度 7 度大震作用下，通过损伤结果能显著反映出地震作用下塔楼各构件的破坏机理，并帮助设计找出薄弱构件及节点。7 度大震作用下，多数钢框架梁损伤程度分布存在轻度破坏和中度破坏。与首层穿层柱相连的钢框架柱出现较严重损伤，对该处钢框架梁进行了重力荷载下折减楼板刚度后的节点分析，并在与此层钢框架梁连接的核心筒处增加钢骨柱，以保证水平力可靠传递。7 度大震作用下，钢管混凝土柱在以下几处位置发生显著损伤：首层斜柱（尤其在角部）；柱直径缩小层及相邻层；高区楼层直径 600mm 处钢管混凝土柱。在这些损伤部位，首层穿层柱需要特别关注，由于其斜度较大，且为塔楼底部的关键构件，尤其角部两处穿层柱，外扩角度大、损伤严重，在对穿层柱进行屈曲专项分析的基础上，设计时增加了其钢板厚度。7 度大震作用下，剪力墙和连梁出现明显的损伤机制，耗能构件连梁几乎全部发生严重破坏；三层楼面以下剪力墙发生重度破坏；34 层处框支剪力墙发生重度破坏。

由抗侧力构件在 6、7 度大震下的损伤对比可得本塔楼在地震作用下的破坏机制，明显损伤的部位与前文定义的关键、主要构件相吻合，在施工图中，按前文各工况及计算包络设计。

20.5 结构抗风计算

20.5.1 风洞试验

本项目风洞试验风向角根据建筑物的环境分成两种地貌特征进行，确定为 B 类：90°～140°和 240°～270°；C 类：0°～80°、150°～230°及 280°～350°，共计 36 个风向角工况。风洞试验的模型、风向角及模型地貌模拟情况如图 20.5-1～图 20.5-3 所示。

在风洞试验获得的平均风压合力基础上，再考虑结构的风振效应，得到等效风荷载，计算过程中，选取结构阻尼比为 3.0%和 2.5%，基本风压为 0.45kN/m²（50 年一遇）。图 20.5-4～图 20.5-6 给出塔楼各风向角下基底剪力、基底弯矩和扭矩情况，由结果可知塔楼由风荷载引起的水平方向最大阻力为 6200kN，对应最不利风向角为 70°；绕 X 和 Y 轴弯矩最不利值分别为 794000kN·m 和 398000kN·m，对应最不利风向角为 300°和 320°；扭矩最大值为 52200kN·m，对应最不利风向角为 10°；由此可见风荷载引起结构的扭矩并不显著。

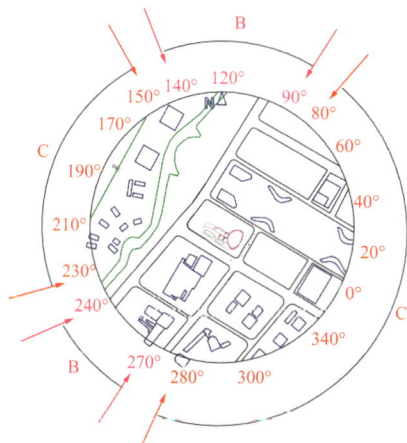

图 20.5-1 风洞试验的风向角

图 20.5-2 风洞试验模型

(a) C 类地貌　　　　　　　　　　　　(b) B 类地貌

图 20.5-3　风洞试验的风向角

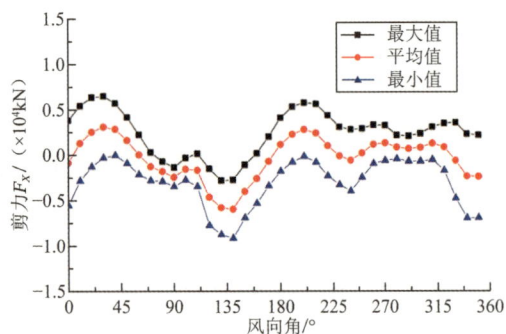
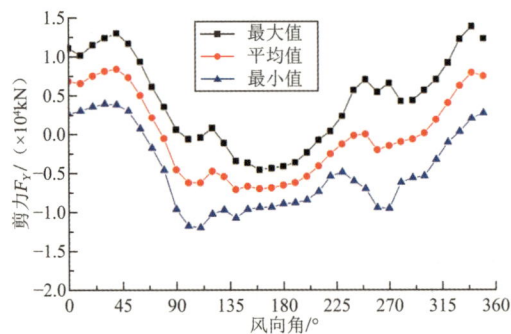

(a) 基底剪力 F_X　　　　　　　　　　　(b) 基底剪力 F_Y

图 20.5-4　塔楼基底总剪力随风向角变化

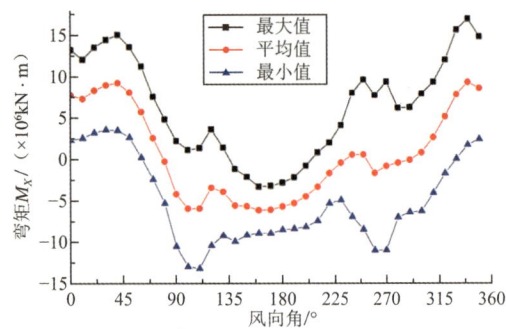
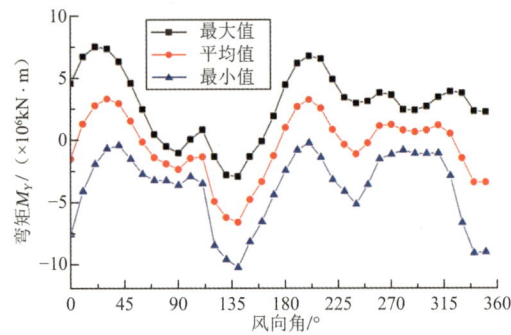

(a) 基底弯矩 M_X　　　　　　　　　　(b) 基底弯矩 M_Y

图 20.5-5　塔楼基底合力矩随风向角变化

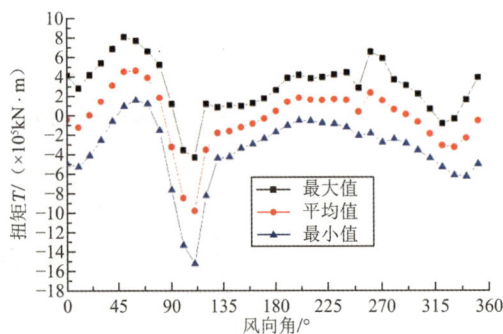

图 20.5-6　塔楼基底扭矩随风向角变化

20.5.2　体型系数

为比较塔楼在风洞风荷载与规范风荷载作用下的不同响应，以风洞风荷载作用下的倾覆力矩为基准，通过取不同体型系数得到的倾覆力矩值内插法求得 B 类场地下达到等效风洞风荷载倾覆力矩时的规范风荷载体型系数。由表 20.5-1 中计算数据可得，风洞风荷载相当于同在 B 类场地下、风荷载体型系数取 1.105 时的规范风荷载。等效风洞风荷载相当于规范风荷载体型系数折减 0.85 倍后的风荷载取值。

等效风洞风下规范风的参数取值计算

表 20.5-1

风荷载工况		风洞风	规范风 1	规范风 2	规范风 3	规范风 4
体型系数		—	1.3	1.17	1.235	1.105
场地类别		—	B	B	B	B
倾覆力矩/（mN·m）	X	962.7	1433.8	10020.6	1064.6	952.6
	Y	1339.7	2081.3	1455.3	1536.2	1374.4
规范风/风洞风	X	100.0%	148.9%	104.8%	110.6%	99.0%
	Y	100.0%	108.6%	114.7%	117.1%	102.6%

为了将风洞试验结果与规范相对照，将风洞试验测得的风压系数转换成相应的体型系数，并根据各层体型系数的平均值来反映标准层的体型系数，如图 20.5-7 所示。由图可知，X 方向在 0° 和 180° 风向角附近出现最大值，约为 1.05，等同于正 23 边形的体型系数，与圆形截面的体型系数结果较为接近；Y 方向，由于塔楼形状比较特殊，体型系数规律性不明显，且受到西侧建筑的干扰较大，最大值约为 0.65。

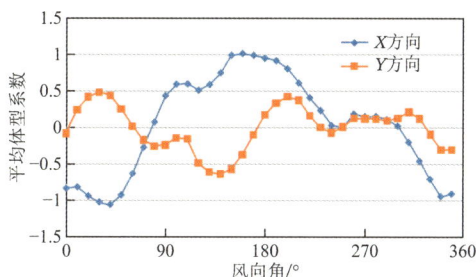

图 20.5-7　层体型系数平均值

在仅考虑风荷载作用时，对塔楼构件尺寸进行调整，控制钢构件应力比在 0.90～0.95 范围，得到不同体型系数、场地类别作用下规范风荷载和风洞风荷载作用下塔楼钢结构部分用钢量，如表 20.5-2 所示。

规范风荷载和风洞风荷载作用下塔楼用钢量对比

表 20.5-2

风荷载工况		风洞风	规范风 1	规范风 2	规范风 3	规范风 4
体型系数		—	1.3	1.3	1.2	1.2
场地类别		—	B	C	B	C
倾覆力矩/（mN·m）	X	962.7	1433.8	1206.8	1120.6	1034.4
	Y	1339.7	2081.3	1741.4	1617.0	1492.6
用钢量/t		6824	9506	9213	8824	7714

风洞风荷载试验结果能较为准确地反应弧形平面和流线立面建筑形体的风压情况，并得到等效实际场地环境和风振数值的体型系数，也能从统计学角度考虑不同季节风荷载的频遇值系数，且结构设计经济性显著提高。

20.5.3　风洞试验风荷载与规范风荷载计算比较

规范风荷载计算时，计算参数取 B 类地貌，体型系数 1.4，基本风压 0.45kN/m²，阻尼比分别取 3% 和 2.5%，将规范风计算结果最大值与风洞试验结果最大值进行比较。

（1）阻尼比 3%

图 20.5-8 和图 20.5-9 为塔楼风荷载 X 与 Y 方向剪力沿楼层分布的对比图，可以发现两个方向的风洞试验值均小于规范风荷载数值，X 和 Y 方向风洞试验基底弯矩分别为规范风荷载的 60.2% 和 69.1%。风洞

试验结果约为 0.8 倍 B 类地貌的规范风荷载。

（2）阻尼比 2.5%

图 20.5-10 和图 20.5-11 为塔楼风荷载*X*与*Y*方向剪力沿楼层分布的对比图，可以发现两个方向的风洞试验值均小于规范风荷载数值，*X*和*Y*方向风洞试验基底弯矩分别为规范风荷载的 59.8% 和 69.3%。风洞试验结果约为 0.8 倍 B 类地貌的规范风荷载。

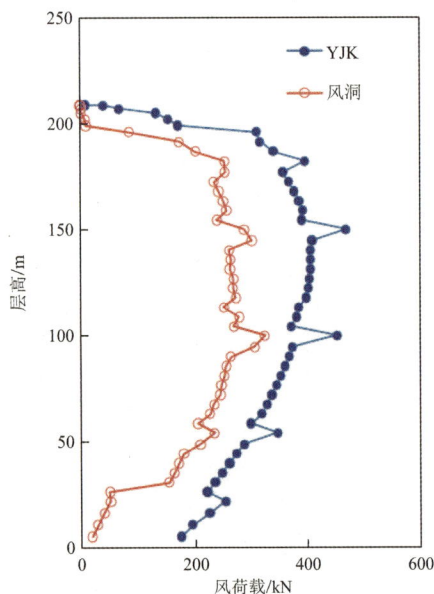

图 20.5-8　塔楼F_X对比（阻尼比 3%）

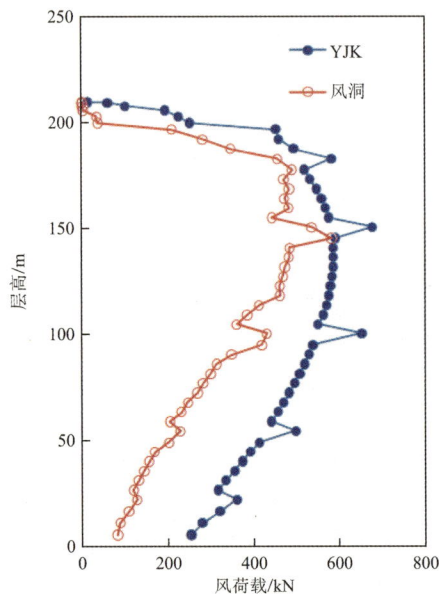

图 20.5-9　塔楼F_Y对比（阻尼比 3%）

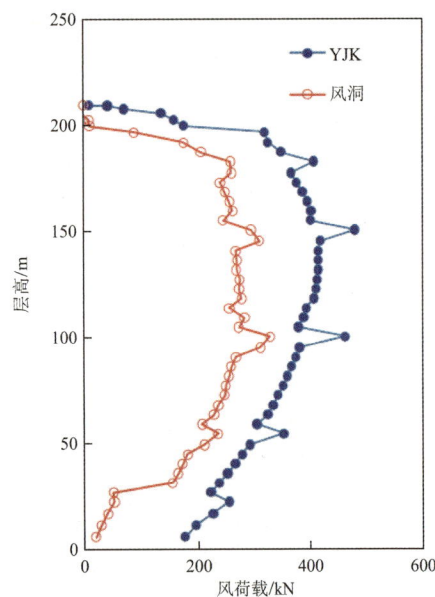

图 20.5-10　塔楼F_X对比（阻尼比 2.5%）

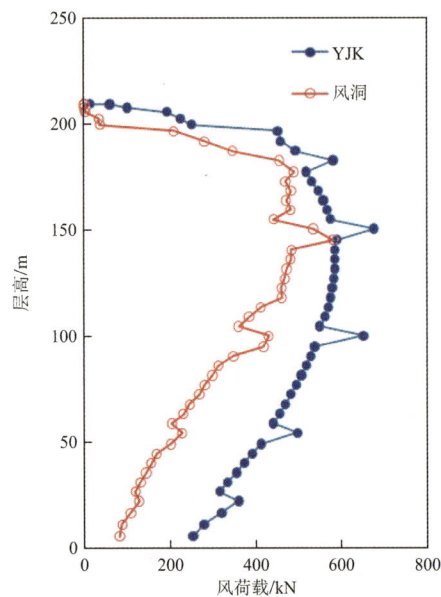

图 20.5-11　塔楼F_Y对比（阻尼比 2.5%）

20.6　结构超限判断和主要加强措施

20.6.1　结构超限判断

经对结构不规则性及高度进行检查，结构存在 3 项抗震超限，塔楼属于超限高层建筑结构，详见

表 20.6-1。

项目	判别类型
扭转位移比大于 1.2，小于 1.4	扭转不规则
33 层、34 层存在梁抬墙转换结构	构件间断
局部的穿层柱、斜柱	其他不规则

20.6.2 主要抗震加强措施

针对塔楼结构存在扭转不规则、构件间断和其他不规则项的超限内容，设计中采取了如下加强措施：

（1）采取高延性的抗侧力体系，增加结构冗余度；

（2）保证斜柱、与斜柱连接的钢框架梁具有足够的承载能力，增加关键构件及节点的延性，对结构关键构件采用中震弹性，大震不屈服设计，在斜率较大的斜柱楼层，进行 0 楼板验算；

（3）对 33 层、34 层核心筒墙肢、钢管混凝土柱及托墙的混凝土梁采用中震弹性、大震不屈服包络设计；

（4）增强核心筒的延性；提高底部楼层核心筒的抗震等级，适当提高墙体配筋率并验算墙肢拉应力；

（5）在楼板有开洞的空中大堂层，增设水平方向钢支撑，保证水平力传递、提高楼板刚度。

20.7 专项分析

20.7.1 穿层斜柱分析与设计

塔楼首层有斜率较大穿层柱，其在三层楼面会对相连的钢梁产生受拉轴力。对穿层柱及其周边框架梁、节点进行分析并提出相应设计方法。

（1）穿层斜柱屈曲分析

塔楼在首层位置设置了通高门厅，建筑效果如图 20.7-1 所示，因而形成局部穿层柱，其中有 12 根柱斜率较大，与地面的夹角在 69°～71°之间。

在 MIDAS Gen 中进行特征值屈服分析，主要屈曲模态如图 20.7-2 所示。分析时考虑周边柱对屈曲内力的过渡协调作用，在周边跨的柱顶添加相同荷载，楼板采用弹性板假定。计算表明，角部柱的屈曲模态最为显著，取角部柱的一阶屈曲临界荷载，再根据欧拉公式得到的临界承载力，算得等效计算长度系数为 1.206，略大于 SATWE 模型计算长度系数，设计时长度系数计算值取不小于 1.21，使得穿层斜柱截面设计可靠、安全。

(a) 建筑效果图   (b) 施工现场照片

图 20.7-1 穿层斜柱示意图

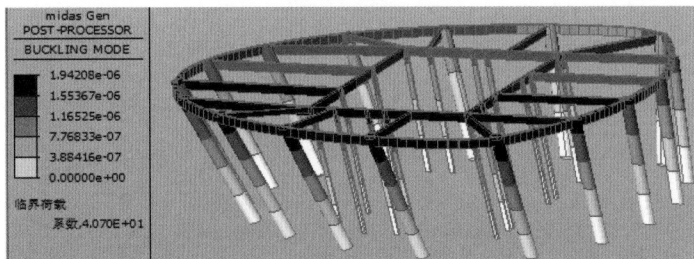

(a) 一阶模态（Y向）

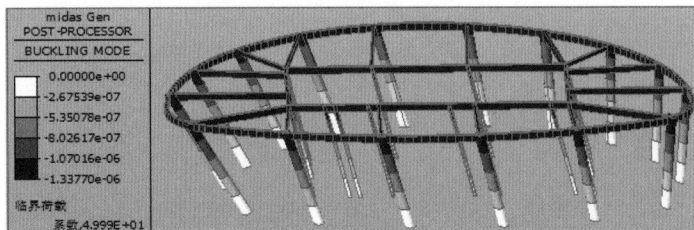

(b) 二阶模态（X向）

图 20.7-2　穿层柱主要模态

（2）钢框架梁轴力分析

通高门厅上方三层楼板位置采用钢梁连接穿层柱与核心筒。在零楼板条件下，计算得到各钢梁在设计工况及重力作用下最大轴力及最大应力（图 20.7-3），钢梁最大轴力出现在平面弧度最大的下侧角部（Ⅱ和RR轴），最大轴力约 3000kN，在平面上部两个角部（BB和HH轴）出现轴力次大值，约 2000kN，其余位置钢梁轴力在 800～1500kN 范围内，钢梁最大应力比为 0.95。可见，钢梁截面设计具有较好承载力和一定安全储备。

将三层处与核心筒、斜柱间的钢框架梁的抗震性能要求设置为性能 3，实现在设防地震下轻微损坏、承载力按标准值复核。中震弹性设计时，各钢框架梁最不利截面处应力比均小于 1.0，由计算结果可见，各钢框架梁在设防地震下性能良好，能满足抗震性能要求。

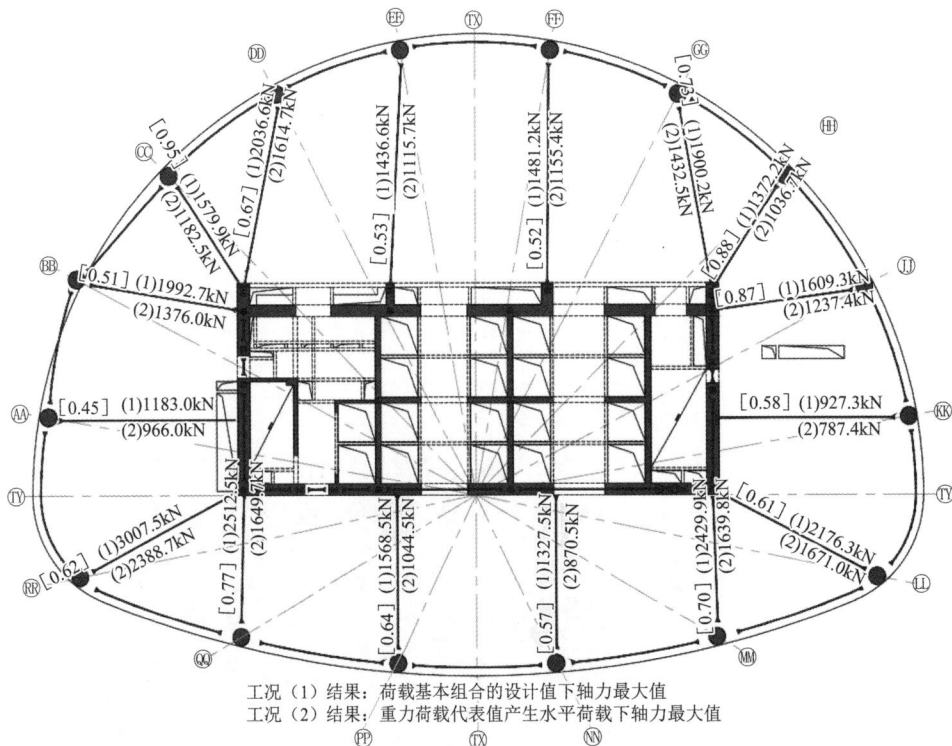

工况（1）结果：荷载基本组合的设计值下轴力最大值
工况（2）结果：重力荷载代表值产生水平荷载下轴力最大值

图 20.7-3　三层钢框梁最大轴力及应力结果

注：工况（1）给出荷载基本组合的设计值下轴力最大值；工况（2）给出重力荷载代表值产生水平荷载下轴力最大值

20.7.2　典型梁柱连接节点分析

（1）计算模型和参数

按照实际节点和尺寸建立钢管混凝土柱-钢梁有限元节点模型，钢管混凝土柱取 2.5 倍梁高（本项目取 2.0m）。钢管混凝土柱在梁上下翼缘高度处设内环板，钢梁、钢柱、内环板、钢管内混凝土均采用八节点线性六面体单元 C3D8R。由于钢管与其内混凝土的接触关系对节点的力学性能影响很小，故为提高计算效率，两者采用绑定（tie）连接。钢管混凝土柱直径 1200mm、钢管壁厚 60mm，箱形钢梁尺寸为 □800×400×18×18，工字钢梁尺寸为 H800×300×26×42，节点混凝土强度等级为 C60，钢材强度等级为 Q355。

（2）节点压弯剪工况分析

在柱最大弯矩和轴力作用、梁最大弯矩及相应剪力和轴力值作用的工况下，节点应力云图如图 20.7-4 所示。由应力云图可知，钢梁处于弹性状态，钢管整体处于弹性状态，柱名义应力约 230MPa。在钢管柱与钢梁下翼缘连接处出现应力集中，虽然最大应力值为 337MPa，接近钢材屈服应力，但应力集中区域范围较小，考虑到钢材延性较好，故而影响较小。工字梁应力云图呈现典型的拉弯梁应力分布形态，由于斜柱的作用，工字梁有很大的轴力，梁在弯矩和轴力的叠加作用下，其上下翼缘应力幅值呈现显著差别。

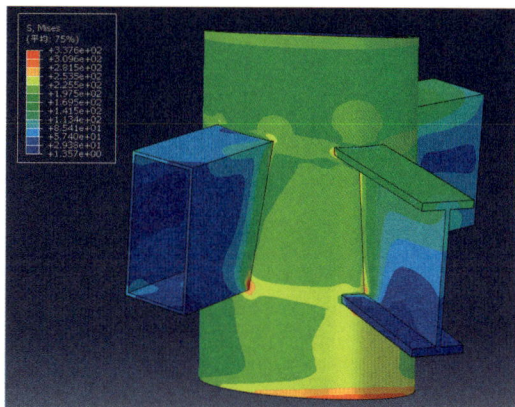

图 20.7-4　节点模型及计算结果图

（3）节点分析结论

整体节点分析所得各构件应力结果与 SATWE 软件结果吻合较好；节点分析验证了钢梁翼缘传递弯矩、腹板传递剪力的设计原则，节点能满足"强剪弱弯、强节点弱构件"的要求；应力发展、节点传力路径明确，最大内力工况下节点能保持完整和弹性工作状态。因此斜柱节点能满足设计要求。

参考资料

[1]　林政，吴嘉晟，杨学林，等. 浙江交投金融中心结构设计要点与分析[J]. 建筑结构，2023. 50(2): 14-18.

[2]　浙江中材工程勘测设计有限公司. 萧政储出〔2021〕12 号地块工程岩土工程详细勘察报告[R]. 2022.

[3]　住房和城乡建设部. 超限高层建筑工程抗震设防专项审查技术要点：建质〔2015〕67 号[Z]. 2015.

[4]　浙江省建筑设计研究院. 萧政储出〔2021〕12 号地块项目塔楼抗震设防专项审查报告[R]. 2022.

[5] 住房和城乡建设部. 建筑抗震设计规范: GB 50011—2010[S]. 2016 年版. 北京: 中国建筑工业出版社, 2010.

[6] 住房和城乡建设部. 高层建筑混凝土结构技术规程: JGJ 3—2010[S]. 北京: 中国建筑工业出版社, 2011.

[7] 林宝新, 路斌. 某带穿层柱框架结构的抗震性能分析[J]. 合肥工业大学学报（自然科学版）, 2013, 36(5): 610-615.

[8] 刘杰, 刘满怀. 泸州机场航站楼钢管混凝土柱-混凝土梁节点有限元分析[J]. 建筑结构, 2021, 51(S1): 1627-1632.

[9] 浙江大学建筑工程学院. 萧政储出〔2021〕12 号地块风洞试验报告[R]. 2022.

[10] 住房和城乡建设部. 混凝土结构设计规范: GB 50010—2010[S]. 北京: 中国建筑工业出版社, 2011.

[11] 中国工程建设标准化协会. 建筑结构抗倒塌设计标准: T/CECS 392: 2021[S]. 北京: 中国计划出版社, 2021.

设计团队

结构设计单位：浙江省建筑设计研究院有限公司

结构设计团队：林　政、吴嘉晟、王国琴、周永明、杨学林

执　笔　人：吴嘉晟